高职高专园林工程技术专业规划教材

园林植物及应用

主编 李晓征

中国建材工业出版社

图书在版编目(CIP)数据

园林植物及应用/李晓征主编．--北京：中国建材工业出版社，2017.6（2019.8重印）
高职高专园林工程技术专业规划教材
ISBN 978-7-5160-1740-1

Ⅰ.①园… Ⅱ.①李… Ⅲ.①园林植物—高等职业教育—教材 Ⅳ.①S68

中国版本图书馆 CIP 数据核字(2016)第 302245 号

内 容 简 介

本书共分为绪论、总论及各论三部分，共 21 章。诸论介绍了园林植物基本知识、本课程的学习目标、学习方法及园林植物的应用。总论介绍了园林植物形态学基础、生态学习性、园林植物的分类，并在此基础上介绍了园林植物的造景应用。各论以应用分类为基础，以种为单位，介绍了各类园林植物的形态特征、产地分布、生态习性及园林用途。

本书共收录各种园林植物 617 种，不同地域及专业的教师在授课时可根据需要进行甄选讲授。

本书适合作为高职高专、成人教育园林及相关专业教材，也可作为园林行业职业技能培训、园林企业职工培训教材。

园林植物及应用
主编 李晓征

出版发行：中国建材工业出版社
地　　址：北京市海淀区三里河路 1 号
邮　　编：100044
经　　销：全国各地新华书店
印　　刷：北京雁林吉兆印刷有限公司
开　　本：787mm×1092mm 1/16
印　　张：25.75
字　　数：620 千字
版　　次：2017 年 6 月第 1 版
印　　次：2019 年 8 月第 2 次
定　　价：69.80 元

本社网址：www.jccbs.com，微信公众号：zgjcgycbs
请选用正版图书，采购、销售盗版图书属违法行为
版权专有，盗版必究。本社法律顾问：北京天驰君泰律师事务所，张杰律师
举报信箱：zhangjie@tiantailaw.com　举报电话：(010)68343948
本书如有印装质量问题，由我社市场营销部负责调换，联系电话：(010)88386906

本书编委会

主编: 李晓征

(广西交通职业技术学院,负责编写第 6、7、16 章)

编委: 刘　航

(北京土人城市规划设计有限公司,负责编写第 1、2、3 章)

刘晓青

(东南大学成贤学院,负责编写第 4、5、17 章)

夏玉兰

(苏州市职业大学艺术学院,负责编写第 8、18、19、20 章)

黄建波

(广西交通职业技术学院,负责编写第 9、21 章)

王　智

(苏州华造建筑设计有限公司,负责编写第 10、11、12 章)

黄月明

(广西交通职业技术学院,负责编写第 13、14、15 章)

前　　言

园林植物是在城市园林绿化中栽植应用的植物,我国作为世界园林之母,有种类繁多的植物可用于园林绿化建设中。园林植物学是研究园林植物形态、分布、习性及园林应用的综合性学科,是风景园林相关专业的专业核心课程。本书立足于高等职业教育人才培养需求,结合高职高专学生的学习特点,以应用分类作为园林植物的分类基础,注重后续专业课程的联系及应用,便于学生日后在园林施工及植物造景设计中使用。

本书共分为绪论、总论及各论三部分。绪论介绍了园林植物基本知识、本课程的学习目标、学习方法及园林植物的应用。总论介绍了园林植物形态学基础、生态学习性、园林植物的分类,并在此基础上介绍了园林植物的造景应用。各论以应用分类为基础,以种为单位,介绍了各类园林植物的形态特征、产地分布、生态习性及园林用途,本书共收录各种园林植物617种,不同地域及专业的教师在授课时可根据需要进行甄选讲授。

本书由3所高校风景园林专业主讲教师及2所设计单位的优秀设计师共同编写,本书改革了以往相关教材以科属分类的编写方式而采用以应用分类的编写方式,目的是使学生及使用者可以在学习和工作中更加方便地应用种类繁多的园林植物。本书的具体编写分工是:刘航负责编写第1、2、3章;刘晓青负责编写第4、5、17章;李晓征负责编写第6、7、16章;夏玉兰负责编写第8、18、19、20章;黄建波负责编写第9、21章;王智负责编写第10、11、12章;黄月明负责编写第13、14、15章。

本书适合作为高职高专、成人教育园林及相关专业教材,也可作为园林行业职业技能培训、园林企业职工培训教材。

在编写过程中,陈瑞、赵文军、韦媛、黎巍等同学参与了书稿资料的收集、整理及图片的绘制等工作,在此对他们的辛劳付出表示衷心的感谢!

编者在编写过程中参考了国内外相关著作、论文、互联网资料及已经出版的相关教材和书籍,在此向原作者深表谢意。由于编者水平有限,时间仓促,书中难免有错误和不妥之处,敬请读者批评指正,以便今后进一步修订和提高。

编　者
2017年6月

目 录

第一章 绪论 …………………………………………………………………… 1
    一、园林植物概述 ………………………………………………………… 1
    二、本课程的学习目标 …………………………………………………… 1
    三、本课程的学习方法 …………………………………………………… 2
    四、园林植物的作用 ……………………………………………………… 3

第二章 园林植物形态学基础 ………………………………………………… 6
  第一节 植物的形态 ………………………………………………………… 6
  第二节 植物的细胞 ………………………………………………………… 7
    一、植物细胞的形状和大小 ……………………………………………… 7
    二、植物细胞的基本结构 ………………………………………………… 8
    三、植物细胞的后含物 …………………………………………………… 13
    四、植物细胞的分裂、生长与分化 ……………………………………… 15
    五、原核细胞和真核细胞 ………………………………………………… 16
  第三节 植物的组织 ………………………………………………………… 17
    一、植物组织的概念 ……………………………………………………… 17
    二、植物组织的分类 ……………………………………………………… 17
  第四节 植物的营养器官 …………………………………………………… 24
    一、植物的根 ……………………………………………………………… 24
    二、植物的茎 ……………………………………………………………… 29
    三、植物的叶 ……………………………………………………………… 37
  第五节 植物的生殖器官 …………………………………………………… 40
    一、植物的花 ……………………………………………………………… 40
    二、果实和种子 …………………………………………………………… 45

第三章 园林植物生态学习性 ………………………………………………… 50
    一、温度因子 ……………………………………………………………… 50
    二、水分因子 ……………………………………………………………… 50
    三、光照因子 ……………………………………………………………… 51
    四、空气因子 ……………………………………………………………… 51
    五、土壤因子 ……………………………………………………………… 52
    六、地形、地势 …………………………………………………………… 53
    七、生物因子 ……………………………………………………………… 53
    八、植物的垂直分布与水平分布 ………………………………………… 54

第四章　园林植物的分类 ………………………………………………… 56
　　一、植物分类的历史 …………………………………………………… 56
　　二、植物分类的基础知识 ……………………………………………… 57
　　三、根据植物的生长习性分类 ………………………………………… 62

第五章　园林植物的造景应用 …………………………………………… 63
　　一、园林植物造景的概念 ……………………………………………… 63
　　二、植物造景在园林景观设计中的作用 ……………………………… 63
　　三、园林植物造景的基本原则与配置方式 …………………………… 64
　　四、园林植物景观设计图纸的原则及步骤 …………………………… 69
　　五、案例分析：平湖市电力局绿地植物配置与造景设计 …………… 70

第六章　针叶树类 ………………………………………………………… 75
　　第一节　落叶针叶类 …………………………………………………… 75
　　第二节　常绿针叶类 …………………………………………………… 78
　　　一、常绿乔木类 ……………………………………………………… 78
　　　二、常绿灌木类 ……………………………………………………… 95

第七章　花木类 …………………………………………………………… 96
　　第一节　落叶花木类 …………………………………………………… 96
　　　一、落叶乔木类 ……………………………………………………… 96
　　　二、落叶灌木类 ……………………………………………………… 111
　　第二节　常绿花木类 …………………………………………………… 127
　　　一、常绿乔木类 ……………………………………………………… 127
　　　二、常绿灌木类 ……………………………………………………… 132

第八章　果木类 …………………………………………………………… 144
　　第一节　落叶果木类 …………………………………………………… 144
　　　一、落叶乔木类 ……………………………………………………… 144
　　　二、落叶灌木类 ……………………………………………………… 149
　　第二节　常绿果木类 …………………………………………………… 152
　　　一、常绿乔木类 ……………………………………………………… 152
　　　二、常绿灌木类 ……………………………………………………… 156

第九章　观叶类 …………………………………………………………… 159
　　第一节　落叶观叶类 …………………………………………………… 159
　　　一、落叶乔木类 ……………………………………………………… 159
　　　二、落叶灌木类 ……………………………………………………… 166
　　第二节　常绿观叶类 …………………………………………………… 167
　　　一、常绿乔木类 ……………………………………………………… 167
　　　二、常绿灌木类 ……………………………………………………… 170

第十章　遮阴类 ……………………………………………………… 177
第一节　常绿遮阴类 ………………………………………………… 177
第二节　落叶遮阴类 ………………………………………………… 189

第十一章　藤蔓类 ……………………………………………………… 212
第一节　常绿藤蔓类 ………………………………………………… 212
第二节　落叶藤蔓类 ………………………………………………… 223

第十二章　棕榈及观赏竹类 …………………………………………… 238
第一节　棕榈类 ……………………………………………………… 238
第二节　观赏竹类 …………………………………………………… 248

第十三章　一、二年生花卉 …………………………………………… 262

第十四章　宿根花卉 …………………………………………………… 277

第十五章　球根花卉 …………………………………………………… 288

第十六章　水生花卉 …………………………………………………… 296

第十七章　草坪草及地被植物 ………………………………………… 308
第一节　草坪草 ……………………………………………………… 308
  一、草坪草的定义 ……………………………………………… 308
  二、草坪草的作用 ……………………………………………… 308
  三、草坪草的形态特征 ………………………………………… 308
  四、草坪草的分类 ……………………………………………… 309
  五、主要草坪草品种 …………………………………………… 310
  六、草坪草的选择及配置原则 ………………………………… 321
第二节　地被植物 …………………………………………………… 323
  一、地被植物的定义 …………………………………………… 323
  二、地被植物的作用 …………………………………………… 323
  三、地被植物的特征 …………………………………………… 323
  四、地被植物的分类 …………………………………………… 324
  五、地被植物的选择标准 ……………………………………… 325
  六、地被植物的配置原则 ……………………………………… 326
  七、主要地被植物品种 ………………………………………… 326

第十八章　观赏蕨类 …………………………………………………… 352

第十九章　兰科 ………………………………………………………… 356

第二十章　仙人掌及多浆植物 ………………………………………… 361
  一、仙人掌类植物 ……………………………………………… 361
  二、多浆类植物 ………………………………………………… 364

第二十一章　室内观赏植物 …………………………………………… 368
第一节　室内观赏植物概述 ………………………………………… 368
  一、室内观赏植物的含义及发展趋势 ………………………… 368

  二、室内观赏植物的作用 …………………………………………………… 368
  三、室内植物的形态 ………………………………………………………… 369
 第二节 室内观花植物 ……………………………………………………………… 370
  一、观花植物 ………………………………………………………………… 370
  二、室内观花植物品种 ……………………………………………………… 371
 第三节 室内观叶植物 ……………………………………………………………… 374
  一、观叶植物 ………………………………………………………………… 374
  二、室内观叶植物的品种 …………………………………………………… 375
参考文献 …………………………………………………………………………………… 400

第一章 绪 论

一、园林植物概述

(一) 园林植物

园林植物泛指适用于园林绿化的植物材料。包括木本与草本的观花、观叶、观果植物,以及适用于园林、绿地和风景名胜区的防护植物与经济植物,室内花卉装饰用的植物也属园林植物。园林植物分为木本、草本两大类,此外还包括蕨类、水生、仙人掌多浆类、食虫类等植物种类,分类相互之间有所重叠。

我国园林植物资源极为丰富,但大量可供观赏的种类仍然处于野生状态,驯化后应用于园林中的花卉种类相对贫乏。观赏植物在园林绿化建设、保护生态环境、丰富人们生活和发挥经济效益等方面逐步得到全社会共识。观赏植物种质资源是我国的宝贵财富,也是发展园林事业的物质基础。近年来,各地在观赏植物资源调查及引种、推广中初见成效。北京植物园引种小檗、丁香等 20 余种;华南植物园引种石槲属植物近 40 种;昆明植物研究所在参考有关名录和调查采集研究的基础上统计云南观赏植物共 2040 种。一些野生花卉如荷叶线钱蕨(*Adiantum reniforme* var. *sinsensis*)、荚果蕨(*Matteuccia struthiopteris*)、贯众(*Cyrtomium fortunei*)、肾蕨(*Nephrolepis auriculata*)、凤尾蕨(*Pteris cretica* var. *nervosa*)等已能批量生产或建成专类花卉种质资源圃。新疆克拉玛依市园林科研所从引入的 42 种 66 个品种中筛选出 17 种 37 个品种,3 年内扩繁 30 万株,推广 2.5hm^2,初具规模。沈阳园林科研所引种辽宁地区野生花卉获得成功,并在公园应用推广 20 多种。以上成绩均为促进开发利用野生观赏植物资源及推动植物造景起到了巨大的作用。

(二) 园林植物学

园林植物学是以园林建设为宗旨,对园林植物的分类习性、繁殖、栽培管理和应用等方面进行系统研究的一门学科。园林植物生产是国民经济的重要组成部分,城市生态、园林景观、城乡环境的绿化美化更是国家建设的重中之重。随着居民生活环境的改善需求不断增加,风景园林专业也成为造福社会、前景看好的专业。同时,园林植物学是综合性和应用性很强的学科,为适应社会对园林工程技术人才培养的要求,在规划、建筑、景观等相关专业都应设置本学科课堂教学内容。教学方法和手段可选择将理论学习与实验、实习教学等方面相结合的手法完成学习目的。

二、本课程的学习目标

通过本课程的学习,使学生掌握园林植物的形态特征、系统分类、生物学习性、生态学习性、地理分布和园林用途,能够在风景园林绿化中合理配置及应用园林植物。因此,在教学内容的组织方式上以多媒体教学、现场教学及实践教学共同进行。讲授中根据知识的内在联系，在重点阐述基本理论的基础上，强调树木识别技能与应用能力的培养以及园林植物的物候观察能力，为学生今后从事风景园林绿化设计、园林植物养护与管理、科学研究等工作打下坚实的理论基础。同时培养学生科学的思维方法和工作方法，为后续学习其他专业核心课程作前期准备，奠定良好的理论和实践基础。

随着经济和社会的不断发展，现代城市管理和建设越来越以园林景观的环境建设为主要内容，现代城市建设以生态低碳城市为主要目标。要实现城市的园林化、生态化，应在良好的规划设计基础上使之现实，完善合理的规划设计施工，要求风景园林从业人员具备园林植物的知识储备、应用及设计能力。因此，提升园林专业学生的知识结构、综合素质是园林专业教学的重任。就园林植物学课程教学而言，除理论知识以外、也要注重园林植物学应用性强的特点，以更好满足今后工作岗位或科研需求，充分发挥学生对园林植物学科的学习主动性、积极性，培养学生认识、分析、解决问题的实际能力和创新精神是本课程学习的真正目标。

三、本课程的学习方法

园林植物的配植要与园林环境相协调，学生既要掌握园林植物的基本理论，又要具备植物识别、习性了解、配植设计的基本技能，要做到这几点，需通过以下方法完成学习：

（一）课堂主动完成学习

本教材以更接近应用实际的园林植物种类作为教学内容，提高学生的学习兴趣和主动性。在理论教学中，不单单以教师为主体进行一味的讲解、灌输，还需配合学生通过各种学习渠道完成课前预习，课堂教学体现教师为主导、学生为主体的教学理念。如果学生在教学过程中只是被动地听、记、背，学习缺乏主动性和能动性，课堂教学手段将失去意义。因此，增加课堂教学的信息量，培养学生学习的主动性，提高学生分析问题、解决问题的能力，利用信息化教学可使教学内容更加形象化，激发学生的学习兴趣，促进学生对于学习园林植物相关知识内容的学习热情。

（二）课下注重实践

学生应利用休息日、假期到植物园、公园、滨水绿地、公共性开放绿地等场所进行园林植物的实践学习，作为园林植物课堂学习的重要补充。园林植物课程的特点决定了在学习过程中必须开展大量实践学习。课程实习可以安排在每节或多节课程教学内容讲授结束之后，实习可以到建成的园林绿地，或正在施工进行的园林工程项目中去。实践课上做到多采集、多解剖、多鉴定、多比较，从课堂理论过渡到对植物形态特征的具体认识、理论联系实际，加深理解与认识。尽早地接触施工现场，还可以让学生提高认识园林植物种植、移栽、养护等实际操作程序，锻炼学生实际动手能力，培养学生施工能力和设计热情。

（三）多画园林植物配植图

园林植物配置图对充分了解园林植物形态习性、种间关系、群落特点等具有重要的实际意义。由手绘配植设计开始，借助计算机软件 AutoCAD、Photoshop 等相关辅助设计软件完成园林植物的设计配植，通过实际操作培养学生的设计热情和创新实践能力，加深学生对园林植物理论及实际操作的理解。例如，在花木类，一、二年生花卉等章节，可以设置搭配设计的练习题目，还可结合真实项目案例，讲述项目优点与实际问题。作图内容与理论知识的学习紧密配合，加强学生绘制、识别图纸的基本技能，增加制作模型等新技能。

此外，立足于学生来源及毕业去向，此次编排的树种主要以亚热带植物为主。在遮阴类和球根花卉等章节，教师根据亚热带地区的气候特点，着重介绍适合此气候特点下的常用植物观赏园林，有所侧重地教学使学生的学习更有针对性和实际意义。

四、园林植物的作用

园林景观中的组成元素很多，如园林植物、建筑、小品、园路、水体、山石等，其效用虽不尽相同，但园林植物在景观中不可或缺、举足轻重，发挥着无可替代的生态与环境美化作用。

（一）视觉美感、陶冶情操

园林植物种类繁多，形态、色彩、芳香、习性等独具特色。各种不同植物之间的搭配组合、群落配置可以营造美丽变化的景观。因地理位置、地方文化以及历史习俗等区别，中国传统文化对不同种类的植物常赋予不同的人格思想或感情寄托。皇家、私家或寺庙园林中的植物搭配不仅提供人们多样的视觉美感，更成为文人墨客的情感寄托。如一些文学家、画家、诗人更常用园林植物的生理特性借喻人格与理想象征。松竹梅被称为"岁寒三友"，家中摆放玉兰、海棠、迎春、牡丹、桂花分别喻示"玉、堂、春、富、贵"，以及对未来美好生活的期盼，装点环境、陶冶情操。

（二）改善环境，净化空气

植物通过光合作用，吸收二氧化碳放出氧气。科学研究表明，每公顷森林每天可消耗 1000kg 二氧化碳，放出 730kg 氧气。城市中，园林植物是空气中二氧化碳和氧气的调节器。光合作用下，植物每吸收 44g 二氧化碳可放出 32g 氧气。通常，阔叶树种吸收二氧化碳的能力强于针叶树种。每 1g 重的新鲜松树针叶在 1 小时内能吸收二氧化碳 3.3mg，同等情况下柳树却能吸收 8.0mg。光合作用的强度因植物品种而异，在居住区园林植物的应用中，合理配置阔叶树与针叶树比例，对居住区环境有重要影响。

（三）杀灭细菌

园林植物还能分泌杀菌素。统计数据显示，城市中空气的细菌数比公园绿地高 7 倍以上，很多植物能分泌杀菌素。研究表明，具有杀灭细菌、真菌和原生动物能力的主要园林植物有：雪松、侧柏、圆柏、黄栌、大叶黄杨、合欢、刺槐、紫薇、广玉兰、木槿、茉莉、洋丁香、悬铃木、石榴、枣、钻天杨、垂柳、栾树、臭椿及一些蔷薇属植物。此外，植物中一些芳香性挥发物质还可以起到提神醒脑、精神愉悦的效果。

(四)吸收有害气体

城市空气中含有许多有毒有害物质,某些植物的叶片可以吸收有害气体,减少空气中有害物质的含量。同时,吸收分解有毒物质时,有些植物叶片也会受到一定影响,产生卷叶或焦叶等现象。汽车尾气排放的碳氢化合物、氮氧化合物等,臭椿、旱柳、榆、忍冬、卫矛、山桃既有较强的吸收净化能力又有较强的抗性,是良好的净化树种。此外,丁香、连翘、刺槐、银杏、油松也具有一定的吸收二氧化硫的功能。普遍来说,落叶植物对硫化物的吸收能力强于常绿阔叶植物。对于氯气,如臭椿、旱柳、卫矛、忍冬、丁香、银杏、刺槐、珍珠花等也具有一定的吸收能力。

(五)阻滞尘埃

城市中的尘埃除含有土壤微粒外,还含有细菌和其他金属性粉尘、矿物粉尘等,既影响人体健康又会造成环境污染。植物枝叶可以阻滞空气中的尘埃,清洁空气。各类植物的滞尘能力差别很大,树冠大而浓密、叶面多毛或粗糙以及分泌油脂或黏液的植物都具有较强滞尘力,如榆树、朴树、广玉兰、女贞、大叶黄杨、刺槐、臭椿、紫薇、悬铃木、腊梅、加拿大杨等具有较强的滞尘作用。

(六)改善小环境空气湿度

研究表明,一株中等大小的杨树,夏季白天每小时可由叶片蒸腾5kg水到空气中,一天即达半吨。如果在一块场地种植100株杨树,相当于每天在该处洒50t水的效果。不同的植物具有不同的蒸腾能力。不同植物的蒸腾度相差很大,有目标地选择蒸腾度较强的植物种植对提高空气湿度有明显作用。

(七)减弱光照,降低噪声

阳光照射到植物上时,一部分被叶面反射,一部分被枝叶吸收,还有一部分透过枝叶投射到林下。由于植物吸收的光波段主要是红橙光和蓝紫光,反射的部分主要是绿光,从光质上说,园林植物下和草坪上的光具有大量绿色波段的光,这种绿光要比铺装地面上的光线柔和得多,对眼睛有良好的保健作用。在夏季还能使人在精神上觉得爽快和宁静。城市生活中有很多的噪声,如汽车行驶声、空调外机声等,园林植物具有降低这些噪声的作用。丛植树阵与枝叶浓密的绿篱墙有明显的隔声效果。实际应用中,隔声效果较好的园林植物有:雪松、松柏、悬铃木、梧桐、垂柳、臭椿、榕树等。园林植物不仅能使人从视觉上、精神上得到美的享受,更能带给人们健康、安宁的生活环境。

【思考与练习】

1. 什么是园林植物?
2. 园林植物有哪些作用?
3. 简述本课程的主要内容及学习方法。

【学习资源推荐】

1. 中国数字植物标本馆：http：//www.cvh.ac.cn/
2. 花卉图片信息网：http：//www.fpcn.net
3. 国家精品课程资源网：http：//www.jingpinke.com/
4. 臧德奎. 园林树木学［M］. 北京：中国建筑工业出版社，2012.
5. 付玉兰. 花卉学［M］. 北京：中国农业出版社，2013.

第二章 园林植物形态学基础

第一节 植物的形态

植物形态学是研究植物体内外形态和结构，器官的形成和发育，细胞、组织、器官在不同环境中以及个体发育和系统发育过程中的变化规律的科学，它是植物学的基础学科之一。根据植物体形态，园林植物主要分为乔木、灌木、藤本、草本，有时将竹类单独列出。

（一）乔木

有直立主干，高度在3m至数10m的木本植物称为乔木。一般而言乔木树身高大，并且根部发生独立主干，树干、树冠区分明显。根据高度，乔木可分为大乔（20m以上）、中乔（6~20m）、小乔（3~10m）。此外，乔木还可分为落叶和常绿乔木两类。

落叶乔木是每年秋冬季节或干旱季节树叶全部脱落的乔木。多指温带落叶乔木，如银杏、核桃、苹果、梧桐等，落叶是植物在长期进化过程中形成的减少蒸腾、渡过寒冷或干旱季节的一种适应方式。

常绿乔木是终年具有绿叶的乔木。这种乔木的叶可生长两三年或更长，且每年都有新叶长出，新叶长出伴随部分旧叶脱落，植物终年保持常绿，如香樟、广玉兰、马尾松、柚木等。常绿乔木美化和观赏价值高，在景观绿化中颇受欢迎。

（二）灌木

灌木是指没有明显主干、呈丛生状态、比较矮小的树木，一般可分为观花、观果、观枝干几类。灌木通常高度在3~6m，出土后即分枝或丛生在地上。枝条有直立（直立灌木），拱垂（垂枝灌木），蔓生（蔓生灌木），或攀缘于其他树木（攀缘灌木），也有在地面以下或近根茎处分枝丛生（丛生灌木）。0.5m以下称为小灌木；地面枝条冬季枯死，来年春重新萌发，称半灌木或亚灌木。常见灌木品种有杜鹃、牡丹、小檗、海桐、铺地柏、连翘、迎春、月季、紫荆、茉莉、柽柳等。

（三）藤本

藤本植物指茎部细长，植物体细长，只能依附别的植物或支持物（不能直立），缠绕或攀缘向上生长的植物。藤本植物借助其他物体生长或匍匐于地面，也有的灌木植物可随环境变化成为藤本植物，如漆树科和茄科的一些品种。

（四）草本

草本是一类植物的总称，但并非植物学科分类中的一个单元。人们通常将草本植物称作"草",而将木本植物称为"树"。草本植物多数在生长季节终了时,其整体部分死亡,包括一年生和二年生的草本植物,如一串红、百日草。多年生草本植物的地上部分每年死去,地下部分的根、根状茎及鳞茎等能存活多年,如天竺葵。

(五)竹类

竹类植物属禾本科竹亚科。竹亚科是一类再生能力很强的植物,是重要的造园材料。中国是竹类植物分布的中心地区之一,除黑龙江、吉林、内蒙古、新疆外,全国均有分布。我国是世界上研究、培育和利用竹类植物最早的国家。竹类用于造园至少已有2200年的历史。

第二节 植物的细胞

细胞是构成生物有机体的结构单位,又是功能和遗传的基本单位。有机体除了最低等的类型(病毒)以外,都是由细胞构成的。单细胞有机体的个体就是一个细胞,一切生命活动都由这一个细胞来承担;多细胞有机体是由许多形态和功能不同的细胞组成,在整体中,各个细胞有着分工,各自行使特定的功能,同时,细胞间又存在着结构上和功能上的密切联系,它们相互依存,彼此协作,共同保证着整个有机体正常生活的进行。

人们对细胞的认识要追溯到17世纪,当时,显微镜发明不久。1665年,英国学者罗伯特·胡克(Robert Hooke)用自制的显微镜发现了细胞。1838年,德国植物学家施莱登(M. J. Schleiden)在研究的基础上指出细胞是构成植物体的基本单位。1839年,德国动物学家施旺(T. Schwann)提出一切植物和动物都是由细胞组成的,所有的细胞都是通过细胞分裂、融合而来的;一个细胞可以分裂形成组织和器官等,从而创立了细胞学说。20世纪初,光学显微镜的发明使细胞的主要结构得以发现,到20世纪30、40年代,电学显微镜的发明,使细胞学有了飞跃的进步。最近50年,细胞学的研究从超微结构发展到了分子水平。

一、植物细胞的形状和大小

植物细胞的形状是多样的,有球状体、多面体、纺锤形和柱状体等(图2-1)。

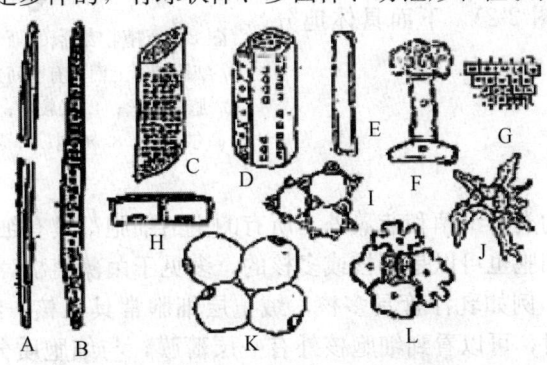

图2-1 种子植物各种形状的体细胞
A. 纤维;B. 管胞;C. 导管分子;D. 筛管分子和伴胞;E. 木薄壁组织细胞;F. 分泌毛;G. 分生组织细胞;
H. 表皮细胞;I. 厚角组织细胞;J. 分枝状石细胞;K. 薄壁组织细胞;L. 表皮和保卫细胞

单细胞植物体或分离的单个细胞，因细胞处于游离状态，常常近似球形。在多细胞植物体内，细胞是紧密排列在一起的，由于相互挤压，使大部分的细胞呈多面体。种子植物的细胞，具有精细的分工，因此，它们的形状变化多端，例如输送水分和养料的细胞（导管分子和筛管分子）呈长柱形，并连接成相通的"管道"，以利于物质的运输；起支持作用的细胞（纤维）一般呈长棱形，并聚集成束，加强支持的功能；幼根表面吸收水分的细胞，常常向着土壤延伸出细管状突起（根毛），以扩大吸收表面。这些细胞形状的多样性，都反映了细胞形态与其功能相适应的规律。

一般来说，植物细胞的体积是很小的。最小的球菌细胞直径只有 0.5μm，在种子植物中，一般的细胞直径为 10～100μm。由于细胞如此之小，因此肉眼一般不能直接分辨出来，必须借助于显微镜。少数植物的细胞较大，如番茄果肉、西瓜瓤的细胞，由于储藏了大量水分和营养，直径可达 1mm，肉眼可以分辨出来；棉花种子上的表皮毛，可以延伸长达 75mm；苎麻茎中的纤维细胞，最长可达 550mm，但这些细胞在横向直径上仍是很小的。

二、植物细胞的基本结构

植物细胞由原生质体和细胞壁两部分组成。原生质体是由生命物质——原生质所构成，它是细胞各类代谢活动进行的主要场所，是细胞最重要的部分。细胞壁是包围在原生质体外面的坚韧外壳，长期以来，人们认为它是植物细胞的非生命部分，但近期，越来越多的研究证明，细胞壁和原生质体之间有着结构和机能上的密切联系，尤其是在幼年的细胞中，二者是一个有机的整体。

在光学显微镜下，原生质体可以明显地区分为细胞核和细胞质。细胞核呈一个折光较强、黏滞性较大的球状体，与细胞质有明显的分界。细胞质是原生质体除了细胞核以外的其余部分。它们二者都不是匀质的，在内部还分化出一定的结构，其中有的用光学显微镜可以看到，而有的必须借助于电子显微镜才能显现出来（图 2-2）。下面具体地分别加以介绍：

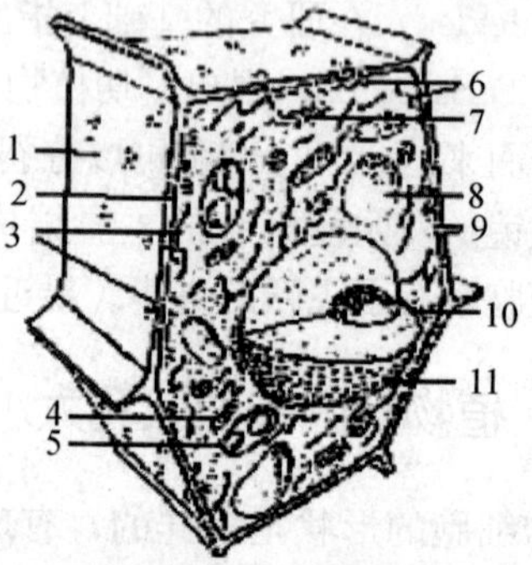

图 2-2 植物细胞的亚显微结构立体模式图
1. 细胞壁，上面具有胞间连丝通过的孔；2. 质膜；
3. 胞间连丝；4. 线粒体；5. 前质体；6. 内质网；
7. 高尔基体；8. 液泡；9. 微管；10. 核仁；11. 核膜

（一）原生质体

1. 细胞核

植物中除最低等的类群细菌和蓝藻外，所有的生活细胞都具有细胞核。通常一个细胞只有一个核，但有些细胞也可以是双核或多核的，多见于菌藻植物，维管植物中少数细胞也可有两个以上的核，例如乳汁管具多核，绒毡层细胞常具二核。细胞核具有一定的结构，当观察生活细胞时，可以看到细胞核外有一层薄膜，与细胞质分界，称为核膜（nuclear membrane）。膜内充满均匀透明的胶状物质，称为核质（nucleoplasm），其中有一个到几个折光强的球状小体，称为核仁（nucleolus）。当细胞固定染色后，核质中被染成深色的部分，称染色质（chromatin），其余染色浅的部分称核液（nucleochylema）。

(1) 核膜：物质进出细胞核的门户，起着控制核与细胞质之间物质交流的作用。电子显微镜观察到核膜具有双层，由外膜和内膜组成。膜上还具有许多小孔，称为核孔（nuclear pore）。这些孔能随着细胞代谢状态的不同进行启闭，所以，不仅小分子的物质能有选择地透过核膜，而且，某些大分子物质，如 RNA 或核糖核蛋白体颗粒等，也能通过核孔出入，由此反映出细胞核与细胞质之间可以进行物质交换，这种交换对调节细胞的代谢具有十分重要的作用。

(2) 核仁：核内合成和贮藏 RNA 的场所，它的大小随细胞生理状态而变化，代谢旺盛的细胞，如分生区的细胞，往往有较大的核仁，而代谢较慢的细胞，核仁较小。

(3) 染色质：细胞中遗传物质存在的主要形式，在电子显微镜下显出一些交织成网状的细丝，主要成分是 DNA 和蛋白质。当细胞进行有丝分裂时，这些染色质丝便转化成粗短的染色体。

(4) 核液：核内没有明显结构的基质，化学成分尚不清楚，可能含有蛋白质、RNA 和多种酶。

由于细胞内的遗传物质（DNA）主要集中在核内，因此，细胞核的主要功能是储存和传递遗传信息，在细胞遗传中起重要作用。此外，细胞核还通过控制蛋白质的合成对细胞的生理活动起着重要的调节作用，如果将核从细胞中除去，就会引起细胞代谢的不正常，并且很快导致细胞死亡。当然，细胞核生理功能的实现，也脱离不了细胞质对它的影响，细胞质中合成的物质以及来自外界的信号，也不断进入核内，使细胞核的活动作出相应的改变，因此，在细胞中，细胞核总是包埋在细胞质中的。

2. 细胞质

细胞质充满在细胞核和细胞壁之间，它的外面包被着质膜（plasmalemma 或 plasma membrane），质膜内是透明的无结构的基质，包埋着一些称为细胞器（organelle）的微小结构。细胞器是细胞质中具有一定的形态结构和具有特定功能的小"器官"，包括质体（plastid）、线粒体（mitochondria）、内质网（endoplasmic reticulum）、高尔基体（dictyosome 或 Golgi body）、液泡（vacuole）、微管（microtubule）等。

(1) 质膜：质膜是包围在细胞质表面的一层薄膜，在动物细胞中通常称为细胞膜（cellmembrane）。由于它很薄，通常又紧贴细胞壁，因此，在光学显微镜下较难识别。质膜是一层单位膜。细胞中除质膜外，细胞核的内膜和外膜，以及其他细胞器表面的包被膜一般也都是单位膜，但各自的厚度、结构和性质都有差异。质膜的主要功能是控制细胞与外界环境的物质交换。这是因为质膜具有"选择透过性"，此种特性表现为不同的物质透过能力不同。当膜生活时，某些物质能很快透过，某些物质透过较慢，而另一些物质则不能透过。质膜的选择透过性使细胞能从周围环境不断地取得所需要的水分、盐类和其他必需的物质，而又阻止有害物质的进入；同时，细胞也能将代谢的废物排除出去，而又不使内部有用的成分任意流失，从而保证了细胞具有一个合适而相对稳定的内环境，这是进行正常生命活动所必需的前题。此外，质膜还有许多其他重要的生理功能，例如主动运输、接受和传递外界的信号，抵御病菌的感染，参与细胞间的相互识别等。

(2) 细胞器：细胞器一般认为是散布在细胞质内具有一定结构和功能的微结构或微器官。

① 质体：质体是一类与碳水化合物的合成与贮藏密切相关的细胞器，它是植物细胞

特有的结构。根据色素的不同，可将质体分成三种类型：叶绿体（chloroplast）、有色体（或称杂色体，chromoplast）和白色体（leucoplast）。叶绿体是进行光合作用的质体，只存在于植物的绿色细胞中，每个细胞可以有几颗到几十颗。有人计算蓖麻的叶片每平方毫米中可有403000颗叶绿体。叶绿体含有叶绿素（chlorophyll）、叶黄素（xanthophyll）和胡萝卜素（carotin），其中叶绿素是主要的光合色素，它能吸收和利用光能，直接参与光合作用。其他两类色素不能直接参与光合作用，只能将吸收的光能传递给叶绿素，起辅助光合作用的功能。植物叶片的颜色，与细胞叶绿体中这三种色素的比例有关。一般情况，叶绿素占绝对优势，叶片呈绿色，但当营养条件不良、气温降低或叶片衰老时，叶绿素含量降低，叶片便出现黄色或橙黄色。某些植物秋天叶子变红色，就是因为叶片细胞中的花青素和类胡萝卜素（包括叶黄素和胡萝卜素）占了优势的缘故。

② 线粒体：线粒体是细胞进行呼吸作用的场所，它具有100多种酶，分别存在于膜上和基质中，其中绝大部分参与呼吸作用。线粒体呼吸释放的能量，能透过膜转运到细胞的其他部分，提供各种代谢活动的需要，因此，线粒体被比喻为细胞中的"动力工厂"。

③ 内质网：内质网是分布于细胞质中由一层膜构成的网状管道系统，管道以各种形状延伸和扩展，成为各类管、泡、腔交织的状态。内质网（图2-3，A）有两种类型，一类在膜的外侧附有许多小颗粒，这种附有颗粒的内质网称为粗糙型内质网，这些颗粒是核糖核蛋白体（ribosome）；另一类在膜的外侧不附有颗粒，表面光滑，称光滑型内质网。细胞中，两类内质网的比例及它们的总量，随着细胞的发育时期、细胞的功能和外部条件而变化。

④ 高尔基体：高尔基体是由一叠扁平的囊（cisterna，也称为泡囊或槽库）所组成的结构。高尔基体与细胞的分泌功能相联系。分泌物可以在高尔基体中合成，或来源于其他部分（如内质网），经高尔基体进一步加工后，再由高尔基小泡将它们携带转运到目的地（图2-3，B）。

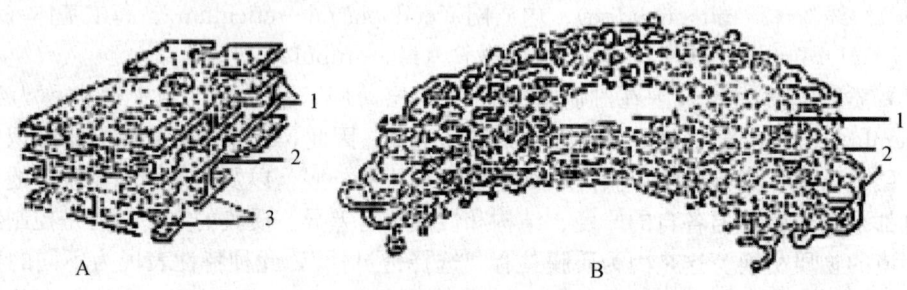

图2-3 内质网和高尔基体的立体结构图解
A. 内质网立体结构图解。1. 膜；2. 腔；3. 核糖核蛋白体；
B. 高尔基体的立体结构图解。1. 由膜围成的囊；2. 小泡

⑤ 核糖核蛋白体：核糖核蛋白体简称为核蛋白体或核糖体，是直径为17~23nm的小椭圆形颗粒。主要成分是RNA和蛋白质。在细胞质中，它们可以游离状态存在，也可以附着于粗糙型内质网的膜上。此外，在细胞核、线粒体和叶绿体中也存在。

⑥ 液泡：具有一个大的中央液泡是成熟的植物生活细胞的显著特征，也是植物细胞与动物细胞在结构上的明显区别之一。幼小的植物细胞（分生组织细胞），具有许多小而

分散的液泡,它们在电子显微镜下才能看到。以后,随着细胞的生长,液泡也长大,相互并合,最后在细胞中央形成一个大的中央液泡,它可占据细胞体积的90%以上。这时,细胞质的其余部分,连同细胞核一起,被挤成为紧贴细胞壁的一个薄层(图2-4)。有些细胞成熟时,也可以同时保留几个较大的液泡,这样,细胞核就被液泡所分割成的细胞质悬挂于细胞的中央。液泡在调节细胞渗透压、贮藏、保存各种代谢物等方面有重要作用。

(3) 胞基质:在电子显微镜下,看不出特殊结构的细胞质部分,称为胞基质。细胞器及细胞核都包埋于其中。它的化学成分很复杂,包含水、无机盐、溶解的气体、糖类、氨基酸、核苷酸等小分子物质,也含有一些生物大分子,如蛋白质、RNA等,其中包括许多酶类。它们使胞基质表现为具有一定弹性和黏滞性的胶体溶液,而且它的黏滞性可随着细胞生理状态的不同而发生改变。胞基质不仅是细胞器之间

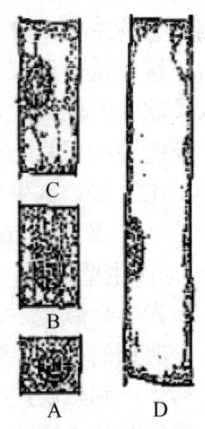

图2-4 细胞生长的各时期,液泡的变化
A~D为从分生细胞开始,细胞依次生长的四个不同时期

物质运输和信息传递的介质,而且也是细胞代谢的一个重要场所,许多生化反应,如厌氧呼吸及某些蛋白质的合成等就是在胞基质中进行的。同时,胞基质也不断地为各类细胞器行使功能提供必需的原料。

(二) 细胞壁

细胞壁是包围在植物细胞原生质体外面的一个坚韧的外壳。它是植物细胞特有的结构,与液泡、质体一起构成了植物细胞与动物细胞相区别的三大结构特征。细胞壁的功能是对原生质体起保护作用。此外,在多细胞植物体中,各类不同的细胞的壁,具有不同的厚度和成分,从而影响着植物的吸收、保护、支持、蒸腾和物质运输等重要的生理活动。

1. 细胞壁的层次

细胞壁根据形成的时间和化学成分的不同分成三层(图2-5):胞间层(intercellular layer)、初生壁(primary wall)和次生壁(secondary wall)。

(1) 胞间层:又称中层,存在于细胞壁的最外面。它的化学成分主要是果胶(pectin),这是一种无定形胶质,有很强的亲水性和可塑性,多细胞植物依靠它使相邻细胞彼此粘连在一起。果胶很易被酸或酶等溶解,从而导致细胞的相互分离。例如某些组织成熟时,体内的酶分解部分胞间层,形成细胞间隙。许多果实,如番茄、苹果、西瓜等成熟时,

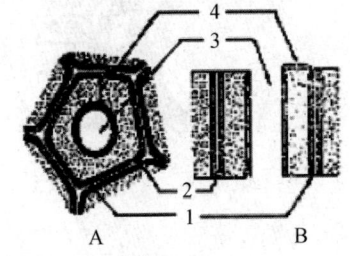

图2-5 具次生壁细胞的细胞壁结构
A. 横切面; B. 纵切面
1. 初生壁; 2. 胞间层;
3. 细胞腔; 4. 三层的次生壁

果肉细胞的胞间层被溶解,致使细胞发生分离,果肉变得软而"面"。有些真菌能分泌果胶酶,溶解植物组织的胞间层而侵入植物体内。麻类植物的茎浸入水中的沤麻过程,也是利用微生物分泌酶分解纤维的胞间层使其相互分离。

(2) 初生壁:初生壁是在细胞停止生长前原生质体分泌形成的细胞壁层,存在于胞间

层内侧。它的主要成分是纤维素、半纤维素和果胶。现已证明，在初生壁中也含有少量结构蛋白，这些蛋白质成分与壁上的多糖紧密结合。初生壁的厚度较薄，一般为 1~3μm，质地较柔软，有较大的可塑性，能随着细胞的生长而延展。许多细胞在形成初生壁后，如不再有新壁层的积累，初生壁便成为它们永久的细胞壁。

（3）次生壁：次生壁是细胞停止生长后，在初生壁内侧继续积累的细胞壁层。它的主要成分是纤维素（cellulose），含有少量的半纤维素（hemicellulose），并常常含有木质（lignin）。次生壁较厚，一般为 5~10μm，质地较坚硬，因此，有增强细胞壁机械强度的作用。在光学显微镜下，厚的次生壁层可以显出折光不同的三层：外层、中层和内层。因此，一个典型的具次生壁的厚壁细胞（如纤维或石细胞），细胞壁可看到有 5 层结构：胞间层、初生壁和三层次生壁。但是，不是所有的细胞都具有次生壁，大部分具次生壁的细胞，在成熟时原生质体死亡，残留的细胞壁起支持和保护植物体的功能。

2. 纹孔和胞间连丝

细胞壁生长时并不是均匀增厚的。在初生壁上具有一些明显的凹陷区域，称为初生纹孔场（primary pit field）。在初生纹孔场上集中分布着许多小孔，细胞的原生质细丝通过这些小孔，与相邻细胞的原生质体相连。这种穿过细胞壁，沟通相邻细胞的原生质细丝称为胞间连丝（图 2-6，A），它是细胞原生质体之间物质和信息直接联系的桥梁，是多细胞植物体成为一个结构和功能上统一的有机体的重要保证。在高倍电子显微镜下，胞间连丝显出是直径约 40nm 的管状结构，相邻细胞的质膜在胞间连丝周围是连续的，丝的中心可观察到直径为 10nm 的深色的结构，内质网通过胞间连丝与相邻细胞联系。除初生纹孔场外，在壁的其他部位也可分散存在少量胞间连丝。

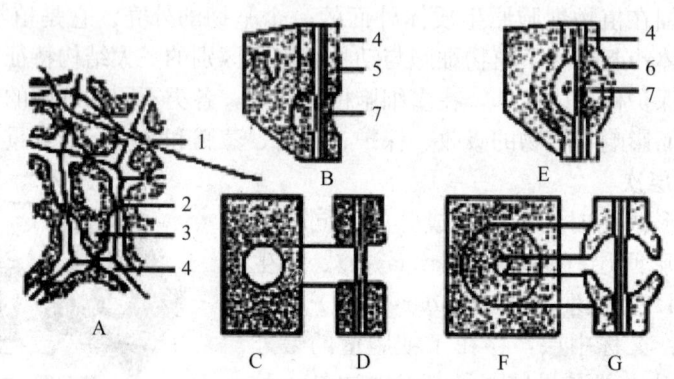

图 2-6 纹孔和胞间连丝

A. 相邻细胞间的胞间连丝通过初生纹孔场；B~D. 单纹孔；E~G. 具缘纹孔
（B，E 为立体剖面；C，F 为正面观；D，G 为侧面观）
1. 细胞质；2. 初生纹孔场和胞间连丝；3. 液泡；4. 初生壁；5. 次生壁；6. 纹孔腔；7. 纹孔膜

3. 细胞壁的亚显微结构

电子显微镜下对细胞壁结构的研究指出，构成细胞壁的结构单位是微纤丝（microfibril）。微纤丝是由纤维素分子束微团（micelle）聚合成的纤丝，在电子显微镜下可以辨别。把细胞壁中的非纤维素成分去掉后，可以看到微纤丝相互交织成网状，构成了细胞壁的基本构架。在完整的壁中，其他的壁物质（果胶、半纤维素、木质、栓质等）填充于微纤丝"网"的空隙中。微纤丝再聚集成较粗的纤丝而称为大纤丝（macrofibril），这种大纤丝可以在光学显微镜下看到。

三、植物细胞的后含物

植物细胞后含物通常指贮藏物质和代谢产物，种类很多，包括糖类（淀粉粒）、蛋白质（糊粉粒或蛋白体）、脂质（脂肪与油）、在液泡中盐类的晶体、某些有机化合物，如丹宁、树脂、树胶、橡胶和植物碱等。这些物质有的存在于原生质体中，有的存在于细胞壁上。许多后含物对人类具有重要价值。

（一）淀粉

淀粉是葡萄糖分子聚合而成的长链化合物，它是细胞中碳水化合物最普遍的贮藏形式，在细胞中以颗粒状态存在，称为淀粉粒（starch grain）。所有的薄壁细胞中都有淀粉粒的存在，尤其在各类贮藏器官中更为集中，如种子的胚乳和子叶中，植物的块根、块茎、球茎和根状茎中都含有丰富的淀粉粒。是高等植物中含量仅次于纤维的一种丰富的糖类。在光合作用时，叶绿体中合成淀粉；后来它被水解成糖类，运输到植物的其他部位，再在那些部位由造粉体重新合成淀粉。

许多植物的淀粉粒，在显微镜下可以看到围绕脐点有许多亮暗相间的轮纹，这是由于淀粉沉积时，直链淀粉（葡萄糖分子成直线排列）和支链淀粉（葡萄糖分子成分支排列）相互交替地分层沉积的缘故，直链淀粉较支链淀粉对水有更强的亲和性，二者遇水膨胀不一，从而显出了折光上的差异。

淀粉粒在形态上有三种类型：单粒淀粉粒，只有一个脐点，无数轮纹围绕这个脐点；复粒淀粉粒，具有两个以上的脐点，各脐点分别有各自的轮纹环绕；半复粒淀粉粒，具有两个以上的脐点，各脐点除有本身的轮纹环绕外，外面还包围着共同的轮纹（图2-7）。不同的植物淀粉粒的大小和形态不同（图2-8），因此，在有限的范围内可以利用这些性状来鉴定种子和其他植物含淀粉的部位。

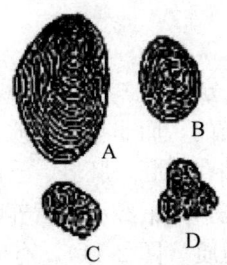

图2-7 马铃薯淀粉粒的类型
A. 单粒淀粉粒；B. 半复粒淀粉粒；
C、D. 复粒淀粉粒

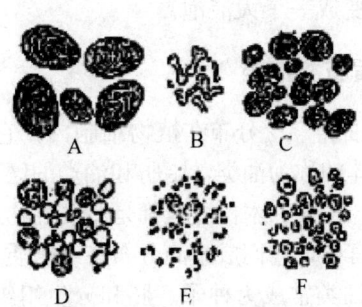

图2-8 几种植物的淀粉粒
A. 马铃薯；B. 大戟；C. 菜豆；
D. 小麦；E. 水稻；F. 玉米

（二）蛋白质

细胞中的贮藏蛋白质呈固体状态，生理活性稳定，是无生命的，没有积极的代谢意义，与原生质体中呈胶体状态的有生命的蛋白质在性质上不同。

贮藏蛋白质可以是结晶的或是无定形的。结晶的蛋白质因具有晶体和胶体的二重性，因此称拟晶体（crystalloid），以与真正的晶体相区别。蛋白质拟晶体有不同的形状，但常呈方形，例如，在马铃薯块茎上近外围的薄壁细胞中，就有这种方形结晶的存在，因此，马铃薯削皮后会损失蛋白质的营养。无定形的蛋白质常被一层膜包裹成圆球状的颗粒，称为糊粉粒（aleuronegrain）。有些糊粉粒既包含有无定形蛋白质，又包含有拟晶体，成为复杂的形式。

糊粉粒较多地分布于植物种子的胚乳或子叶中，有时它们集中分布在某些特殊的细胞层。例如谷类种子胚乳最外面的一层或几层细胞，含有大量糊粉粒，特称为糊粉层（aleurone layer）（图 2-9）。在许多豆类种子（如大豆、落花生等）子叶的薄壁细胞中，普遍具有糊粉粒，这种糊粉粒以无定形蛋白质为基础，另外包含一个或几个拟晶体。蓖麻胚乳细胞中的糊粉粒，除拟晶体外还含有磷酸盐球形体（globoid）（图 2-10）。

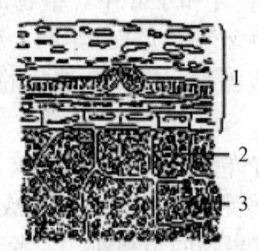
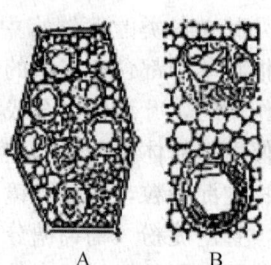

图 2-9 小麦颖果横切面，示糊粉层
1. 果皮和种皮；2. 糊粉层；
3. 贮藏淀粉的薄壁组织

图 2-10 蓖麻种子的糊粉粒
A. 一个胚乳细胞；B. A 中一部分的放大，
示两个含有拟晶体和磷酸球形体的糊粉粒

贮藏蛋白质能累积在液泡内。例如豆类子叶细胞形成糊粉粒时，先从一个大液泡分散成几个小液泡，以后随着种子的成熟，每个小液泡内的蛋白质，就逐渐变为糊粉粒，这时液泡膜成为包裹在糊粉粒外面的膜。当种子萌发时，糊粉粒内蛋白质被消化利用，许多小液泡重新转变成一个大液泡。

（三）脂肪和油类

脂肪和油类广泛分布在植物细胞内，它们的化学结构十分相似。在常温下，固体的称为脂肪，液体的称为油类，脂肪和油类的区别主要是物理性质的，而非化学性质。细胞壁和壁内的蜡质、角质和木栓质也都是脂肪性物质。脂质物质常储存在胚、胚乳、子叶、花粉及一些贮藏器官中，它们成小滴分布在细胞质里。脂质含热量高，是最经济的营养贮藏形式。

脂肪和油类常成为种子、胚和分生组织细胞中的贮藏物质（图 2-11），有时在叶绿体内也可看到。脂肪和油类在细胞中的形成可以有多种途径，例如质体和圆球体都能积聚脂类物质，发育成油滴。

（四）无机盐和晶体

在许多植物细胞中，无机盐形成各种结晶（crystal），其中大多数是草酸钙结晶。一般认为，结晶是由细胞代谢废物沉积而成的。草酸钙形成结晶后，成为不溶于水的物质，对原生质体没有毒害。

根据晶体的形状可以分为单晶、针晶和簇晶三种。单晶呈棱柱状或角锥状。针晶是两端尖锐的针状，并常集聚成束。簇晶是由许多单晶联合成的复式结构，呈球状，每个单晶的尖端都突出于球的表面（图2-12）。

图2-11 含有油滴的
椰子胚乳细胞

图2-12 晶体的类型
1.单晶；2.簇晶；3.针晶

晶体在植物体内分布很普遍。然而，各种植物以及一个植物体不同部分的细胞中含有的晶体，在大小和形状上，有时有很大区别。

四、植物细胞的分裂、生长与分化

（一）细胞分裂

细胞分裂是活细胞增殖其数目，由一个细胞分裂为两个细胞的过程。分裂前的细胞称母细胞，分裂后形成的新细胞称子细胞。一般包括细胞核分裂和细胞质分裂两步。在细胞核分裂过程中母细胞把遗传物质传递给子细胞。在单细胞生物中细胞分裂就是个体的繁殖，在多细胞生物中细胞分裂是个体生长、发育和繁殖的基础。植物的细胞分裂有无丝分裂、有丝分裂、减数分裂等方式。

1. 无丝分裂

无丝分裂时由于不经过染色体有规律的平均分配，故存在遗传物质不能保证（但也不是没有可能）均等分配的问题，由此有些人认为这是一种不正常的分裂方式。

无丝分裂是最早发现的一种细胞分裂方式，早在1841年德马克（R. Remak）于鸡胚血球细胞中见到。在无丝分裂中，核仁、核膜都不消失，没有染色体，也不形成纺锤体，也看不到染色体复制和平均分配到子细胞中。但进行无丝分裂的细胞，染色体也要进行复制，并且细胞要增大。当细胞核体积增大一倍时，细胞就发生分裂。

无丝分裂是最简单的分裂方式。过去认为无丝分裂主要见于低等生物和高等生物体内的衰老或病态细胞中，但后来发现在动物和植物的正常组织中也比较普遍地存在。无丝分裂在高等生物中主要是高度分化的细胞，在动物的上皮组织、疏松结缔组织、肌肉组织和肝组织中，在植物各器官的薄壁组织、表皮、生长点和胚乳等细胞中，都有无丝分裂现象。

2. 有丝分裂

有丝分裂又称为间接分裂，它是一种最普遍，是常见的分裂方式。有丝分裂为连续分裂，一般分为核分裂和胞质分裂。

核分裂：核分裂是一个连续的过程，为了叙述的方便，人为地把核分裂划分为前期、中期、后期以及末期四个时期。有丝分裂各期的特点如下（以植物细胞为例）：

间期：分为 G1、S、G2，主要进行 DNA 复制和相关蛋白质合成，核膜核仁逐渐消失。

前期：核内的染色质凝缩成染色体，核仁解体彻底消失，核膜破裂以及纺锤体开始形成。

中期：中期是染色体排列到赤道板上，纺锤体完全形成时期。

后期：后期是各个染色体的两条染色单体分开，在纺锤丝的牵引下，分别由赤道移向细胞两极的时期。

末期：为形成二子核和胞质分裂的时期。染色体分解，核仁、核膜出现，赤道板位置形成细胞板，将来形成新的细胞壁。赤道板上堆积的纺锤丝，称为成膜体。

动物细胞与植物细胞相似，不同的是动物细胞是由中心体发出星射线形成纺锤体，植物细胞是从两级直接发出纺锤丝。有丝分裂末期动物细胞细胞膜向内凹陷，形成两个子细胞，植物细胞是在赤道板（虚拟想象）位置形成细胞板，将细胞分成两个子细胞。

有丝分裂通过细胞分裂使每一个母细胞分裂成两个基本相同的子细胞，子细胞染色体数目、形状、大小一样，每一染色单体所含的遗传信息与母细胞基本相同，使子细胞从母细胞获得大致相同的遗传信息。使物种保持比较稳定的染色体组型和遗传的稳定性。

（二）植物细胞的生长

一株植物的生活史始于雌、雄细胞融合后形成的单个细胞——受精卵。受精卵经过分裂形成多细胞的胚。

细胞的生长，主要是指细胞体积的增大，细胞分化完成后并不是所有的细胞都有生长的过程，大多数的组织器官都是通过不断的细胞分裂以增加细胞数量的方式来生长，只有很少数细胞（像神经元细胞）是通过增大细胞体积的方式来生长的，随着个体的不断发育，神经元细胞，特别是轴突的部分也要不断的伸长。

（三）植物细胞的分化

细胞的分化是一个非常复杂的过程。由一个受精卵发育而成的生物体的各种细胞，在形态、结构和功能上会有明显的差异，这和细胞的分化有关，细胞的分化是在一定条件下，可以分化成多种功能的 APSC 多能细胞。细胞的分化是指在个体发育中，由一个或一种细胞增殖产生的后代，在形态、结构和生理功能上向着不同方向稳定变化的过程。那些形态相似、结构相同、具有一定功能的细胞群叫做组织。

五、原核细胞和真核细胞

前面介绍的细胞结构为大多数植物细胞所共有的，这些细胞的原生质体都具有由核膜包被的细胞核，细胞内有各类被膜包被的细胞器，这样的细胞称为真核细胞（eucaryotic cell）。在自然界中，还存在着一类结构上缺少分化的简单细胞，它们没有以上所说的那样的细胞核，细胞的遗传物质脱氧核糖核酸（DNA）分散于细胞中央一个较大的区域，没有膜包被，这一区域称为核区或拟核。这种细胞称为原核细胞（prokaryotic cell）。

原核细胞一般比真核细胞小，细胞直径在 $0.5\sim1\mu m$ 之间。它们除没有细胞核外，原生质体也不分化为质体、线粒体、高尔基体、内质网等各类细胞器,细胞内只有少量的膜片层,细胞进行光合作用的色素,直接分布于这些膜片层上。因此,原核细胞从结构上和细胞内功能的分工上,都反映出处于较为原始的状态。目前已知的生物中,只有细菌和蓝藻的细胞是原核细胞,因此,它们被称为原核生物(prokaryote)。

第三节 植物的组织

一、植物组织的概念

植物的五大基本组织是分生组织、保护组织、输导组织、营养组织、机械组织。植物组织由来源相同和执行同一功能的一种或多种类型细胞集合而成的结构单位。对植物组织的分类主要有两种看法,一是侧重于组织的发生,并从形态上说明植物的组织;一是着眼于生理功能上的不同,从生理上分为各类组织。另外,也有人用细胞类型的分类代替各组织类型。

二、植物组织的分类

(一)分生组织

细胞具有持续分裂新细胞能力,其衍生细胞可分化成各种组织,由于分生组织的活动,使植物在整个生长阶段可以不断地分化出组织和器官。分生组织存在于高等植物体内的特定部位,是一类可连续性或周期性分裂产生新细胞的组织。分生组织的细胞经过分裂、生长、分化而形成其他各类组织,直接关系到植物的生长和发育。

分生组织的细胞排列紧密、一般无细胞间隙;细胞壁薄、主要由果胶和纤维素构成;细胞核相对较大、细胞质浓、细胞器丰富,但一般没有液泡和质体的分化。根据分生组织的发育来源和在植物体中的分布位置,可将分生组织分为不同类型(图2-13)。

1. 顶端分生组织(apical meristem)

顶端分生组织位于根和茎顶端的分生区部位,其细胞小、排列紧密、近于方形,能较长期地保持旺盛的分裂能力。顶端分生组织分裂产生的细胞,一部分继续保持分裂能力,一部分逐渐分化、形成各种有关的成熟组织。顶端分生组织是根、茎、腋芽和幼叶生长的基础。当有花植物发育到一定阶段,茎的顶端分生组

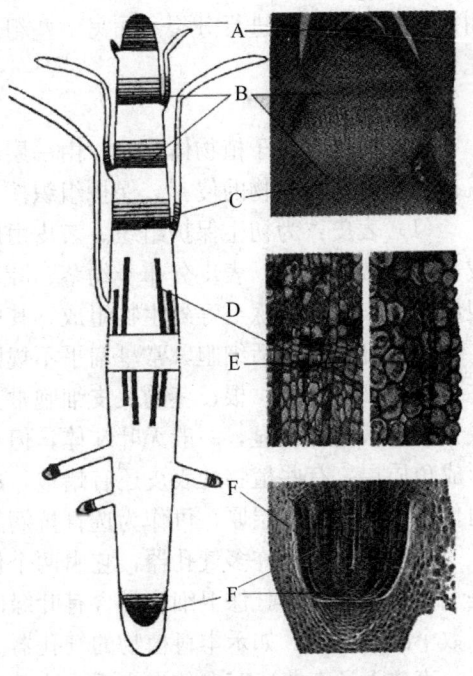

图2-13 分生组织的分布与特征
A:顶端分生组织(芽);B、C:居间分生组织;
D、E:侧生分生组织;F:顶端分生组织(根)

织可转化为产生花或花序的分生组织。

2. 侧生分生组织（lateral meristem）

侧生分生组织是一类分布于植物体内、平行于所在器官的表面，且与所在器官的增粗有关的次生分生组织。侧生分生组织包括维管形成层和木栓形成层，其细胞特征与次生分生组织相同。在多年生植物体内，维管形成层可逐年活动，产生新的细胞，位于维管形成层外侧的细胞则分化为次生韧皮部，位于其内侧的分化为次生木质部；木栓形成层的分裂活动，向外形成木栓层，向内形成栓内层，覆盖于老根和老茎的外周。侧生分生组织活动的结果，使裸子植物和多数双子叶植物的根和茎得以增粗。

3. 居间分生组织（intercalary meristem）

居间分生组织位于茎、叶、子房柄、花梗、花序轴等器官节段的基部或其成熟组织之间，其细胞的分裂仅局限于一定时空，便转变为成熟组织。居间分生组织的细胞核大，细胞质浓，有一定程度的液泡化，主要进行横向分裂，使器官纵向伸长。禾本科植物茎的每个节间的基部都具有居间分生组织，如水稻、小麦等拔节、抽穗，竹类植物的"雨后春笋"，韭菜、葱叶子刈割后的快速生长，以及花生子房的"入土结实"等，都与居间分生组织的活动有关。

（二）成熟组织

成熟组织是分生组织衍生的大部分细胞，逐渐丧失分裂的能力，进一步生长和分化，形成的其他各种组织，称为成熟组织，有时也称为永久组织（permanent tissue）。各种成熟组织可以具有不同的分化程度，有些组织的细胞与分生组织的差异极小，具有一般的代谢活动，并且也能进行分裂。而另一些组织的细胞则有很大的形态改变，功能专一，并且完全丧失分裂能力。

1. 保护组织

保护组织存在于植物体表面，由一层或数层细胞组成，其功能是减少水分蒸腾，防止机械损伤和其他生物的侵害。保护组织按其来源可分为表皮和周皮。

（1）表皮：为初生保护组织。表皮由原表皮分化而来，通常为一层细胞，多层的复表皮只是少数的例子。表皮分布于幼茎、叶、花和果实的外表面，由表皮细胞、气孔器的保卫细胞、表皮毛或腺毛等外生物组成。其中表皮细胞是最基本成分。

表皮细胞是生活细胞，常呈扁平不规则形、侧壁波浪形，凹凸镶嵌，除气孔外，不存在另外的细胞间隙。根、茎的表皮细胞常为长柱形。从横切面上看，表皮细胞多呈长方形或方形，液泡化明显，一般无叶绿体，但有时可有白色体存在。细胞的外壁较厚，并角化形成角质层，有些植物的表皮还有蜡被，这对减少水分蒸腾、防止病菌侵入有重要作用。角化程度高或蜡质层厚，可作为选育抗病品种的特征之一。

气生表皮上有许多气孔器，它由两个保卫细胞合围而成。中间留有间隙，称为气孔，是气体出入的门户。保卫细胞是含有叶绿体的生活细胞，有的植物的保卫细胞外侧还有1至数个副卫细胞，如禾本科植物的气孔器。

表皮上还有普遍存在的表皮毛或腺毛，其形态结构多种多样。有单细胞或多细胞的；有单条或分枝的；有些毛的壁是纤维素的，有的矿化。表皮毛的存在，加强了表皮的保护作用。多毛密生的植物表皮，由于折射的关系，常呈白色，可削弱强光的影响，减少水分蒸腾作用，是植物抗旱的形态结构，对于干旱地区生活的植物是有利的。此外，腺毛有分泌作用，属分泌结构。

(2) 周皮：周皮是取代表皮的次生保护组织。有些植物的根、茎在加粗过程中破坏了表皮，在表皮下面又形成新的保护组织，即周皮。周皮包括木栓层、木栓形成层和栓内层。木栓层是由木栓形成层分裂的径向成行的细胞所组成。细胞扁平，无胞间隙，细胞壁高度栓化。最后，细胞的内容物消失而成为死细胞。它具有抗压、隔热、绝缘等特性，起到很好的保护作用。木栓形成层还向内分裂细胞，分化成栓内层。栓内层通常为1至数层，是薄壁的生活细胞，常具叶绿体。

周皮通常在某些限定部位，一般在气孔下方，木栓形成层向外分裂衍生出排列疏松的薄壁细胞，称为补充细胞，突破周皮，在表面形成小突起，称为皮孔。它是水分，气体内外交流的通道。树木加粗时，原有周皮破裂，这时，在原有周皮下形成新的周皮。随着植物的生长，多次周皮的积累形成树木茎干和老根的树皮，同样也能起保护作用。

2. 基本组织

基本组织是植物体内最多，分布最广的组织。它存在于根、茎、叶、花、果实和种子中，其共同特点是由薄壁细胞所组成，故也称薄壁组织。基本组织的细胞特征是壁薄、液泡较大、细胞质较少、排列较疏松、有明显的胞间隙。它们分化程度较低，有潜在的分生能力，这对于扦插、嫁接的成活和进行组织离体培养均有实际意义。

基本组织是植物体进行各种代谢活动的主要组织，根据生理功能的不同，可将基本组织分为吸收组织、同化组织、通气组织、贮藏组织等。

(1) 吸收组织 (absorptive tissue)：吸收组织位于根尖稍后方的根毛区的表皮层上，其细胞壁薄且外壁向外突出形成毛状结构——根毛，是一类从外界吸收水分和溶于水的无机养分的组织。

(2) 同化组织 (assimilating tissue)：同化组织位于植株的绿色部位，尤其是叶肉中，是利用水和CO_2进行光合作用制造有机物质（同化产物）的组织。同化组织的细胞中含有大量的叶绿体，液泡化程度较高，具有发达的胞间隙。

(3) 储藏组织 (storage tissue)：储藏组织是储藏淀粉、蛋白质、脂肪以及某些特殊物质如单宁、橡胶等次生代谢物质的组织。主要分布于块根、块茎、果实、种子，以及根茎的某些结构中，如番薯 (*Ipomoea batatas* Lam.) 块根、马铃薯 (*Solanum tuberosum* L.) 块茎的薄壁细胞储藏淀粉粒，蓖麻 (*Ricinus communis* L.) 种子的胚乳细胞储藏糊粉粒，花生种子的子叶细胞储藏油滴等。

(4) 通气组织 (ventilating tissue)：通气组织是水生植物和湿生植物中的一种能贮存和输导气体的薄壁组织。在水湿生植物的根茎叶结构的发育过程中，部分细胞程序性死亡，形成相互贯通的气道、气腔，储藏着大量空气，有利于光合作用、呼吸作用过程中气体的交换，同时也可以有效地抵抗水生环境中所受到的机械力。植物的通气组织的发达与否常因物种、生存条件、发育程度和分布部位而不同。

(5) 传递细胞 (transfer cell)：传递细胞是一类细胞壁显著向内生长、胞间连丝发达、短途运输物质能力强的薄壁细胞。植物体中的传递细胞分布广泛，常见于物质短途运输强烈的部位，如叶表皮腺细胞、木质部或韧皮部薄壁细胞、维管束鞘、花药绒毡层、珠被、胚囊中的助细胞、反足细胞及子叶表皮细胞、胚乳细胞等。

3. 机械组织

机械组织对植物体起着机械支持的作用。植物器官的幼嫩部分，机械组织不发达。随着器官的成熟，器官的内部逐渐分化出机械组织。机械组织的共同特点是细胞壁局部或全部加厚，有的还发生木化。根据细胞形态结构和细胞壁加厚的方式不同，可分为厚角组织和厚壁组织。

(1) 厚角组织：为初生机械组织，由长轴形的活细胞所组成。厚角组织最明显的特征是细胞壁不均匀加厚，只在几个细胞邻接处的角隅部分加厚，且这种加厚是初生壁性质的，故有一定的坚韧性，又有可塑性和延伸性，既可支持器官直立，又可适应器官的迅速生长，因此，它普遍存在于正在生长或经常摆动的器官中。例如，常见于双子叶植物的幼茎、叶柄、花梗等部位的表皮内侧。厚角组织的细胞常含有叶绿体，并有一定的分裂潜能，能参与木栓形成层的形成。厚角组织的分布往往连续成环状或分离成束状，有棱部分特别发达，增强支持力量，如芹菜、南瓜的茎和叶柄。

(2) 厚壁组织：此类组织的特征是细胞壁呈不同程度的次生加厚，且常木化。细胞成熟后，细胞腔小，通常没有生活的原生质体，成为只留有细胞壁的死细胞。厚壁组织一般可分为纤维和石细胞。

① 纤维：纤维是两端尖细成梭形的细长细胞，长比宽大很多倍。其次生壁明显增厚，但木化程度不一致，壁上有少数纹孔，成熟时原生质体一般都消失，细胞腔中空且小。纤维不仅成束分布，而且每束内的纤维细胞两端互相嵌叠，这种排列方式大大增强纤维束的强度。根据纤维在植物体内位置和细胞壁特化程度不同，可分为韧皮纤维和木纤维。

韧皮纤维分布于韧皮部，也出现于皮层和维管束鞘。韧皮纤维的细胞壁虽厚，但纤维含量丰富，木化程度低，坚韧而有弹性，细胞的纹孔较少，常呈裂缝状。各种植物韧皮纤维的长度不一，木化程度也各异。如亚麻、苎麻的韧皮纤维长为 9～70mm 和 250～620mm，不木化，韧性强，质地良好，是优质纺织原料。红麻、黄麻的韧皮纤维较短，木化程度较高，质硬而韧性低，只能制麻袋和绳索。

木纤维分布于木质部，也是长轴的纺锤形细胞，比韧皮纤维短，长约 1mm 左右。其细胞壁木化程度高，腔小而坚实，脆而易断，无弹性，可供建筑用材、造纸和人造纤维之用。

② 石细胞：广泛分布于植物体中，可单生或聚生于茎、叶、果皮和种皮内。石细胞的形状差别很大，有短宽的、分枝的、星状的、长柱形的等等。石细胞的壁强烈次生增厚和木化，有时也可栓化和角化，出现同心层次，壁上有许多单纹孔，可呈分枝状的纹孔道。细胞腔极小，通常原生质体消失，成为仅具坚硬细胞壁的死细胞。例如桃、李、梅、椰子等果实的坚硬的"核"；水稻的谷壳；桂花、茶叶中有单个分枝状的石细胞；豆类种皮上的石细胞常呈柱状或三棱镜形或骨形，多成层状分布，为表皮和其下层主要成分。

4. 输导组织

输导组织是植物体内担负长途运输的管状结构，它们在各器官间成连续的输导系统。根据它们运输的主要物质不同，分为两大类：一类是运输水和无机盐的导管和管胞；另一类是运输有机养料的筛管和筛胞。

(1) 导管：导管是由许多长筒形的细胞，顶端对顶端连接而成，每一个细胞称为导管分子。导管分子的侧壁不同程度的增厚、木化；端壁溶解消失，形成不同形式的穿孔；原生质体解体而成为死细胞。整个导管为一长管状结构，口径大小不同。根据导管发育先后及其侧壁次生增厚和木化的方式不同，可将导管分为5个类型。

① 环纹导管：每隔一定距离有一环状的木化增厚的次生壁，故有环状花纹。

② 螺纹导管：侧壁呈螺旋带状木化增厚。

③ 梯纹导管：侧壁呈几乎平行的横条状木化增厚，与未增厚的初生壁相间，形似梯形。

④ 网纹导管：侧壁呈网状木化增厚，网眼为未增厚的初生壁。

⑤ 孔纹导管：侧壁大部木化增厚，未增厚部分形成纹孔。

上述前两种导管出现较早，常发生于生长初期的器官中，导管直径较小，输导能力较弱，未增厚的初生壁还可随着器官的伸长而延伸。后三种导管多在器官生长后期分化形成，导管直径大，每个导管分子显得较短，输导效率高。

导管的长度可以从几厘米到1米，藤本植物的导管更长，如紫藤茎的导管可达5m以上。但一株植物体内的水分运输，不是由1条导管从根直通到顶的，而是分段，经过许多条导管曲折连贯地向上运行。导管是一种比较完善的输水结构，水流可顺利通过导管细胞腔及穿孔上升，也可通过侧壁上的纹孔横向运输。然而导管的输导功能并非永久保持的，其有效期长短因植物种类而异。在多年生植物中有的可达数年，有的长达十余年。当新的导管形成后，老的导管通常相继失去输导水分的能力。

（2）管胞：管胞是一种狭长并且两头斜尖的管状细胞，一般长约1~2mm，直径较小，细胞壁次生增厚并木化，最后原生质体消失为死细胞。它与导管的主要区别是管胞的端壁不消失或穿孔，而为具缘纹孔。管胞的次生壁增厚和木化时，也形成环纹、螺纹、梯纹和孔纹等纹理。是多数蕨类植物和裸子植物唯一输水结构。而大多数被子植物中，管胞和导管同时存在。

管胞纵向排列时，各以先端斜尖面彼此贴合，水溶液通过端壁和侧壁上的纹孔进入另一个管胞逐渐向上或横向运输，故输导效率低。同时，管胞常成群分布，尤其在裸子植物中更是如此，故还能起机械支持作用。

（3）筛管和伴胞：筛管是由一些管状活细胞连接而成，每一个细胞称为筛管分子。筛管分子的壁是初生壁，端壁上有许多小孔，称为筛孔。筛孔常成群分布于细胞壁上，称筛域。分布有1至多个筛域的端壁，称筛板。筛板上只有一个筛域的称单筛板，具有多个筛域的称复筛板。

筛管分子是生活细胞，具有生活原生质体。但在成熟过程中，其细胞核解体，许多细胞器退化，液泡膜破裂，最后仅有结构退化的质体和线粒体，"变形内质网"及含蛋白质的粘液体（现称P-蛋白质），与物质运输有关。黏液体呈粘液分散在细胞中，同时原生质体呈细丝状的联络索，通过筛板的筛孔上下相连，从而构成有机物质运输的通道。

筛孔的周围衬有胼胝质，随着筛管的成熟老化，胼胝质不断增多，以致成垫状沉积在整个筛板上，联络索相应变细，以致完全消失，筛孔被堵塞。这种垫状物质称为胼胝体。单子叶植物筛管的输导功能在整个生活周期内不致丧失，而一些多年生双子叶植物在冬季来临之前，由于胼胝体的形成，筛管暂停输导功能，到翌年春天，胼胝体溶解，筛管的功能又渐恢复。

一般筛管分子的长度约0.1~2mm，宽约10~70μm。同化产物的运输速度每小时可达10～100（或200）cm。运输方向可向上，也可向下，通常是由营养物质丰富的部位向含量较低的部位运输。

紧贴在筛管分子旁边有1至数个小型的、细长、两头尖的薄壁细胞，称作伴胞。伴胞与筛管分子是由同一个母细胞分裂而来的，两者长度相等或伴胞较筛管稍短。伴胞有明显的细胞核，细胞质浓厚，具有多种细胞器，有许多小液泡，但质体内膜分化较差，尤其含有大量的线粒体，说明伴胞的代谢活动活跃。伴胞与筛管侧壁之间有胞间连丝相通，它对维持筛管质膜的完整性进而维持筛管的功能有重要作用。在某些双子叶植物中，筛管分子与邻近细胞之间物质交换特别强烈，伴胞发育出内褶的细胞壁，具有传递细胞的特点，有效地加强了短途运输，表明伴胞与筛管的关系是起装载和卸除的作用。

（4）筛胞：裸子植物和蕨类植物的韧皮部中没有筛管，只有筛胞，它是单独的输导单位。筛胞是一种细长的细胞，两端渐尖而倾斜，侧壁上有不甚特化的筛域。它与筛管的主要不同是端壁不形成筛板，而以筛域与另一个筛胞相通。有机物质通过筛域输送，其输导功能较差，是比较原始的输导结构。

导管和筛管是植物体内输导组织的重要组成分子，但也常是某些病菌侵袭的感染途径。如棉花枯萎病菌的菌丝可以从导管侵入；某些病毒可通过媒介昆虫而进入韧皮部，引起疾病发生。了解致病途径，对研究和防治病害具有重要的实践意义。

5. 分泌结构

某些植物在代谢过程中，会产生蜜汁、挥发油、黏液、树脂、乳汁、单宁、生物碱、盐类等物质，聚积在细胞内、胞间隙或腔道中，或通过一定的细胞组成结构排出体外，这种现象称为分泌现象。许多植物的分泌物具有重要的经济价值，如橡胶、生漆、芳香油、蜜汁等。

植物产生分泌物的结构来源各异，形态多样，分布方式也不尽相同，有的单个细胞分散于其他组织中，有的集中分布或特化成一定结构。凡能产生分泌物质的有关细胞或特化细胞组合，总称为分泌结构。根据分泌物是否排出体外，可分为外分泌结构和内分泌结构。

（1）外分泌结构：将分泌物排到体外的分泌结构称为外分泌结构，大都分布在植物体表面，如腺毛、腺鳞、蜜腺、盐腺、排水器等。

①腺毛：通常分头部和柄部。头部膨大，由1至数个细胞组成，具有分泌作用。开始时，分泌物贮存于细胞壁和角质层之间，以后角质层破裂向外分泌出黏液或精油，对植物具有一定的保护作用。如烟草、番茄、泡桐、棉等的幼茎或叶表面上有腺毛存在。

②腺鳞：是鳞片状的腺毛，头部大而扁平，柄部极短或无，排列成鳞片状。腺鳞在植物中相当普遍，常见于唇形科、菊科和桑科植物中。

③蜜腺：能分泌糖液，它由细胞质浓厚的1至数层分泌细胞群所组成，位于植物体的外表面的特定部位。蜜腺常存在于虫媒植物的花部，称花蜜腺，以及营养体上，称花外蜜腺。如油菜花托上的蜜腺、棉叶中脉和蚕豆托叶上的蜜腺。蜜汁分泌量多的植物，是良好的蜜源植物，有很高的经济价值。

④盐腺：分泌物是盐类。一般盐碱地生长的植物体表有盐腺分布，分泌过多的盐分以保持体内的盐分平衡。如柽柳属植物的盐腺。

⑤腺表皮：植物体某些部位的表皮细胞为腺状，有分泌功能。如矮牵牛、漆树等许

多植物花的柱头表皮是腺表皮，细胞呈乳头状突起，能分泌糖、氨基酸、酚类化合物等的柱头液，利于粘着花粉和控制花粉萌发。

⑥排水器：是植物将体内过多的水分排出体外的结构。它的排水过程称为吐水。排水器常分布在叶尖和叶缘，由水孔和通水组织构成。水孔与气孔相似，但它的保卫细胞分化不完全，无自动调节开闭的作用，故始终开放着。通水组织是排列疏松无叶绿体的叶肉组织，细胞较小，与脉梢的管胞相通。水从木质部的管胞经通水组织到水孔排出体外，这种现象往往可作为根系正常活动的一种标志。

(2) 内分泌结构：分泌物积聚于植物体的细胞内、胞间隙、腔穴或管道内。常见的有分泌细胞、分泌腔或分泌道和乳汁管。

①分泌细胞：以单个细胞存在，可以是生活细胞或非生活细胞，在细胞腔内积聚特殊的分泌物。分泌细胞常大于周围的细胞，外形有囊状、管状或分枝状，甚至可扩展为巨大细胞，容易识别，因此称为异细胞（一种特殊的细胞，在形状，结构或内含物上明显不同于同一组织中的其他细胞）。根据分泌物的类型不同可分为油细胞（樟科、木兰科）、黏液细胞（仙人掌科、锦囊科）、含晶细胞（桑科、石蒜科）、鞣质细胞或单宁细胞（豆科、蔷薇科、景天科）以及树脂细胞、芥子酶细胞等。

②分泌腔和分泌道：最初是一群有分泌能力的细胞，后来部分细胞溶去形成囊状的溶生间隙或细胞分离形成裂生间隙或两种方式结合而形成裂溶生间隙。分泌物贮存于腔穴中。例如柑橘叶和果皮中透亮的小圆点，就是溶生分泌腔，在这个腔的周围可以看到有部分损坏的细胞。松柏类木质部中的树脂道和漆树韧皮部中的漆汁道是裂生型的分泌道，它们是分泌细胞之间的胞间层溶解形成的纵向或横向的长形间隙，完整的分泌细胞分布在分泌道的周围，树脂或漆液由这些细胞排出，积累在管道中。芒果属的叶和茎中的分泌道是裂溶生起源的。

分泌腔和分泌细胞所分泌的挥发性物质，很多是重要的药物或香料。

③乳汁管：是分泌乳汁的管状结构，它可分为无节乳汁管和有节乳汁管。无节乳汁管是由一个细胞发育而成，随着植物体的生长不断伸长和分枝，贯穿于植物体内，长度可达几米以上。如桑科、夹竹桃科和大戟属植物的乳汁管。有节乳汁管由许多圆柱形的细胞连接而成，以后横壁消失。如菊科、罂粟科、番木瓜科、芭蕉科、旋花科及橡胶树属等植物的乳汁管是这种类型。乳汁通常为白色，成分很复杂，有橡胶、蛋白质、淀粉、糖类、酶、植物碱、有机酸、盐类、脂类、单宁等物质，有一定的经济价值。

(三) 维管束、维管组织和维管系统

1. 维管束

维管束是指维管植物（包括蕨类植物、裸子植物和被子植物）的维管组织，由木质部和韧皮部成束状排列形成的结构。维管束多存在于茎（草本植物和木本植物幼体）、叶（叶中的维管束又称为叶脉）等器官中。维管束相互连接构成维管系统，主要作用是为植物体输导水分、无机盐和有机养料等，也有支持植物体的作用。

维管束彼此交织连接，构成初生植物体来输导水分、无机盐及有机物质的一种输导系统——维管系统，并兼有支持植物体的作用。

在维管束的发育过程中，初生木质部和初生韧皮部还可分为发育较早的原生木质部和

原生韧皮部，以及发育较迟的后生木质部和后生韧皮部。由于早先发育的原生木质部和原生韧皮部分子，在初生植物体伸长生长时就已成熟，它们不再与周围的细胞一起继续伸长，因而常被挤毁，或留下原生木质部的腔隙，如玉米的茎中的维管束（图2-14）

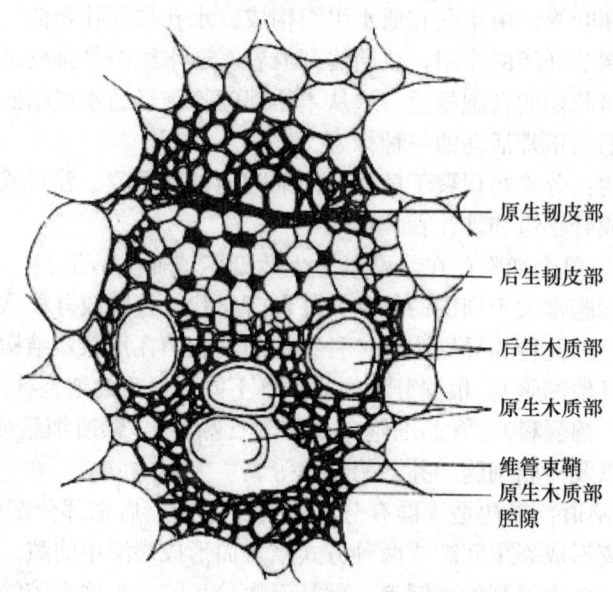

图2-14　玉米茎维管束的横切面

在维管束的周围，通常由一层或数层具支持作用的厚壁组织细胞组成的维管束鞘所包围。它们有时仅在木质部或韧皮部的一端，或同时出现在两端。

2. 维管组织

维管组织，由木质部和韧皮部组成的输导水分和营养物质，并有一定支持功能的植物组织。

在有次生生长的植物（大多数裸子植物和木本双子叶植物），维管组织包括来源于原形成层的初生木质部和初生韧皮部（合称初生维管组织）及来源于维管形成层的次生木质部和次生韧皮部（合称次生维管组织）。在只有初生生长的植物（大多数蕨类植物和单子叶植物）维管组织只包括来源于原形成层的初生木质部和初生韧皮部。

植物系统学中，把体内具有维管组织的植物称为维管植物。在植物进化过程中，维管组织的分化和出现，对于植物适应陆生环境具有重大意义。

3. 维管系统

维管束彼此交织连接，构成初生植物体输导水分、无机盐及有机物质的一种输导系统——维管系统，并兼有支持植物体的作用。

第四节　植物的营养器官

一、植物的根

根（root）是植物长期适应陆生生活环境而逐渐发展和完善的营养器官，为茎向下或在土中的延伸部分，不分节与节间，不生叶，一般生长在相对稳定的土壤环境中，是植株从土壤中吸收水分和矿质营养的主要器官。

（一）根的形态

植物的根可以分为主根、侧根和不定根三种类型。主根和侧根又称为定根。有些植物的根可从位置不定的茎、叶或老根上发根，称为不定根。生产中可利用某些植物产生不定根的特性进行无性繁殖如，甘薯等。一株植物所有根的总和，称为根系。按形态，根系分直根系和须根系（图2-15）。

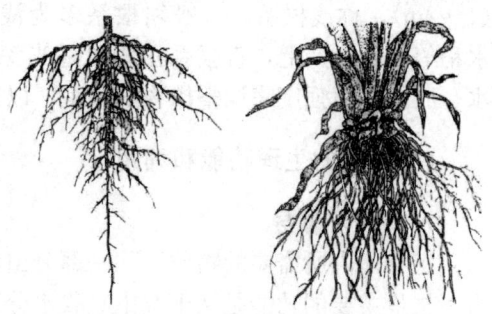

定根与直根系（黄麻）　　不定根与须根系（玉米）
图2-15　植物的根与根系

1. 定根与不定根

随着主根的进一步生长，植株在主根的一定部位或植株的其他部位通常会产生出许多新根，协调植株的生长。根据根的发生部位不同，可将根分为定根和不定根两大类。定根指发育于植株特定部位的根。定根包括主根（main root）和侧根（lateral root）。主根来自于胚根，侧根发生于主根的中柱鞘一定部位的细胞。

许多植物除能产生定根外，还能从茎、叶、老根或胚轴上生出根来，这些根发生的位置不固定，都称为不定根（adventitious root）。不定根也能不断地产生分支根，即侧根。禾本科植物的种子萌发时形成的主根，存活期不长，主要由胚轴上或茎的基部节上所产生的不定根所替代。生产上的扦插、压条等营养繁殖技术就是利用枝条、叶、地下茎等能产生不定根的习性进行的。

2. 直根系与须根系

任意一植株地下部分的根总称为根系（root system），根系是在植株的生长发育过程中逐渐形成的。依据根系的组成特点，可将其分为直根系（tap root system）和须根系（fibrous root system）两类。直根系由明显发达的主根及其各级侧根组成。直根系由于主根发达（粗且长），入土深，各级侧根次第短小，一般呈陀螺状分布，大多数双子叶植物的根系属于此种类型。例如棉花（*Gossypium hirsutum* L.）、菜豆（*Phaseolus vulgaris* L.）、油菜（*Brassica campestris* L.）、蒲公英（*Taraxacum mongolicum* Hand.-Mazz.）等双子叶植物（dicotyledons）的根系。

须根系主要由不定根及其侧根所组成，有的须根系全部由不定根及其侧根组成。须根系主根不发达，粗细长短相差不多，入土较浅，呈丛生状态，或似胡须样，故称为须根系，大多数单子叶植物属于此种类型。如小麦、水稻、高粱（*Sorghum vulgare* Pers.）、葱（*Allium fistulosum* L.）、蒜（*Allium sativum* L.）等单子叶植物（monocotyledons）的根系。

植物根系在土壤中分布的深度和广度常因植物的种类、生长发育的好坏、土壤条件以及人为因素的影响而异。根在土壤中的分布分为深根系和浅根系两类。有些植物的主根发达，向下垂直生长，深入土壤达2~5m，甚至10m以上，某些生长在干旱沙漠的植物，如骆驼刺的根系可伸入土层达 20m 左右。这种向深处分布的根系，称深根系。一般直根系多为深根系，如大豆、蓖麻、马尾松（*Pinus massoniana* Lamb.）等；而另一些植物的主根不发达，不定根或侧根较主根发达，或主根形成后不久，即从胚轴基部发生几条不定根，以后在分蘖节上继续产生不定根，不定根的数目和伸出的迟早，一般随植物的种类而有所不同。这类根系以水平方向朝四周扩展，占有较大的面积，常分布在土壤的浅中层（1～2m），称浅根系。一般须根系多为浅根系，如车前（*Plantago asiatica* L.）、小麦、水稻等。在生产上，直根系植物可适当深施肥，须根系植物可适当浅施肥，并利用控制水、肥及光照强度来调整作物的根系，以达到丰产的目的。

（二）根的生理功能和利用

1. 吸收和输导

植物体内所需要的物质，除一部分由叶或幼嫩茎从空气中吸收外，大部分自土壤中取得。根最主要的功能是从土壤中吸收水分和溶解在水中的二氧化碳、无机盐等。这主要靠根尖部位的根毛和幼嫩的表皮来完成。至于根尖以上的部分，常因表皮或外皮层细胞的栓质化，或木栓层的形成，而失去吸收功能。

植物的整个生命活动过程都离不开水。根毛细胞和表皮细胞吸收的水分，经过根的皮层细胞依次向内传递，通过维管鞘最后到达根的导管中，运往茎、叶等器官，为植物的生命活动和蒸腾作用利用。

二氧化碳是光合作用的重要原料，除了靠叶从空气中吸收外，根也从土壤中吸收溶解状态的二氧化碳或碳酸盐，供植物光合作用的需要。

无机盐类也是从土壤溶液中吸收的，如硫酸盐、磷酸盐和硝酸盐等，都是以离子状态而被根所吸收。它们都是植物生活中不可缺少的，如氮、磷、钾等无机盐离子。

根吸收作用的同时还要进行输导作用，由根毛和表皮细胞吸收的水分和无机盐，通过根的维管组织输送到茎、叶，而叶所制造的有机养料经过茎输送到根，再经过根的维管组织输送到根的各部分，以维持根的生长和生活。

2. 固着和支持

根的另一个主要功能是固着和支持作用。多年生木本植物一般均具有庞大的地上部分，加上风、雨、冰、雪的袭击，植株如果没有反复分支、深入土壤的庞大根系与土壤紧密接触，以及根内牢固的机械组织和维管组织的共同作用，绝不能经受风雨和其他机械力量的袭击而挺立于地上。

3. 合成

根不仅有吸收运输和固着支持作用，还进行着许多复杂的生物化学反应，合成多种生物活性物质来调节植物的生长发育。放射性同位素示踪实验证明，在根中能合成多种必需氨基酸、植物激素（细胞分裂素类）和植物碱等，对植物地上部的生长发育具有重要的调控作用。

4. 储藏与繁殖

有些植物的根常肉质化、储藏大量营养物质，如萝卜（*Raphanus sativus* L.）、甜菜及番薯［*Ipomoea batatas* （L.）Lam.］等。有些植物的根还有特殊的繁殖功能，能产生不定芽，如枣（*Zizyphus jujuba* Mill.）等的根。

（三）根瘤和菌根

植物的根系分布于土壤中，与土壤内的微生物（细菌、放线菌、真菌、藻类及原生动物等）有着密切的关系。一方面，植物新陈代谢活动产生的根系分泌物，很多都是微生物的营养来源，起着吸引微生物的作用；另一方面，土壤微生物的新陈代谢活动加速土壤养分的释放、产生一些刺激植物生长的物质或合成一些为植物所利用的营养物质，促进植物的发育。有些土壤微生物还能侵入某些植物的根部，使植物致病；也有些微生物入侵根部后，常形成特殊结构，彼此间建立起的互利共存关系，称为共生（symbiosis）。根瘤（root nodule）和菌根（mycorrhiza）就是高等植物的根部所形成的这类共生结构。

1. 根瘤

豆科植物和根瘤菌的关系是一种互利互惠的共生关系。一方面根瘤菌可以从宿主根部的皮层细胞中吸取其生长发育所需的水分和矿物盐类等养料；另一方面根瘤菌则能将宿主不能直接利用的分子氮在其固有的固氮酶的作用下进行固氮作用，形成宿主可直接吸收利用的含氮化合物，转变为氨，供豆科植物利用。根瘤菌这种通过与植物共生的固氮作用是生物固氮的一种主要形式。由于固氮酶一般由铁蛋白和钼铁蛋白组成，因此，在栽培豆科作物时，如增加钼肥（用 $1\sim 2\%$ 钼酸铵喷雾拌种），可以达到增产效果。而且由于根瘤的脱落、残留以及一部分分泌到土壤中的氮，可以增加土壤肥力，为其他植物的根所利用，所谓"种豆肥田"就是这个道理。这也是农业生产上施用根瘤菌肥，与豆科作物间作和栽种豆科植物作为绿肥的原因。但要注意，根瘤菌和豆科植物的共生是有选择的，一种豆科植物通常只能与一种或几种根瘤菌相互适应而共生，如大豆根只能与大豆根瘤菌共生而形成根瘤（图 2-16）。

生物固氮作用非常重要。因为，蛋白质是植物细胞结构的重要组分，又是生命活动的基础，而氮为蛋白质的主要组成元素，占其 $16\%\sim 18\%$，对生命活动起很大的限制作用，同时也是世界粮食产量的主要限制因子

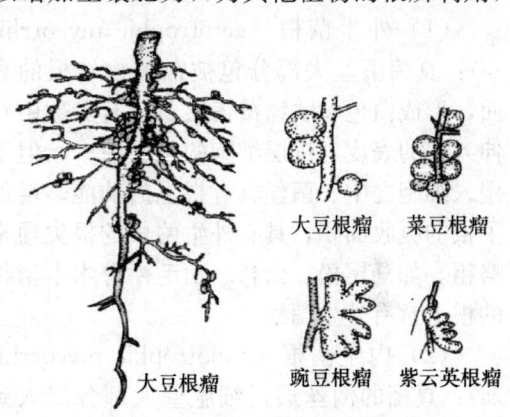

图 2-16 几种豆科植物的根瘤

之一，被称为"生命元素"。空气中含氮量虽达 78% 左右，但植物能直接利用的氮主要依靠人工合成的氮肥或生物固氮（包括根瘤菌在内的固氮细菌、放线菌、蓝藻等需进行共生的固氮作用和土壤中一些自生固氮微生物的固氮作用）。有人估计，全世界年产氮肥 0.5 亿吨左右，而通过生物固氮的氮素可达 1.5 亿吨。生物固氮不但量大，无污染，且可节能，可见其重要程度。

自然界许多植物可以形成根瘤，其形状、大小因植物种类而异，土壤中的根瘤细菌、放线菌和某些线虫都能入侵根部，形成根瘤。其中与农业生产关系最密切的是豆科植物的根瘤。因此，通常所讲的根瘤，主要是指由根瘤细菌等侵入宿主根部后形成的瘤状共生结构。

在豆科植物的根系上，常具有许多形状各异、大小不等的瘤状突起，即根瘤。根瘤的

形成开始于豆科植物的苗期，幼苗期间的分泌物吸引分布在根附近的根瘤菌，使其聚集在根毛周围大量繁殖，外面被一层黏液包围，形成感染丝后，根瘤菌产生的分泌物使根毛卷曲、膨胀，并使部分细胞壁溶解，根瘤菌便由此侵入根毛。在根瘤菌的刺激下，根内细胞相应地分泌出纤维素等物质包围感染丝，形成具有纤维素鞘的内生管——侵入线。根瘤菌沿侵入线进入幼根的皮层薄壁细胞中，一方面利用皮层的养分大量繁殖自身，另一方面根瘤菌的分泌物刺激皮层细胞迅速分裂增加细胞数目。致使皮层局部膨大和凸出，就形成一个个瘤状凸起物。

在皮层薄壁细胞内大量繁殖的根瘤菌，逐渐转变为具有固氮能力的拟菌体（bacterioid）进行固氮作用即把空气中的游离氮（N_2）转变为氨（NH_3）；同时该区域周围分化出与根中维管组织相连的输导组织、外围薄壁组织鞘和内皮层。

在自然界，除豆科植物外，还有100多种植物，如早熟禾属、看麦娘属、胡颓子属、木麻黄属等植物的根，都可以结瘤固氮，与非豆科植物共生的固氮菌多为放线菌类。近年来，把固氮菌的固氮基因转移到农作物和某些经济植物中已成为分子生物学和遗传工程的研究热点之一。

2. 菌根

植物的根与土壤中的真菌结合而形成的共生体，称为菌根（mycorrhiza）。根据菌丝在根中生长分布的部位不同，可将菌根分为外生菌根、内生菌根和内外生菌根三类（图2-17）。

（1）外生菌根（ectotrophic mycorrhiza）：真菌菌丝大部分包被在植物幼根的表面，形成白色丝状物覆盖层，只有少数菌丝伸入根的表皮、皮层细胞的胞间隙中，但不侵入细胞之中。菌丝具有根毛的功能，增加了根的吸收面积，具有外生菌根的根尖通常略粗。如马尾松、云杉、山毛榉等木本植物的根上常有外生菌根。

（2）内生菌根（endotrophic mycorrhiza）：真菌的菌丝通过细胞壁大部分侵入到

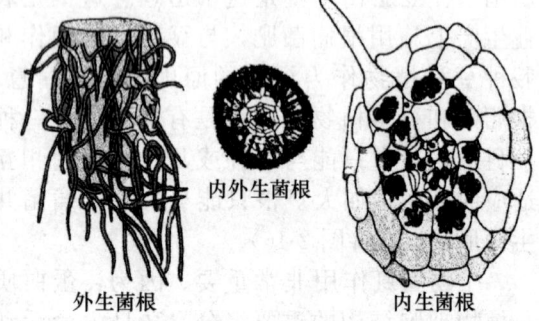

图2-17　菌根

幼根皮层的活细胞内，呈盘旋状态。在显微镜下，可以看到表皮细胞和皮层细胞内散布着菌丝。如柑橘（*Citrus reticulata* Blanco.）、核桃（*Juglans regia* L.）、桑（*Morus alba* L.）、李（*Prunus salicina* Lindl.）及兰科（Orchidaceae）等植物的根内，都有内生菌根。

（3）内外生菌根（ectendotrophic mycorrhiza）：它们是外生和内生菌根的混合型。在这种菌根中，真菌的菌丝不仅从外面包围根尖，而且还伸入到皮层细胞间隙和细胞腔内，如苹果、草莓等植物具有这种菌根。

当真菌和种子植物共生时，真菌不仅可从宿主中吸取自身生长发育所需要的养分，同时真菌代谢的分泌物可促进土壤中无机养分的释放，并可将菌丝自身吸收的水分、无机盐等供给绿色植物使用，利于植物的生长。此外，真菌产生的激素、维生素等物质可刺激根系的发育，促进植物生长。

有些具有菌根的树种，如松、栎等如果缺乏菌根，就会生长不良。所以，在荒山造林或播种时，常预先在土壤内接种需要的真菌，或事先用真菌拌种，以利这些植物的菌根发育，保证树木生长良好。但真菌生长过旺会使根的营养消耗过多，树木生长不良。

（四）根的变态

植物的营养器官，如甘薯块根、葡萄的卷须、刺槐的托叶刺等，在形态、构造和生理上都发生了很大变异，这种现象，称为营养器官的变态。变态的根与一般根形态不同。常见变态根有贮藏根、气生根等。

1. 贮藏根

有些植物的根由于贮藏大量养料，变成肥厚多汁的贮藏根，如大丽花、甘薯的块根和萝卜的肥大直根。

2. 气生根

生长在地面上的根。气生根有如下类型：

支柱根：茎部产生一些不定根，向下生长伸入土中，加强支持与吸收作用，如榕树、红树、玉米等。有些热带树木，在干基形成板壁伏的结构，支持着巨大的树冠，加强树木的稳固性，这种支柱根称为板状根。

攀缘根：多见于藤本植物。如常春藤、绿萝、凌霄花。

3. 呼吸根

有些植物根系被埋入淤泥或浅水中，长有向上露出水面的呼吸根，借以增加植物体的呼吸功能，如水边生长的水松、落羽杉、池杉、两广沿海一带的红树呼吸根自成景观、别具一格。

4. 寄生根与附生根

有些寄生植物往往具有吸器伸入寄主体中吸取水分和养料，这种不定根称为寄生根。气生根附于树皮上为附生根。

二、植物的茎

种子萌发后，上胚轴和胚芽向上生长产生茎和叶。茎端和叶腋内的芽（bud）活动生长，形成分枝（twig）。继而新芽不断产生与生长，最后形成了繁茂的植株地上系统。

（一）茎的生理功能

1. 支持作用

大多数被子植物的主茎直立生长于地面，分生出许多大小不同的枝条，并着生着数目繁多的叶，主茎和枝统称为茎。茎支持植株上分布的叶、花和果实，使它们彼此镶嵌分布，更利于光合作用和果实、种子的发育与传播。

2. 输导作用

茎连接着植株的根和叶，根部从土壤中吸收的水分、矿质元素以及在根中合成或储藏的有机营养物质，要通过茎输送到地上各部；叶进行光合作用所制造的有机物，也要通过茎输送到体内各部被利用或储藏。因此，茎是植物体内物质输导的主要通道。

3. 储藏、繁殖和光合作用

茎还有储藏、繁殖和光合作用等功能。有些植物可以形成鳞茎、块茎、球茎、根状茎等变态茎，储藏大量养分，并可以进行营养繁殖。还可利用某些植物的茎产生不定根和不定芽的特性，采用枝条扦插、压条和嫁接等方法繁殖植物。此外，一些植物的叶退化或早落，茎呈绿色扁平状，可终生进行光合作用，如假叶树（*Ruscus aculeatus*）、竹节蓼（*Homalocladium platycladum*）、昙花（*Epiphyllum oxypetalum*）、仙人掌（*Coryphantha elephantidens*）等的绿色肉质茎。有的茎中还有大量的大型薄壁组织，富含水分，而发展成为储水组织。还有一些植物，如石榴、山楂、皂荚，茎的分枝变为刺，具保护作用。葡萄、南瓜等植物的茎的分枝还会变为卷须，成为重要的攀缘器官。

（二）茎的形态与组成

1. 茎的形态

茎是着生叶、花等器官的轴。植物的茎是在复杂的地理、气候环境中进化形成的。植物的茎一般包括主茎（干）和各级分枝两部分。不同植物，其茎的形态特征不同。多数植物的茎呈辐射对称的圆柱体；有些植物的茎呈三棱形，如莎草科植物；或四棱形，如唇形科植物薄荷、留兰香等；或多棱形，如芹菜等。多数植物的茎实心，如棉花、玉米等；也有一些植物的茎有髓腔因而空心，如禾本科的毛竹、小麦等。

茎的大小因种和环境而异。有的矮小、幼嫩、可直立生长；有的高大、挺立、不断增粗并高度木质化；有的柔弱不能直立，或攀缘或缠绕、或贴附于其他物体，蔓延生长。有的茎秆高于100m，如澳大利亚的桉树（*Eucalyptus globulus*）；而有的植株瘦小，高不过几厘米如牛毛毡，[*Eleocharis yokoscensis* (Franch. et Savat.)]；有的树冠庞大，占地面积可达1500m²以上，如生长于缅甸热带雨林中的榕树（*Ficus microcarpa* L.）等。茎的不同形态都是自身遗传特性决定的，是对环境长期适应的结果。茎可分为直立茎、匍匐茎（草莓、吊兰）、攀缘茎（葡萄、爬山虎）、缠绕茎（紫藤、牵牛花）。

根据生长位置可分为地下茎变态与地上茎变态两大类。

有些植物具有生长在地下的茎，叫地下茎。容易与根混淆。地下茎大致可分为根状茎、块茎、鳞茎、球茎四类。常见的球根花卉有彩色马蹄莲、风信子、朱顶红、花贝母、郁金香。有些植物的地上茎也发生变态或变异。

（1）茎刺（枝刺）：有些植物如山楂，石榴、皂荚等，它们的部分枝条变成刺。可根据下面两点来判断：茎刺常生在叶腋；刺上有时生叶和花。皂荚的刺和分枝，这些都是枝的特征。

（2）茎卷须（枝卷须）：许多攀缘植物的部分枝条往往变成卷须，以适应攀缘，如葡萄、南瓜、黄瓜等。

（3）叶状枝（叶状茎、扁化变异）：有些植物的叶退化，而枝条变成叶状，如仙人掌、天门冬、昙花等。

2. 茎的组成

尽管茎的形态大小和习性千差万变，但其组成基本相似。一般植物的茎都具有节和节间，节上长叶，茎的顶端或叶腋中有芽。因此，茎就是枝条上除去叶和芽所留下的轴状部分。不同植物的节和节间的形状不同，节间的长短亦不同（图2-18）。

不同植物产生的枝条长短不一，同一植株也可以有长枝和短枝之分。短枝节间短，长枝节间长。一般长枝是营养生长的枝条，短枝是开花结实的枝条，又称花枝或果枝。植株的长、短枝发育是物种的遗传特性决定的。枝条或节间的长短与植物的种类、枝条发生的位置、年龄、生育期、植株自身的营养状况和环境因素的影响有关。例如玉米、甘蔗等植株中部的节间较长，茎端的节间较短；水稻、小麦等在幼苗期，各节密集于基部，节间极短，抽穗或抽薹后的节间较长。有些植物的枝条具有长短枝之分，在果树栽培上，常采取整枝或促控结合的方法来调节长短枝的数量和分布，以获得高产和稳产。

在木本植物的枝条上，其叶片脱落后留下的疤痕称为叶痕（leaf scar）。叶痕中的点状突起是枝条与叶柄间的维管束断离后留下的痕迹，称为维管束迹或称叶迹（folial trace）。有的枝条上还有芽鳞痕（bud scale scar）存在，这是密集的芽鳞片脱落后留下的环状痕迹。根据芽鳞痕的特征，可以判断枝条的生长年龄和生长速度（图 2-18）。

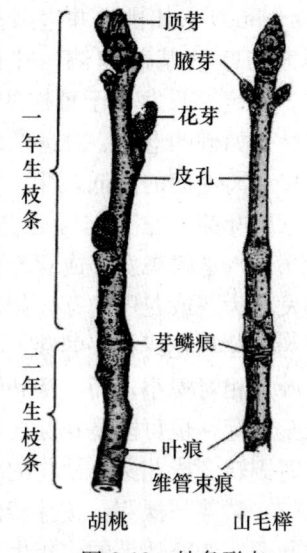

图 2-18 枝条形态

枝条外表往往可以看见一些小型白色或褐色的斑点称为皮孔（lenticel），这是枝条与外界气体交换的通道。有些植物的枝条上生长有表皮毛、腺毛等多种类型的毛状附属物，它们或具分泌作用、或具有保护作用。皮孔、表皮附属物的形态大小、色泽因种而异，是区分物种的参考依据之一。

（三）芽的类型和结构

1. 芽的类型

芽分布于枝条的顶端或叶腋内，是未发育的枝条或花和花序的原始体。按照芽生长的位置、性质、结构和生理状态等不同，可将芽分为若干类型。

高位芽一般位于地面25cm以上，产生高位芽的植物可分为大高位芽植物（高度超过30m）、中高位芽植物（8～30m乔木）、小高位芽植物（2～8m高的乔木和灌木）、矮高位芽植物（低于2m的灌木），包括乔木、灌木、藤本、高大的草本和附生植物等。其中每类植物又可分为常绿裸芽、常绿鳞芽和落叶裸芽、落叶鳞芽等次一级类型。地上芽一般高度为25cm以下，如小灌木、半灌木和小的草本植物。地上芽贴近地面，生长不利时，地上部分全部或大部分死去，地上部分呈匍匐状或莲座状。地下芽或隐芽分布于地下或水中，如某些多年生草本、水生或沼生植物等。研究表明，在温带地区，地下芽和中高位芽对于温度梯度的反应比较灵敏，其次是小高位芽和一年生植物；对于水分梯度的变化，地上芽和矮高位芽植物的反应比较强烈和敏感。了解芽的生活习性，对研究植物的生长与分布、植物在群落中的地位和作用，以及立体种植、人工造林或人造生态群落等均有重要意义。

按芽在枝上发生位置是否固定，芽分为定芽（normal bud）和不定芽（adventitious bud）两类。定芽在枝上的发生位置固定，顶芽（terminal bud）包括胚芽，只发生于枝的顶端，腋芽（axillary bud）或侧芽（lateral bud）则只发生于叶腋（叶的近轴面与茎的夹角处），顶芽和腋芽都是定芽。多数植物的一个叶腋中只有一个腋芽，称为单芽（single bud）；有些植物的叶腋可发生2个或多个芽，其中除一个为正芽外，其余均称副芽（accessory bud)（如桃为并生副芽、桂花为叠生副芽）。法国梧桐等植物的腋芽被包藏于鞘状膨大的叶柄基部内侧，叶柄脱落后腋芽露出，这样的芽称叶柄下芽（infrapetiolar bud）。不定芽只发生于植株的老茎、根、叶及创伤部位，其发生位置比较广泛，且没有确定性。如柳的老茎、甘薯的块根、秋海棠的叶上发生的芽都是不定芽。

按芽离地面的高低，芽可分为高位芽、地上芽、地面芽和地下芽或隐芽等类型。

（2）叶芽、花芽与混合芽：按结构和性质，芽可分为叶芽、花芽和混合芽。叶芽（leaf bud）是将来发育成营养枝的芽，如水稻的分蘖（侧芽）芽；花芽（flower bud）是将来发育为花或花序的芽，如广玉兰和小麦的顶芽；混合芽（mixed bud）则为将来同时发育为枝叶和花或花序的芽。如梨、苹果等植物的顶芽。

叶芽相对瘦小，而花芽和混合芽通常比较肥大，易与叶芽区别。植物的顶芽和侧芽既可能是叶芽，也可能是花芽或混合芽。如禾本科植物的顶芽在营养生长期是叶芽，到幼穗分化时则转变成花芽。植物的副芽则通常可能是花芽，如桃、桂花等的副芽。

（3）鳞芽与裸芽：按芽鳞的有无，芽可分为鳞芽和裸芽。鳞芽（scaly bud）是一些生长或起源在冬寒地带的多年生木本植物的芽，有芽鳞片包被，又称被芽。芽鳞片是叶的变态，其外层细胞角化或栓化、坚硬，外表常被以绒毛、蜡质，或可分泌黏液或树脂，因而可以有效地起到保护作用。

裸芽（naked bud）是无芽鳞片的仅被幼叶包围着生长锥的芽。所有一年生、二年生草本和一些多年生木本植物的芽均属于裸芽。

（4）活动芽与休眠芽：按芽的生理活动状态，可将芽分为活动芽和休眠芽。能在当年生长季节中萌发的芽称活动芽（active bud）。一年生草本植物的芽多数是活动芽。温带的多年生木本植物，其枝条上近下部的腋芽在生长季节里往往是不活动的，暂时保持休眠状态，这种芽称为休眠芽（dormant bud）。休眠芽仍具有生长活动的潜势。在不同的条件下活动芽与休眠芽可以互相转变。

（5）珠芽（bulbil）：珠芽是一种未发育的球茎，呈球状、卵圆形等，通常生于叶腋，属于营养繁殖的器官。如二年生或三年生的半夏 [*Pinellia ternata* (Thunb.) Breit.] 叶柄的基部及药百合（*Lilium. speciosum* Thunb.）花茎的每一叶柄下部或叶子基部生出的珠芽等。此外，山药（Dioscorea spp.）、泽泻科（Alismataceae）、水麦冬科（Juncaginaceae）、天南星科（Araceae）和莎草科（Cyperaceae）部分种类都可在叶柄的基部形成珠芽。

此外，按芽形成的季节分，生长季中形成并发育的芽称为夏芽，多见于草本和热带常绿植物；在生长季末形成，来年生长季才活动的芽称为冬芽或越冬芽，如多年生植物某些芽。一个具体的芽，由于分类依据的不同，可给予不同的名称。如梨的鳞芽可以是顶芽或侧芽，也可以是休眠芽，可以是叶芽，也可以是混合芽。种子萌发时，胚芽生长，逐渐发育为具叶的枝条。枝条的顶端和叶腋中生长幼芽。芽有多种类型，芽在茎或枝条上的位置因植物而不同，芽的位置和活动决定了植物地上部枝条分布的格局。

2. 芽的结构

（1）叶芽。叶芽是在植物营养生长的早期陆续出现的芽。其基本结构包括生长锥（growing tip；growth cone）（芽轴、茎尖分生区）、自内而外体积和发育程度递增的叶原基（leaf primordium）和幼叶（图 2-19）。有的植物，芽外方还有一至几片芽鳞，以及从第二、三个（自顶向基）叶原基内侧开始出现的腋芽原基（axillary bud primordium）。腋芽原基位于每个叶原基或幼叶的叶腋。

（2）花芽：当植株从营养生长转入生殖生长时，开始形成花芽。花芽是花或花序的原始体，外观较叶芽肥大，内含花或花序各部分（花萼、花瓣、雄蕊和雌蕊）的原基。花芽中无叶原基和腋芽原基，茎尖分生组织在花芽分化完成后消失（图2-19）。

（3）混合芽：混合芽有完整的叶芽结构，叶原基或幼叶的叶腋内还有花芽原基的分化，混合芽的外围常包被有芽鳞片（图2-19）。

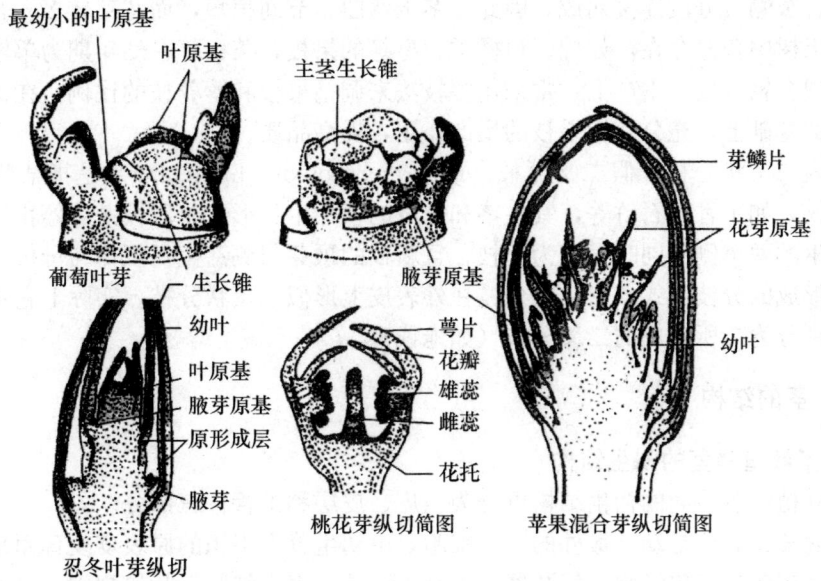

图2-19　芽的类型与结构

3. 茎的分枝方式

植物的顶芽和侧芽存在着一定的生长相关性。当顶芽活跃地生长，侧芽的生长则受到一定的抑制。如果顶芽因某些原因而停止生长时，侧芽就会迅速生长，由于上述原因及植物的遗传特性，不同植物有不同的分枝方式，一般种子植物的分枝方式有以下几种（图2-20）。

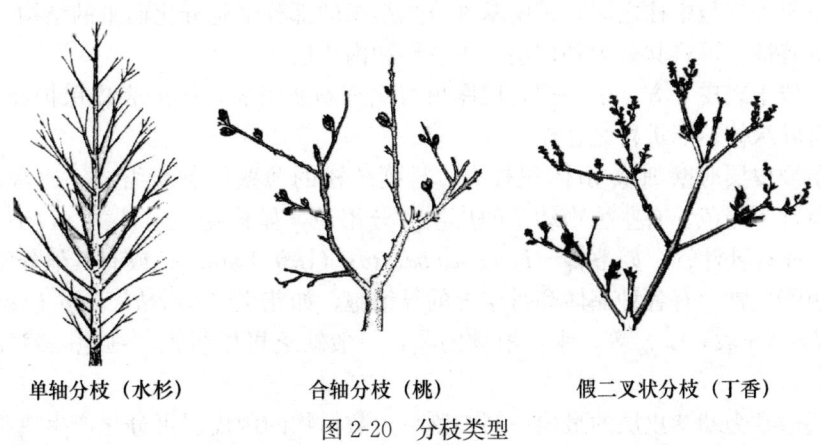

图2-20　分枝类型

（1）单轴分枝：单轴分枝（monopodial branching）又称总状分枝，是指从幼苗开始，主茎的顶芽活动开始占优势，形成一个直立的主轴，而侧枝也以同样的方式形成次级分枝。单轴分枝方式的植株呈塔形，如杨、红麻、黄麻等。所以，栽培这类植物时要注意保护顶芽，以提高其产量与品质。

（2）合轴分枝：合轴分枝（sympodial branching）的植株顶芽活动到一定时间后死亡、或分化为花芽、或发生变态，而靠近顶芽的一个腋芽迅速发展为新枝代替主茎生长一定时间后，其顶芽又同样被其下方的侧芽替代生长。合轴分枝的主轴除了很短的主茎外，其余均为各级侧枝分段连接而成，因此，茎干弯曲、节间很短，而花芽较多。合轴分枝在农作物和果树中普遍存在，如棉、柑橘类、枣等的果枝，茶树等在幼年期为单轴分枝，成长后则出现合轴分枝。生产上，常采用整枝法来调整果枝和营养枝的比例，在保证一定的营养面积的基础上，充分发挥果枝的增产作用，提高品质。

（3）假二叉状分枝：假二叉分枝（false dichotomous branching）是指某些具有对生叶序的植物，如丁香、石竹等，其主茎和分枝的顶芽生长形成一段枝条后停止发育，由顶端下方对生的两个侧芽同时发育为新枝，且新枝的顶芽与侧芽生长规律与母枝一样，如此继续发育形成的分枝方式。这样的分枝在外表皮上形似二叉状分枝，实际上它不同于顶端分生组织一分为二所形成的二叉分枝（如地钱）。

（四）茎的结构

1. 双子叶植物茎的初生结构

双子叶植物茎节间的初生结构可分为表皮、皮层和维管柱三部分。

（1）表皮：表皮是幼茎最外的一层细胞，由初生分生组织的原表皮发育而来的初生保护组织。表皮包括表皮细胞、气孔器、各种表皮毛。表皮细胞形状较规则，排列紧密、相互嵌合，细胞一般不含叶绿体，有的含有花色素苷；细胞外壁厚、有角质层，有的还有蜡被，起着保护和控制蒸腾、防止水分过度散失的作用。有利于幼茎内的绿色组织进行光合作用。如蓖麻（*Ricinus communis* L.）、欧洲油菜（*Brassica napus* L.）等。表皮毛有单细胞和多细胞的，形状多样，具有加强保护的功能，有的表皮有腺毛或异细胞，如番茄（*Lycopersicon esculentum* Mill.）等。

皮层位于表皮与中柱之间，是由基本分生组织的部分细胞分化而来的结构。根据皮层薄壁细胞的特征，可将其分为外皮层、中皮层和内皮层。

外皮层位于表皮下方，由一至几层厚角组织细胞所组成，协助表皮保护和支持幼茎，且其细胞含叶绿体，能进行光合作用。

中皮层或皮层薄壁细胞 由体积较大、排列疏松的薄壁细胞所组成，通常含叶绿体，所以，幼茎常为绿色。有些植物幼茎的皮层有分泌道，如棉花、向日葵（*Helianthus annuus* L.）；或有乳汁管，如番薯[*Ipomoea batatas*（L.）Lam.]；或有其他分泌结构的分化。有些植物也常含有各种晶体和丹宁等的异细胞，如花生（*Arachis hypogaea* L.）、桃（*Amygdalus persica* L.）等。水生植物的茎，一般缺乏机械组织，细胞间隙发达，常有通气组织。

内皮层通常为幼茎皮层的最内一层细胞，少数植物的内皮层可分化产生凯氏带，如千里光属、益母草属一些植物。有些植物的内皮层富含淀粉粒，称为淀粉鞘，如大豆

[*Glycine max* (L.) Merr.] 等。某些木本植物茎的内皮层往往有石细胞群。

(2) 维管柱：在维管束发育过程中，初生韧皮部由外至内进行向心发育（centripetal development），为外始式。即原生韧皮部靠外方，后生韧皮部靠内方。而初生木质部却由内至外进行离心发育（centrifugal development），为内始式。即原生木质部靠内方，后生木质部靠外方。这与根初生木质部的外始式发育顺序，有着根本的不同。在初生韧皮部与初生木质部之间，还具有原形成层保留下来的一层分生组织细胞，称束中形成层，这是进行次生增粗生长的基础。

维管柱是皮层以内的中轴部分，是由原形成层和部分基本分生组织发育而来的结构。它包括维管束、髓和髓射线三部分。大多数植物的幼茎内没有维管鞘，或不明显。

(3) 维管束：维管束是原形成层发育而来的束状结构。具有次生生长特性的双子叶植物茎的维管束，包括位于外方的初生韧皮部（外始式，exarch）、位于内方的初生木质部（内始式，endarch）和束（中）内形成层（原形成层发育过程中保留在这两者之间的一层分生组织细胞）三部分。这种具有束中形成层的外韧维管称为无限外韧维管束。一般来说，草本双子叶植物幼茎各维管束之间的距离较大，它们环状排列于皮层的内侧。多数木本植物幼茎内的维管束，彼此间距很小，几乎连成完整的环。

麻类作物茎有比较发达的韧皮纤维，其细胞经协同生长（symplastic growth）和侵入生长（intrusive growth）因而较细长，且其细胞壁是纯纤维素的，故柔软而坚韧，品质最佳，为纺织工业的重要原料之一，如苎麻 [*Boehmeria nivea* (L.) Gaud.]、大麻（*Cannabis sativa* L.）和亚麻（*Linnum usitatissimum* L.）等。

髓（pith）位于幼茎中央，其细胞体积较大，常含淀粉粒，具有储藏作用。有时，髓细胞也有含晶体和含单宁的异细胞。有些双子叶植物茎的髓细胞生长停止较早，而周围的细胞仍在伸长，从而形成中空髓腔（pith cavity）。如蚕豆、南瓜等。有些植物的髓成为一系列水平片状的髓组织，如胡桃（*Juglans regia* L.）、枫杨（*Pterocarya stenoptera* C. DC.）等。

髓射线（pith ray）位于维管束之间，是连接皮层与髓的薄壁组织，有横向运输和储藏作用。在茎进行次生生长时，与束中形成层相连接的那部分髓射线细胞恢复分裂能力，转变为束间形成层（interfascicular cambium）。木本植物茎的髓射线狭窄，草本植物茎的髓射线较宽。

2. 双子叶植物茎节间的次生结构

大多数双子叶植物的茎同根一样，在初生生长的基础上，出现维管形成层和木栓形成层，通过它们的活动，进行次生增粗生长。

(1) 维管形成层的发生：当茎进行次生生长时，首先是位于初生木质部与初生韧皮部之间的束中形成层（fascicular cambium）细胞开始分裂、生长分化，接着与束中形成层相连接的髓射线细胞恢复分裂能力，转变为束间形成层（interfascicular cambium）。这样，束中形成层和束间形成层就连成一环，它们共同构成维管形成层（图2-21）。木质化程度高的植物，其维管形成层主要是束内形成层；木质化程度低的草本植物，其维管形成层主要是束间形成层。

(2) 维管形成层细胞：维管形成层的原始细胞有两种：一是切向面宽、径向面窄的两端尖斜的长梭形细胞，称为纺锤状原始细胞（fusiform initial cell）；一是较小、近于等径或稍长的细胞，称为射线原始细胞（ray initial cell）。前者是形成层的主要成员，沿茎的长轴平行排列，连成一片，发育成茎的纵向（轴向）系统；后者与茎轴垂直排列，分布于纺锤状原始细胞之间，发育成茎的横向（径向）系统。横切面上，纺锤状原始细胞呈扁平长方形，射线原始细胞宽长方形，两者紧密整齐地排列成一环。

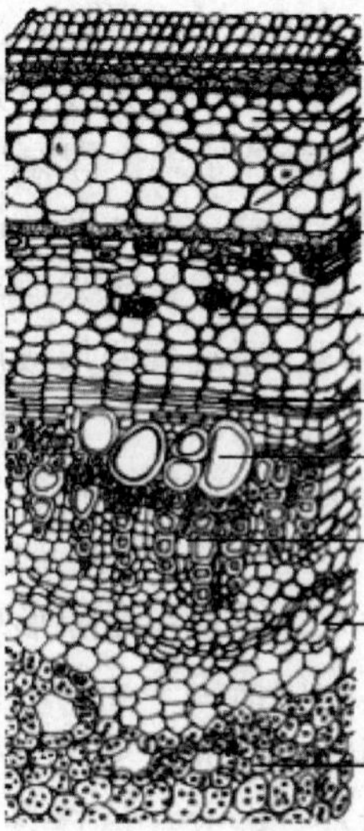

（3）次生维管组织：维管形成层周径扩大的原因，主要是由于纺锤状原始细胞在进行平周的切向分裂同时，还可以进行垂周的径向分裂。此外纺锤状原始细胞也进行横裂、侧裂衍生出新的射线原始细胞。而射线原始细胞本身又能径向分裂，从而使环径扩大，新的射线也将不断形成并贯穿于次生维管组织中。

图 2-21 棉茎部分横切示，维管形成层和木栓形成层的发生

了解维管形成层的特性，对植物嫁接有实际意义。因为，维管形成层的分裂活动，与枝条伤口的愈合有密切关系，所以在嫁接枝条时，必须使砧木和接穗之间的形成层区保持吻合，才能嫁接成活。

维管形成层开始活动主要是纺锤状原始细胞不断进行切向分裂，向外所产生的新细胞经生长、分化形成次生韧皮部（包括筛管、伴胞、韧皮纤维和韧皮薄壁细胞），向内所产生的新细胞经生长、分化形成次生木质部（包括导管、管胞、木纤维、木薄壁细胞）。次生木质部和次生韧皮部共同构成次生维管组织，成为茎中纵向的输导系统。同时，射线原始细胞也不断进行切向分裂，其外侧的新细胞分化形成韧皮射线，内侧的新细胞分化形成木射线，这两种射线统称为维管射线（vascular ray），成为茎中横向的输导组织，并将次生维管组织隔成许多片区。随着次生木质部的增加，维管形成层的位置逐渐外移，周径也随之扩大。

3. 双子叶植物茎的次生结构

双子叶植物茎由于维管形成层和木栓形成层的不断活动，使茎进行次生生长，形成次生结构。现以棉茎为例，以横切面由外至内形成第一次周皮时茎的次生结构。棉茎结构由外向内分为以下几个部分：

周皮，位于茎的最外方，由木栓层、木栓形成层、栓内层构成。周皮上通常有皮孔，是老茎进行气体交换的通道。

皮层，位于周皮的内方，含有少量的薄壁细胞，棉皮层中有分泌腔分布，有些植物有异细胞。

初生韧皮纤维，位于皮层内方，呈束状分布。初生韧皮部由于受到内部的挤压，除发达的初生韧皮纤维外，其余全被挤毁。

次生韧皮部，位于初生韧皮纤维内方，常与呈三角形或喇叭形的韧皮射线相间隔。由韧皮薄壁细胞、筛管、伴胞、韧皮纤维组成，其韧皮纤维发达。具有输送有机养分和机械支持作用，是次生维管组织的重要组成部分。

维管形成层，位于次生韧皮部内方，由纺锤状原始细胞和射线原始细胞组成。在横切面上，细胞呈扁平长方形或正方形。

次生木质部，位于形成层内方，由导管、管胞、木薄壁细胞、木纤维组成，木纤维发达。起输送水分、矿物质和机械支持作用，是次生维管组织的重要组成部分。

初生木质部，位于次生木质部内方，为内始式。是初生结构保留下来的相对完整的结构部分之一。

髓，位于茎的中央，由薄壁细胞组成。常含有淀粉粒等储藏物质。有的髓边缘常有环状的髓带。

维管射线，包括木射线和韧皮射线。位于次生木质部中的射线称为木射线，位于次生韧皮部中的射线称为韧皮射线，均由薄壁细胞组成，呈径向排列，是横向的输导和储藏组织。

三、植物的叶

叶是先于根发育出现的结构，是植物光合作用制造养分的重要场所，是植物重要的营养器官之一。

（一）叶的组成

完全的叶可以分为叶片、叶柄、托叶三部分。托叶通常细小，且易脱落（图2-22）。

叶片：叶片大多呈典型的扁平体，不同的植物其叶片形状差异很大。叶片是进行光合作用和蒸腾作用的主要场所，是叶最重要的组成部分。叶片内有叶绿素，可以进行光合作用，叶脉有运输水分、养分及支持叶片伸展的功能。

叶柄：叶柄位于叶片基部，上端与叶片相连，下端与茎相连，是连接叶片和茎的部分。叶柄有支持作用，可通过自身长短的变化和扭曲，支持叶面向有利于光合作用的位置；叶柄还有输导作用，通过叶柄中的维管束将叶片及茎中的维管系统连接起来，成为茎与叶片之间物质运输的通道。

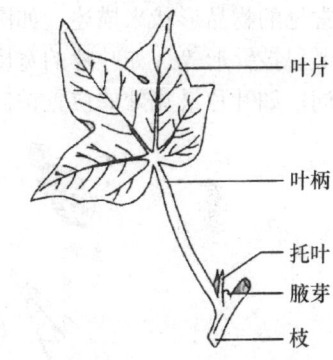

图2-22 双子叶植物叶的组成

托叶：托叶是叶柄基部的附属物，多成对出现，通常比较细小。很多双子叶植物具有托叶，托叶形状多样，单子叶植物一般没有托叶。托叶在有保护幼叶叶片作用，成长后脱落或保留。

（二）叶序

叶在茎上排列的次序，叫叶序。叶序有三种基本类型（图2-23）：

(1) 对生：在茎枝的每个节上相对着生的两片叶，称对生叶序，如女贞、石竹。

(2) 互生：每节只生一叶。

(3) 轮生：每节三叶以上，排列成轮状，如夹竹桃。有些植物，如银杏、金钱松的互生叶。

(4) 簇生：着生在节间极度缩短的短枝上，看起来好像很多叶生在一起。

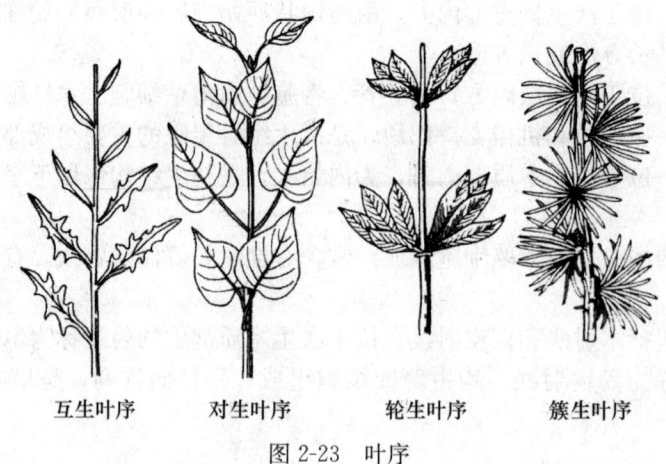

|互生叶序　　对生叶序　　轮生叶序　　簇生叶序|

图2-23　叶序

(三) 叶的形态

1. 叶片的全形

不同种类植物叶的形态特征不同，其差异主要表现在叶的质地、形状、大小、叶尖、叶基、叶缘和叶脉等方面。

叶形是指叶片和叶柄（有时也包括托叶）的整体轮廓。叶形多采用几何图形或生活中常见的物品形状来描述，如圆形、椭圆形、三角形、箭形、心形、条形、带形、卵形、针形、披针形等。如叶片的宽度与长度的比例较大，可以在以上词汇前加上"阔"、"广"等词；如叶片最宽处的位置偏向叶尖，则加"倒"来描述（图2-24）。

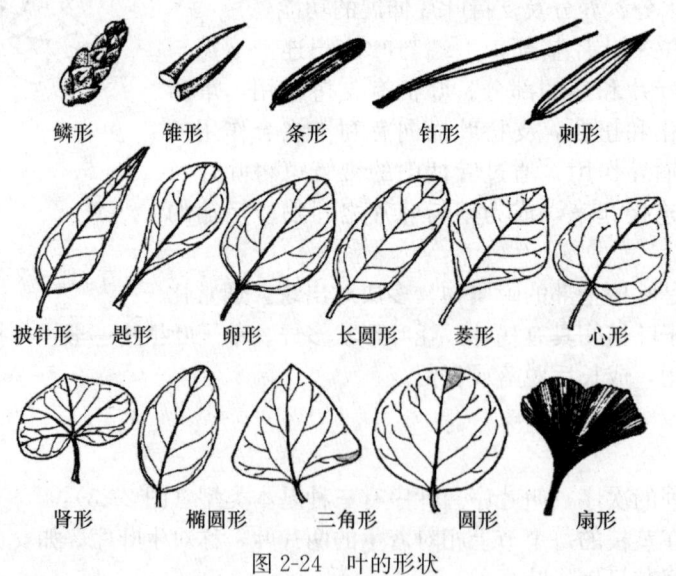

图2-24　叶的形状

叶的大小差别很大，小的仅数毫米，如文竹的鳞叶；大的可达数米，王莲叶的直径可达 2m，亚马逊酒椰的叶片可长达 20 多米等。

2. 叶缘形状

常见的叶缘形状有：全缘（entire）、波状（undulate）、锯齿状（serrate）、重锯齿状（double serrate）、牙齿状（dentate）、圆齿状（crenate）、缺刻状（erose）等（图 2-25）。

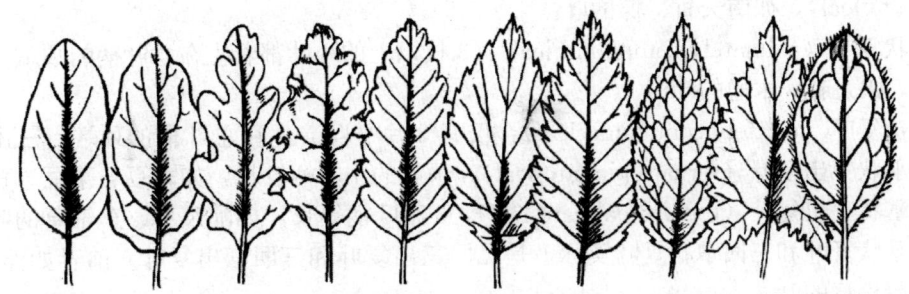

全缘　浅波状　深波状　皱波状　圆齿状　锯齿状　重锯齿状　细锯齿状　牙齿状　睫毛状

图 2-25　叶缘的各种形状

3. 单叶和复叶

单叶（simple leaf）：一个叶柄上只生 1 张叶片的，如棉、油菜、桃等的叶。

复叶（compound leaf）：一个叶柄上着生 2～多枚分离的叶片，如大豆、蚕豆、紫云英、七叶树等的叶。复叶的叶柄叫总叶柄（common petiole），其延伸的部分称叶轴（rachis）；其上着生的叶片称小叶（leaflet），小叶的柄称为小叶柄（petiolule），小叶的托叶称小托叶（stipel）。复叶依小叶排列的形态不同，有几种类型（图 2-26）：

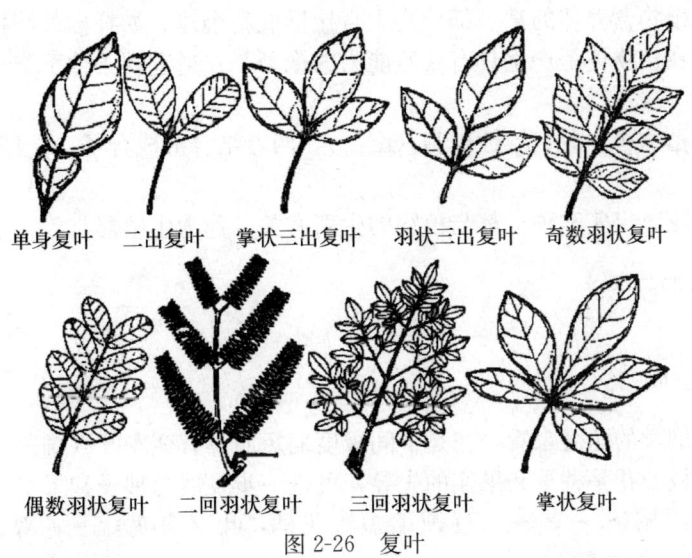

单身复叶　二出复叶　掌状三出复叶　羽状三出复叶　奇数羽状复叶

偶数羽状复叶　二回羽状复叶　三回羽状复叶　掌状复叶

图 2-26　复叶

羽状复叶（pinnately compound leaf）：3 枚以上的小叶排列在叶轴的左右两侧，呈羽毛状，如蚕豆、月季等的叶。羽状复叶以小叶数目可为单数或双数，因此又分为：单（奇）数羽状复叶（odd-pinnately compound leaf），小叶的数目为单数，有一顶生小叶，如紫云英、月季的叶；双（偶）数羽状复叶（even-pinnately compound leaf），小叶的数目为双数，无顶生小叶，如花生、皂荚的叶。羽状复叶又因叶轴分枝的情况，可分为一回、二回、三回或多回羽状复叶：紫云英、蚕豆的复叶叶轴不分支，小叶直接生在叶轴

· 39 ·

上，属一回羽状复叶（simple compound leaf）；如叶轴分支一次，各分支也做羽状排列的，小叶生在叶轴的分支上，称二回羽状复叶（bipinnate leaf），如合欢、云实的叶。此时叶轴的分枝叫做羽片（pinna，复数 pinnae）；如叶轴羽状分枝二次，则为三回羽状复叶（bipinnate leaf），如南天竹、楝的叶。

掌状复叶（palmately compound leaf）：3 枚以上的小叶都着生在总叶柄的顶端，排列呈掌状，如大麻、木通的叶。

三出复叶（terately compound leaf）：仅有 3 片小叶着生在总叶柄的顶端。三出复叶又有：羽状三出复叶（ternate pinnate leaf），顶端的小叶柄较长，如大豆、菜豆、苜蓿等的叶；掌状三出复叶（ternate palmate leaf），3 小叶柄等长，如酢浆草、车轴草的叶。有些二回掌状复叶和三回掌状复叶实际上是二回三出复叶和三回三出复叶。前者如淫羊藿；后者如唐松草的叶。

单身复叶（unifoliate compound leaf）：形似单叶，可能是三出复叶的一退化类型，其两侧的小叶退化不存在，顶生小叶的基部和叶轴交界处有一关节，叶轴向两侧延展，常成翅，如柑橘、金橘等的叶。

第五节　植物的生殖器官

植物生长发育到一定时期，由旧个体产生新个体，以延续种族的现象称为繁殖或生殖。植物的繁殖主要有三种类型：

营养繁殖：植物营养体的某一部分再生直接形成新个体。如扦插、嫁接等。

无性繁殖：在植物体上产生具有繁殖能力的孢子，在适宜的条件下孢子直接发育成为新个体。

有性生殖：植物产生雌、雄性细胞（配子），两者结合形成合子（受精卵），再由合子发育成新的个体。

生殖器官：花、果实和种子都与植物的生殖有关，称为生殖器官。

一、植物的花

（一）花的组成

从形态和解剖学的角度来看，花是节间极度缩短而具有变态叶（雄蕊、心皮）以适应于生殖的变态短枝。花是种子和果实的先导，可进一步发展为种子和果实。

花的来源：从枝条→ 茎→（逐渐缩短）花柄，叶（演变）→花萼、花冠、雄蕊、雌蕊。

一朵被子植物的完全花（flower）通常由花梗、花托、花萼、花冠、雄蕊群和雌蕊群等几部分组成（图 2-27）。

1. 花梗（花柄）

花梗是着生花的小枝，和茎的结构相似。支持花向各向展布，各种营养物质由茎转运到花的通道。花梗的长短因植物种类而异，有的植物甚至没有花梗。

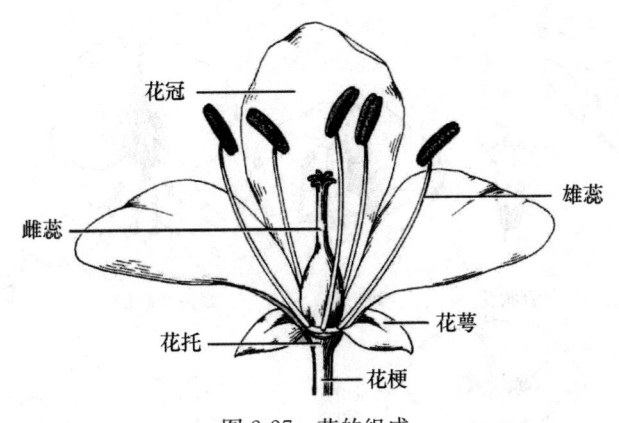

图 2-27 花的组成

2. 花托

花托是花梗顶端略微膨大的部分，其节间很短，很多节密集在一起，花的其他部分按一定的方式排列其上。

花托有扁平、凸起、圆锥状、倒锥、坛状、杯状等多种特殊形状。草莓的花托膨大呈圆锥状，并且肉质化；莲的花托呈倒圆锥形，俗称莲蓬；桃的花托凹陷呈杯状；落花生的花托，在受精后迅速延伸，将着生在其先端的子房插入土中，结成果实，这种花托叫做雌蕊柄或子房柄。

3. 花萼

由若干萼片组成。萼片结构与叶类似，但无栅栏组织和海绵组织之分。

离萼：萼片彼此分离，不存在任何联合。如，油菜。

合萼：萼片多少存在联合，萼片彼此合生。合萼下端称萼筒，上端分离部分称萼裂片。如，茄子。

早落萼：萼片先于花冠脱落。如，罂粟。

落萼：萼片与花冠同时脱落。如，油菜、桃。

宿存萼：萼片与果实一起发育并留在花梗上。如，茄子、海椒、番茄、柿子等。

花萼通常一轮。多轮者，外面的花萼（叶状苞片）为副萼。如，棉花、木槿等锦葵科植物。

4. 花冠

由若干花瓣组成。花瓣颜色鲜艳，含有色体时呈橙色、黄色、橙黄色；含花青素时呈红色、蓝色、紫色。有的花瓣有香气，或有蜜腺可以分泌蜜汁。由于花瓣的离合，花冠筒长短，花冠裂片深浅不同，从而形成各种不同花冠（图 2-28）。

(1) 十字形花冠：花瓣 4 枚，对角线排成十字，白菜、芥菜等十字花科的植物；

(2) 蝶形花冠：花瓣 5 枚，其中旗瓣 1，翼瓣 2，龙骨瓣 2，似蝶形，如豆科蝶形花亚科植物的花。假蝶形花冠也属于花瓣分离的花冠。

(3) 蔷薇型花冠：花瓣 5 枚，等大。

(4) 轮状花冠：花冠管很短，花冠平展，似轮状，如茄科茄属；

(5) 高脚碟状花冠：花冠筒细长，花冠裂片平展，成碟状，如龙船花、长春花的花；

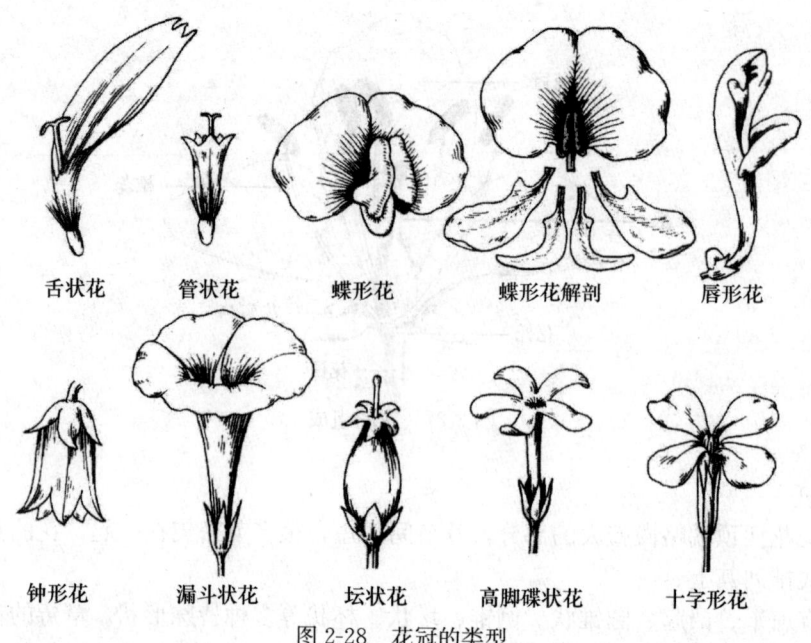

图 2-28 花冠的类型

（6）漏斗状花冠：下部筒状，渐渐向上扩大成漏斗状，如红薯、牵牛等旋花科植物的花；

（7）钟状花冠：花冠筒宽且短，如杜鹃花科吊钟花，鸡矢藤，倒悬钟状，如桔梗科的桔梗等的花；南瓜。

（8）筒状花冠：基部连合成筒，上部分离成裂片。菊科植物头状花序的管状花；

（9）舌状花冠：花冠管短，花冠上部平展成舌状，菊科头状花中舌状花；

（10）唇形花冠：花冠基部连合成筒状，顶端分离成二唇形，上唇二裂，下唇三裂，如唇形科、玄参科等植物的花。

5. 其他概念

离瓣花：花瓣没有任何联合。棉花、桃。

合瓣花：花瓣多少有联合。合生的下部称为花冠筒，上部称为花瓣裂片。南瓜、芝麻。

重瓣花：花瓣多轮。山茶花、小桃红。栽培品种的重瓣类型的内层花瓣由雄蕊瓣化而来。

花瓣的排列方式有：

镊合状：花瓣或萼片各片的边缘彼此相接触，但不覆盖。

旋转状：花瓣或萼片每一片的一边既覆盖着相邻一边的边缘，而另一边又被另一相邻片的边缘所覆盖。

覆瓦状：和旋转状相似，只是各片中有一片或二片完全在外，另一片完全在内。

花萼、花冠合称为花被。是两轮不能育的变态叶，在花中起保护作用。花萼、花冠都有的称为双被花，豌豆、番茄等；仅有一轮花被的称为单被花，大麻、荞麦、桑、板栗无花冠，郁金香、虞美人无花萼；完全不具花被的花称为无被花，柳树、杨树、杜仲。

6. 雄蕊群

雄蕊群是一朵花中雄蕊的总称，由多数或一定数目的雄蕊所组成。

雄蕊的类型、雄蕊的数目、长短、排列及离合情况随植物种类的不同而异，常见的有一下几种类型（图2-29）：

（1）二强雄蕊（didynamous stamen）：雄蕊4枚，分离，2长2短，如益母草、地黄等唇形科和玄参科植物。

（2）四强雄蕊（tetradynamous stamen）：雄蕊6枚，分离，4长2短，油菜、萝卜等十字花科植物。

（3）单体雄蕊（monadelphous stamen）：花药完全分离而花丝连合成一束呈圆筒状，如蜀葵、木槿、棉花等锦葵科植物以及远志、山茶等植物。

（4）二体雄蕊（diadelphous stamen）：雄蕊的花丝连合成两束，如扁豆、甘草等许多豆科植物的雄蕊共有10枚，其中9枚联合，1枚分离；而紫堇、延胡索等植物雄蕊有6枚，每3枚联合，成两束。

（5）多体雄蕊（polyadelphous stamen）：雄蕊多数，花丝成多束，如金丝桃、元宝草算橙等植物。

（6）聚药雄蕊（syngenesioua stamen）：雄蕊的花药连合呈筒状，而花丝分离，如红花、向日葵等菊科植物。

还有少数植物的雄蕊发生变态而呈花瓣状，如姜、美人蕉等。有的植物的花部分雄蕊不具花药，或仅留痕迹，称不育雄蕊或退化雄蕊，如鸭跖草。

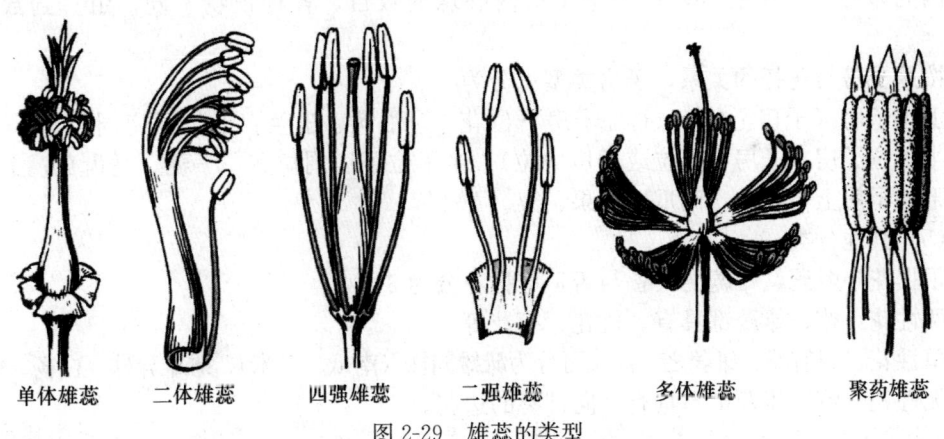

单体雄蕊　　二体雄蕊　　四强雄蕊　　二强雄蕊　　多体雄蕊　　聚药雄蕊

图 2-29　雄蕊的类型

7. 雌蕊群

雌蕊群是一朵花中雌蕊的总称，位于花的中央。一个典型的雌蕊可分为柱头、花柱、子房三个部分。构成雌蕊的基本单位是心皮，心皮是具有生殖作用的变态叶，是组成雌蕊的基本单位。

（1）雌蕊的类型（图2-30）：

单雌蕊：一朵花中只有一个心皮构成的雌蕊，如：大豆、花生、桃。

离生单雌蕊：一朵花中有若干彼此分离的单雌蕊，如：八角、木兰、毛茛、蔷薇、草莓。

复雌蕊：一朵花中有一个由两个以上的心皮合生构成的雌蕊。复雌蕊中有子房合生，花柱、柱头分离（如：蓖麻）；有子房、花柱合生，柱头分离（如：荞麦）；也有子房、花柱、柱头全部合生，柱头呈头状（如：油菜）等三种类型。

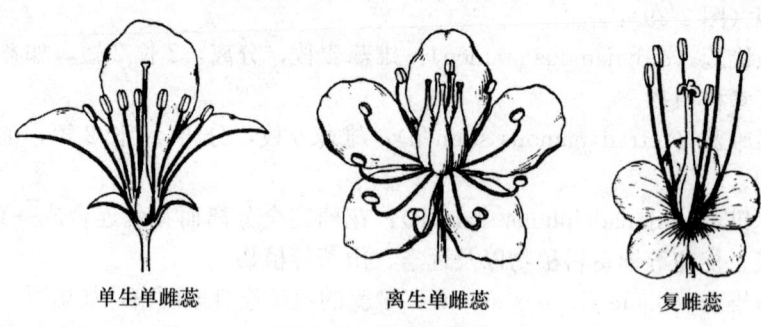

单生单雌蕊　　　　离生单雌蕊　　　　复雌蕊

图 2-30　雌蕊的类型

（2）柱头：位于花柱顶端，是承受花粉的地方。多数植物的柱头能分泌水分、糖类、脂类、酚类、激素和酶等物质，有助于花粉粒的附着和萌发。柱头分泌物的化学成分和浓度，随植物种类而异，从而对来源不同的花粉粒表现出不同的生理效应，具有选择性。

（3）花柱：介于柱头和子房之间，是花粉管进入子房的通道。同时，花柱对花粉管的生长提供营养及某些向化物质，有利于花粉管进入胚囊。

（4）子房：子房是雌蕊基部膨大的部分，外为子房壁，内为一至多个子房室。着生在子房内的卵形小体称胚珠，每一个子房内胚珠的数目，各种植物不同，由一到数十个不等。

按照子房与花托的关系，子房类型可分为：

上位子房（子房上位）：上位子房下位花——油菜、玉兰；上位子房周位花——桃、李；半下位子房（子房半下位或子房中位）：半下位子房周位花——菱、马齿苋；下位子房：下位子房上位花——南瓜、苹果、梨。

（5）其他分类

根据花中雌蕊、雄蕊的具备与否，可把花分为 3 类：

两性花：雌、雄蕊都具有。桃花、梅花等。

单性花：只有雌、雄蕊之一。又可分为雌雄同株（南瓜、玉米）、雌雄异株（白杨、柳）。

无性花：雌、雄蕊都不具有。向日葵的边花。

（二）花序

花序是指花在花轴上排列的情况。花序可分为无限花序（总状类花序）和有限花序（聚伞类花序）两大类：

无限花序（总状类花序）：其开花的顺序是由花轴下部的花先开，再逐渐向上，或由边缘向中心。又称向心花序或总状花序。其中根据花柄、花托等的不同又可分为：

1. 简单花序

花序轴不分枝称简单花序，有如下面 8 种类型（图 2-31）：

总状花序：花序轴不分枝，花柄近等长。如一串红，白菜（成熟时）。

伞房花序：花柄不等长，但最后花排在一平面上，如梨，绣线菊。

伞形花序：花由一点长出，花柄等长，形同一把张开的伞。
穗状花序：花轴单一，无花柄。
荑花序：花序轴上着生无柄或具短柄的单性花，开花后整个花序脱落，如杨、柳、枫杨、山毛榉科植物。
肉穗花序：同穗状花序，但花序轴膨大且肉质化。有的种类具大型佛焰苞，又称佛焰花序。
头状花序：花序轴缩短成球形或盘形，上面密生许多近无柄或无柄的花，苞片常聚成总苞，生于花序基部，如菊科植物。
隐头花序：花序轴较短，肥厚肉质化，呈中空的囊状体，内壁着生有无柄的单性花，顶端有一小孔，孔口有许多总苞。

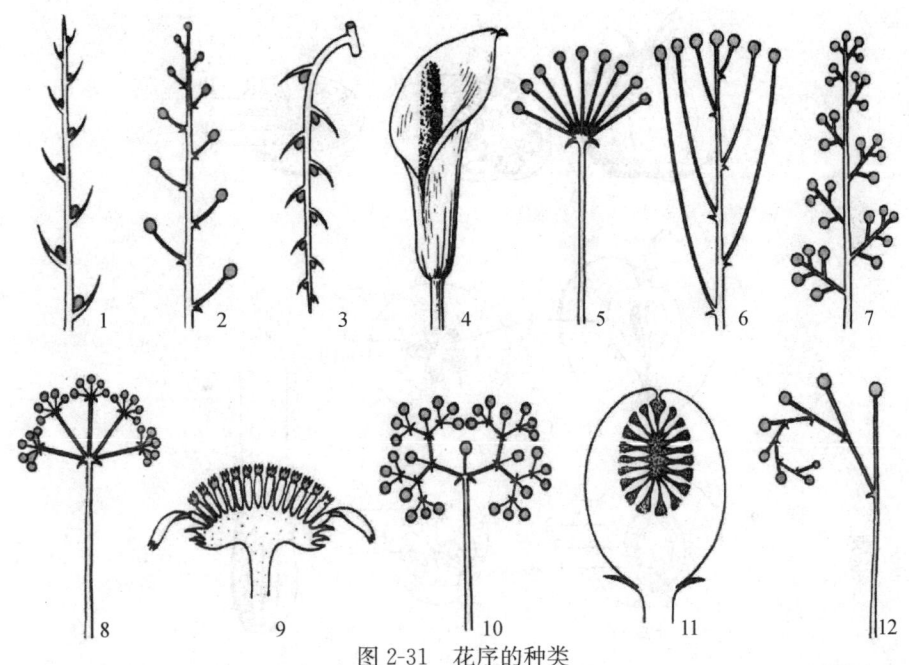

图 2-31 花序的种类

1. 穗状花序；2. 总状花序；3. 荑花序；4. 肉穗花序；5. 伞形花序；6. 伞房花序；7. 圆锥花序；
8. 复伞形花序；9. 头状花序；10. 二歧聚伞花序；11. 隐头花序；12. 螺旋状聚伞花序

2. 复合花序

花序轴分枝的，并且每一分枝是简单花序中的一种，称为复合花序，有下面 4 种类型：

圆锥花序：又称复总状花序，如女贞、山指甲。
复穗状花序：如小麦、水稻。
复伞形花序：小茴香、芹菜、胡萝卜。
复伞房花序：如花楸、石榴。

二、果实和种子

果实是由花的子房部分发育而成，包括果皮和种子两部分。果皮又分外果皮、中果皮和内果皮三层。果实有多种分类方法。

(一)果实的类型

(1) **肉质果**：果皮肉质多汁，成熟时不开裂（图 2-32）。

(2) **干果**：成果实熟时果皮干燥，根据果皮开裂与否分为裂果和不裂果两类（图 2-33）。

(3) **核果**：外果皮薄，中果皮肉质，内果皮坚硬，通常叫核，内含种子，如桃、李、枣等。

(4) **柑果**：外果皮和中果皮无明显分界，含挥发油腺，内果皮分成若干瓣，在内壁上生长许多肉质多汁的囊状毛，如柑橘等。

(5) **翅果**：是坚果或瘦果果皮向一端、两侧或周围伸展成翅状，以适应风力传播（槭树科）。

(6) **坚果**：果皮坚硬，内含一枚种子，果皮与种皮分离，如板栗（壳斗科、山毛榉科）。

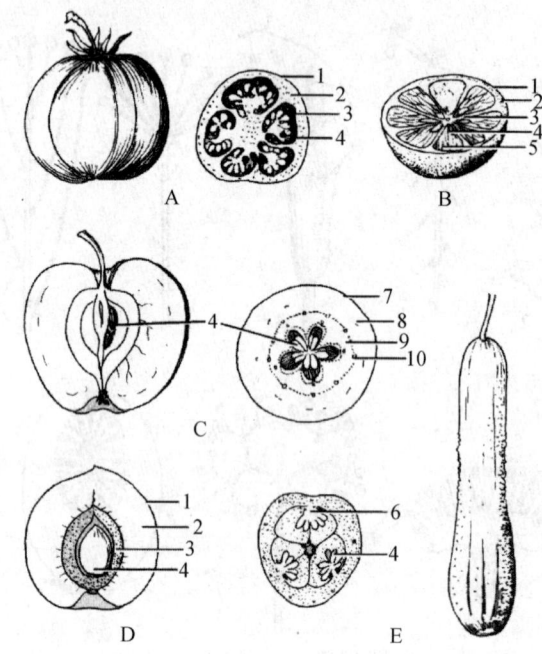

图 2-32 肉质果
A. 浆果；B. 柑果；C. 梨果；D. 核果；E. 瓠果
1. 外果皮；2. 中果皮；3. 内果皮；4. 种子；5. 毛囊；
6. 胎座；7. 表皮层；8. 花筒部分；9. 果皮；10. 花瓣维管束

(二)种子的组成

裸子植物与被子植物种子结构非常相似，都由种皮、胚和胚乳三部分组成。

1. 种皮

由珠被发育而来，具保护胚与胚乳的功能。裸子植物的种皮由明显的 3 层组成。外层和内层为肉质层，中层为石质层。

被子植物的种皮结构多种多样，如花生、桃、杏等种子外面有坚硬的果皮，因而种皮结构简单，薄如纸状；小麦、玉米、水稻、莴苣的种子，果皮与种皮愈合，种子成熟时种

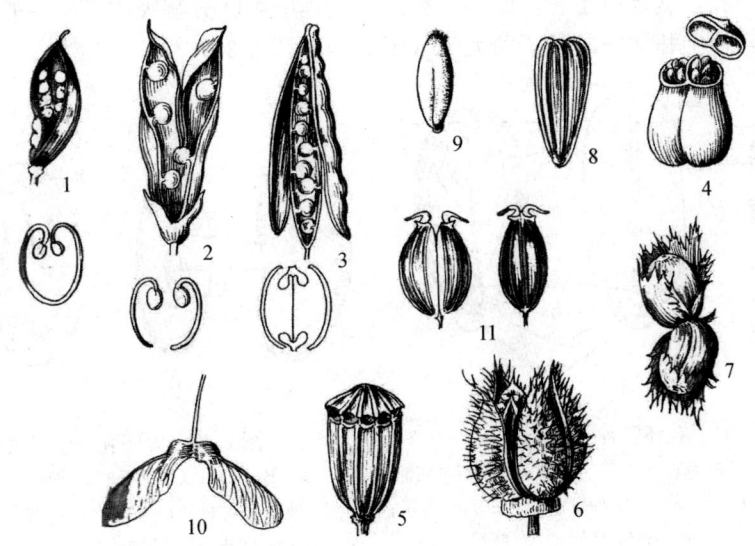

图 2-33 干果
1. 蓇葖果；2. 荚果；3. 长角果；4. 蒴果（盖裂）；5. 蒴果（孔裂）；
6. 蒴果（纵裂）；7. 坚果；8. 瘦果；9. 颖果；10. 翅果；11. 双悬果

皮被挤压而紧贴于果皮的内层；有些豆科植物和棉花的种子具有坚硬的种皮，种皮的表皮下有栅栏状的厚壁组织细胞层，表皮上有厚的角质膜。有些豆类种子由于角质膜过厚形成"硬实"，不易萌发。棉籽的表皮上有大量的表皮毛，就是棉纤维。番茄和石榴种子的种皮，外围组织或表皮细胞肉质化。番茄种皮的表皮细胞柔软透明呈胶质状，并有刺突起。石榴种皮的表皮细胞伸展很长成为细线状。细胞液中含有糖分可供食用；荔枝、龙眼的种子可食部分与石榴不同，是由假种皮肉质化而成，假种皮是由珠柄组织凸起包围种子而形成。

种皮的结构与种子休眠密切相关。有的植物种皮中含有萌发抑制剂，因此除掉这类植物种皮，对种子萌发有刺激效应。

2. 胚

由受精卵发育形成。发育完全的胚由胚芽、胚轴、子叶和胚根组成。裸子植物的胚都是沿着种子的中央纵轴排列，不同种类种子的胚之间唯一不同的是子叶数目，变动在1～18个之间。但常见的子叶数目为两个，如苏铁、银杏、红豆杉、香榧、红杉、买麻藤和麻黄等。

被子植物胚的形状极为多样，椭圆形、长柱形或程度不同的弯曲形、马蹄形、螺旋形等等。尽管胚的形状如此不同，但它在种子中的位置总是固定的，一般胚根都朝向珠孔。

胚的子叶也多种多样，有细长的、扁平的，有的含大量储藏物质而呈肥厚肉质，如花生、菜豆，也有的成薄薄的片状如蓖麻。有的子叶与真叶相似，具有锯齿状的边缘，也有的在种子内部呈多次折叠如棉花。

3. 胚乳

裸子植物胚乳是单倍体的雌配子体，一般都比较发达，多储藏淀粉或脂肪，也有的含有糊粉粒。胚乳一般为淡黄色，少数为白色，银杏成熟的种子中胚乳呈绿色。

绝大多数的被子植物在种子发育过程中都有胚乳形成，但在成熟种子中有的种类不具或只具很少的胚乳，这是由于它们的胚乳在发育过程中被胚分解吸收了。一般常把成熟的种子分为有胚乳种子和无胚乳种子两大类（图2-34，图2-35）。

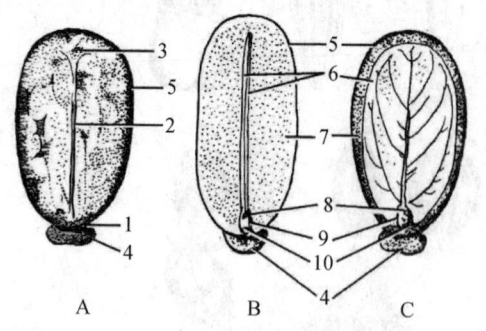
图2-34　有胚乳种子（蓖麻）
A. 外形；B. 与子叶垂直纵切面；C. 与子叶平行纵切面
1. 种脐；2. 种脊；3. 合点；4. 种阜；5. 种皮；6. 种子；
7. 胚乳；8. 胚芽；9. 胚轴；10. 胚根

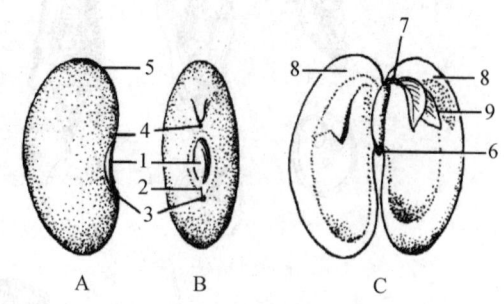
图2-35　无胚乳种子（菜豆）
A、B. 外形；C. 菜豆的组成部分（纵剖面）
1. 种脐；2. 种脊；3. 合点；4. 种孔；5. 种皮；
6. 胚根；7. 胚轴；8. 子叶；9. 胚芽

在无胚乳种子中，胚很大，胚体各部分，特别是在子叶中储有大量营养物质。在有胚乳种子中，胚与胚乳的大小比例在各类植物中有着很大不同。

不同植物种子中胚乳的寿命，数量以及储藏物质的种类都有很大不同。胚乳中最普通的储藏物质是淀粉、蛋白质和脂肪。还有碳水化合物，如甘露糖和半纤维素可以沉积在细胞壁上，咖啡、柿子、海枣等就是以这种方式贮存养料。含淀粉的胚乳常常是没有生命的，如灯心草科、莎草科、禾本科、蓼科、石竹科中含淀粉的胚乳细胞成熟后细胞核退化；而在百合科、石蒜科、萱草属、蓖麻属和胡萝卜属中含淀粉的胚乳细胞是有生命的。

一般情况下，在胚和胚乳发育的过程中，胚囊体积不断地扩大，以致胚囊外的珠心组织受到破坏，最后为胚和胚乳所吸收。所以在成熟的种子中没有珠心组织。但有些植物在种子发育过程中珠心组织被保留下来，并储藏养料形成外胚乳。菠菜、甜菜、咖啡的成熟种子具有外胚乳。胡椒、姜的成熟种子兼有胚乳和外胚乳。

（三）种子的寿命

种子成熟离开母体后仍是生活的，但各类植物种子的寿命有很大差异。寿命的长短除与遗传特性和发育是否健壮有关外，还受环境因素的影响。有些植物种子寿命很短，如巴西橡胶的种子生活仅一周左右，而莲的种子寿命很长，生活长达数百年以至千年。

种子寿命的延长对优良农作物的种子保存有着重要意义，也就是可以利用贮存条件延长种子寿命。

实验证实，低温、低湿、黑暗以及降低空气中的含氧量，为理想的贮存条件。例如小麦种子在常温条件下只能贮存2～3年，而在－1℃，相对湿度30%，种子含水量4～7%，可贮存13年，而在－10℃。相对湿度30%，种子含水量4～7%，可贮存35年。许多国家利用低温、干燥、空调技术贮存优良种子，使良种保存工作由种植为主转为贮存为主，大大节省了人力、物力并保证了良种质量。

【思考与练习】

1. 依植物形态学分类,园林植物可分为哪几种?
2. 植物细胞由哪两部分组成?它们在细胞生活中各有什么作用?
3. 植物细胞在结构上与动物细胞的主要区别是什么?
4. 植物细胞的分裂方式有几种类型?最普遍的是哪一类?
5. 有丝分裂和减数分裂的主要区别是什么?它们各有什么重要意义?
6. 什么是组织?植物有哪些主要的组织类型?
7. 根的主要类型有哪些?
8. 完全的叶可分为哪三个部分?
9. 植物繁殖器官有哪些?

【学习资源推荐】

1. 中国植物图像库 http://www.plantphoto.cn/
2. 张天麟. 园林树木1600种 [M]. 北京:中国建筑工业出版社,2011.
3. 李扬汉. 植物学 [M]. 上海:上海科学技术出版社,2001.

第三章 园林植物生态学习性

生态学习性是指园林树木与其生长环境之间的关系。园林植物的环境条件，主要指气候因子（温度、水分、光照、空气）、土壤因子、地形地势、生物及人类活动等因子。园林工作中，需要充分了解环境因子与植物之间的关系，运用其中的规律培育植物，使之更好地为景观事业服务。

一、温度因子

温度因子在树木生长发育、地理分布等方面起着十分重要的作用。高温对植物的危害主要是使细胞内蛋白质凝固并造成植物物理伤害；一般而言，园林植物生命活动的最高极限温度不超过50～60℃，包括原产于热带干燥地区的植物。低温主要使细胞内外结冰，尤其是细胞内的结冰常造成严重的质壁分离，破坏了原生质的理化结构和机能。常表现为寒害、霜害、冻害、冻拔、冻裂等。绝大多数原产于温带的园林植被在35℃左右生命活动发生减退。生命活动的最低温度在1℃左右，但有的在0℃以上较低温度下即可受害。如南极发草，可耐受极端低温。除超出了植物忍受的极端低温，在能忍受的温度范围之内，园林植物也能受到由于温度急剧变化导致的伤害。如，如悬铃木、乌桕、核桃、槭树等一些薄皮树种越冬时常发生向阳面裂伤，因树干组织内温度发生急剧变低所致。

园林应用中，冬季常对抗寒性弱的树种进行树干包扎、涂白，早春或晚秋常浇灌以调节温度变化。夏季干旱时期，土壤表面的温度有时可达到60～65℃左右，常使幼苗的茎干灼伤死亡，对自山林中新引种的苗木，应搭荫棚保护。

二、水分因子

水分是植物体重要的组成成分，是保证植物正常生理活动、新陈代谢的主要物质。由于不同的植物种类长期生活在不同的水分条件环境中，形成了对水分需求关系不同的生态习性和适应性。根据植物对水的依赖程度可以把植物分为陆生植物和水生植物两大类，陆生植物包括旱生植物、中生植物和湿生植物，水生植物包括沉水植物、浮水植物和挺水植物等。

1. 陆生植物

（1）旱生植物：即具有极强的抗旱能力，能长期生长在干旱地带正常生长发育的植物类型。在长期的系统生长发育过程中此类植物形成了适应干旱的特性。如叶硬、革质有光泽、角质层厚的园林植物，常用的有夹竹桃、冬青等。也有叶退化、叶面积小的植物品种，柽柳、沙拐枣等。

（2）中生树种：绝大多数树种属于此类。如稍耐旱、干湿均生长良好的油松、侧柏。及较耐湿的旱柳、紫穗槐。

（3）湿生树种：需在潮湿环境中生长，在干燥或中生环境下，极易死亡或生长不良的园林植物，如，水松、落羽杉、红树等。

2. 水生植物

(1) 沉水植物：植物体在整个生活史中沉没于水中生活。如金鱼藻、苦草等。

(2) 漂浮植物：植株完全自由漂浮于水面，根系舒展于水中，可随水流漂浮，个别种类幼时有根生于泥中，折断后即漂浮于水面。如浮萍、凤眼莲、满江红等。

(3) 浮叶植物：植物的根系和地下茎生于泥中，叶片或植株大部分浮于水面而不挺出。如睡莲、王莲、芡实等。

(4) 挺水植物：植物体的基部或下部生于水中，上面尤其是繁殖体挺出水面。在自然群落中，挺水植物一般生于水域近岸或浅水处。如红树林植物、荷花、菖蒲、水葱、香蒲等。

园林植物可通过水分控制，调节树木生长发育。如：梅花进行"扣水"限制其营养生长，有利于其花芽分化。在灌溉与不灌溉的条件下，树木生长量、开花、结果差别很大。植被在雨季发生的二次生长等都是水分因子影响所致。

三、光照因子

光照是植物生长发育的必要条件，植物在自然界中所接受的光分为直射光和散射光。散射光对光合作用有利。直射光含有抑制生长的紫外线。植物的光合作用在一定范围内与光照强度有密切关系，当光照强度减弱到一定程度时，树木由光合作用所合成的物质量恰好与呼吸作用所消耗的量相等，此时的光照强度称为光补偿点。随着光照强度的增加，光合作用的强度也提高，因而产生有机物质的积累，但是当光照强度增加到一定程度后，光合作用就达到最大值而不再增加，此时的光照强度称为光饱和点。耐阴性强的树种其光补偿点较低，不耐阴的阳性植物光饱和点较高。

根据园林树木对光照强度要求的程度不同，通常可分为三类。

(1) 阳性树种：全日照下生长良好而不能忍受荫蔽的树种。如：马尾松、樟子松、落叶松属、水杉、桦木属、桉树属、杨属、柳属、相思属、刺槐、楝树、金钱松、落羽松、银杏、板栗、漆树、刺楸、臭椿、悬铃木、核桃、乌桕、黄连木。

(2) 中性植物：在充足的阳光下生长最好，又称耐阴植物，有不同程度的耐阴性。园林植物中偏阳性品种，如榆树属、朴属、榉属、樱花、枫杨等。中性而耐阴力较强的植物如冷杉属、云杉属、八角金盘、八仙花、桃叶珊瑚、常春藤、红豆杉、棣棠、荚蒾、罗汉松等。中性植物在城市绿化过程中最为常见。

(3) 阴性树种：具有较高耐阴能力。在较弱的光照条件下比在全日照条件下生长要好。木本园林植物中很少有典型的阴性植物。草本植物较为多见如，巴西铁、绿箩、花蝴蝶、龟背竹、绿霸王、富贵竹、百合竹、夜来香、绿萝、耐阴的兰花，以及桫椤、铁线蕨、鹿角蕨等蕨类植物。

四、空气因子

距离地面12km的范围称对流层。空气下热上冷，形成对流。风、雨、雷电、冰雹、大气污染等都发生在这一层。对流层的成分很复杂，其中主要气体的含量为：N_2（78%）；O_2（21%）；CO_2（0.03%）。同时还有一些不固定的成分如：SO_2、NH_3、氯化物、粉尘等微量成分。工矿区大气中含有多种污染物质，主要有硫化物、氮氧化物、粉尘及带有各种金属元素。风对树木作用有利也有害。对风媒花及翅果类植物等均起到重要的传播作用。此外，强风、台风等会影响植物生长量，飓风、台风等或将树木连根拔起。

1. CO_2、O_2 对树木的生态作用

CO_2 是树木进行光合作用的必需原料，90%来自空气，空气中的 CO_2（0.03%）对树木进行光合作用来说是不够的。若能将 CO_2 浓度提高到 0.1%，树木可加快生长。如下光合作用化学方程式：

$$12H_2O + 6CO_2 + 阳光 \longrightarrow C_6H_{12}O_6（葡萄糖）+ 6O_2 + 6H_2O$$

2. N_2 对树木的生态作用

树木一般不能从空气中直接吸收 N_2，而是从土壤中吸收化合物中的氮。豆科植物可以用根瘤固氮。

3. 大气污染对树木的影响

大气污染影响树木的生长和发育。大气污染有粉尘类，有毒气体（SO_2、HF、Cl_2、CO、NO_2、Hg、Pb 等）。

(1) SO_2（二氧化硫）：以煤为原料的厂矿、硫酸厂、化肥厂产生的含硫气体进入细胞内可以使内容物酸化，破坏新陈代谢作用，引起原生质凝固、叶绿素破坏。叶子呈现褐色斑点。

(2) Cl_2（氯气）：化工厂、制药厂、木材加工厂排放。植物受害后白化。

(3) 粉尘：石灰、煤厂粉尘多。粉尘落在叶子上，布满全叶，堵塞气孔，妨碍蒸腾作用、光合作用、呼吸作用，严重影响树木生长发育。

4. 生长期积温

植物在生长期中高于某温度数值以上的昼夜平均温度的总和，称为该植物的生长期积温。依同理，亦可以求出该植物某个生长发育阶段的积温。积温又可以分为有效积温与活动积温。有效积温是指植物开始生长活动的至某一段时期内的温度总值。其计算公式为：

$$S = (T - T_0) \times n$$

式中，T 为 n 日期间的日平均温度，T_0 为生物学零度，n 为生长活动的天数，S 为有效积温。生物学零度为某种植物生长活动的下限温度，低于此则不能生长活动，例如某树由萌芽至开花经 15 天，期间的日平均温度为 18℃，其生物学零度为 10℃，则 $S = (18-10) \times 15 = 120$℃。即从萌芽到开花的有效积温为 120℃。

五、土壤因子

土壤是树木生长的基础，不同的土壤在一定程度上会影响到树木的分布及其生长发育。

1. 依土壤酸碱度而分的植物类型

(1) 酸性土树种：在 pH<6.8 的土壤中生长，而在碱性土或 Ca 质土中生长不良。如马尾松、油茶、山茶、印度橡皮树、杜鹃、红松、栀子花等。

(2) 中性土树种：在中性土（6.8<pH<7.2）上生长最佳。大多数树木属于这类。

(3) 碱性土树种：在轻或重的碱性土（pH>7.2）上生长最佳者属于碱性土树种。如柽柳、紫穗槐、杠柳、沙棘、沙枣等。

2. 钙质土树种

喜欢土壤中含有 $CaCO_3$ 的植物，如南天竹、柏木、青檀、臭椿、柘树等。

3. 沙生植物

能适应沙漠、半沙漠地带的植物，具有耐干旱、耐瘠薄、耐沙埋、抗日晒、抗寒、耐热、易生不定根、不定芽的特点，如沙竹、沙柳、黄柳、骆驼刺、沙冬青等。

六、地形、地势

随着海拔高度的增加温度渐低、相对湿度渐高，光照渐强，紫外线增加，均会影响植物的生长与分布。山地的土壤随着海拔的增高温度降低、湿度增加，生长在高海拔的植被高度变矮、节间变短、叶的排列变密，如针叶林中的代表树种，如高山松、乔松，多种冷杉和云杉等。此外，不同方位山坡坡向，气候因子差别大。山南坡，光强、土温高、土壤较干；北坡相反。在北方，由于降雨量小，土壤水分状况对植物生长影响极大，北坡可生长乔木，植被繁茂甚至一些阳性树也生于阴坡或半阴坡。南坡水分状况差，仅能生长一些耐旱的灌木和草本。在南方，雨量充足，阳坡植被非常繁茂。最后，地势变化对植物生长也有影响，地势陡峭起伏，坡度的缓急，不但会形成小气候，而且对水土的流失和积聚都有影响，因此可直接或间接影响树木的生长分布。陡峭地形土层薄，植物少；平缓地形土层厚，植物多。

七、生物因子

在植物生存的环境中，尚存在许多其他生物，如各种低等、高等动物，它们与植物间有各种或大或小的、直接或间接的相互影响，而植物与植物间也存在着错综复杂的相互影响。

动物方面，许多高等动物，如鸟类、单食性的兽类等亦可对树木的生长起很大影响。例如，很多鸟类对散布种子有利，但有的鸟却因为可以吃掉大量的嫩芽而损害树木的生长。有些动物也为植物带来许多有利的作用，如传粉、传播种子以及起到害虫天敌的生物防治作用。此外，蚯蚓活动显著地改善了土壤的肥力，增加了钙质，从而影响着植物的生长。土壤的其他无脊椎动物以及地面上的昆虫等均对植物的生长有一定的影响。植物方面，植物间的相互关系对共同生长的植物来说，可能对一方有利或相互有利，也可能对一方有害或相互有害。这些相互关系有的发生在同种植物之间，有的发生在不同种之间。发生在同种之间的关系，称种内关系；发生在不同种之间的关系，称种间关系。根据作用方式、机制的不同分为直接关系和间接关系。

（一）直接关系

植物之间直接通过接触来实现的相互关系，在自然界的表现有：

1. 附生关系

某些苔藓、地衣、蕨类和高等植物，借助可吸附的根着生在树干、枝、茎及树叶上，进行特殊方式的生活，生理关系上与依附的林木没有联系或很少联系。温带、寒带林内附生植物主要是苔藓、地衣和蕨类；热带林内附生植物种类繁多，以蕨类、兰科植物为主。它们主要依赖于积存在树皮裂缝内和枝杈内大气灰尘和植物残体生活，大气降水从树体上淋下许多营养物质，也是附生植物的营养来源。由于它们得来的水分来源于大气，晴朗干燥天气里失去水分后便处于假死状态。对附主影响不大，但热带森林中的绞杀榕、鸭脚木等，却可缠绕附主树干，限制生长，最后将附主绞杀致死。

2. 攀缘植物

攀缘植物利用树干作为它的机械支柱，从而获得更多的光照。藤本植物与所攀缘的树木间没有营养关系。

3. 植物共生关系

豆科植物的根瘤。

（二）间接关系

指相互分离的个体通过与生态环境的关系所产生的互相影响。

1. 竞争

竞争是指植物间为利用环境的能量和食物资源而发生的相互关系，这种关系主要发生在营养空间不足时。

2. 改变环境条件

植物间通过改变环境因子，如小气候、土壤肥力、水分条件等发生的间接相互关系。

3. 生物化学的影响

植物根、茎、叶等排放出的化学物质对其他植物的生长和发育产生抑制和对抗作用或者某些有益作用，这种现象叫做他感或异株克生。

八、植物的垂直分布与水平分布

（一）垂直分布

植物的垂直分布指从与地面高度或水层深度的关系所确定的生物分布，是生态分布的一个方面。在山岳，随着高度的升高，气温逐渐降低，从山麓到山顶，低温或高温成为分布的限制因素，特别是固定性种类或是移动性小的种类，垂直分布尤为明显。此外，在水底，也可以看到水层深度所形成的垂直分布，而在湖泊，则可分为各种群落，如湖滨带、亚湖滨带、深湖带。在海洋，也可分为潮间带、潮下带、潮周带、渐深海带、深海带等。

（二）水平分布

植物的水平分布主要受纬度、经度的气候带影响。自赤道向两极，热量随纬度的升高而渐减，并依经线的方向距离海洋越远时，则由海洋性气候渐变为大陆性气候，植物就受这种变化的影响而形成自然的水平分布带。以上仅是水平分布规律概括性的模式，实际上，由于河湖、土壤、地形地势等的变化，植物的水平分布情况要复杂得多。例如我国中东部地区，在近海地带是温带、夏绿林带及草原地带呈不规则分布；略向西进则为亚高山针叶林带及局部的草原、草地带。在我国西部，则为高原草地灌丛带、干荒漠及半荒漠带和高原冻荒漠带呈犬牙交错分布。

此外，就某植物种的自然分布而言，它是依靠该种的生长发育特征及其对综合环境因子的适应关系而形成的。各种植物生长分布的状况，除了生态方面的作用，也受地史变迁、种的历史发展以及人类生产活动的巨大影响。因此不同的种类，其分布区的大小，分布的中心地区，以及分布的方式等，均有各自的特点。

【思考与练习】

1. 园林植物生态学习性主要包括哪些因子？
2. 根据树木对水分的要求不同，园林植物可以分哪几类？
3. 简述植物的垂直分布与水平分布。

【学习资源推荐】

1. 贾祖璋、贾祖珊《中国植物图鉴》[M]．中华书局，1960．
2. 周洪义、张清、袁东升《园林景观植物图鉴》[M]．中国林业出版社，2009．

第四章 园林植物的分类

植物分类的重要任务是将自然界的植物分门别类，鉴别到种。从人类有史以来，就已开始用各种方式了解和识别植物，在认知植物的过程中通过科学的方法对其进行分类，也已有两百多年的历史。植物分类学所总结的经验和规律已成为园林工作者认识植物、利用植物的重要依据和科学参考，也是学习并进行园林植物配置的基础理论知识。只有在认识植物种类的基础之上，才能进行深入研究植物其他方面的问题。因此，植物分类学不仅是植物学基础，也是园林专业其他有关专业学科，如花卉学、树木学、植物栽培学、植物生态学、植物生理学和生物学的基础。它与农、林、牧、副、渔、等行业也有密切关系。学习好植物分类学的基础知识，并达到认识或正确鉴定植物的目的，对园林植物造景及配置学习有辅助作用。

一、植物分类的历史

（一）人为分类系统时期

该分类系统时期是人们依据实际需要，经过长期野外摸索，通过经验积累，逐步完善起来的。初期研究植物分类，受条件限制，只能根据植物个别或部分特征、习性、用途等进行分类。如我国明代李时珍在《本草纲目》一书中，按植物性状和功能把1195种植物归纳为草、谷、菜、果及木5部分。虽然区分方法比较粗糙，仍是以实用、生长环境和植物习性来区分，但已经有所进步，特别将草、木单独分类也符合了现代观点中乔木、灌木之分的说法，这在当时起了很大作用，对欧洲植物学发展影响很大。到18世纪，随着欧洲资本主义的发展，为寻找原料和基地，不断向外扩张，收集了世界各地，尤其热带地区的大量植物标本。由于当时仍无一个比较系统、全面的分类系统致使许多植物无法归类。这时瑞典植物学家林奈在前人研究的基础上，加上自己的观察，于1737年发表了《自然系统》。他根据花的构造特点和花各部分数目，尤其是雄蕊数目，把当时已知植物分为24纲。从事这类研究的学者推出过很多分类系统，但都未能反映植物体的自然性和彼此间在演化上的亲疏关系，所以这类按人的主观意识进行分类的方法称为人为分类法，其确立的系统统称为人为分类系统。

（二）自然分类系统时期

以反映植物界自然演化过程和彼此间亲缘关系的分类方法称为自然分类法，其确立的系统统称为自然分类系统。建立这样的分类系统大致程序是：依照植物相似的自然性状将个体归成居群；将居群相似的归为种；将种相似的归为更高级的分类群；依次得出隶属的各分类等级，如属、科、目、纲、门等。同时确立类群间的亲缘关系，排列出在系统中的位置。其特点是：不仅按自然客观存在的种，以其各自的形态特征，利用比较形态学的方法分门别类,加以区分开,并按它们之间的亲缘关系归属到各自的属、科、目、纲和门中,尽量体现演化过程中的亲缘关系。但由于有关被子植物起源、演化的知识和证据不足,自达尔文《物种起源》一书发表后的百余年来,建立的分类系统有数十个。直至目前,也仅有几个较为流行的分类系统说法,还没有一个比较完善而被大家公认的自然分类系统。

二、植物分类的基础知识

(一) 植物分类的概念及方法

植物分类是将各种植物的形态特征、内部结构及遗传特性等进行比较、分析、归纳,使之分门别类,并按照植物的发生、衍化规律进行有秩序的排列。植物的分类方法主要有恩格勒被子植物分类系统、哈钦松被子植物分类系统、塔赫他间被子植物分类系统及克朗奎斯特被子植物分类系统,主要介绍前两种。

1. 恩格勒被子植物分类系统

这一分类系统是德国植物学家恩格勒(A. Engler)和柏兰特(K. Prantl)于1897年在《植物自然分科志》一书中发表的。是分类学史上第一个相对比较完整的自然分类系统。其主要论点是:

(1) 认为无花瓣、花单性、木本、风媒传粉等为原始特征;而有花瓣、花两性、虫媒传粉为进化特征。为此,把葇荑花序类植物(如杨柳科、杉木科、壳斗科等)当作被子植物中最原始的类型;而把木兰科、毛茛科看作是较为进化的类型。

(2) 认为单子叶植物比较原始,故将单子叶植物排在双子叶植物之前。这点后来在第二版(修订版)《植物分科纲要》(1964)中被改变,即将双子叶植物改排在单子叶植物前面。

(3) 目和科的范围较大。恩格勒系统是使用时间较长、影响较大的系统。许多国家的植物标本室,如俄罗斯和中国多采用恩格勒分类系统排列。《苏联植物志》、《中国植物志》、《中国高等植物图鉴》以及许多地方志都采用恩格勒分类系统。可以说,恩格勒是被子植物起源的假花学说的代表。

2. 哈钦松被子植物分类系统

该系统是英国植物学家哈钦松(J. Hutchinson)于1926年在《有花植物科志》一书中提出的。其主要论点是:

(1) 两性花比单性花原始;花各部分分离、多数的比连合、定数原始;花各部分螺旋状排列比轮状排列原始;木本较草本原始;无被花、单被花是演化蜕变而来的。木本植物起源于木兰目,草本植物起源于毛茛目,葇荑花序类是进化的,位置应靠后。

(2) 单子叶植物比较进化,将其放在双子叶植物之后。

(3) 把被子植物分为木本支和草本支(这一论点多不被植物学家所接受)。

(4) 目和科的范围较小。

哈钦松代表了被子植物起源的真花学派。我国有些地方志或植物分类教科书采用此系统排列。

（二）植物分类的等级和单位

通常用等级的方法表示每一种植物的系统地位和归属，这就需要命名，要了解命名首先要了解等级。

等级就是阶层，植物界从上到下的分类等级顺序是门（divisio）、纲（classis）、目（ordo）、科（familia）、属（genus）、种（species）等，有时在各个阶层之下，根据实际需要又可再划分更细的单位。如亚门（subdivisio）、亚纲（subclassis）、亚目（subordo）、亚科（subfamilia）、族（tribus）、亚族（subdivisio）、亚属（subgenus）、亚种（subspecies）或组或系（series）等组成阶层，这些等级代表着植物分类的各级单位。每一阶层都有相应的拉丁词和一定的词尾，即是拉丁命名。

中文	拉丁文	英文
界	regnum	Kingdom
门	divisio	Division
纲	classis	Class
目	ordo	Order
科	familia	Family
属	genus	Genus
种	species	Species

种（species）是自然界客观存在的一个群体，它是植物分类系统的最基本单位。种是指有稳定、相似形态特征；表现一定的生物学和生态学特性；能够产生遗传相似的后代；占有一定自然分布区的无数个体的总和。

把近似的种组合称为"属"，又把相类似的属组成为"科"，按同样原则，由小到大，依次组合至植物分类最高单位——"界"（regnum），形成界、门、纲、目、科、属、种各级分类单位，从形式上是阶梯式，例如红松在分类系统中的位置：

界　植物界 Regnum vegetable
门　种子植物门 Spermatophyta
亚门　裸子植物亚门 Gymnospermae
纲　松柏纲 Coniferopsida
目　松柏目 Pinales
科　松科 Pinaceae
属　松属 Pinus
种　红松 *Pinus koraiensis* S. et Z.

有时在种以下还设有亚种（subspecies）、变种（varietae）、变型（forma）等单位，多指种内形态、自然分布等具有稳定的变异，但又构不成独立种的类群。

亚种（subspecies, subsp.）：一般认为一个种内的类群形态上有区别，分布上、生态上或季节上有隔离，这样的类群即为亚种。

变种（varietae，var.）：变种是一个种有形态变异，变异比较稳定，它分布的范围（或地区）比起前述的亚种小得多。

变型（forma，fo.）：也是有形态变异，但是看不出有一定的分布区，而是零星分布的个体，这样的个体被视为变型。

品种（cultivar，cv.）：是人类在生产实践中，经过人工选择培育筛选而成的，它们具有某些生物学特性，如产量高、抗逆强等性状，而不是自然界中的野生植物。

（三）植物的命名

自然界有几十万种植物，为了方便科学地研究、交流及利用它们，以世界共通的科学语言、按国际植物命名法规给予植物符合要求的名称，这个名称即植物学名。

1. 植物学名的形成

植物学名的形成大体经历了俗名、拉丁文描述名、双名法命名 3 个阶段。

人们认识植物之初，用自己国家、民族地区的语言文字给各种植物取了俗名。这种俗名多种多样，不可能统一，而且产生了两种现象：一是同物异名，如我国北方常见的小叶杨（*Populus simonii* Carr.），甘肃称山白杨，河南称明杨，陕西称水桐，南京称南京白杨等。二是同名异物，如酸枣，北方指鼠李科灌木［*Ziziphus jujuba* var. *spinosa* (Bunge) Hu］，在浙江、安徽、四川一带指漆树科大乔木［*Choerospondias axillaries* (Roxb.) Burtt et Hill］。我国尚且如此，世界之大，其名称的混乱可想而知。俗名给研究、交流、调查带来了极大不便。

经过各国学者不断探讨，首先确定了各国统一用拉丁文（Lingua Latina）给植物命名并加以描述。因为拉丁文是一种死文字，不会再发展、变化了。这就克服了语言不统一的困难。然而在实践中发现，为把一个种与其他种区别开，不得不在名字中不断加上各自描述特征的词。这样，名字的附加成分越来越多，全称十分冗长。例如，犬蔷薇原名写为（Rosa sylvestris vulgaris Flore odorato incarnato），译为"林中的普通月季，有香气与肉红色的花"。倘若同一属中几千种，其名字的复杂可以想象。

2. 林奈的双名命名法

林奈首先提出植物命名法规，在 1751 年著作中的 31 条法规中进一步阐述命名法，其中最重要的一条便是"双名法"。这种双名法简单、准确，以后广泛应用于生物界。例如前面提到的犬蔷薇只写作（*Rosa canina* L.）。双名法经国际植物学大会讨论通过，在《国际植物命名法规》中予以肯定并不断地补充与修改，使之日臻完善，双名法的提出奠定了现代植物学名命名的基础。林奈所采用的双名命名法在其以前有人用过，但国际上都公认林奈为首创双名命名法（Binominal nomenclature）的学者，并以林奈 1753 年发表的《植物种志》一书所载的植物全部用双名法命名为起点。

3. 国际植物命名法规要点

《国际植物命名法规》是由国际植物学大会通过，由《法规》委员会根据大会精神拟定的。自 1867 年德堪多（A. P. de Candolle）等创议拟出，1900 年巴黎第一届国际植物学大会通过后，一般在每五年一届的大会后加以修订补充。

《国际植物命名法规》规定，植物新种的刊布，必须有拉丁文的描述，否则无效。双名法指植物种名需用两个拉丁词来表达：第一个词是属名，第一个字母要大写；第二个词是种加词。一个完整的拉丁学名，在种加词后，还要加上命名人姓名或命名人姓氏的缩写（另有规定）。例如：

$$Ginkgo \quad biloba \quad L.$$
　　　属名　　种加词　命名人

第一个词 *Ginkgo* 来自汉语银果，第二个词 *biloba* 形容叶为 2 裂，L. 为 Linnaeus（林奈）的缩写。

（四）植物的鉴定

园林植物应用的一个重要技能是植物识别，对植物特征的鉴定是确定植物名称的手段，而不是命名。命名多见于为发现的新种取名或考订。植物的鉴定是通过植物生理特征、生长环境、区域等相关因素来判断、核对某一植物名称。这就要对所收集到的植物种，根据植物分类学的基础理论知识，通过查阅资料，与已知植物种进行比较分析，最后确定该植物的正确名称以及属于哪一植物类群。因此鉴定植物是园林工作者应当掌握的基本技能。

1. 文献资料的使用

供鉴定植物的文献资料种类很多，如图鉴、图谱、手册、学报、论文等，还有一些可以应用的工具书籍和专著。其中较有参考价值的书籍有：如恩格勒的《植物界》和他与笛尔士合著的《植物分科纲要》、哈钦松的《有花植物科志》、塔赫他间的《植物的生活》、候宽昭的《中国种子植物科属典辞》、中国科学院植物研究所主编的《中国高等植物科属检索表》等。另有记录详实且权威的图志和手册：如中国植物志编委会编写的《中国植物志》、中国科学院植物研究所的《中国高等植物图鉴》以及一些具有实用价值的地方植物志等。还有一些应用较为广泛的科教书籍：如胡先骕的《植物分类学简编》、郑勉的《中国种子植物分类学》、汪劲武的《种子植物分类学》等。都是可以用作植物分类及鉴定的文献资料，查询时可按照地域范围由大到小，先查全国、大区的文献，后用地方性文献。先利用《中国种子植物科属检索表》查到科（最好到属），排除非当地原产种类，逐步缩小范围，再利用地方志，减少盲目性。植物图志中详细地记载了植物的形体特征、生长环境、物候期和用途等，是植物鉴定识别的重要参考工具书。

2. 植物检索表的编制及使用方法

植物检索表是植物的字典，检索表的编制需要掌握植物的特征，并找出植物各科、各属或各种之间的固有特征进行归纳分类，用比较鉴别的原理，按一定形式结构编制出一种对照明显特征，能够查找（检索）欲知某种名称归属的表。它是研究植物分类的重要工具，也是鉴定植物的工具之一。一般的分类书籍多附有科、属、种 3 级检索表，查找科的叫分科检索表，查找属的叫分属检索表，查找种的叫分种检索表。所以我们拿到一种植物，首先按其基本特征就可确定基本类群，然后按基本类群查找该植物所属的科名、属名及种名。

3. 检索表的种类

检索表编写的形式较多，但常用的有定距式检索表和平行式检索表两种。

编制检索表必须懂得以科学术语来描述植物的形态特征，如单双叶、互对生、有无毛等，一旦辨识错误就会使检索表出错。辨识时要保存客观，要将其特征看清楚，不能主观臆测，按照特征从头按次序逐项往下查询，不能跳过一项去查另外一项。同时还要注意两个相对的特征编写号码要一致。

（1）定距式检索表

这是最常用的一种，定距式检索表（退缩式检索表、锯式检索表）。这种检索表条理性较强，主从关系一目了然，简便好用，不易出错。即使出错也便于检查错在何处。但一旦内容过多，会造成篇幅浪费。

如：

1. 植物体构造简单，无根、茎、叶的分化，无胚。
　　2. 植物体不为藻类和菌类所组成的共生体。
　　　　3. 植物体内含叶绿素或其他光合色素，自养生活方式 ············ 藻类植物门
　　　　3. 植物体内无叶绿素或其他光合色素，寄生或腐生 ············ 菌类植物门
　　2. 植物体为藻类和菌类所组成的共生体 ························· 地衣类植物门
1. 植物体构造复杂，有根、茎、叶的分化，有胚。
　　4. 植物体有茎和叶及假根 ····································· 苔藓植物门
　　4. 植物体有茎、叶和根。
　　　　5. 植物以孢子繁殖 ··· 蕨类植物门
　　　　5. 植物以种子繁殖 ··· 种子植物门

（2）平行式检索表

与定距式检索表不同处在于每一对特征（相反的）紧紧相连，易于比较，在一行叙述之后为一数字或为名称。

如：

1. 植物体构造简单，无根、茎、叶的分化，无胚（低等植物） ············ 2
1. 植物体构造复杂，有根、茎、叶的分化，有胚（高等植物） ············ 4
2. 植物体为菌类和藻类所组成的共生体 ························· 地衣类植物门
2. 植物体不为菌类和藻类所组成的共生体 ······························ 3
3. 植物体含有叶绿素或其他光合色素，自养生活方式 ············ 藻类植物门
3. 植物体不含叶绿素或其他光合色素，营寄生或腐生 ············ 菌类植物门
4. 植物体有茎、叶和假根 ····································· 苔藓植物门
4. 植物体有根、茎和叶 ·· 5
5. 植物以孢子繁殖 ··· 蕨类植物门
5. 植物以种子繁殖 ··· 种子植物门

植物种数不多的情况下建议大家使用定距式检索表进行编制：

举例：请制作马尾松、山樱花、日本樱花、核桃、香樟、浙江桂、圆柏、毛竹、板栗、黑松等树种的检索表：

1. 胚珠裸露，无子房壁包被
　　2. 常绿乔木，鳞刺叶混生 ····································· 圆柏（*Sabina chinensis*）
　　2. 落叶乔木，针形叶
　　　　3. 冬芽银白色，针叶粗硬 ··································· 黑松（*Pinus thunbergii*）
　　　　3. 冬芽褐色，针叶细长 ····································· 马尾松（*Pinus massoniana*）

1. 胚珠有子房壁包被
　　　　4. 胚具一片子叶 ························· 毛竹（*Phyllostachys edulis*）
　　　　4. 胚具两片子叶
　　　　　5. 常绿乔木
　　　　　　6. 叶互生 ························· 香樟（*Cinnamomum camphora*）
　　　　　　6. 叶近对生 ······················· 浙江桂（*Cinnamomum japonicum*）
　　　　　5. 落叶乔木
　　　　　　7. 复叶 ···························· 核桃（*Juglans regia*）
　　　　　　7. 单叶
　　　　　　　8. 果实有壳斗包裹 ··············· 板栗（*Castanea mollissima*）
　　　　　　　8. 果实没有壳斗包裹
　　　　　　　　9. 花梗及萼筒被毛 ············· 日本樱花（*Cerasus yedoensis*）
　　　　　　　　9. 花梗及萼筒无毛 ············· 山樱花（*Cerasus serrulata*）

三、根据植物的生长习性分类

　　生活型是植物对综合环境条件长期适应而反映出来的外貌。树木的生活型可以分为乔木、灌木和木质藤本三类。

　　1. 乔木类

　　树体高大（通常高度在3m以上）、具有明显而高大主干的树木称为乔木。依成熟期高度，可分为大乔木、中乔木和小乔木。大乔木高20m以上，如毛白杨、雪松等，中乔木高11～20m，如白玉兰等，小乔木高3～10m，如梅花、海棠等。乔木还可分为常绿乔木和落叶乔木、针叶乔木和阔叶乔木等。

　　2. 灌木类

　　树体矮小（通常高度在3m以下）、主干低矮或无明显的主干、分枝点低的树木称为灌木。有些乔木树种因环境条件限制或栽培措施可能发育为灌木状。灌木也有常绿和落叶、针叶和阔叶之分。灌木还可分为丛生灌木、匍匐灌木和半灌木等类别。丛生灌木无主干而由近地面处多分枝，如千头柏等；匍匐灌木枝干均匍匐地面生长，如铺地柏等；半灌木的茎枝上部越冬枯死，仅基部为多年生、木质化，如富贵草、金粟兰等。

　　3. 藤本类

　　即木质藤本植物，指自身不能直立生长，必须依附他物而向上攀缘的树种，也称为攀缘植物。按攀缘习性的不同，藤本类可分为缠绕类、卷须类、吸附类等。缠绕类依靠自身缠绕支持物而向上延伸生长，如紫藤、中华猕猴桃等；卷须类依靠特殊的变态器官——卷须而攀缘，如具有茎卷须的葡萄，具有叶卷须的炮仗花；吸附类具有气生根或吸盘，依靠吸附作用而攀缘，如具有吸盘的爬山虎，具有气生根的扶芳藤等。

　　4. 竹类植物和棕榈植物

　　竹类植物和棕榈植物均为常绿性，有乔木、灌木，也有少量藤本。由于生物学特性、生态习性和繁殖栽培方式均比较独特，不同于一般的观赏树木，故常单列为一类。如乔木型的桂竹、槟榔、蒲葵，灌木型的阔叶箬竹、棕竹。

第五章 园林植物的造景应用

对于绿色植物的敬爱之意，是人类对自然与生命的精神基础。丰富多样的植物更是自然赋予我们的物质基础，让我们学会运用科学和美学的技能创造更好的生活环境。城市化的进程伴随着不断加快的人口膨胀和建筑扩张，建设充满绿地的城市已经不仅仅是简单的要求和口号，园林景观的设计越发得到重视，植物也变为最重要的载体，而对于植物种植的设计以及植物配置的合理更是衡量园林景观设计的重要标志。人们对园林景观的要求也由曾经的"创建绿色城市"转向如何"更好地建设绿色城市"。

一、园林植物造景的概念

园林植物造景的概念随着人们对景观的认识和理解角度不同而有着改变，侧重的观点不同其诠释的定义会也不同，苏雪痕解释为"应用乔木、灌木、藤本植物及草本植物来创造景观，充分发挥植物本身形体、线条、色彩等自然美，配置成一幅幅美丽动人的画面，供人们观赏"，这是最为传统及普遍的一个概念。《中国大百科全书》定义为"按植物生态习性和园林布局要求，合理配置园林中各种植物（乔木、灌木、花卉、草皮和地被植物等），以发挥它们的园林功能和观赏特性"。《园林基本术语标准》规定为"利用植物进行园林设计时，在讲究构图、形式等艺术要求和文化寓意的同时，考虑其生态习性及植物种类的多样性，注重人工植物群落配置的科学性，形成合理的复层混合结构"。

从景观营造及植物配置应用的角度来理解，综上所得：园林植物造景，主要是利用植物并结合其他素材，在满足植物对各种生态因子需要的基础上，充分发挥园林综合功能的需要、满足植物自身的生态习性及符合审美艺术来创造出的一个合理的空间搭配。

二、植物造景在园林景观设计中的作用

园林植物既是现代城市园林建设的主体，又具有美化环境的作用。植物给予人们的美感效应是通过植物固有的色彩、姿态、风韵等个性特色和群体景观效应体现出来的。此外，园林植物还有改善和保护环境条件的作用。

1. 植物的空间布局

植物是园林景观营造中的软质材料，同时也是三维实体，植物也和建筑、山石、水体一样具有围合空间、引导空间、分隔空间的作用，使得景观空间丰富而有变化，并且有些设计中的死角和不易于景观表现的地方也可以通过植物来进行遮挡。园林景观设计讲求"移步换景，步移景异"的效果，园林植物配置也有同样的要求。用园林植物来构成的景观空间可以分为开敞型空间、半开敞型空间、封闭空间和动态空间。

2. 植物的季相变化

在园林景观设计中，植物不仅仅是绿色，四季的更替所产生的色彩变化也对景观有着

不一样的渲染效果。植物随着时间推移生长，在经过叶色、花色、果色的变化之后，也带来了景观层次上的丰富多变。季相变化是植物随季节变化而产生的暂时性的景观，具有周期性，例如春花秋叶便是园林中很常见的季相景色主题。春季桃红柳绿、夏季碧树成荫、秋季金色遍野、冬季枯枝虬劲。这种盛衰荣枯的生命规律为创造四季演变的时序景观提供了条件。

3. 植物的景点营造

以植物为主题的专类园林，或者是园林中的重要区域以植物为中心景观节点的情况有很多。这种在园林景观设计中进行集中配置的形式不仅可以强调植物配置的形式美，还能展现植物更多特征。一些植物专类园，如以梅花为主的梅花山，以樱花为特色的樱花大道，以多肉植物为主的岩石园，或者是许多具有奇特观赏特征的植物，都可以通过群植、丛植、孤植来达到营造主要景观节点的效果。

4. 植物的地域特色

由于我国幅员辽阔，有着不同地域环境的区分，如热带雨林及常绿阔叶林景观、暖温带针阔混交林景观等各具特色。经过漫长的栽培及驯化过程，以及对植物观赏特性的筛选，每个地区都会有与地理环境相适应、地方人文特色相吻合的植物品种，渐渐地成为该地的市花市树，或者是常用的乡土树种，进而形成地方的象征和特色。如北京大量种植国槐和杨树，云南大理则是山茶和杜鹃遍野，深圳的叶子花随处可见，海南的棕榈与椰子树更是极具南国风光。

5. 植物的意境创造

在古典园林中，不仅推敲理水、讲究叠石，连园林植物创造出来的景观也饱含诗书意境之美。为了能有效衬托和强化山水气息，增加园林中的文化特色，树木花草的搭配，能否表达造园者的心意，植物的意境创造是点睛之处。如扬州个园夏山上的凉亭，旁边种植一株挺拔的松树，牌匾之上虽书写有"鹤亭"二字，但配以亭旁的松树之后，此亭也可称为"松鹤亭"，寓意长寿，此种匠心则是凸显出主人的心意，同时也增添了园林的意境之美。

三、园林植物造景的基本原则与配置方式

（一）园林植物景观设计的基本原则

园林植物是园林的灵魂，植物配置的水平高低直接影响到园林的景观效果，因此，在植物配置时要考虑多方面的因素，真正体现园林植物的生态功能、造景功能。要因地制宜可持续发展；主次分明争取功能多样；经济高效、以人为本，体现文化特色及艺术科学的特点。一般来讲，园林植物的配置应从以下几个方面进行考虑：

1. 生态原则

植物配置要遵循生态学的原理，在充分掌握植物生态学特性的基础上，合理布局，科学搭配，最好的配置是师法自然，模仿自然界的群落结构，将乔木、灌木和草本植物有机结合起来，形成多层次、复合结构的稳定人工植物群落。植物配置既要充分地利用环境资源，又要形成优美的景观，创造出植物与植物、植物与环境、植物与人的和谐的生态关系，使人在植物构成的空间里能够感受和享受生态，从而达到理解和尊重生态的效果。

2. 自然原则

自然原则包括两个方面,首先在植物的选择方面,以植物的自然生长状态为主,在配置中要参照地带性植物群落的结构特征,模仿自然群落的组合方式和配置形式,师法自然,避免单一物种、整齐划一的配置形式,使植物如同生长于自然生活的环境中。其次,要考虑到人与自然的和谐关系,要尽量按照不规则的、自然式的布局来设计园林植物景观,促进人与自然的接触和交流。

3. 文化原则

园林艺术通过对植物造景应用体现着城市的历史文脉,是城市精神内涵的重要表达形式。植物配置的文化原则,是在特定的环境中通过各种植物配置使园林绿化具有相应的文化气氛,形成不同种类的文化环境类型的植物群落景观,使人们产生主观意识与客观环境之间的感情交流,即情景交融(钱玉翠,2013)。如李清照诗曰"暗淡轻黄体性柔,情疏迹远只香留",体现出桂花的形态、香味,蕴藏着隐退高贵的意境之美。在现代园林中植物意境美的创造并不是鼓励建造古典园林,它应该被赋予新的时代意义,植物的配置应多赋予草木以情趣,才能使人们生活更加丰富多彩,从而更乐于亲享自然,陶冶情操。

4. 美学原则

园林植物景观配置的目的是满足人们审美意识的需求,体现了园林设计师的美学功底和审美视角。在植物配置中同样遵循统一与变化、对比与调和、节奏与韵律、比例与尺度、均衡与稳定等形式美学法则,充分体现出植物的个体美与群体美。利用植物的形态、色彩、质地、线条等进行空间组织构图,并通过植物的季相变化及生命周期的变化达到预期的景观效果。

(二)植物选择

1. 以乡土植物为主,适当引种外来植物

乡土植物是指原产于本地区或通过长期引种、栽培和繁殖已经非常适应本地区的气候和生态环境,生长良好的一类植物。在保证植物种类的多样化基础上,应优先选用乡土植物。乡土植物与引种外来植物相比具有很多优点:一是适应性强。乡土植物的抗病虫害、抗污染能力强,苗源多,廉价,易成活。二是实用性强。乡土植物具有更多的经济效益。三是代表性强。乡土植物能够体现当地植物区系特色,代表当地的自然风貌,从而形成具有鲜明乡土文化特色的地域性园林景观,避免了千篇一律的城市园林景观模式。四是文化性强。乡土植物历史演变过程中,与当地其他文化互相影响、互相融合。

为了丰富植物种类,应在选用乡土植物的基础上,有计划地引进一些本地缺少、经过驯化,而又能适应当地环境的或观赏价值高的外来树种。但应注意避免将一些入侵植物引入当地,引发生物入侵。如 100 多年前我国引进原产南美洲的水葫芦作为观赏物种和饲料,水葫芦适应性很强,并疯长聚集在河道,堵塞出口使水发臭,并导致鱼类种数急剧减少;1996 年加拿大一枝黄花首次在浙江省沿海一带的海塘登陆,短短的十年时间,如今这种外来生物已经随处可见,并向周围城市扩散,在高速公路沿线、荒野地、部分绿化均可见到一枝黄花的踪迹。

2. 以总体规划和基地条件选择适合的园林绿化植物

以总体规划为依据,各细部景点的设计都要服从总体规划,植物景观的营造也要服从主体立意或为园林绿地的主要功能服务。如道路绿地应选择树干高大、枝冠浓密、深根性、耐干旱、清洁无臭的树种；学校、医院附属绿地应多选用有较好防护作用和消减噪声能力的植物；为满足安静休息需要，就要栽植密林；布置开敞空间及层次丰富的疏林时则要选择姿态优美、色彩鲜明或花香果佳的植物。园林中所植的一草一木，都要最大限度地满足园林功能上的要求。

3. 速生与慢生、常绿与落叶、乔灌与草本合理搭配方法

① 以速生树种为主，慢生、长寿树种相结合：在短期内可以成形、见绿，可快速达到遮阴等效果的树种，如杨树。但速生树寿命短、衰减快，对风雪的抗逆性差，增加了施工和养护管理的负担，也对城市园林绿地植物多样性的稳定与持久产生了不利的影响。与之相反，慢生树种如柏、银杏等生长缓慢，其寿命长，对风雪、病虫害的抗逆性强，更易于养护管理，与前者正好形成互补。为达到快速且稳定的园林绿化效果，应该以速生树种为主，搭配一部分慢生、易养护管理的树种，达到快速绿化效果；同时要近远期结合，有计划、分期分批地使慢生树种替换衰老的速生树种。其次，可以根据不同的园林绿地类型进行树种选择，如行道树以速生树为主；游园、公园、庭院绿地中可以慢生树种为主。

② 合理搭配常绿与落叶植物：四季常青是园林绿化普遍追求的目标之一，落叶乔木绿量大、寿命长、生态效益高，再搭配一定数量的常绿乔木和灌木，可以创造四季有景的园林景观。对常绿树种的选择应做到因地制宜，地域上的区别使常绿植物的应用比例也会有所不同，南方受气候条件影响通常以常绿植物为主进行物种选择，而北方则应适当降低常绿植物的应用比例，以此为点缀也可达到冬季有景的效果。

③ 乔、灌、草本合理搭配：园林绿化中，乔木是骨架，花卉灌木是点缀，草坪是背景，这样才能形成多层次、立体的植被景观，构成稳定的复层种植模式。良好的复层结构植物群落能最大限度地利用土地和空间，使植物充分利用光照、热量、水势、土肥等自然资源，从而发挥出更大的生态效益。同时，复式结构植物群落能形成多样的小生境，为动物、微生物提供良好的栖息和繁衍场所，形成持续、稳定和发展的循环生态系统。

（三）风景园林植物配置方式

园林植物种植设计的基本形式包括种植方式和种植类型。按种植的平面关系及构图艺术，种植方式有规则式、自然式和混合式。按种植的景观分，各类植物种植类型多种多样，棕榈类、乔木、灌木、藤本、竹类、草本花卉和草坪及地被等各自有不同的种植类型。

1. 规则式植物配置

规则式又称几何式、图案式，欧洲园林中最具代表的是意大利的台地园和法国勒诺特式的皇家园林。由配置整齐对称的几何图形的配置方式，选枝叶茂密、树形美观、规格一致的树种。具体形式为（图5-1）：

① 对植：将乔木或灌木以相互呼应之势种植在构图中轴线的两侧，以主体景物中轴线为基线取景观的均衡关系，这种种植方式称为对植。一般是指中轴线两侧种植的树木在数量、品种、规格上都要求对称一致。

这种种植方式多用于公园、建筑的出入口两旁或者是以纪念为主体的场所空间，如寺庙、纪念广场等，用于渲染庄严肃穆的气氛。也可以应用在蹬道台阶旁、桥头、小品两

第五章 园林植物的造景应用

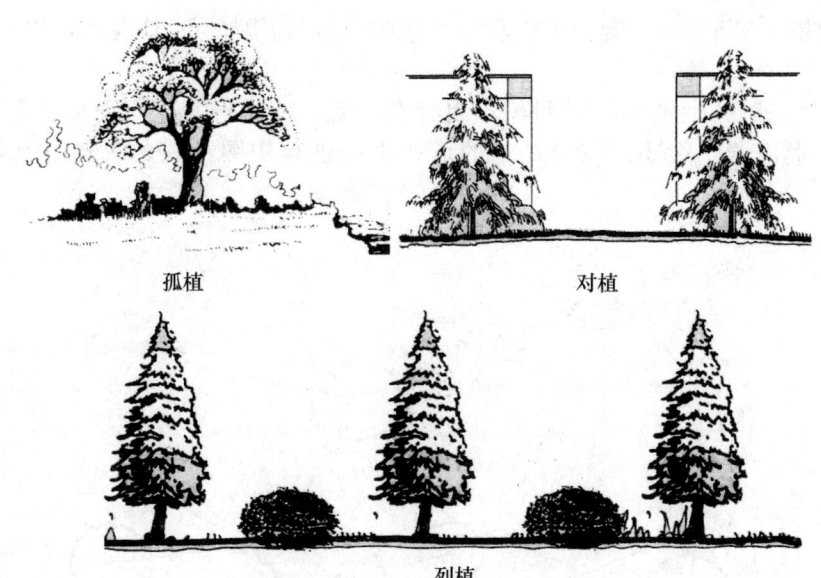

图5-1 孤植、对植和列植示意图

侧，以烘托主景，也可形成配景、夹景。选用的对植树种在姿态、体量、色彩上要与景点的思想主题相吻合，既要发挥其衬托作用，又不能喧宾夺主。街道上成排种植的行道树，是对植栽植方式的延续和发展。常用的乔木有桧柏类、云杉、银杏、槐、悬铃木、樟、女贞、龙爪槐、桂花等；灌木有黄杨、木槿、红叶石楠、九里香等。

② 行植（列植）：植物按一定的株距成行种植，甚至是多行排列，这种方式称为行植或列植，也可表现为正方形、三角形或者长方形等不同栽植形式。这种内在的规律性会产生很强的节奏和韵律的美感，形成连续的景观界面。

多用在行道树、林带、河边与绿篱的树木栽植，树种一般要求单一。如果行的长度太长，可以分段种植不同树种，也可一行中交叉使用不同树种。但忌讳品种过多，显得杂乱，破坏行植所要突出植株的气势和整齐之美。变化品种种植的优点是可以保证统一中有所变化，且不至于太过呆板使观者产生疲劳之感。

常选用的树种，乔木有圆柏、湿地松、银杏、水杉、悬铃木、栾树、合欢、日本樱花、垂柳、七叶树等；灌木有黄刺玫、蔷薇、木槿、丁香、贴梗海棠、棣棠、红瑞木、小叶黄杨、大叶黄杨等。

2. 自然式植物配置

自然式的植物配置方法，是根据地形与环境自然生长的状态为主，配以模仿自然植物群落构成的方式和配置形式，选择树体美观或奇特的，或有生产、经济价值和功能的树种，以不规则的株行距配置，形成"师法自然"的配置效果。

① 孤植：在景观中起到主景或画龙点睛效果的，常选用体形高大、枝叶茂密、姿态优美的乔木或灌木，单株孤立种植称为孤植。

孤植树可作为景观中心视点或起引导视线作用，具有独特的观赏价值，多用于大片草坪、庭院一角、水边或山石搭配，来体现个体美。适合作孤植的树木如大叶榕、小叶榕、木棉、广玉兰、芒果、观光木、菩提树、南洋楹、橄榄树、柠檬桉等。丛状的花灌木也有孤植树的效果，三五株在一起，枝叶繁密，花朵丰茂，远望如同一座花山，亦可称之为孤植树。

② 丛植：三株以上同种或几种树木组合在一起，按照不等株行距疏密有致地散植在绿地中，形成若干组团。按照一定的形式美法进行构图搭配的种植方法称为丛植（图5-2）。

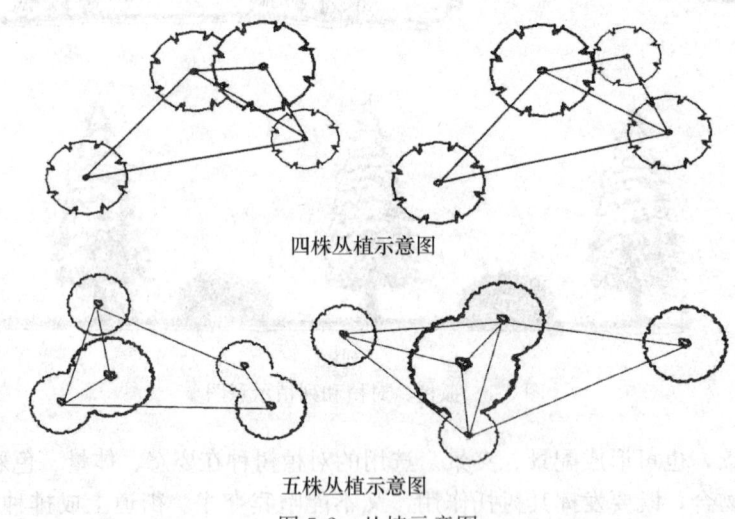

图5-2 丛植示意图

丛植多布置在庭院绿地的路边、草坪上，水边或建筑物前庭某个中心。一种植物成丛种植，要求姿态各异；几种植物组合丛植，则有许多种搭配，如常绿树与落叶树、观花树与观叶树，乔木与灌木，喜阴树与喜阳树，针叶树与阔叶树等，有十分宽广的选择范围和灵活多样的艺术效果。丛植采用的树木，不像孤植树要求的那样出众，主要表现群体美，但是互相搭配起来比孤植更有吸引力。

③ 群植：以一种或多种不同树种按不等距方式栽植在较大的自然式绿地中，组成较大面积的树木群体，可以用作主景或背景，起到透景、框景作用的称为群植（图5-3）。

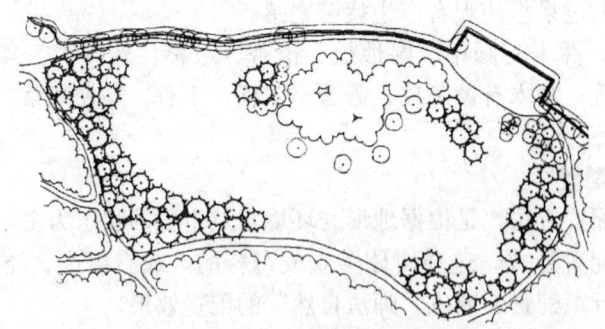

图5-3 由雪松树群围合的空间

树群所表现的主要为群体美，观赏功能与树丛近似，多布置在有足够距离的开阔场地上，如大片草坪、水边或需要防护遮挡的位置。树群应选择高大、外形美观的乔木构成整个树群的骨架，以枝叶密集的植物作为陪衬，使它所形成的垂直景观丰富起来，与地平线产生方向上的对比，林冠起伏使天际轮廓线发生较多的变化，树群四周若用灌木装饰林缘或装饰林间隙地，则可使园林中增加许多野趣。

④ 片植：单一树种或两个以上树种大量成片种植于路边或者地域边界的树丛或灌木带。

多用于自然风景区或大中型公园及绿地中。片植可以扩大成为几百株的林地，也可以少到几十株模仿森林景观。在夏季炎热的南方，公共园林内要有成群成片的林地，除去人工林之外，有不少公园利用了所在山地的树林，如长沙岳麓山、广州越秀山、南京紫金山等。许多公共园林绿地都是以林木取胜。所以，片植可以是根据园林面积的大小，按适当的比例，因地制宜地植造成片的树林，也可以是在园林范围内适当地利用原有的成片树木，加以改造为园林服务。

四、园林植物景观设计图纸的原则及步骤

（一）绘制种植设计图纸的原则

园林植物配置首先要从园林绿地的主题、立意和功能出发，选择适当的树种和配置方式来表现主题，真正体现园林植物的生态功能、造景功能，因时、因材、因地地进行搭配。

1. 由局部到整体，由主要到次要

植物配置前，先从布局考虑，从整体入手，然后再强化细节部分的处理。做到"大处添景，小处添趣"的配景效果。种植设计也要主次分明。先确定主要植物种类及主要观赏区，再选择配置树种和次要景区，处理好主次关系。

2. 由远及近，层次结合

植物配置时，景区内树木搭配应能与相邻空间或远处的树木、背景及其他景物彼此呼应，从而使得艺术构图上层次递进。远景和近景相呼应是植物配置立面效果的延伸，一般的园林空间或植物群落，乔木是骨干树种，配置时应先设计乔木，依次考虑亚乔木、灌木、草花、地被等下层植物。也可根据设计需要由高低层次（乔木和地被）组成，取消中间灌木层次，从而形成完美的立体层次轮廓线。

（二）绘制种植设计图纸的步骤

1. 现场踏勘及测绘

确定设计任务后，设计师要以客户提供的相关资料为依据进行现场踏查。一方面在现场核对所收集到资料的准确性，同时将欠缺的资料进行补充。另一方面设计者可以进行实地的艺术构思，从而对空间尺度掌握得更加准确。在踏勘过程中，应将影响植物种植的因素如建筑物、构筑物、道路、地下管线、水体、地形等标注在图纸上。对于地块范围内出现的古树名木要进行位置、品种、规格、生长情况等相关内容的记录，并考虑后续景观的设计。

2. 现状分析的内容

基地的现状分析关系到植物的选择、生长状况、景观塑造以及功能发挥等一系列问题，是进行植物景观设计的基础和依据。对于植物景观设计而言，凡是与植物相关的因素

都应该在现状分析中有所考虑。通常包括：

自然条件：温度、风向、光照、水分、植被及群落构成、土壤、地形地势以及小气候等。

人工设施：现有道路、桥梁、建筑、构筑物等。

环境条件：周围的设施、道路交通、污染源及其类型、人员活动等。

视觉质量：现有的设施、环境景观、视域、可能的主要观赏点等。

3. 初步设计

① 确定孤植树：孤植树一般使用形体高大、姿态优美、树冠开阔、树冠轮廓线富于变化，或开花繁茂、香气浓郁、叶色有丰富季相变化的树种，因此种植设计的第一步就是要确定孤植树的位置、名称规格和外观形态。在种植设计时，可以利用原有大树，特别是一些古树名木作为孤植树来造景。在没有现成大树可利用的情况下，也尽量就近选取。

② 确定配景植物：主景一经确定，就可以考虑其他的配景植物了。配景植物常以树木丛植体现群体效果，与孤植树形成呼应或对比，增添园中的情趣。配景植物还可以与周围建筑环境相结合，形成空间标示或视觉焦点。如水杉和二月兰配置在一起，春季二月兰开花之时更加衬托出水杉林的笔直高大。

③ 选择其他植物：在确定主、配景植物之后，根据现状分析和绿地功能分区选择配置其他植物。比如用绿篱界定边界或围合空间；在建筑、挡土墙、园墙上栽植攀缘植物遮蔽不雅景观；种植高大乔木来调节日照和通风；在道路两旁种植花境或绿墙组织游览路线等。

4. 详细设计

首先结合设计意向书，核对每个区域所种植的植物是否符合适地适树要求。然后再考虑平面和立面构图，不仅平面图上满足构图形式的协调，立面和效果上也能达到空间闭合有度。最后在设计图纸中用图例标示出植物的类型、规格、种植位置等，进行进一步的图面修改和调整，完成植物配置图，列表并编写设计说明。

五、案例分析：平湖市电力局绿地植物配置与造景设计

平湖市电力局绿地植物配置与造景设计平面图及主要苗木清单分别如图 5-4 和表 5-1 所示，通过该案例的分析，对前面所学的内容进行示范性指导。选自汪新娥《植物配置与造景》。

表 5-1 主要苗木清单

序号	名称	规格（cm）	序号	名称	规格（cm）
1	广玉兰	φ8.1～9.0	23	含笑球	P80～100H120
2	香樟A	φ7.1～8.0	24	丝兰	P80～80H80
3	香樟B	φ15～16	25	红梅	d6.1～7.0
4	无患子	φ7.1～8.0	26	雪松	原有
5	鹅掌楸	φ8.1～9.0	27	早园竹	φ1.5
6	银杏	φ32～35	28	杜鹃	P25～30H30～40

续表

序号	名称	规格（cm）	序号	名称	规格（cm）
7	枇杷	φ10~12	29	金丝桃	P25~30H30~40
8	榉树	φ22~25	30	茶梅	P25~30H30~40
9	桂花	P160H250~300	31	绣线菊	P25~30H30~40
10	柿树	φ15~18	32	栀子花	P25~30H30~40
11	白玉兰	φ6.1~7.0	33	云南黄素馨	P40
12	樱花	φ6.1~7.0	34	迎春	P40
13	杜英	φ7.1~8.0	35	水果蓝	P25~30H30~40
14	垂柳	φ8.1~9.0	36	连翘	P40
15	碧桃	d6.1~7.0	37	木芙蓉	分支3~4H120
16	鸡爪槭	d6.1~7.1	38	玉簪	
17	山茶	P120H180~200	39	红花檵木	P25~30H30~40
18	火棘球	P100H120~140	40	金边黄杨	P25~30H30~40
19	红枫	d4.1~5.0	41	小龙柏	P25~30H30~40
20	紫薇	d6.1~7.0	42	大叶黄杨	P50~60H150
21	加拿利海枣	P150~120H140	43	阔叶麦冬	
22	苏铁	P120H120	44	马尼拉草	

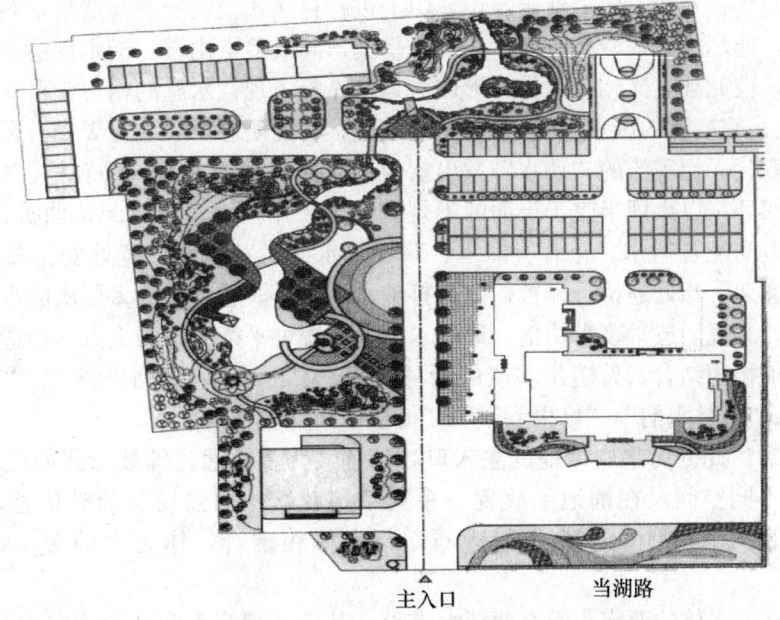

图 5-4　平湖市电力局绿地植物配置与造景设计平面图

1. 用地概况

平湖市电力局总用地面积约 26900m²，绿化面积约 14700m²，南临当湖路，北面靠河，东面与圣雷克大酒店相邻。用地整体较平坦，场地内原有一些大树（香樟、雪松、广玉兰、水杉、黑松、桂花），在设计中尽力保留或移植。

2. 植物配置与造景要求

（1）从实际出发，因地制宜，充分利用乡土植物，尽量保留原有植被，形成具有地方特色的和本单位特色、别具一格的绿地景观。

（2）以人为本，注重功能要求，满足职工工作、休闲的需要。

（3）植物选择以乡土树种为主，合理分配乔、灌、花、草、藤等植物，有丰富的季相、物相变化。植物的造景功能、生态功能和使用功能相结合，一景多用，力求经济、高效。

3. 植物配置与造居主题思想

基于江南水乡特色的思考，结合办公大楼现代、简洁的外观，通过规则式与自然式相结合的灵活手法，再现江南水乡的特点。

4. 植物配置与造景内容

（1）主入口的设计充分考虑与周边规则式建筑环境的协调统一，长方形的铺装广场和由红花檵木、金边黄杨、铺地柏组成的模纹花坛。围墙以大叶黄杨镶边，望行隔离。整体上以流畅优美的线条图形，形成开阔的入口空间，与具有很强现代感的办公大楼取得协调。

（2）集中绿地是办公大楼西面和北面两块。北面设有篮球场，给职工创造了体育锻炼的场所。球场周边以常绿乔木香樟为主，作规则式配置，夏季能起到很好的遮阴效果。西面集中绿地是整个布局的重点，设计成有山有水的自然景观。整体上以自然式的曲线形水系为构图中心和视景线，两边堆土筑山，山上进行自然式植物配置与造景，乔灌草藤相结合，或孤植，或丛植，或漫爬铺地，或绕干攀枝，间或散点山石。沿水创造景点，各景点以水为纽带，彼此独立又相互因借，形成对景，诠释了现代水庭的构思，再现了江南"水之韵"。水是极富变化的因素，"静水"一平如镜，碧澄明澈，反映着天光云影，也映衬着周围景物的变化。而溪流的"动水"散出欢快的水声，能给人另一种轻松、欢快的感觉。水岸线曲折回环，以半埋半露于土面的不规则石块护岸，岸边山石起伏曲折、错落有致、疏密相间。石间配置树木、花卉、灌木、草坪。水面时宽时窄，宽处安排岛屿、亲水平台、方亭、廊架，窄处通桥，配置树阵，打破水面的平淡感，形成多层次的水景空间，增进曲折深远的意境。造景事半功倍，通过水系的挖掘可平衡一定的土方，塑造起伏丰富的地形，并与植物相结合，营造出多变的园林空间。突出设计"跌水凝翠"、"苍松挺立"、"荷亭印月"、"枫林水韵"、"修里弄影"、"梅枝横出"六个景点。

跌水凝翠。此处为集中绿地的主入口，以铺装为主。通过铺装形式的变化及场地高差，划分出不同空间。在铺地上放置一系列草花花坛，加强场所的整体感，增强入口的色彩。垂直向上设计一组跌水景观石，与水体相结合，作为水的源头，形成视觉焦点。

苍松挺立。水体的西南角原有两棵大雪松，其中一棵姿态尤佳，为突出其姿态之美，周围设计成开阔的空间，以孤植的形式配置在圆形树池中，并且树池设计成坐凳的形式，以树池为中心用硬质铺装材料做成荷花图案形地面，与前方观赏水景中的荷花相呼应，游人可坐在树下乘荫纳凉，近观荷花图案，远看水景及其周边景点。"岁寒，然后知松柏之后凋也"，松柏也是高尚品质的象征。

荷亭印月。临水设置木平台、亭、廊、建筑小品，以现代的防腐木、钢化玻璃等建筑材料和传统的亭廊建筑形式巧妙结合，采用新颖、活泼的立面处理形式，将建筑融入绿地和水体环绕之中。廊架临水设置，流线型的弯曲造型与弯曲的水岸走势一致，配置黄馨攀缘覆盖架面。黄馨藤蔓发达，枝繁叶茂，叶亮色绿，花季长，芳香馥郁，既可遮阴又可观赏。水中疏密有致地种植些荷花，平台近处荷叶连连，以便游人细赏荷花，亭、廊架旁荷花远离，以便在清丽水面观赏园林建筑的倒影。夏季荷花盛开，清香扑鼻，晨起露落荷叶、晶莹剔透，在此倚栏凭眺，亲近湖水，让人身心舒展、愉悦。

枫林水韵。以树阵的形式种植榉树，树池围垣充当座凳，池中空地配置秀线菊以亮化点缀。潺潺的水系穿过榉树林，窄处一座木桥又使两岸紧紧地联系在一起，并且榉树林在集中绿地中起到丰富竖向景观的作用。秋季榉树林的红叶倒影于涓涓的溪流中，再配上朴实的木桥，呈现出诗情画意般的境界。

修篁弄影。此景点位于东北角，主入口的轴线末端，以几丛修竹，一座木桥形成一处幽静的港湾。在此借修竹之形和它在水面上的倒影造景，再凭眺不远处的岛屿，迂回曲折的水系，有着一种修篁弄影、曲水无尽的深远意境。

梅枝横出。岛中以植物种植为主，乔灌草与水生植物相结合，沿岛边配置鸢尾、石蒜、红梅、黄馨、碧桃等植物，以红梅为主调树种，形成"疏影横斜水清浅"的意境。水面配置睡莲，自然式布局，或聚或散，错落有致。

总之，植物配置总体上以香樟、广玉兰为基调树种，地被植物的大量运用对硬质边缘起到很好的软化作用。园内植物配置依据地形的特点，做到"得景随形"，运用乔木和灌木结合、乔灌和地被结合、自然和整形结合、疏植与密植结合等多种形式，创造出简洁、活泼、明快的绿化风格。总体协调，局部又各有特色，如色叶树种的运用，主入口具热带风情植物的选用及西面集中绿地对水边植物的种植。树种的选择既考虑到植物的生物学特性和生态要求，又考虑到季相、色相的变化，力求达到"春时烂漫、夏至浓荫、秋日叶色丰富、冬临风骨"四时皆景的效果，使人们在富于节奏、韵律、时序变换的空间中感受到园林美妙环境对身心的陶冶。

5. 华南地区常用植物群落配置

适合作上木的植物有：郁香、榕属、桉属、木棉、台湾相思、红花羊蹄甲、洋紫荆、凤凰木、黄槿、木麻黄、悬铃木、银桦、马尾松、大王椰子、椰子、蒲葵、木菠萝、兰花楹、南洋楹、幌罗伞、大花紫薇、荔枝、盆架子、白千层、芒果、人面子、白兰、木棉、蒲桃、荷树、秋枫等。

适合作中木的植物有：竹柏、三尖杉、粗榧、罗汉松、红茴香、米兰、九里香、红背桂、鹰爪花、山茶、油茶、桂花、含笑、海桐、栀子、水栀子、八角金盘、冬红、阴绣球、小檗属、十大功劳属、南天竹、虎刺、云南黄馨、桃叶珊瑚、枸骨、紫珠、马银花、紫金牛、木兰、剑叶铁、软枝刺葵、燕尾棕、散尾葵、棕竹、金粟兰、朱蕉、六月雪、罗伞树等。

适合作下木和地被的植物有：仙茅、大叶仙茅、一叶兰、水鬼蕉、虎尾兰、中华常春藤、洋常春藤、长柄合果芋、络石、南五味子、海芋、水塔花、紫背竹芋、吉祥草、石菖蒲、广东万年青、垂盆草、红花酢浆草、地毯草等。

适合应用的植物群落模式如下（"－"表示不同类型，"＋"表示相同类型）：

红花羊蹄甲－山茶－海芋＋艳山姜－两耳草；白兰－油条＋大头菜－虎尾兰。

白千层－九里香－沿阶草；蒲葵－南天竹＋海桐－大叶仙茅＋红花酢浆草。

南洋楹－鹰爪花＋含笑＋山茶－地毯草；大叶桉－长叶竹柏－探竹－地毯草。

白兰－大叶米兰－珠兰；白兰＋黄兰＋木莲＋广玉兰＋花木荷＋银木荷－夜合＋木兰－垂盆草＋石苔蒲；广玉兰＋白玉兰－山茶－阔叶麦冬。

[实训]

参观评价当地公园的植物配置与造景

一、技能目标

1. 了解当地某公园的性质。
2. 掌握该公园植物配置的原则。
3. 能够根据各种植物配置与造景理论正确评价该公园的植物配置与造景。

二、实训任务

参观当地某公园，并对其植物配置与造景进行评价。

三、实训要求

1. 调查当地某公园的植物种类及其观赏特性和园林应用。
2. 掌握各种植物配置与造景方法。
3. 总结该公园植物配置方式和造景方法。
4. 对该公园植物配置与造景进行分析评价，写出分析报告，提出修改建议。

第六章 针叶树类

针叶树多为乔木或灌木，稀为木质藤本。针叶树树叶细长如针，多为常绿树，冬天叶子也不会掉落。一般包括松科（Pinaceae）和紫杉科（Taxaceae）数量众多的乔木和灌木。针叶树大约有550种，主要生长在温带地区。针叶树种多生长缓慢，寿命长，适应范围广，多数种类在各地林区组成针叶林或针、阔叶混交林，为林业生产上的主要用材和绿化树种。

第一节 落叶针叶类

1. 金钱松（图6-1）

别名：金松、水树

拉丁名：*Pseudolarix amabilis* (Neison.) Rehd.

科属：松科 金钱松属

1) 形态特征：落叶乔木；树冠宽圆锥形，树皮深褐色，深裂成鳞状块片。大枝不规则轮生，有长、短枝之分，短枝矩状；一年生长枝淡红褐色，后变黄褐色或灰褐色，无毛。冬芽卵球形。叶条形，柔软，在长枝上螺旋状排列，在短枝上簇生，呈辐射状平展。雌雄同株，雄球花簇生短枝顶端，雌球花单生短枝顶端。球果卵圆形或倒卵形，直立，当年成熟；种鳞木质，脱落；种子有翅。花期4~5月。球果10~11月成熟。

2) 产地分布：分布于长江中下游以南低海拔温暖地带。普遍栽培。

3) 生态习性：喜光，喜温暖湿润气候，也较耐寒，可耐短期-20℃低温。适于中性至酸性土壤，不耐干旱和积水。深根性。

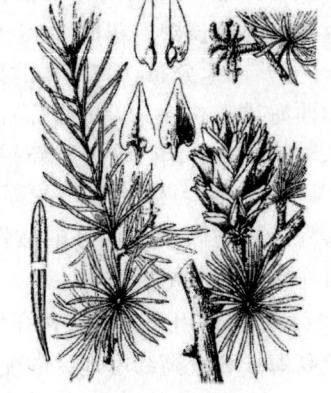

图6-1 金钱松

4) 园林用途：树枝挺拔雄伟，秋叶金黄色，短枝上的叶簇生如金钱状，故有"金钱松"之称，是世界五大公园树种之一。园林中适于配植在池畔、溪旁、瀑口、草坪一隅，孤植或丛植，以资点缀；也可作行道树或与其他常绿树混植；风景区内则宜群植成林，以观其壮丽秋色。

2. 落叶松（图6-2）

别名：兴安落叶松、黄花松

拉丁名：*Larix gmelinii* (Rupr.) Kuze.

科属：松科 落叶松属

1) 形态特征：落叶乔木；树皮暗灰色或灰褐色。具长枝和矩状短枝，叶在长枝上螺旋状着生，在短枝上簇生。一年生枝淡黄色，基部常有长毛。叶片倒披针状条形，先端钝尖，上面平。雌雄球花分别单生于短枝顶端。球果直立，卵圆形，熟时上端种鳞张开，黄褐色或紫褐色，种鳞革质，宿存，三角状卵形，先端平，微圆或微凹；苞鳞先端头尖，不露出。花期5~6月；球果9月成熟。

2）产地分布：分布于东北大兴安岭和小兴安岭。

3）生态习性：强阳性，耐严寒，对土壤的适应性广，为大兴安岭针叶林主要树种，常组成大面积纯林。

4）园林用途：落叶松为强阳性树种，分枝整齐，树形壮丽挺拔，树冠圆锥形，秋叶金色，喜高寒气候，是优良的山地风景林树种。在西部地区，可用于海拔2500m以上山地风景区造林；在东部地区，一般海拔1000m以上即生长良好。

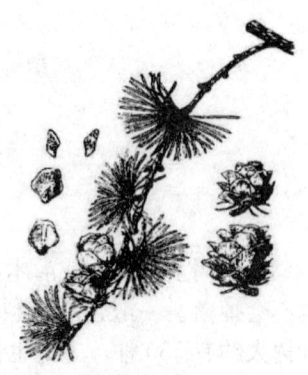

图6-2 落叶松

3. 华北落叶松（图6-3）

别名：落叶松、雾灵落叶松

拉丁名：*Larix principis-ruprechtii* Mayr.

科属：松科 落叶松属

1）形态特征：落叶乔木，树冠圆锥形。树皮暗灰褐色，呈不规则纵裂成小块片状脱落，大枝平展，小枝不下垂或略下垂，一年生枝淡褐黄色或淡褐色，幼时有毛，后脱落。叶窄条形，柔软，种鳞革质，宿存，背面光滑无毛，边缘不反曲，苞鳞短于种鳞，暗紫色；种子灰白色，有褐色斑纹，有长翅。花期4~5月；球果9~10月成熟。

2）产地分布：我国华北地区特有树种，分布于河北和山西海拔1400~2800m的高山地带，在辽宁、内蒙古、山东、陕西、甘肃、宁夏、新疆等地也有栽培。

3）生态习性：耐寒的强阳性树种。对土壤适应性强，喜深厚湿润而排水良好的酸性或中性土壤，略耐盐碱；也有一定的耐湿耐旱能力。

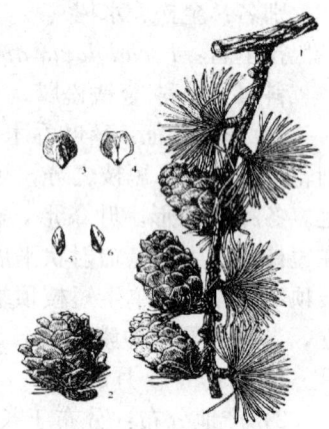

图6-3 华北落叶松

4）园林用途：树冠整齐呈圆锥形，叶轻柔而潇洒，可形成美丽的风景区。最适合于较高海拔和较高纬度地区的配置应用。

4. 水松（图6-4）

别名：稷木、水石松

拉丁名：*Glyptostrobus pensilis*（Staunt. ex D. Don）K. Koch.

科属：杉科 水松属

1）形态特征：落叶或半常绿乔木，高8~10m；树冠圆锥形。生于潮湿土壤者树干基部常膨大，并有呼吸根伸出土面。小枝绿色。叶互生，3型；鳞形叶长约2mm，宿存，螺旋状着生于1~3年生主枝上，贴枝生长；条形叶，扁平而薄，生于幼树一年生小枝和大树萌生枝上，常排成2列；条状钻形叶，生于大树的一年生短枝上，辐射伸展成3列状。后两种叶冬季与小枝同落。雌雄同株，球花单生于具鳞叶的小枝顶端。球果倒卵球形；种鳞木质而扁平，倒卵形；发育种鳞具2粒种子，种子椭圆形微扁，种子下部具长翅。花期1～2月；球果10～11月成熟。

同种属性：该属仅此1种，我国特产，为第四纪冰川期后的孑遗植物。

2) 产地分布：华南和西南零星分布，多生于河流沿岸；长江流域多有栽培。

3) 生态习性：强阳性，喜温暖湿润气候；喜中性和微碱性土壤（pH值7～8），在酸性土中生长一般；耐水湿；主根和侧根发达；萌芽、萌蘖力强，寿命长。

4) 园林用途：著名的古生树种，曾在白垩纪和新生代广布于北半球，第四纪冰川后，在欧美和日本等地灭绝，仅存我国。树形美观，秋叶红褐色，并常有奇特的呼吸根，是优良的防风固堤、低湿地绿化树种。可成片植于池畔、湖边、河流沿岸、水田隙地。韶关南华寺附近有不少水松古树，华南植物园的水松林秋色秀美。

图6-4　水松

5. 池杉（图6-5）

别名：池柏

拉丁名：*Taxodium ascendens* Brongn.

科属：杉科　落羽杉属

1) 形态特征：落叶乔木。树干基部膨大，通常有曲膝状的呼吸根。树皮粗厚，褐色，有沟，长条片状剥落。大枝斜上伸展，小枝直立，红褐色。叶为钻形，稍向内弯曲，前伸，紧贴小枝，在小枝上螺旋状排列，有的幼枝或萌芽枝上的叶为线形。雄球花排列成圆锥状花序，雌球花单生于新枝顶部。球果椭圆状，淡褐色。种鳞盾形，木质，种子红褐色，三棱形，棱脊上厚翅。花期4月；球果10月成熟。

2) 产地分布：原产北美洲东南部地区。我国江苏、浙江、湖北、河南、安徽、江西、湖南、广东、广西等地普遍栽培。

图6-5　池杉

3) 生态习性：极喜光，喜温暖湿润的气候，耐寒性差；喜深厚肥沃、湿润的酸性或微酸性土壤；耐水湿，不耐盐碱土；抗风力强，生长快。

4) 园林用途：树形优美，枝叶秀丽婆娑，秋叶棕褐色，是观赏价值较高的园林树种。适于水滨湿地成片栽植，孤植或丛植。

6. 水杉（图6-6）

别名：活恐龙

拉丁名：*Metasequoia giyptostroboides* Hu et Cheng

科属：杉科　水杉属

1) 形态特征：落叶乔木，高可达40m；幼时树冠尖塔形，后变为圆锥形；树皮灰褐色，长条片脱落。树干基部常膨大；大枝近轮生，小枝及侧芽均对生；冬芽显著，芽鳞交互对生。叶交互对生，叶基扭转排成2列，条形扁平，冬季与侧生无芽小枝一同脱落。雄球花单生枝顶。雄蕊、珠鳞均交互对生。球果近球形，具长梗；种鳞木质，盾状，发育种鳞具种子5~9粒。种子扁平，周围有狭翅。花期2~3月；球果10~11月成熟。

2）产地分布：我国特产，分布于湖北、重庆、湖南交界处；现世界各地广植。

3）生态习性：阳性树，喜温暖湿润气候，抗寒性颇强。在东北南部可露地越冬，喜深厚肥沃的酸性土或微酸性土，在中性或微碱性土中亦可生长，能生于含盐量0.2%的盐碱地上；稍耐水湿，但不耐积水。

4）园林用途：水杉是著名的孑遗植物，树姿优美挺拔，叶色翠绿鲜明，秋叶转棕褐色，是著名的风景树。最宜列植堤岸、溪边、池畔，群植在公园绿地低洼处或成片与池杉混植，均可构成园林佳景，并兼有固堤护岸、防风效果。

图6-6 水杉

7. 落羽杉（图6-7）

别名：落羽松

拉丁名：*Taxodium distichum* (L.) Rich.

科属：杉科 落羽杉属

1）形态特征：落叶乔木，原产地高可达50m；树干基部常膨大，具曲膝状呼吸根。一年生小枝褐色；着生叶片的侧生小枝排成2列，冬季与叶俱落。叶条形，扁平，螺旋状着生，基部扭转成羽状。雄球花集生枝顶，雌球花单生去年枝顶。球果圆球形；种鳞木质，盾形；苞鳞与种鳞仅先端分离，向外凸起呈三角状小尖头；发育种鳞各具种子2枚。种子不规则三角形，有锐脊状厚翅。花期3月；球果10月成熟。

2）产地分布：原产北美洲东南部，生于亚热带排水不良的沼泽地区。华东等地常栽培。

3）生态习性：强阳性，不耐阴；喜温暖湿润气候；耐水湿，能生长于短期积水地区。喜富含腐殖质的酸性土壤。

图6-7 落羽杉

4）园林用途：树形壮丽，性好水湿，常有奇特的曲膝状呼吸根伸出地面，新叶嫩绿，入秋变为红褐色，是世界著名的园林树种。适于水边、湿地造景，可列植、丛植或群植成林，也是优良的公路树。在公园的沼泽和季节性积水地区，可以营造"水中森林"，别有一番情趣。在江南平原地区，则可作为农田林网树种。

第二节　常绿针叶类

一、常绿乔木类

1. 雪松（图6-8）

别名：香柏、宝塔松

拉丁名：*Cedrus deodara* (Roxb.) G. Don

科属：松科 雪松属

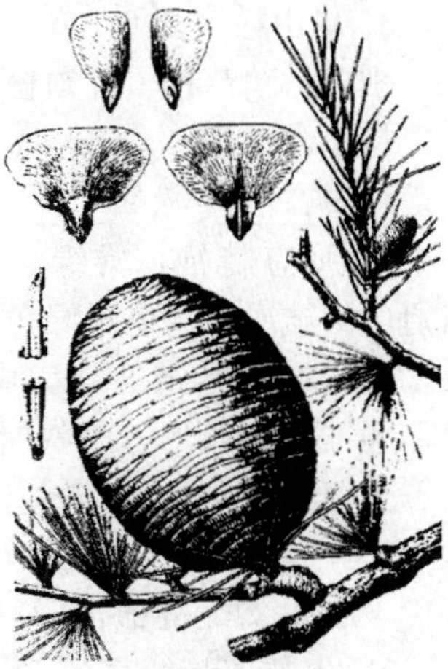

1) 形态特征：常绿乔木，高可达75m；树冠塔形，树干端直，大枝一般平展，为不规则轮生，小枝略下垂。树皮灰褐色，裂成鳞片，老时剥落。叶在长枝上为螺旋状散生，在短枝上簇生。叶针状，质硬，先端尖细，叶色淡绿至蓝绿。雌雄异株，稀同株，花单生枝顶。球果椭圆至椭圆状卵形，成熟后种鳞与种子同时散落，种子具翅。花期为10～11月，雄球花比雌球花花期早10d左右。球果翌年10月成熟。

2) 产地分布：原产喜马拉雅山西部及喀喇昆仑山海拔1200～3300m地带，常组成纯林或混交林，我国西藏西南部有天然林。国内各地普遍栽培。

图6-8 雪松

3) 生态习性：喜温和湿润气候，亦颇耐寒，阳性树，苗期及幼树有一定的耐阴能力；喜土层深厚而排水良好的微酸性土，忌盐碱；耐旱，忌积水；浅根性，抗风性弱。

4) 园林用途：世界五大公园树种之一，树体高大，树形优美，下部大枝平展自然，常贴近地面，显得整齐美观。最适孤植于草坪、广场、建筑前庭中心、大型花坛中心，或对植于建筑物两旁或园门入口处；也可丛植于草坪一隅。成片种植时，雪松可作为大型雕塑或秋色叶树种的背景。由于树形独特，下部侧枝发达，一般不宜和其他树种混植。

2. 红松（图6-9）

别名：果松

拉丁名：*Pinus koraiensis* Sieb. et Zucc.

科属：松科 松属

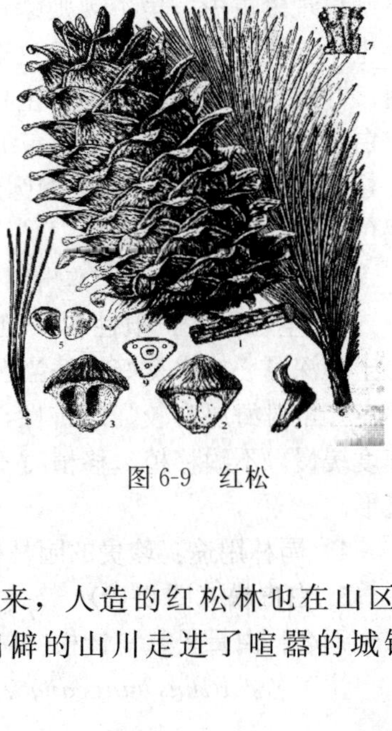

1) 形态特征：常绿针叶乔木。幼树灰红褐色，皮沟不深，近平滑，鳞状开裂，内皮浅驼色，裂缝呈红褐色，大树树干上部常分杈。心、边材区分明显。边材浅驼色带黄白，常见青皮；心材黄褐色微带肉红，故有"红松"之称。枝近平展，树冠圆锥形，冬芽淡红褐色，圆柱状卵形。针叶五针一束，粗硬，树脂道3个，叶鞘早落，球果圆锥状卵形，种子大，倒卵状三角形。花期6月，球果翌年9～10月成熟。

2) 产地分布：红松是名贵而又稀有的树种，在我国只分布在东北的长白山及小兴安岭一带，国外也只分布在朝鲜、俄罗斯及日本北部。

图6-9 红松

3) 生态习性：喜冷凉湿润气候及酸性土。

4) 园林用途：庭荫树、行道树、风景林，近些年来，人造的红松林也在山区、半山区和林场培育成材。并且作为绿化树种，已从偏僻的山川走进了喧嚣的城镇街市。

3. 华山松（图 6-10）

别名：葫芦松、五须松、果松

拉丁名：*Pinus armandii* Franch.

科属：松科 松属

1) 形态特征：常绿乔木，高可达 30m；大枝平展，树冠广圆锥形。树皮灰绿色。小枝平滑无毛。针叶五针一束，细柔；树脂道 3 条，中生或边生；叶鞘早落。球果大，圆锥状长卵形，成熟时种鳞张开，种鳞先端不反曲。种子无翅或近无翅。

2) 产地分布：产我国中部、西南及台湾地区，生于海拔 1000～3300m 地带。

3) 生态习性：喜温和、凉爽、湿润的气候，耐寒力强，在高温季节生长不良；弱阳性，是常见的松类中耐阴性较强的树种之一；适于多种土壤，最宜深厚、湿润、疏松的中性或微酸性土壤，在钙质土地上也能生长，不耐盐碱，耐瘠薄能力不如油松和白皮松。

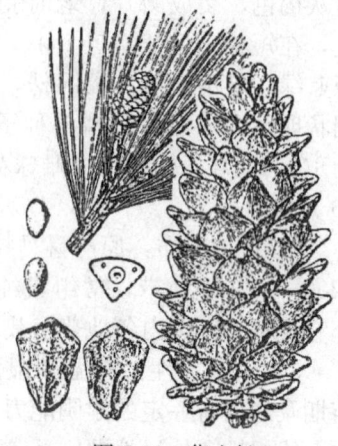

图 6-10 华山松

4) 园林用途：树体高大挺拔，针叶苍翠，冠形优美，是优良的庭院绿化树种，孤植、丛植、列植或群植均可，用作园景树、行道树或庭荫树。

4. 日本五针松（图 6-11）

别名：五钗松、日本五须松、五针松

拉丁名：*Pinus parviflora* Sieb. et Zucc.

科属：松科 松属

1) 形态特征：树冠圆锥形。树皮幼时淡灰色，光滑，老则呈现橙黄色，呈不规则鳞片状剥落，内皮赤褐色。一年生小枝淡褐色，密生淡黄色柔毛。冬芽长椭圆形，黄褐色。叶细短，五针一束，簇生枝端，带蓝绿色，内侧两面有白色气孔线，钝头，边缘有细锯齿，树脂道 2 条，边生，在枝上生存 3～4 年。球果卵圆形或卵状椭圆形，成熟时淡褐色。

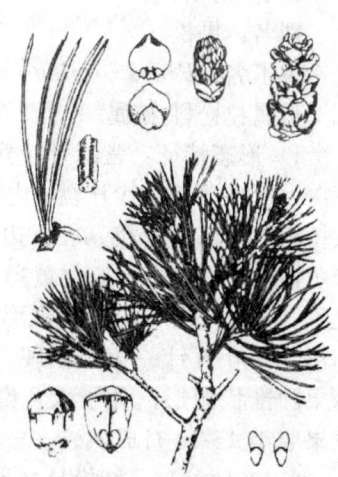

图 6-11 日本五针松

2) 产地分布：原产本州中部。

3) 生态习性：阳性树，但比赤松及黑松耐阴。喜生于土壤深厚、排水良好、适当湿润之处，在阴湿之处生长不良。虽对海风有较强的抗性，但不适于沙地生长。生长速度缓慢。不耐移植，移植时不论大小苗均需带土球。耐整形。

4) 园林用途：珍贵的园林树种之一。最宜与假山石配置成景。

5. 白皮松（图 6-12）

别名：白骨松、三针松、白果松、虎皮松、蟠龙松

拉丁名：*Pinus bungeana* Zucc. ex Endl.

科属：松科 松属

1）形态特征：常绿乔木，或从基部分成数干。树冠阔圆锥形或卵形；老树树皮片状剥落，内皮乳白色；幼树树皮灰绿色，平滑。一年生枝灰绿色，无毛；冬芽红褐色。叶三针一束，粗硬，略弯曲，叶鞘早落。球果卵圆形，熟时淡黄褐色；鳞盾近菱形，横脊显著；鳞脐背生，具三角状短尖刺。种翅短，易脱落。花期4～5月；球果翌年10～11月成熟。

2）产地分布：为我国特有树种，分布于陕西秦岭、太行山南部、河南西部、甘肃南部及天水、四川北部江油观雾山与湖北西部等地广为栽培。

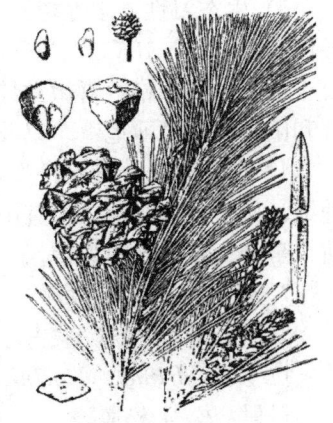

图6-12 白皮松

3）生态习性：喜光树种，耐旱、耐瘠薄、耐寒，在较干冷的气候里有很强的适应能力；在气候温凉、土层深厚、肥沃而湿润的钙质土和黄土上生长良好，是松类树种中能适应钙质黄土及轻度盐碱土壤的主要针叶树种。在深厚肥沃、向阳温暖、排水良好之地生长最为茂盛。对二氧化碳有较强的抗性。

4）园林用途：在园林配置上用途十分广阔，可以孤植、对植，也可丛植成林或作行道树，均能获得良好效果。适于庭院中堂前、亭侧栽植，使苍松奇峰相映成趣，颇为壮观。干皮斑驳美观，针叶短粗亮丽，是优良的园林绿化传统树种，具高度观赏价值。又是一种适应范围广泛、在钙质土壤和轻度盐碱地生长良好的常绿针叶树种。

6. 马尾松（图6-13）

别名：松树、枞树、青松

拉丁名：*Pinus massoniana* Lamb.

科属：松科 松属

1）形态特征：树皮红褐色，下部灰褐色，裂成不规则的鳞状块片；枝平展或斜展，树冠宽塔形或伞形，枝条每年生长一轮，但在广东南部则通常生长两轮，淡黄褐色，稀有白粉，无毛；冬芽卵状圆柱形或圆柱形，褐色，顶端尖，芽鳞边缘丝状，先端尖或成渐尖的长尖头，微反曲。针叶两针一束，稀三针一束，细柔，微扭曲，两面有气孔线，边缘有细锯齿；球果卵圆形或圆锥状卵圆形，有短梗，下垂，成熟前绿色，熟时栗褐色，陆续脱落；中部种鳞近矩圆状倒卵形，或近长方形；鳞盾菱形，微隆起或不隆起，横脊微明显，鳞脐微凹，无刺，生于干燥环境者常具极短的刺；种子长卵圆形，有翅；子叶5～8枚；初生叶条形，叶缘具疏生刺毛状锯齿。花期4～5月；球果翌年10～12月成熟。

图6-13 马尾松

2）产地分布：马尾松分布极广，北自河南及山东南部，南至两广、湖南（慈利县），东至沿海，西至四川中部及贵州，遍布于华中华南各地。一般在长江下游海拔600～700m，中游约1200m以上，上游约1500m以下均有分布。是我国南部主要用材树种。

· 81 ·

3) 生态习性：阳性树种，不耐荫蔽，喜光、喜温。适生于年均气温 13～22℃（绝对最低温度不到-10℃），年降水量 800～1800mm 的地区。根系发达，主根明显，有根菌。对土壤要求不严格，喜微酸性土壤，但怕水涝，不耐盐碱，在石砾土、沙质土、黏土、山脊和阳坡的冲刷薄地上，以及陡峭的石山岩缝里都能生长。

4) 园林用途：马尾松高大雄伟，姿态古奇，适应性强，抗风力强，耐烟尘，木材纹理细，质坚，能耐水，适宜山涧、谷中、岩际、池畔、道旁配置和山地造林。也适合在庭前、亭旁、假山之间孤植。

7. 樟子松（图 6-14）

别名：海拉尔松、蒙古赤松

拉丁名：*Pinus sylvestnis* Linn. var. *mongolica* Litv.

科属：松科 松属

1) 形态特征：常绿乔木。树冠卵形至广卵形，老树皮较厚有纵裂，黑褐色，常鳞片状开裂；树干上部树皮很薄，褐黄色或淡黄色，薄皮脱落。轮枝明显，20 年生，前大枝斜上或平展，一年生枝条淡黄色，2～3 年后变为灰褐色，大枝基部与树干上部的皮色相同。芽圆柱状椭圆形或长圆卵状不等，尖端钝或尖，黄褐色或棕黄色，表面有树脂。叶两针一束。稀有三针，粗硬，稍扁扭曲，树脂道 7～11 条，维管间距较大。冬季叶变为黄绿色，花期 5 月中旬至 6 月中旬，属于风媒花，雌花生于新枝尖端，雄花生于新枝下部。一年生小球果下垂，绿色，翌年 9～10 月成熟，球果长卵形，黄绿色或灰黄色。

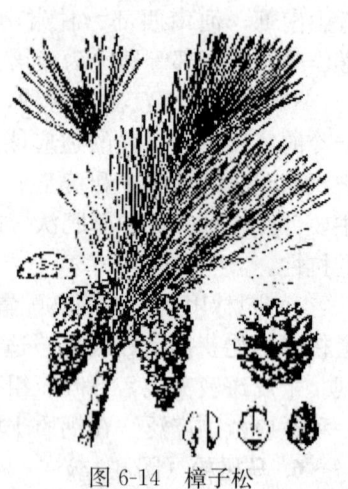

图 6-14 樟子松

2) 产地分布：黑龙江的大兴安岭、海拉尔以西和以南的沙丘地带。内蒙古也有分布。现东北各地、河北、山西、山东、陕西、甘肃均有栽培。

3) 生态习性：极喜光，适于严寒干旱的气候，为我国松属中最耐寒的树种。喜酸性土壤，在干燥瘠薄、岩石裸露、沙地、陡坡均可生长良好。深根性，抗风沙。

4) 园林用途：树干端直高大，枝条开展，枝叶四季常青，为庭院观赏绿化树种。是东北地区速生用材、防护林和"四旁"绿化的理想树种之一，也是东北、西北城市中有发展前途的园林树种。国家三级重点保护树种。

8. 油松（图 6-15）

别名：短叶松、短叶马尾松

拉丁名：*Pinus tabuli formis* Carr.

科属：松科 松属

1) 形态特征：常绿乔木，高可达 25m，青壮年树冠广卵形，老树冠呈平顶状；树皮灰褐色，不规则块片剥落。裂缝及上部树皮红褐色；大枝轮生；1 年生枝较粗，淡灰褐色或褐黄色，无毛。冬芽灰褐色，圆柱形。叶 2 型，鳞叶在枝上螺旋状排列，在苗期为扁平条状，后期化为膜质片状，针叶两针一束，生于不发育短枝顶端，基部包以宿存的叶鞘，针叶粗硬；树脂道 5～9 条，边生。雌雄同株。球果卵圆形，熟时淡褐色；种鳞木质，宿存，鳞盾扁菱形肥厚隆起，微具横脊，鳞脊凸起有刺。花期 4～5 月；球果 9～10 月成熟。

2) 产地分布：东北、中原、西北和西南等省区。

3) 生态习性：强阳性植物，耐寒，耐干旱，耐瘠薄，深根性。油松分布广，是我国北方广大地区最主要的造林树种之一。油松适应性强，根系发达，树姿雄伟，枝叶繁茂，有良好的保持水土和美化环境的功能。我国栽培油松历史悠久。

4) 园林用途：油松树干挺拔苍劲，四季常绿，不畏风雪严寒。适于作油松伴生树种的有元宝枫、栎类、桦木、侧柏等。木材富含松脂，耐腐，适作建筑、家具、枕木、矿柱、电杆、人造纤维等用材。亦可采集松脂供工业用。

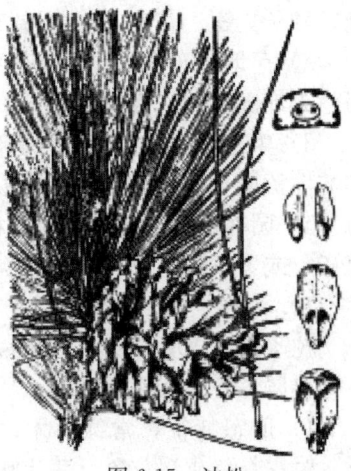

图 6-15 油松

9. 湿地松（图 6-16）

别名：美国松

拉丁名：*Pinus elliottii* Engelm.

科属：松科 松属

1) 形态特征：常绿大乔木，在原产地高可达 40m，树皮灰褐色，纵裂成鳞状大片剥落，枝条每年生长 3～4 轮，小枝粗壮。冬芽红褐色，粗壮，圆柱状，先端渐窄。针叶两针一束与三针一束并存，粗硬，深绿色，有光泽。球果常 2～4 个聚生，圆锥形，有梗，鳞盾肥厚，鳞脐瘤状，种子卵圆，略具 3 棱。花期 3 月中旬，果熟翌年 9 月。

2) 产地分布：原产美国东南部低海拔潮湿地带，属夏季高温多雨，春、秋两季较干旱的地区。我国长江流域及南方各省广为引种。

3) 生态习性：极喜光，适应性强。适生于中性以至强酸性土壤。耐水湿，可生长在低洼沼泽地、湖泊、河边，故名"湿地松"。深根性，抗风力强。

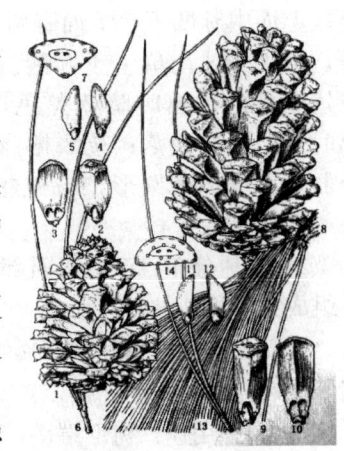

图 6-16 湿地松

4) 园林用途：苍劲而速生，适应性强，材质好，松脂产量高。我国已引种驯化成功达数十年，故在长江以南的园林和自然风景区中作为重要树种应用，很有发展前途。可作庭院树丛植、群植，宜植于河岸池边。

10. 黄山松（图 6-17）

拉丁名：*Pinus taiwanensis* Hayata.

科属：松科 松属

1) 形态特征：常绿乔木，高可达 30m；树皮深灰褐色，呈不规则鳞片状开裂；树冠伞形；小枝淡黄褐色或暗红褐色，无毛及白粉；冬芽卵圆形，深褐色。叶针形，两针一束，稍粗硬，熟时栗褐色；种鳞木质，宿存，鳞盾扁菱形，稍肥厚隆起，横脊显著，鳞脐有短

图 6-17 黄山松

刺。种子具翅。花期4～5月；球果翌年10月成熟。

2）产地分布：我国特有树种。分布于台湾、福建、浙江、安徽、江西、湖南、湖北、河南等地区。

3）生态习性：极喜光，喜凉润的高山气候，在空气相对湿润、土层深厚、排水良好的酸性黄壤土上生长良好。深根性，抗风雪。

4）园林用途：树姿雄伟，极为美观。适于自然风景区成片栽植。园林中可植于岩际、道旁，或聚或散，或与枫混植。也可作树桩盆景。

11. 冷杉（图6-18）

拉丁名：*Abies fabri* (Mast.) Craib.

科属：松科 冷杉属

1）形态特征：常绿乔木，高可达40m，树冠尖塔形。树皮灰色或深灰色，薄片状开裂。小枝有圆形叶痕。一年生枝淡褐色或灰褐色，凹槽内疏生短毛或无毛。叶条形，扁平，螺旋状排列或扭成2列状，先端微凹或钝；上面中脉凹下，下面有两条白色气孔带；树脂道2条，边生。球花单生于叶腋。球果直立，卵状圆柱形或短圆柱形，熟时暗蓝黑色，灰被白粉；种鳞木质，熟时从中轴上脱落；苞鳞微露出，通常有急尖头向外反曲。种子长椭圆形，与种翅近等长。花期5月；球果10月成熟。

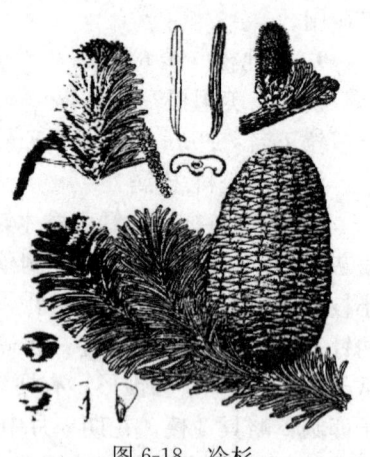

图6-18 冷杉

2）产地分布：产四川西部海拔1500～4000m地带，常组成大面积纯林。

3）生态习性：喜冷凉而湿润的气候，耐寒性强，不耐干燥和酷热，耐阴性强；喜富含腐殖质的中性或酸性棕色森林土。

4）园林用途：树形端庄，树姿优美，幼树树冠常为尖塔形，老树则变为卵状圆锥形，易形成庄严、肃穆的气氛。适于陵园、公园、广场或建筑附近应用，宜对植、列植，也适于单种配植成树丛或配植为花坛中心树。在山地风景区，宜大面积成林，尤以纯林的景观效果最佳。

12. 红皮云杉（图6-19）

别名：红皮臭、虎尾松

拉丁名：*Picea koraiensis* Nakai.

科属：松科 云杉属

1）形态特征：常绿乔木，高可达30m；树冠尖塔形；树皮裂缝为红褐色，无白粉，无毛或有疏毛；宿存芽鳞反曲。叶螺旋状排列，锥状四棱形，先端尖，四面均有气孔带；树脂道边生。雄球花单生叶腋，雌球花单生枝顶。球果下垂，卵状圆柱形，熟时黄褐色至褐色；种鳞近革质，宿存，露出平滑部分；苞鳞极小或退化。种子三角状倒卵形，上端有膜质长翅。

2）产地分布：分布于东北及内蒙古，生于海拔300～1800m地带；华北和华东地区常栽培。

3）生态习性：喜冷凉气候，耐寒，夏季高温干燥对生长不利；耐阴，喜湿润，也较耐干旱，不耐过度水湿；喜微酸性深厚土壤。生长缓慢，寿命长。根系较浅，根部易暴露而枯死，平时应注意壅土。

4）园林用途：树体高大，树姿优美，苍翠壮丽，是著名的园林树种。最适合规则式园林中应用，宜对植或列植，但孤植、丛植或群植成林也极为壮观。因其耐阴，可用于建筑背面。

13. 云杉（图 6-20）

别名：粗枝云杉、大果云杉

拉丁名：*Picea asperata* Mast.

科属：松科 云杉属

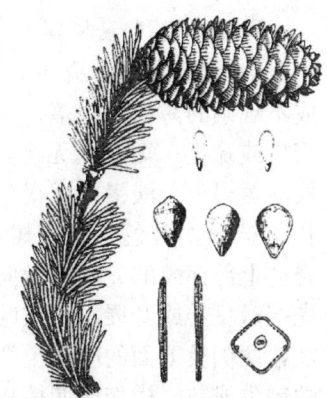

图 6-19 红皮云杉

1）形态特征：小枝有疏生或密生的短柔毛，或无毛，一年生时褐黄色、淡黄褐色或淡红褐色，叶枕有白粉，或白粉不明显，二、三年生时灰褐色、褐色或淡褐灰色；冬芽圆锥形，有树脂，基部膨大，上部芽鳞的先端微反曲或不反曲，小枝基部宿存芽鳞的先端多少向外反卷。主枝叶辐射伸展，侧枝上面的叶向上伸展，下面及两侧的叶向上方弯伸，四棱状条形，微弯曲，先端微尖或急尖，横切面四棱形，四面有气孔线。球果圆柱状矩圆形或圆柱形，上端渐窄，成熟前绿色，熟时淡褐色或栗褐色；中部种鳞倒卵形，上部圆或截圆形排列紧密，或上部钝三角形排列较松，先端全缘，球果基部或中下部的种鳞的先端两裂或微凹，苞鳞三角状匙形；种子倒卵圆形，种翅淡褐色，倒卵状矩圆形；子叶 6~7 枚，条状锥形，初生叶四棱状条形，先端尖，四面有气孔线，全缘或隆起的中脉上部有齿毛。花期 4~5 月；球果 9~10 月成熟。

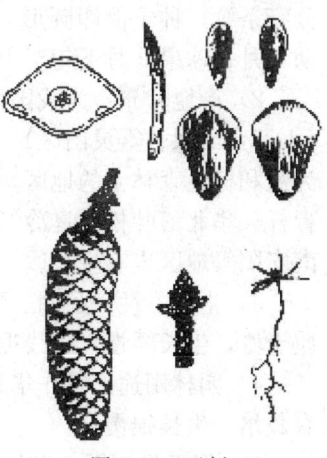

图 6-20 云杉

2）产地分布：全世界云杉属约 40 种，分布于北半球。我国约有 20 种，分布于东北、华北、西北、西南以及台湾等地。

3）生态习性：耐阴、耐寒、喜欢凉爽湿润的气候和肥沃深厚、排水良好的微酸性沙质土壤，生长缓慢，属浅根性树种。生于海拔 2400~3600m，常与紫果云杉、岷江冷杉、紫果冷杉混生，或成纯林。

4）园林用途：树形端正，枝叶茂密，在庭院中既可孤植，也可片植。盆栽可作为室内的观赏树种，多用在庄重肃穆的场合，冬季圣诞节前后，多置放在饭店、宾馆和一些家庭中作圣诞树装饰。云杉叶上有明显粉白气孔线，远眺如白方缭绕，苍翠可爱，作庭院绿化观赏树种，可孤植、丛植或与桧柏、白皮松配植，或作草坪衬景。有欧洲云杉、青海云杉、青杆、日本云杉、台湾云杉、西藏云杉、新疆云杉、雪岭杉、油麦吊云杉、鱼鳞云杉等。

14. 白杆（图 6-21）

别名：红杆、白儿松

拉丁名：*Picea meyeri* Rehd. et Wils.

科属：松科 云杉属

1）形态特征：乔木，高可达 30m；树皮灰褐色，裂成不规则的薄块片脱落；大枝近平展，树冠塔形；小枝有密生或疏生，短毛或无毛，一年生枝黄褐色，二、三年生枝淡黄褐色、淡褐色或褐色；冬芽圆锥形，间或侧芽成卵状圆锥形，褐色，微有树脂，光滑无毛，基部芽鳞有背脊，上部芽鳞的先端常微向外反曲，小枝基部宿存芽鳞的先端微反卷或开展。主枝叶常辐射伸展，侧枝上面的叶伸展，两侧及下面的叶向上弯伸，四棱状条形，微弯曲，先端钝尖或钝，横切面四棱形，四面有白色气孔线。球果成熟前绿色，熟时褐黄色，矩圆状圆柱形；中部种鳞倒卵形，先端圆或钝三角形，下部宽楔形或微圆，鳞背露出部分有条纹；种子倒卵圆形，种翅淡褐色，倒宽披针形。花期 4 月；球果 9 月下旬至 10 月上旬成熟。

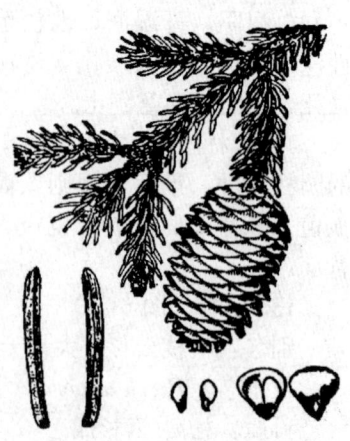

图 6-21　白杆

2）产地分布：为我国特有树种，产于山西（五台山区、管涔山区、关帝山）、河北（小五台山区、雾灵山区）、内蒙古西乌珠穆沁旗，在海拔 1600～2700m、气温较低、土壤为灰和棕色森林土的地区，常组成以白杆为主的针叶树阔叶树混交林。常见的伴生树种有青杆、华北落叶松、臭冷杉、黑桦、红桦、白桦及山杨等。北京、北戴河、辽宁兴城、河南安阳等地区也有生长。

3）生态习性：耐阴、耐寒、喜欢凉爽湿润的气候和肥沃深厚、排水良好的微酸性沙质土壤，生长缓慢，属浅根性树种。

4）园林用途：宜作华北地区高山上部的造林树种。亦可栽培作庭院树，北京庭院多有栽培，生长很慢。

15. 罗汉松（图 6-22）

别名：罗汉杉、长青罗汉杉

拉丁名：*Podocarpus macrophyllus*（Thunb）D. Don．

科属：罗汉松科 罗汉松属

1）形态特征：常绿乔木，高可达 20m。树冠广卵形；树皮灰褐色，薄片状脱落。叶条形，螺旋状着生，先端尖，两面中脉明显。雌雄异株。雄球花 3～5 簇生叶腋，圆柱形。雌球花单生叶腋。种子卵圆形，核果状，径约 1cm，熟时假种皮紫黑色，被白粉；种托肉质，椭圆形，红色或紫红色。花期 4～5 月；种熟期 8～9 月。

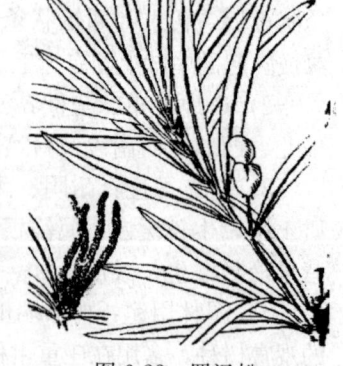

图 6-22　罗汉松

2）产地分布：产长江以南至华南、西南各地；日本也有分布。

3）生态习性：耐寒性较弱，较耐阴；喜排水良好而湿润的沙质壤土，耐海风海潮。

4）园林用途：树形优美，四季常青，种子形似头状，生于红紫色的种托上，如身披红色袈裟的罗汉，故有"罗汉松"之名，江南寺院和庭院中均常见栽培。罗汉松秋季满树红点点，颇富奇趣，宜作庭荫树，孤植、对植、散植于厅堂之前均适宜，与竹、石相配，形成小景，亦颇雅致，枝叶密集，耐修剪、耐阴，是优良的绿篱材料，被誉为世界三大海岸绿篱树种之一，也可营造沿海防护林。

16. 杉木（图6-23）

别名：沙木、沙树

拉丁名：*Cunninghamia lanceolata* (Lamb.) Hook.

科属：杉科 杉木属

1) 形态特征：常绿乔木，高可达30m，干形通直，幼树树冠尖塔形，老时广圆锥形。树皮灰黑色。叶条状披针形，螺旋状着生，在主枝上辐射伸展，在小枝上扭转成2列状。叶基下延，叶缘有细锯齿，上面深绿色，下面沿中脉两侧各有1条白色气孔带。雄球花簇生枝顶，每雄蕊具3花药；雌球花1～3枚集生枝顶，苞鳞与珠鳞合生，苞鳞大、扁平革质，先端尖，边缘有不规则细锯齿，珠鳞小，胚珠3个。球果卵球形，熟时黄棕色；每种鳞腹面3枚种子。种子扁平，两侧具窄翅。花期3～4月；球果10～11月成熟。

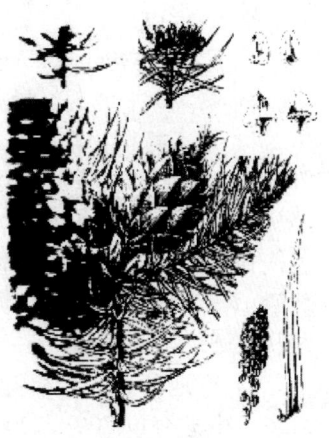

图6-23 杉木

2) 产地分布：广布于我国，北至淮河、秦岭南麓，东至台湾、福建和浙江沿海，南至广东、海南，西至云南、四川的广大区域内均有分布和栽培。

3) 生态习性：喜光，幼年稍耐阴；喜温暖湿润气候，不耐寒冷和干旱，但在湿度适宜的情况下，可耐-17℃低温；喜排水良好的酸性土壤，不耐盐碱。浅根性，速生，萌芽、萌蘖力强。对有毒气体有一定抗性。

4) 园林用途：树干通直，树形美观，终年郁郁葱葱，是美丽的园林造景材料。适于群植成林，可用于大型绿地中作为背景，也可列植，用于道路绿化；风景区内则可营造风景林。南方重要速生用材树种。

17. 柳杉（图6-24）

别名：长叶孔雀松

拉丁名：*Cryptomeria fortunei* Hooibrenk ex Otto et Dietr.

科属：杉科 柳杉属

1) 形态特征：常绿乔木，高可达40m；树冠狭圆锥形或圆锥形。树皮红褐色，长条片状脱落；大枝近轮生，小枝常下垂。叶钻形，螺旋状略呈5行排列，基部下延，先端微内曲，四面有气孔线；幼树及萌枝之叶可长达2.4cm。雄球花单生小枝顶部叶腋，多数密集成穗状；雌球花单生枝顶，珠鳞与苞鳞合生，仅先端分离。球果球形，种鳞约20枚，木质、盾形，上部肥大，3～7裂齿；发育种鳞常具2粒种子。种子微扁，周围有窄翅。花期4月；球果10月成熟。

2) 产地分布：我国特有树种，产长江流域及其以南地区。

3) 生态习性：中等喜光；喜温暖湿润、云雾弥漫、夏季较凉爽的山区气候；喜深厚肥沃的沙质土壤，忌积水。浅根

图6-24 柳杉

性，侧根发达，主根不明显。对二氧化硫、氯气、氯化氢均有一定抗性。

4）园林用途：树形圆整高大，树姿雄伟，最适于列植、对植，或于风景区内大面积群植成林。在庭院和公园中，可于前庭、花坛中孤植或草地中丛植。柳杉枝叶密集，性又耐阴，也是适宜的绿篱材料，可供隐蔽和防风之用。

18. 北美红杉（图 6-25）

别名：红杉

拉丁名：*Sequoia sempervirens*（D. Don）Endl.

科属：杉科 北美红杉属

1）形态特征：常绿乔木，在原产地高可达 110m；树冠圆锥形或尖塔形，枝条水平开展；树皮红褐色。叶 2 型，鳞形叶螺旋状排列，贴生小枝或微开展；条形叶排成两列，下面有白色气孔带。雄球花单生枝顶或叶腋，雌球花单生于短枝顶端，珠鳞 15～20。球果下垂，卵状椭圆形或卵球形，褐色；种子椭圆状长圆形，两侧有翅。

2）产地分布：红杉特产于美国太平洋沿岸和加利福尼亚海岸，生于海拔 700～1000m 地带，常组成纯林或与花旗松混交成林，是世界著名的速生珍贵树种；我国杭州、南京、上海等地有栽培。

3）生态习性：喜湿润土壤，耐阴，不耐干燥。根际萌芽性强，易于萌芽更新，700 年生老树尚有萌芽力。

图 6-25 北美红杉

4）园林用途：红杉是世界上最高的树种，树形壮丽，枝叶密生，适于池畔、水边、草坪孤植或群植，也适于宽阔道路两旁列植。1971 年，美国总统尼克松先生访问我国并赠送红杉树苗 1 株、巨杉树苗 3 株，栽植于杭州西湖风景区以示友好留念，红杉现在已经大量繁殖，在华东、昆明等地常有栽培，生长良好。

19. 侧柏（图 6-26）

别名：扁柏、香柏

拉丁名：*Platycladus orientalis*（L.）Franco

科属：柏科 侧柏属

1）形态特征：常绿乔木，高可达 20m；幼树树冠尖塔形，老树为圆锥形或扁圆球形。老树干多扭转，树皮淡褐色，细条状纵裂。小枝扁平，排成一平面；叶鳞交互对生，灰绿色，先端微钝。雌雄同株，球花单生于小枝顶端。雌球花具 4 对珠鳞，仅中间两对珠鳞各有 1～2 胚珠；苞鳞与珠鳞合生，仅尖头分离。球果当年成熟，开裂，种鳞木质，背部中央有一反曲的钩状尖头。种子长卵圆形，无翅。花期 3～4 月；球果 9～10 月成熟。

2）产地分布：产东北、华北，经陕、甘、西南达川、黔、滇，栽培几乎遍布全国。

3）生态习性：适生范围极广，喜温暖湿润，也耐寒，可耐 −35℃ 低温；喜光；对土壤要求不严，无论酸性土、中性

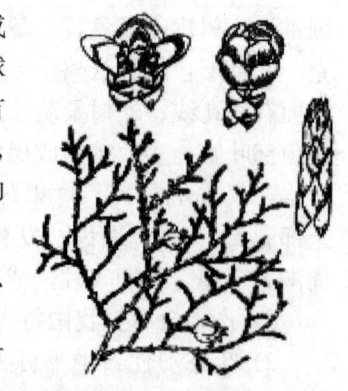

图 6-26 侧柏

土或碱性土均可生长，耐瘠薄，并耐轻度盐碱；耐旱力强，耐修剪。抗污染，对二氧化硫、氯气、氯化氢等有毒气体和粉尘抗性较强。

4) 园林用途：树姿优美，树干参差，恍若翠旌，枝叶低垂，宛如碧盖，每当微风吹动，大有层云浮动之态。园林中应用广泛，已有2000余年的栽培历史，自古以来栽植于寺庙、陵墓，常列植或对植，象征森严和肃穆。在庭院和城市公共绿地中，孤植、丛植或列植均可，也可做绿篱。也是北方重要的山地造林树种，既可营造纯林，也可与油松、黑松、黄栌等营造混交林。

20. 北美香柏（图6-27）

别名：香柏、美国侧柏、黄心柏木

拉丁名：*Thuja occidentalis* L.

科属：柏科 崖柏属

1) 形态特征：常绿乔木，高可达20m；树皮红褐色；树冠狭圆锥形。有鳞叶的小枝扁平，排成平面。鳞叶交叉对生，中生鳞叶尖头下方有圆形透明腺点，芳香。雌雄同株，球花单生枝顶。球果当年成熟，长椭圆形。种鳞扁平，革质，顶端具钩状突起；下面2~3对发育，各具种子1~2枚。种子扁平，椭圆形，两侧有翅。

2) 产地分布：原产北美，常生于含石灰质的湿润地区；华东各城市有栽培。

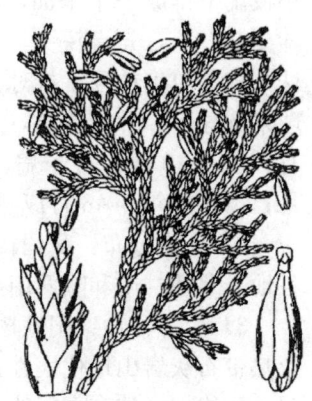

图6-27 北美香柏

3) 生态习性：喜光，有一定耐阴力；较耐寒，在北京可露地越冬；耐瘠薄，耐修剪，能生长在潮湿的碱性土壤上，抗烟尘和有毒气体能力强。

4) 园林用途：树形端庄，树冠圆锥形，给人以庄重之感，适于规则式园林应用，可沿道路、建筑等处列植，也可丛植和群植；如修剪成灌木状，可植于疏林下，或作绿篱和基础种植材料。

21. 日本扁柏（图6-28）

别名：白柏钝、叶扁柏、扁柏

拉丁名：*Chamaecyparis obtusa* (Sieb. et Zucc.) Endl.

科属：柏科 扁柏属

1) 形态特征：常绿乔木，在原产地高可达40m；树冠尖塔形。叶鳞形，生鳞叶的小枝通常扁平，排成一平面，平展或近平展，背面有不明显白粉；鳞叶对生，肥厚，先端钝，紧贴小枝。雄雌同株，球花单生枝顶。球果当年成熟，球形，种鳞4对；种子近圆形，两侧有窄翅。花期4月；球果10~11月成熟。

2) 产地分布：原产日本。华东各城市均有栽培。

3) 生态习性：中等喜光，喜温暖湿润气候，不耐干旱和水湿，浅根性。

4) 园林用途：树形端庄，枝叶多姿，与日本花柏、罗汉柏、日本金松同为日本珍贵名木。园林中孤植、列植、丛植、群植均适宜，也可用于风景区造林，若经整形修剪，也是适

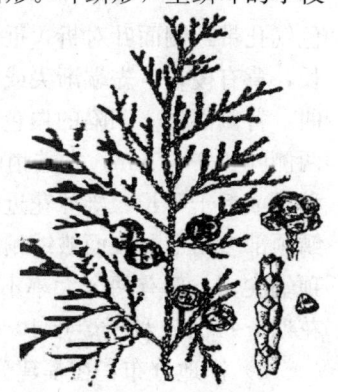

图6-28 日本扁柏

宜的绿篱材料。品种甚多，形态各异，常修剪成球形等几何形体，尤适于草地、庭院内丛植，或台坡边缘、园路两侧列植，也是优美的盆栽材料。

22. 柏木（图6-29）

别名：香扁柏、垂丝柏

拉丁名：*Cupressus funebris* Endl.

科属：柏科 柏木属

1）生态习性：常绿乔木，高可达35m；树冠圆锥形；树皮灰淡褐色，裂成长条片状剥落。小枝细长下垂，生鳞叶的小枝扁平排成一个平面，两面绿色，较老的小枝圆柱形。鳞叶交互对生，先端锐尖，中生鳞叶背面有条状腺体。雌雄同株，球花单生枝顶。雄球花，雄蕊6对；雌球花长3～6mm。球果圆球形，种鳞4对，盾形，木质，熟时开裂，能育种鳞有种子5～6枚。种子扁，有棱角，两侧具窄翅。花期3～5月；球果次年5～6月成熟。

2）产地分布：我国特有树种，广布于长江流域及其以南各地，北达甘肃和陕西南部，生于海拔2000m以下。

3）生态习性：阳性树，略耐侧方荫蔽；喜温暖湿润，是亚热带石灰岩山地代表性针叶树；对土壤适应性强，耐干瘠，略耐水湿。浅根性，萌芽力强，耐修剪，抗有毒气体。

4）园林用途：树冠整齐，小枝细长下垂，姿态潇洒宜人。在庭院中，适于孤植或丛植，尤其在古建筑周围，可与建筑风格协调，相得益彰。常植于陵墓，宜群植成林以形成柏木林的景色，或沿道路列植形成甬道，也具有庄严肃穆的气氛。

图6-29 柏木

23. 福建柏（图6-30）

别名：建柏、滇柏

拉丁名：*Fokienia hodginsii* (Dunn) Henry et Thomas

科属：柏科 福建柏属

1）形态特征：常绿乔木，高可达25m；树皮紫褐色，平滑；一年生鳞叶的小枝扁平，排成一平面，二、三年生枝褐色，光滑，圆柱形。鳞叶2对交叉对生，成节状，生于幼树或萌芽枝上的中央的叶呈楔状倒披针形，叶上面蓝绿色，下面中脉隆起，两侧具凹陷的白色气孔带，侧面叶对折，近长椭圆形，多少斜展，较中央的叶长，背有棱脊，先端渐尖或微急尖，通常直而斜展，稀微向内曲，背侧面具1凹陷的白色气孔带；生于成龄树上的叶较小，两侧叶长2～7mm，先端稍内曲，急尖或微钝，常较中央的叶稍长或近于等长。雄球花近球形。球果近球形，熟时褐色；种鳞顶部多角形，表面皱缩稍凹陷，中间有一小尖头突起；种子顶端尖，上部有两个大小不等的翅，大翅近卵形，小翅窄小。花期3～4月；种子翌年10～11月成熟。

2）产地分布：在福建分布于海拔100～700m地带，在贵州、湖南、广东及广西分布于海拔1000m上下地带，在云南

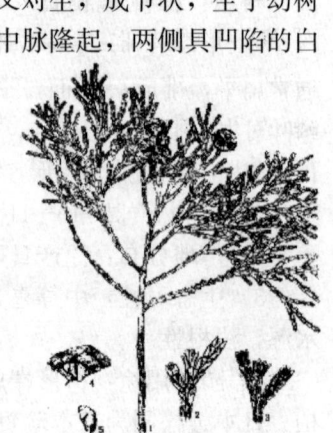

图6-30 福建柏

地区分布于 800~1800m 地带，越南北部亦有分布。

3）生态习性：喜光，稍耐阴；喜温暖湿润气候；在肥沃湿润的酸性或强酸性土壤上生长良好。较耐干旱瘠薄。浅根性，侧根发达。

4）园林用途：树形优美，树干通直，适应性强，生长较快，材质优良，是我国南方一些地区的重要用材树种，又是庭院绿化的优良树种。

24. 圆柏（图 6-31）

别名：建柏、滇柏

拉丁名：*Sabina chinensis*（L.）Ant.

科属：柏科 圆柏属

1）形态特征：常绿乔木或灌木，高可达 20m。冬芽不显著。树冠尖塔形或圆锥形，老树则呈广卵形、球形或钟形。树皮灰褐色，裂成长条状。叶 2 型；鳞叶交互对生，先端钝尖；刺叶常 3 枚轮生，基部无关节，下延生长。球花单生枝顶。球果呈浆果状，近球形，种鳞肉质合生，熟时暗褐色，被白粉。种子 2~4 粒，卵圆形。花期 4 月；球果次年 10~11 月成熟。

图 6-31　圆柏

2）产地分布：我国广布，自内蒙古南部、华北各省，南至两广北部，西至四川、云南、贵州均有分布，多生于海拔 2300m 以下。朝鲜、日本、缅甸也有分布。喜光，幼龄耐荫蔽，耐寒而且耐热（耐 $-27℃$ 低温和 $40℃$ 高温）。

3）生态习性：喜光树种，较耐阴。喜凉爽温暖气候，忌积水，耐修剪，易整形。耐寒、耐热，对土壤要求不严，能生于酸性、中性及石灰质土壤上，对土壤的干旱及潮湿均有一定的抗性。但以在中性、深厚而排水良好处生长最佳。深根性，侧根也很发达。

4）园林用途：圆柏是著名的园林绿化树种，常植于庙宇、墓地等处。在公园、庭院中应用也极为普遍，列植、丛植、群植均适宜，耐修剪且耐阴，也是优良的绿篱材料。品种繁多，观赏特性各异。龙柏适于建筑旁或道路两旁列植、对植，也可作花坛中心树；偃柏、匍地龙柏、鹿角桧适于悬崖、池边、石隙、台坡栽植，或于草坪上成片种植；球柏适于规则式配置，尤适于花坛、雕塑、台坡边缘等地环植或列植；色叶品种金叶桧、金龙柏株形紧密，绿叶丛中点缀着金黄色的枝梢，可修剪成球形或动物形状，宜对植、丛植或列植，也可形成彩色绿篱。

25. 北美圆柏

拉丁名：*Sabina virginiana*（L.）Ant.

科属：柏科 圆柏属

1）形态特征：常绿乔木，高可达 30m；树皮红褐色，裂成长条片状脱落；枝条直立或向外伸展，形成柱状圆锥形或圆锥形树冠；生鳞叶的小枝细，四棱形。鳞叶排列较疏，菱状卵形，先端急尖或渐尖，背面中下部有卵形或椭圆形下凹的腺体；刺叶出现在幼树或大树上，交互对生，斜展，先端有角质尖头，上面凹，被白粉。雌雄球花常生于不同的植株之上，雄球花通常有 6 对雄蕊。球果当年成熟，近圆球形或卵圆形，蓝绿色，被白粉；种子 1~2 粒，卵圆形，长约 3mm，有树脂槽，熟时褐色。

2) 产地分布：原产北美。现北京、山东、河南、江苏、浙江、福建、江西、广西、云南等地的一些城市有引种栽培。

3) 生态习性：阳性，适应性强，抗污染，能耐干旱，又耐低湿，既耐寒还能抗热，抗瘠薄，在各种土壤上均能生长。

4) 园林用途：园景树、行道树。耐修剪又有很强的耐阴性，故作绿篱比侧柏优良，下枝不易枯，冬季颜色不变褐色或黄色，且可植于建筑之北侧阴处。我国自古以来多配植于庙宇陵墓作墓道树或柏林。木材可提炼高倍显微镜用油；是制铅笔杆及细木工的优良用材。是用材、园林绿化及观赏的良好树种。

26. 刺柏 (图 6-32)

别名：翠柏、杉柏、台湾刺柏

拉丁名：*Juniperus formosana* Hayata

科属：柏科 刺柏属

1) 形态特征：常绿乔木，高可达 12m，树冠窄塔形或圆柱形。冬芽显著，小枝下垂。叶全为刺叶，3 叶轮生，基部有关节，不下延生长，先端渐尖，具锐尖头；上面微凹，中脉隆起，两侧各有一条白色气孔带，在先端汇合；下面绿色，有光泽。球花单生叶腋；雄球花具 5 对雄蕊；雌球花具 3 枚珠鳞，胚珠 3，生于珠鳞之间。球果近球形，浆果状，径 6～9mm。熟时淡红褐色，被白粉或白粉脱落；种子半月形，具 3～4 棱脊。花期 3 月；球果翌年 10 月成熟。

图 6-32 刺柏

2) 产地分布：我国特产，分布广，主产长江流域至青藏高原东部，各地常栽培观赏。

3) 生态习性：喜光，喜温暖湿润气候，适应性广，耐干瘠，常生于石灰岩上或石灰质土壤中。

4) 园林用途：是优良的园林绿化树种，树形美丽，可孤植、列植形成特殊景观。在北方园林中可搭配应用。是良好的海岸庭院树种之一。同时也是制作盆景的好素材。树姿优美，小枝细弱下垂；树干苍劲，针叶细密油绿；红棕色或橙褐色的球果经久不落。

27. 竹柏 (图 6-33)

别名：罗汉柴、大果竹柏

拉丁名：*Podocarpus nagi* (Thuanb.) Zoll. et Mor. ex Zoll

科属：罗汉松科 竹柏属

1) 园林用途：常绿乔木，高可达 20m，树冠广圆锥形。叶对生或近对生，长卵形、卵状披针形或披针状椭圆形，无中脉，叶脉细密，多数并列，酷似竹叶；表面深绿色，有光泽，背面黄绿色。雄球花常呈分歧状。种子球形，熟时假种皮暗紫色，种托干瘦，不膨大。花期 3～4 月；种熟期 9～10 月。

2) 产地分布：产我国亚热带以南，生于海拔 200～1200m 地区，常绿阔叶林中及灌丛、溪边，常见栽培。日本也有分布。

图 6-33 竹柏

3）生态习性：耐阴性强，忌高温烈日；喜温暖湿润，耐短期-7℃低温，在上海、杭州等地可安全越冬；对土壤要求不严，喜生于肥沃的沙质壤土，忌干旱。不耐修剪。

4）园林用途：树干笔直，树皮平滑，树冠阔圆锥形，枝条开展，枝叶青翠而有光泽，叶茂荫浓，是一优美的庭院绿化树种。宜丛植、群植，也适用于建筑前列植，或用作行道树。此外，竹柏也常植为墓地树。

28. 榧树（图 6-34）

别名：香榧

拉丁名：*Torreya grandis* Fort. ex Lindl.

科属：红豆杉科 榧树属

1）形态特征：常绿乔木，高可达 25m，树冠广卵形。大枝轮生，小枝近对生。一年生枝绿色，二年至三年生小枝黄绿色、淡褐色或暗绿黄色，叶交互对生，基部扭转排成两列，条形、直伸，先端尖，上面绿色而有光泽，下面有 2 条黄白色气孔带。种子近椭圆形，核果状，全包于肉质假种皮淡褐色，被白粉。花期 4～5 月；种子次年 10 月成熟。

2）产地分布：我国特产，分布于长江流域和东南沿海地区，以浙江诸暨栽培最多。

3）生态习性：喜光，幼树耐阴；喜温暖湿润气候，也耐-15℃低温；喜酸性而深厚肥沃的黄壤、红壤和黄褐土，耐干旱，怕积水。

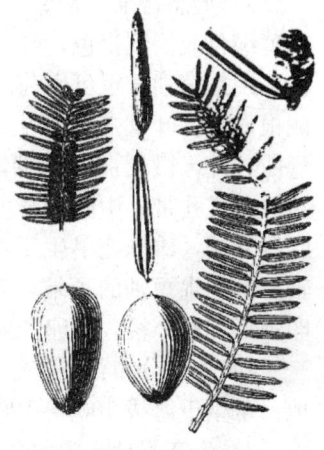

图 6-34 榧树

4）园林用途：树冠整齐，枝叶繁茂，适于庭院造景，可供门庭、前庭、中庭、门口孤植或对植，也适于草坪、山坡、路旁丛植。品种香榧为我国特有的著名干果树种和观赏树种，栽培历史悠久，风景区内可结合生产成片种植，也可作为秋色叶树和早春花木的背景。

29. 东北红豆杉（图 6-35）

别名：紫杉

拉丁名：*Taxus cuspidata* Sieb et Zucc.

科属：红豆杉科 红豆杉属

1）常绿乔木，高可达 20m；树冠阔卵形或倒卵形；树皮赤褐色。小枝不规则互生，基部有宿存芽鳞。一年生枝绿色，秋后淡红褐色。叶条形，直或微弯，在主枝上螺旋状排列，在侧枝上呈不规则 2 列；上面绿色，中脉隆起，有光泽；下面有 2 条淡黄色气孔带，中脉上无乳头状突起。雌雄异株，球花单生叶腋；雄球花球形，有梗；雌球花近无梗，珠托圆盘状。种子卵圆形，上部具钝脊，生于红色杯状肉质假种皮中。花期 5～6 月；种熟期 9～10 月。

2）产地分布：产东北地区；日本、朝鲜、俄罗斯也有分布。

3）生态习性：耐阴，喜湿润环境，喜肥沃、湿润、疏松、排水良好的棕色森林土，在积水地、沼泽地、岩石裸露

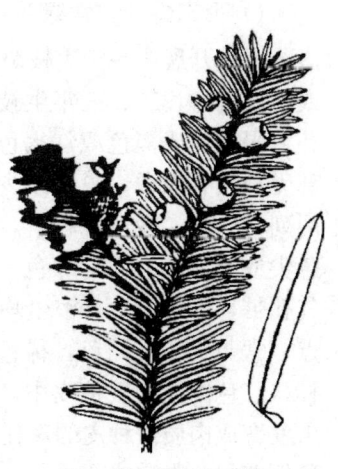

图 6-35 东北红豆杉

地生长不良。耐寒性强。

4）园林用途：树形端庄，枝叶茂密，树冠阔卵形或倒卵形，雄株较狭而雌株较开展，枝叶浓密而色泽苍翠，园林中可孤植、丛植和群植，或用于岩石园、高山植物园、也可修剪成形。性耐阴，适于栽种于树丛之下。

30. 红豆杉（图6-36）

别名：紫杉

拉丁名：*Taxus chinensis*（Pilger）Rehd.

科属：红豆杉科 红豆杉属

1）形态特征：常绿乔木，高可达30m，小枝秋天变成黄绿色或淡红褐色，叶条形，雌雄异株，果实扁圆形。种子用来榨油，也可入药。属浅根植物，其主根不明显、侧根发达。叶螺旋状互生，基部扭转为2列，条形略微弯曲，叶缘微反曲，叶端渐尖，叶背有2条宽黄绿色或灰绿色气孔带，中脉上密生有细小凸点，叶缘绿带极窄，雌雄异株，雄球花单生于叶腋，雌球花的胚珠单生于花轴上部侧生短轴的顶端，基部有圆盘状假种皮。种子扁卵圆形，有2棱，种卵圆形，假种皮杯状，红色。

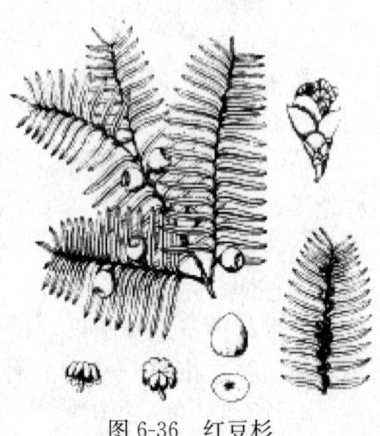

图6-36 红豆杉

2）产地分布：主产于陕西、四川、云南、贵州、湖北、甘肃、湖南、广西、安徽等地；常生于海拔1000～1200m以上的高山上部。

3）生态习性：南北各地均适宜种植，具有喜阴、耐旱、抗寒的特点。浅根植物。

4）园林用途：房前屋后、荒坡空地、道路两旁均适宜种植，一次种植，多年受益，效益显著。红豆杉树形美丽，果实成熟期红绿相映的颜色搭配令人陶醉，可广泛应用于水土保护林、园艺观赏林，是新世纪改善生态环境，建设秀美山川的优良树种。

31. 南方红豆杉（图6-37）

别名：红豆杉、美丽红豆杉、红榧、紫杉

拉丁名：*Taxus chinensis* Rehd. var. mairei Cheng et. L. K. Fu

科属：红豆杉科 红豆杉属

1）形态特征：常绿乔木，高可达30m；树皮灰褐色、红褐色或暗褐色，裂成条片脱落；大枝开展，一年生枝绿色或淡黄绿色，秋季变成绿黄色或淡红褐色、二、三年生枝黄褐色、淡红褐色或灰褐色；冬芽黄褐色、淡褐色或红褐色，有光泽，芽鳞三角状卵形，背部无脊或有纵脊，脱落或少数宿存于小枝的基部。叶排列成两列，条形，微弯或较直，上部微渐窄，先端常微急尖，稀急尖或渐尖，上面深绿色，有光泽，下面淡黄绿色，有两条气孔带，中脉带上有密生均匀而微小的圆形角质乳头状突起点，常与气孔带同色，稀色较浅。雄球花淡黄色。种子生于杯状红色肉质的假种皮中，间或生于近膜质盘状的种托（即未发育成肉质假种皮的珠托）之上，常呈卵圆形，上部渐窄，稀倒卵状，微扁或圆，上部常具二钝棱脊，稀上部三角状具

图6-37 南方红豆杉

三条钝脊，先端有突起的短钝尖头，种脐近圆形或宽椭圆形，稀三角状圆形。

2）产地分布：产于我国长江流域以南，星散分布。贵阳市主要分布在花溪、乌当、开阳、息烽。云南省鲁甸县龙树乡有两棵南方红豆杉，"龙树乡"因此而得名。有着800年以上历史的福建大田县济阳乡分布着几十棵超600年树龄的南方红豆杉。

3）生态习性：耐阴树种，喜阴湿环境。喜温暖湿润的气候。自然生长在山谷、溪边、缓坡，腐殖质丰富的酸性土壤中，中性土、钙质土也能生长。不耐干旱瘠薄，不耐低洼积水。很少有病虫害，生长缓慢，寿命长。对气候适应力较强，具有较强的萌芽能力，树干上多见萌芽小枝，但生长比较缓慢。

4）园林用途：南方红豆杉枝叶浓郁，树形优美，种子成熟时果实满枝逗人喜爱。适合在庭院一角孤植点缀，亦可在建筑背阴面的门庭或路口对植，山坡、草坪边缘、池边、片林边缘丛植。宜在风景区作中、下层树种与各种针、阔叶树种配植。我国之外用欧洲豆杉作整形绿篱。

二、常绿灌木类

铺地柏（图6-38）

别名：爬地柏、矮桧、匍地柏、偃柏

拉丁名：*Sabina procumbens* (Endl.) Iwata et Kusaka

科属：柏科 圆柏属

1）形态特征：常绿匍匐灌木。枝干贴近地面伸展，小枝密生。叶均为刺形叶，先端尖锐，3叶交互轮生，表面有2条白粉带。匍匐枝悬垂倒挂，古雅别致，是制作悬崖式盆景的良好材料。铺地柏原产日本。我国黄河流域至长江流域广泛栽培。喜光，稍耐阴，适生于滨海湿润气候，对土质要求不严，耐寒力、萌生力均较强。匍匐小灌木，高达75cm，冠幅逾2m，贴近地面伏生，叶全为刺叶，3叶交叉轮生，叶上面有2条白色气孔线，下面基部有2白色斑点，叶基下延生长，叶长6～8mm；球果球形，内含种子2～3粒。

图6-38 铺地柏

2）产地分布：青岛、庐山、昆明及华东地区各大城市引种栽培作观赏树。

3）生态习性：阳性树。耐寒，耐瘠薄，在沙地及石灰质壤土上生长良好，忌低温。多见于凉爽、湿润、无积水的山野疏林或灌丛中。生长地土层深厚，富含沙质和腐殖质。生长于林下或山野阴坡，海拔500～3000m。

4）园林用途：地柏盆景可对称地陈放在厅室几座上，也可放在庭院台坡上或门廊两侧，枝叶翠绿，蜿蜒匍匐，颇为美观。在春季抽生新枝叶时，观赏效果最佳。生长季节不宜长时间放在室内，可移放在阳台或庭院中。在园林中可配植于岩石园或草坪角隅，又为缓土坡的良好地被植物。植于林下或建筑物遮阴处及林缘作为观赏地被种植，也可盆栽观赏。日本庭院中在水面上的传统配植技法"流枝"，即用本种造成。有"银枝""金枝"及"多枝"等栽培变种。

第七章 花木类

花木类园林树木，即木本植物中以观花为主的类群。这类植物大多数植株高大、年年开花、花色丰富、花期较长且栽培管理简易，寿命较长，是园林绿化中不可缺少的植物。

第一节 落叶花木类

一、落叶乔木类

1. 玉兰（图7-1）

别名：白玉兰、望春花

拉丁名：*Magnolia senudata* Desr.

科属：木兰科 木兰属

1）形态特征：落叶乔木，高可达15m；树冠卵形或近球形。花芽大而显著，密毛。单叶，互生。叶片倒卵状椭圆形，全缘，先端突尖而短钝，基部广楔形或近圆形，幼时背面有毛。花大而美丽，单生枝顶，白色，芳香。花萼、花瓣相似，9片，肉质；花丝扁平；雄蕊群和雌蕊群相连接。聚合蓇葖果，圆柱形；蓇葖沿背缝开裂，种子红色。花期3~4月，先叶开放；果期9~10月。

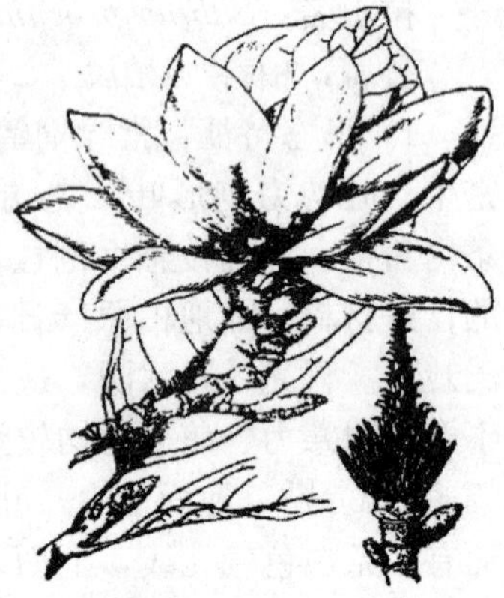

2）产地分布：产江西、浙江、湖南和贵州，生长于海拔500~1000m的林中，现全国各大城市广为栽培。

3）生态习性：喜光，稍耐阴；喜温暖气候，但耐寒性颇强，耐-20℃低温，在北京及其以南各地均正常生长；喜肥沃、湿润并排水良好的弱酸性土壤，也能生长于中性至微碱性（pH值7~8）土壤中。根肉质，不耐水淹。抗二氧化硫。

图7-1 玉兰

4）园林用途：花大而洁白、芳香，开花时极为醒目，宛若琼岛，有"玉树"之称，是著名的早春花木。适于列植在建筑前或对植在建筑入口处，也可孤植、丛植于草坪或常绿树前。我国古代民间传统宅院配植中讲究"玉堂富贵"，以喻吉祥如意和富有，其中"玉"即指玉兰。上海市市花。

2. 二乔木兰（图7-2）

别名：朱砂玉兰

拉丁名：*Magnolia soulangeana* Soul.-Bod

科属：木兰科 木兰属

1）形态特征：落叶小乔木。叶倒卵圆形至宽椭圆形，表面绿色，具光泽，背面淡绿色，被柔毛；叶柄短，被柔毛。花蕾卵圆形。花先叶开放；花被片9枚，外轮花被片长度为内轮花被片的2/3，淡紫红色、玫瑰色或白色，具紫红色晕或条纹；雄蕊药室侧向纵裂；离生单雌蕊无毛或有毛；果为蓇葖果。花期3～4月；果熟期9～10月。

2）产地分布：分布于北美洲至南美洲委内瑞拉东南部和亚洲的热带及温带地区。

3）生态习性：喜阳光和温暖湿润的气候。对温度很敏感，南北花期可相差4～5个月，即使在同一地区，每年花期早晚变化也很大。对低温有一定的抵抗力，能在-21℃条件下安全越冬。

4）园林用途：二乔木兰是城市绿化的花木。广泛用于公园、绿地和庭院等孤植观赏，在国内外庭院中普遍栽培。

图7-2 二乔木兰

3. 鹅掌楸（图7-3）

别名：马褂木、双飘树

拉丁名：*Liriodendron chinensis*（Hemsl.）Sarg.

科属：木兰科 鹅掌楸属

1）形态特征：落叶乔木，树高可达40m。单叶互生，每边常有2裂片，背面粉白色；叶柄长。叶形如马褂，叶片的顶部平截，犹如马褂的下摆；叶片的两侧平滑或略微弯曲，好像马褂的两腰；叶片的两侧向外突出，仿佛是马褂伸出的两只袖子。故鹅掌楸又叫马褂木。花单生枝顶，花被片9枚，外轮3片萼，绿色，内两轮黄绿色花瓣状，基部有黄色条纹，形似郁金香。由多数具翅的小坚果组成。花期5～6月；果期10月。

2）产地分布：主要生长在长江流域以南，其分布区东起浙江省青天县，西至云南省金平县，北界为陕西省紫阳县，南至云南省金平县，再向南一直可延伸到越南北部。大多在海拔600～1500m之间的低山地零星生长。我国的11个省84个县有鹅掌楸自然分布，包括江苏、安徽、浙江、福建、湖北、湖南、广西、陕西、四川、贵州、云南等，但一般东部、中南部较分散，而西部相对较集中。

图7-3 鹅掌楸

3）生态习性：喜光及温和湿润气候，有一定的耐寒性，可经受-15℃低温而完全不受伤害。在北京地区小气候良好的条件下可露地过冬。喜深厚肥沃、适湿而排水良好的酸性或微酸性土壤（pH4.5～6.5），在干旱土地上生长不良，也忌低湿水涝。该树种对空气中的二氧化硫气体有中等的抗性。

4）园林用途：树形端正，叶形奇特，是优美的庭荫树和行道树种，与悬铃木、椴树、银杏、七叶树并称世界五大行道树种。花淡黄绿色，美而不艳，最宜植于园林中安静休息区的草坪上。

4. 北美鹅掌楸（图7-4）

拉丁学名：*Liriodendron tulipifera* Linn.

科属：木兰科 鹅掌楸属

1）形态特征：乔木，原产地高可达60m，树皮深纵裂，小枝褐色或紫褐色，常带白粉。叶近基部每边具2侧裂片，先端2浅裂，幼叶背面被白色细毛，后脱落无毛，叶柄长5~10cm。花杯状，花被片9，外轮3片绿色，萼片状，向外弯垂，内两轮6片，灰绿色，直立，花瓣状、卵形，近基部有一不规则的黄色带；雌蕊群黄绿色，花期时不超出花被片之上。聚合果、具翅的小坚果淡褐色，顶端急尖，小坚果常宿存过冬。花期5月；果期9~10月。

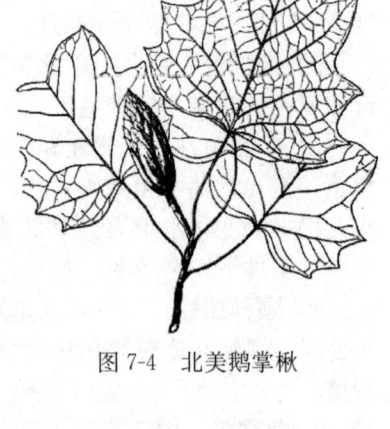

图7-4 北美鹅掌楸

2）产地分布：原产美国东南部。我国青岛、日照、庐山、南京、杭州、昆明等地有栽培。

3）生态习性：栽培土质以深厚、肥沃、排水良好的酸性和微酸性土壤为宜，喜温暖湿润和阳光充足的环境。耐寒、耐半阴，不耐干旱和水湿，生长适温15~25℃，冬季能耐-17℃低温。

4）园林用途：鹅掌楸树形雄伟，叶形奇特，花大而美丽，为世界珍贵树种之一，17世纪从北美引种到英国，其黄色花朵形似杯状的郁金香，故欧洲人称之为"郁金香树"，是城市中极佳的行道树、庭荫树种，无论丛植、列植或片植于草坪、公园入口处，均有独特的景观效果，对有害气体的抗性较强，也是工矿区绿化的优良树种之一。

5. 梅花（图7-5）

别名：酸梅、黄仔

拉丁名：*Armeniaca mume* Sieb.

科属：蔷薇科 杏属

1）形态特征：落叶乔木或大灌木，高4~15m；树形开展，树冠圆球形。小枝绿色，无毛。单叶，互生；叶片卵形至广卵形，锯齿细尖，先端长渐尖或尾尖；叶柄或叶片基部常有腺体；托叶早落。花两性，单生或2朵并生，5数；雄蕊多数；子房上位，1心皮，1室，2胚珠。花先叶开放，白粉红或红色，有香味，花萼绿色；花梗短。核果，肉质，近球形，黄绿色，表面密被细毛；果核有多数凹点，常含1种子。花期12月至来年4月；果期5~6月。

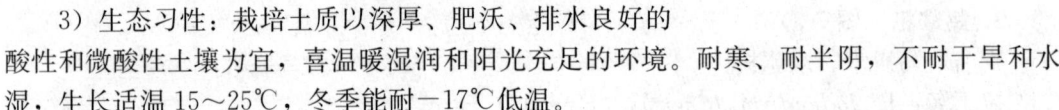
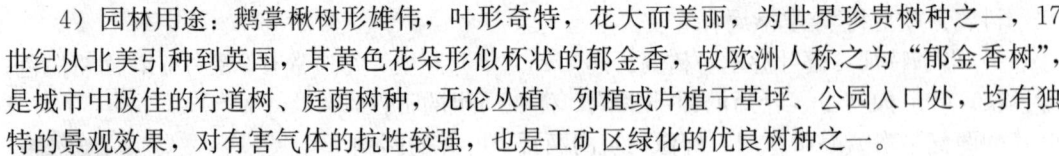

图7-5 梅花

2）产地分布：产四川西部和云南西部等地，淮河以南地区普遍栽培。

3）生态习性：阳性树，喜温暖湿润的气候，多数品种耐寒性较差。对土壤要求不严，无论是微酸性、中性，还是微碱性土均能适应。较耐干旱瘠薄，最忌积水。萌芽力强，耐修剪，对二氧化硫抗性差。寿命长。

4）园林用途：梅花的色、香、形三方面个性鲜明，具有很高的审美价值，而中国美学又十分强调"以形写神""神采为上"，因此总有浪漫的想象与精妙的比喻，使梅花神采活现。在配植上，梅花最宜植于庭院、草坪、低山丘陵，可孤植、丛植及群植。传统的用法是以松、竹、梅为"岁寒三友"而配植成景色。梅花又可盆栽观赏或加以整剪做成各式桩景。或作切花供室内装饰用。

6. 青肤樱（图 7-6）

别名：山樱花

拉丁名：*Prunus serrulata* Lindl.

科属：蔷薇科 李属

1）形态特征：落叶乔木，树皮栗褐色，有横裂皮孔。冬芽长卵形，先端尖，单生或簇生。小枝红褐色，无毛；叶片矩圆状倒卵形、卵形或椭圆形，有尖锐单锯齿或重锯齿，齿尖刺芒状；叶柄顶端有 2～4 腺体。伞形或短总状花序，由 3～6 朵花组成；花梗无毛，叶状苞片篦形，边缘有带腺的软毛；萼筒筒状，无毛，花白色至粉红色。核果球形，黑色。无明显腹缝沟。花期 4～5 月，与叶同放；果期 6～8 月。

图 7-6 青肤樱

2）产地分布：分布于东北、华北、华东、华中等地，日本和朝鲜也有分布。

3）生态习性：喜光，略耐阴；喜温暖湿润气候，但也较耐寒、耐旱。对土壤要求不严，但不喜低湿和土壤黏重之地，不耐盐碱。浅根性。对烟尘的抗性不强。

4）园林用途：花开满树，花繁艳丽，极为壮观，是重要的园林观赏树种，也可作为小路行道树。

7. 日本晚樱（图 7-7）

别名：重瓣樱花

拉丁名：*Cerasus serrulata* var. Iannesiana

科属：蔷薇科 樱属

1）形态特征：植株较矮小，小枝粗壮、开展，无毛；叶片倒卵形或卵状椭圆形，先端长尾状，边缘锯齿长芒状；叶柄上部有 1 对腺体；新叶红褐色。花大而芳香，单瓣或重瓣，常下垂，粉红色、白色或黄绿色；2～5 朵成伞房花序；苞片叶状；花序梗、花梗、花萼、苞片均无毛。花期 4～5 月。

2）产地分布：原产日本，我国园林中普遍栽培。

3）生态习性：浅根性树种，喜阳光、深厚肥沃而排水良好的土壤，有一定的耐寒能力。

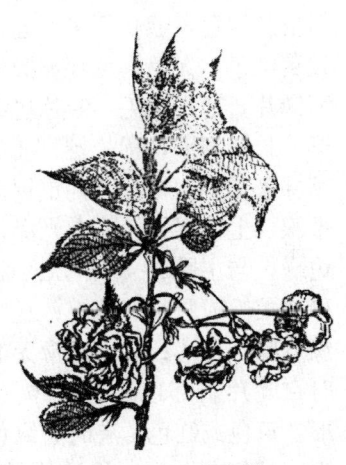

图 7-7 日本晚樱

4）园林用途：樱花妩媚多姿，繁花似锦，既有梅花之幽香，又有桃花之艳丽，是重要的春季花木。树体高大，可孤植或丛植于草地、房前，又可遮阴；也可成片种植或群植成林，开花时缤纷艳丽、花团锦簇。

8. 杏（图7-8）

别名：杏果、甜梅

拉丁名：*Armeniaca vulgaris* Lam.

科属：蔷薇科 杏属

1）形态特征：落叶乔木，植株无毛。叶互生，阔卵形或圆卵形叶子，边缘有钝锯齿；近叶柄顶端有二腺体；淡红色花单生或2~3个同生，白色或微红色。圆、长圆或扁圆形核果，果皮多为白色、黄色至黄红色，向阳部常具红晕和斑点；暗黄色果肉，味甜多汁；核面平滑没有斑孔，核缘厚而有沟纹。种仁多苦味或甜味。花期3~4月；果期6~7月。

2）产地分布：杏在我国分布范围很广，除南部沿海及台湾外，大多数省区皆有，其中以河北、山东、山西、河南、陕西、甘肃、青海、新疆、辽宁、吉林、黑龙江、内蒙古、江苏、安徽等地较多，其集中栽培区为东北南部和华北、西北等黄河流域各省。

3）生态习性：喜轻质土，在排水良好的肥沃壤土上生长良好。多数品种耐寒能力与桃相近，但开花较早，易被晚霜冻死。杏树耐旱，寿命也很长，在良好条件下可达100多年。

4）园林用途：是一很好的绿化、观赏树种，尤其是在干旱少雨、土层浅薄的荒山或是风沙严重的地区，杏树是防风固沙、保土、改善生态环境的先锋树种。

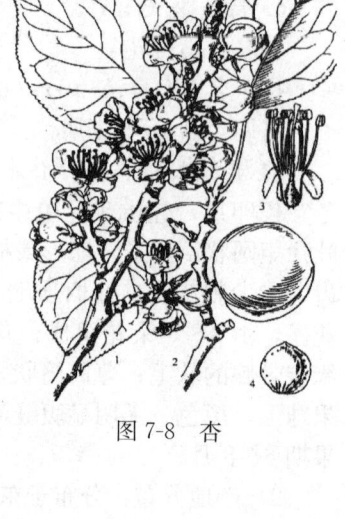

图7-8 杏

9. 李（图7-9）

别名：李子

拉丁名：*Prunus salicina* Linn.

科属：蔷薇科 李属

1）形态特征：落叶乔木，高9~12m；树冠广圆形，树皮灰褐色，起伏不平；老枝紫褐色或红褐色，无毛；小枝黄红色，无毛；冬芽卵圆形，红紫色，有数枚覆瓦状排列鳞片，通常无毛，鳞片边缘有极稀疏毛。叶片长圆倒卵形、长椭圆形，稀长圆卵形，先端渐尖、急尖或短尾尖，基部楔形，边缘有圆钝重锯齿，常混有单锯齿，幼时齿尖带腺，上面深绿色，有光泽，侧脉6~10对，不达到叶片边缘，与主脉成45°角，两面均无毛，有时下面沿主脉有稀疏柔毛或脉腋有绒毛；托叶膜质，线形，先端渐尖，边缘有腺，早落；叶柄通常无毛，顶端有2个腺体或无，有时在叶片基部边缘有腺体。核果球形、卵球形或近圆锥形，黄色或红色，有时为绿色或紫色，梗凹陷入，顶端微尖，基部有纵沟，外被蜡粉；核卵圆形或长圆形，有皱纹。花期4月；果期7~8月。

图7-9 李

2）产地分布：产辽宁、陕西、甘肃、四川、云南、贵州、湖南、湖北、江苏、浙江、江西、福建、广东、广西和台湾。生于山坡灌丛中、山谷疏林中或水边、沟底、路旁等处。常见于海拔400～2600m。我国各省及世界各地均有栽培，为重要温带果树之一。

3）生态习性：对气候的适应性强，对土壤只要土层较深，有一定的肥力，不论何种土质都可以栽种。对空气和土壤湿度要求较高，极不耐积水，果园排水不良，常导致烂根，生长不良或易发生各种病害。宜选择土质疏松、土壤透气、排水良好、土层深和地下水位较低的地方建园。

4）园林用途：树枝广展，红褐色而光滑，叶自春至秋呈红色，尤以春季最为鲜艳，花小，白或粉红色，是良好的观叶园林植物，尤以变形紫叶李和黑叶李在园林绿化中多被选用。

10. 西府海棠（图7-10）

别名：海红 子母海棠

拉丁名：*Malus micromalus* Mak.

科属：蔷薇科 苹果属

1）形态特征：落叶灌木或小乔木，高达5m。树冠紧抱，树直立性强；小枝紫红色或暗紫色，幼时被短柔毛，后脱落。单叶，互生。叶片椭圆形至长椭圆形，锯齿尖锐，基部楔形；叶柄长2～3cm。花序有花4～7朵，集生于小枝顶端；花端红色，初开时色浓如胭脂；萼筒外面和萼片内均有白色绒毛，萼片与萼筒等长或稍长。果近球形，红色，基部及先端均凹陷；萼片宿存或脱落。花期4～5月；果期9～10月。

2）产地分布：辽宁南部、河北、山西、山东、陕西、甘肃、云南，各地有栽培。

3）生态习性：喜光，耐寒，耐干旱，较耐盐碱，不耐水涝。抗病虫害，根系发达。

图7-10 西府海棠

4）园林用途：海棠是久经栽培的传统花木，春季开花，初开极红如胭脂点点，及开则渐成晕，至落则若宿妆淡粉，果实色彩鲜艳，结实量大。自然式群植，建筑前或园路两侧列植、入口处对植均无不可。小型庭院中，最适于孤植、丛植于堂前、栏外、水滨、草地、亭廊之侧。

11. 垂丝海棠（图7-11）

别名：海棠花

拉丁名：*Malus halliana* Koehne

科属：蔷薇科 苹果属

1）形态特征：落叶小乔木，高达5m，树冠疏散，枝开展。小枝细弱，微弯曲，圆柱形，最初有毛，不久脱落，紫色或紫褐色。冬芽卵形，先端渐尖，无毛或仅在鳞片边缘具柔毛，紫色。叶片卵形或椭圆形至长椭圆卵形，先端长渐尖，基部楔形至近圆形，锯齿细钝或近全缘，质较厚实，表面有光泽。中脉有时具短柔毛，其余部分均无毛，上面深绿色，有光泽并常带紫晕。叶柄幼时被稀疏柔毛，老时近于无毛；托叶小，膜

图7-11 垂丝海棠

质，披针形，内面有毛，早落。果实梨形或倒卵形，略带紫色，成熟很迟，萼片脱落。果梗长 2～5cm。花期 3～4 月；果期 9～10 月。

2) 产地分布：分布于我国四川、安徽、陕西、江苏、浙江、云南等地，生长于海拔 50～1200m 的地区，多生长于山坡丛林中和山溪边，目前已由人工引种栽培。

3) 生态习性：喜阳光，不耐阴，也不甚耐寒，喜温暖湿润环境，适生于阳光充足、背风之处，对土壤要求不严，微酸或微碱性土壤均可成长，但以土层深厚、疏松、肥沃、排水良好略带黏质的生长更好。此花生性强健，栽培容易，不需要特殊技术管理，唯不耐水涝，盆栽须防止水渍，以免烂根。

4) 园林用途：种类繁多，树形多样，叶茂花繁，丰盈娇艳，可地栽装点园林。可在门庭两侧对植，或布置在亭台周围、丛林边缘、水滨；若在观花树丛中作主体树种，其下配植春花灌木，其后以常绿树为背景，则尤绰约多姿，显得漂亮。若在草坪边缘、水边湖畔成片群植，或在公园游步道旁两侧列植或丛植，亦具特色。海棠对二氧化硫有较强的抗性，故适用于城市街道绿地和厂矿区绿化。

12. 桃（图 7-12）

别名：桃子，桃仔

拉丁名：*Pruns persica* L.

科属：蔷薇科 桃属

1) 形态特征：落叶小乔木或大灌木，树冠半球形；树皮暗红褐色，平滑。侧芽常 3 个并生，中间为叶芽，两侧为花芽。单叶，互生。叶片卵状披针形或矩圆状披针形，先端长渐尖，锯齿细钝或较粗。花单生，先叶开放或与叶同放，粉红色；花梗短，萼紫红色或绿色。核果，椭圆形或扁球形，黄白色或带红晕；果核椭圆形，有深沟形和蜂窝状孔穴。花期 4～5 月；果 6～7 月成熟。

图 7-12 桃

2) 产地分布：产东北南部和内蒙古以南地区，西至宁夏、甘肃、四川和云南，南至福建、广东等地，各地广为栽培，主产区为华北和西北。

3) 生态习性：阳性树，不耐阴；耐 -20℃ 以下低温，也耐高温；喜肥沃而排水良好的土壤，不适于碱性土和黏性土。较耐干旱，极不耐涝。萌芽力和成枝力较弱，尤其是在干旱瘠薄土壤上更为明显。寿命较短。根系浅，不抗风。

4) 园林用途：品种繁多，树形多样，着花繁密，无论食用桃还是观赏桃，盛花期均烂漫放飞，妩媚可爱，是园林中常见的花木和果木，久经栽培。远在公元前 1 世纪左右，便经由丝绸之路传入波斯，并由此传入欧美。适于山坡、水边、庭院、草坪、墙角、亭边各处丛植赏花。常植于水边，采用桃柳间植的方式，形成"桃红柳绿"的景色。若将各观赏品种栽植在一起，形成碧桃园，布置在山谷、溪畔、坡地均宜。

13. 腊肠树（图 7-13）

别名：金急雨

拉丁名：*Cassia fistula* Linn.

科属：豆科 决明属

1) 形态特征：落叶乔木，高可达22m。叶柄及叶轴无腺体；小叶3~4对，卵形至椭圆形。总状花序疏松下垂；花淡黄色。雄蕊10枚，3枚较长，花丝弯曲；4枚较短，花丝直；退化雄蕊花药极小。荚果圆柱形，下垂，黑褐色，有3槽纹，不开裂。花期5~8月；果期9~10月。

2) 产地分布：原产印度，热带地区广泛栽培，华南常见。

3) 生态习性：喜光、耐遮阴、耐寒、适应城市环境，抗风性强，喜排水良好的土壤。

4) 园林用途：一般可作景观树或行道树之用，广泛在热带及亚热带地区种植。花期在5月，初夏满树金黄色花，花序随风摇曳、花瓣随风而如雨落，所以又名"黄金雨"。

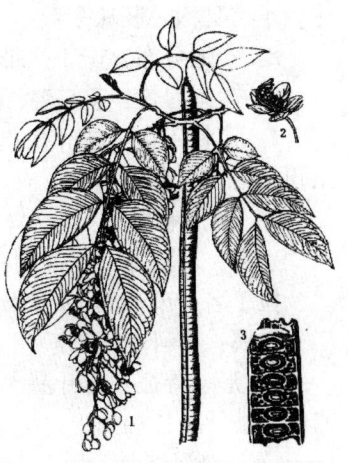

图7-13 腊肠树

14. 紫荆（图7-14）

别名：满条红

拉丁名：*Cercis chinensis* Bunge

科属：豆科 紫荆属

1) 形态特征：落叶乔木，高可达15m，但栽培条件下常发育为灌木状，芽叠生。单叶互生。叶近圆形，全缘，先端急尖，基部心形，两面无毛，边缘透明；叶脉掌状。花紫红色，4~10朵簇生于老枝上，先叶开放。花萼5裂，红色；花冠假蝶形，上部1瓣较小，下部2瓣较大；雄蕊10枚，花丝分离。荚果条形，沿腹缝线有窄翅。花期4月；果期9~10月。

2) 产地分布：产我国长江流域至西南各地，云南、浙江等地有野生，现广泛栽培。

3) 生态习性：喜光，较耐寒；对土壤要求不严，在碱性土壤上亦能生长，不耐积水。萌蘖性强。

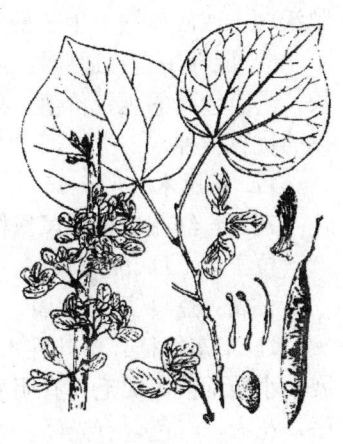

图7-14 紫荆

4) 园林用途：干直出丛生，早春先叶开花，花形似蝶，密密层层，满树嫣红，是常见的早春花木，最适于庭院、建筑、草坪边缘、亭廊之侧丛植、孤植，以常绿树丛或粉墙为背景效果更好；若将紫荆与白花紫荆混植，则紫白相间，分外艳丽。

15. 刺桐

别名：山芙蓉、空桐树、木本象牙红

拉丁名：*Erythrina variegata* L.

科属：豆科 刺桐属

1) 形态特征：落叶大乔木，有圆锥形黑色直刺。3小叶复叶，有长柄，互生。小叶阔卵形至斜方状卵状，顶端1枚宽大于长；小托叶变为宿存腺体。总状花序粗壮；萼佛焰状，萼口偏斜；花冠红色，旗瓣大，盛开时旗瓣与翼瓣及龙骨瓣成直角，雄蕊10枚，单体。子房具柄，胚珠多数。荚果厚，念珠状；种子暗红色。花期12～3月；果期9月。

2）产地分布：产于热带亚洲，我国福建、广东、广西、海南、台湾等地常见栽培。

3）生态习性：喜高温、湿润；喜光亦耐阴；在排水良好、肥沃的沙质壤土上生长良好。

4）园林用途：枝叶扶疏，早春先叶开花，红艳夺目，适于作行道树、庭荫树。福建泉州自古以刺桐而闻名，有"刺桐城"之称。

16. 鸡冠刺桐

别名：鸡冠豆、巴西刺桐、象牙红

拉丁名：*Erythrina crista-galli* Linn.

科属：豆科 刺桐属

1）形态特征：落叶灌木或小乔木，茎和叶柄稍具皮刺。羽状复叶具3小叶；小叶长卵形或披针状长椭圆形，先端钝，基部近圆形。花与叶同出，总状花序顶生，每节有花1～3朵；花深红色，稍下垂或与花序轴成直角；花萼钟状，先端二浅裂；雄蕊二体；子房有柄，具细绒毛。荚果，褐色，种子间缢缩；种子大，亮褐色。

2）产地分布：原产巴西等南美洲热带地区。我国华南地区和台湾有栽培。

3）生态习性：喜光，也耐轻度荫蔽，喜高温，但具有较强的耐寒能力。适应性强，生性强健，耐旱且耐贫瘠，还能抗盐碱，但不耐水浸。对土壤要求不严，但在排水良好的肥沃壤土或沙质壤土生长最佳。北方盆栽时，冬季适温应保持4℃以上。

4）园林用途：适应性强，树态优美，树干苍劲古朴，花繁且艳丽，花形独特，花期长，具有较高的观赏价值。列植于草坪上，显得鲜艳夺目，是公园、广场、庭院、道路绿化的优良树种。

17. 凤凰木（图7-15）

别名：红花楹树、凤凰树、火树

拉丁名：*Delonix regia* (Boj.) Raf.

科属：豆科 凤凰木属

1）形态特征：落叶乔木，树冠宽广。树皮粗糙，灰褐色；树冠扁圆形，分枝多而开展；小枝常被短柔毛并有明显的皮孔。二回羽状复叶，小叶长椭圆形。夏季开花，总状花序，花大，红色，有光泽。荚果木质。花期6～7月；果期8～10月。

2）产地分布：原产非洲马达加斯加。热带、亚热带地区广泛引种。台湾、海南、福建、广东、广西、云南等地区有引种栽培。

3）生态习性：喜高温多湿和阳光充足环境，生长适温20～30℃，不耐寒，冬季温度不低于10℃。以深厚肥沃、富含有机质的沙质壤土为宜；怕积水，排水须良好，较耐干旱；耐瘠薄土壤。

4）园林用途：凤凰树树冠高大，花期花红叶绿，满树如火，富丽堂皇，由于"叶如飞凰之羽，花若丹凤之冠"，故取名凤凰木。是著名的热带树种。在我国南方城市的植物园和公园栽种颇盛，作为观赏树或行道树。

图7-15 凤凰木

18. 合欢（图 7-16）

别名：红绒球、美洲合欢

拉丁名：*Albizia julibrissin* Durazz.

科属：豆科 合欢属

1）形态特征：落叶乔木，高可达 16m，小枝灰褐色，皮孔细密，被短毛。二回羽状复叶。羽片 1 对，小叶 6～9 对，对生，披针形，中脉稍偏斜，两面无毛；托叶片卵状三角形，宿存。花杂性，头状花序腋生，花萼钟状，浅裂；花瓣连合；雄蕊多数，花丝深红色，下部连合成管。荚果线状倒披针形，2 瓣裂。花期 8～9 月；果期 10～11 月。

2）产地分布：原产南美洲，现热带与亚热带地区常见栽培。台湾、广东、福建、云南等地有引种。

3）生态习性：喜光，喜温暖湿润气候，适生于深厚肥沃而排水良好的酸性土壤，较耐干旱，也稍耐水湿。

4）园林用途：花色鲜艳美丽，花丝细长，宛如丝络飘拂，是优良的观花品种，园林中适于公园、水边、建筑附近丛植、孤植。

图 7-16 合欢

19. 龙牙花（图 7-17）

别名：象牙红

拉丁名：*Erythrina corallodendron* L.

科属：豆科 刺桐属

1）形态特征：高 3～15m。树皮粗糙，灰褐色；树干及枝条疏生粗壮的黑色瘤状皮刺，老枝无刺。叶为三出羽状复叶，互生；叶柄无毛，淡红色，有时上面和下面中脉上疏生倒钩状小皮刺；顶生小叶较侧生小叶稍大，侧生小叶基部略偏斜；小叶菱状卵形或菱形，顶端尾状或渐尖而钝，基部宽楔形或近截形或近圆形，基部有一对腺体，全缘，小叶柄无毛及中脉上有刺；小托叶腺体状。花为总状花序，腋生，每 2～3 朵花聚生于总花梗突起的节上，形成总状花序，先叶开放，或与叶同时开放，未开放时长牙形；总花梗较其他刺桐类长；总花梗及花序轴初时被柔毛，后渐脱落；花冠深红色，具短梗，与花序轴成直角或稍下弯，狭而近闭合。花期 6～7 月。

图 7-17 龙牙花

2）产地分布：原产美洲热带，北京、广州、云南有栽培。

3）生态习性：喜高温多湿和阳光充足的环境，不耐寒，稍耐阴，宜在排水良好、肥沃的沙壤土中生长。

4）园林用途：枝叶茂盛，初夏开花，深红色的总状花序好似一串红色月牙，艳丽夺目，适用于公园和庭院栽植，若盆栽可用来点缀室内环境。

20. 珙桐（图 7-18）

别名：水梨子、鸽子树

拉丁名：*Davidia involucrata* Baill.

科属：珙桐科 珙桐属

1) 形态特征：落叶乔木，高 15～20m；树皮深灰色或深褐色，常裂成不规则的薄片而脱落。幼枝圆柱形，当年生枝紫绿色，无毛，多年生枝深褐色或深灰色；冬芽锥形，具 4～5 对卵形鳞片，常成覆瓦状排列。叶纸质，互生，无托叶，常密集于幼枝顶端，阔卵形或近圆形，顶端急尖或短急尖，具微弯曲的尖头，基部心脏形或深心脏形，边缘有三角形并尖端锐尖的粗锯齿，上面亮绿色，初被很稀疏的长柔毛，渐老时无毛，下面密被淡黄色或淡白色丝状粗毛，中脉和 8～9 对侧脉均在上面显著，在下面凸起；叶柄圆柱形，幼时被稀疏的短柔毛。两性花与雄花同株，由多数的雄花与 1 个雌花或两性花成近球形的头状花序，直径约 2cm，着生于

图 7-18 珙桐

幼枝的顶端，两性花位于花序的顶端，雄花环绕于其周围，基部具纸质、矩圆状卵形或矩圆状倒卵形花瓣状的苞片 2～3 枚，初淡绿色，继变为乳白色，后变为棕黄色而脱落。雄花无花萼及花瓣，有雄蕊 1～7 枚，花丝纤细，无毛，花药椭圆形，紫色；雌花或两性花具下位子房，6～10 室，与花托合生，子房的顶端具退化的花被及短小的雄蕊，花柱粗壮，分成 6～10 枝，柱头向外平展，每室有 1 枚胚珠，常下垂。果实为长卵圆形核果，紫绿色具黄色斑点，外果皮很薄，中果皮肉质，内果皮骨质具沟纹，种子 3～5 枚；果梗粗壮，圆柱形。花期 4 月；果期 10 月。

2) 产地分布：我国珙桐分布广泛。有"珙桐之乡"之称的四川省宜宾市珙县王家镇分布着全国数量众多的珙桐。其他分布于陕西东南部镇坪、岚皋，湖北西部至西南部神农架、兴山、巴东等地。常混生于海拔 1250～2200m 的阔叶林中，偶有小片纯林，在桑植县天平山海拔 700m 处，还发现了上千亩的珙桐纯林，是目前发现的珙桐最集中的地方。

3) 生态习性：珙桐喜欢生长在海拔 1500～2200m 的湿润常绿阔叶或落叶阔叶混交林中。多生于空气阴湿处，喜中性或微酸性腐殖质深厚的土壤，在干燥多风、日光直射之处生长不良，不耐瘠薄，不耐干旱。幼苗生长缓慢，喜阴湿，成年树趋于喜光。

4) 园林用途：珙桐是世界著名的珍贵观赏树种，开花时节，美丽而奇特的大苞片犹如白鸽的双翅，暗红色的头状花序似鸽子的头部，绿黄色的柱头像鸽子的嘴喙，整个树冠犹如满树群鸽栖息。1903 年引入英国，其后引入欧洲其他国家，被誉为"中国鸽子树"。适于中高海拔地区风景区山谷林间栽培，在气候适宜地区，可丛植于池畔、溪边，与常绿树混植效果较好。

21. 刺槐（图 7-19）

别名：洋槐

拉丁名：*Robinia pseudoacacia* L.

科属：豆科 刺槐属

1) 形态特征：落叶乔木，高 10～25m；树皮灰褐色至黑褐色，浅裂至深纵裂，稀光滑。小枝灰褐色，幼时有棱脊，微被毛，后无毛；具托叶刺；冬芽小，被毛。羽状复叶；叶轴上面具沟槽；小叶 2～12 对，常对生，椭圆形、长椭圆形或卵形，先端圆，微凹，具小尖头，基部圆至阔楔形，全缘，上面绿色，下面灰绿色，幼时被短柔毛，后变无毛；小

叶有叶柄；小托叶针芒状。荚果褐色，或具红褐色斑纹，线状长圆形，扁平，先端上弯，具尖头，果颈短，沿腹缝线具狭翅；花萼宿存，有种子2～15粒；种子褐色至黑褐色，微具光泽，有时具斑纹，近肾形，种脐圆形，偏于一端。花期4～6月；果期8～9月。

2）产地分布：原产美国。北纬23°～46°、东经86°～124°之间都有栽培。17世纪传入欧洲及非洲。我国于18世纪末从欧洲引入青岛栽培，现我国各地广泛栽植。在黄河流域、淮河流域多集中连片栽植，生长旺盛。在华北平原，垂直分布在海拔400～1200m之间。甘肃、青海、内蒙古、新疆、山西、陕西、河北、河南、山东等地区均有栽培。

图7-19 刺槐

3）生态习性：强阳性，幼苗也不耐荫蔽；喜干燥而凉爽环境，对土壤要求不严，在酸性土、中性土、石灰土和轻度盐碱土上均可生长；耐干旱瘠薄，不耐水涝。

4）园林用途：抗性强，生长迅速，成景快，是工矿区、荒山坡、盐碱地区绿化不可缺少的树种。刺槐花朵繁密而芳香，绿荫浓密，在庭院、公园中可植为庭荫树、行道树，在山地风景区内宜大面积造林。

22. 金缕梅（图7-20）

别名：木里香、牛踏果

拉丁名：*Hamamelis mollis* Oliv.

科属：金缕梅科 金缕梅属

1）形态特征：落叶灌木或小乔木。裸芽长卵形，被绒毛。单叶互生；托叶披针形，早落。叶片倒卵形，叶缘有波状锯齿，基部心形、不对称，表面有短柔毛，背面有灰白色绒毛；羽状脉。花先叶开放，头状或短穗状花序，生于叶腋；花瓣4枚，带状细长，黄色，极美丽，长约1.5cm。蒴果木质，卵圆形，密被黄褐色星状毛；上半部2裂片，每瓣复2浅裂，内果皮骨质；萼片宿存。花期3～4月；果期10月。

2）产地分布：产华北至华南，常生于中低海拔的山坡溪边灌丛中。

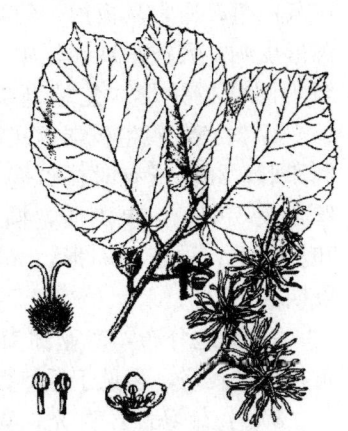

图7-20 金缕梅

3）生态习性：喜光并耐半阴；喜温暖湿润气候，也较耐寒，不耐高温和干旱；对土壤要求不严，在酸性至中性土壤中均可生长。

4）园林用途：我国特有的著名花木，早春开花，花金黄色、花瓣如缕，轻盈婀娜，远望疑似蜡梅，故有金缕梅之称。适于配植在庭院角隅、池边、溪畔、山石间或树丛边缘，孤植、丛植均宜，以常绿树为背景效果更佳。国外早有引种。

23. 野茉莉（图7-21）

别名：安息香

拉丁名：*Styrax japonicus* Sieb. et Zucc.

科属：安息香科 安息香属

1）形态特征：落叶小乔木，高可达 10m；树冠卵形或圆形；树皮灰褐色或黑色。小枝细长，嫩枝和叶有星状毛，后脱落。单叶互生。叶片椭圆形或倒卵状椭圆形，先端突尖或渐尖，叶缘有浅齿。总状花序生于叶腋、下垂，由 3～6（8）朵花组成；萼 5 裂，宿存；花冠白色，5 深裂；雄蕊 10 枚，花丝基部合生；子房上位，基部 3 室，上部 1 室。核果卵球形。花期 6～7 月；果期 9～10 月。

图 7-21　野茉莉

2）产地分布：产东亚。我国分布于黄河以南至华南各地，是该属中分布最广的一种。

3）生态习性：喜光，也较耐阴；耐瘠薄。生长较快。

4）园林用途：树形优美、花果下垂、婀娜可爱，白色花朵掩映于绿叶丛中，芳香宜人，饶有风趣。适宜小型庭院造景，可植于池畔、水滨、窗前、草地等处，也可作园路树，江南常见栽培。

24. 木棉（图 7-22）

别名：攀枝花、英雄树、烽火树

拉丁名：*Bombax malabarianm* DC．

科属：木棉科 木棉属

1）形态特征：落叶大乔木，树冠伞形；树干端直，树皮灰白色；通常具板根。幼树圆形至矩圆状披针形；枝具圆锥形皮刺。大枝平展，轮生。掌状复叶，互生。小叶矩圆形至矩圆状披针形，先端渐尖，小叶柄长 1.5～4cm；侧脉 15～17 对。花簇生枝端；花萼杯状，3～5 浅裂；花瓣 5 枚，倒卵形，红色或有时橘红色，厚肉质；雄蕊多数，外轮花丝合成 5 束。蒴果木质，椭圆形，木质，密生灰白色柔毛和星状毛；种子倒卵形，光滑。花期 3～4 月，先叶开放；果期 6～7 月。

图 7-22　木棉

2）产地分布：产亚洲南部至大洋洲，华南和西南有分布并常见栽培，多见于低海拔平地和缓坡、干热河谷。

3）生态习性：喜光，喜暖热气候，较耐旱。深根性，萌芽力强，生长迅速。树皮厚，耐火烧。

4）园林用途：树形高大雄伟，早春先叶开花，花朵鲜红，如火如荼，素有"英雄树"之称。华南各地常栽作行道树、庭荫树及庭院观赏树，尤其是珠江三角洲一带广泛应用，杨万里的"却是南中春色别，满城都是木棉花"和陈恭尹的"粤江二月三月天，千树万树朱花开"都描绘了广东木棉花花期盛景。

25. 美丽异木棉

别名：美人树、美丽木棉、丝木棉

拉丁名：*Chorisia speciosa*

科属：木棉科 吉贝属

1) 形态特征：落叶大乔木，高 10～15m，树干下部膨大，幼树树皮浓绿色，密生圆锥状皮刺、侧枝放射状水平伸展或斜向伸展。掌状复叶有小叶 5～9 片；小叶椭圆形。花单生，花冠淡紫红色，中心白色；花瓣 5，反卷，花丝合生成雄蕊管，包围花柱。冬季为开花期。蒴果椭圆形。种子次年春季成熟。花期长达三个月。花单生，花苞圆珠状，花冠淡紫红色，花冠近中心初时为金黄色，后渐渐转为白色。总之，开花时满树鲜艳的花朵，绚丽耀目，异常美丽。花期为每年的 9 月至次年 1 月，冬季为盛花期。

2) 产地分布：原产于南美洲，热带地区多有栽培，在我国广东、福建、广西、海南、云南、四川等南方地区广泛栽培。

3) 生态习性：美丽异木棉性喜光并稍耐阴，喜高温多湿气候，略耐旱瘠，忌积水，对土质要求不严，但以土层疏松、排水良好的沙壤土或冲击土为佳；抗风、速生、萌芽力强。栽植约 6 年便可开花。

4) 园林用途：树干直立，主干有突刺，树冠层呈伞形，叶色青翠，成年树树干呈酒瓶状；冬季盛花期满树姹紫，秀色照人，人称"美人树"，是优良的观花乔木，是庭院绿化和美化的高级树种，也可作为高级行道树。美丽异木棉是一种值得推广的绿化树种，移植成活率高，属强阳性树种，根部庞大，树皮富含纤维，有较强的抗风能力。

26. 黄花风铃木

别名：黄金风铃木、巴西风铃木、伊蓓树

拉丁名：*Tabebuia chrysantha*

科属：紫葳科 风铃木属

1) 形态特征：4～6m 高。干直立，树冠圆伞形。掌状复叶，小叶 4～5 枚，倒卵形，纸质，有疏锯齿，叶色黄绿至深绿，全叶被褐色细绒毛。冬天落叶。春季 3～4 月间开花，花冠漏斗形，也像风铃状，花缘皱曲，花色鲜黄；花季时花多叶少，颇为美丽。花期仅十余天，蓇葖果，开裂时果荚多重反卷，向下开裂，种子带薄翅，有许多绒毛以利于种子散播。

2) 产地分布：巴西国花，原产墨西哥、中美洲、南美洲。

3) 生态习性：性喜高温，生育适温为 20～30℃。冬季需温暖避风越冬。华南地区北部冬季低温，又多雨潮湿，需注意寒害。栽培土质以富含有机质沙质壤土为最佳。排水、日照需良好。

4) 园林用途：优良行道树，也可在庭院、校园、住宅区等种植。花色金黄明艳，适合公园、绿地等路边、水岸边栽培观赏。

27. 红花风铃木

拉丁名：*Tabebuia pentaphylla*

科属：紫葳科 风铃木属

1) 形态特征：花冠铃形，紫红，小花多数聚生成团，开花时有叶片，花团锦簇，极为壮观。花期在 1～2 月，早春开花。花大型，淡粉红色，具观赏价值。总状花序，花冠钟形，直径 3～5cm，果实为蒴果。栽培土质以富含有机质之沙质壤土最佳，排水、日照需良好。成株秋末至春季花芽分化，忌修剪，以免影响开花。

2) 产地分布：分布于南美洲的墨西哥、巴西、巴拉圭、玻利维亚等国家和地区，在我国南方也有栽培。

3) 生态习性：性喜高温，生育适温23℃～32℃。

4) 园林用途：优良行道树，也可在庭院、校园、住宅区等种植，适合公园、绿地等路边、水岸边栽培。

28. 蓝花楹（图7-23）

别名：含羞草叶、蓝花楹、蓝雾树

拉丁名：*Jacaranda mimosifolia* D Don

科属：紫葳科 蓝花楹属

1) 形态特征：落叶乔木。树冠高大，高12～15m。二回羽状复叶对生，叶大，羽片通常在15对以上，每一羽片有小叶10～24对，羽状，着生紧密。小叶长椭圆形，长约1cm，全缘，先端锐尖，略被微柔毛。圆锥花序顶生或腋生，花钟形，花冠二唇形5裂，长约5cm，蓝紫色，二强雄蕊。

2) 产地分布：原产热带南美洲巴西，我国两广、云南南部引入栽培。

3) 生态习性：好温暖气候，宜种植于阳光充足的地方。对土壤条件要求不严，在一般中性和微酸性的土壤中都能生长良好。

4) 园林用途：蓝色楹是一美丽的观叶、观花树种。热带、亚热带地区广泛栽作行道树、遮阴树和风景树。我国华南有栽培。

图7-23 蓝花楹

29. 流苏（图7-24）

别名：牛筋子

拉丁名：*Chionanthus retusus* Lindl. et Paxt.

科属：木犀科 流苏树属

1) 形态特征：落叶乔木，高可达20m。树皮灰色，枝皮常卷裂，单叶、对生。叶片卵形、椭圆形至倒卵状椭圆形，先端钝或微凹；背面和叶柄有黄色柔毛；叶柄基部带紫色。花两性，圆锥花序顶生，大而较松散；花萼4裂；花白色，花冠深裂，裂片4枚，长条状倒披针形；雄蕊2枚；子房2室。核果肉质，椭圆形，蓝黑色，种子1枚。花期4～5月；果期9～10月。

2) 产地分布：产我国黄河流域至长江流域、云南、福建、台湾等地，多生于向阳山谷或溪边混交林灌丛中。日本、朝鲜也有分布。

3) 生态习性：适应性强，喜光，耐寒；喜土层深厚和湿润土壤，也甚耐干旱瘠薄，不耐水涝。

图7-24 流苏

4) 园林用途：树体高大，树冠球形，枝叶茂盛，花开时节满树繁花如雪，秀丽可爱，观赏价值较高，是初夏重要的观赏花木。园林中适于草坪、路旁、池边、庭院建筑前孤植或丛植，既可观花，又能遮阴，若植于常绿树或红墙之前，效果尤佳；流苏老桩也是重要的盆景材料，并常用于嫁接桂花。

30. 紫薇（图 7-25）

别名：百日红

拉丁名：*Lagerstroemia indica* L.

科属：千屈菜科 紫薇属

1) 形态特征：落叶乔木或灌木，高可达 7m，枝干多扭曲；树皮光滑。小枝四棱；芽鳞 2。叶对生，或在枝条上部互生，叶柄短。叶片椭圆形至倒卵形，先端尖或钝，基部广楔形或圆形。圆锥花序，顶生；花蓝紫色至红色，花萼、花瓣均 6 枚，花瓣有长爪，皱褶；雄蕊多数，外轮 6 枚较长。子房 6 室，柱头头状。蒴果椭圆状球形，室背开裂，花萼宿存；种子顶端有翅。花期 6～9 月；果期 10～11 月。

2) 产地分布：产东南亚，以我国为分布和栽培中心。

3) 生态习性：喜光，稍耐阴；喜温暖气候；喜肥沃湿润而排水良好的石灰性土壤，在中性至微酸性土壤上也可生长。耐干旱，忌水涝。萌蘖性强。生长较慢。

图 7-25 紫薇

园林用途：树姿优美，树干光洁古朴，花期长而且开花时正值少花的盛夏，是著名花木。1000 多年前，已经作为奇花异木，遍植于皇宫、官邸。紫薇可修剪成乔木型，于庭院门口、堂前对植，或草坪、池畔丛植；也可修剪成灌木状，专用于丛植赏花，植于窗前、草地无不适宜。在西南地区，常制成花瓶、牌坊、亭桥等多种形状。

31. 大花紫薇（图 7-26）

别名：大叶紫薇

拉丁名：*Lagerstroemia speciosa* Pers.

科属：千屈菜科 紫薇属

1) 形态特征：乔木，高 10～20m；树皮灰色，平滑；小枝圆柱形。叶革质，互生，长圆状椭圆形或长圆状卵形，两面无毛；圆锥花序，花紫色或紫红色，盛开时直径 4～5cm；花萼具 12 条棱，6 裂，裂片三角形，花瓣 6，近圆形或长圆状倒卵形，边缘皱褶；蒴果球形，直径 2cm，灰褐色，成熟时开裂为 6 个果瓣；种子多数。花期 5～7 月；果期 8～10 月。

2) 产地分布：原产于长江流域及以南地区，我国各地广泛栽培。

图 7-26 大花紫薇

3) 生态习性：喜温暖湿润，很不耐寒。

4) 园林用途：花大美丽，花期长，优良的庭院观赏树种。

二、落叶灌木类

1. 紫玉兰（图 7-27）

别名：辛夷、木兰

拉丁名：*Magnolia liliflora* Desr.

科属：木兰科 木兰属

1) 形态特征：灌木，小枝紫褐色，无毛。叶椭圆状倒卵形或倒卵形，先端急尖，基部楔形。花萼3，绿色，披针形，早落；花瓣6，肉质，外面紫色或紫红色，内面浅紫色或近于白色。

2) 产地分布：产华东、华中至西南地区，普遍栽培。

3) 生态习性：喜光，不耐阴；较耐寒，喜肥沃、湿润、排水良好的土壤，忌黏质土壤，不耐盐碱；肉质根，忌水湿；根系发达，萌蘖力强。

4) 园林用途：是著名的早春观赏花木，早春开花时，满树紫红色花朵，幽姿淑态，别具风情，适用于古典园林厅前院后配植，也可孤植或散植于小庭院内。

图 7-27 紫玉兰

2. 月季（图 7-28）

别名：月月红、月月花、长春花、四季花、胜春

拉丁名：*Rosa chinensis* Jacq.

科属：蔷薇科 蔷薇属

1) 形态特征：半常绿或落叶灌木，通常高1~1.5m，也有枝条平卧和攀缘的品种。小枝散生粗壮并略带钩状的皮刺。羽状复叶，互生，托叶与叶柄贴生。小叶3~5（7）枚，广卵形至卵状矩圆形，有锐锯齿，两面无毛，上面暗绿色，有光泽；叶柄和叶轴散生有皮刺或短腺毛。花单生或数朵排成伞房状，颜色和大小因品种而异；花柱分离，长约为雄蕊的一半；萼片常羽裂，果实球形，红色。花期4~10月；果期9~11月。

2) 产地分布：原产我国中部，南至广东，西南至云南、贵州、四川均有分布。国内外普遍栽培。

图 7-28 月季

3) 生态习性：适应性强，喜光，但侧方遮阴对开花最为有利；喜温暖气候，不耐严寒和高温，多数品种的最适宜生长温度是15~26℃，主要开花季节为春秋两季，夏花开花较少。对土壤要求不严，但以富含腐殖质而且排水良好的微酸土壤（pH值6~6.5）最佳。

4) 园林用途：月季花是春季主要的观赏花卉，其花期长，观赏价值高，价格低廉，受到各地园林建造者的喜爱。可用于园林布置花坛、花境、庭院花材，可制作月季盆景，作切花、花篮、花束等。

3. 华北珍珠梅（图 7-29）

拉丁名：*Sorbaria kirilowii*（Regel）Maxim.

科属：蔷薇科 珍珠梅属

1) 形态特征：落叶灌木，高可达3m。小枝绿色，枝条开展。奇数羽状复叶，互生；具叶托。小叶13~21枚，卵状披针形，具尖锐重锯齿，侧脉15~23对。大型圆锥花序，顶生。花小，萼片5枚，长圆形，反折；花瓣5枚，白色；雄蕊20枚，与花瓣近等长；心皮5枚，基部相连；花柱稍侧生。蓇葖果长圆形，5枚，沿腹缝线开裂。花期6~7月；果期9~10月。

2) 产地分布：产华北和西北，常生于海拔200~1500m的山坡、河谷或杂木林中。

3) 生态习性：喜光又耐阴，耐寒，不择土壤。萌蘖性强，耐修剪，生长迅速。

4) 园林用途：花叶清秀，花期极长而且正值繁夏，是很好的庭院观赏花木，适植于草坪边缘、水边、房前、路旁，常孤植或丛植，也可植为自然式绿篱；因耐阴，可用于背阴处。叶片能散发出挥发性的植物杀菌素，对金黄葡萄球菌、结核杆菌的杀菌效果较好，适合在结核病院、疗养院周围广泛种植。

图7-29　华北珍珠梅

4. 榆叶梅（图7-30）

别名：小桃红

拉丁名：*Amygdalus triloba* （Lindl.） Ricker

科属：蔷薇科　桃属

1) 形态特征：落叶灌木，高3~5m，小枝细，短枝上的叶常簇生，一年生枝上的叶互生；叶片宽椭圆形至倒卵形，先端短渐尖，常3裂，基部宽楔形，上面具疏柔毛或无毛，下面被短柔毛，叶边具粗锯齿或重锯齿；叶柄长5~10mm，被短柔毛。花期4月；果熟期8月。

2) 产地分布：产黑龙江、吉林、辽宁、内蒙古、河北、山西、陕西、甘肃、山东、江西、江苏、浙江等省区。我国各地多数公园内均有栽植。

3) 生态习性：喜光，稍耐阴，耐寒，能在-35℃下越冬。对土壤要求不严，以中性至微碱性又肥沃土壤为佳。根系发达，耐旱力强。不耐涝。抗病力强。生于低至中海拔的坡地或沟旁，乔、灌木林下或林缘。

图7-30　榆叶梅

4) 园林用途：榆叶梅其叶像榆树，其花像梅花，所以得名"榆叶梅"。榆叶梅枝叶茂密，花繁色艳，是我国北方园林、街道、路边等地点重要的绿化观花灌木树种，有较强的抗盐碱能力。适宜种植在公园的草地、路边或庭院中的角落、水池等地。如果将榆叶梅种植在常绿树周围或种植于假山等地，其视觉效果更理想。与其他花色的植物搭配种植，在春季花盛开时候，花形、花色均十分美观，各色花争相斗艳，景色宜人，是不可多得的园林绿化植物。

5. 野蔷薇（图7-31）

别名：多花蔷薇

拉丁名：*Rosa multiflora* Thunb.

科属：蔷薇科 蔷薇属

1) 形态特征：落叶灌木，高 1~2m；枝细长，上升或蔓生，有皮刺。羽状复叶；小叶 5~9，倒卵状圆形至矩圆形，先端急尖或稍钝，基部宽楔形或圆形，边缘具锐锯齿，有柔毛；叶柄和叶轴常有腺毛；托叶大部附着于叶柄上，先端裂片成披针形，边缘篦齿状分裂并有腺毛。伞房花序圆锥状，花多数；花梗有腺毛和柔毛；花白色，芳香；花柱伸出花托口外，结合成柱状，几与雄蕊等长，无毛。蔷薇果球形，熟时褐红色，萼脱落。花期 4~5 月；果熟 9~10 月。

图 7-31 野蔷薇

2) 产地分布：原产我国华北、华中、华东、华南及西南地区，主产黄河流域以南各省区的平原和低山丘陵，品种甚多，宅院、亭园多见。朝鲜半岛、日本也有分布。

3) 生态习性：喜光，耐半阴，耐寒，对土壤要求不严，在黏重土中也可正常生长。耐瘠薄，忌低洼积水。以肥沃、疏松的微酸性土壤最好。喜光的植物在阳光比较充分的环境中才能生长正常或生长良好，而在荫蔽环境中生长不正常，甚至死亡。

4) 园林用途：疏条纤枝，横斜披展，叶茂花繁，色香四溢，是良好的春季观花树种，适用于花架、长廊、粉墙、门侧、假山石壁的垂直绿化，对有毒气体的抗性强。基础种植于河坡悬垂，也可植于围墙旁，引其攀附。

6. 蜡梅（图 7-32）

别名：然黄梅 黄梅花

拉丁名：*Chimonanthus praecox*（L.）Link

科属：蜡梅科 蜡梅属

1) 形态特征：落叶灌木，高可达 4m。小枝淡灰色，有纵条纹和椭圆形皮孔。单叶，对生。无托叶。叶片近革质，椭圆状卵形至卵状披针形，全缘；上面粗糙，有硬毛，下面光滑无毛；羽状脉。花两性，单生叶腋，鲜黄色，芳香；内层花被片有紫褐色条纹；花托杯状。聚合瘦果；瘦果长圆形，微弯，栗褐色，生于壶形果托中。花期 1~3 月，先叶开放；果 9~10 月成熟。

2) 产地分布：我国中部，湖北、湖南等省仍有野生；普遍栽培，以河南鄢陵最为著名。

3) 生态习性：喜光，稍耐阴；耐寒。喜深厚而排水良好的轻壤土，在黏性土和盐碱地生长不良。耐干旱，忌水湿。萌芽力强。耐修剪。对二氧化硫有一定抗性，能吸收汞蒸汽。

图 7-32 蜡梅

4) 园林用途：蜡梅是我国特有的珍贵花木，花开于隆冬，凌寒怒放，花香四溢。适于孤植或丛植于窗前、墙角、阶下、山坡等处，可与苍松翠柏相配植，也可布置于入口的花台、花池中。在江南，可与南天竹等常绿观果树种配植，则红果、绿叶、黄花相映成趣。蜡梅也可盆栽观赏，并适于造型，民间传统的蜡梅桩景有"疙瘩梅""悬枝梅"以及屏扇形、龙游形等。镇江市市花。

7. 贴梗海棠（图 7-33）

别名：皱皮木瓜

拉丁名：*Chaenomeles speciosa*（Sweet）Nakai

科属：蔷薇科 贴梗海棠属

1）形态特征：落叶灌木，高可达 2m。有枝刺。单叶，互生。叶片卵状椭圆形至椭圆形，具尖锐锯齿，下面无毛或脉上稍有毛；托叶大，肾形或半圆形，无重锯齿。花 3~5 朵簇生于 2 年生枝上，鲜红、粉红或白色；花梗粗短或近无梗。萼筒钟状，萼片直立；花柱 5，基部合生，无毛或稍有毛，子房 5 室，每室胚珠多数。梨果卵球形，黄色，芳香，有稀疏斑点；种子多数。花期 3~5 月；果期 9~10 月。

图 7-33 贴梗海棠

2）产地分布：我国黄河以南地区。

3）生态习性：喜光，耐寒，对土壤要求不严，喜生于深厚肥沃的沙质壤土；不耐积水，积水会引起烂根。耐修剪。

4）园林用途：早春先叶开花，鲜艳美丽、锦绣烂漫，秋季硕果芳香金黄，是一种优良的观花兼观果灌木。适于草坪、庭院、树丛周围、池畔丛植，还是花篱及基础栽植材料，并可盆栽。

8. 棣棠（图 7-34）

别名：地棠、蜂棠花

拉丁名：*Kerria japonica*（L.）DC.

科属：蔷薇科 棣棠花属

1）形态特征：落叶小灌木，高可达 2m。小枝绿色，光滑，有棱。单叶互生，卵形至卵状披针形，有尖锐重锯齿，先端长渐尖，基部楔形或近圆形；托叶钻形。花两性，金黄色，单生枝顶。萼片 5 枚，全缘；花瓣 5 枚；雄蕊多数；心皮 5~8 枚；离生。瘦果黑褐色，生于盘状果托上，外包宿存萼片。花期 4~5 月；果期 7~8 月。

2）产地分布：甘肃和长江流域至华南、西南地区有分布，多生于山洞、溪边灌丛中。日本也有分布。

3）生态习性：喜温暖、半阴的湿润环境，略耐寒，在黄河以南可露地越冬。萌蘖力强，耐修剪。

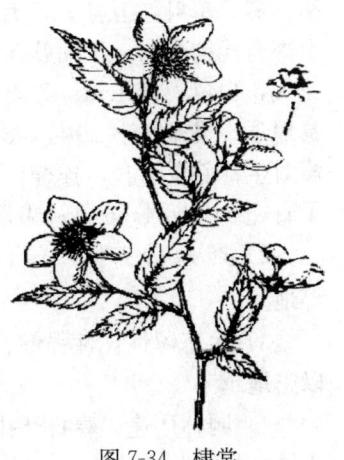

图 7-34 棣棠

4）园林用途：棣棠枝、叶、花俱美，枝条嫩绿，叶形秀丽，花朵金黄，除了春季 4~5 月盛花期外，其他时间不时有少量花开，花期可一直延续到 9 月。适于丛植，配植于墙隅、草坪、水畔、坡地、桥头、林缘、假山石隙，尤其是植于水滨，花影照人，满池金辉，景色迷人；也可栽作花径、花篱。棣棠枝条易于老化，且花开于当年枝梢，栽培中宜每隔 2~3 年将地上部分剪除，以促进新枝萌发。

9. 麻叶绣线菊（图 7-35）

别名：麻叶绣球

拉丁名：*Spiraea cantoniensis* Lour.

科属：蔷薇科 绣线菊属

1）形态特征：落叶灌木，高可达1.5m，小枝纤细拱曲，无毛。单叶互生，无托叶。叶片菱状披针形至菱状椭圆形，先端急尖，基部楔形，叶缘自中部以上有缺刻状锯齿，两面光滑，下面青蓝色。花小，伞形总状花序，有花15～25朵，生于具叶的侧枝顶端。花白色；萼筒钟状，花萼、花瓣各5枚；雄蕊多数，着生花盘外缘；心皮5枚，离生。蓇葖果5个，直立、开张，沿腹缝线开裂。花期4～6月；果7～9月成熟。

2）产地分布：原产我国东部和南部，各地广泛栽培。

3）生态习性：生长健壮，喜光，也耐阴，喜温暖湿润气候，稍耐寒；对土壤适应性强，耐瘠薄，萌芽力强，耐修剪。

图7-35 麻叶绣线菊

4）园林用途：着花繁密，盛开时节枝条全被细巧的白花所覆盖，形成一条条拱形的花带，洁白可爱。可成片、成丛配植于草坪、路边、花坛、花径或庭院一隅，亦可点缀于池畔、山石之边。

10. 白鹃梅（图7-36）

别名：茧子花、九活头、金瓜果

拉丁名：*Exochorda racemosa* (Lindl.) Rehd.

科属：蔷薇科 白鹃梅属

1）形态特征：落叶灌木，高可达5m；全株无毛。小枝稍具棱。单叶，互生；叶片椭圆形或倒卵状椭圆形，全缘或上部有浅钝疏齿，下面苍绿色。总状花序顶生，花6～10朵；花大，白色，径4cm；萼筒钟状，萼片5枚；花瓣5枚，基部具短爪；雄蕊15～20枚，3～4枚1束着生花盘边缘，并与花瓣对生；心皮5枚，连合，花柱分离，蒴果倒卵形，5棱；种子有翅。花期4～5月；果期9月。

图7-36 白鹃梅

2）产地分布：产于江苏、浙江、江西、湖南、湖北等地。

3）生态习性：性强健、喜光、耐半阴；喜肥沃、深厚土壤；耐寒性颇强，在北京可以露地越冬。

4）园林用途：春日开花，满树雪白，是美丽的观赏树种。宜作基础栽植，或于草地边缘、林缘路边丛植。

11. 黄刺条（图7-37）

别名：金雀花

拉丁名：*Caragana frutex* (Linn.) K. Koch

科属：豆科 锦鸡儿属

1）形态特征：落叶灌木，高可达2m。小枝有角棱，无毛。偶数羽状复叶，互生，叶轴先端长刺状。小叶2对，全缘，羽状排列，先端1对较大，倒卵形至长圆状倒卵形，先端圆或微凹；托叶三角形，硬化成刺状。花单生叶腋，花冠黄色带红晕，龙骨瓣直伸，不与翼瓣愈合；花梗具关节，长约1cm。荚果圆筒状，开裂。花期4～5月；果期7月。

2）产地分布：华北、华东、华中至西南地区有分布，常生于山地石缝中。

3）生态习性：喜光，耐寒性强；耐干旱瘠薄，不耐湿涝。根系发达，萌芽力和萌蘖性强。

4）园林用途：叶色鲜绿，花朵红黄而悬于细梗上，花开时节形如飞燕。宜植为花篱，且其托叶和叶轴先端均呈刺状，兼有防护作用；也适于岩石、假山旁、草地丛植观赏。

12. 云实（图 7-38）

别名：员实、云英、天豆

拉丁名：*Caesalpinia decapetala* (Roth) Alston

科属：豆科 云实属

图 7-37 黄刺条

1）形态特征：藤本。树皮暗红色，密生倒钩刺。托叶阔，半边箭头状，早落；二回羽状复叶，对生，有柄，基部有刺1对，每羽片有小叶7～15对，膜质，长圆形，先端圆，微缺，基部钝，两边均被短柔毛，有时毛脱落。总状花序顶生，总花梗多刺；花左右对称，花梗劲直，萼下具关节，花易脱落；萼片5，长圆形，被短柔毛；花瓣5，黄色，盛开时反卷；雄蕊10，分离，花丝中部以下密生绒毛；子房上位，无毛。荚果近木质，短舌状，偏斜，稍膨胀，先端具尖喙，沿腹缝线膨大成狭翅，成熟时沿腹缝开裂，无毛，栗褐色，有光泽；种子6～9颗，长圆形，褐色。花、果期4～10月。

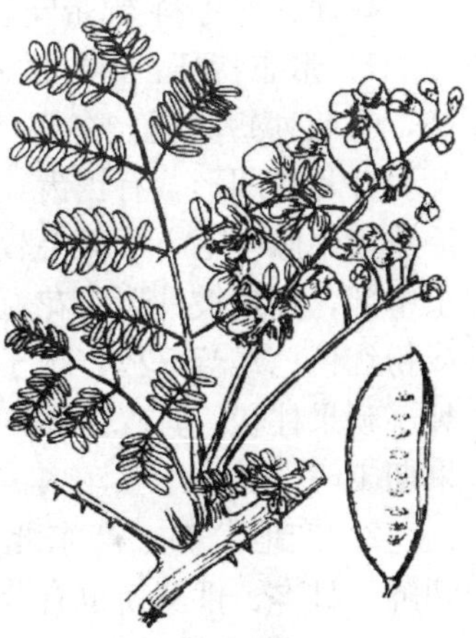

2）产地分布：产广西南部山区，平原地区常栽培作绿篱，生于山坡岩石旁及灌木丛中，以及平原、丘陵、河旁等。分布于长江流域以南各省。

图 7-38 云实

3）生态习性：喜光，耐半阴，喜温暖、湿润的环境，在肥沃、排水良好的微酸性壤土中生长为佳。

4）园林用途：云实似藤非藤，别有风姿，花金黄色，繁盛，既可攀缘花架、花廊，也可修成刺篱作屏障，或修成藻木状孤植于山坡或草坪一角。

13. 琼花（图 7-39）

别名：斗球、绣球荚蒾、木绣球

拉丁名：*Viburnum macrocephalum* Fort.

科属：忍冬科 荚蒾属

1）形态特征：落叶或半常绿灌木，高可达5m。枝条开展，树冠呈球形。冬芽裸露，芽、幼枝、叶柄及叶下面密生星状毛。单叶，对生；叶片卵形至卵状椭圆形；先端钝尖，基部圆形，叶缘具细锯齿。大型聚伞花序呈球状，全由不孕花组成；花冠白色，辐射状，瓣片倒卵形。花期4～5月，不结果。

2) 产地分布：长江流域，各地常见栽培。

3) 生态习性：喜光，略耐阴，喜温暖湿润气候，较耐寒，宜在肥沃、湿润、排水良好的土壤中生长。华北南部也可露地栽培，萌芽、萌蘖性强。

4) 园林用途：琼花为我国传统观赏花木，树冠开展圆整，春日白花聚簇，团团如球，宛如雪花压树，枝垂近地，尤饶幽趣，花落之时，又宛如满地积雪。最宜孤植于草坪及空旷地，使其四面开展，充分体现其个体美；如丛植一片，花开之时即有白云翻滚之效，十分壮观，如杭州西湖沿岸有木绣球和琼花的丛植景观。

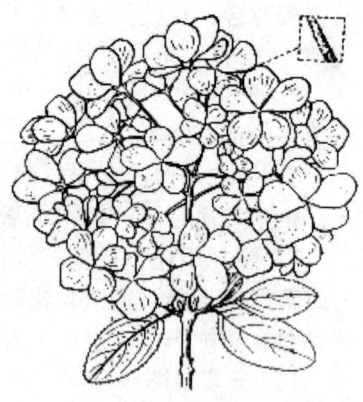

图7-39 琼花

14. 锦带花（图7-40）

别名：红王子

拉丁名：*Weigela florida* (Bunge) A. DC.

科属：忍冬科 锦带花属

1) 形态特征：落叶灌木，高可达3m。枝髓坚实；幼枝具4棱，有两列短柔毛。冬芽有数枚尖锐鳞片。单叶，对生；无托叶。叶片椭圆形，有锯齿，先端渐尖，基部圆形或楔形，表面无毛或仅中脉有毛，下面毛较密。花1~4朵成聚伞花序；萼5裂至中部，裂片披针形；花冠5裂，近整齐，漏斗状钟形，玫瑰色或粉红色；雄蕊5枚，短于花冠；子房2室，胚珠多数；柱头2裂。蒴果柱状，具喙，2瓣裂；种子细小，无翅。花期4~6月；果期10月。

2) 产地分布：产东北、华北及华东北部，各地均有栽培。朝鲜、日本、俄罗斯也有分布。

图7-40 锦带花

3) 生态习性：喜光，耐半阴，耐寒，耐干旱瘠薄，忌积水，对土壤要求不严。萌芽、萌蘖性强，生长迅速。

4) 园林用途：适宜庭院墙隅、湖畔群植；也可在树丛林缘作篱笆、丛植配植；点缀于假山、坡地。锦带花对氯化氢抗性强，是良好的抗污染树种。花枝可供瓶插。

15. 天目琼花（图7-41）

别名：鸡树条荚蒾、鸡树条、佛头花

拉丁名：*Viburnum opulus* Linn. var. *calvescens* (Rehd.) Hara

科属：忍冬科 荚蒾属

1) 形态特征：落叶灌木，高2~3m。小枝、叶柄和总花梗均无毛。叶下面仅脉腋集聚簇状毛或有时脉上有少数长伏毛。树皮暗灰褐色，有纵条及软木条层；小枝褐色至赤褐色，具明显条棱。叶浓绿色，单叶对生；卵形至阔卵圆形，通常浅3裂，基部圆形或截形，具掌状3出脉，裂片微向外开展，中裂长于侧裂，先端均渐尖或突尖，边缘具不整齐的大齿，上面黄绿色，无毛，下面淡绿色，脉腋有绒毛；叶柄粗壮，无毛，

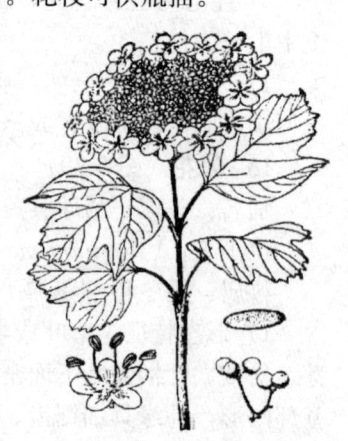

图7-41 天目琼花

近端处有腺点。

2）产地分布：产黑龙江、吉林、辽宁、河北北部、山西、陕西南部、甘肃南部、河南西部、山东、安徽南部和西部、浙江西北部、江西（黄龙山）、湖北和四川。生于溪谷边疏林下或灌丛中，海拔 1000～1650m。日本、朝鲜和西伯利亚东南部也有分布。

3）生态习性：生于河谷云杉林下，海拔 1000～1600m。

4）园林用途：观赏树木，秋季还可观红叶。可用于风景林、公园、庭院、路旁、草坪上、水边及建筑物北侧。可孤植、丛植、群植。

16. 荚蒾（图 7-42）

别名：繫迷、繫蒾

拉丁名：*Viburnum dilatatum* Thunb.

科属：忍冬科 荚蒾属

1）形态特征：小枝、芽、叶柄、花序及花萼被星状毛。叶宽倒卵形至椭圆形，先端骤尖或短尾尖，叶缘有尖锯齿，下面有腺点。聚伞花序，全为可孕花；花冠白色，雄蕊长于花冠。核果鲜红色。花期 4～6 月；果期 9～11 月。

2）产地分布：产黄河以南至长江流域各地。

3）生态习性：温带植物，喜光，喜温暖湿润，也耐阴，耐寒，对气候因子及土壤条件要求不严，最好是微酸性肥沃土壤，地栽、盆栽均可，管理可以粗放。

4）园林用途：枝叶稠密，树冠球形；叶形美观，入秋变为红色；开花时节，纷纷白花布满枝头；果熟时，累累红果，令人赏心悦目。如此集叶花果为一树，实为观赏佳木，是制作盆景的良好素材。

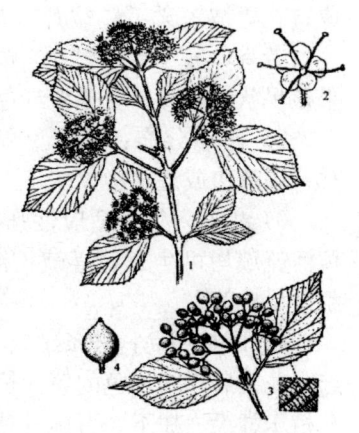

图 7-42 荚蒾

17. 猬实（图 7-43）

拉丁名：*Kolkwitzia amabilis* Graebn.

科属：忍冬科 猬实属

1）形态特征：落叶灌木，高 1.5～4m；干皮薄片剥裂。枝梢拱曲下垂，幼枝被柔毛。单叶，对生；叶片卵形至卵状椭圆形，全缘或疏生浅锯齿，两面有疏毛。伞房状聚伞花序生于侧枝顶端；花序中每 2 花生于 1 梗上，2 花的萼筒下部合生，外面密生刺状毛；萼 5 裂；花冠钟状，粉红色至紫红色，喉部黄色；雄蕊 4 枚，2 长 2 短，内藏。瘦果 2 个合生，有时仅 1 个发育，外面密生刺刚毛，状如刺猬。花期 5～6 月；果期 8～10 月。

2）产地分布：分布于陕西、山西、河南、甘肃、湖北、安徽等省，生于海拔 350～1900m 的阳坡或半阳坡。

3）生态习性：喜光，稍半阴，但过阴则开花、结实不良；耐寒力强；抗干旱瘠薄，对土壤要求不严，酸性至微碱性土均可，在相对湿度大、雨量多的地区常生长不良，易发生病虫害。

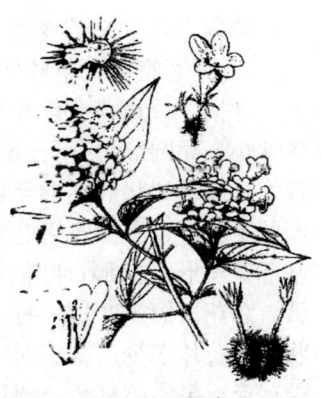

图 7-43 猬实

4) 园林用途：花色鲜艳，开花期正值初夏百花凋谢之时，夏秋全树挂满形如刺猬的小果，甚为别致。在园林中可于草坪、角隅、山石旁、园路交叉口、亭廊附近列植或丛植，也可盆栽欣赏或作切花。

18. **糯米条**（图7-44）

别名：茶树条

拉丁名：*Abelia chinensis* R. Br.

科属：忍冬科 六道木属

1) 形态特征：落叶灌木，高可达2m，枝条开展，幼枝红褐色，茎节不膨大。叶片卵形至椭圆状卵形，叶柄基部不扩大连合。圆锥花序顶生或簇生，由聚伞花序集生而成；花萼被短柔毛，裂片5枚，粉红色；花冠白色至粉红色，芳香，漏斗状，裂片5枚；雄蕊4枚，伸出花冠外。瘦果核果状，宿存的花萼淡红色。花期7~9月。

2) 产地分布：原产秦岭以南，常生于湿润山地的疏林、溪流边或灌丛中。

3) 生态习性：适应性强，喜光，也耐阴；较耐寒，在黄河流域均可生长；喜疏松湿润而排水良好的土壤，也颇耐干旱瘠薄。

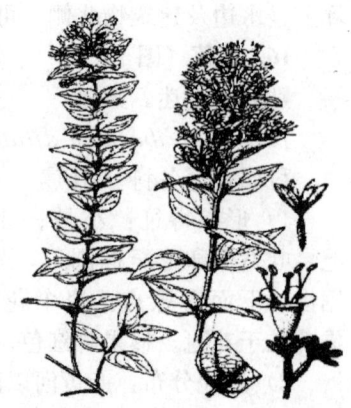

图7-44 糯米条

4) 园林用途：枝条细软下垂，树姿婆娑，花朵洁莹可爱，密集于枝梢，花色白中带红；花谢后，粉红色的萼片长期宿存于枝头，如同繁花一般，整个观赏期自夏至秋。适于丛植于林缘、树下、石隙、草坪、角隅、假山等各处，列植于路边，也可作基础种植材料、岩石园材料或自然式花篱。

19. **金银木**（图7-45）

别名：金银忍冬

拉丁名：*Lonicera maackii*（Rupr.）Maxim.

科属：忍冬科 忍冬属

1) 形态特征：落叶灌木，高可达6m；幼枝、叶两面脉上、叶柄、苞片、小苞片及萼檐外面都被短柔毛和微腺毛。冬芽小，卵圆形，有5~6对或更多鳞片。叶纸质，形状变化较大，通常卵状椭圆形至卵状披针形，稀矩圆状披针形或倒卵状矩圆形，更少菱状矩圆形或圆卵形，顶端渐尖或长渐尖，基部宽楔形至圆形；叶柄长2~5mm。花芳香，生于幼枝叶腋，总花梗短于叶柄；苞片条形，有时条状倒披针形而呈叶状；小苞片多少连合成对，长为萼筒的1/2至几乎相等，顶端截形；果实暗红色，圆形；种子具蜂窝状微小浅凹点。花期5~6月；果熟期8~10月。

图7-45 金银木

2) 产地分布：分布于我国黑龙江、吉林、辽宁三省的东部，河北、山西南部、陕西、甘肃东南部、山东东部和西南部等地也有分布，生于林中或林缘溪流附近的灌木丛中，海拔达1800m（云南和西藏达3000m）。朝鲜、日本和俄罗斯远东地区也有分布。

3) 生态习性：性喜强光，每天接受日光直射不宜少于 4 小时，稍耐旱，但在微潮偏干的环境中生长良好。金银木喜温暖的环境，亦较耐寒，在我国北方绝大多数地区可露地越冬。环境通风良好有助于植株的光合作用顺利进行。

4) 园林用途：金银木花果并美，具有较高的观赏价值。春天可赏花闻香，秋天可观红果累累。春末夏初层层开花，金银相映，远望整个植株如同一个美丽的大花球。花朵清雅芳香，引来蜂飞蝶绕，因而金银木又是优良的蜜源树种。金秋时节，对对红果挂满枝条，煞是惹人喜爱，也为鸟儿提供了美食。在园林中，常将金银木丛植于草坪、山坡、林缘、路边或点缀于建筑周围，观花赏果两相宜。

20. 牡丹（图 7-46）

别名：鼠姑、鹿韭

拉丁名：*Paeonia suffruticosa* Andr.

科属：芍药科 芍药属

1) 形态特征：落叶小灌木，高可达 2m。肉质根肥大。二回三出复叶，互生。小叶片卵形至长卵形，背面有白粉，平滑无毛；顶生小叶 3 裂，裂片又 2~3 裂，侧生小叶 2~3 裂或全缘。花单生枝顶，大型，单瓣或重瓣，花色丰富，紫、深红、粉、白、黄、绿等色；苞片及花萼各 5 枚，苞片叶状；花瓣常为倒卵形；雄蕊多数，离心发育；花盘紫红色，革质，全包心皮，离生心皮 5 枚，稀特多。聚合蓇葖果长圆形，密生黄褐色硬毛，沿腹缝线开裂；种子黑色或深褐色，光亮。花期 4~5 月；果期 8~9 月。

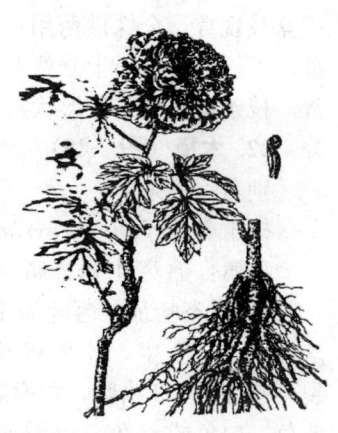

图 7-46 牡丹

2) 产地分布：原产我国东部，普遍栽培，以山东菏泽和河南洛阳最为著名。

3) 生态习性：喜光，稍耐阴，喜温凉气候，较耐寒，畏炎热，忌夏季暴晒。喜深厚肥沃而排水良好的沙质壤土，忌黏重、积水或排水不良处，中性土最好，微酸、微碱亦可。根系发达，肉质肥大。生长缓慢。

4) 园林用途：牡丹花大而美，姿、色、香具备，是我国传统名花，素有"花王"之称。长期以来，我国人民把牡丹作为富贵吉祥、和平幸福、繁荣昌盛的象征，代表着雍容华贵、富丽高雅的文化品位。作为观赏植物栽培大约始于南北朝时期，在唐朝传入日本，1656 年以后，荷兰、英国、法国等欧洲国家陆续引种，20 世纪初传入美国。品种繁多，花色丰富，群体观赏效果好，最适于成片栽植，建立牡丹专类园。小型庭院，也适于门前、坡地专设牡丹台、牡丹池、孤植或丛植牡丹，配以麦冬、吉祥草等常绿草化，点缀山石，所谓牡丹、芍药之姿艳，宜玉砌雕台，佐以嶙峋怪石，幽篁远映。

21. 结香（图 7-47）

别名：打结花、打结树

拉丁名：*Edgeworthia chrysantha* Lindl.

科属：瑞香科 结香属

1) 形态特征：落叶灌木，高可达 2m，茎皮强韧。枝粗壮，棕红色，柔软，3 叉状。

单叶互生，常集生枝端。叶片长椭圆形至倒披针形，先端急尖，基部楔形并下延，表面疏生柔毛，背面被长硬毛；具短柄。花朵集成下垂的头状花序；花黄色，芳香；花冠状萼筒长瓶状，4裂，外被绢状长柔毛；雄蕊8枚，2轮；花盘环状，分裂；子房无柄，具长柔毛，花柱甚长，柱头长而线形。核果干燥，卵形，包于花被基部，果皮革质。花期3~4月，先叶开放；果期7~8月。

2) 产地分布：产于长江流域至西南地区，陕西、河南普遍栽培。日本也常见栽培并归化。

3) 生态习性：喜半阴，喜温暖湿润气候和肥沃而排水良好的土壤，也颇耐寒；根肉质，不耐积水。萌蘖力强。

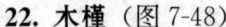

图 7-47　结香

4) 园林用途：结香树冠球形，枝叶美丽，宜栽在庭院或盆栽观赏。全株供药用；树皮可取纤维，供造纸；枝条柔软，可供编筐。结香姿态优雅，柔枝可打结，十分惹人喜爱，适植于庭前、路旁、水边、石间、墙隅。北方多盆栽观赏。枝条常整成各种形状。

22. 木槿（图7-48）

别名：荆条

拉丁名：*Hibiscus syriacus* L.

科属：锦葵科 木槿属

1) 形态特征：落叶灌木，小枝幼时有密被绒毛，后脱落。单叶，互生。叶片卵形或菱状卵形，基部楔形，常3裂，有钝齿，3出脉，背面脉上稍有毛。花常单生叶腋；花紫色、白色或红色，单瓣或重瓣。萼5裂，宿存；副萼较小；花瓣5，基部与雄蕊筒合生，大而显著；子房5室，花柱顶端5裂。蒴果卵圆形，密生星状绒毛。种子肾形，有黄褐色毛。花期6~9月；果9~11月成熟。

2) 产地分布：产东亚，我国分布于江南地区，自东北南部至华南各地常见栽培。

3) 生态习性：喜光，稍耐阴；喜温暖湿润，但耐寒性颇强；耐干旱瘠薄，不耐积水。生长迅速，萌芽力强，耐修剪。抗污染，对二氧化碳、氯气、烟尘抗性均强。

图 7-48　木槿

4) 园林用途：夏秋开花，花期长而花朵大，是优良的花灌木，栽培历史悠久。《诗经·郑风》云："有女同车，颜如舜华"，其中，"舜"即木槿。园林中宜作花篱，或丛植于草坪、林缘、池畔、庭院各处。抗污染，可用于工矿区绿化，并常植于城市街道的分车带中。

23. 杜鹃（图7-49）

拉丁名：*Rhododendron simsii* Planch.

科属：杜鹃花科 杜鹃属

1) 形态特征：落叶灌木，高约2m；枝条、苞片、花柄及花均有棕褐色扁平的糙伏毛。叶纸质，卵状椭圆形，顶端尖，基部楔形，两面均有糙伏毛，背面较密。花2~6朵簇生于枝端；花萼 5 裂，花冠鲜红或深红色，宽漏斗状，5 裂，上方 1～3 裂片内面有深红色斑点；蒴果卵圆形，有毛。花期 4～5 月；果熟期 10 月。

2）产地分布：广布于长江流域各省，东至台湾，西南达四川、云南。

3）生态习性：酸性土壤指示植物，喜光，耐干旱。萌芽力强，耐修剪。

4）园林用途：杜鹃花花繁叶茂，绮丽多姿，根桩奇特，是优良的盆景材料。园林中最宜在林缘、溪边、池畔及岩石旁成丛成片栽植，也可于疏林下散植。杜鹃也是花篱的良好材料，杜鹃还可经修剪培育成各种形态。杜鹃专类园极具特色。杜鹃花可药用，有些亦可食用。

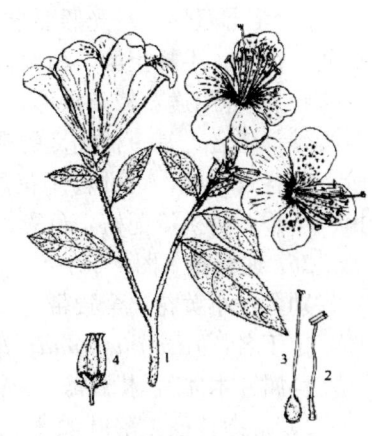

图 7-49　杜鹃

24. 金钟花（图 7-50）

别名：黄金条

拉丁名：*Forsythia viridissima* Lindl

科属：木犀科　连翘属

1）形态特征：落叶灌木。茎丛生，枝直立，拱形下垂，小枝黄绿色，微有四棱状，髓心薄片状。单叶对生，椭圆形至披针形，先端尖，基部楔形，中部以上有锯齿，中脉及支脉在叶面上凹入，在叶背隆起。花期 3～4 月，先叶开放，深黄色，1～3 朵腋生。蒴果卵球形，先端嘴状。枝中有片状髓。

2）产地分布：原产我国中部、西南地区，北方地区及朝鲜都有栽培。

3）生态习性：喜光，略耐阴。喜温暖、湿润环境，较耐寒。适应性强，对土壤要求不严，耐干旱，较耐湿。根系发达，萌蘖力强。

图 7-50　金钟花

4）园林用途：黄金条先叶而花，金黄灿烂，可丛植于草坪、墙隅、路边、树缘、院内庭前等处。

25. 连翘（图 7-51）

别名：一串金

拉丁名：*Forsythia suspensa* (Thunb.) Vahl

科属：木犀科　连翘属

1）形态特征：落叶灌木，枝拱形下垂。小枝稍四棱，皮孔明显，髓中空。单叶对生，有时三裂或三小叶，卵形、宽卵形或椭圆状卵形，有粗锯齿，基部宽楔形。花黄色，单生或 2～5 朵簇生，先叶开放。萼 4 深裂，裂片长圆形，表面散生疣点，2 裂；萼片宿存。种子有翅。花期 3～4 月；果期 8～9 月。

2）产地分布：分布于东北至中部各省，生于海拔 300～2200m 的灌丛、草地、山坡疏林中。

图 7-51　连翘

3) 生态习性：对光照要求不严格，喜光，也有一定程度的耐阴性、耐寒性；耐干旱瘠薄，怕涝；不择土壤。萌蘖性强。

4) 园林用途：枝条拱形，早春先叶开花，花朵金黄而繁密，缀满枝条，故有黄金条、黄绶带等俗名，是一种优良的观花灌木。最适于池畔、台坡、假山、亭边、桥头、路旁、阶下等各处丛植，也可栽作花篱或大面积群植于风景区内向阳坡地。与花期相应的榆叶梅、丁香、碧桃等配植，色彩丰富，景色更美。

26. 迎春花（图7-52）

别名：小黄花、金腰带

拉丁名：*Jasminum nudiflorum* Lindl.

科属：木犀科 素馨属

1) 形态特征：落叶灌木。枝条绿色，细长，直出或拱形下垂，明显四棱形。三出复叶，对生。小叶卵状椭圆形，全缘，边缘有短毛，表面有基部突起的短刺毛。花单生于去年生枝叶腋，叶前开放，有狭窄的叶状绿色苞片；萼裂片5～6枚；花冠黄色，高脚碟状，裂片6枚，长仅为花冠筒的1/2；雄蕊2枚内藏。浆果，常不结实。花期2～3月。

图7-52 迎春花

2) 产地分布：产华北、西北至西南各地，现广泛栽培。

3) 生态习性：喜光，稍耐阴，较耐寒；喜湿润，也耐干旱瘠薄，怕涝；不择土壤，耐盐碱。枝条接触土地较易生出不定根。

4) 园林用途：花期甚早，绿枝黄花，早报春光，与梅花、山茶、水仙并称"雪中四友"。由于枝条拱垂，植株铺散，迎春花适植于坡地、花台、堤岸、池畔、悬崖、假山，均柔条拂垂、金华照眼；也适合植为花篱，或点缀于岩石园中。我国古代民间传统宅院配置中讲究"玉堂春富贵"，以喻吉祥如意和富有，其中"春"即迎春花。

27. 紫丁香（图7-53）

别名：华北紫丁香

拉丁名：*Syringa oblata* Lindl.

科属：木犀科 丁香属

1) 形态特征：落叶灌木或小乔木，高可达6m。枝条粗壮，无毛。单叶对生；无托叶。叶片广卵形，通常宽大于长，全缘；两边无毛，先端尖，基部心形或截形。花两性，圆锥花序；萼钟形，4裂，宿存；花紫色，花冠4裂，花冠筒细长，先端4裂；雄蕊2枚，花药着生于花冠筒中部或稍上，子房上位，2心皮，2室，柱头2裂，每室胚珠2枚，蒴果长圆形，平滑，2裂。种子具翅。花期4～5月；果期9～10月。

图7-53 紫丁香

2) 产地分布：产东北南部、华北、西北、山东、四川等地。

3) 生态习性：喜光，喜湿润、肥沃、排水良好的土壤。不耐水淹，抗寒、抗旱性强。

4) 园林用途：枝叶茂密，花丛大，"一树白枝千万结"，花开时节，清香四溢，芬芳袭人，北方应用最普遍的观赏花木之一。广泛应用于公园、庭院、风景区内造景，适合丛植于建筑前、厅廊周围或草坪中，也可列植作园路树。

28. 红鸡蛋花（图7-54）

拉丁名：*Plumeria rubra* L.

科属：夹竹桃科 鸡蛋花属

1）形态特征：小乔木，高可达8m，全株无毛；树皮淡绿色，光滑。枝条粗壮，肉质，落叶后具有明显的叶痕。单叶，互生，多聚生于枝顶。叶片椭圆形至狭椭圆形，全缘；表面绿灰色，先端尖或渐尖，基部狭楔形；羽状脉，侧脉30～40对，先端在叶缘连成边脉；叶柄长达7cm。花芳香，漏斗状，花冠裂片5枚，左旋，粉红色、黄色或白色，基部黄色；雄蕊着生于花冠筒的基部，花丝短；心皮2枚，离生。蓇葖果双生；种子具翅。花期5～10月。

图7-54 红鸡蛋花

2）产地分布：原产墨西哥和中美洲。我国广东、广西、云南、福建等省区普遍栽培。

3）生态习性：喜高温、高湿环境，喜光，喜肥沃而排水良好的土壤。耐干旱，喜生于石灰岩山地。

4）园林用途：红鸡蛋花是著名的芳香植物，树姿优美。适用于庭院、窗前、公园、水滨等各处造景，宜孤植或丛植，也可列植为花篱。在印度、缅甸常植于寺院，摘花献佛，有"寺院树"之称。

29. 鸡蛋花（图7-55）

别名：缅栀子、蛋黄花

拉丁名：*Plumeria rubra* Linn. 'Acutifolia'

科属：夹竹桃科 鸡蛋花属

1）形态特征：小乔木，高可达5m，枝条肥厚肉质，全株有乳汁。叶互生，厚纸质，矩圆状椭圆形或矩圆状倒卵形，常聚集于枝上部。聚伞花序顶生；花萼5裂；花冠白色黄心，裂片狭倒卵形，向左覆盖，比花冠筒长一倍；蓇葖果双生，条状披针形。花期5～10月。

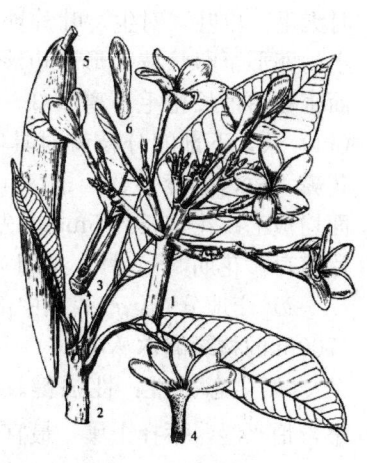

图7-55 鸡蛋花

2）产地分布：原产美洲热带地区；我国南部各省区均有栽培。

3）生态习性：喜光，喜湿热气候，耐干旱。

4）园林用途：树形美观，叶大深绿，花色素雅而具芳香，常植于庭院中观赏。

30. 木芙蓉（图7-56）

别名：芙蓉

拉丁名：*Hibiscus mutabilis* Linn.

科属：锦葵科 木槿属

1）形态特征：落叶灌木或小乔木，高1～3m。枝条较密并生有星状毛。叶为互生，呈阔卵圆形或圆卵形，掌状3～5浅裂，先端尖或渐尖，两面有星状绒毛。花朵较大，单生于枝端叶腋，有红、粉红、白等色，也有单瓣或重瓣之分，花期为8～10月。蒴果扁球形，10～11月成熟。

2）产地分布：产于我国南部。长江流域以南广为栽培，以成都一带为盛。国内外多栽培观赏。

3）生态习性：喜光，也略耐阴，喜温暖湿润气候，耐寒性略差，忌干旱，耐水湿，耐修剪，生长快，对土壤要求不严。

4）园林用途：秋季开花，花朵大而美丽，是很好的观花树种。适宜庭院、坡地、路边、水旁种植。木芙蓉花大，花期长，开花旺盛，品种多，花色丰富，是很好的观花树种。它耐水湿，园林中宜植于江边、河岸、塘边、草坪边缘、路边、林缘、坡地、建筑物前，或作为花篱也很适合。

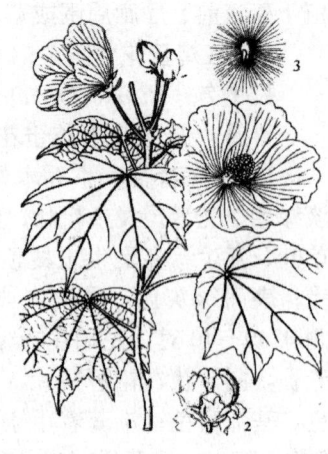

图 7-56 木芙蓉

31. 山梅花（图 7-57）

别名：毛叶木通

拉丁名：*Philadelphus incanus* Koehne

科属：虎耳草科 山梅花属

1）形态特征：落叶灌木，茎皮剥落；枝髓白色。2年生小枝灰褐色，当年生小枝浅褐色或紫红色，被微毛或有时无毛。单叶，对生。叶片卵形或阔卵形，花枝上的叶较小，卵形至卵状披针形，边缘具疏锯齿，上面被刚毛，下面密被白色长粗毛；离基3～5出脉。总状花序有花5～7(11)朵，下部的分枝有时具叶；花白色，无香味；萼片、花瓣4枚，雄蕊多数，子房4室。花序轴、花梗、花萼外面均被毛；花柱长约5mm，先端稍分裂。蒴果倒卵形，萼片宿存。花期5～6月；果期7～9月。

2）产地分布：产我国中部和西部，常生于海拔1200～1700m的林缘灌木丛中。

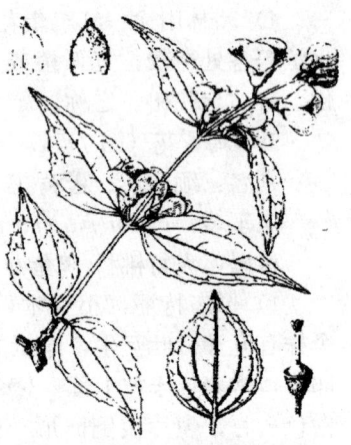

图 7-57 山梅花

3）生态习性：性强健。喜光，稍耐阴，较耐寒；耐旱，怕水湿，不择土壤，最宜湿润、肥沃而排水良好的土壤。萌芽力强，生长迅速。

4）园林用途：花朵洁白如雪，花期长，且盛开于初夏，可作庭院和风景区绿化材料，宜丛植或成片种植在草地、山坡、林缘，与建筑、山石配植也适宜，还可植为自然式花篱。

32. 齿叶溲疏（图 7-58）

别名：圆齿溲疏

拉丁名：*Deutzia crenata* Sieb. et Zucc.

科属：虎耳草科 溲疏属

1）形态特征：落叶灌木，老枝灰色，表皮薄片状剥落，无毛；小枝中空，红褐色，有星状毛。单叶，对生。叶片卵形至卵状坡针形，先端渐尖，叶缘具细圆锯齿，上面疏被4～5条辐线星状毛，下面稍密被10～15条辐线星状毛，毛被不连续覆盖；羽状脉，侧脉

3~5 对；叶柄疏被星状毛。圆锥花序直立；萼片、花瓣各 5 枚，萼三角形，花冠白色或外面略带红晕。花序、花梗、萼筒、萼裂片均被星状毛。蒴果半球形，直径约 4mm。花期 4~5 月；果期 8~10 月。

2）产地分布：原产日本，长江流域常见栽培或野生，北至山东、南达福建、西南至云南也有栽培。

3）生态习性：喜光，稍耐阴，喜温暖湿润的气候，喜富含腐殖质的微碱性和中性壤土。萌芽力强，耐修剪。

4）园林用途：花朵洁白，初夏盛开，繁密而素净，是普遍栽培的优良花灌木。宜丛植于草坪、林缘、山坡，也是花园和岩石园材料。花枝可供切花瓶插。根、叶、果可药用。

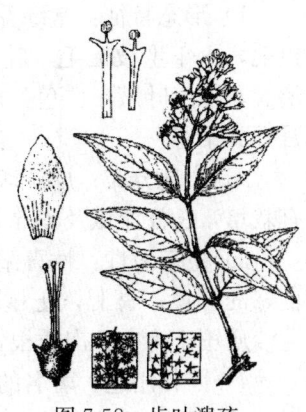

图 7-58 齿叶溲疏

第二节 常绿花木类

一、常绿乔木类

1. 广玉兰（图 7-59）

别名：荷花玉兰

拉丁名：*Magnolia grandiflora* L.

科属：木兰科 木兰属

1）形态特征：常绿乔木，在原产地高达 30m。小枝、叶下面、叶柄密被褐色短绒毛。叶厚革质，椭圆形或长圆状椭圆形，先端钝圆，上面深绿色而有光泽，下面锈褐色，叶缘略反卷；叶柄无托叶痕。花白色，芳香；花被片 9~12 枚，厚肉质，倒卵形。聚合果短圆柱形，密被灰褐色绒毛。花期 5~6 月；果期 10 月。

2）产地分布：原产北美东南部；长江流域至珠江流域多有栽培。

3）生态习性：喜光，幼苗耐阴，喜温暖湿润气候，也耐短期−19℃的低温；对土壤要求不严，但最适于肥沃湿润的酸性土和中性土。根系发达，生长速度中等偏慢。对烟尘和二氧化硫有较强的抗性。

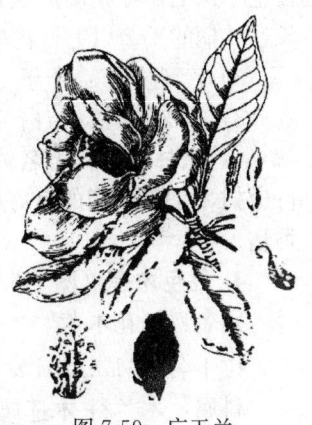

图 7-59 广玉兰

4）园林用途：树姿雄伟，叶片光亮浓绿，花朵大如荷花而且芳香馥郁，是优美的庭荫树和行道树。可孤植于草坪、水滨，列植于路旁或对植于门前；在开阔环境也适宜丛植、群植。由于枝叶茂密，叶色浓绿，也是优良的背景树，可植为雕塑、铜像以及红枫等色叶树种的背景树。

2. 白兰花（图 7-60）

别名：白缅花

拉丁名：*Michelia alba* DC.

科属：木兰科 含笑属

1) 形态特征：常绿乔木，干皮灰色，新枝及芽有浅白色毛，一年生枝无毛，叶薄革质，长椭圆形或椭圆状披针形。花单生叶腋，白色，极芳香。蓇葖果革质。花期4～9月开放不绝。

2) 产地分布：原产印度尼西亚、爪哇。我国华南各省有栽培，长江流域及华北有盆栽。

3) 生态习性：性喜阳光，不耐阴；喜温暖湿润和通风良好的环境；喜肥，土壤以富含腐殖质、排水畅通、微酸性沙质壤土为宜。肉质根，怕积水，不耐寒。

4) 园林用途：著名的香花树种，在华南多做庭荫树及行道树，是芳香园的良好树种。花朵常做襟花佩戴。可提取香精。

图 7-60 白兰花

3. 黄兰（图 7-61）

别名：黄玉兰、黄缅桂

拉丁名：*Michelia champaca* Linn.

科属：木兰科 含笑属

1) 形态特征：常绿乔木，外形与白兰相似，叶缘波状，花单生叶腋，黄色，极芳香。芽、嫩枝、嫩叶和叶柄均被淡黄色平伏毛；叶卵形至椭圆形，下面被平伏长绢毛；托叶痕长达叶柄的1/2以上；花被片15～20枚，倒披针形，乳黄色。

2) 产地分布：产于云南，在长江流域有栽培。

3) 生态习性：与白兰相似，长势不如白兰。

4) 园林用途：著名的香花树种，在华南多做庭荫树及行道树，是芳香园的良好树种。花朵常做襟花佩戴。可提取香精。

图 7-61 黄兰

4. 红色木莲（图 7-62）

别名：红花木莲

拉丁名：*Manglietia insignis* (Wall.) Blume.

科属：木兰科 木莲属

1) 形态特征：常绿乔木，高可达30m；小枝无毛或幼嫩时在节上被锈色或黄褐色柔毛。叶革质，倒披针形，长圆形或长圆状椭圆形，先端渐尖或尾状渐尖，自2/3以下渐窄至基部，上面无毛，下面中脉具红褐色柔毛或散生平伏微毛；侧脉每边12～24条；叶柄有托叶痕。花芳香，花梗粗壮，聚合果鲜时紫红色，卵状长圆形；蓇葖背缝全裂，具乳头状突起。花期5～6月；果期8～9月。

2) 产地分布：产于湖南西南部、广西、四川西南部、贵州（雷公山、梵净山、安龙）、云南（景东、无量山、红河、文山）、西藏东南部。生于海拔900～1200m的林间。

图 7-62 红色木莲

尼泊尔、印度东北部、缅甸北部也有分布。

3）生态习性：耐阴，喜湿润、肥沃的土壤，木质优良。生于海拔1700～2500m的山地阔叶林中或常绿落叶阔叶混交林中。

4）园林用途：其树叶浓绿、秀气、革质，单叶互生，呈长圆状椭圆形、长圆形或倒披针形，树形繁茂优美，花色艳丽芳香，为名贵稀有观赏树种。

5. 紫檀（图7-63）

别名：青龙木、黄柏木

拉丁名：*Pterocarpus indicus* Willd.

科属：豆科 紫檀属

1）形态特征：乔木，奇数羽状复叶，小叶卵形，边缘常呈波状，圆锥花序顶生或腋生，被褐色柔毛，花萼钟状，花冠黄色，花瓣有长柄，边缘皱波状，雄蕊10，荚果圆形，扁平，周围有宽翅。

2）产地分布：台湾、广东和云南。

3）生态习性：喜温暖湿润。

4）园林用途：树体高大，枝叶浓密，可作园景树及行道树，是珍贵的用材树种。

图7-63 紫檀

6. 红千层（图7-64）

别名：瓶刷木、金宝树

拉丁名：*Callistemon rigidus* R. Brown.

科属：桃金娘科 红千层属

1）形态特征：常绿小乔木或灌木状；具芳香油。树皮坚实，不易剥落。小枝红棕色，有白色柔毛。单叶，互生；无托叶。叶片条形，具透明油腺点，全缘；先端尖锐；幼时两面被丝毛，后脱落；中脉显著，边缘突起；无柄。花无柄，在枝顶组成头状或穗状花序，开花后枝顶仍继续生长枝叶；穗状花序，形似试管刷；萼5裂；花瓣5枚，绿色，卵形；雄蕊多数，花丝鲜红色，远比花瓣长；子房下位。蒴果半球形，先端平截。花期6～8月。

2）产地分布：原产澳大利亚。华南和西南常见栽培，长江流域和北方多有盆栽。

图7-64 红千层

3）生态习性：喜光，喜高温湿润气候，很不耐寒；要求酸性土壤，能耐干旱瘠薄，在荒山、石砾地、黏重土壤上均可生长。萌芽力强，耐修剪。

4）园林用途：植株繁茂，花序形状奇特，花色红艳，花期也长，是优美的庭院花木，宜丛植于草地、山石间，也可列植于步道两侧。还适于整形修剪或选用老桩制作盆景。

7. 垂枝红千层

别名：串钱柳

拉丁名：*Callistemon viminalis*

科属：桃金娘科 红千层属

1) 形态特征：常绿灌木或小乔木。主干易分枝，树冠伞形或圆形。高度为2～5m，冠幅为2～4m。叶色灰绿至浓绿。花形似瓶刷，绯红至暗红色。主要花期是4～9月。

2) 产地分布：原产澳大利亚的新南威尔士及昆士兰，在全球不少城市或花园中担当当地的显花观赏植物。

3) 生态习性：中性植物，但日照充足生长较旺盛。生育适温20～30℃，生长速度中至慢。耐热、耐湿、耐旱、耐瘠薄、耐阴、耐风，大树不易移植。

4) 园林用途：细枝倒垂如柳，花形奇特，适作行道树、园景树。庭院、校园、公园、游乐区、庙宇等，均可单植、列植、群植美化。尤适于水池斜植，甚美观。

8. 柳叶红千层

拉丁名：*Callistemon salignus* DC.

科属：桃金娘科 红千层属

1) 形态特征：大灌木或小乔木；嫩枝圆柱形，有丝状柔毛。叶片革质，线状披针形，先端渐尖或短尖，基部渐狭，两面均密生有黑色腺点，侧脉纤细，锐角开出，边脉清晰可见，离边缘约0.5mm；叶柄极短。穗状花序稠密，花序轴有丝毛；萼管顶端裂片阔而钝，有丝毛；花瓣膜质，近圆形，淡绿色；雄蕊苍黄色，稀淡粉红色。蒴果碗状或半球形，顶端截平而略为收缩。

2) 产地分布：原产澳大利亚昆士兰。

3) 生态习性：中性植物，但日照充足生长较旺盛。

4) 园林用途：树形美观，为一美丽的观赏植物。

9. 仪花（图7-65）

拉丁名：*Lysidice rhodostegia* Hance.

科属：豆科 仪花属

1) 形态特征：常绿乔木，树形高大开展，偶数羽状复叶，小叶长椭圆形，微偏斜，先端尖，对生，革质，无毛。花为顶生或腋生总状花序或圆锥花序，花冠紫红色或白色，花瓣5，上面3个发达，有长爪，花期4～6月，9月二次开花，荚果条形，果熟期9～10月。

2) 产地分布：分布于台湾、广东、广西、贵州、云南。生于河边或杂木林中，华南有栽培。

3) 生态习性：阳性树种，喜温暖，耐干旱。

4) 园林用途：良好的行道树或庭荫树。

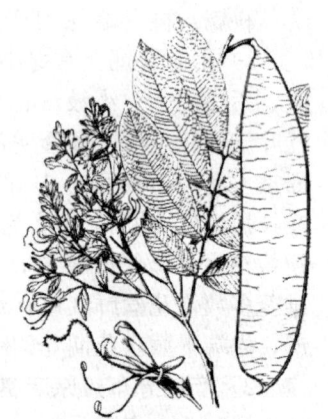

图7-65 仪花

10. 中国无忧花（图7-66）

拉丁名：*Saraca dives* Pierre.

科属：豆科 无忧花属

1) 形态特征：常绿乔木，偶数羽状复叶，小叶5～6枚，近革质，嫩叶红色，下垂，总状花序腋生，花萼管顶端有4枚裂片，裂片卵形，橙黄色，花瓣退化，花期4～5月，荚果。

2) 产地分布：原产云南东南部，广西和广东有分布。

3）生态习性：喜光，喜高温湿润，不耐寒。

4）园林用途：行道树，风景树，绿荫树。

11. 洋紫荆（图7-67）

拉丁名：*Bauhinia variegata* L.

科属：豆科 羊蹄甲属

1）形态特征：乔木，高5～8m。叶形变化较大，圆形至阔卵形，有时几乎为肾形，先端二裂，裂至叶片的1/2至1/3，基部圆形、截形或心形。伞房花序顶生，花少，粉红色或白色，具紫色线纹。荚果条形，略弯曲，花期9～11月。

2）产地分布：分布于福建、广东、广西、云南，越南、印度也有分布。

图7-66 中国无忧花

3）生态习性：喜温暖湿润气候，喜阳，在排水良好的酸性沙壤土中生长良好。

4）园林用途：行道树或庭荫树。

12. 红花羊蹄甲

拉丁名：*Bauhinia blakeana* Dunn.

科属：豆科 羊蹄甲属

1）形态特征：常绿乔木，树高6～10m。叶革质，圆形或阔心形，宽略超过长，顶端二裂，状如羊蹄，裂片约为全长的1/3，裂片端圆钝。总状花序或有时分枝而呈圆锥状花序；红色或红紫色；花大如掌；花瓣5，其中4瓣分列两侧，两两相对，而另一瓣则翘首于上方，形如兰花状；花香，有近似兰花的清香，故又被称为"兰花树"。花期11月至翌年4月。花瓣红紫色，具短柄，倒披针形，近轴的一片中间至基部呈深紫红色；能育雄蕊5枚，其中3枚较长；退化雄蕊2～5枚，丝状，极细；子房具长柄，被短柔毛。通常不结果，花期全年，3～4月为盛花期。

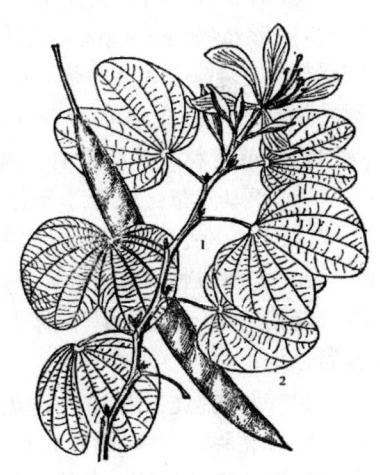

图7-67 洋紫荆

2）产地分布：产于亚洲南部，华南广为栽培，分布在我国的福建、广东、海南、广西、云南等地。1965年被选为香港的市花。

3）生态习性：热带树种，喜欢高温、潮湿、多雨的气候，有一定耐寒能力，在我国北回归线以南的广大地区均可以越冬。适应肥沃、湿润的酸性土壤。

4）园林用途：树冠美观，花大且多，色艳，芳香，是华南地区园林主要观花树种之一，宜作为园景树、庭荫树或行道树，亦可用于海边绿化。

13. 黄槐决明（图7-68）

拉丁名：*Cassia surattensis* Burm.

科属：豆科 决明属

1）形态特征：常绿灌木或小乔木，一回偶数羽状复叶。小叶7～9对，长椭圆形至卵形，先端圆而微凹；叶柄及最下部2～3对小叶间的叶轴上有2～3枚棒状腺体。伞房花序略呈总状,生于枝条上部叶腋,花鲜黄色。萼片5枚,萼筒短;花瓣长约2cm,雄蕊10枚,全部发育。荚果条形、扁形。在热带地区全年开花。

2)产地分布:原产印度,热带地区广泛栽培,我国热带和南亚热带地区常见。

3)生态习性:喜高温、高湿的热带气候,要求阳光充足的环境,在疏松肥沃而排水良好的土壤中生长最好。

4)园林用途:黄槐决明是一种美丽的花木,花朵鲜黄,常年开花不断,是优良的庭院造景材料,适于丛植,也可用于街道绿化,可与乔木行道树间植。

14. 海州常山(图7-69)

别名:臭桐、八角梧桐

拉丁名:*Clerodendrum trichotomum* Thunb.

科属:马鞭草科 大青属

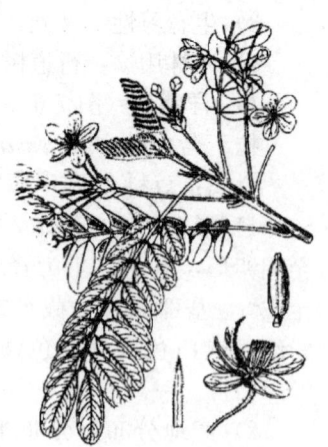

图7-68 黄槐决明

1)形态特征:灌木或常绿小乔木。叶纸质,卵形、卵状椭圆形或三角状卵形,顶端渐尖,基部宽楔形至截形,偶有心形。伞房状聚伞花序顶生或腋生,花序较长,花冠白色或带粉红色,花香。花果期6~11月。

2)产地分布:原产于华东、华中至东北地区,北京、天津、河北、陕西、燕青园艺中心有引种。

3)生态习性:喜阳光,较耐寒、耐旱,也喜湿润土壤,能耐瘠薄土壤,但不耐积水。适应性强,栽培管理容易。

4)园林用途:花序大,花果美丽,一株树上花果共存,色泽亮丽,花果期长,植株繁茂,为良好的观赏花木,丛植、孤植均宜,是布置园林景色的良好材料。

图7-69 海州常山

二、常绿灌木类

1. 洋金凤(图7-70)

别名:金凤花

拉丁名:*Caesalpinia pulcherrima*(Linn.)Sw.

科属:豆科 云实属

1)形态特征:直立灌木,枝有疏刺,二回羽状复叶,近无柄,小叶7~11对,羽片4~8对,倒卵形至披针状长圆形,花橙色或黄色,顶生,伞形花序,花丝及花柱均为红色,荚果,花期8月。

2)产地分布:原产热带,现华南有栽培。

3)生态习性:喜光,喜高温湿润气候。

4)园林用途:树姿婀娜,叶形优美,是园林中良好的

图7-70 洋金凤

观花树种。

2. 瑞香（图7-71）

别名：睡香、蓬莱紫

拉丁名：*Daphne odora* Thunb.

科属：瑞香科 瑞香属

形态特征：常绿灌木，高1.5～2m。枝细长，紫色，无毛。单叶，互生。叶片长椭圆形至倒披针形，全缘；先端钝或短尖，基部狭楔形，无毛。雌雄异株，头状花序顶生，有总梗；萼筒呈花冠状，4裂，白色或淡红紫色，芳香；无花瓣；雄蕊8～10枚，成2轮着生于萼筒内壁顶端；花柱短，柱头头状。果为核果状，肉质，圆球形，红色。花期3～4月。栽培的常为雄株。

2）产地分布：原产我国和日本，长江流域各地广泛栽培。

3）生态习性：喜阴，忌日光暴晒；喜温暖，不耐寒；喜肥沃湿润而排水良好的酸性和微酸性土，忌积水。

4）园林用途：著名的早春花木，株形优美，花朵极芳香。最适于林下路边、林间空地、庭院、假山岩石的阴面等处配植。萌芽力强。耐修剪，也适于造型。日本庭院常修剪成球形，点缀于松柏类树木间。北方多于温室盆栽观赏。

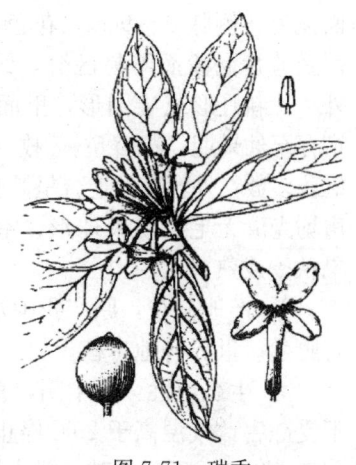

图7-71 瑞香

3. 叶子花（图7-72）

别名：九重葛、三角梅

拉丁名：*Bougainvillea spectabilis* Willd.

科属：紫茉莉科 叶子花属

1）形态特征：藤状灌木。茎粗壮，枝下垂，具腋生的刺。叶互生，卵形或卵状披针形。花顶生枝端3个苞片内，花梗于苞片中脉贴生，每苞片生一花；苞片叶状，紫或红色，长圆形或椭圆形。

2）产地分布：原产于南美洲的巴西、秘鲁、阿根廷。在20世纪50年代，南方各省的植物园和北方大城市的展览温室内逐步大量引种栽培，之后全国各地普遍栽培。

3）生态习性：喜温暖湿润气候，不耐寒，耐高温，怕干燥。在3℃以上才可安全越冬，15℃以上方可开花。喜充足光照。对土壤要求不严，在排水良好、含矿物质丰富的黏重壤土中及排水良好的沙质壤土生长良好，耐贫瘠、耐碱、耐干旱、忌积水，耐修剪。

图7-72 叶子花

4）园林用途：绿篱、盆景、垂直绿化的良好材料。

4. 山茶（图7-73）

别名：日本山茶、晚山茶

拉丁名：*Camellia japonica* L.

科属：山茶科 山茶属

1) 形态特征：常绿小乔木或灌木，高4～10m。当年生小枝紫褐色，无毛。单叶，互生。叶片革质，椭圆形至矩圆状椭圆形，叶缘有细齿；基部楔形至宽楔形；叶面光亮，两面无毛；侧脉6～9cm，花色丰富，以白色和红色为主。苞片及萼片混淆而不易区分，约9枚，无毛或被灰白色绒毛，外4片新月形或半圆形，里面的圆形至阔卵形，长1～2cm，宿存至幼果期；花瓣5～7枚（栽培品种多重瓣），先端凹缺；雄蕊多数，外轮花丝连合呈筒状并贴生于花瓣基部；花丝、子房均光滑无毛。蒴果球形，室背开裂。花期（12）1～4月，果秋季成熟。

图7-73 山茶

2) 产地分布：原产我国及日本和朝鲜南部，浙江东部、台湾和山东崂山沿海海岛仍有野生。世界各地广植。

3) 生态习性：喜半阴，喜温暖湿润气候，酷热及严寒均不适宜，在气温-10℃时可不受冻害，气温高于29℃停止生长。喜肥沃、湿润而排水良好的微酸性至酸性土壤（pH值5～6.5），不耐盐碱，忌土壤黏重和积水。对海潮风有一定的抗性。

4) 园林用途：山茶是我国传统名花，叶色翠绿而有光泽。四季常青，花朵大、花色美，品种繁多。花期自11月至翌年3月，花期长而且正值少花的冬季，弥足珍贵。无论孤植、丛植还是群植均无不适，庭院中宜丛植成景。山茶耐阴，也抗海风，适于沿海地区栽培，而且其耐寒性较强，在山东青岛生长良好，崂山太清宫现尚有明朝的山茶（当地人俗称"耐冬"）古树，名曰"终雪"，树高约6m，树龄500多年，隆冬季节满树繁花似锦。

5. 金花茶（图7-74）

拉丁名：*Camellia nitidissima* Chi.

科属：山茶科 山茶属

1) 形态特征：常绿灌木或小乔木，高2～5m；叶深绿色；花金黄色，单生于叶腋，花开时有杯状的、壶状的或碗状的，金花茶11月开始开花，花期可延续至翌年3月。

2) 产地分布：原产广西，越南也有分布。

3) 生态习性：喜温暖湿润气候，喜欢排水良好的酸性土壤，苗期喜荫蔽，进入花期后，颇喜透射阳光。对土壤要求不严，微酸性至中性土壤中均可生长。耐瘠薄，也喜肥。耐涝力强。

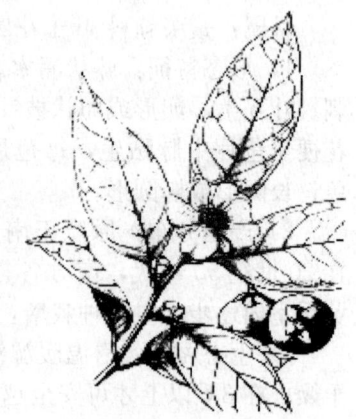

图7-74 金花茶

4) 园林用途：金花茶金瓣玉蕊，蜡质金黄，晶莹光洁，高贵雅致，其观赏价值无与伦比，被誉为"茶族皇后"，花卉中的"超级明星"，又因其是一种古老植物，结果率极低，世界稀有，故又称之为植物界的"大熊猫"，被国家列为一级重点保护珍稀植物。

6. 茶梅（图7-75）

别名：茶梅花

拉丁名：*Camellia sasanqua* Thunb.

科属：山茶科 山茶属

1) 形态特征：常绿灌木或小乔木，高可达12m，树冠球形或扁圆形。树皮灰白色。嫩枝有粗毛，芽鳞表面有倒生柔毛。叶互生，椭圆形至长圆卵形，先端短尖，边缘有细锯齿，革质，叶面具光泽，中脉上略有毛，侧脉不明显。白色或红色，略芳香。蒴果球形，稍被毛。花套瓣或半重瓣，花色除有红、白、粉红等色外，还有很多奇异的变色及红、白镶边等。茶梅花芳香，花期长，可自10月下旬开至来年4月。茶梅不仅花色瑰丽，淡雅兼备，且枝条大多横向展开，姿态丰满，树形优美，果实球形。茶梅品种较多，大多为白花，少数为红花。

图7-75 茶梅

2) 产地分布：茶梅主产于我国江苏、浙江、福建、广东等沿江及南方各省，为亚热带适生树种。

3) 生态习性：茶梅生性强健，喜光，也稍耐阴，但在阳光充足处花朵更为繁茂。喜温暖、湿润气候，宜生长在排水良好、富含腐殖质、湿润的微酸性土壤，pH值5.5~6为宜。较耐寒，但盆栽一般以不低于-2℃为好，最适温度为18~25℃。

4) 园林用途：树形优美、花叶茂盛的茶梅品种，可于庭院和草坪中孤植或对植；较低矮的茶梅可与其他灌木配植花坛、花境，或作配景材料，植于林缘、角落、墙基等处作点缀装饰；茶梅姿态丰盈，花朵瑰丽，着花量多，适宜修剪，亦可作基础种植及常绿篱垣材料，开花时可为花篱，落花后又可为绿篱。

7. 扶桑（图7-76）

别名：朱槿

拉丁名：*Hibiscuus rosa-sinensis* L.

科属：锦葵科 木槿属

1) 形态特征：常绿灌木，高可达5m，单叶，互生。叶片卵形至长卵形，有粗齿或缺刻，先端渐尖，表面有光泽；3出脉；有托叶。花两性，单生叶腋。萼5裂，宿存，副萼较小；花冠漏斗状，花瓣5枚，通常鲜红色，也有白色、黄色和粉红色品种，雄蕊柱和花柱长，伸出花冠外；子房5室，花柱顶端5裂。蒴果卵球形，顶端有短喙，光滑无毛。花期全年，以6~9月为盛。

2) 产地分布：原产热带亚洲，华南有分布；各地常见栽培。

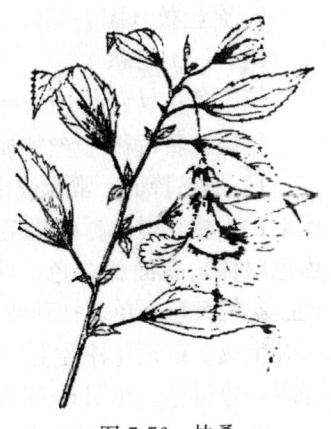

图7-76 扶桑

3) 生态习性：喜温暖湿润气候，要求日光充足，不耐阴。对土壤的适应范围较广，以富含有机质的微酸性肥沃土壤最好。萌芽力强，耐修剪。

4) 园林用途：我国传统名花，在华南至少已有1700年以上的栽培历史。几乎全年开花不断，花大而艳，有红色、粉红色、橙黄色、白色以及杂色，花量多。长江流域以南可用于露地园林绿化，长江流域及以北地区室内盆栽。高大品种适于道路绿化或植为花篱，或于庭前、草地、水边、墙隅孤植、丛植；低矮品种适于盆栽或作基础种植材料。马来西亚国花。

8. 垂花悬铃花（图7-77）

拉丁名：*Malvaviscus Rrboreus* Cav.

科属：锦葵科 悬铃花属

1）形态特征：常绿灌木，高可达2m。小枝被反曲的长柔毛或光滑无毛。叶互生；托叶线形，长约4mm，早落。叶片披针形至狭卵形，边缘钝齿，先端长尖，基部宽楔形至近圆形，两面近无毛或近脉上有星状柔毛；基出主脉3条。叶柄有柔毛。花鲜红色，花单生于上部叶腋，悬垂，被长柔毛。总苞状小苞片（副萼）8枚，花萼钟状，5裂，略长于副萼；花冠筒状，仅上部略开展，花瓣5枚；雄蕊柱突出于花冠外。肉质浆果，通常红色，后变干燥而分裂。全年开花，很少结果。

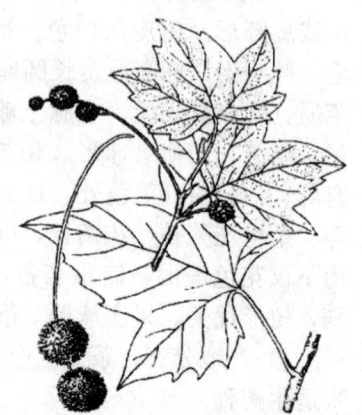

图7-77 垂花悬铃花

2）产地分布：原产地不详，可能为墨西哥，热带地区广栽，我国引种历史悠久，华南及西南各地均有栽培。

3）生态习性：喜光，也能耐阴，喜高温高湿，耐烈日，不耐寒。在12℃左右低温下，生长停滞，长期低于6℃，嫩梢受冻。喜酸性土，不耐碱。较耐干旱和水湿。

4）园林用途：花期长，与朱瑾、吊灯花并称华南的三大"长春花"或"无穷花"，可长成大灌木，一树开花数百朵，满树红艳，大有叶不胜花、红肥绿瘦之感。花朵含苞欲放却永不开展，花蕊柱突出，花梗稍长，花朵悬挂枝头，状如悬铃，艳丽而典雅。适宜孤植水滨、花坛、庭院等各处，枝条参差，颇为美观。也可整形修剪，形成各种造型。

9. 金丝桃（图7-78）

别名：土连翘

拉丁名：*Hypericum monogynum* L.

科属：藤黄科 金丝桃属

1）形态特征：常绿或半常绿灌木，高约1m。全株光滑无毛；小枝红褐色。单叶互生。叶片椭圆形或长椭圆形，有黑色腺体，背面粉绿色，网脉明显；基部渐狭略抱茎，无柄。花鲜黄色，单生枝顶或成聚伞花序；花丝较花瓣长，基部合生成5束；花柱合生，仅顶端5裂。蒴果卵圆形，室间开裂，萼宿存。花期6～7月；果期8～9月。

2）产地分布：我国黄河流域以南及日本。

3）生态习性：喜光，略耐阴，喜生于湿润的河谷或半阴坡。耐寒性不强，最忌积水。萌芽力强。耐修剪。

4）园林用途：株形丰满，自然呈球形，花叶秀丽，花开于盛夏的少花季节，花色金黄，是夏季不可缺少的优美花

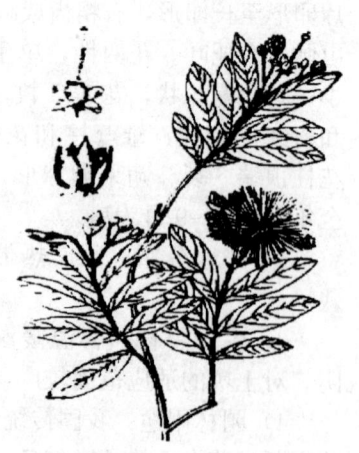

图7-78 金丝桃

木。适于丛植，可供草地、路旁、石间、庭院装饰；也可与乔木树种配植成树丛，以增进景色。列植于路旁、草坪边缘、门庭两旁均可，也可植为花篱。

10. 九里香（图 7-79）

别名：石辣椒、九秋香

拉丁名：*Murraya exotica* L.

科属：芸香科 九里香属

1) 形态特征：常绿灌木或小乔木，高可达 8m。老枝灰白色或灰黄色。奇数羽状复叶，互生。小叶 3~7 枚，互生，椭圆状倒卵形或倒卵形，全缘，先端圆钝，柄极短。聚伞花序腋生或顶生，花白色，极芳香，径约 4cm；花瓣矩圆形，有透明腺点；雄蕊 10 枚。浆果长椭圆形，红色。花期 4~10 月；果期 10 月至翌年早春。

图 7-79 九里香

2) 产地分布：产华南地区，多生于近海岸向阳地区。热带和亚热带地区广泛栽培。

3) 生态习性：喜温暖湿润气候，较喜光，易耐阴；喜深厚肥沃而排水良好的土壤，不耐寒。耐旱。萌芽力强，耐修剪。

4) 园林用途：树姿优美，四季常青，花朵白色而芳香，花期较长，而且果实红色，在华南可丛植观赏，用于庭院、水边、公园、草坪等地，也是优良的绿篱、花篱和基础种植材料。北方常室内盆栽。

11. 小叶米仔兰（图 7-80）

别名：米兰

拉丁名：*Aglaia odorata* Lour.

科属：楝科 米仔兰属

1) 形态特征：常绿灌木或小乔木，高可达 7m，多分枝，树冠圆球形。顶芽和幼枝常被褐色盾状鳞片，羽状复叶，互生，叶轴有狭翅。小叶 3~5 枚，对生，倒卵形至长椭圆形，全缘。圆锥花序腋生，花黄色，极芳香；花丝合生为坛状。浆果，卵形或近球形。具种子 1~2 枚，常具肉质假种皮。花期 7~9 月或全年有花。

2) 产地分布：原产东南亚，现广植于世界热带和亚热带；华南常见栽培，也有野生，生于低海拔疏林和灌丛中。长江流域及其以北地区常盆栽。

3) 生态习性：喜光，也能耐阴，但不及向阳处开花繁密；喜疏松、深厚、肥沃而富含腐殖质的微酸性土壤，不耐旱。

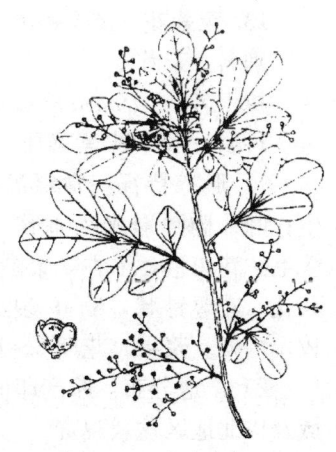

图 7-80 小叶米仔兰

4) 园林用途：米仔兰是著名的香花树种，树冠浑圆，枝叶繁茂，叶色油绿，花香馥郁似兰，花期长，自夏至秋开花不绝，深得人们喜爱。华南地区用于庭院造景，适植于庭院窗前、石间、亭际。长江流域及其以北地区盆栽，可置于客厅、书房、门厅。

12. 桂花（图 7-81）

别名：木犀

拉丁名：*Osmanthus fragrans* (Thunb.) Lour.

科属：木犀科 木犀属

1) 形态特征：常绿灌木或小乔木，一般高 4～8m。树冠圆球形或椭圆形。芽叠生。单叶，对生，叶片革质，椭圆形至椭圆状披针形，先端急尖或渐尖，全缘或有锯齿。花杂性，雄花和两性花异株，簇生叶腋或形成腋生聚伞花序。花小，浓香，白色、黄色至橙红色，萼 4 裂；花冠筒短，4 裂，雄蕊 2 枚。花梗长 0.8～1.5cm；核果椭圆形，熟时紫黑色。花期 9～11 月；果期翌年 4～5 月。

2) 产地分布：原产我国长江流域至西南，现广泛栽培。

图 7-81 桂花

3) 生态习性：喜光，稍耐阴；喜温暖湿润气候和通风良好的环境；耐寒性较差，最适合秦岭、淮河流域以南至南岭以北各地栽培；喜湿润而排水良好的壤土。不耐水湿，对二氧化硫和氯气有中等抗性。

4) 园林用途：桂花是我国人民喜爱的传统观赏花木，其树冠卵圆形，枝叶茂密，四季常青，亭亭玉立，姿态优美，其花香清可绝尘、浓能溢远，而且花期正值中秋佳节，花时香闻数里。在庭院中，桂花常对植于厅堂之前，所谓"两柱当庭，双桂流芳"，也常于窗前、亭际、水滨、溪畔、石际丛植或孤植，并配以青松、红枫，可形成幽雅的景观，宜高峰，宜明月，宜画阁，宜崇台，宜皓魂照孤枝。苏州古典园林中，桂花一般丛植成景，如网师园"小山丛桂轩"、留园"闻木犀香轩"、沧浪亭"清香馆"、怡园"金粟亭"、耦园"木犀廊"和"储香馆"都因植桂而得名。苏州、杭州、桂林市花。

13. 茉莉花（图 7-82）

别名：茉莉

拉丁名：*Jasminum sambac* (Linn.) Aiton.

科属：木犀科 素馨属

1) 形态特征：常绿灌木，枝条细长呈藤状。单叶对生；叶片椭圆形或宽卵形，全缘，薄纸质，仅下面脉腋有簇毛。花白色，浓香，聚伞花序顶生或腋生，通常有 3～9 朵花。花萼钟状，8～9 裂，线形；花冠高脚碟状；雄蕊 2 枚，内藏。浆果。花期 5～11 月，以 7～8 月开花最盛。

2) 产地分布：原产印度等地。华南习见栽培。长江流域及以北地区盆栽观赏。

3) 生态习性：喜光，稍耐阴，但光照不足时叶大节细，花朵较小。喜高温潮湿环境，不耐寒，适宜在 25～35℃温度下生长，在气温 0℃时叶片受害；不耐干旱，空气相对湿度以 80%～90% 为佳。喜肥，以肥沃、疏松的沙质壤土为宜。

图 7-82 茉莉花

4) 园林用途：茉莉枝叶繁茂，叶色碧如翡翠，花朵白似玉铃，花期长，香气清雅而持久，浓郁而不浊，可谓花木之珍品。元朝诗人江奎在品赏茉莉后吟曰"他年我若修花史，列入人间第一香"。华南地区可露地栽培，用作树丛、树群之下木，或作花篱植于路旁，花朵用于制作襟花。福州市市花。

14. 探春（图7-83）

别名：迎夏、鸡蛋黄

拉丁名：*Jasminum floridum* Bge.

科属：木犀科 素馨属

1) 形态特征：半常绿，高1～3m。枝条拱垂，幼枝绿色。羽状复叶互生，小叶3～5枚，卵状椭圆形，边缘反卷。聚伞花序顶生；萼片5裂，线形，与萼筒等长；花冠黄色，裂片5枚，长约花冠筒长的1/2。花期5～6月。

2) 产地分布：产于河北、陕西南部、山东、河南西部、湖北西部、四川、贵州北部等地区。

图7-83 探春

3) 生态习性：生长于海拔2000m以下的坡地、山谷或林中。

4) 园林用途：探春枝条长而柔弱，下垂或攀缘，碧叶黄花，可于堤岸、台地和阶前边缘栽植，特别适用于宾馆、大厦顶棚布置，也可盆栽观赏。

15. 野迎春（图7-84）

别名：金腰带

拉丁名：*Jasminum mesnyi* Hance

科属：木犀科 素馨属

1) 形态特征：常绿藤状灌木。小枝无毛，四方形，具浅枝。三出复叶对生，叶长椭圆状披针形，顶端一枚稍大，基部渐狭成一短柄，侧生两枝小而无柄，枝、叶均为深绿色。花通常1～2朵，生叶腋或小枝顶端，淡黄色。

2) 产地分布：原产我国云南、四川、贵州，现各地有栽培。

3) 生态习性：喜温暖湿润和充足阳光，怕严寒和积水，稍耐阴，较耐旱，以排水良好、肥沃的酸性沙壤土最好。

图7-84 野迎春

4) 园林用途：可做庭院观赏、花篱、地被植物，野迎春枝条长而柔弱，下垂或攀缘，碧叶黄花，可于堤岸、台地和阶前边缘栽植，特别适用于宾馆、大厦顶棚布置，也可盆栽观赏。野迎春除了用作观赏植物外，全株还可以入药。

16. 夹竹桃（图7-85）

别名：柳叶桃

拉丁名：*Nerium indicum* Mill.

科属：夹竹桃科 夹竹桃属

1) 形态特征：常绿大灌木，高可达5m，常丛生，树冠近球形。嫩枝具棱，被微毛；

叶片含水液。叶3~4枚轮生或对生。叶片厚革质，狭披针形，全缘，叶缘反卷，上面光亮无毛；羽状脉，侧脉密生而平行。顶生聚伞花序，花深红色或粉红色。花萼5裂，基部内面有腺体；花冠漏斗状，5裂，裂片右旋，喉部具5片撕裂状副花冠；雄蕊5枚，着生于花冠筒中部以上，花丝短，花药内藏且成丝状，被长柔毛；无花盘；蓇葖果2枚，离生，细长；种子具白色棉毛。几乎全年有花，以6~10月为盛。

2) 产地分布：原产伊朗、印度等国，现广植于热带和亚热带地区。我国长江以南广为栽植，北方盆栽。

3) 生态习性：喜光，喜温暖湿润气候，不耐寒，耐旱性强，抗烟尘和有毒气体，可吸收汞、二氧化硫、氯气，带尘能力也很强。对土壤要求不严，可生于碱性土地。

图7-85 夹竹桃

4) 园林用途：夹竹桃株姿态潇洒，花色妍媚，兼有青竹的潇洒姿态、桃花的热烈风情，花期自夏至秋，或白或红，且适应性强，是优良的园林造景材料。适于水边、庭院、山麓、草地等各处种植，可丛植，也可群植。在江南，常植为绿篱，用于公路、铁路、河流沿岸的绿化，也常植为防护林的下木。耐烟尘，抗污染，是工矿区等生长条件较差地区绿化的好树种。

17. 黄花夹竹桃（图7-86）

别名：酒杯花

拉丁名：*Thevetia peruviana* (Pers.) K. Schum.

科属：夹竹桃科 黄花夹竹桃属

1) 形态特征：常绿灌木或小乔木，高可达5m，全株无毛。树皮棕褐色，皮孔明显。枝条柔软，小枝下垂。单叶，互生。叶片线形或披针状线形，全缘，光亮，革质，中脉下陷，侧脉不明显。聚伞花序顶生，花大，黄色，具香味。花萼5深裂，内面基部具腺体；花冠漏斗状，裂片5枚，花冠筒短，喉部具被毛的鳞片5枚；雄蕊5枚，着生于花冠的喉部；无花盘；子房2室。核果，扁三角状球形。花期5~12月。

图7-86 黄花夹竹桃

2) 产地分布：原产美洲热带。我国华南各省区均常见栽培，北方盆栽观赏。

3) 生态习性：喜干热气候，不耐寒，耐旱力强。

4) 园林用途：枝软下垂，叶绿光亮，花大鲜黄，而且花期长，几乎全年有花，是一种美丽的观赏花木，常植于庭院观赏。

18. 黄蝉（图7-87）

拉丁名：*Allemanda neriifolia* Hook.

科属：夹竹桃科 黄蝉属

1) 形态特征：常绿灌木，植株直立生长，高可达2m，有乳汁。叶近无柄，3~5枚轮生；叶片椭圆形或狭倒卵形，全缘，背面中脉上有柔毛。聚伞花序顶生，花橙黄色。花萼5深裂；花冠漏斗状，内面有浅红褐色条纹，花冠筒较短，基部膨大，裂片5枚，左旋;雄蕊着生于花冠筒喉内。蒴果球形,具长刺,2瓣裂。花期5~9月。

2)产地分布:原产巴西,我国南方常见栽培。

3)生态习性:喜阳光充足和温暖湿润气候,不耐寒,要求排水良好的沙质壤土。

4)园林用途:花大而美丽,叶片深绿色而有光泽,适于水边、草地丛植或路旁列植;北方盆栽观赏。植株乳汁有毒,应用时应注意。

19. 栀子花(图7-88)

别名:鲜栀、栀子

拉丁名:*Gardenia jasminoides* Ellis var. *jortuniana* (Lindi.) Hara

科属:茜草科 栀子属

图7-87 黄蝉

1)形态特征:常绿灌木,高1~3m。叶对生或轮生;托叶膜质,生于叶柄内侧,基部合生呈鞘状。小枝绿色,有钩状毛。叶片革质,椭圆形或倒卵状椭圆形,全缘,先端渐尖,两面无毛,有光泽。花白色,浓香,单生枝端或叶腋;花萼常6裂,萼筒有棱,裂片线形,宿存;花冠高脚碟状,常6裂,芽旋转状排列;雄蕊着生于花冠筒喉部,内藏,花丝短,花药线形;花盘环状或圆锥状;子房1室,侧膜胎座。浆果卵形,黄色,具6纵棱。花期6~8月;果期9月。

2)产地分布:原产我国,长江流域及其以南各地常见栽培。

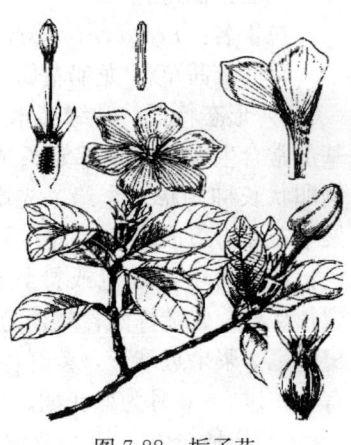

图7-88 栀子花

3)生态习性:喜光,也能耐阴,在荫蔽环境中叶色浓绿但开花稍差;喜温暖湿润气候和肥沃而排水良好的酸性土壤。抗二氧化硫等有毒气体。萌芽力、萌蘖力均强,耐修剪。

4)园林用途:叶色亮绿,四季常青,花大洁白,芳香馥郁,是良好的绿化、美化、香化材料。适于庭院造景。植于前庭、中庭、阶前、窗前、池畔、路旁、墙隅均可,群植、丛植、孤植、列植无不适宜,山石间、树丛中点缀一两株,也颇得宜。成片种植则花期望如积雪,香闻数里,蔚为壮观。抗污染,适于工矿区大量应用。此外,栀子花也是优良的花篱材料。

20. 六月雪(图7-89)

别名:满天星、白马骨

拉丁名:*Serissa japonica* (Thunb.) Thunb. Nov. Gen.

科属:茜草科 六月雪属

1)形态特征:常绿矮小灌木,高不及1m,丛生。枝叶及花揉碎有臭味。分枝细密,嫩枝有微毛。叶对生,或常聚生于小枝条上部;托叶刚毛状。叶片卵形至卵状椭圆形、倒披针形,全缘,叶脉、叶缘及叶柄上有白色短毛。花近无梗,白色或略带红晕,一至数朵簇生于枝顶或叶腋；花冠漏斗状。核果，球形。花期6~8月；果期10月。

2) 产地分布：产于长江流域及其以南地区，多生于林下、灌丛和沟谷。日本和越南也有分布。

3) 生态习性：喜温暖、湿润环境；耐阴；不耐寒，要求肥沃的沙质壤土。萌芽力、萌蘖力均强，耐修剪。

4) 园林用途：株形纤巧、枝叶扶疏，白色花朵盛开时缀满枝梢，繁密异常，宛如雪花满树，雅洁可爱。可配植于雕塑或花坛周围作镶边材料，也可作基础种植、矮篱和林下地被，还可点缀于假山石隙。也是水旱盆景的重要材料，《花镜》云"树最小而枝叶扶疏，大有逸致，可作盆玩"。

图 7-89 六月雪

21. 龙船花（图 7-90）

别名：仙丹花

拉丁名：*Ixora chinensis* Lam.

科属：茜草科 龙船花属

1) 形态特征：常绿灌木，全株无毛。单叶对生；托叶基部常合生成鞘，顶部延长成芒尖。叶片椭圆状披针形或倒卵状长椭圆形，全缘，先端钝尖或钝，叶柄极短。顶生聚伞花序再组成伞房花序；具苞片和小苞片，花序分枝红色；花朵密生，红色或橙红色。花冠高脚碟状，筒细长，裂片4枚，先端浑圆；雄蕊与花冠裂片同数；花盘肉质；子房2室。浆果近球形，紫红色或黑色。在热带地区几乎全年有花，以5~8月为盛花期。

2) 产地分布：原产亚洲热带地区，我国华南有野生，常散生于低海拔山地疏林、灌丛或空旷地。

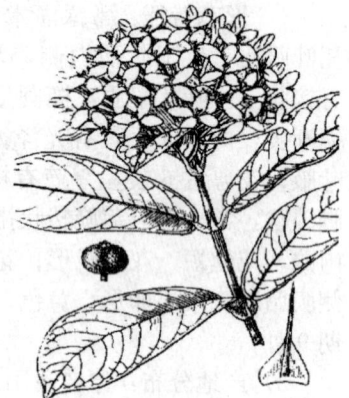

图 7-90 龙船花

3) 生态习性：喜光，也耐一定荫蔽；喜温暖、湿润，能耐0℃的短期低温；对土壤要求不严，但以富含腐殖质的酸性土壤最佳；较耐干旱和水湿。萌芽力强。

4) 园林用途：植株丛生，分枝密集，花色红艳，而且花期长，是热带地区美丽的园林花木，华南常见栽培，适于庭院各处、草坪、路边、墙角丛植，也可与山石相配，或植为花篱。长江流域以北地区温室盆栽，冬季保持5℃以上的室温。

22. 马缨丹（图 7-91）

别名：五色梅

拉丁名：*Lantana camara* L.

科属：马鞭草科 马缨丹属

1) 形态特征：常绿或落叶灌木，有时藤状。枝四棱形，无刺或有下弯的皮刺。单叶，互生，叶片卵形至卵状长圆形，有圆钝齿，表面多皱，两面有糙毛，端渐尖，揉碎有强烈的气味。头状花序腋生，由20~25朵花组成，具总梗。苞片长于花萼；萼小，膜质；花冠有粉红、红、黄、橙等各色，长约1cm；雄蕊4枚，生花冠筒中部，内藏。核果肉质，球形，熟时紫黑色。花期全年。

2）产地分布：原产美洲热带地区，在我国华南已成为野生状态。

3）生态习性：喜温暖、湿润、向阳之地，耐旱，不耐寒。华南和云南南部常绿，全年开花；长江流域以南冬季落叶，夏季开花。

4）园林用途：花期长，花色丰富，衬以绿叶，艳丽多彩，是常见的花灌木，适于花坛、路边、屋基等处种植。北方盆栽观赏。

图 7-91　马缨丹

第八章 果木类

果木类园林树木与农业生产中的果树有所不同,没有经济价值。果木类树木是以观赏果实为主的树木,又称为观果树木类或赏果树木类,主要指果实色泽鲜艳、形状奇特、经久耐看且不污染环境的树种。

第一节 落叶果木类

一、落叶乔木类

1. 柿树(图 8-1)

别名:朱果、猴枣

拉丁名:*Diospyros kaki* Thunb

科属:柿树科 柿树属

1)形态特征:落叶乔木,高可达 15m;树冠半圆形,树皮呈长方块状深裂。冬芽先端钝。单叶,互生。叶片近革质,宽椭圆形至卵状椭圆形,全缘;上面深绿色,有光泽,下面密被黄褐色柔毛。多雌雄同株,雄花 3 朵排成小聚伞花序;橙黄色或鲜黄色;宿存萼卵形,先端钝圆。花期 5~6 月;果期 9~10 月。

图 8-1 柿树

2)产地分布:分布广泛,我国黄河流域至华南、西南、台湾均产。

3)生态习性:性强健,较耐寒,在年均气温 9℃以上,绝对低温-20℃以上的北纬 40°以南地区均可栽培。喜光,略耐庇荫;对土壤要求不严,在山地、平原、微酸性至微碱性土壤上均能生长。较耐干旱,但在夏季过于干旱容易引起落果。对二氧化硫等有毒气体有较强的抗性。

4)园林用途:树冠广展如伞,叶大荫浓,秋日叶色转红,丹实似火,悬于绿荫丛中,至 11 月落叶后还高挂树上,极为美观。是观叶、观果和结合生产的重要树种。可用于厂矿绿化,也是优良行道树。

2. 石榴(图 8-2)

别名:安石榴、山力叶、丹若、若榴木、金罂、金庞、涂林

拉丁名:*Punica granatum* L.

科属:石榴科 石榴属

1)形态特征:落叶乔木,或呈灌木状;树冠常不整齐。幼枝平滑,四棱形,顶端多

为刺状。单叶,在长枝上对生或近对生,或在侧生短枝上簇生;无托叶。叶片倒卵状长椭圆形或椭圆形,全缘。花两性,单生或簇生。萼钟形,红色或黄白色肉质;花瓣红色、白色或黄色,多被;雄蕊多数;子房下位,具叠生子房。浆果近球形,红色或深黄色,外果皮革质;花萼宿存。种子多数,外种皮肉质多汁。花期5~6月;果期9~10月。

图8-2 石榴

2)产地分布:原产伊朗和阿富汗;汉代张骞出使西域时引进我国,黄河流域及其以南地区以及新疆等地均有栽培。

3)生态习性:喜光,喜温暖气候,有一定的耐寒能力;喜肥沃、湿润而排水良好的石灰质土壤,但可适应于pH4.5~8.2的范围,有一定耐旱能力。

4)园林用途:石榴树姿优美,叶碧绿而有光泽,花色艳丽而花期长,又值花少的夏季,古人曾有"春花落尽石榴开,阶前栏外遍植栽;红艳满枝染月夜,晚风轻送暗香来"的诗句。在我国传统文化中,以石榴"万子同苞"象征着子孙满堂、多子多孙,被视为吉祥的植物,故庭院中多植。适宜孤植、丛植于建筑附近、草坪、石间、水际、山坡,对植于门口、房前;也可植为园路树。在大型公园、自然风景区,可结合生产群植。如南京燕子矶附近依山屏水,随着山路的曲折而形成石榴丛林,每当花开时游人络绎不绝;在秋季则果实变红色,点点朱金悬于碧枝之间。西安市市花。

3. 樱桃(图8-3)

别名:车厘子、莺桃、荆桃、楔桃、英桃、牛桃、樱珠、含桃、玛瑙

拉丁名:*Prunus pseudocerasus*(Lindl.)G.Don

科属:蔷薇科 樱属

1)形态特征:落叶乔木,高可达6m;树冠扁圆形或球形。冬芽大,圆锥形,单生或簇生。叶片卵形至椭圆状卵形,具大小不等的尖锐锯齿,齿尖具小腺体,无芒,下面疏生柔毛;叶柄近顶端有2个腺体。伞房花序或近伞形,花白色,略带红晕;萼筒钟状,有短柔毛;花梗有疏柔毛。核果近球形,无沟,黄白色或红色。花期3~4月,先叶开放;果期5~6月。

2)产地分布:原产东亚,我国自辽宁南部、黄河流域至长江流域有分布。

3)生态习性:喜光,稍耐阴,轻耐寒,对土壤要求不严,喜排水良好的沙质壤土,耐瘠薄。萌蘖力强。

图8-3 樱桃

4)园林用途:樱桃古称"含桃",《礼记·月令》有"仲夏之月天子乃以雏尝黍,羞以含桃,先荐寝庙",可见在3000多年以前,我国已经将樱桃作为珍果栽培了。樱桃既是著名的果品,也是晚春和初夏观果的树种,果实繁密,垂垂欲坠、妖冶多态,布满碧绿的叶丛间,色似赤霞、俨若绛珠,花朵雪白或带红晕。适于庭院种植,也可于公园、山谷等地丛植、群植。

4. 苹果(图8-4)

别名:苹果树

拉丁名：*Malus pumila* Mill.

科属：蔷薇科 苹果属

1) 形态特征：落叶乔木，高可达 15m；树冠球形或半球形，主干较矮。冬芽有毛；幼枝、幼叶、叶柄、花梗及花萼密被灰白色绒毛。单叶，互生。叶片卵形、椭圆形至宽椭圆形，有圆钝锯齿；幼时两面密被短柔毛，后上面无毛；叶柄长 1.2～3cm。花序近伞形，花白色带红晕；萼筒钟状，萼片倒三角形，较萼筒稍长；花药黄色；柱头 5 枚，基部合生；子房下位，5 室，每室 2 胚珠。梨果，扁球形，外果皮光滑，两端均下凹，萼宿存；形态、大小、光泽、香味、品质等因果品种不同而异。花期 4～5 月；果期 7～10 月。

图 8-4　苹果

2) 产地分布：原产欧洲东南部、小亚细亚及南高加索一带，在欧洲久经栽培。1870 年前后传入我国烟台，现东北南部及华北、西北各省广泛栽培，以辽宁、山东、河北栽培最多。

3) 生态习性：喜光，要求比较冷凉和干燥的气候，不耐湿热；以在深厚、肥沃、湿润而排水良好的土壤上生长较好，不耐瘠薄。

4) 园林用途：苹果是著名水果，品种繁多，开花时节颇为可观；果熟季节，累累果实，色彩鲜艳。园林中可结合生产，成片栽培，也可丛植点缀庭院，宜选择适应性强、抗病虫的品种。

5. 白梨（图 8-5）

拉丁名：*Pyrus breschneideri* Rehd.

科属：蔷薇科 梨属

1) 形态特征：落叶乔木，高 5～8m。树皮呈小方块状开裂。小枝粗壮，枝、叶、叶柄、花序梗、花梗幼时有绒毛，后渐脱落。叶互生，叶片卵形至卵状椭圆形，具刺芒状锯齿，基部宽楔形或近圆形，齿端微向内曲；叶柄长 2.5～7cm，幼叶棕红色。伞房花序，有花 7～10 朵。花白色，花药紫红色；花柱 5 枚。花梗长 1.5～7cm。梨果倒卵形或近球形，黄绿色或黄白色，萼片脱落。花期 4 月；果期 8～9 月。

2) 产地分布：原产于我国北部，东北南部、华北、西北及黄淮平原普遍栽培。

图 8-5　白梨

3) 生态习性：喜光；喜干冷凉爽气候，抗寒力较强，但次于秋子梨；对土壤要求不严，以深厚、疏松、地下水位较低的肥沃沙质土壤为最好，开花期中忌寒冷和阴雨。

4) 园林用途：花朵繁密美丽，晶白如玉，果实硕大，既是果树，也常用于观赏，适于庭院、房前、池畔孤植或丛植。在大型风景区内可结合生产，成片栽植，既能观花又能收果，如承德避暑山庄"梨花伴月"景点有梨树万株。

6. 山楂（图 8-6）

别名：山里果、山里红、酸里红、山里红果、酸枣、红果、红果子、山林果拉丁名：*Crataegus pinnatifida* Bge.

科属：蔷薇科 山楂属

1）形态特征：落叶小乔木，高可达 7m；树冠圆整，球形或伞形。有短枝刺；小枝紫褐色。单叶，互生。叶片宽卵形至三角卵形，两侧各有 3~5 羽状浅裂或深裂，有不规则尖锐序梗；花梗有长绒毛。花白色。梨果近球形，红色或橙红色，两面有白色或绿褐色皮孔点，小核骨质；萼宿存。花期 4~6 月；果期 9~10 月。

2）产地分布：原产我国，分布于东北至华中、华东各地。

3）生态习性：喜光，较耐寒；适应各种土壤，但以沙质壤土最佳，耐干旱瘠薄。在潮湿炎热的条件下生长不良。萌芽力强，根系发达。抗污染，对氯气、二氧化硫、氟化氢的抗性均强。

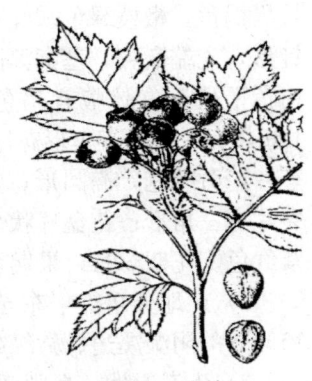

图 8-6 山楂

4）园林用途：树冠整齐，花繁叶茂，春季百花满树，秋季果实红艳繁密，叶片亦变红色，是观花、观果兼观叶的优良园林树种。园林中可结合生产成片栽植，并且是园路树的优良树种。经修剪整形，也可作果篱，并兼有防护之效，日本园林中常见应用。

7. 木瓜（图 8-7）

别名：榠楂、木李、海棠、光皮木瓜

拉丁名：*Chaenomeies sinensis*（Thouin）Koehe

科属：蔷薇科 木瓜属

1）形态特征：落叶小乔木，高 5~10m；树皮呈薄片状脱落。枝条细柔，短枝呈棘状；小枝幼时有毛。单叶，互生。叶片革质，卵状椭圆形至卵状长圆形，缘具芒状锯齿，齿尖有腺，先端急尖，幼时背面有毛，后脱落；托叶小，卵状披针形，膜质。花单生叶腋，粉红色，萼片、花瓣各 5 枚；萼筒钟状，萼片反折，边缘有细齿；子房 5 室，每室胚珠多数，花柱 5，基部合生。梨果大，椭圆形，黄绿色，近木质，芳香。花期 4~5 月；果期 9~10 月。

2）产地分布：产于我国山东、陕西、安徽、江苏、浙江、江西、湖北、广东、广西等省区。

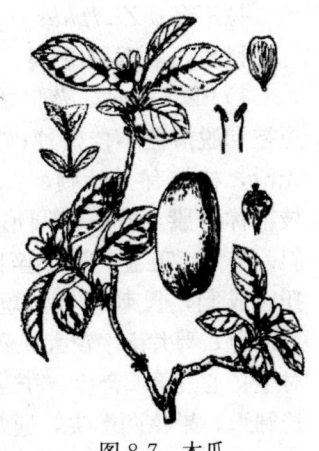

图 8-7 木瓜

3）生态习性：喜光，喜温暖，也较耐寒。适生于排水良好的土壤，不耐盐碱和低温。

4）园林用途：树皮斑驳可爱，果实大而黄色，秋季金瓜满树，悬于柔条上，婀娜多姿、芳香袭人，乃色香兼具的果木。尤适于小型庭院造景，常于房前或花台中对植、墙角孤植。

果实香味持久，置于书房案头则满室生香。

8. 山茱萸（图 8-8）

别名：山萸肉、肉枣、鸡足、萸肉、药枣、天木籽、实枣儿

拉丁名：*Cornus officinalis* Sieb. et Zucc.

科属：山茱萸科 山茱萸属

1) 形态特征：落叶乔木，高可达10m；树皮灰褐色，老枝黑褐色，嫩枝绿色。叶对生，卵状椭圆形或卵形，稀卵状披针形，先端渐尖，基部浑圆或楔形，上面疏被平伏毛，下面被白色平伏毛，脉腋有褐色簇生毛，侧脉6～8对；叶柄长约1cm，有平贴毛。伞形花序腋生，有花15～35朵，有4个小型苞片，黄绿色，椭圆形；花瓣舌状披针形，黄色；花萼4裂，裂片宽三角形；花盘环状，肉质。果实椭圆形，成熟时红色或紫红色。花期3月，果期8～10月。

2) 产地分布：华东至黄河中下游地区，生于海拔400～1500m的阴湿溪边、林缘或林内。日本和朝鲜也有分布。

3) 生态习性：喜肥沃、湿润的土壤，在干燥瘠薄环境中生长不良。

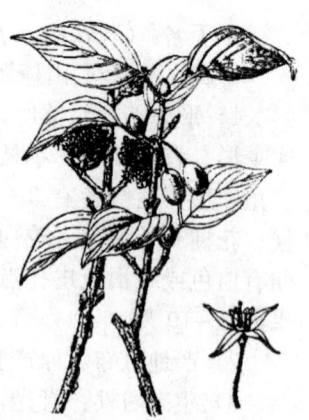

图8-8　山茱萸

4) 园林用途：树形开张，早春先叶开花，花朵细小但花色鲜黄，极为醒目，秋季果实红艳，宛如红花，是优美的观果和观花树种。王维《茱萸》诗"结实红且绿，复如花更开；山中倘留客，置此茱萸杯"，乃山茱萸秋景之写照。园林中，宜于小型庭院、亭边、园路转角处孤植或于山坡、林缘丛植。

9. 枣树（图8-9）

别名：红枣、美枣、良枣

拉丁名：*Ziziphus jujuba* Mill.

科属：鼠李科 枣属

1) 形态特征：落叶乔木，高可达15m。枝条有长枝、短枝和脱落性小枝3种；长枝呈"之"字形弯曲，红褐色，光滑，枝常有托叶刺，一枚长而直伸，一枚短而后勾；短枝俗称枣股。叶长椭圆形至卵形，先端微尖或钝，基部歪斜。单叶，互生，卵形至卵状披针形，锯齿缘，基出3脉；托叶成刺，长刺直伸，短刺钩曲。腋生聚伞花序；花小，黄绿色；萼片5，较大；花瓣5，条形；雄蕊5枚，和花瓣对生；心皮2，合生，子房上位，2室，每室1胚珠。核果长圆形，果核两端尖，通常仅1枚种子发育。花期5～6月，果期9月。

图8-9　枣树

2) 产地分布：主产黄河流域冲积平原，全国各地均有栽培。

3) 生态习性：喜光，适应性强，喜干冷气候，也耐湿热，对土壤要求不严，耐干旱瘠薄，也耐低湿。

4) 园林用途：树冠宽阔，花朵虽小但香气清幽，结实满枝，青红相间，发芽晚，落叶早，自古以来就是重要的庭院树种。枣树最适宜北方栽培，黄河中下游的冲积平原是枣树最适生地区，宜孤植，适植于庭院附近或水边，也可列植为园路树和行道树。龙爪枣树形优美，可孤植于草地或园路转弯处，葫芦枣一般盆栽。

10. 板栗（图8-10）

别名：栗、中国板栗、栗子

拉丁名：*Castanea mollissmia* Blume

科属：壳斗科 栗属

1) 形态特征：落叶乔木，高15～20m。树皮暗灰色，不规则深裂，枝条灰褐色，有纵沟，皮上有许多黄灰色的圆形皮孔。冬芽短，阔卵形，被绒毛。单叶互生，叶柄被细绒毛或近无毛；叶长椭圆形或长椭圆状披针形，先端渐尖或短尖，基部圆形或宽楔形，两侧不相等，叶缘有锯齿，齿端具芒状尖头，上面深绿色，有光泽，羽状侧脉10～17对，中脉上有毛；下面淡绿色，有白色绒毛，花单性，雌雄同株；雄花序穗状，生于新枝下部的叶腋，被绒毛，淡黄褐色，雄花着生于花序上、中部，每簇具花3～5枚，雄蕊8～10；雌花无梗，常生于雄花序下部，2～3朵生于总苞内，子房下位，花柱下部被毛。壳斗边刺直径4～6.5cm密被紧贴星状柔毛，刺密生，每壳斗有2～3坚果，成熟时裂为4瓣；坚果深褐色，顶端被绒毛。花期4～6月；果期9～10月。

图8-10 板栗

2) 产地分布：我国特产，各地栽培，以华北及长江流域最为集中。

3) 生态习性：喜光，耐−30℃低温，耐旱，喜空气干燥；对土壤要求不严，最适宜深厚湿润、排水良好的酸性至中性土壤，在pH值7.5以上的钙质土或含盐量超过0.2%的盐碱土以及过于黏重、排水不良的地区生长不良。深根性根系发达，萌蘖力强。对有毒气体如二氧化硫、氯气抵抗力较强。

4) 园林用途：树冠宽大，枝叶茂密，可用于草坪、山坡等地孤植、丛植或群植，庭院中以两三株丛植为宜。板栗是我国栽培最早的干果树种之一，被誉为"铁杆庄稼"，是园林结合生产的优良品种。可专园经营，亦可用于山区绿化。

二、落叶灌木类

1. 平枝栒子（图8-11）

别名：铺地蜈蚣、小叶栒子、矮红子

拉丁名：*Cotoneaster horizontalis* Decne.

科属：蔷薇科 栒子属

1) 形态特征：落叶或半常绿匍匐灌木，高约50cm。枝水平开张成整齐2列，宛如蜈蚣；幼枝被粗毛。叶片近圆形至宽椭圆形，全缘，先端急尖，下面疏生平伏柔毛，叶柄有柔毛。花粉红色，单生或2朵并生，无梗；萼片、花瓣各5枚；花柱离生。梨果近球形，艳红色，内含3骨质小核。花期5～6月；果期9～10月。

2) 产地分布：产于甘肃、陕西至华东、华中、西南等地，常生于海拔1500～3500m的山地灌丛和岩石缝中。尼泊尔也有分布。

图8-11 平枝栒子

3) 生态习性：喜光，耐半阴，耐寒性强，在黄河以南各地生长良好，抗干旱瘠薄。

4）园林用途：植株低矮，常平铺地面，秋季红果缀满枝头，经冬至春不落，如有冬季积雪相衬，则红果白雪，极为壮观。秋季叶片边缘变红，整个植株呈鲜红一片，可持续至初冬。宜丛植，或成片植为地被，或作基础种子材料，尤其适于坡地、路边、岩石园等地形起伏较大区域应用。

2. 日本小檗（图 8-12）

拉丁名：*Berberis thunbergii* DC.

科属：小檗科 小檗属

1）形态特征：落叶灌木，高 2~3m。小枝红褐色，有沟槽，内皮或木质部黄色。叶刺通常不分叉。单叶，互生或在短枝上簇生。叶片倒卵形或匙形，全缘，先端钝，基急狭；表面暗绿色，背面灰绿色。花浅黄色，1~5 朵组成簇生状伞形花序；花瓣近基部常有腺体。浆果，椭圆形，成熟时亮红色。花期 5 月；果期 9 月。

2）产地分布：原产日本，我国各地广泛栽培。

3）生态习性：喜光，略耐阴。喜温暖湿润的气候，亦耐寒。对土壤要求不严，耐旱，喜深厚肥沃、排水良好的土壤。萌蘖性强，耐修剪。

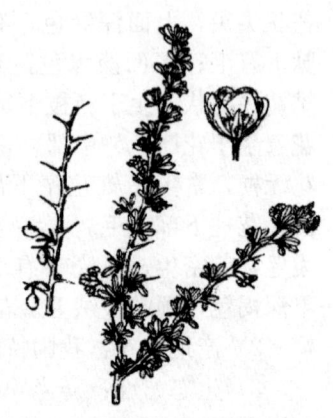

图 8-12 日本小檗

4）园林用途：小檗枝细叶密，花果红色，枝条也为红紫色，适于作灌木丛植、孤植，或作刺篱。日本小檗是 20 世纪 20 年代在欧洲育成的，约 40 年代传入我国，各地普遍栽培，叶片紫色，远观效果极佳，萌芽力强，耐修剪，是优良的绿篱和地被材料。

3. 白棠子树（图 8-13）

别名：小紫珠

拉丁名：*Callicarpa dichotoma*（Lour.）K. Koch

科属：马鞭草科 紫珠属

1）形态特征：落叶灌木，高 1~2m。小枝带紫红色；裸芽，具星状毛。单叶，对生。叶片倒卵形至卵状矩圆形，边缘上半部疏生锯齿，先端急尖，基部楔形，两面无毛，下面有棕黄色腺点；叶柄长 2~5mm。聚伞形花序腋生，纤弱，2~3 次分歧，花序梗远较叶柄长；萼钟状，花冠紫色，4 裂，花冠筒短；雄蕊 4 裂，花药顶端纵裂；子房 4 室；子房无毛，有腺点。浆果状核果，球形如珠，成熟时常为光泽的紫色。花期 7~8 月；果期 10~11 月。

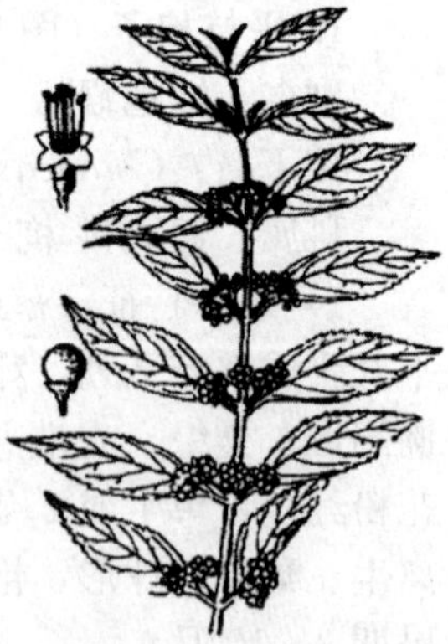

2）产地分布：产华东、华中、华南、贵州至华北南部。

3）生态习性：喜光，喜温暖、湿润环境，较耐寒、耐阴，对土壤选择不甚严格。

图 8-13 白棠子树

4）园林用途：植株矮小，枝条柔细，入秋果实累累，色泽素雅而有光泽，晶莹如珠，为优良的观果灌木。适宜作基础种植材料，或用于庭院、草地、假山、路旁、常绿树前丛植。

4. 枸杞（图 8-14）

别名：枸杞子、枸杞红实、甜菜子、西枸杞

拉丁名：*Lycium chinense* Mill.

科属：茄科 枸杞属

1) 形态特征：落叶灌木，蔓性，枝条弯曲或匍匐，可长达 5m，有短刺或否。单叶，互生或簇生。叶片卵形至披针形，全缘。花淡紫色，单生或 2~4 朵簇生叶腋；花萼钟形；花冠漏斗状，筒部向上骤然扩大，5 深裂，叶片边缘有缘毛；雄蕊伸出花冠外。紫果卵形或长卵形，成熟时鲜红色。花果期 5~10 月。

2) 产地分布：产东南亚和欧洲，我国广布。

3) 生态习性：性强健，喜光，较耐阴，耐寒；耐碱盐。耐干旱瘠薄，即使石缝中也可生长。

图 8-14 枸杞

4) 园林用途：枸杞树形婀娜，叶翠绿，花淡紫，果实鲜红，是很好的盆景观赏植物，现已有部分枸杞观赏栽培，但由于其耐寒、耐旱、不耐涝，所以在江南多雨地区很难种植。

5. 枸橘（图 8-15）

别名：枳、枳实、臭橘、橘红

拉丁名：*Poncirus trifoliata*（L.）Raf.

科属：芸香科 枳属

1) 形态特征：落叶灌木或小乔木。茎无毛；分枝多，小枝呈扁压状。茎枝具腋生粗大的棘刺，刺基部扁平。叶互生，三出复叶；叶柄长 1~3cm；顶生小叶倒卵形或椭圆形，先端微凹或圆，基部楔形，边缘有不明显小锯齿；侧生小叶较小，椭圆状卵形，基部稍偏斜，幼嫩时在主脉上有短柔毛，具半透明油腺点。花白色，具短柄，单生或成对生于二年生枝条叶腋，常先叶开放，有香气；萼片 5，卵状三角形；花瓣 5，倒卵状匙形；雄蕊 8~20 或更多，长短不等；雌蕊 1，子房近球形，密被短柔毛，6~8 室，每室具数枚胚珠，花柱粗短，柱头头状。柑果球形，熟时橙黄色，密被短柔毛，具很多油腺，芳香，柄粗短，宿存于枝上。种子多数。花期 4~5 月，果期 7~10 月。

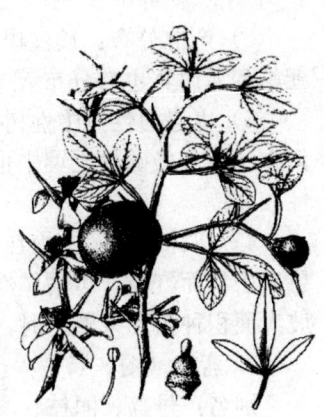

图 8-15 枸橘

2) 产地分布：原产我国华中地区，各地普遍栽培。

3) 生态习性：喜光，稍耐阴；喜温暖湿润气候，较耐寒，耐-20℃以下低温，在北京可露地越冬。喜酸性土壤，不耐碱。萌芽力强，耐修剪。根系发达，抗风。抗有毒气体，但对氟化氢抗性较弱。

4) 园林用途：枝叶密生，枝条上有绿色棘刺，春季白花满树，秋季黄果累累，经冬不凋，十分美丽。常栽作刺篱，以供防范之用，也可作观花灌木观赏，置于大型山石旁。

第二节　常绿果木类

一、常绿乔木类

1. 杨梅（图8-16）

别名：圣生梅、白蒂梅、树梅

拉丁名：*Myica rubra* Sieb. et Zucc.

科属：杨梅科 杨梅属

1) 形态特征：常绿乔木，高可达15m，或呈灌木状；树冠近球形。幼枝和被面有黄色树脂腺体，芳香。单叶，互生，常集生枝顶；无托叶。叶片长圆状倒卵形或披针形，全缘或先端有浅齿，幼树和萌枝之叶中部以上有锯齿；先端圆钝，基部狭楔形，两面无毛。花单性，无花被，雌雄异株葇黄花序。雄花序单生或簇生叶腋，紫色，雄蕊4~8枚。雌花序单生叶腋，红色；雌蕊由2心皮合成，子房上位，1室，1胚珠，柱头2；核果球形，被乳头状突起或树脂腺体，深红色，或紫色、白色，多汁。花期3~4月；果期6~7月。

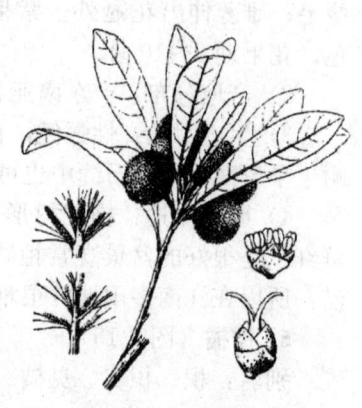

图8-16　杨梅

2) 产地分布：长江以南各省均有分布和栽培；日本、朝鲜和菲律宾也有分布。

3) 生态习性：中性树，较耐阴，不耐烈日；喜温暖湿润气候和排水良好的酸性土壤，但在中性和微碱性土壤中也可生长。深根性，萌芽力强。对二氧化硫、氯气等有毒气体抗性较强。

4) 园林用途：杨梅在古代即为著名水果和庭木，树冠圆整、树枝优雅、枝叶繁茂，果实密集而红紫，可谓"红实缀青枝，烂漫照前坞"。在园林造景中，可结合生产，于山坡大面积种植，果熟之时，景色壮观。

2. 荔枝（图8-17）

别名：丹荔、丽枝、离枝、火山荔、勒荔、荔支、荔果

拉丁名：*Lichi chinensis* Sonn.

科属：无患子科 荔枝属

1) 形态特征：常绿乔木，高8~20m。茎上多分枝，灰色；小枝圆柱形，有白色小斑点和微柔毛。偶数羽状复叶互生，有叶柄；小叶对生，具柄，叶片披针形或矩圆状披针形，先端渐尖，基部楔形而稍偏斜，全缘，上面深绿色，有光泽，下面粉绿。春季开绿白色或淡黄色小花，圆锥花序，花杂性。核果球形或卵形，果皮暗红色，有小瘤状突起。种子外被白色、肉质、多汁、甘甜的假种皮，易与核分离。种子矩圆形，褐色至黑红色，有光泽。花期3~4月；果期5~8月。

图8-17　荔枝

2）产地分布：原产我国华南，广东西南部和海南有天然林，广泛栽培，品种繁多。老挝、马来西亚、缅甸、菲律宾、泰国、越南也有分布。

3）生态习性：喜光，喜暖热湿润气候及富含腐殖质的深厚、酸性土壤，怕霜冻。

4）园林用途：荔枝为华南的重要果树。因树冠广阔，枝叶茂密，也常于庭院种植。

3. 龙眼（图 8-18）

别名：桂圆、益智

拉丁名：*Dimocarpus longan* Lour.

科属：无患子科，龙眼属

1）形态特征：常绿乔木，高通常 10m 左右。具板根。小枝粗壮，被微柔毛，散生苍白色皮孔。偶数羽状复叶，互生；叶柄较长；小叶 4～5 对，小叶柄通常不超过 5mm；叶片薄革质，长圆状椭圆形至长圆状披针形，两侧常不对称，先端渐尖，有时稍钝头，上面深绿色，有光泽，下面粉绿色，两面无毛。花序大型，多分枝，顶生和近枝腋生，密被星状毛；花梗短；萼片近革质，三角状卵形，两面均被黄褐色绒毛和成束的星状毛；萼片、花瓣各 5 枚，花瓣乳白色，披针形，与萼片近等长，仅外面被微柔毛；雄蕊 8，花丝被短硬毛。果近球形，核果状，不开裂，通常黄褐色或有时灰黄色，外面稍粗糙，或少有微凸的小瘤体；种子茶褐色，光亮，被肉质的假种皮包裹。花期 4～5 月；果期 7～8 月。

图 8-18 龙眼

2）产地分布：产我国和缅甸、马来西亚、老挝、印度、菲律宾、越南等国，野生见于海南、广东、广西、云南等地，一般生于海拔 800m 以下；华南各地常见栽培。

3）生态习性：弱阳性，稍耐阴；喜暖热湿润气候，在 0℃ 左右时枝叶受冻。不择土壤，酸性土和石灰性土壤上均可生长；深根性，耐旱、耐瘠薄、忌积水。比荔枝耐寒和耐旱性均较强。

4）园林用途：龙眼是华南地区重要的果树，栽培品种甚多，种子的假种皮肉质并半透明，多汁而味甜，可食，也常植于庭院观赏。树冠宽广，适应性强，寿命可达千年以上。可成片种植，也可孤植或与其他树种混植。

4. 杧果（图 8-19）

别名：马蒙、抹猛果、莽果、望果、蜜望

拉丁名：*Mangifera indica* L.

科属：漆树科 杧果属

1）形态特征：常绿大乔木，树皮灰褐色，小枝褐色，无毛。叶薄革质，常集生枝顶，叶形和大小变化较大，通常为长圆形或长圆状披针形，先端渐尖、长渐尖或急尖，基部楔形或近圆形，边缘皱波状，无毛，叶面略具光泽，侧脉 20～25 对，斜升，两面突起，网脉不显，叶柄上面具槽，基部膨大。圆锥花序，多花密集，被灰黄色微柔毛，分枝开展；苞片披针形，被微柔毛；花小，杂性，黄色或淡黄色；花梗具节；萼片卵状

图 8-19 杧果

披针形，渐尖，外面被微柔毛，边缘具细毛；花瓣长圆形或长圆状披针形，无毛，里面具3～5条棕褐色突起的脉纹，开花时外卷；花盘膨大，肉质，5浅裂；雄蕊仅1个发育，花药卵圆形，不育雄蕊3～4，具极短的花丝和疣状花药；子房斜卵形，无毛，花柱近顶生。花期2～4月；果期6～7月。

2) 产地分布：原产热带亚洲，华南常见栽培，海南是我国主产区之一。

3) 生态习性：喜阳光充足和温暖湿润的气候，适生于年均温度22℃以上的地区；喜深厚、肥沃而排水良好的酸性土壤，不耐水湿。根系发达，生长迅速，寿命可达300～400年。

4) 园林用途：热带著名水果，有"果中之王"的称号。品种繁多，至少有1000种，作为果树商业栽培的主要有"青皮""留香""白象牙"等。杧果叶、花俱美，树冠高大宽阔，嫩叶具有古铜、紫红、红等各种美丽的颜色，果形别致，是华南地区优美的绿荫树和观果树种，适宜庭院造景，在风景区内则可结合生产大量栽培。

5. 番木瓜（图 8-20）

别名：木瓜、番瓜、万寿果、乳瓜、石瓜、蓬生果、万寿匏、奶匏

拉丁名：*Carica papaya* L.

科属：番木瓜科 番木瓜属

1) 形态特征：常绿软木质小乔木，高达8～10m，具乳汁，叶大，聚生于茎顶端，近盾形，通常5～9深裂，每裂片再为羽状分裂；叶柄中空。花单性或两性，雄花排列成圆锥花序，下垂；花无梗，萼片基部连合；花冠乳黄色，花冠管细管状，花冠裂片5，披针形；雄蕊10，5长5短，短的几无花丝，长的花丝白色，被白色绒毛；子房退化。雌花单生或由数朵排列成伞房花序，着生叶腋内，具短梗或近无梗，萼片5，中部以下合生；花冠裂片5，分离，乳黄色或黄白色，长圆形或披针形；子房上位，卵球形，无柄，花柱5，柱头数裂，近流苏状。两性花：雄蕊5枚，着生于近子房基部极短的花冠管上，或为10枚着生于较长的花冠管上，排列成2轮，花冠裂片长圆形，雌株子房较小。浆果肉质，成熟时橙黄色或黄色，长圆球形、倒卵状长圆球形、梨形或近圆球形，果肉柔软多汁，种子多数，卵球形，成熟时黑色，外种皮肉质，内种皮木质，具皱纹。花果期全年。

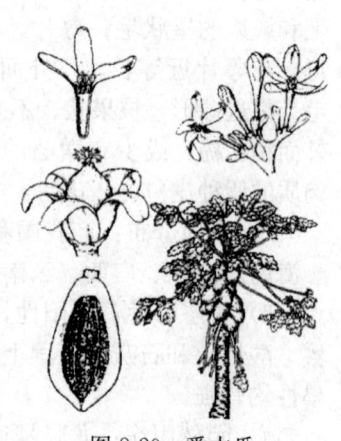

图 8-20　番木瓜

2) 产地分布：世界热带地区广植。我国引种，广植于南部及西南部。

3) 生态习性：喜炎热和光照，不耐寒，生长适宜温度26～32℃，10℃以下生长受到抑制。浅根系，怕大风。

4) 园林用途：在我国南方作果树和庭院树栽培。可于庭前、窗际或住宅周围栽植。果实香甜可食。

6. 枇杷（图 8-21）

别名：芦橘、金丸、芦枝

拉丁名：*Eriobotrya japonica* (Thunb.) Lindl.

科属：蔷薇科 枇杷属

1) 形态特征：常绿小乔木，小枝粗壮，黄褐色，密生锈色或灰棕色绒毛。叶革质，披针形、倒披针形、倒卵形或椭圆状矩圆形，先端急尖或渐尖，基部楔形或渐狭成叶柄，边缘上部有疏锯齿，上面多皱，下面及叶柄密生灰棕色绒毛，侧脉11～21对；叶柄长6～10mm。圆锥花序顶生，总花梗、花梗及萼筒外面皆密生锈色绒毛；花白色；花柱5，离生。梨果球形或矩圆形，黄色或橘黄色。花期10～12月；果期次年5～6月。

2) 产地分布：我国大部分地区均有栽培。分布于中南部及陕西、甘肃、江苏、安徽、浙江、江西、福建、台湾、四川、贵州、云南等地。

图8-21 枇杷

3) 生态习性：喜光，稍耐阴，喜温暖湿润气候和肥沃、湿润而排水良好的土壤，不耐寒但在黄河流域仍能正常生长。

4) 园林用途：树形整齐美观，叶片大而荫浓，冬日白花满树，初夏黄果累累，可谓"树繁碧玉叶，柯叠黄金丸"，为亚热带地区优良果木，是绿化结合生产的好树种。在我国古典园林中，常栽培于庭前、亭廊附近等地。

7. 菠萝蜜（图8-22）

别名：木菠萝、树菠萝、大树菠萝、蜜冬瓜、牛肚子果

拉丁名：*Artcarpus heterophyllus* Lam.

科属：桑科 菠萝蜜属

1) 形态特征：常绿乔木，株高可达20m。叶互生，长椭圆形或倒卵形，革质，有光泽，全缘或偶有浅裂。复合果卵（果实）状椭圆形，外皮绿色有棱角，常生于树干，大如西瓜，质量可达50千克，内有数十个淡黄色果囊，果色金黄，中有果核，味香甜，可食用，炒食风味佳。树性强健，适合作行道树、园景树。外形巨大如车轮。菠萝蜜树高在2～3m之间。经过人工培育成为伞形树冠。在树堂内的主干上，粗壮分枝上，粗大的结果枝上，抽芽、开花、结果。树皮较粗糙，为棕灰色，带有灰白色的大花斑。叶片为单叶，圆形或者卵形，两面无毛，叶柄长1.5～2cm。有的花顶生，有的则腋生，雌雄同株，雌花鲜绿色，生长位置较同一结果枝上的雄花低；雄花表面较光滑，暗绿色。每年2月开花，花期为5个月。一边开花，一边结果。果实大如冬瓜，长椭圆形，棕绿色，菠萝蜜的果实浅黄色，成熟时，果皮为黄绿色，采收之后会转变为黄褐色，皮像锯齿，有六角形瘤突起；果肉被乳白色的软皮包裹着。果肉质地为肉质，金黄色，鲜果肉香甜爽滑，有特殊的蜜香味。种子浅褐色，卵形或长卵形。花期2～3月；果期7～8月。

图8-22 菠萝蜜

2) 产地分布：原产印度。我国台湾、华南和云南栽培。

3) 生态习性：喜温暖湿润的热带气候，适生在年均温度22～25℃、无霜冻、年雨量1400～1700mm的地区；最喜光；在酸性至碱性壤土、沙壤土上均可生长，速生，一

· 155 ·

般6～8年生开始结实,寿命达百年以上。

4) 园林用途:树姿端正,冠大荫浓,花有芳香。老茎开花结果,果实硕大、鲜美,园林中可结合生产运用。

8. 蒲桃(图8-23)

别名:香果、响鼓、风鼓、铃铛果

拉丁名:*Syzygium jambos*(L.)Alston

科属:桃金娘科 蒲桃属

1) 形态特征:常绿乔木,树冠浓密半球形,嫩枝淡灰绿色,终年翠绿,树皮灰黑色,光滑。叶对生,革质而光亮,长椭圆状披针形,叶面多透明小腺点,叶柄短,稍肥大,先端渐尖,侧脉背面明显至边缘汇合成一边脉,叶肉具透明点。花绿白色,芳香,雄蕊数多,长短不齐;雌蕊1个,柱头尖细,花柱丝状,子房2室。果实球形或卵形,淡黄色或杏黄色,肉白色,质松,具玫瑰香,肉薄,中空,种子1～2粒,摇动有声。种子球形,灰褐色,多胚性,子叶绿色。聚伞花序顶生,浆果,球形或卵形,淡黄绿色,萼宿存。花期4～5月;果期7～8月。

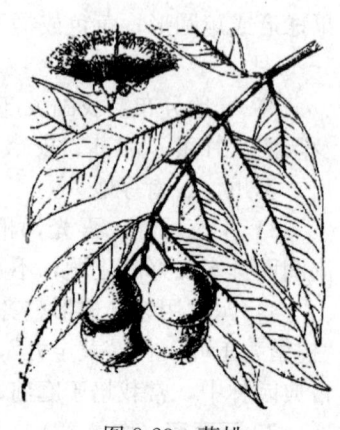

图8-23 蒲桃

2) 产地分布:在我国台湾、福建、广东、广西、贵州、云南、海南等地区有栽培。华南常见野生,也有栽培供食用。分布于中南半岛、马来西亚、印度尼西亚等地。

3) 生态习性:耐水湿植物,性喜暖热气候,属于热带树种。喜生河边及河谷湿地。喜光,耐旱瘠和高温干旱,对土壤要求不严,根系发达,生长迅速,适应性强,以肥沃、深厚和湿润的土壤为最佳。

4) 园林用途:叶色光亮,四季常绿,枝条下垂宛如垂柳,花白色而繁密,果实黄色,也颇美观,是华南常见造景材料。可用于广场、草地、庭院作庭荫树,孤植或丛植,也适宜溪流、池塘、湖泊等水体周围列植,是优良的防风、固堤树种。还是著名热带鲜食水果。

二、常绿灌木类

1. 枸骨(图8-24)

别名:鸟不宿、猫儿刺、老虎刺

拉丁名:*Ilex cornuta* Lindl. et Paxt.

科属:冬青科 冬青属

1) 形态特征:常绿灌木或小乔木,树皮银灰色,纵裂;幼枝黄褐色,具纵棱槽,被短柔毛,二至三年小枝圆形或近圆形,密被污灰色短柔毛;顶芽卵状圆锥形,急尖,被短柔毛。叶片革质,卵形或卵状披针形,先端三角形渐尖,渐尖头有粗刺,基部截形或近圆形,边缘具深波状刺齿1～3对,叶面深绿色,具光泽,背面淡绿色,两面均无毛,中脉在叶面凹陷,在近基部被微柔毛,背面隆起,侧脉1～3对,不明显;叶柄

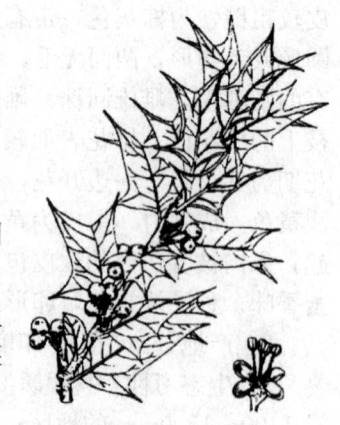

图8-24 枸骨

长 2mm，被短柔毛；托叶三角形，急尖。花序簇生于二年生枝的叶腋内，多为 2～3 花聚生成簇，每分枝仅具 1 花；花淡黄色，全部 4 基数。雄花花梗无毛，中上部具 2 枚近圆形、具缘毛的小苞片；花萼 4 裂，裂片阔三角形或半圆形，具缘毛；花冠辐状，花瓣椭圆形，近先端具缘毛；雄蕊稍长于花瓣；退化子房圆锥状卵形，先端钝。雌花花梗长约 2mm；花萼像雄花；花瓣卵形；退化雄蕊短于花瓣，败育花药卵形；子房卵球形，柱头盘状。果球形或扁球形，成熟时红色，宿存花萼四角形，具缘毛，宿存柱头厚盘状，4 裂。分核 4，轮廓倒卵形或长圆形，背部在较宽端微凹陷，且具掌状条纹和沟槽，侧面具网状条纹和沟，内果皮木质。花期 4～5 月；果期 10～11 月。

2) 产地分布：分布于长江流域中下游各省，多生于山坡谷地灌木丛中。各地庭院中广植。朝鲜也有分布。

3) 生态习性：喜光。稍耐阴；喜温暖气候和肥沃、湿润而排水良好的酸性土；较耐寒，在黄河流域可露地越冬；适应城市环境，对有毒气体有较强抗性。生长缓慢，萌发力强，耐修剪。

4) 园林用途：孤植于假山石或花坛中心，丛植于草坪或道路转角处，也可在建筑的门庭两边或路口对植。宜作刺绿篱，兼有防护与观赏效果。盆栽作室内装饰，老桩作景，既可观赏自然树形，也可修剪造型。叶、果枝可插花。

2. 南天竹（图 8-25）

别名：红杷子、天烛子、红枸子

拉丁名：*Nandina domestica* Thunb.

科属：小檗科 南天竹属

1) 形态特征：常绿丛生灌木，株高约 2m，全株无毛。直立，少分枝。老茎浅褐色，幼枝红色。叶对生，二至三回奇数羽状复叶，小叶椭圆状披针形。茎直立，少分枝，幼枝常为红色。叶对生，常集于叶鞘；夏季开白色花，大形圆锥花序顶生。浆果球形，熟时鲜红色，偶有黄色，含种子 2 粒，种子扁圆形。花期 5～6 月；果期 9～10 月。

2) 产地分布：分布于华东、华南至西南，北达河南、陕西。

3) 生态习性：喜半阴；喜温暖气候和肥沃、湿润而排水良好的土壤。生长速度慢。萌芽力、萌蘖性强。

图 8-25 南天竹

4) 园林用途：优良的观叶、观果树种。株形圆整，秋冬鲜红的果实在叶丛中非常美丽。因其耐阴，最适于林下、建筑物荫蔽处、立交桥下、山石间等阳光不足的环境丛植以点缀园景。池畔、窗前、湖中小岛适当点缀也甚适宜，如配以湖石，效果更佳。

3. 火棘（图 8-26）

别名：火把果、救军粮、红子刺

拉丁名：*Pyracantha fortuneana* (Maxim.) Li

科属：蔷薇科 火棘属

1) 形态特征：常绿灌木，高可达 3m。短侧枝常呈棘刺状；幼枝被锈色柔毛，后脱落。叶互生；叶片倒卵形至倒卵状长椭圆形，叶缘有圆钝锯齿，近基部全缘；先端钝圆或微凹，有时有短尖头，基部楔形。复伞房花序，花白色，花心、花瓣5枚，5心皮，每心皮2胚珠。梨果球形，橘红色或深红色，内含5个骨质小核。花期4～5月；果期9～11月。

2）产地分布：产秦岭以南，南至南岭，西至四川、云南和西藏，东达沿海地区。

3）生态习性：生于疏林、灌丛和草地。喜光，极耐干旱瘠薄，耐寒性不强，但在华北南部可露地越冬；要求土壤排水良好。

4）园林用途：枝叶繁茂，初夏白花繁密，秋季红果累累如满树珊瑚，经久不凋，是一美丽的观果灌木。适宜丛植于草地边缘、假山石间、水边桥头。

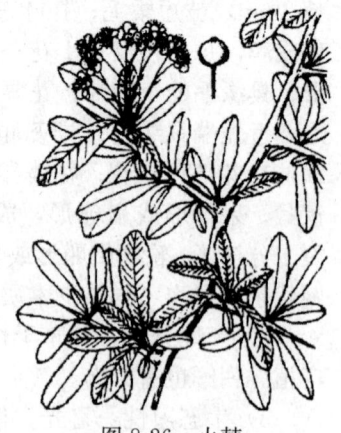

图 8-26 火棘

4. 朱砂根（图 8-27）

别名：平地木

拉丁名：*Ardisia crenata* Sims

科属：紫金牛科 紫金牛属

1）形态特征：常绿灌木，高1～2m。根状茎肥壮，茎直立，根断面有小血点。有少数分枝，无毛。单叶，互生，常集生枝顶。叶片椭圆状披针形至倒针形，叶缘波状，端钝尖。花小，淡紫白色，面有突起的腺点。伞形或聚伞形花序，裂片披针状卵形，雄蕊与花冠裂片同数，有深色腺点。花萼5裂，花冠5深裂，红色，具斑点，有宿存花萼和细长花柱。花丝极短，子房上位，花柱线形。花期5～6月；果期10～12月。核果球形，径7～8mm，红色，经久不凋。

2）产地分布：日本、朝鲜有分布，多生于长江以南各省区。

图 8-27 朱砂根

3）生态习性：忌日光直射，喜排水良好、富含腐殖质的湿润土壤，不耐寒。

4）园林用途：果树种，也可植于庭院观赏，果红叶绿，颇为美观，可作盆栽观赏，因其耐阴，尤适宜林下种植。

第九章 观叶类

观叶类植物是以叶子为主要观赏部位的植物,包括叶子的颜色、形状等,多指那些在温室环境中四季常绿,叶形美观、独特、极少开花,即使开花,花的观赏价值也不大的植物。

第一节 落叶观叶类

一、落叶乔木类

1. 银杏(图 9-1)

别名:白果树、公孙树

拉丁名:*Ginkgo biloba* L.

科属:银杏科 银杏属

1)形态特征:落叶大乔木,高可达 40m;树冠广卵形,青壮年期树冠圆锥形;树皮灰褐色,深纵裂。主枝斜出,近轮生,枝有长枝、短枝之分。一年生的长枝呈浅棕黄色,后变为灰白色,并有细纵裂纹,短枝密被叶痕。叶扇形,有二叉状叶脉,顶端常 2 裂,基部楔形,有长柄;互生于长枝而簇生于短枝上。雌雄异株,球花生于短枝顶端的叶腋或苞腋;雄球花 4~6 朵,无花被,长圆形,下垂,呈荑黄花序状,雄蕊多数,螺旋状排列,各有花药 2 枚;雌球花亦无花被,有长柄,顶端有 1~2 盘状珠座,每座上有 1 枚直生胚珠;花期 3~5 月,风媒花。种子核果状,椭圆形,熟时呈淡黄色或橙黄色,外被白粉;外种皮肉质,有臭味;中种皮白色,骨质;内种皮膜质;胚乳肉质,味甘微苦;子叶 2;种子 9~10 月成熟。

图 9-1 银杏

2)产地分布:原产我国,分布范围较广,自辽宁至广东均有栽培。

3)生态习性:适应性很强,喜光树种,喜适当湿润而又排水良好的深厚沙质壤土,对土壤酸碱性要求不严;不耐积水之地,较能耐旱。耐寒性颇强,能在冬季达-32.9℃低温地区种植成活(但生长不良)。能适应高温多雨气候,如在南宁、广州等地尚可正常生长(生长缓慢)。

4)园林用途:著名的园林树种,有活化石之称。树姿雄伟壮丽,高大挺拔,冠大荫浓,树干通直。果、叶均有较高观赏价值,叶形秀美,春夏翠绿,深秋金黄,极其壮观。寿命长,病虫害少,非常适宜做庭荫树、行道树或独赏树。银杏用做街道绿化时,应尽量选择雄株,以免种实污染行人衣物。

2. 鹅掌楸（图 9-2）

别名：马褂木

拉丁名：*Liriodendron chinense*（Hemsl.）Sarg.

科属：木兰科 鹅掌楸属

1）形态特征：落叶乔木，高可达 40m，树冠圆锥状。一年生枝灰色或灰褐色。叶形如马褂的下摆，各边 1 裂，向中腰部缩入，叶端向中部凹入较深，老叶背部有白色乳状突点。花黄绿色，外面绿色较多而内面黄色较多；花瓣花丝短。聚合果，翅状小坚果，先端钝或钝尖。花期 5～6 月；果 10 月成熟。

2）产地分布：分布于长江以南地区，浙江、江苏、安徽、江西、湖南、湖北、四川、贵州、广西、云南等地。常在海拔 500～1700m 与各种阔叶落叶或阔叶常绿树混生。

图 9-2 鹅掌楸

3）生态习性：性喜光及温和湿润气候，有一定的耐寒性，可经受 －15℃ 低温而完全不受伤害。喜土层深厚、肥沃、排水良好、微酸性的土壤，在干旱土地上生长不良，亦忌低湿水涝。生长速度快，对空气中的二氧化硫气体有中等的抗性。

4）园林用途：中国特有珍稀植物。树形端正，叶形奇特（因叶似马褂而被称为马褂木），是优美的庭荫树和行道树种。花淡黄绿色，美而不艳，花大而美丽；秋叶呈黄色，很美丽。是城市中较好的行道树、庭荫树种，无论丛植、列植或片植于草坪、公园入口处，均有独特的景观效果，对有害气体的抵抗性较强，也是工矿区绿化的优良树种之一。

3. 枫香（图 9-3）

别名：枫树

拉丁名：*Liquidambar formosana* Hance

科属：金缕梅科 枫香树属

1）形态特征：落叶乔木，高可达 30m；树冠广卵形或略扁平。树皮灰色，浅纵裂，老时不规则深裂。叶常为掌状 3 裂，基部心形或截形，裂片先端尖，缘有锯齿；幼叶有毛，后渐脱落。果序较大，宿存花柱；刺状萼片宿存。花期 3～4 月；果 10 月成熟。

2）产地分布：分布于我国长江流域及其以南地区，西至四川、贵州，南至广东，东到台湾；日本亦有分布。垂直分布一般在海拔 1000～1500m 的丘陵及平原。

图 9-3 枫香

3）生态习性：喜光，幼树稍耐阴，喜温暖湿润气候及深厚湿润土壤，也能耐干旱瘠薄，但较不耐水湿。在自然界多生于山谷、山麓，常与山毛榉科、榆科及樟科树种混生。深根性，主根粗长，抗风力强。幼年生长较慢，壮年后生长转快。对二氧化硫、氯气等有较强抗性。不耐修剪，大树移植困难。

4）园林用途：树体高大，树干直，树冠宽阔，气势雄伟；深秋叶色红艳，美丽壮观，是南方著名的秋色叶树种。在我国南方低山、丘陵地区营造风景林很合适。亦可在园林中栽作庭荫树，或于草地孤植、丛植，或于山坡、池畔与其他树木混植。因枫香具有较强的耐火性和对有毒气体的抗性，可用于厂矿区绿化。

4. 榄仁树

别名：法国枇杷

拉丁名：*Terminalia catappa* Linn.

科属：使君子科 诃子属

1) 形态特征：半落叶乔木。大枝围绕主干轮生，成显著环状，水平扩展张开。叶紧密互生，单叶，呈广椭圆形，簇生于枝条末端。叶端较阔，叶质厚，呈革质。叶背基部中脉的两边，各有两枚细小的腺体。落叶前会转为美丽的紫红色。花萼钟状，白色5裂，花序呈穗，雌雄同株。果为核果，周边龙骨凸起，扁平椭圆形。花期3~6月；果期7~9月。

2) 产地分布：印度、马来西亚、菲律宾、太平洋诸岛，我国台湾、海南、广东、广西等热带及亚热带地区有栽培。

3) 生态习性：喜高温多湿，并耐盐分。

4) 园林用途：冠大荫浓，春季新芽翠绿，秋冬落叶前转变为黄色或红色，非常艳丽，树姿分层，树形优美，常作庭荫树、行道树。

5. 锦叶榄仁

别名：彩叶榄仁

拉丁名：*Terminalia mantaly* Triciolor

科属：使君子科 诃子属

1) 形态特征：落叶大乔木，树高可达20m，主干直立，浑圆挺直，生性强健，冠幅可达8m，树冠呈伞形，层次分明，质感轻细；树皮浅褐色，遍布浅色的点状短线条；枝短且呈自然分层，轮生于主干四周，蓬勃向上，层次分明有序，四周向上展开，呈斜斗形，枝条柔软细密，抗台风能力极强；叶片呈倒阔披针形或长倒卵形，具4~6对羽状叶脉，4~7叶轮生。叶片外缘为淡金黄色，约占叶面1/2，叶中央为浅绿色，故有银边榄仁之称。

2) 产地分布：广东、香港、台湾、广西等地有栽植。

3) 生态习性：喜光、喜温暖湿润气候，要求年降雨量1800~2000mm，相对湿度70%~80%，以土层深厚湿润、肥沃疏松，微酸性的沙质土上生长最好。有抗大气污染和吸收有毒气体的功能，还能耐一定的干旱，有较强的抗风功能。

4) 园林用途：枝干挺拔，树体高大，叶色变化，彩叶效果好，常用于庭院树及行道树。

6. 梧桐（图9-4）

别名：青桐

拉丁名：*Firmiana platanifolia* （Linn. f.） Marsili

科属：梧桐科 梧桐属

1) 形态特征：落叶乔木，高15~20m，树冠卵圆形。树干端直，干枝翠绿色，平滑。小枝粗壮；顶芽发达，密被锈色绒毛。单叶，互生；叶掌状3~5裂，裂片全缘，基部心形，表面光滑，下面被星状毛；叶柄较长。花单性同株，顶生圆锥花序；子房圆球形，有柄。蓇葖果，果瓣匙状，膜质，种子着生于果瓣近基部的边缘；种子球形，种皮皱缩。花期6~7月；果期9~10月。

图9-4 梧桐

2) 产地分布：原产我国及日本，黄河流域南至华南、西南广泛栽培，尤以长江流域为多。

3) 生态习性：喜光，喜温暖湿润气候，喜土层深厚、肥沃、湿润、排水良好的土壤。深根性，直根粗壮，不耐涝；萌芽力弱，不耐修剪。春季萌芽期晚，秋季落叶早，固有"梧桐一叶落，天下尽知秋"之说。对多种有毒气体都有较强抗性。

4) 园林用途：梧桐树干端直，高大挺拔，枝叶青翠，遮阳效果好，叶大而形美，秋季落叶前变金黄色，美丽可爱。为优美的庭荫树和行道树。是中国古典园林常用植物，草地、庭院孤植或丛植均相宜。与棕榈、竹子、芭蕉等配植，点缀假山石园景，协调古雅。民间有"凤凰非梧桐不栖"之说，因此庭院中广为应用，"栽下梧桐树，引来金凤凰"。

7. 紫叶李（图 9-5）

别名：红叶李

拉丁名：*Prunus cerasifera* Ehrh. f. atropurpurea (Jacq.) Rehd.

科属：蔷薇科 李属

1) 形态特征：落叶小乔木，树冠球形或广卵形，树皮灰紫色。小枝细，红褐色，多分枝。叶互生，紫红色，卵形至倒卵形，叶缘有锯齿。花常单生，稀2朵，淡粉红色；果球暗红色。花期4~5月；果期6~7月。

2) 产地分布：原产亚洲西南部，我国华北及以南地区广为种植。

3) 生态习性：适应性强，喜光，在背阴处叶片色泽不佳；喜温暖湿润气候；对土壤要求不严，在中性至微酸性土壤中生长较好；抗二氧化硫、氟化氢等有毒气体。

图 9-5 紫叶李

4) 园林用途：叶紫红色，是著名的观叶树种，树冠扁圆形或近球形，春季白花满树。整个生长季节都是紫红色，红叶摇曳，艳丽多姿，宜于建筑物前及园路旁或草坪角隅处栽植。

8. 乌桕（图 9-6）

别名：卷子树 蜡子树

拉丁名：*Sapium sebiferum* Roxb.

科属：大戟科 乌桕属

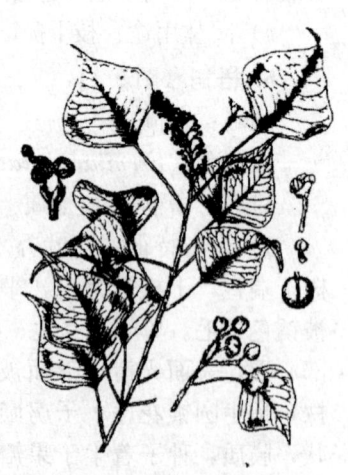

1) 形态特征：落叶乔木，高达15m；树冠近球形。有乳汁。小枝纤细，树皮暗灰色；单叶，互生，纸质。叶片菱形至菱状卵形，全缘，先端尾尖，基部宽楔形，羽状脉。花黄绿色，花小。种子黑色，被白蜡。花期5~7月；果期10~11月。

2) 产地分布：产黄河流域以南，在华北南部至长江流域、珠江流域均有栽培。

3) 生态习性：喜光，要求温暖湿润气候；对土壤要求不严，酸性、中性或微碱性土均可，具有一定的耐盐性。喜湿，能耐短期积水。

图 9-6 乌桕

4）园林用途：树冠整齐，叶形秀丽，入秋经霜先黄后红，艳丽可爱，夏季满树黄花衬以秀丽绿叶；冬季宿存果开裂，种子外被白蜡，经冬不落，远看宛如满树白花。适宜庭院种植，或混植于常绿林中点缀秋色；在山地风景区，适于大面积成林。乌桕较耐水湿，在华南常用以护堤。

9. 紫锦木

别名：俏黄栌

拉丁名：*Euphorbia cotinifolia* L.

科属：大戟科 大戟属

1）形态特征：落叶乔木，高可达20m，树皮灰白色。乳汁有毒。分枝多，嫩枝和叶片呈红褐色或暗紫红色，叶具长柄，叶卵形或广卵形，叶3枚轮生，圆卵形，先端钝圆，基部近平截；边缘全缘；两面红色；叶柄略带红色。

2）产地分布：原产美洲热带，我国广东、广西、福建、台湾有栽培。

3）生态习性：喜光，日照充足，生长才能茂盛，喜温暖至高温湿润气候。

4）园林用途：叶形秀丽可爱，生长季节一直保持深红色，是极佳的观叶类植物，常以丛生状植株在园林绿化中使用。

10. 鸡爪槭（图9-7）

别名：鸡爪枫

拉丁名：*Acer palmatum* Thunb.

科属：槭树科 槭属

1）形态特征：落叶小乔木。树皮深灰色。小枝细瘦；当年生枝紫色或淡紫绿色；多年生枝淡灰紫色或深紫色。叶纸质，外貌圆形，直径6～10cm，基部心脏形或近于心脏形，稀截形，5～9掌状分裂，通常7裂，裂片长圆卵形或披针形，先端锐尖或长锐尖，边缘具紧贴的尖锐锯齿；裂片间的凹缺钝尖或锐尖，深达叶片直径的1/2或1/3；上面深绿色，无毛；下面淡绿色，在叶脉的脉腋被有白色丛毛；主脉在上面微显著，在下面凸起；叶柄长4～6cm，细瘦，无毛。花紫色，杂性，雄花与两性花同株，生于无毛的伞房花序，总花梗长2～3cm，叶萌发出以后才开花；萼片5，卵状披针形，先端锐尖，长3mm；花瓣5，椭圆形或倒卵形，先端钝圆，长约2mm；雄蕊8，无毛，较花瓣略短而藏于其内；花盘位于雄蕊的外侧，微裂；子房无毛，花柱长，2裂，柱头扁平，花梗长约1cm，细瘦，无毛。翅果嫩时紫红色，成熟时淡棕黄色；小坚果球形，直径7cm，脉纹显著；翅与小坚果共长2～2.5cm，宽1cm，张开成钝角。花期5月；果期9月。

图9-7 鸡爪槭

2）产地分布：产山东、河南、江苏、浙江、安徽、江西、湖北、湖南、贵州等省。生于海拔200～1200m的林边或疏林中。

3）生态习性：鸡爪槭为弱阳性树种，耐半阴，在阳光直射处孤植夏季易遭日灼之害；喜温暖湿润气候及肥沃、湿润而排水良好的土壤，耐寒性强，酸性、中性及石灰质土均能适应。生长速度中等偏慢。喜温暖气候，适生于阴凉疏松、肥沃之地。

4）园林用途：鸡爪槭叶形美观，入秋后转为鲜红色，色艳如花，灿烂如霞，为优良的观叶树种。无论栽植何处，无不引人入胜。植于草坪、土丘、溪边、池畔、路隅、墙边、亭廊、山石间点缀，均十分得体，若以常绿树或白粉墙作背景衬托，尤感美丽多姿。制成盆景或盆栽用于室内美化也极为雅致。

11. 黄连木（图9-8）

拉丁名：*Pistacia chinensis* Bunge

科属：漆树科 黄连木属

1）形态特征：落叶乔木，高可达30m，树冠近圆球形；树皮薄片状剥落。通常为偶数羽状复叶，小叶10～14，披针形或卵状披针形，先端渐尖，基部偏斜，全缘。雌雄异株，圆锥花序，雄花序紧密，淡绿色；雌花序松散，紫红色。核果倒卵状球形，熟后变红色至蓝紫色。花期3～4月，先叶开放；果9～11月成熟。

2）产地分布：我国分布很广，北至黄河流域，南至两广及西南均有分布；常散生于低山丘陵及平原地区。

3）生态习性：喜光，幼时稍耐阴；喜温暖，畏严寒；耐干旱瘠薄，对土壤要求不严，微酸性、中性和微碱性的沙质、黏质土均能适应，而以在肥沃、湿润而排水良好的石灰岩山地生长最好。深根性，主根发达，抗风力强；萌芽力强。生长较慢，寿命长。对二氧化硫、氯化氢和煤烟的抗性较强。

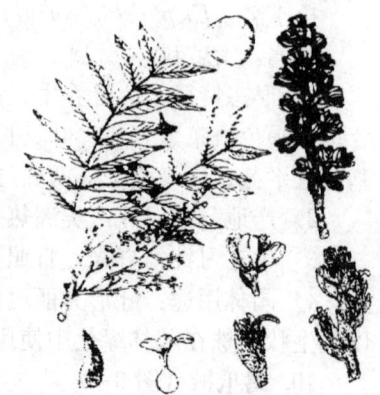

图9-8 黄连木

4）园林用途：冠大荫浓，枝叶繁茂而秀丽，早春嫩叶红色，入秋叶又变成深红或橙黄色，红色的雌花序也极美观。宜作庭荫树、行道树及山林风景树。也可作低山区造林树种。在园林中植于草坪、坡地、山谷或于山石、亭阁之旁配植无不相宜。若要构成大片秋色红叶林，与槭类、枫香等混植效果更好。

12. 三角枫（图9-9）

别名：三角槭

拉丁名：*Acer buergerianum* Miq.

科属：槭树科 槭属

1）形态特征：落叶乔木，高约20m，树冠卵形，树皮暗褐色，薄条片状剥落。单叶对生，纸质，卵形或倒卵形，常3浅裂，裂片向前伸；有时不裂，先端短渐尖，基部圆形或广楔形，3主脉，裂片全缘，或上部疏生浅齿，背面有白粉，幼时有毛。花杂性同株，黄绿色，子房密被柔毛，顶生伞房花序。翅果，两果翅张开成锐角或近于平行。花期4月；果9月成熟。

2）产地分布：主产于长江中下游各地，北到山东，南至广东、台湾均有分布；日本也有生产。

3）生态习性：喜光，稍耐阴；喜温暖湿润气候及酸性、中性土壤，较耐水湿；有一定耐寒能力，在北京可露

图9-9 三角枫

地越冬。

4）园林用途：三角枫枝叶茂密，夏季浓荫覆地，入秋叶色变为暗红，颇为美观，宜作庭荫树、行道树及护岸树栽植。在湖岸、溪边、谷地、草坪配植，或点缀于亭廊、山石间都很合适。

13. 红枫（图 9-10）

别名：紫红鸡爪槭、红叶羽毛枫

拉丁名：*Acer palmalum* Thunb.

科属：槭树科 槭属

1）形态特征：落叶小乔木。树冠伞形；树皮平滑，灰褐色。枝开张，小枝紫色或淡紫绿色，光滑，老枝浅灰紫色。叶掌状 5～9 深裂，基部心形，裂片卵状长椭圆形至披针形，先端锐尖，缘有重锯齿，叶常年红色或紫红色。先花后叶。花杂性，紫色，伞房花序顶生。翅果无毛，两翅展开成钝角。花期 5 月；果 10 月成熟。

2）产地分布：分布于中国、日本和朝鲜；我国分布于长江流域各地，山东、河南、浙江也有分布。多生于海拔 1200m 以下山地、丘陵的林缘或疏林中。

图 9-10 红枫

3）生态习性：喜弱光，耐半阴，夏季在阳光直射处孤植易遭日灼之害；喜温暖湿润气候及肥沃、湿润而排水良好的土壤，生长速度偏慢。

4）园林用途：红枫是鸡爪槭的变种，树姿婆娑，叶形秀丽，整个生长季叶色红，为珍贵的观叶树种。植于草坪、土丘、溪边、池畔，或于墙隅、亭廊、山石间点缀，均十分得体，若以常绿树或白粉墙作背景衬托，尤感美丽多姿。

14. 美国红枫（图 9-11）

别名：红花槭

拉丁名：*Acer rubrum* L.

科属：槭树科 槭属

1）形态特征：落叶大乔木，树高 12～18m，树形直立向上，树冠呈椭圆形或圆形，开张优美。单叶对生，叶片 3～15 裂，手掌状，叶表面亮绿色，叶背泛白，新生叶正面呈微红色，后变成绿色，直至深绿色；叶背面灰绿色，至秋季又变为红色。3 月末至 4 月开花，花为红色，稠密簇生，少部分微黄色，先花后叶，叶片巨大。茎光滑，有皮孔，通常为绿色，冬季常变为红色。新树皮光滑，浅灰色。老树皮粗糙，深灰色，有鳞片或皱纹。果实为翅果，多呈微红色，成熟时变为棕色。

图 9-11 美国红枫

2）产地分布：原产美国，现我国长江流域以北已有引种。

3）生态习性：美国红枫适应性较强，耐寒、耐旱、耐湿，适合酸性至中性的土壤。美国红枫使秋色更艳。对有害气体抗性强，尤其对氯气的吸收力强。

4）园林用途：因其秋季色彩夺目，树冠整洁，被广泛应用于公园、小区、街道栽植，既可以园林造景又可以作为行道树。

15. 柚木（图9-12）

别名：胭脂木、血树、麻栗

拉丁名：*Tectona grandis* L. f.

科属：马鞭草科 柚木属

1）形态特征：落叶或半落叶大乔木，高可达40m；小枝淡灰色或淡褐色，四棱形，具4槽，被灰黄色或灰褐色星状绒毛。叶对生，厚纸质，全缘，卵状椭圆形或倒卵形，顶端钝圆或渐尖，基部楔形下延，表面粗糙，沿脉有微毛，背面密被灰褐色至黄褐色星状毛；叶柄粗壮。圆锥花序顶生；花冠白色；核果球形，外果皮茶褐色。花期8月；果期10月。

2）产地分布：原产缅甸、泰国、印度、印度尼西亚和老挝等地，其中以印度尼西亚、泰国、缅甸最为著名。我国云南、广东、广西、福建、台湾等地普遍引种。

3）生态习性：柚木是热带树种，要求较高的温度。垂直分布多见于海拔700～800m的低山丘陵和平原。柚木是喜光树种，原产地年平均气温为20℃～27℃，绝对低温2℃，年降雨量1100～3800mm，干湿季明显。喜深厚、湿润、肥沃、排水良好的土壤。

图9-12 柚木

4）园林用途：柚木叶子大、木材质优、主干通直、树冠齐整、价值高。在广东、广西、海南、福建等地，常用作珍贵树种在荒山等地植树造林，也可作庭院树和行道树。

二、落叶灌木类

1. 紫叶小檗（图9-13）

别名：红叶小檗

拉丁名：*Berberis thunbergii* var. *atropurpurea* Chenault

科属：小檗科 小檗属

1）形态特征：落叶灌木，高2～3m。小枝紫红色或暗红色，老枝灰棕色或紫褐色，有刺。叶倒卵形或匙形，全缘，叶紫红到鲜红。花浅黄色。浆果椭圆形，熟时亮红色。花期5月；果9月成熟。

2）产地分布：原产于日本及中国，我国北方城市常栽培使用。

3）生态习性：喜光，稍耐阴；耐寒；喜肥沃、疏松深厚、排水良好的酸性沙质土壤。萌芽力强，耐修剪。

4）园林用途：叶色红艳，萌芽力强、耐修剪，常作色块地被、绿篱用。

图9-13 紫叶小檗

2. 黄栌（图9-14）

别名：黄栌木、黄栌树等

拉丁名：*Cotinus coggygria* Scop.

科属：漆树科 黄栌属

1) 形态特征：落叶灌木或小乔木，高可达8m，树冠圆形，树皮暗灰褐色，小枝紫褐色。单叶互生，纸质，卵形或倒卵形，全缘，先端圆或微凹。顶生圆锥花序被柔毛；花萼无毛；花瓣卵形或卵状披针形。核果肾形，无毛。花期4~5月；果期6~7月。

2) 产地分布：分布在我国西南、华北、西北及浙江、四川等地。

3) 生态习性：黄栌性喜光，也耐半阴；耐寒，耐干旱瘠薄和碱性土壤，不耐水湿，宜植于土层深厚、肥沃而排水良好的沙质壤土中。生长快，根系发达，萌蘖性强。对二氧化硫有较强抗性。秋季当昼夜温差大于10℃时，叶色变红。

4) 园林用途：著名的观叶树种，观赏特征为秋叶红艳，霜重色愈浓，鲜艳夺目。著名的北京香山红叶即为黄栌。

图9-14 黄栌

第二节 常绿观叶类

一、常绿乔木类

1. 苏铁（图9-15）

别名：铁树

拉丁名：*Cycas revoluta* Thunb.

科属：苏铁科 苏铁属

1) 形态特征：常绿乔木，树形棕榈状，树干粗壮。叶羽状，螺旋状排列，叶厚革质、坚硬，羽片条形，边缘显著反卷。雌雄异株，球花单性；雄球花长圆柱形，小苞子叶木质，密被黄褐色绒毛，背面着生多数药囊；雌球花扁球形，大苞子叶宽卵形，有羽状裂，密被黄褐色绵毛，在下部两侧着生2~4个裸露的直生胚珠。种子核果状。花期6~8月；种子10月成熟，熟时红色。

2) 产地分布：原产于我国南部地区，日本、印度尼西亚及菲律宾亦有分布；现长江流域以南广泛栽培。

3) 生态习性：喜光，喜温暖湿润气候，不耐寒，生长速度缓慢，寿命可达200余年。

图9-15 苏铁

4) 园林用途：树形优美，有热带风光的观赏效果，常植于庭前阶旁及草坪内，或作大型盆栽观赏，优美的观赏树种，栽培极为普遍。

2. 印度橡皮树（图9-16）

别名：印度橡胶榕

拉丁名：*Ficus elastica* Roxb.

科属：桑科 榕属

1）形态特征：常绿乔木，高可达45m，具气生根，含乳汁，全体无毛。单叶互生，叶厚革质，有光泽，表面光绿色，长椭圆形，全缘，中脉显著，羽状侧脉多而细，且平行直伸；托叶大，淡红色，包被幼芽，落后在枝上留下环状托叶痕。隐花果（榕果）肉质，卵状长圆形，无柄，成熟时黄绿色。花期11月。

2）产地分布：原产于印度、缅甸。

3）生态习性：喜暖湿气候，不耐寒。我国长江流域及北方各大城市多作盆栽观赏，温室越冬，华南暖地可露地栽培。

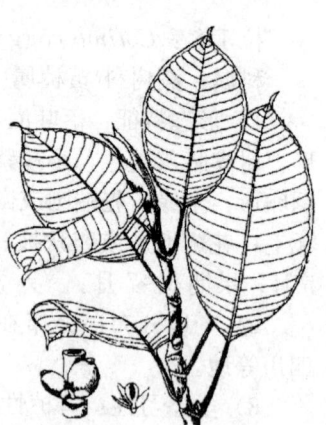

图9-16 印度橡皮树

4）园林用途：橡皮树是热带著名的庭院观赏树种，常作为庭荫树及观赏树。有各种斑叶的观赏品种，颇为美观，常作盆栽观赏，更受人们喜爱。

3. 柳叶榕

别名：长叶榕

拉丁名：*Ficus benjamina* Linn.

科属：桑科 榕属

1）形态特征：常绿大乔木。树高达30余米，枝条浓密，具气生根，皮孔明显，树冠广阔，遮阴效果极佳，为华南风光代表树种之一。叶披针形，先端尖，薄革质，深绿色，有光泽。叶柄细，常下垂。果球形，熟后黑色。

2）产地分布：产于热带、亚热带的亚洲地区。我国广东、广西、海南、云南等省（区）有分布和栽培。

3）生态习性：喜半阴、温暖而湿润的气候。不耐寒，可耐短期的0℃低温，温度在25～30℃时生长较快，空气湿度在80%以上时易生出气生根。

4）园林用途：树叶披针形，常下垂，较奇特，树大荫浓，两广及海南地区常用作行道树及庭荫树。

4. 金钱榕

别名：圆叶橡皮树

拉丁名：*Ficus elastica*

科属：桑科 榕属

1）形态特征：常绿乔木或灌木。有乳汁，叶互生，叶广倒卵形，广圆头，革质；叶面浓绿色，叶背淡黄色；叶缘有暗色腺体。隐头花序球形，成熟后黄色或略带红。

2）产地分布：原产印度和马来西亚。

3）生态习性：喜温暖湿润环境，需充足阳光，较耐寒，也耐阴，土壤要求肥沃、排水良好。冬季温度不低于5℃。

4）园林用途：叶形奇特，翠绿可爱，常用榕树桩作砧木嫁接此树，培育桩景。

5. 琴叶榕

别名：扇叶榕

拉丁名：*Ficus pandurata* Hance

科属：桑科 榕属

1) 形态特征：常绿乔木，高可达 12m，枝干黑色、挺直。叶片大，呈提琴状，单叶互生，全缘波状、革质，叶面深绿色，背面褐色有绵毛。雄花有柄，花被片 4，线形，雄蕊 3，稀为 2，长短不一；雌花花被片 3~4，椭圆形，花柱侧生，细长，柱头漏斗形。果单生叶腋，鲜红色，椭圆形或球形，直径 6~10mm。花期 6~8 月。

2) 产地分布：原产非洲热带区。我国广东、海南、广西、福建等地有栽培。

3) 生态习性：喜温暖、湿润和阳光充足环境，生长适温为 25~35℃，15℃左右休眠，5℃以上可安全越冬。对水分的要求是宁湿勿干。

4) 园林用途：株型高大，挺拔潇洒，叶片奇特，叶先端膨大呈提琴形状，因此而得名。琴叶榕具较高的观赏价值，是理想的大厅内观叶植物，也可用于装饰会场或办公室，也可作庭院树、行道树、盆栽树，对空气污染及尘埃抵抗力很强。

6. 木麻黄（图 9-17）

别名：马毛树

拉丁名：*Casuarina equisetifolia* L.

科属：木麻黄科 木麻黄属

1) 形态特征：常绿乔木，高达 30~40m。树冠狭长圆锥形。老树大枝红褐色，纵裂；小枝纤细、灰绿色，多节，酷似麻黄或木贼，柔软下垂，6~8 棱；节间长 4~9mm。叶退化成鳞片状，7（6~8）枚轮生，淡绿色，近透明。花单性，雌雄同株。果序呈球果状，椭圆形。花期 4~5 月；果期 7~10 月。

2) 产地分布：原产澳大利亚，常生于近海沙滩和沙丘上。我国南部和东南沿海地区引种栽培。

3) 生态习性：喜暖热湿润气候；幼苗不耐旱，但大树耐干旱；耐盐碱、抗沙压和海潮。主根深，侧根发达，具有固氮菌根，抗风力强，适于沙地，在深厚、肥沃的中性或微碱性土壤上生长最好，黏土上生长不良。

4) 园林用途：木麻黄是华南地区沿海地带优良的防风沙和农田防护林先锋树种，园林中适于列植，是优良的行道树和绿篱植物。

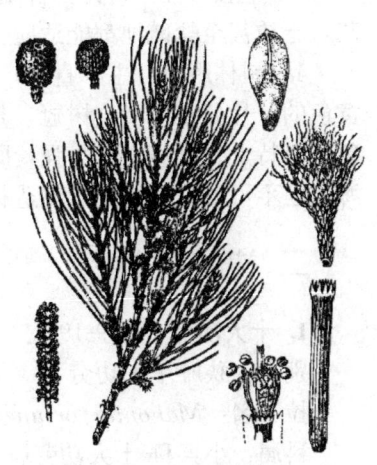

图 9-17 木麻黄

7. 铁力木（图 9-18）

别名：铁梨木

拉丁名：*Mesua ferrea* Linn.

科属：藤黄科 铁力木属

1) 形态特征：常绿乔木，高可达 30m，树干基部具板根。叶革质，披针形至狭卵状披针形，叶端渐尖，叶基楔形，叶背被白粉。花两性，1~2 朵腋生或顶生，花白色，芳香，花心、雄蕊、花丝金黄色极显著；萼片 4，2 大 2 小；花瓣 4。果扁球状，常 2 瓣裂；种子 1~4。花期 5~6 月；果期 9~11 月。

图 9-18 铁力木

2）产地分布：原产于印度、孟加拉国、泰国等亚洲热带地区；云南、广东、广西等有分布。

3）生态习性：性喜光和高温多湿气候及排水良好的沃土。在自然环境中更新能力良好，但生长较慢，在人工栽培管理下生长较快。

4）园林用途：铁力木树冠广卵形；新发嫩叶呈红色有花丛效果，非常美观；木材强韧坚硬，耐腐抗蛀，属珍贵木材，质地重、不易变形，故有铁力木之称。

8. 黄金香柳

别名：千层金

拉丁名：*Melaleuca bracteata* F. Muell.

科属：桃金娘科 白千层属

1）形态特征：常绿乔木，树高可达6～8m，幼树树形锥形，大树树形广卵形，树皮灰色、纵裂。叶互生，披针形，先端尖，叶色金黄，嫩枝红色，枝条柔软密集。

2）产地分布：原产澳大利亚，现海南、广州、重庆、成都等地均可栽培。

3）生态习性：喜光，喜温暖湿润气候，也可耐－7～－10℃的低温，土壤从酸性到石灰岩土质甚至盐碱地都能适应。

4）园林用途：主干直立，枝条密集、细长柔软，嫩枝红色，新枝层层向上扩展，金黄色的叶片分布于整个树冠，是形态优美的彩色树种，具极高观赏价值，有金黄、芳香、新奇等特点。抗病虫能力强，既抗旱又抗涝，适宜水边生长，还能抗盐碱、抗强风。是沿海地区不可多得的优良景观造林树种，特别适合沿海填海造地的地区用于绿化造林。

二、常绿灌木类

1. 十大功劳（图 9-19）

别名：狭叶十大功劳

拉丁名：*Mahonia fortunei* (Lindl.) Fedde

科属：小檗科 十大功劳属

1）形态特征：常绿灌木，高达1～2m，树皮灰色，木质部黄色。叶革质，奇数羽状复叶，小叶5～9枚，狭披针形，边缘有刺齿6～13对，小叶均无叶柄。花黄色，总状花序，4～8条簇生。浆果近球形，蓝黑色，被白粉。花期7～9月；果期10～11月。

2）产地分布：四川、湖北、浙江、江苏等地均有栽培。

3）生态习性：耐阴，喜温暖气候及肥沃、湿润、排水良好的土壤。

4）园林用途：常用作绿篱，因其耐阴常植于林下，或栽植于庭院、林缘及草地边缘。

图 9-19 十大功劳

2. 红花檵木（图 9-20）

别名：红继木

拉丁名：*Loropetalum chinense* Oliver var. *rubrum* Yieh

科属：金缕梅科 檵木属

1)形态特征:常绿灌木或小乔木。树皮暗灰或浅灰褐色,多分枝。嫩枝红褐色,密被星状毛。叶革质互生,卵圆形或椭圆形,先端短尖,基部圆而偏斜,不对称,两面均有星状毛,全缘,暗红色。花瓣4枚,紫红色线形,花3～8朵簇生于小枝端。蒴果褐色,近卵形。花期4～5月,花期长,30～40d,10月能再次开花;果期8月。

2)产地分布:主要分布于长江中下游及以南地区。产于湖南浏阳、长沙和江苏苏州、无锡、宜兴等。

3)生态习性:喜光,稍耐阴,但阴时叶色容易变绿。适应性强,耐旱。喜温暖,耐寒冷。萌芽力和发枝力强,耐修剪。耐瘠薄,但适宜在肥沃、湿润的微酸性土壤中生长。

图9-20 红花檵木

4)园林用途:红花檵木枝繁叶茂,姿态优美,叶色终年红色(新叶鲜红),花朵繁多且美丽,耐修剪,耐蟠扎,是优良的红叶类绿篱植物,也可用于制作树桩盆景,花开时节,满树红花,极为壮观。

3. 黄金榕

别名:金叶榕

拉丁名:*Ficus microcarpa* cv. Golden Leaves

科属:桑科 榕属

1)形态特征:常绿灌木或乔木,高可达25m,树冠阔伞形,枝干上有下垂的气生根。单叶互生,倒卵形至椭圆形,革质,全缘。花单性,雌雄同株,隐头花序。果实球形,熟时红色。

2)产地分布:黄金榕产于热带、亚热带的亚洲地区,分布于我国台湾及华南地区,东南亚及澳大利亚也有分布。

3)生态习性:喜光,也耐阴(若过阴,叶色变绿),喜温暖而湿润的气候。不耐寒,可耐短期的0℃低温,温度在25～30℃时生长较快。

4)园林用途:分蘖能力强,叶色金黄亮丽,易造型,园林应用广泛,两广地区常作金黄色类地被植物使用。

4. 红枝蒲桃

拉丁名:*Syzygium rehderianum* Merr. et Perry

科属:桃金娘科 蒲桃属

1)形态特征:常绿灌木或小乔木。叶片革质,椭圆形至狭椭圆形,先端急渐尖,尖头钝,基部阔楔形,叶柄长7～9mm;新叶红润鲜亮,随生长变化逐渐呈橙红或橙黄色,老叶则为绿色,一株树上的叶片可同时呈现红、橙、绿3种颜色。聚伞花序腋生,或生于枝顶叶腋内,通常有5～6条分枝,每分枝顶端有无梗的花3朵。果实椭圆状卵形。花期6～8月。

2)产地分布:为我国的特有植物,分布于广东、福建、广西等地。

3)生态习性:阳性植物,比较耐高温,喜欢阳光充足的肥沃土壤。适合生长在温暖湿润的地区,一般生长在常绿阔叶林中或水源边上。

4）园林用途：树形漂亮，枝叶稠密，嫩叶鲜红，叶色变化，可以修剪成球形、层形、塔形、自然形、圆柱形、锥形等造型，是南方常用的彩叶类植物。

5. 朱槿（图9-21）

别名：扶桑

拉丁名：*Hibiscus rosa-sinensis* Linn.

科属：锦葵科 木槿属

1）形态特征：常绿灌木，高1～3m；小枝圆柱形，疏被星状柔毛。叶阔卵形或狭卵形，先端渐尖，基部圆形或楔形，边缘具粗齿或缺刻，叶片五颜六色，有白叶红脉、绿叶红脉、绿脉、紫红叶红脉、绿脉、绿叶红边等。花单生于上部叶腋间，常下垂，花梗长3～7cm；小苞片6～7，线形，基部合生；萼钟形，裂片5，卵形至披针形；花冠漏斗形，玫瑰红色或淡红、淡黄等色，花瓣倒卵形，先端圆，外面疏被柔毛；雄蕊柱平滑无毛；花柱枝5。蒴果卵形，平滑无毛，有喙。5～11月开花。

图9-21 朱槿

2）产地分布：我国广东、台湾、福建、广西等地有栽培。

3）生态习性：喜光，喜温暖湿润的气候，不耐寒，对土壤适应力强，在肥沃而且排水良好的土壤中生长良好。

4）园林用途：叶色多彩，鲜艳夺目，极具观赏价值，常用于色块地被植物，或作造型植物使用。

6. 红叶石楠

拉丁名：*Photinia fraseri*

科属：蔷薇科 石楠属

1）形态特征：常绿灌木或小乔木，蔷薇科石楠属杂交种的统称，高度可达12m，株形紧凑。枝褐灰色，全体无毛；冬芽卵形，鳞片褐色，无毛。叶片革质，长椭圆形、长倒卵形或倒卵状椭圆形，先端尾尖，基部圆形或宽楔形，边缘有疏生具腺细锯齿，近基部全缘，上面光亮；春季和秋季新叶亮红色。花期4～5月。梨果红色，能延续至冬季，果期10月。

2）产地分布：我国华东、中南及西南地区有栽培，栽培分布范围较广。

3）生态习性：喜光，稍耐阴，喜温暖湿润气候，耐干旱瘠薄，不耐水湿。

4）园林用途：著名的彩色叶类植物，春季新叶红艳，夏季转绿，秋、冬、春三季呈现红色，霜重色愈浓，低温色更佳（南方炎热地区红叶时间短）。可作色块地被植物，也可作行道树、庭院树。

7. 红桑

别名：铁苋菜

拉丁名：*Acalypha wilkesiana* Muell-Arg.

科属：大戟科 铁苋菜属

1）形态特征：常绿灌木，高可达5m，多分枝。植物体有乳汁。叶纸质，阔卵形，古铜绿色或浅红色，常有不规则的红色或紫色斑块，顶端渐尖，基部圆钝，边缘具粗圆锯齿。雌雄同株，通常雌雄花异序，雄花序被微柔毛；雌花序梗长约 2cm，雌花苞片阔卵形；花期几乎全年。

2）产地分布：原产斐济岛，现世界热带地区广为栽培。

3）生态习性：喜光，若光线不足，则叶色不佳，喜温暖湿润气候，不耐冻，当气温在 10℃ 以下时叶片即有轻度冻伤，长期 6～8℃ 植株严重受害。极不耐寒，要求排水良好的肥沃土壤；在干旱贫瘠土壤中生长不良。

4）园林用途：植株低矮，叶色美丽，品种繁多，在华南是优良的绿篱和基础种植材料，也可配植在灌木丛中点缀景色，并适合与其他种类搭配。在大片草地上布置模纹图案，夏季在阳光照射下分外美丽。

8. 变叶木（图 9-22）

别名：洒金榕

拉丁名：*Codiaeum variegatum* (L.) A. Juss.

科属：大戟科 变叶木属

1）形态特征：常绿灌木，全株光滑无毛，具乳汁。单叶互生。叶形和叶色多变，狭线形、条形至琴形、阔卵形。边缘全缘或分裂至中脉；波浪状甚至全叶螺旋状，黄色、淡绿色或紫色，常杂有其他颜色的斑块、斑点，有时中脉和侧脉上红色或紫色。花小，单性同株，总状花序。蒴果球形，白色。花期 3～5 月；果期夏季。

2）产地分布：原产马来西亚和太平洋岛屿。我国华南地区露地栽培；长江流域及其以北地区盆栽。

3）生态习性：喜高温多湿和阳光充足的环境，不耐寒，适宜生长温度 30℃ 左右，气温低于 10℃ 会引起植株落叶；喜黏重肥沃而又保水性好的土壤。

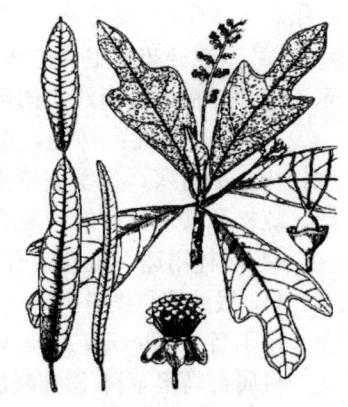

图 9-22 变叶木

4）园林用途：枝叶密生，生长繁茂，叶形、叶色变化多姿，五彩缤纷，品种多，是著名的观叶树种，华南可用于园林造景。适于路旁、石间丛植，也可植为绿篱或作为基础种植材料，北方常见盆栽，用于点缀案头和布置会场、厅堂。

9. 红背桂（图 9-23）

别名：紫背桂

拉丁名：*Excoecaria cochinchinensis* Lour.

科属：大戟科 海漆属

1）形态特征：常绿灌木，高 1～1.5m。有乳汁。小枝无毛，密生皮孔。单叶对生，间有互生或轮生。叶片狭椭圆形或矩圆形，有疏齿，先端渐尖，表面绿色，背面紫红色，两面无毛。雌雄异株，穗状花序腋生，雄花序较长，雌花序较短，由 3～5 朵花组成。花期 6～8 月。

2）产地分布：产我国台湾、广东、广西、云南等地。生于海拔 500m 以下。亚洲东南部各国也有分布。

图 9-23 红背桂

3) 生态习性：喜温暖、湿润气候和排水良好的沙质壤土；耐阴，忌暴晒；对二氧化硫抗性较强，生长速度快。

4) 园林用途：植株低矮，枝叶扶疏，叶片上绿下紫，常作地被、绿篱植物栽植，适于热带地区栽培，可丛植于林下、房后、墙角等荫蔽环境。

10. 花叶鹅掌柴（图 9-24）

别名：花叶鸭脚木

拉丁名：*Schefflera odorata* cv. variegata

科属：五加科 鹅掌柴属

1) 形态特征：常绿灌木。小枝粗，幼时被星状毛。掌状复叶，互生；托叶与叶柄基部合生。小叶 6～11 枚，椭圆形至矩圆状椭圆形或侧卵状椭圆形，叶柄长 10～30cm，叶面具不规则乳黄色至浅黄色斑块。雄花与两性花同株，花白色，芳香。核果球形。花期 9～12 月；果期 12 月至次年 2 月。

2) 产地分布：主要产于热带及亚热带地区。现我国广东、广西、福建、浙江、四川等地有栽培。

3) 生态习性：喜光，也耐半阴。性喜暖热湿润气候，生长快。不耐寒，冬季应不低于 5℃。喜湿怕干。土壤以肥沃、疏松和排水良好的沙质壤土为宜。

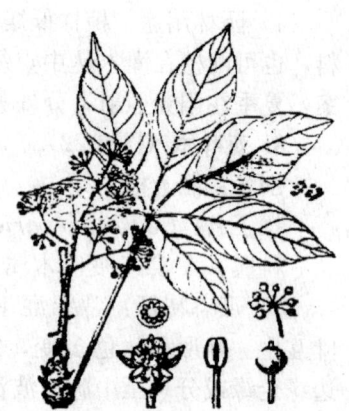

图 9-24 花叶鹅掌柴

4) 园林用途：植株紧密，斑叶类植物，南方地区常作地被植物，也可盆栽室内观赏。

11. 假连翘（图 9-25）

拉丁名：*Duranta repens* L.

科属：马鞭草科 假连翘属

1) 形态特征：常绿灌木，高 1.5～3m；枝条细长，常下垂或平卧，常有刺。单叶，对生。叶片纸质，卵形至披针形，全缘或中部以上有锯齿，基部楔形。总状花序顶生或腋生；花冠蓝色或近白色，高脚碟状。核果卵形，肉质，成熟时橘黄色。花果期 5～10 月，如条件适宜，可终年开花。

栽培品种有：金叶假连翘（南方地区又名黄素梅、黄金叶），叶片小，分枝多，叶片黄色，尤其以新叶为甚；花叶假连翘，叶面具黄色或白色斑或条纹。

2) 产地分布：原产美洲热带地区，我国华南至浙江常见栽培。

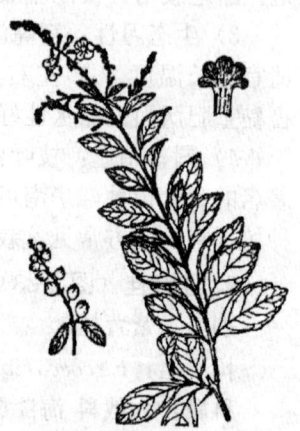

图 9-25 假连翘

3) 生态习性：喜光，略耐半阴；喜温暖、湿润，不耐寒；耐水湿，不耐干旱。萌芽力强，耐修剪。越冬温度要求在 5℃以上。生长迅速。

4) 园林用途：在华南和西南，常用花叶假连翘和金叶假连翘两个栽培品种，这两个栽培品种作为球形植物或地被植物均是优良的彩色叶类植物，使用广泛。

12. 金叶女贞

拉丁名：*Ligustrum vicaryi* Hort

科属：木犀科 女贞属

1) 形态特征：常绿灌木，枝叶繁密，株高可达3m。叶平展，卵状椭圆形，嫩叶金黄色，后渐变为黄绿色，色彩鲜亮。花小，白色，圆锥花序顶生，花期6~7月，核果球状，蓝黑色。

2) 产地分布：近年在我国北方栽培较普遍，长江中下游也栽培较多。

3) 生态习性：喜光，稍耐湿，不耐严寒及干旱。适生微酸性土壤。萌发力强，耐修剪。嫩叶金黄色，需栽植于阳光充足处方可发挥其观叶的效果。

4) 园林用途：枝叶繁茂，耐修剪，叶色亮丽，是作绿篱的良好材料。

13. 金森女贞

别名：哈娃蒂女贞

拉丁名：*Ligustrum japonicum* Thunb.

科属：木犀科 女贞属

1) 形态特征：常绿灌木，高3~5m，无毛。叶对生，单叶卵形，革质、厚实、有肉感，枝叶稠密。花期6~7月，圆锥状花序，花白色。果实10~11月成熟，呈黑紫色，椭圆形。

2) 产地分布：原产日本，是日本女贞的变种。我国主要栽培于华东、华南、华中地区。

3) 生态习性：喜光，稍耐湿，不耐严寒及干旱。适生微酸性土壤。萌发力强，耐修剪。嫩叶金黄色，需栽植于阳光充足处方可发挥其观叶的效果。

4) 园林用途：枝叶繁茂，耐修剪，叶色亮丽，是作绿篱的良好材料。

14. 亮叶朱蕉

别名：红铁

拉丁名：*Cordyline terminalis* cv. Aichiaka.

科属：龙舌兰科 朱蕉属

1) 形态特征：常绿灌木，高可达3m，茎通常不分枝。叶常聚生茎顶，紫红色，长矩圆形至披针状椭圆形，叶端渐尖，叶基狭楔形；叶柄腹面有宽槽，基部抱茎。圆锥花序生于上部叶腋，长30~60cm。

2) 产地分布：分布于我国华南地区；印度及太平洋热带岛屿亦产。

3) 生态习性：性喜高温、多湿气候，不耐寒，干热地区宜植半阴处，忌碱土，喜排水良好、富含腐殖质土壤。

4) 园林用途：叶色红艳亮丽，植株挺立，是著名的观叶植物，华南地区常用作地被植物，也可用于室内装饰或陈列于展厅、餐厅、会议室等处。

15. 海桐（图9-26）

拉丁名：*Pittosporum tobira* (Thunb.) Ait.

科属：海桐花科 海桐花属

1) 形态特征：常绿灌木或小乔木，高可达6m，嫩枝被褐色柔毛，有皮孔。叶聚生于枝顶，二年生，革质，嫩时上下两面有柔毛，以后变秃净，倒卵形或倒卵状披针形，长4~9cm，宽1.5~4cm，上面深绿色，发亮，干后暗晦无光，先端圆形或钝，常微凹入或为微心形，基部窄楔形，侧脉6~8对，在靠近边缘处相结合，有时因侧脉间的支脉较明显而呈多脉状，网脉稍明显，网眼细小，全缘，干后反卷，叶柄长达 2cm。

2) 产地分布：主要分布在我国江苏南部、浙江、福建、台湾、广东等地；朝鲜、日本也有分布。

3) 生态习性：喜光，在半阴处也生长良好。夏季可放室外，如有条件，可放阴凉处。强光对植物没有危害。喜温暖、湿润气候和肥沃湿润土壤，耐轻微盐碱，能抗风防潮。生长适温 15～30℃。冬季放于冷凉而不冻的室内。能忍受结冰的温度，但为使其良好生长，最低夜温应保持在 13℃以上。

4) 园林用途：枝叶繁茂，树冠球形，下枝覆地；叶色浓绿而有光泽，经冬不凋，初夏花朵清丽芳香，入秋果实开裂露出红色种子，也颇为美观。通常可作绿篱栽植，也可孤植、丛植于草丛边缘、林缘或门旁，列植在路边。因为有抗海潮及有毒气体能力，故又为海岸防潮林、防风林及矿区绿化的重要树种，并宜作城市隔噪声和防火林带的下木。

图 9-26　海桐

16. 八角金盘（图 9-27）

拉丁名：*Fatsia japonica* (Thunb.) Decne. et Planch.

科属：五加科　八角金盘属

1) 形态特征：常绿灌木或小乔木，高可达 5m。茎光滑无刺。叶柄长 10～30cm；叶片大，革质，近圆形，直径 12～30cm，掌状 7～9 深裂，裂片长椭圆状卵形，先端短渐尖，基部心形，边缘有疏离粗锯齿，上表面暗亮绿色，下面色较浅，有粒状突起，边缘有时呈金黄色；侧脉在两面隆起，网脉在下面稍显著。圆锥花序顶生，长 20～40cm；伞形花序直径 3～5cm，花序轴被褐色绒毛；花萼近全缘，无毛；花瓣 5，卵状三角形，长 2.5～3mm，黄白色，无毛；雄蕊 5，花丝与花瓣等长；子房下位，5 室，每室有 1 胚珠；花柱 5，分离；花盘凸起半圆形。果实近球形，直径 5mm，熟时黑色。花期 10～11 月；果熟期翌年 4 月。

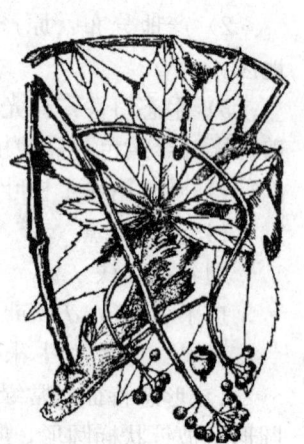

图 9-27　八角金盘

2) 产地分布：原产于日本南部，我国华北、华东及云南昆明有栽培。

3) 生态习性：喜湿暖、湿润的气候，耐阴，不耐干旱，有一定耐寒力。宜种植于排水良好和湿润的沙质壤土中。

4) 园林用途：八角金盘是优良的观叶植物，四季常青，叶片硕大，叶形优美，浓绿光亮，是深受喜爱的室内观叶植物。可适应室内光照不强的环境，为宾馆、饭店、写字楼和家庭美化常用的植物材料，或作室内花坛的衬底。叶片又是插花的良好配材。适宜配植于庭院、门旁、窗边、墙隅及建筑物背阴处，也可点缀在溪流滴水之旁，还可成片群植于草坪边缘及林地。对二氧化硫抗性较强，适于厂矿区、街坊种植。

第十章 遮阴类

遮阴树是指取其绿荫为首要目的的树种。园林中的遮阴类树种主要包括常绿遮阴和落叶遮阴两类。遮阴树的树冠可遮挡阳光从而减少了阳光的辐射,使区域小气候的温度降低。不同树种有不同的降温能力,这主要取决于树冠大小、树叶密度等因素。

第一节 常绿遮阴类

1. 乐昌含笑（图 10-1）

别名：南方白兰花、广东含笑、景烈白兰、景烈含笑

拉丁名：*Michelia chapensis* Dandy

科属：木兰科 含笑属

1) 形态特征：常绿乔木,高可达 15～30m,树皮灰色或深褐色。叶片薄革质,倒卵形、狭倒卵形或长圆状倒卵形,上面深绿色；叶柄有明显托叶痕,上面具张开的沟,嫩时被微柔毛,后脱落无毛。花梗被平伏灰色微柔毛,具 2～5 苞片；花被片淡黄色,6 片,芳香,2 轮,外轮倒卵状椭圆形,内轮较狭。聚合果,具果梗；种子红色,卵形或长圆状卵圆形。花期 3～4 月；果期 8～9 月。

图 10-1 乐昌含笑

2) 产地分布：原产于我国江西（南部）、湖南（南部）、广东（西部及北部）、广西（东部）、云南、贵州等地。生于海拔 500～1500m 的山地林间。

3) 生态习性：喜温暖湿润气候,生长适温在 15～32℃,耐 41℃高温；也较耐寒；喜光,苗期喜阴；喜疏松、深厚肥沃、排水良好的酸性至微碱性土壤。生长迅速,能够抗大气污染,吸收有毒气体。

4) 园林用途：花淡黄色,具芳香,树干挺拔,树冠塔形,树荫浓密,可孤植或丛植于园林中,也可作为行道树。

2. 樟树（图 10-2）

别名：香樟

拉丁名：*Cinnamomum camphora* （L.）Presl

科属：樟科 樟属

1) 形态特征：常绿乔木,高可达 30m；树冠广卵形或球形；树皮灰黄褐色,纵裂。叶互生。叶片近革质,卵形或卵状椭圆形,边缘波状,下面微有白粉,脉腋有腺窝；离基三出脉。圆锥花序,生于叶腋；花两性,绿色或黄绿色,能育雄蕊 9 枚。浆果状核果,近球形,紫黑色；萼发育形成托盘状。花期 4～5 月；果期 8～11 月。

2）产地分布：分布于我国长江以南各地；日本和朝鲜也产。

3）生态习性：较喜光。喜温暖湿润气候和深厚肥沃的酸性或中性沙壤土，稍耐盐碱；较耐水润，不耐干旱瘠薄。寿命长，可达千年以上。有一定的抗海潮风、耐烟尘和有毒气体能力，并能吸收多种有毒气体。

4）园林用途：树干雄伟，春叶色彩鲜艳，且树枝幢幢，是江南最常见的绿化树种，广泛用作庭荫树、行道树，也可用于营造风景林和防护林。每年3、4月间，新芽萌发，幼叶初展，红似丹枫，黄若金菊，色彩艳丽如满枝繁花，常配植于庭院、池畔、山坡、高大建筑旁或宽阔的草地间，或孤植或丛植，是我国珍贵用材、特用经济和园林绿化树种，栽培历史悠久，各地常见千年古木。

图 10-2　樟树

3. 天竺桂（图 10-3）

别名：大叶天竺桂、山肉桂、土肉桂

拉丁名：*Cinnamomum japonicum* Sieb.

科属：樟科　樟属

1）形态特征：常绿乔木，高达10～15m；枝条细弱，圆柱形，无毛，红色或红褐色，具香气。叶近对生或在枝条上部互生，卵圆状长圆形至长圆状披针形，先端锐尖至渐尖，基部宽楔形或钝形，革质，上面绿色，光亮，下面灰绿色，晦暗，两面无毛，离基三出脉，中脉直贯叶端；脉腋无腺体；花序腋生，无毛；花黄绿色。果实椭圆形。花期4～5月；果期7～9月。

2）产地分布：产于我国江苏、浙江、安徽、江西、福建及台湾，多生长于海拔1000m以下常绿阔叶林或山谷杂木林中。日本和朝鲜也有分布。

3）生态习性：中性树种。幼年期耐阴。喜温暖湿润气候，在排水良好的微酸性土壤上生长良好，中性土壤亦能适应。平原引种应注意幼年期庇荫和防寒，在排水不良之处不宜种植。对二氧化硫抗性强。

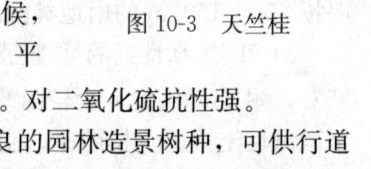

图 10-3　天竺桂

4）园林用途：树干通直，树姿优美，四季常绿，是优良的园林造景树种，可供行道树和园景树植用，孤植、列植、丛植均宜。其枝叶茂密，抗污染，隔声效果好，可作工矿区绿化和防护林带材料。

4. 红楠（图 10-4）

别名：小楠、猪脚楠、楠仔木

拉丁名：*Machilus thunbergii* Sieb. et Zucc.

科属：樟科　润楠属

1）形态特征：常绿乔木，高达10～15m；生于海边者常呈灌木状。树皮幼时灰白色，平滑，后变黄褐色。小枝无毛；顶芽卵形或长卵形，芽鳞覆瓦状。叶互生，叶片革质，倒卵形至倒卵状披针形，全缘，先端钝或突尖，基部楔形，两面无毛，背面有白粉；侧脉7～12对。圆锥花序生于新枝基部，花被片矩圆形。浆果扁球形，熟时蓝黑色，果柄鲜红色;宿存花被片开展。花期2~4月;果期7~8月。

2)产地分布:我国山东、江苏、浙江、安徽、台湾、福建、江西、湖南、广东、广西均有分布。生于山地阔叶混交林中,在东部各省及湖南,垂直分布在海拔800m以下;在福建、台湾和广西则多见于海拔600m以下。日本、朝鲜也有分布。

3)生态习性:喜温暖湿润气候,能耐-10℃低温,幼株耐阴,成株需充分日照;喜湿润肥沃、排水良好的中性或微酸性土壤。

4)园林用途:红楠春季新芽开放,新叶随生长出现深红、粉红、金黄、嫩黄等不同颜色变化,五彩缤纷,是主要的彩叶树种。夏季果熟后成紫黑色,观赏性佳。冬季顶芽饱满微红,犹如花蕾缀满碧绿的树冠。树形优美,树干高大通直,是理想的行道树、庭荫树。在东部和南部沿海、海岛可作为海岸防风林带树种。

图10-4 红楠

5. 桢楠(图10-5)

别名:楠木、雅楠

拉丁名:*Phoebe zhennan* S. Lee et F. N. Wei

科属:樟科 润楠属

1)形态特征:常绿乔木,高可达30m;树干通直。小枝较细,被灰黄色或灰褐色柔毛。叶互生,羽状脉。叶片革质,椭圆形至长椭圆形,稀披针形或倒披针形;全缘,先端渐尖。花两性,圆锥花序;花被片6枚。浆果椭圆形,紫黑色,宿存花被片革质,包被果实基部,直立。花期4~5月;果9~10月成熟。

2)产地分布:产于湖北西部、湖南西部、贵州及四川盆地,多生于海拔1500m以下的阔叶林中,成都平原习见栽培。

3)生态习性:中性树,幼时耐阴,喜温暖湿润气候及肥沃、湿润而排水良好的中性或微酸性土壤。生长速度缓慢,寿命长。深根性,萌蘖力强。

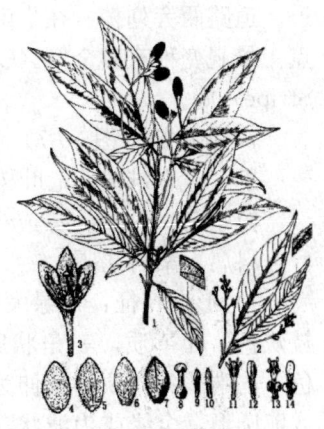

图10-5 桢楠

4)园林用途:树干高大端直,树冠雄伟,是优良的风景树,在成都平原广为栽培。适于孤植、丛植或配植于建筑周围,也常作行道树,在山地风景区适于营造大面积风景林,也是我国的珍贵树种。

6. 榕树(图10-6)

拉丁名:*Ficus microcarpa*. Linn. f.

科属:桑科 榕属

1)形态特征:常绿大乔木,高达15~25m,冠幅广展;老树常有锈褐色气生根。树皮深灰色。叶薄革质,狭椭圆形,先端钝尖,基部楔形,表面深绿色,干后深褐色,有光泽,全缘;羽状脉,基生叶脉延长,侧脉3~10对;叶柄无毛;托叶小,披针形。花单性,雌雄同株。隐花果腋生,近扁球形,无梗,熟时紫红色。花期5~6月;果期10月。

同属树种:榕属其他遮阴树种有高山榕(*Ficus altissima* Bl.)、垂叶榕(*Ficus*

benjamina Linn.）、雅榕（*Ficus concinna* Miq.）等，是华南地区重要的景观树种。

2）产地分布：分布于亚洲热带，产我国台湾、浙江（南部）、福建、广东（及沿海岛屿）、广西、贵州、云南等地。斯里兰卡、印度、缅甸、泰国、越南、马来西亚、菲律宾、巴布亚新几内亚和澳大利亚东北部也有分布，多生于海拔1900m以下山地、平原。

3）生态习性：榕树的适应性强，喜疏松肥沃的酸性土，在瘠薄的沙质土中也能生长，在碱土中叶片黄化。不耐旱，较耐水湿，短时间水涝不会烂根。在干燥的气候条件下生长不良，在潮湿的空气中能生发大气生根，使观赏价值大大提高。喜阳光充足、温暖湿润气候，不耐寒，除华南地区外多作盆栽。生长快，寿命长，抗污染。

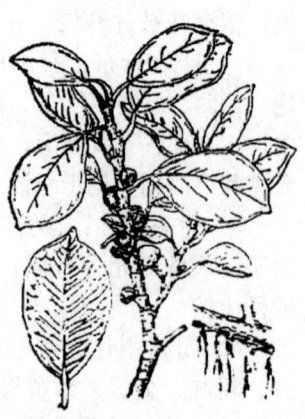

图10-6 榕树

4）园林用途：树冠宽阔，枝叶茂密，古云"榕树遮半天"，其气生根多下垂，交错盘缠，入土即化为一支柱，形成独木成林的奇观，是华南地区重要的绿荫树。树体庞大，宜植于环境空旷之处以形成荫蔽景观，如孤植于草坪、池畔、桥头等处，也适于在宽阔的河道、道路两旁列植。在华南地区常见以榕树为主景的植物景观，如广西阳朔的大榕树景点。景观变种有黄金榕（Golden Leaves）、黄斑榕（Yellow Stripe）、垂直银边榕（Milky Stripe）等。

7. 菩提树（图10-7）

别名：思维树、七叶树、印度菩提树

拉丁名：*Ficus religiosa*

科属：桑科 榕属

1）形态特征：常绿大乔木，高可达25m，树冠广展；小枝灰色。叶革质，三角状卵形，表面深绿色，光亮，背面绿色，先端骤尖，顶部延伸为尾状，尾尖长2～5cm，基部心形或卵圆形，全缘或为波状，基生叶脉三出，侧脉5～7对；叶柄纤细，有关节，与叶片等长或长于叶片；托叶小，卵形，先端急尖；榕果球形至扁球形，成熟时红色，光滑。花期3～4月；果期5～6月。

2）产地分布：我国广东（沿海岛屿）、广西、云南（北至景东，海拔400～630m）多有栽培。日本、马来西亚、泰国、越南、不丹、尼泊尔、巴基斯坦及印度也有分布。

图10-7 菩提树

3）生态习性：喜光，不耐阴湿，喜高温，抗污染能力强。对土壤要求不严，但以肥沃、疏松的微酸性沙壤土为好。对温度要求比橡皮树高，在广东等地常落叶。

4）园林用途：多用于寺庙园林，可孤植、对植，也可作行道树。

8. 号角树

别名：蚁栖树、聚蚁树

拉丁名：*Cecropia peltata* L.

科属：桑科 号角树属

1）形态特征：常绿乔木，原产地高可达60m。树干粗壮，分枝少；有乳汁。叶互生，近圆形，深裂至2/3，裂片9～11，表面粗糙，背生白色短绒毛；叶柄长13～29cm；托叶长6～9cm，包被顶芽。雌雄异株，穗状花序，花密生。果长圆形，熟时赤褐色，可食，味道似桑葚。花期春末夏初。

2）产地分布：原产墨西哥南部至南美洲北部和安德烈亚诺夫群岛。我国广州、南宁、厦门等地有栽培。

3）生态习性：喜温暖湿润的热带气候，不耐寒。

4）园林用途：号角树生长迅速，气生根奇特而发达，会随着树形的改变生长，树体偏向某个方向，此生长方向的支持根数量就增多。经常有蚂蚁居于中空的树干中，是典型的蚁栖植物。树叶形状奇特，酷似筒状喇叭，叶片宽大茂密，适宜孤植、丛植于山坡草地。

9. 苦槠（图10-8）

别名：槠栗、苦槠子

拉丁名：*Castanopsis sclerophylla* Schottky

科属：壳斗科 锥属

1）形态特征：常绿乔木，高达5～10m，树冠球形；树皮暗灰色，纵裂。有顶芽，芽鳞多数。小枝有棱沟，绿色，无毛。叶2列状互生。叶片厚革质，长椭圆形，叶缘中上部有锐锯齿，下面淡银灰色，有蜡层。雄花为荑黄花序，细长而直立；雌花生总苞内，花柱3。坚果单生于壳斗中；壳斗球形或半球形，全包或包被坚果大部分，鳞片三角形或瘤状突起；坚果近球形。花期4～5月；果期9～11月。

2）产地分布：产长江中下游以南地区，但西南和五岭南坡以南不产，生于海拔1000m以下山地。

3）生态习性：幼年较耐阴，喜温暖湿润气候，也较耐寒，是本属中分布最北（陕南）的种类；喜温润肥沃的酸性和中性土，也耐干旱瘠薄；对二氧化硫等有毒气体抗性强。

4）园林用途：树体高大雄伟，树冠圆球形，枝叶茂密，可在草坪上孤植、丛植，也可群植作背景树。由于抗污染，可用于工矿区绿化及防护林带。

图10-8 苦槠

10. 青冈栎（图10-9）

别名：铁橹、紫心木、青栲

拉丁名：*Cyclobalanopsis glauca* (Thunb.) Oerst

科属：壳斗科 青冈属

1）形态特征：常绿乔木，高可达22m，树皮平滑不裂；小枝青褐色，无棱，幼时有毛，后脱落。叶长椭圆形或倒卵状长椭圆形，先端渐尖，基部广楔形，边缘上半部有梳齿，中部以下全缘，背面灰绿色，有平伏毛，侧脉8～12对，叶柄长1～2.5cm，总苞单生或2～3个集生，杯状，鳞片结合成5～8条环带。坚果卵形或近球形，无毛。花期4～5月；果10月成熟。

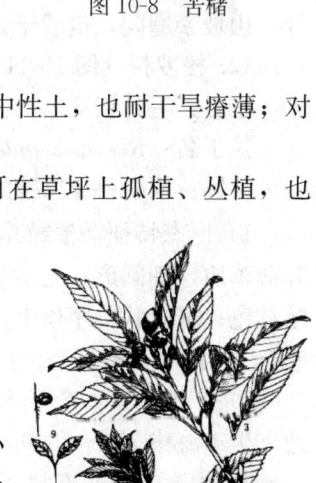

图10-9 青冈栎

2）产地分布：亚热带树种，个别分布区处于暖温带。是我国分布最广的常绿阔叶树种之一。分布长江流域及其以南地区，北可达河南、陕西、青海、甘肃；日本和朝鲜也产。

3）生态习性：喜温暖多雨气候，较耐阴，常生于阴湿阔叶林中；对土壤要求不严，喜钙质土，在排水良好、腐殖质丰富的酸性土壤上亦能生长良好。萌芽力强，耐修剪；深根性，抗有毒气体能力强。

4）园林用途：青冈树冠为宽椭圆形，枝叶茂密，树姿优美，四季常青，是良好的绿化树种。耐寒性较强，同属中分布最北，适于淮河流域和江南地区应用。可供大型公园、风景区群植成林，也可作为背景树。

11. 杜英（图 10-10）

别名：假杨梅、野橄榄

拉丁名：*Elaeocarpus decipiens* Hemsl.

科属：杜英科 杜英属

1）形态特征：常绿乔木，高可达 15m。嫩枝被微毛。单叶互生，有托叶。叶片披针形或倒披针形，先端钝尖，基部狭而下延；侧脉 7～9 对，网脉在两面均不明显；叶柄长约 1cm。总状花序腋生；花黄白色，花瓣顶端常撕裂状，雄蕊多数，花药无芒状药隔。核果，椭圆形，内果皮硬骨质。花期 6～7 月。

2）产地分布：产台湾、华南、西南以及东南沿海；日本也有分布。

3）生态习性：喜温暖湿润气候，宜排水良好的酸性土壤，较耐阴，萌芽力强，对二氧化硫抗性强。

图 10-10 杜英

4）园林用途：树冠圆整，枝叶繁茂，秋冬、早春叶片常显绯红色，红绿相间，鲜艳夺目，花瓣细裂也颇为奇特，是优良的庭院树种，可丛植于草坪、山坡、庭院，也适于列植。

12. 梭罗树（图 10-11）

别名：毛叶梭罗

拉丁名：*Reevesia pubescens* Mast.

科属：梧桐科 梭罗树属

1）形态特征：常绿乔木，高可达 16m。幼枝披星状毛；叶薄革质，椭圆形，先端渐尖或尖，叶背密被星状毛，新叶暗红色；聚伞状花序顶生，花瓣白色或淡红色；果梨形，具 5 棱，密被淡黄褐色毛。花期 5～6 月。

2）产地分布：产于海南、广西、云南、贵州和四川等地，生于海拔 350～2500m 山坡或疏林中。

3）生态习性：喜阳光充足和温暖环境，耐半阴，耐湿，需要排水良好、肥沃和深厚土壤，较耐寒，成年树在江苏南部和上海可保持常绿。

4）园林用途：梭罗树树形端庄，树干通直，四季常绿，白色密花盛开时好似雪盖满树，幽香宜人，是优良的观赏

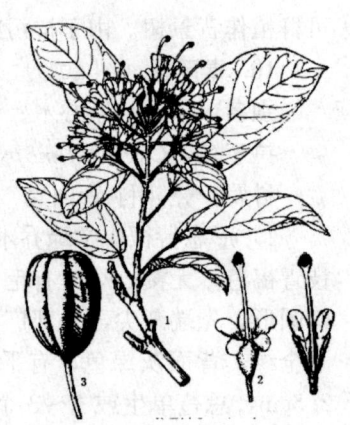

图 10-11 梭罗树

树，可作行道树和庭荫树栽培。

13. 苹婆（图 10-12）

别名：凤眼果、七姐果

拉丁名：*Sterculia nobilis* Smith

科属：梧桐科 苹婆属

1) 形态特征：常绿乔木，高达 10～15m。树皮褐黑色，小枝幼时略有星状毛。叶薄革质，矩圆形或椭圆形，先端突尖或钝尖，全缘，无毛，侧脉 8～10 对；圆锥花序顶生或腋生，柔弱且披散，有短柔毛；花梗远比花长；蓇葖果，椭圆状短矩形，被短绒毛，顶端有喙，果皮革质，熟时暗红色。花期 4～5 月；果期 10～11 月。

图 10-12　苹婆

2) 产地分布：产我国南部，有近千年的栽培史，以珠江三角洲栽培较多，广西、福建、台湾、海南也有栽培。

3) 生态习性：喜温耐湿，喜光，耐半阴，速生，开花期干旱易引起落花落果，秋季干旱常引起落叶，雨水充足则生长和开花结果良好。

4) 园林用途：苹婆之名出自元代大德年间（1297—1307）陈大震编纂的《南海志》，当时写作"频婆"或"贫婆"，是梵文的音译，意指其枝叶茂密，成丛生长。苹婆花萼裂片先端连合，天鹅绒般的果荚成熟时开裂，好似凤凰鸟睁开眼睛，固有"凤眼果"之称。树冠宽阔，树姿优美，叶面油绿而秀丽，是良好的庭荫树和行道树。

14. 台湾相思（图 10-13）

别名：小叶相思、相思树、洋桂花

拉丁名：*Acacia confusa* Merr.

科属：豆科 金合欢属

1) 形态特征：常绿乔木，高可达 16m；树皮灰褐色，不裂。幼苗具羽状复叶，长大后小叶退化，仅存 1 叶状柄，呈狭披针形，全缘，具 3～7 条平行脉。头状花序 1～3 个腋生；花瓣淡绿色，雄蕊黄金色，突出。荚果扁平带状，种子间缢缩。花期 4～6 月；果期 7～8 月。

2) 产地分布：产亚洲热带，台湾、华南和云南等地常见栽培。

3) 生态习性：喜暖热气候。极喜光，为强阳性树种；喜酸性土，耐干旱瘠薄，也耐短期水淹。根系深而枝条韧性强，抗风。

图 10-13　台湾相思

4) 园林用途：生长迅速，抗逆性强，是华南地区重要的荒山绿化树种，可作防风林带、水土保持林和防火林带用，也是良好的公路树和海岸绿化树种。其树皮灰白色，树姿婆娑，也是优美的庭院观赏树种，草地孤植、丛植、道旁列植均宜。

15. 南洋楹（图 10-14）

拉丁名：*Albizia falcataria* (Linn.) Fosberg

科属：豆科 合欢属

1）形态特征：常绿乔木，高可达 45m；嫩枝被柔毛。托叶锥形，早落。二回羽状复叶，羽片 6～20 对，对生或下部有时互生；叶柄基部及叶轴中部以上羽片着生处有腺体；小叶 6～26 对，无柄，

菱状长圆形，中脉偏于上缘。穗状花序腋生，单生或组成圆锥花序；花初白色，后变黄；萼钟状，花瓣长 5～7mm，密被短柔毛，仅基部连合。荚果带形，熟时开裂。花期 4～7 月。

2）产地分布：原产印度尼西亚，现广泛种植于热带亚洲和非洲，福建、广东、广西等地有栽培。

3）生态习性：阳性树种，不耐阴，喜暖热多雨气候及肥沃湿润土壤。是世界著名的速生树种，生长极快，寿命短。

图 10-14　南洋楹

4）园林用途：南洋楹树干通直，树体高大雄伟，树冠广伞形，远观具有雄壮之感，林下空间宜人，遮阴效果好，是优良的庭院景观树种，最适于作为行道树和遮阴树，孤植、对植、列植均可。

16. 铁刀木

别名：泰国山扁豆、孟买黑檀、孟买蔷薇木、黑心树

拉丁名：*Cassia siamea* Lam.

科属：豆科　决明属

1）形态特征：乔木，树皮灰色，近光滑。叶长 20～30cm，革质，长圆形或长圆状椭圆形。总状花序生于枝条顶端的叶腋，并排成伞房花序。苞片线形，长 5～6mm；萼片近圆形，不等大，外生的较小，内生的较大，外被细毛；花瓣黄色，阔倒卵形，长 12～14mm，具短柄；雄蕊 10 枚，其中 7 枚发育，3 枚退化，花药顶孔开裂；子房无柄，被白色柔毛。荚果扁平，长 15～30cm，宽 1～1.5cm，边缘加厚，被柔毛，熟时带紫褐色；种子 10～20 颗。花期 10～11 月；果期 12 月～翌年 1 月。

2）产地分布：我国福建、台湾南部、广东、海南、广西南部、云南南部和西部等地都有种植。

3）生态习性：生长快，耐热，耐旱，耐湿，耐贫瘠，耐盐碱，抗污染，易移植。

4）园林用途：铁刀木终年常绿，枝叶苍翠，叶茂、花美、花期长，病虫害少，属于低维护优良树，可用作园林树、行道树及防护林树种。

17. 红豆树（图 10-15）

别名：何氏红豆、花梨木

拉丁名：*Ormosia hosiei* Hemsl. et Wils

科属：豆科 红豆属

1）形态特征：常绿或半常绿乔木，高可达 30m，树冠伞形。树皮幼时绿色而平滑，老时浅纵裂。裸芽；嫩枝被毛，后脱落。奇数羽状复叶，互生。小叶 5～7 枚，对生、卵形、长椭圆状卵形或倒卵形，长 5～14cm，全缘，近无毛。圆锥花序；花萼密生黄棕色柔毛；花冠白色或淡红色，微有香气；雄蕊 10 枚，分离；子

图 10-15　红豆树

第十章　遮阴类

房无毛。荚果扁平，卵圆形或近圆形，厚革质；种子扁圆形，深红色，有种脐。花期 4 月；果期 10～11 月。

2) 产地分布：产华东、华中至西南地区，北达甘肃文县，生于海拔 900m 以下的低丘陵地区、河边和村庄附近，在西部海拔达 1350m 也可生长。

3) 生态习性：幼苗耐阴，成年树喜光；喜肥沃湿润的酸性土壤，pH 值 4.5～5.6；根系发达，萌芽性强。寿命长，浙江、江苏江阴、福建蒲城有胸径达 1m 的大树，仍生长旺盛。

4) 园林用途：红豆树是珍贵的用材树种，其树冠伞形，四季常绿，也适于园林造景，宜孤植、列植。种子可加工为工艺品。

18. 银桦（图 10-16）

拉丁名：*Gevillea robusta* A. Cunn. ex R. Br.

科属：山龙眼科 银桦属

1) 形态特征：常绿乔木，高可达 25m，幼枝、芽及叶柄密被锈褐色粗毛。叶互生，二回羽状深裂；无托叶。裂片 5～13 对，近披针形，边缘加厚，上面深绿色，下面密被银灰色绢毛。总状花序，花橙黄色，不整齐；花梗向花轴两边扩张或稍下弯。花单被，花萼呈花瓣状，4 裂，花萼管纤弱。蓇葖果，卵状长圆形，稍倾斜而扁，顶端具宿存花柱，成熟时棕褐色，沿腹缝开裂；种子卵形，周围有膜质翅。花期 4～5 月；果期 6～7 月。

图 10-16　银桦

2) 产地分布：原产大洋洲，我国南岭以南各省区引种。

3) 生态习性：喜光，喜温暖湿润气候，可抗轻霜，在 -4℃时枝条受冻。在深厚肥沃、排水良好的酸性沙质土壤上生长良好。抗氟化氢和氯气，不抗二氧化硫。生长速度较快，在昆明，20 年生可高达 20m，胸径达 35cm。

4) 园林用途：树干通直，树形美观，花色橙黄，而且叶形奇特，抗烟尘，适应城市环境，是南亚热带地区优良的行道树，也可在庭院中孤植、对植。此外，银桦还是优良的蜜源植物，木材供室内装修和家具制造等用。

19. 柠檬桉（图 10-17）

拉丁名：*Eucalyptus citriodora* Hook. f.

科属：桃金娘科 桉树属

1) 形态特征：常绿乔木，高可达 40m，具强烈的柠檬香气；树皮呈片状剥落；树干通直、光滑，灰白或略红色。幼苗及萌枝上的叶对生，卵状披针形，稍弯，两面被黑腺点，无毛，叶柄长 1.5～2cm。羽状侧脉在近叶缘处连成边脉。圆锥花序顶生或腋生；萼片于花瓣连合成一帽状花盖、半球形，顶端具小尖头，开花时花盖横裂脱落，萼筒较花盖长 2 倍；雄蕊多数，分离。蒴果壶形或坛状，花瓣深藏。花期 3～4 月及 10～11 月；果期 6～7 月及 9～11 月。

2) 产地分布：产澳大利亚沿海地区。我国福建、广东、

图 10-17　柠檬桉

广西、云南、台湾、四川等地均有引栽。

3) 生态习性：喜光，不耐寒，易受寒霜，喜土层深厚疏松、排水良好的黄壤、红壤和冲击土，较耐干旱。生长速度较快，在广东6年生幼树高达16m，胸径26cm。

4) 园林用途：树形高耸，树干洁净，呈灰白色，非常优美秀丽，树枝有芳香，是优秀的庭院观赏和行道树。在住宅区不宜种植过多，否则香味过浓也会使人不太舒适。幼嫩枝叶提取的桉油可供食品、香精、化工原料、医药等用。

20. 白千层（图10-18）

别名：脱皮树、千层树、玉树、千层皮

拉丁名：*Melaleuca leucadendron* Linn.

科属：桃金娘科 白千层属

1) 形态特征：常绿乔木，高可达18m；树皮灰白色，厚而松软，呈薄层状剥落；嫩枝灰白色。叶互生，叶片革质，披针形或狭长圆形，两端尖，多油腺点，香气浓郁；叶柄极短。花白色，密集于枝顶成穗状花序，花序轴常有短毛；萼管卵形，有毛或无毛，圆形、卵形、花柱线形，比雄蕊略长。蒴果近球形。花期每年多次。

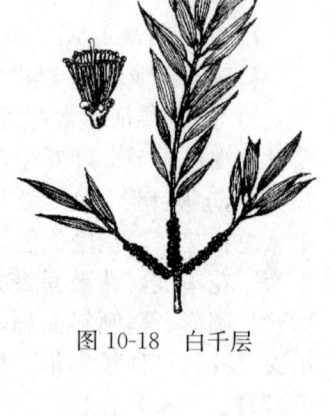

2) 产地分布：原产澳大利亚，我国广东、台湾、福建、广西等地有栽种。

图10-18 白千层

3) 生态习性：喜光，喜温暖潮湿环境，亦可耐轻霜；适应性强，耐干旱高温和瘠薄土壤。

4) 园林用途：白千层树形秀丽，树皮白色、美观，并具芳香，可作行道树及四旁绿化树种。树皮易引起火灾，不宜大面积造林。叶含芳香油1%～1.5%，可提取"玉树油"。

21. 乌墨（图10-19）

别名：海南蒲桃、乌楣

拉丁名：*Syzygium cumini* (Linn.) Skeels

科属：桃金娘科 蒲桃属

1) 形态特征：常绿乔木，高可达15m；嫩枝圆形，干后灰白色。叶片革质，阔椭圆形至狭椭圆形，先端圆或钝，有一个短的尖头，基部阔楔形，稀为圆形，上面干后褐绿色或为黑褐色，略发亮，下面稍浅色，两面多细小腺点，侧脉多而密，缓斜向边缘，圆锥花序腋生或生于花枝上，偶有顶生，有短花梗，花白色，萼管倒圆锥形，卵形略圆，花柱与雄蕊等长。果实卵圆形或壶形，紫红色或黑色。花期2～3月；果期7～8月。

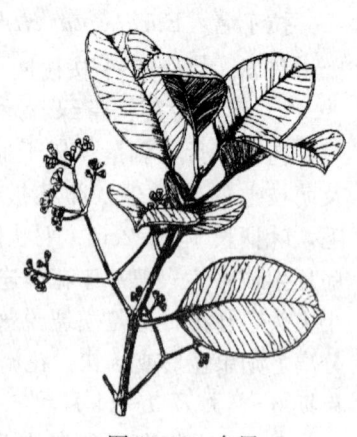

同属树种：蒲桃属的蒲桃（*Syzygium jambos*），分布在华南及云贵南部，叶色光亮，枝条披散下垂宛如垂柳，婆娑可爱，花白色而繁密，果实黄色，可做水果，是华南地区常见的景观树种。

2) 产地分布：产于华南至西南各省区，台湾、福建、

图10-19 乌墨

广东、广西、云南等地有栽植；东南亚及澳大利亚也有分布。

3）生态习性：属南亚热带长日照阳性树种，喜光、喜水、喜深厚肥沃土壤，干湿季生长明显，能耐－5℃低温，垂直分布在海拔 50～800m 之间，适应性强，对土壤要求不严，无论酸性土或石灰岩土都能生长。根系发达，主根深，抗风力强，耐火，萌芽力强，速生。常见于平地次生林及荒地上。

4）园林用途：乌墨树干高大通直，树姿优美，冠大荫浓，四季常青，是优良的用材树种和庭院绿化树种。常植为行道树和庭荫树，或群植作为其他色叶树种的背景林。

22. 糖胶树

别名：灯架树、盆架子（图 10-20）

拉丁文：*Alstonia scholaris*（Linn.）R. Br

科属：夹竹桃科 鸡骨常山属

1）形态特征：常绿乔木具乳汁，枝轮生。叶对生或轮生；侧脉纤细密生近平行。聚伞花序顶生，萼 5 裂，内面无腺体；花冠高脚碟状，喉结被柔毛，裂片 5，左旋；雄蕊 5，与柱头分离，着生于花冠筒中部；无花盘。树皮淡黄色至深黄色。大枝分层轮生，平展，小枝绿色。叶 3～4 片轮生或对生，长圆状椭圆形，长 5～16cm，薄革质，两面有光泽无毛，全缘而内卷，侧脉 30～50 对。聚伞花序长约 5cm，多花；花冠白色。花期 4～7 月。

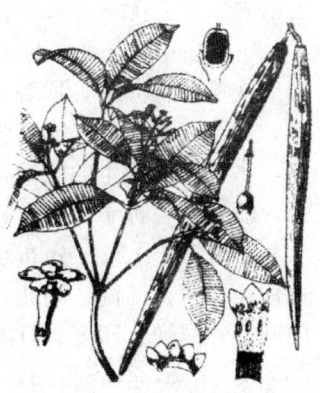

图 10-20　糖胶树

2）产地分布：产云南及海南。

3）生态习性：树形美观，叶色亮绿。分枝轮生，且比较平展；似面盆架。有一定的抗风能力，落叶后能不断长出新叶。

4）园林用途：常植于公园观赏或作行道树，工厂绿化用。

23. 石栗（图 10-21）

别名：烛果树、油桃、黑桐油树

拉丁名：*Aleurites moluccana*（L.）Willd

科属：大戟科 石栗属

1）形态特征：常绿乔木，高可达 18m，树皮暗灰色，浅纵裂至近光滑；嫩枝密被灰褐色星状微柔毛，成长枝近无毛。叶卵形至椭圆披针形，顶端短尖至渐尖，基部阔楔形或钝圆，稀浅心形，全缘或 3（1～5）浅裂；基出脉 3～5 条；叶柄长 6～12cm，密被星状微柔毛，顶端有 2 枚扁圆形腺体。花雌雄同株，同序或异序，花序长 15～20cm；花萼在开花时整齐或不整齐的 2～3 裂，密被微柔毛；花瓣长圆形，乳白色至乳黄色。核果近球形或稍偏斜的圆球状。花期 4～10 月。

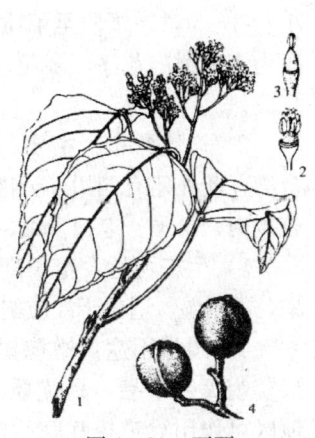

图 10-21　石栗

2）产地分布：产于福建、台湾、广东、海南、广西、云南等地。分布于亚洲热带、亚热带地区。

3）生态习性：喜光，喜温暖湿润气候及排水良好的沙质壤土，深根性，抗风，耐旱，耐寒性差。

4）园林用途：石栗生长迅速，对城市环境适应能力强，树干挺直，树冠大而浓密，遮阴效果好，而且新叶灰白色，花序大型，花乳白或黄色，是优良的行道树，华南地区常见。

24. 秋枫（图10-22）

别名：茄冬、秋风子、大秋枫、红桐

拉丁名：*Bischofia javanica* Bl.

科属：大戟科 秋枫属

1）形态特征：常绿或半常绿大乔木，高可达40m，树干圆满通直，但分枝低，主干较短；树皮灰褐色至棕褐色，厚约1cm；砍伤树皮后流出红色汁液，干凝后变淤血状；木材鲜时有酸味，干后无味，表面槽棱突起；小枝无毛。三出复叶，稀5小叶，总叶柄长8～20cm；小叶片纸质、卵形、椭圆形、倒卵形或椭圆状卵形，顶端急尖或短尾状渐尖，基部宽楔形至钝形，边缘有浅锯齿；托叶膜质，披针形，早落。花小，雌雄异株，多朵组成腋生的圆锥花序。果实浆果状，圆球形或近圆球形，淡褐色；种子长圆形。花期4～5月；果期8～10月。

图10-22 秋枫

2）产地分布：分布于陕西、江苏、安徽、浙江、江西、福建、台湾、河南、湖北、湖南、广东、海南、广西、四川、贵州、云南等地区。虽产我国南部，越南、印度、日本、印度尼西亚至澳大利亚也有分布。

3）生态习性：喜阳，稍耐阴，喜温暖而耐寒力较差，对土壤要求不严，能耐水湿，根系发达，抗风力强，在湿润肥沃壤土上生长快速。

4）园林用途：秋枫树姿优美，树冠开展，常栽培观赏，是良好的植物造景材料。多用在河边堤岸或行道树，也作为庭院景观树种。适于长江流域及以南地区。

25. 橄榄（图10-23）

别名：黄榄、青果、山榄

拉丁名：*Canarium album* （Laur.） Rauesch.

科属：橄榄科 橄榄属

1）形态特征：常绿乔木，高可达25m，枝条开展，树冠近球形。幼枝被黄棕色绒毛。小叶3～6对，纸质至革质，披针形或椭圆形（至卵形）。花序腋生，微被绒毛至无毛；雄花序为聚伞圆锥花序，多花。果序具1～6果；果萼扁平，萼齿外弯。花期4～5月；果10～12月成熟。

2）产地分布：主要分布在福建、广东潮州，其次广西、台湾，此外还有四川、云南、浙江南部。世界栽培橄榄的国家有越南、泰国、老挝、缅甸、菲律宾、印度以及马来西亚等。

3）生态习性：生长期需高温，不耐霜冻；主根深，较耐旱，不耐湿，适生于沙质壤土、石灰质土和土层深厚的冲击土。

4）园林用途：橄榄树姿态优美，绿荫如盖，花朵芳香，果实为著名果品，是优质的绿荫树和食用、观赏树种，热带地区可作用行道树和庭荫树，适于大型庭院和公园。也是很

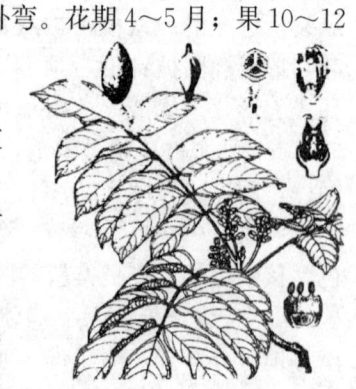

图10-23 橄榄

好的防风树种。

26. 女贞（图 10-24）

别名：大叶女贞

拉丁名：*Ligustrum lucidum* Ait.

科属：木樨科 女贞属

1）形态特征：叶片常绿，革质，卵形、长卵形或椭圆形，先端锐尖至渐尖或钝，基部圆形或近圆形，两面无毛，侧脉 4～9 对，两面稍凸起或有时不明显；叶柄长 1～3cm，上面具沟，无毛。圆锥花序顶生；花序轴及分枝轴无毛，紫色或黄棕色，果实具棱；花萼无毛。果肾形或近肾形，深蓝黑色，成熟时呈红黑色，被白粉。花期 5～7 月；果期 7 月至翌年 5 月。

图 10-24 女贞

2）产地分布：产于长江以南至华南、西南各省区，向西北分布至陕西、甘肃。朝鲜也有分布，印度、尼泊尔有栽培。

3）生态习性：女贞耐寒性好，耐水湿，喜温暖湿润气候，喜光耐阴。为深根性树种，须根发达，生长快，萌芽力强，耐修剪，但不耐瘠薄。对大气污染的抗性较强，对二氧化硫、氯气、氟化氢等均有较强抗性，也能忍受较高的粉尘、烟尘污染。对土壤要求不严，以沙质壤土或黏质壤土栽培为宜，在红、黄壤土中也能生长。

4）园林用途：女贞枝叶清秀，四季常绿，而且夏日白花满树，是一种很有观赏价值的园林树种。其树冠端庄，可孤植、丛植于庭院、草地内，也是优美的行道树种和园路树。其性耐修剪，亦适于作为高篱，也可修剪成绿墙。

第二节　落叶遮阴类

1. 厚朴（图 10-25）

别名：川朴、紫油厚朴

拉丁名：*Magnolia officinalis* Rehd. et Wils.

科属：木兰科 木兰属

1）形态特征：落叶乔木，高可达 20m；树皮厚，褐色，不开裂；小枝粗壮，淡黄色或灰黄色，幼时有绢毛；叶大，近革质，7～9 片聚生于枝端，长圆状倒卵形，上面绿色，无毛，下面灰绿色，被灰色柔毛，有白粉；叶柄粗壮，托叶痕长为叶柄的 2/3。花白色，芳香；花梗粗短，被长柔毛，花被片 9～12（17），厚肉质，外轮 3 片淡绿色，长圆状倒卵形，盛开时常向外反卷，内两轮白色，倒卵状匙形。聚合果长圆状卵圆形，蓇葖具长 3～4mm 的喙；种子三角状倒卵形。花期 5～6 月；果期 8～10 月。

同属树种：亚种凹叶厚朴（subsp. *biloba*），叶先端凹

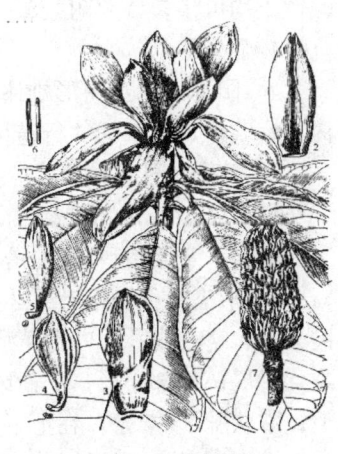

图 10-25 厚朴

缺 2 个钝圆浅裂。

2) 产地分布：产于陕西南部、甘肃东南部、河南东南部（商城、新县）、湖北西部、湖南西南部、四川（中部、东部）、贵州东北部。厚朴为我国特有的珍贵树种。

3) 生态习性：喜光，幼时耐阴，喜温和湿润气候和肥沃、疏松的酸性至中性土，不耐旱和水涝。根系较发达，萌芽力强。

4) 园林用途：厚朴树叶大而荫浓，花大而洁白，树干通直，可用作行道树及观赏庭院树，一般孤植或对植于庭院中。《本草纲目》记载其药用价值，各地亦常栽培供药用。

2. 二球悬铃木（图 10-26）

别名：悬铃木、英国梧桐

拉丁名：*Platanus acerifolia*（Ait.）Willd.

科属：悬铃木科 悬铃木属

1) 形态特征：落叶乔木，高可达 35m；树冠圆形或卵圆形。树皮灰绿色，片状剥落，内皮平滑，淡绿白色。顶芽缺；侧芽为柄下芽，芽鳞 1 枚。嫩枝、叶密被褐黄色星状毛。单叶互生；托叶圆领状，早落。叶片三角状宽卵形，掌状 5 裂，有时 3 或 7 裂，掌状脉；叶缘有不规则大尖齿，中裂片三角形，长宽近相等；叶基心形或截形。花单性同株，雌、雄花均为头状花序，生于不同花枝上，球形、下垂。花 4 基数。果序球形，由许多圆锥形小坚果组成，常 2 个（偶 1～3 个）生于 1 个总果柄上；小果基部周围有褐色长毛，宿存花柱刺状。花期 4～5 月；果期 9～10 月。

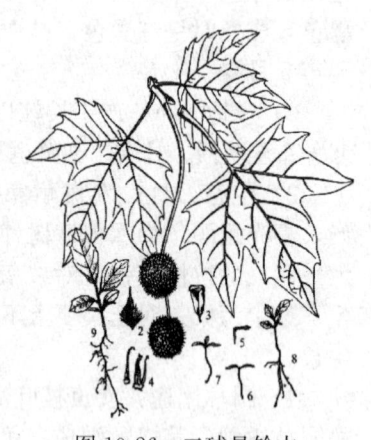

图 10-26 二球悬铃木

同属树种：我国不产，引入栽培 2 种。常见栽培的还有三球悬铃木（*Platanus orientalis*）又称法国梧桐，及一球悬铃木（*Platanus occidentalis*）又称美国梧桐，于我国中北部多作行道树。

2) 产地分布：我国南至两广及东南沿海，西南至四川、云南，北至辽宁均有栽培，在哈尔滨生长不良，呈灌木状。

3) 生态习性：喜光，耐寒、耐旱，也能耐湿；对土壤要求不严，无论酸性、中性或碱性土均可生长，并耐盐碱。萌芽力强，耐修剪。对烟尘和二氧化硫、氯气等有毒气体的抗性较强。

4) 园林用途：树形雄伟端庄，叶大荫浓，干皮光滑，适应性强，为世界著名的行道树和庭院树，被誉为"行道树之王"，世界各地广为栽培。

3. 枫香（图 10-27）

拉丁名：*Liquidambar formosana* Hance

科属：金缕梅科 枫香属

1) 形态特征：落叶乔木，高可达 30m，树皮灰褐色，方块状剥落；小枝干后灰色，被柔毛，略有皮孔。叶薄革质，阔卵形，掌状 3 裂，中央裂片较长，先端尾状渐尖；两侧裂片平展；基部心形；上面绿色，干后灰绿色，不发亮；下面有短柔毛，或仅在脉腋间有毛；掌状脉 3～5 条，在上下两面均显著，网脉明显可见；边缘有锯齿，齿尖有腺状突起；叶柄常有短柔毛。雄性短穗状花序常多个排成总状，雄蕊多数；雌性头状花序有花 24～

43朵，花序柄偶有皮孔，无腺体。头状果序圆球形，木质；蒴果下半部藏于花序轴内，有宿存花柱及针刺状萼齿。种子多数，褐色，多角形或有窄翅。

同属树种：北美枫香（*L. styraciflua*）。

2）产地分布：产我国秦岭及淮河以南各省区，北起河南、山东，东至台湾，西至四川、云南及西藏，南至广东；亦见于越南北部、老挝及朝鲜南部。

3）生态习性：喜温暖湿润气候，性喜光，幼树稍耐阴，耐干旱瘠薄土壤，不耐水涝。在湿润肥沃而深厚的红、黄壤土上生长良好。深根性，主根粗长，抗风力强，不耐移植及修剪。

图10-27 枫香

4）园林用途：枫香可在园林中栽作庭荫树，可于草地孤植、丛植，或于山坡、池畔与其他树木混植。与常绿树丛配合种植，秋季红绿相衬，会显得格外美丽。又因枫香具有较强的耐火性和对有毒气体的抗性，可用于厂矿区绿化。但因不耐修剪，大树移植又较困难，故一般不宜用作行道树。

4. 杜仲（图10-28）

别名：丝棉皮、棉树皮、胶树

拉丁名：*Eucommia ulmoides* Oliver

科属：杜仲科 杜仲属

1）形态特征：落叶乔木高可达20m；树干端直；树冠卵形至圆球形。全株各部分（枝叶、树皮、果实等）有白色弹性胶丝。小枝有片状髓心；无顶芽。单叶互生；无托叶。叶片椭圆形至椭圆状卵形，有锯齿表面网脉下陷，有皱纹；羽状脉。雌雄异株，无花被；雄花簇生于苞腋内，具短柄，雄蕊6～10枚，花药条形，花丝极短；雌花单生于苞腋；子房上位，2皮心，1室，胚珠2。翅果扁平，长椭圆形，顶端2裂。花期3～4月，先叶或与叶同放；果期10月。

2）产地分布：我国特产，分布于华东、中南、西北及西南，黄河流域以南有栽培。

图10-28 杜仲

3）生态习性：喜光，喜温暖湿润气候。在土层深厚疏松、肥沃湿润而排水良好的土壤中生长良好。耐干旱和水湿的能力均一般；在pH值5～8.6的酸性、中性至碱性土壤上均可生长，耐轻度盐碱。深根性，萌芽力强。

4）园林用途：杜仲是著名特用经济树种，栽培历史悠久，3世纪即传入欧洲。树形整齐，枝叶茂密，园林中可作庭荫树和行道树，也可在草地、池畔等处孤植或丛植。在风景区可结合生产绿化造林。

5. 朴树（图10-29）

别名：黄果朴、朴榆

拉丁名：*Celtis sinensis* Pers.

科属：榆科 朴属

1) 形态特征：落叶乔木，高可达20m；树冠扁球形。树皮深灰色，不开裂。幼枝有短柔毛，后脱落。小枝细，无顶芽。冬芽小，卵形，先端紧贴小枝。单叶互生，排成2列；托叶早落。叶片宽卵形、椭圆状卵形，中部以上有粗钝锯齿；基部偏斜；下面沿叶脉及脉腋疏生毛；3出脉弧状弯曲。花杂性，簇生叶腋。萼片淡黄绿色；无花瓣。核果圆球形，橙红色，果柄与叶柄近等长。花期4月；果期9~10月。

同属树种：常见栽培的还有小叶朴（*Celtis bungeana*）、珊瑚朴（*Celtis julianae*）和大叶朴（*Celtis koraiensis*）。

2) 产地分布：产黄河流域以南至华南地区；越南、老挝和朝鲜也有分布。

图10-29 朴树

3) 生态习性：弱阳性，较耐阴；喜温暖气候和肥沃、湿润、深厚的中性土，既耐旱又耐湿，并耐轻度盐碱。根系深，抗风力强。抗污染，尤其对二氧化硫和烟尘抗性强，并有较强的滞尘能力。寿命长。

4) 园林用途：树冠宽广，春季新叶嫩黄，夏季绿荫浓郁，秋季红果满树，是优美的庭荫树，宜孤植、丛植，可用于草坪、山坡、建筑周围、亭廊之侧，也可作行道树。因其抗烟尘和有毒气体，适于工矿区绿化。

6. 青檀（图10-30）

别名：檀树、摇钱树

拉丁名：*Pteroceltis tatarinowii* Maxim.

科属：榆科 青檀属

1) 形态特征：落叶乔木，高可达20m，树干常凹凸不平。树皮灰色，薄片状剥落，内皮灰绿色。小枝细弱，冬芽卵圆形，红褐色。叶片卵形或卵圆形，先端渐尖或尾尖，叶缘除基部外有锐尖锯齿；基脉3出，侧脉不达齿端；叶柄长5~15mm。花单性同株，生于上部叶腋，花被片4枚，披针形，子房侧向压扁。果实两侧有薄木质翅，近圆形，果柄纤细。花期4~5月；果期8~9月。

2) 产地分布：产于辽宁、华北、西北经长江流域至华南、四川等地，多生于海拔800m以下，在四川可生长在海拔1700m左右的地区。

图10-30 青檀

3) 生态习性：适应性强，喜光，稍耐阴；喜生于石灰山地，也能在花岗岩、砂岩地区生长；耐干旱瘠薄。根系发达，萌芽力强。寿命长。

4) 园林用途：树体高大，树冠开阔，宜作庭荫树、行道树；可孤植、丛植于溪边，适合在石灰岩山地绿化造林。木材可作建筑、家具等用材；树皮纤维优良，为著名的宣纸原料。

7. 榉树（图10-31）

别名：光叶榉

拉丁名：*Zelkova serrata*（Thunb.）Makino

科属：榆科 榉属

1) 形态特征：落叶乔木，高可达 30m；树皮灰白色或褐灰色，呈不规则的片状剥落；当年生枝紫褐色或棕褐色，疏被短柔毛，后渐脱落。叶薄纸质至厚纸质，卵形、椭圆形或卵状披针形，先端渐尖或尾状渐尖，叶面绿，干后绿或深绿色，稀暗褐色，稀带光泽，幼时疏生糙毛，后脱落变平滑，边缘有圆齿状锯齿，具短尖头，侧脉 7～14 对；叶柄粗短，被短柔毛；托叶膜质，紫褐色，披针形。雄花具极短的梗，花被裂至中部，花被裂片 6～7，不等大，外面被细毛，退化子房缺；雌花近无梗，花被片 4～5，外面被细毛，子房被细毛。核果几乎无梗，淡绿色，斜卵状圆锥形，具背腹脊，网肋明显，表面被柔毛，具宿存的花被。花期 4 月；果期 9～11 月。

图 10-31　榉树

同属树种：本属其他常用树种有大叶榉（*Z. schneideriana*）、大果榉（*Z. sinica*）。

2) 产地分布：产于长江流域，北达辽宁（大连）、山东、甘肃和陕西，多生于海拔 500～1900m 山地，朝鲜、日本也有分布。

3) 生态习性：喜温暖湿润气候，喜深厚、肥沃土壤，尤其喜石灰性土，耐轻度盐碱，不耐瘠薄。深根性，抗风强。耐烟尘，抗污染，寿命长。

4) 园林用途：榉树树冠呈倒三角形，枝细叶美，绿荫浓密，入秋后叶色变红，春叶呈紫红色或嫩黄色，是江南地区重要的秋色树种。叶片变色一致，挂叶期较长，且不易因风吹而掉落，观赏期可长达 2 个月。榉树还是优秀的庭荫树，我国古代多植于住宅周边。适于 3、5 株丛植，点缀亭台、假山、水池、建筑，如苏州沧浪亭土山之上的百年古榉和古朴搭配，很好地衬托了古亭的典雅古风。在城市园林中，可孤植、列植、群植于建筑、广场、公园，以提供绿荫，极为壮观。榉树还是很好的行道树种，并且具有很好的防风、耐烟尘、抗污染的习性，适于粉尘污染区绿化和作为工厂区防火林带。

8. 白榆（图 10-32）

别名：家榆、榆树

拉丁名：*Ulmus pumila* L.

科属：榆科 榆属

1) 形态特征：落叶乔木，高可达 25m，树冠圆球形。树皮纵裂，粗糙。小枝细，无顶芽。单叶，互生，排成 2 列；托叶早落。叶片卵状长椭圆形，有不规则单锯齿，先端尖，基部偏斜，羽状脉。花两性，簇生于去年生枝上；花萼浅裂，钟形，宿存；无花瓣；雄蕊与花萼同数对生，花丝劲直。翅果扁平，近圆形，顶端有缺口，种子位于中央。花期 3～4 月，先叶开放；果期 4～5 月。

2) 产地分布：产东北、华北、西北和西南，长江流域等地有栽培；俄罗斯、蒙古和朝鲜也有分布。

3) 生态习性：喜光，耐寒、耐旱；喜肥沃、湿润而排

图 10-32　白榆

水良好的土壤，较耐水湿。耐干旱瘠薄和盐碱土，在含盐量达0.3%的氯化物盐土和0.35%的苏打盐土、pH值达9时仍可生长，尤其对氯离子的适应能力很强。主根深，侧根发达，抗风力、保土力强；萌芽力强。对烟尘和氟化氢等有毒气体的抗性较强。

4）园林用途：白榆是华北地区的乡土树种，树体高大，绿荫较浓，小枝下垂，尤其是春季榆钱满枝，未熟色青，待熟则白，颇有乡野之趣，而且适应性强，是城乡绿化的重要树种，适植于山坡、水滨、池畔、河流沿岸、道路两旁，也可用于营造防护林。榆树老桩也是优良的盆景材料。在欧美各国，榆树（主要是欧洲白榆和美国榆）是重要的行道树和公园树种，榆与椴、七叶树、悬铃木一起被称为世界四大行道树。

9. 桑树（图10-33）

别名：白桑、家桑

拉丁名：*Morus alba* L.

科属：桑科 桑属

1）形态特征：落叶乔木，高可达15m，树冠倒广卵形。树皮、小枝黄褐色，根皮鲜黄色。无顶芽，侧芽芽鳞3～6枚。单叶互生；托叶披针形，早落。叶片卵形或广卵形，有粗锯齿，有时分裂；表面无毛，有光泽，背面侧脉腋有簇毛；3～5出脉。荑荑花序，花被和雄蕊4枚，花柱极短或无，柱头2裂。小瘦果藏于肉质花萼内，集成聚花果；裂花果（桑葚）长卵形至圆柱形，熟时紫黑色、红色或黄白色。花期4月；果期5～6月。

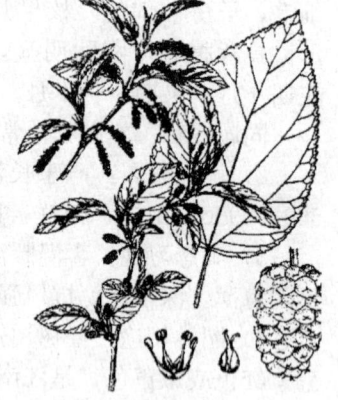

图10-33 桑树

同属树种：常见的是蒙桑（*M. monglica*），叶缘有刺芒状锯齿，常见有不规则裂片，叶表面光滑无毛，背面脉腋常见簇毛。雌雄异株，花柱明显，柱头2裂。产于东北、华北至华中及西南各省区。秋叶金黄色，可栽培观赏。

2）产地分布：广布树种，自东北至华南均有栽培和分布，以长江流域和黄河流域最为常见。

3）生态习性：喜光，耐寒，耐干旱瘠薄和水湿，在微酸性、中性和石灰性土壤均可生长，耐盐碱。深根性；萌芽力强，耐修剪。抗污染，对烟尘和硫化氢、二氧化氮等有毒气体的抗性较强。

4）园林用途：树冠宽阔，枝叶茂密，秋叶变黄，抗污染能力强，是优良的园林绿化树种，常植为庭荫树。自古以来桑树与梓树均常植于庭院，故以"桑梓"指家乡。

10. 黄葛树（图10-34）

别名：黄桷树、黄葛榕、大叶榕

拉丁名：*Ficus virens* var. *sublanceolata*（Miq.）Corner

科属：桑科 榕属

1）形态特征：落叶或半常绿乔木，高可达26m，具有板根或支柱根，幼时附生状。叶薄革质，长椭圆形、卵状椭圆形，或近披针形，全缘，无毛，侧脉7～10对；托叶卵状披针

图10-34 黄葛树

形。果近球形，熟时黄色或红色。花期 5～8 月。

2）产地分布：产于华南和西南地区，北达湖北、浙江、陕西南部，多生于海拔 300～1000m 地带，在四川沿江各地常生于水边，热带亚洲和澳大利亚北部也有分布。

3）生态习性：阳性树种，喜温暖湿润气候，不耐寒；耐干旱瘠薄，根系发达，穿透力强，能生于裸露岩石地带。

4）园林用途：黄葛树树形高大，树冠延展，落叶前叶变黄，各株的落叶时间常不一致，落叶期长，是华南、西南地区优秀的园林树种。适应性强、抗污染，常作行道树，夏季能形成很好的绿荫道，落叶时黄叶纷飞甚为美观。还可孤植或群植于公园湖畔、草坪等处。

11. 薄壳山核桃（图 10-35）

别名：美国山核桃、长山核桃、碧根果

拉丁名：*Carya illinoensis* K. Koch

科属：胡桃科 山核桃属

1）形态特征：大乔木，高可达 50m，胸径可达 2m，树皮粗糙，深纵裂。芽黄褐色，被柔毛，芽鳞镊合状排列。小枝被柔毛，灰褐色，具稀疏皮孔。奇数羽状复叶，具 9～17 枚小叶；小叶具极短的小叶柄，卵状披针形至长椭圆状披针形，有时呈长椭圆形，通常稍呈镰状弯曲，边缘具单锯齿或重锯齿，初被腺体及柔毛，后来毛脱落而常在脉上有疏毛。雄性葇荑花序 3 条 1 束，几乎无总梗，自去年生小枝顶端或当年生小枝基部的叶痕腋内生出。雄蕊的花药有毛。雌性穗状花序直立，花序轴密被柔毛，具 3～10 雌花。雌花子房长卵形，总苞的裂片有毛。果实矩圆状或长椭圆形，有 4 条纵棱，外果皮 4 瓣裂，革质，内果皮平滑，灰褐色，有暗褐色斑点，顶端有黑色条纹；基部不完全 2 室。5 月开花；9～11 月果成熟。

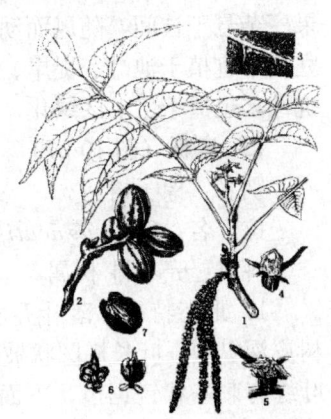

图 10-35 薄壳山核桃

同属树种：本属其他常用树种是山核桃（*C. Cathayensis*）。

2）产地分布：原产美洲，我国于 19 世纪末 20 世纪初引种，北至北京，南至海南岛均有栽培，以长江中下游地区较多。

3）生态习性：喜光，喜温暖湿润气候，适生于深厚肥沃的沙壤土，不耐干瘠，耐水湿，对土壤酸碱性适应性较强。深根性，根系发达，抗风性好，寿命长。

4）园林用途：薄壳山核桃是著名的干果树种，树形高大挺拔，根深叶茂，姿态雄壮。在适生地区是很好的行道树种和庭荫树，南京太平北路留有 80 余年的薄壳山核桃行道树。在公园、风景区、水边可孤植或列植，也适用于风景区、湖泊周边大面积造林。种仁味美，是重要的干果油料植物。

12. 枫杨（图 10-36）

别名：枰柳

拉丁名：*Pterocarya stenoptera* C. DC.

科属：胡桃科 枫杨属

1）形态特征：落叶乔木，高可达 30m，小枝具片状髓心。裸芽，密生锈褐色腺鳞。

小枝、叶柄和叶轴有柔毛。奇数羽状复叶互生；无托叶。复叶叶轴有翅；小叶 10~28 枚，长椭圆形至长椭圆状披针形，有细锯齿，顶生小叶常不发育。花单性同株，雄花组成荑黄花序，单生叶腋，花被不规则，于苞片合生；雌花组成穗状花序，单生新枝上部，坚果，近球形，具 2 椭圆状披针形果翅。花期 4~5 月；果期 8~9 月。

图 10-36　枫杨

2）产地分布：广布于华北、华东、华中至华南、西南各省区，在长江流域和淮河流域最为常见；朝鲜也有分布。

3）生态习性：喜光，喜温暖湿润，也耐寒；耐湿性强；对土壤要求不严，在酸性至微碱性土壤上均可生长。深根性，萌芽力强。抗烟尘和二氧化硫等有毒气体。

4）园林用途：枫杨树冠宽广，枝叶茂密，夏秋季节则果序杂悬于枝间，随风而动，颇具野趣。适应性强，可作公路树、行道树和庭荫树之用，庭院中宜植于池畔、堤岸、草地、建筑附近，尤其适于低湿处造景。对有毒气体有一定的抗性，也适于工矿区绿化。

13. 麻栎（图 10-37）

别名：橡子树

拉丁名：*Quercus acutissima* Carr.

科属：壳斗科 栎属

1）形态特征：落叶乔木，高可达 30m；树冠广卵形，树皮深纵裂。叶长椭圆状披针形，先端渐尖，基部近圆形，叶缘有刺芒状锐锯齿，下面淡黄色，幼时有短绒毛；侧脉每边 13~18 条；叶柄幼时被柔毛，后渐脱落。雄花序常数个集生于当年生枝下部叶腋，有花 1~3 朵，花柱壳斗杯形，包着坚果约 1/2，连小苞片；小苞片钻形或扁条形，向外反曲，被灰白色绒毛。坚果卵形或椭圆形。花期 3~4 月；果期翌年 9~10 月。

图 10-37　麻栎

同属树种：本属其他常用树种有槲栎（细皮青冈）（*Q. aliena*）、白栎（*Q. fabri*）、槲树（波罗栎）（*Q. dentata*）。

2）产地分布：麻栎是我国分布最广的栎类植物之一，最北可达东北南部，南到广东、广西、海南。日本、朝鲜、印度、缅甸、尼泊尔、泰国、越南、柬埔寨等国均有分布。

3）生态习性：喜光，幼树耐荫蔽。适应性强，在偏酸性、中性及石灰性土壤中均能生长。耐干旱瘠薄，不耐积水。深根性，主根明显，不耐移植，抗风能力强。抗污染。

4）园林用途：麻栎树干通直，树形广满，绿荫如盖，秋时叶变金黄或黄褐色，季相变化明显，可孤植、丛植、群植，也适合工矿区绿化。根系深广发达，适合营造防风林、水源涵养林及防火林带。

14. 白桦

别名：桦树、桦木、桦皮树

拉丁名：*Betula platyphylla* Suk.

科属：桦木科 桦木属

1) 形态特征：落叶乔木，高可达27m；树皮光滑，白色，纸质薄片状剥落，皮孔线形横生。无顶芽。单叶互生；托叶早落。叶片三角状卵形、菱形卵形或三角形，有重锯齿，先端尾尖或渐尖，下面密被树脂点，基部平截至宽楔形；羽状脉，侧脉5～8对。花单性同株；雄花序球果状长柱形，当年秋季形成，翌春开放，开放后呈典型葇荑花序特征，花1～3朵生于苞腋；雌花序球果状圆柱形。雄蕊2枚。果序圆柱形，3裂，中裂片三角形，每苞3坚果；小坚果扁平，椭圆形或倒卵形，两侧具膜质翅。花期4～5月；果期8～9月。

2) 产地分布：产东北、华北和西南；俄罗斯、蒙古、朝鲜北部和日本也有分布。

3) 生态习性：阳性树，耐寒性强，在沼泽地、干燥阳坡和湿润阴坡均能生长，喜酸性土。生长速度快。

4) 园林用途：树皮洁白呈纸片状剥落，树体亭亭玉立，枝叶扶疏、秋叶金黄，是中高海拔地区优美的山地风景树种。在适宜地区也是优良的城市园林树种，孤植或丛植于庭院、草坪、池畔、湖滨，列植于道路两旁均颇美观，若以云杉等常绿的针叶树为背景，前面铺以碧绿的草坪，则白干、黄干、绿草相映成趣，可产生极为优美的效果。

15. 糠椴（图10-38）

别名：大叶椴、辽椴

拉丁名：*Tilia mandshurica* Rmpr. et Maxim.

科属：椴树科 椴树属

1) 形态特征：落叶乔木，高可达20m；树冠广卵形。顶芽缺；侧芽单生，芽鳞2。一年生枝黄绿色，密生灰白色星状毛；两年生枝紫褐色，无毛。单叶互生；托叶小。叶片卵圆形，先端短尖，基部歪心形或斜截形，有粗大锯齿，齿尖芒状；表面近无毛，背面密生灰色星状毛。聚伞花序由7～12朵花组成，花序梗与一枚宿存的倒披针形苞片连生。花黄色，有香气，花瓣条形；退化雄蕊呈花瓣状。核果近球形，密生黄褐色星状毛。花期7～8月；果期9～10月。

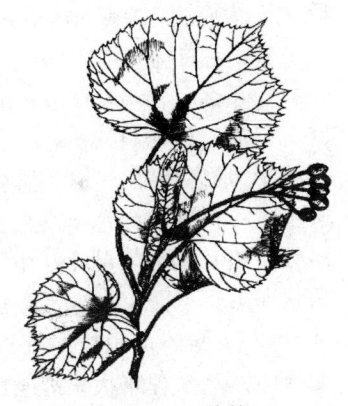

图10-38 糠椴

同属树种：本属其他常用树种有紫椴（*T. amurensis*）、南京椴（*T. miqueliana*）、蒙古椴（*T. mongolica*）、华东椴（*T. japonica*）、泰山椴（*T. taishanensis*）。

2) 产地分布：产东北、内蒙古、河北、山东、河南等地；朝鲜和俄罗斯也有分布。

3) 生态习性：喜光，也耐阴；喜冷凉湿润气候，耐寒性强；对土壤的要求不严，微酸性、中性和石灰性土壤均可，但在干瘠和盐碱地上生长不良。深根性，萌蘖性强。

4) 园林用途：树冠整齐，树姿清丽，枝叶茂密，夏日满树繁花，花黄色而芳香，是优良的行道树和庭荫树。椴树是世界四大行道树之一。

16. 梧桐（图10-39）

别名：青桐

拉丁名：*Firmiana platanifolia* (Linn. f.) Marsil

科属：梧桐科 梧桐属

1) 形态特征：落叶乔木，高 15～20m；树冠卵圆形。树干端直，干枝翠绿色，平滑。小枝粗壮；顶芽发达，密被锈色绒毛。单叶互生；叶片掌状 3～5 裂，裂片全缘，基部心形，表面光滑，下面被星状毛；叶柄约与叶片等长。花单性同株，顶生圆锥花序；萼 5 深裂，裂片呈花瓣状，长条形，黄绿色带红，开展或反卷，外面被淡黄色短柔毛；无花瓣；雄蕊合生成筒状，花药聚生于雄蕊筒顶端；子房圆球形，有柄。蓇葖果，成熟前沿腹缝线开裂，果瓣匙状，膜质，种子着生于果瓣近基部的边缘；种子球形，种皮皱缩。花期 6～7 月；果期 9～10 月。

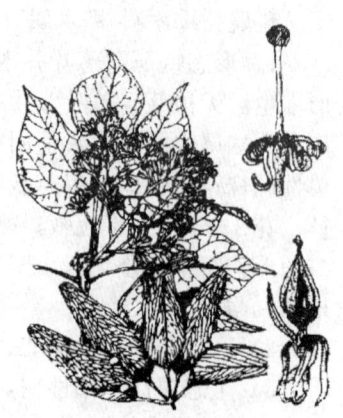
图 10-39 梧桐

2) 产地分布：原产我国及日本，黄河流域南至华南、西南广泛栽培，尤以长江流域为多。

3) 生态习性：喜光、喜温暖气候及土层深厚、肥沃、湿润、排水良好、含钙丰富的土壤。深根性，直根粗壮，不耐涝；萌芽力弱，不耐修剪。春季萌芽期晚，秋季落叶早，固有"梧桐一叶落，天下尽知秋"之说。对多种有毒气体都有较强抗性。

4) 园林用途：梧桐树干端直，干枝青翠，绿荫深浓，叶大而形美，且秋季转为金黄色，洁净可爱。为优美的庭荫树和行道树，于草地、庭院孤植或丛植均相宜。与棕榈、竹子、芭蕉等配植，点缀假山石园景，协调古雅。民间有"凤凰非梧桐不栖"之说，因此庭院中广为应用，"栽下梧桐树，引来金凤凰"。

17. 毛白杨（图 10-40）

拉丁名：*Populus tomentosa* Carr.

科属：杨柳科 杨属

1) 形态特征：落叶乔木，高可达 30m；树冠卵圆形或圆锥形；树皮灰绿色至灰白色，皮孔菱形。顶芽发达，芽鳞多数，略有绒毛。单叶互生，有托叶。长枝之叶阔卵形或三角状卵形，下面密生绒毛，后渐脱落，叶柄上部扁平，顶端常有 2～4 腺体；短枝之叶较小，卵形或三角卵圆形，叶柄无腺体。叶缘有波状缺刻或锯齿。花单性异株，葇荑花序下垂。生于苞片腋部，无花被；苞片具不规则缺裂；花盘杯状。雌株大枝较为平展，花芽小而稀疏；雄株大枝多为斜生，花芽大而密集。蒴果 2 裂。种子细小，有长丝状毛。花期 3 月；果期 4～5 月。

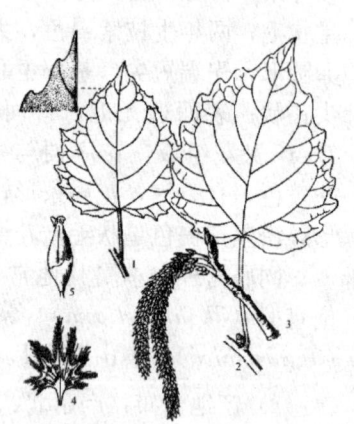
图 10-40 毛白杨

同属树种：本属其他常用树种有银白杨（*P. alba*）、加拿大杨（*Populus × canadensis*）、钻天杨（*P. nigra*）、小叶杨（*P. simonii*）、山杨（*P. davidiana*）、胡杨（*P. euphratica*）。

2) 产地分布：我国特产，分布于华北、西北至安徽、江苏、浙江，以黄河流域中下游为中心产区。适应范围广，在年均气温 11～15.5℃，年雨量 500～800mm 的气候条件下生长最好。

3) 生态习性：阳性树；对土壤要求不严，在酸性土至碱性土上均能生长；稍耐盐碱，土壤含盐量为 0.3% 时成活率可达 70%，在 pH 值 8～8.5 时能够生长，但大于 8.5 时生长不良；耐旱性一般，在特别干瘠或低洼积水处生长不良。寿命长达 200 年以上。抗烟尘污染。

4) 园林用途：树干通直，树皮灰白，树体高大、雄伟，叶片在微风吹拂时能发出欢快的响声，给人以豪爽之感。可作庭荫树或行道树，因树体高大，尤其适于孤植或丛植于大草坪上或列植于广场、主干道两侧。为防止种子污染环境，绿化宜选用雄株。

18. 旱柳（图 10-41）

别名：河柳、江柳、直柳

拉丁名：*Salix matsudana* Koidz.

科属：杨柳科 柳属

1) 形态特征：落叶乔木，高可达 18m；树冠倒卵形或近圆形。枝条直伸或斜展，浅黄褐色或带绿色，后变褐色，嫩枝无毛。无顶芽，侧芽芽鳞 1 枚。单叶，互生；托叶早落。叶片披针形，有细锯齿，先端长渐尖，基部楔形；背面微被白粉；叶柄长 5～8mm。雌雄同株，葇荑花序，直立。花生于苞片腋部，无花被，苞片全缘，无花盘；雄蕊 2 枚，花丝分离，基部有长柔毛；子房背腹面各具 1 个腺体。蒴果 2 裂；种子细小，有白色长毛。花期 3～4 月；果期 4～5 月。

同属树种：本属其他常用树种有垂柳（*S. babylonica*）、白柳（*S. alba*）、银芽柳（*Salix × leucopithecia*）、金丝垂柳（*S. Tristis*）

图 10-41 旱柳

2) 产地分布：广布树种，以黄河流域为分布中心，北达东北各地，南至淮河流域和江浙，西至甘肃和青海，是北方平原地区常见的乡土树种之一。

3) 生态习性：适应性强。喜光，不耐荫蔽；耐寒；在干瘠沙地、低湿河滩和弱盐碱地上均能生长，以深厚肥沃、湿润的土壤最为适宜，在黏重土壤及重盐碱地上生长不良。

4) 园林用途：树冠丰满，生长迅速，发芽早、落叶迟，是我国北方常用的庭荫树和行道树，也常用作公路树、防护树及沙荒地造林、农村"四旁"绿化。品种龙爪柳枝干弯曲多姿，状若游龙，植于池塘岸边，大枝斜出水面，犹似蛟龙出水，颇有雅致。

19. 皂荚（图 10-42）

别名：皂角、牙皂

拉丁名：*Gleditsia sinensis* Lam.

科属：豆科 皂荚属

1) 形态特征：落叶乔木，高可达 30m；树冠扁球形。无顶芽，侧芽叠生。枝刺圆锥形，粗壮，常分枝。一回羽状复叶（幼树及萌枝有二回羽状复叶），互生，或在短枝上簇生。小叶 3～7（9）对，卵形至卵状长椭圆形，有细密锯齿，顶端钝，上面网脉明显凸起。总状花序腋生；花杂性，黄白色，萼片、花瓣各 4 枚。荚果木质，肥厚，不开裂，直而扁平，棕黑色，被白粉，经冬不落。花期 5～6 月；果期 10 月。

图 10-42 皂荚

2) 产地分布：我国广布，自东北至西南、华南均产，生于海拔2500m以下的山坡、沟谷、林中。

3) 生态习性：喜光，稍耐阴；颇耐寒；对土壤酸碱度要求不严，无论是酸性土，还是石灰质土壤和盐碱地上均可生长。深根性，生长速度较慢，寿命长。

4) 园林用途：树冠宽广，叶密荫浓，可植为绿荫树，宜孤植或丛植，也可列植或群植。枝刺发达，是大型防护篱、刺篱的适宜材料，但不宜植于幼儿园、小学校园内，以免发生危险。

20. 雨树

别名：雨豆树、伊蓓树

拉丁名：*Samanea saman*（Jacp.）Merr

科属：豆科 雨树属

1) 形态特征：落叶乔木，高达10～25m，幼枝部分被黄色短柔毛。羽片3～5(6)对，羽片及叶片常有腺体；小叶3～8对，上面光亮，下面被短柔毛。头状花序，单生或簇生；花玫瑰色。荚果长圆形，不裂。花期8～9月。

2) 产地分布：原产热带美洲，我国台湾、海南、云南有栽培。

3) 生态习性：喜温暖湿润，生产迅速。

4) 园林用途：枝叶茂密，分枝较低，树冠广展，冠幅可达20～30m，遮阴效果好，是优良的行道树和遮阴树。

21. 黄檀（图10-43）

别名：不知春

拉丁名：*Dalbergia hupeana* Hance

科属：豆科 黄檀属

1) 形态特征：落叶乔木，高10～20m；树皮暗灰色，呈薄片状剥落。幼枝淡绿色，无毛。羽状复叶，小叶3～5对，近革质，椭圆形至长圆状椭圆形，先端钝。圆锥花序顶生或生于最上部的叶腋间，连着总花梗，疏被锈色短柔毛；花密集；花梗与花萼同疏被锈色柔毛；花冠白色或淡紫色，长于花萼，各瓣均具柄，雄蕊10，成5+5的二体；子房具短柄，除基部与子房柄外，无毛，胚珠2～3粒，花柱纤细，柱头小，头状。荚果阔舌状。花期5～7月；果期9～10月。

图10-43 黄檀

2) 产地分布：我国分布广泛，华东、华中、华南及西南各地均有分布，生长于海拔600～1400m山地林间。

3) 生态习性：喜光，耐干旱瘠薄，土壤适应性强，深根性，萌芽性强。

4) 园林用途：黄檀树形优美，花色淡雅而芳香，荚果黄绿色，盛果期荚果挂满枝头，黄绿相间，独具观赏性。可作庭荫树、风景树和行道树。适应性强，荒山先锋树种，尤其是在石灰质山地。

22. 国槐

别名：槐树、豆槐、家槐、白槐、护房树

拉丁名：*Sophora japonica* Linn.

科属：豆科 槐属

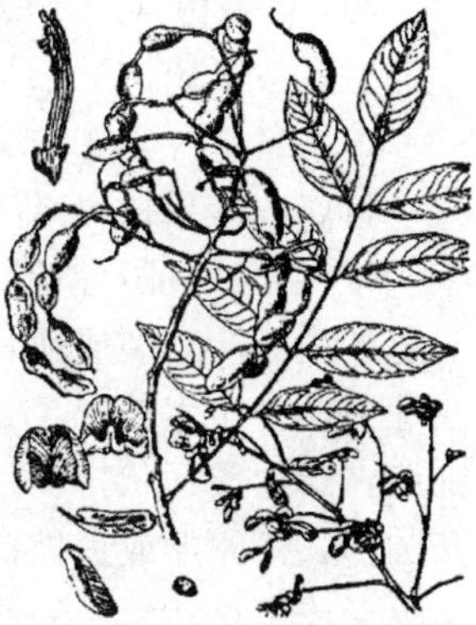

1) 形态特征：落叶乔木，高可达25m；树冠球形或阔倒卵形。小枝绿色，皮孔明显。奇数羽状复叶，互生。小叶7～17枚，卵形至卵状披针形，先端尖，背面有白粉和柔毛。圆锥花序顶生，直立；花黄白色，蝶形，萼5齿裂，雄蕊10枚。荚果缢缩成串珠状，肉质，不开裂。种子肾形或矩圆形，黑色。花期6～9月；果期10～11月。

2) 产地分布：自东北南部至华南广为栽培；也分布于朝鲜和日本。

3) 生态习性：弱阳性；喜深厚肥沃而排水良好的沙质壤土，但在石灰性、酸性及轻度盐碱土（含盐量0.15%左右）上也可正常生长。耐干旱、瘠薄的能力不如刺槐，不耐水涝。萌芽力强，耐修剪。抗污染，对二氧化硫、氯气、氯化氢等有毒气体抗性较强。

4) 园林用途：国槐是华北地区的乡土树，树冠宽广、枝叶茂密，花朵状如璎珞，香亦清馥，是北方最重要的行道树和庭荫树，栽培历史悠久，各地常见千年古树。龙爪槐又名垂槐、盘槐，树形古朴、枝柯纠结，性柔下垂，密如覆盘，常对植于宅第之旁、祠堂之前，颇有庄严气势。五叶槐叶形奇特，宛若绿蝶栖于树上，堪称奇观，最宜孤植或丛植于草坪和安静的休息区内，也可作园路树。

图10-44 国槐

23. 喜树（图10-45）

别名：千张树、水桐树

拉丁名：*Camptotheca acuminata* Decne.

科属：蓝果树科 喜树属

1) 形态特征：落叶乔木，高可达30m。小枝绿色，髓心片隔状。单叶互生。叶片椭圆形至长卵形，全缘或微波状，萌蘖枝及幼树枝枝叶常疏生锯齿；先端突渐尖，基部广楔形，背面疏生短柔毛，脉上尤密；羽状脉弧形；叶柄常带红色。花单性同株，头状花序常数个组成总状复花序，上部为雌花序，下部为雄花序；花萼5裂；花瓣5枚，淡绿色；雄蕊10枚；子房1室。翅果有窄翅，集生成球形。花期5～7月；果9～11月成熟。

2) 产地分布：产长江流域至华南、西南，常见栽培。

3) 生态习性：喜光，幼树稍耐阴。喜温暖湿润气候，不耐干燥寒冷。深根性，喜肥沃湿润土壤，不耐干旱瘠薄，在酸性、中性、弱碱性土壤上均可生长，在石灰岩风化的土壤和冲击土上生长良好。较耐水湿。生长速度较快。

图10-45 喜树

4) 园林用途：树姿雄伟，花朵清雅，果实集生成头状，新叶常带紫红色，是优良的行道树庭荫树。既适合庭院、公园和风景造景应用，也是常用的公路和堤岸、河边绿化树种。

24. 蓝果树（图10-46）

别名：紫树

拉丁名：*Nyssa sinensis* Oliv.

科属：蓝果树科 蓝果树属

1) 形态特征：落叶乔木，高可达20m，树皮淡褐色或深灰色，粗糙，常裂成薄片脱落；小枝圆柱形，无毛，当年生枝淡绿色，多年生枝褐色；皮孔显著，近圆形；冬芽淡紫绿色，锥形，鳞片覆瓦状排列。叶纸质或薄革质，互生，椭圆形或长椭圆形，稀卵形或近披针形，顶端短急锐尖，基部近圆形；花序伞形或短总状，总花梗幼时微被长疏毛，其后无毛；花单性；雄花着生于叶已脱落的老枝上，花梗长5mm；花萼的裂片细小；花瓣早落，窄矩圆形，较花丝短；雄蕊5～10枚，生于肉质花盘的周围。核果矩圆状椭圆形或长倒卵圆形，稀长卵圆形，微扁，幼时紫绿色，成熟时深蓝色，后变深褐色，常3～4枚。种子外壳坚硬，骨质，稍扁，有5～7条纵沟纹。花期4月下旬；果期9月。

图10-46 蓝果树

2) 产地分布：分布于长江流域至华南、西南地区，在湖南、贵州南部和广东、广西北部常见，多生于海拔300～1700m的山谷或溪边潮湿混交林中。

3) 生态习性：喜光的阳性树种，喜温暖湿润气候，耐干旱瘠薄，生长快。长势旺盛，耐寒性强，在绝对温度－18℃时，仍生长旺盛。抗雪压能力强。根系发达，能穿入石缝中生长，根的萌芽能力强。

4) 园林用途：树形高大，干形挺拔，春季嫩叶紫红色，夏季苍翠浓荫，入秋后叶色转为绯红，从红绿相间到满树红叶，十分美丽，是我国南方优良的造景树种。适宜孤植为庭荫树或公园景观树，也可丛植、群植形成大面积彩叶林景观。耐寒性较好，在山东崂山生长良好。

25. 灯台树（图10-47）

别名：女儿木、六角树

拉丁名：*Bothrocaryum controversum* (Hemsl.) Pojark.

科属：山茱萸科 灯台树属

1) 形态特征：落叶乔木，高可达20m；树皮暗灰色，浅纵裂；大枝平展，轮状着生；当年生枝紫红色或带绿色，无毛。单叶互生，常集生枝顶。叶片广卵形，先端骤渐尖，基部楔形或圆形，表面深绿色，背面灰绿色，疏生平伏短柔毛；侧脉6～8对。伞房状聚伞形花序，顶生。花两性，白色；核果球形，成熟时由紫红色变蓝黑色，果核顶端有一方形孔穴。花期5～6月；果期9～10月。

2) 产地分布：产东亚，分布甚广，东北南部、黄河流域、长江流域至华南、西南、台湾均产。

3) 生态习性：喜光，稍耐阴；喜温暖湿润气候，也颇

图10-47 灯台树

耐寒；喜肥沃湿润而排水良好的土壤。

4) 园林用途：树形齐整，大枝平展、轮生，层层如灯台，形成美丽的圆锥形树冠，是一优美的观赏树种，而且姿态清雅，叶形雅致，花朵细小而花序硕大，白色而素雅，平铺于层状枝条上，花期颇为醒目，树形、叶、花、果兼赏，以树形最佳，适宜孤植于庭院、草地，也可作行道树。

26. 光皮梾木（图 10-48）

别名：光皮树

拉丁名：*Swida wilsoniana*（Wanger.）Sojak

科属：山茱萸科 梾木属

1) 形态特征：落叶乔木，高可达 18m，有时呈灌木状，树皮白色带绿，斑块状剥落后形成明显的斑块。叶对生；叶片椭圆形至卵状椭圆形，全缘，先端渐尖，基部楔形或宽楔形，背面密生乳头状突起和平贴的灰白色短柔毛，侧脉 3～4 对。圆锥状聚伞花序，顶生，花小而白色，花 4 数；子房 2 室。核果球形，紫黑色。花期 5 月；果期 10～11 月。

图 10-48 光皮梾木

2) 产地分布：产秦岭、淮河流域以南至华中、华南，生于海拔 1100m 以下的林中。

3) 生态习性：较喜光；耐寒，也耐热，在石灰岩山地和酸性土中均可生长，在排水良好、湿润肥沃的土壤中生长良好。深根性，萌芽力强。

4) 园林用途：干直而挺秀，树皮斑斓，叶茂密，荫浓，初夏满树银花，是优良的庭荫树和行道树，南京等地应用较多。

27. 重阳木（图 10-49）

拉丁名：*Bischofia polycarpa*（Levi.）Airy Shaw

科属：大戟科 重阳木属

1) 形态特征：落叶乔木，高可达 15m；树冠近球形。小枝红褐色。三出复叶，互生。小叶片卵形至椭圆状卵形，有细齿，基部圆形或近心形，先端断尾尖，两面光滑无毛。雌雄异株；总状花序腋生、下垂，雄花序长 8 - 13cm，雌花序较疏散。萼片 5 枚，无花瓣，雄蕊 5 枚，于萼片对生，子房 3 室，每室胚珠 2 枚。果肉质，球形，浆果状，红褐色。花期 4～5 月；果期 10～11 月。

图 10-49 重阳木

2) 产地分布：分布于秦岭、淮河流域以南至华南北部，在长江中下游平原习见。

3) 生态习性：喜光，稍耐阴；喜温暖湿润气候，耐寒力弱；喜温暖并耐水湿。对土壤要求不严，根系发达，抗风。

4) 园林用途：树姿婆娑优美，绿荫如盖，早春嫩叶鲜绿光亮，秋叶红色，艳丽夺目，是重要的色叶树种，适宜作庭荫树，可于庭院、湖边、池畔、草坪上孤植或丛植点缀，也适于作行道树。此外，重阳木耐水能力强，也是优良的堤岸和风景区造林材料。对二氧硫有一定的抗性，可用于厂矿、街道绿化。

28. 银鹊树（图10-50）

别名：瘿椒树

拉丁名：*Tapiscia sinensis* Oliv.

科属：省沽油科 瘿椒属

1) 形态特征：落叶乔木，树皮灰黑色或灰白色，小枝无毛；芽卵形。奇数羽状复叶，小叶 5～9，狭卵形或卵形，基部心形或近心形，边缘具锯齿，上面绿色，背面带灰白色，密被近乳头状白粉点；侧生小叶柄短，顶生小叶柄长达 12cm。圆锥花序腋生，雄花与两性花异株，两性花的花序长约 10cm，花小，黄色，有香气；两性花：花萼钟状，5浅裂；花瓣5，狭倒卵形，比萼稍长。果序长达 10cm，核果近球形或椭圆形。花期 6～7月；果期 8～9月。

图 10-50　银鹊树

2) 产地分布：我国特产，分布于浙江、安徽、湖北、湖南、广东、广西、四川、云南、贵州。生于海拔 400～1800m 的山坡与溪谷旁。

3) 生态习性：湿性树种，喜生于山谷、山坡与溪旁湿润肥沃的环境。幼树阶段较耐阴，但不耐高温与干旱。

4) 园林用途：我国特有珍稀树种，树干通直挺拔，树形端庄，秋叶黄灿，枝叶繁茂，适于公园和风景区造林，也作为行道树或列植于建筑前。

29. 栾树（图10-51）

别名：栾华、乌拉、北京栾

拉丁名：*Koelreuteria paniculata* Laxm.

科属：无患子科 栾树属

1) 形态特征：落叶乔木。高可达 20m，树冠近球形。树皮灰褐色，细纵裂；无顶芽；芽鳞2枚。皮孔明显。奇数羽状复叶，有时部分小叶深裂而为不完全二回，互生；小叶片卵形或卵状椭圆形，有不规则粗齿，近基部常有深裂片，背面沿脉有毛。大型圆锥花序，通常顶生。花杂性，鲜黄色，不整齐；花瓣披针形，开花时向外反折。蒴果三角状卵形，具膜质果皮，膨大如膀胱状，成熟时红褐色或橘红色。种子球形，黑色。花期 6～8月；果 9～10月成熟。

图 10-51　栾树

同属树种：复羽叶栾树（*K. bipinnata*），又名黄山栾、全缘叶栾。花期 6～9月。产长江以南各省区，耐寒性稍差。

2) 产地分布：分布于东亚，我国自东北南部、华北、长江流域至华南均产。

3) 生态习性：喜光，稍耐半阴；耐干旱瘠薄；不择土壤，喜生于石灰质土壤上，也能耐盐碱和短期水涝。深根性，萌蘖力强。有较强的抗烟尘和二氧化硫能力。

4) 园林用途：树形端正，枝叶茂密，春季嫩叶紫红，入秋叶色变黄，夏季至初秋开花，满树金黄，秋季丹果盈树，非常美丽，是优良的花果兼赏树种。适宜作庭荫树、行道树和园景树，可植于草地、路旁、池畔。也可用作防护林、水土保持及荒山绿化树种。

30. 无患子（图10-52）

别名：木患子、苦患子

拉丁名：*Sapindus mukorkssi* Gaertn.

科属：无患子科 无患子属

1）形态特征：落叶或半常绿乔木，高可达20m；树冠广卵形或扁球形，树皮灰褐色至深褐色，平滑不裂。小枝无毛，芽叠生。小叶8～16，互生或近对生，狭椭圆状披针形或近镰状，先端尖基部不对称，薄革质，无毛。圆锥花序，顶生及侧生；花杂性，花冠淡绿色，有短爪；花盘杯状；花丝有细毛，药背部着生，两性花雄蕊小，花丝有软毛。核果球形，熟时黄色或棕黄色。种子球形，黑色。花期6～7月；果期9～10月。

图10-52 无患子

2）产地分布：原产我国长江流域以南各地以及印度和日本。为低山丘陵地带石灰岩山体常见树种。

3）生态习性：喜光，稍耐阴，耐寒能力较强。对土壤要求不严，深根性，抗风力强。不耐水湿，能耐干旱。萌芽力弱，不耐修剪。生长较快，寿命长。对二氧化硫抗性强。

4）园林用途：主干通直，树姿优美挺秀，秋叶金黄，极为美观，是重要的秋色观赏树种。适作为行道树，孤植或丛植于草坪、坡地或建筑周边。落叶期一致，秋日一片金黄，绚丽多彩。

31. 七叶树（图10-53）

别名：梭椤树、天师栗

拉丁名：*Aesculus chinensis* Bunge

科属：七叶树科 七叶树属

1）形态特征：落叶乔木，高可达25m；树冠圆球形；小枝粗壮，髓心大，光滑或幼时有毛。冬芽肥大。掌状复叶，对生；无托叶。小叶5～7（9）枚，矩圆状披针形、矩圆形、矩圆状倒披针形至矩圆状倒卵形，具细锯齿，先端急渐尖，基部楔形或阔楔形，背面光滑或仅幼时脉上疏生灰色绒毛；侧脉13～15对；小叶柄长5～17mm。圆锥花序顶生，近圆柱形，被毛或光滑，花朵密集。花白色，芳香；花瓣4枚，不等大，上面两瓣常有橘红色或黄色斑纹。蒴果近球形，黄褐色；种子深褐色，种脐大。花期4～6月；果期9～10月。

图10-53 七叶树

同属树种：欧洲七叶树（*A. hippocastanum*），小叶无柄，叶片背面绿色，果实有刺，原产欧洲；日本七叶树（*A. turbinata*），小叶无柄，叶片背面粉绿色，有白粉，果实有疣状突起，原产日本。

2）产地分布：原产我国，黄河至长江中下游各地均有栽培。

3）生态习性：喜光，耐阴；喜温暖湿润气候，也能耐寒；喜深厚肥沃而排水良好的土壤。深根性；萌芽力不强。生长速度中等偏慢，寿命长。

4）园林用途：树干耸直，树冠开阔，姿态雄伟，叶片大而美，初夏白花满树，蔚然可观，是世界著名的观赏树木。最宜植为庭荫树和行道树，是世界四大行道树之一。我国古代植于庙宇，如杭州灵隐寺、北京大觉寺和卧佛寺等均有七叶树古树。

32. 元宝枫（图 10-54）

别名：华北五角枫

拉丁名：*Acer truncatum* Bunge

科属：槭树科 槭树属

1）形态特征：落叶乔木，高可达 12m，树冠伞形或近伞形。叶宽矩圆形，掌状 5~7 裂，深达叶片中部；裂片三角形，全缘，掌状五出脉，叶基常截形。伞房花序顶生；萼片黄绿色，花瓣黄白色。果熟时淡黄色或带褐色，两翅成直角或钝角。花期 4~5 月；果期 8~10 月。

同属树种：本属其他遮阴类树种有三角枫（*A. buergerianum*）、樟叶槭（常绿）（*A. cinnamomifolium*）、色木槭（*A. pictum* subsp. *momo*）等。

图 10-54 元宝枫

2）产地分布：产黄河中下游各省，多生于海拔 1000m 以下的低山丘陵和平地。

3）生态习性：弱阳性，喜温凉湿润气候，耐寒性强，但过于干冷则对生长不利，在炎热地区也如此。对土壤要求不严，在酸性土、中性土及石灰性土中均能生长，但以湿润、肥沃、土层深厚的土中生长最好。深根性，生长速度中等，病虫害较少。耐烟尘和有毒气体。

4）园林用途：元宝枫嫩叶红色，秋叶黄色、红色或紫红色，树姿优美，叶形秀丽，为优良的观叶树种。宜作庭荫树、行道树或风景林树种。现多用于道路绿化。元宝枫耐阴，喜温凉湿润气候，耐寒性强，对土壤要求不严，在酸性土、中性土及石灰性土中均能生长，对二氧化硫、氟化氢的抗性较强，吸附粉尘的能力亦较强。是优良的防护林、用材林、工矿区绿化树种。

33. 黄连木（图 10-55）

别名：楷木

拉丁名：*Pistacia chinensis* Bunge

科属：漆树科 黄连木属

1）形态特征：落叶乔木，高达 25~30m；树皮裂成小方块状；小枝有柔毛，冬芽红褐色。偶数羽状复叶互生，小叶 5~7 对，披针形或卵状披针形，全缘，基部歪斜。花小，单性异株，无花瓣；雌花成腋生圆锥花序，雄花呈密总状花序。核果球形，熟时红色或紫蓝色。花期 3~4 月；果期 9~11 月。

2）产地分布：在我国分布广泛，在温带、亚热带和热带地区均能正常生长，北到河北、山地，南至华南、西南各省区。

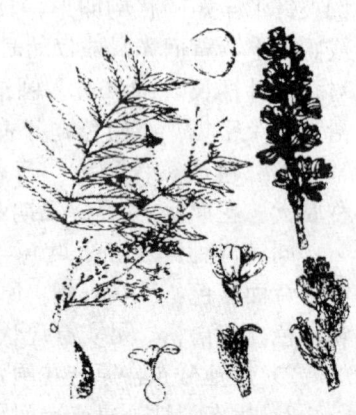

图 10-55 黄连木

206

3) 生态习性：喜光，幼时稍耐阴；喜温暖，畏严寒；耐干旱瘠薄，对土壤要求不严，深根性，主根发达，抗风力强；萌芽力强。生长较慢，寿命长。对二氧化硫、氯化氢和烟尘抗性较强。

4) 园林用途：树冠近球形或团扇形，春季叶片及花序紫红色，秋季鲜红或橙黄，加上果实为紫红色，既可观叶亦可观果，是著名的风景树种。常在山地风景林、公园内作秋色树种。也可作行道树。

34. 臭椿（图 10-56）

别名：大果臭椿、樗

拉丁名：*Ailanthus altissima*（Mill.）Swingle

科属：苦木科 臭椿属

1) 形态特征：落叶乔木，高可达 30m，树冠开阔。树皮灰色，不开裂或细纹状裂。小枝粗壮，黄褐色或红褐色；无顶芽。奇数羽状复叶互生，叶痕大。小叶 13～25 枚，卵状披针形，先端长渐尖，花淡黄色或黄白色；花萼、花瓣各 5 枚；雄蕊 10 枚；花盘 10 裂；子房深裂，果时分离成 1～5 个长椭圆形翅果。翅果扁平。花期 5～6 月；果期 9～10 月。

图 10-56 臭椿

2) 产地分布：分布于东北南部、黄河中下游地区至长江流域、西南、华南各地；朝鲜和日本也产。

3) 生态习性：阳性树，适应性强；喜温暖，较耐寒。耐旱、瘠薄，但不耐水涝；对土壤要求不严，微酸性、中性和石灰性土壤都能适应，耐中度盐碱，在土壤含盐量 0.3%（根际 0.2%）时幼树可正常生长。根系发达，萌蘖力强。抗污染，对二氧化硫、二氧化氮、硝酸雾、乙炔、粉尘的抗性均强。生长迅速，10 年生可高达 10m，胸径 15cm。

4) 园林用途：树体高大，树冠圆整，冠大荫浓，春叶紫红，夏秋红果满树，是一种优良的观赏树种，可用作庭荫树及行道树，尤适于盐碱地区、工矿区应用，可孤植于草坪、水边。在欧洲、日本、美国等地，臭椿颇受青睐，常植为行道树，如法国巴黎铁塔两旁和岸堤均植臭椿；我国南京等地城市绿化中也常见臭椿，如南京大桥南路等多条道路以臭椿为行道树。品种千头椿树形优美，最适于孤植于草地作风景树。

35. 麻楝（图 10-57）

别名：阴麻树

拉丁名：*Chukrasia tabularis* A. Juss.

科属：楝科 麻楝属

1) 形态特征：落叶乔木，高可达 38m，树冠卵形。树干通直，树皮灰褐色；小枝赤褐色，具白色皮孔。偶数羽状复叶互生，小叶 10～18 片，互生，卵形至矩圆状披针形，全缘。顶生圆锥花序，花黄色带紫，花期 5～6 月。蒴果近球形，灰褐色，10 月至翌年 2 月果熟。

2) 产地分布：原产于我国，现广泛分布于东南亚潮湿温暖的热带森林中。主要分布于广东、海南、广西、云南、

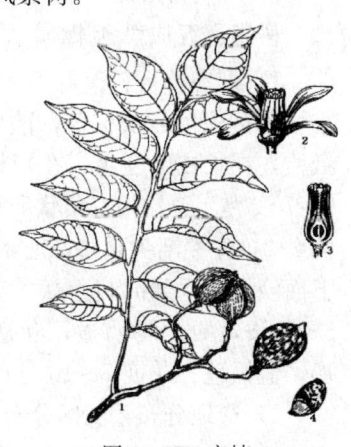

图 10-57 麻楝

西藏等地。

3）生态习性：喜光，幼树耐阴；适生湿润、疏松、肥沃的壤土；耐寒性差，幼树在0℃以下即受冻害。速生。

4）园林用途：麻楝树冠卵球形或球形，花黄色而芳香，花密，早春新叶嫩红，可作春色树种，亦是优良的行道树和庭荫树。

36. 香椿（图10-58）

别名：香椿铃、香铃子、香椿芽

拉丁名：*Toona sinensis*（A. Juss.）Roem.

科属：楝科 香椿属

1）形态特征：落叶乔木，高可达25m。树皮暗褐色，浅纵裂。小枝粗壮，被白粉；叶痕大。羽状复叶常为偶数，互生；小叶10～20枚，长椭圆形至广披针形，全缘或有不明显钝锯齿，先端长渐尖。圆锥花序下垂；花白色，芳香；5基数，花丝分离，花盘和子房无毛。蒴果木质，椭圆形，5裂；种子上端具翅。花期5～6月；果期10～11月。

2）产地分布：产我国中部，东北南部以南常见栽培。

3）生态习性：喜光，有一定的耐寒力；对土壤要求不严，无论酸性土、中性土，还是钙质土上均可生长，也耐轻度盐碱，较耐水湿。深根性，萌芽力和萌蘖力均强。对有毒气体有较强的抗性。

图10-58 香椿

4）园林用途：我国特产树种，栽培历史悠久，因其嫩芽幼叶可食，常植于庭院。树干耸直，树冠宽大，枝叶茂密，嫩叶红色，是良好的庭荫树和行道树，适于庭前、草坪、路旁、水畔种植。香椿还是长寿的象征，《庄子·逍遥游》有："上古有大椿者，以八千岁为春，八千岁为秋"。故而古人称父为"椿庭"，祝寿称"椿龄"。除幼芽供蔬食外，木材也为上等的家具用材，国外市场上称为"中国桃花心木"。

37. 刺楸（图10-59）

别名：鸟不宿、钉木树

拉丁名：*Kalopanax septemlobus*（Thunb.）Koidz.

科属：五加科 刺楸属

1）形态特征：落叶乔木，高可达30m，树皮暗灰棕色；小枝淡黄棕色或灰棕色，散生粗刺；刺基部宽阔扁平，叶片纸质，在长枝上互生，在短枝上簇生，圆形或近圆形，掌状5～7浅裂，裂片阔三角状卵形至长圆状卵形，长不及全叶片的1/2，先端渐尖，基部心形，上面深绿色，无毛或几无毛，下面淡绿色，幼时疏生短柔毛，边缘有细锯齿，放射状主脉5～7条，两面均明显；叶柄细长，无毛。花多数；果实球形，蓝黑色。花期7～10月；果期9～12月。

2）产地分布：我国分布广，北自东北起，南至广东、广西、云南，西至四川西部，东至海滨区域均有分布。垂直分

图10-59 刺楸

布海拔自数十米起至千余米。

3）生态习性：适应性很强，喜阳光充足和湿润的环境，稍耐阴，耐寒冷，适宜在含腐殖质丰富、土层深厚、疏松且排水良好的中性或微酸性土壤中生长。

4）园林用途：刺楸叶形美观，叶色浓绿，树干通直挺拔，满身的硬刺在诸多园林树木中独树一帜，既能体现出粗犷的野趣，又能防止人或动物攀爬破坏，适合作行道树或园林配植。

38. 厚壳树（图 10-60）

别名：大岗茶

拉丁名：*Ehretia thyrsiflora* (Sieb. et Zucc.) Nakai

科属：紫草科 厚壳树属

1）形态特征：落叶乔木，高可达 15m，干皮灰黑色纵裂。花两性，顶生或腋生圆锥花序，有疏毛，花小无柄，密集，花冠白色，有 5 裂片，雄蕊伸出花冠外，花萼钟状，绿色，5 浅裂，缘具白毛，核果，近球形，橘红色，熟后黑褐色。花期 4 月；果期 7 月。

同属树种：同属的粗糠树（*E. dicksonii*）花序大而花朵芳香，果实黄色，直径 1.5cm，可赏花赏果，抗污染力强，也作行道树、庭荫树。

图 10-60 厚壳树

2）产地分布：我国东部至南部、西南均产，北至山东，多生于海拔 1700m 以下山坡林地中。

3）生态习性：喜光也稍耐阴，喜温暖湿润的气候和深厚肥沃的土壤，耐寒，较耐瘠薄，根系发达，萌芽性好，耐修剪。

4）园林用途：厚壳树枝叶茂密，春季白花繁茂，秋季红果挂树，适于在庭院内种植，也可在亭台、轩榭、草地边种植，可作行道树。

39. 白蜡（图 10-61）

别名：中国蜡、川蜡、桪

拉丁名：*Fraxinus chinensis* Roxb.

科属：木犀科 梣属

1）形态特征：落叶乔木，高可达 15m；树冠卵圆形。冬芽淡褐色；小枝无毛。奇数羽状复叶，对生；无托叶。小叶常 7（5～9）枚，椭圆形至椭圆状卵形，有波状齿，先端渐尖，基部楔形，不对称，下面沿脉有短柔毛；叶柄基部膨大。花两性，圆锥花序，生于当年生枝上；花萼钟状，无花瓣。翅果倒披针形，基部窄，先端菱状匙形，翅与种子等长。花期 3～5 月；果期 9～10 月。

同属树种：大叶白蜡（*F. rhynchophylla*）、绒毛白蜡（*F. velutina*）、美国白蜡（*F. americana*）、对节白蜡（*F. hupehensis*）

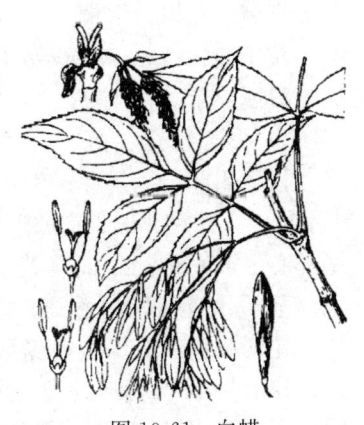

图 10-61 白蜡

2）产地分布：我国广布，自东北中部和南部，经黄河流域、长江流域至华南、西南均有分布。

3）生态习性：喜光，稍耐阴；耐寒性强；对土壤要求不严，在干瘠沙地、低湿河滩、碱性、中性和酸性土壤上均可生长，耐盐碱；耐干旱和耐水湿能力都很强。根系发达，萌芽力和萌蘖力强，耐修剪。抗污染，对二氧化硫、氯气、氟化氢等多种有毒气体有较强抗性。

4）园林用途：树形端正，树干通直，枝叶繁茂而鲜绿，秋叶橙黄，是优良的秋色叶树种。可作庭荫树、行道树栽培，也可用于水边、矿区的绿化。由于耐盐碱、水涝，是盐碱地区和北部沿海地区重要的园林绿化树种。枝条可供编织用。

40. 毛泡桐（图 10-62）

别名：紫花桐、日本泡桐

拉丁名：*Paulownia tomentosa*（Thunb.）Steud.

科属：玄参科 泡桐属

1）形态特征：落叶乔木，高可达 15m；分枝角度大，树冠开张。无顶芽，侧芽 2 枚叠生。小枝粗壮，髓心中空；幼枝有黏质腺毛和分枝毛，老枝无毛。单叶对生，具长柄。叶片宽卵形至卵状心形，纸质，全缘或 3~5 浅裂，基部心形，两面有黏质腺毛和分枝毛。花浅紫色至蓝紫色，聚伞状圆锥花序顶生，侧花枝细柔；花蕾近球形，密生黄褐色分枝毛；萼革质，5 裂，裂片肥厚；花冠二唇形，有毛；雄蕊 4 枚，二强；子房 2 室，花柱细长。蒴果，卵形至卵圆形，背室开裂；种子具翅。花期 4~5 月，先叶开花；果期 10 月。

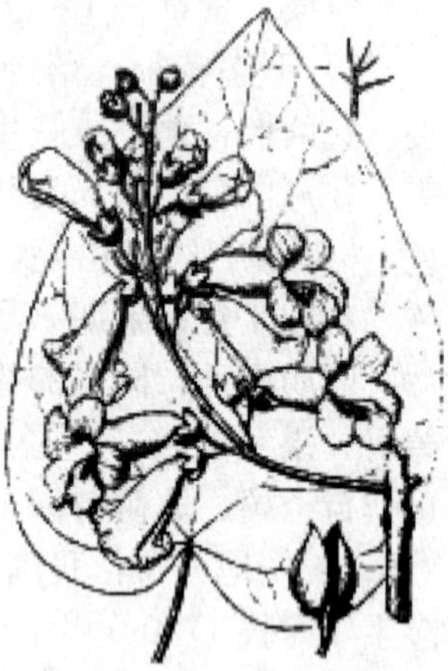

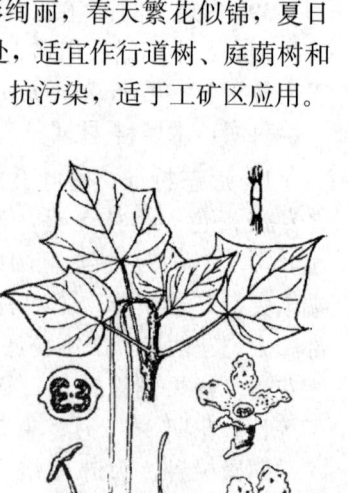

图 10-62 毛泡桐

2）产地分布：主产黄河流域，北方习见栽培。

3）生态习性：强阳性树种，不耐荫蔽，较喜凉爽气候，气温达 38℃以上生长受阻，最低温在 -25℃时易受冻害。根系肉质，耐干旱而怕积水。在微偏碱性土壤生长最好。对二氧化硫、氯气、氟化氢、硫酸雾抗性强。

4）园林用途：树干通直，树冠宽大，花朵大而美丽，色彩绚丽，春天繁花似锦，夏日绿荫浓密，是良好的绿荫树，可植于庭院、公园、风景区等各处，适宜作行道树、庭荫树和园景树，也是优良的农田林网、四旁绿化和山地绿化造林种树。抗污染，适于工矿区应用。

41. 梓树（图 10-63）

别名：花楸、水桐

拉丁名：*Catalpa ovata* G. Don

科属：紫葳科 梓属

1）形态特征：落叶乔木，高可达 20m；树冠宽阔开展。枝条粗壮，无顶芽；嫩枝、叶柄和花序有黏质。单叶，3 枚轮生。叶片卵形、广卵形或近圆形，全缘或 3~5 浅裂，基部心形或圆形；上面有黄色短毛，下面仅脉上疏生长柔毛；基部脉腋有紫色腺斑；基出脉 3~5 条。圆锥花序顶生，花淡黄色，有深黄色条纹和紫色斑纹。花萼绿色或紫色；花冠钟状二唇形；发育雄蕊 2 枚，内藏。蒴果细长，圆柱形，经冬不落。种子多数，两端具长毛。花期 5~6

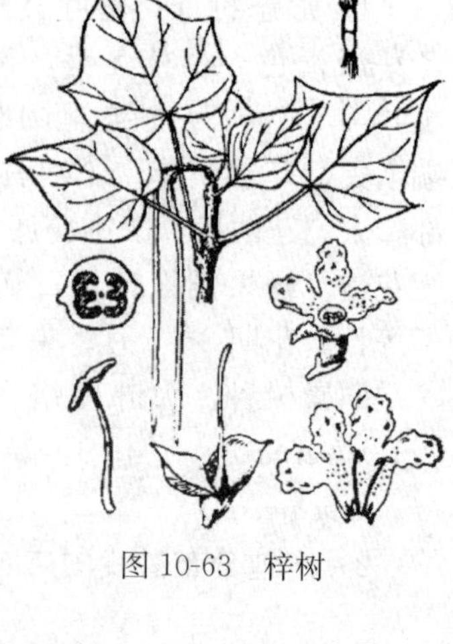

图 10-63 梓树

月；果期 8~10 月。

2）产地分布：分布广，以黄河中下游为分布中心，南达华南北部，北达东北。

3）生态习性：喜光，稍耐阴；颇耐寒，在暖热气候条件下生长不良；喜深厚肥沃而湿润的土壤，不耐干瘠，能耐轻度盐碱；对氯气、二氧化硫和烟尘的抗性均强。

4）园林用途：树冠宽大，树荫浓密，自古以来是著名的庭荫树，古人常在房前屋后种植桑树和梓树，故而以"桑梓"指故乡。园林中可丛植于草坪、亭廊旁边以供遮阴。

42. 小叶榄仁

别名：细叶榄仁、雨伞树

拉丁名：*Terminalia mantaly*

科属：使君子科 诃子属

1）形态特征：落叶乔木类，株高可达 15m，主干浑圆挺直，树枝自然分层轮生于主干四周，层层分明有序，水平向四周开展。树枝柔软，小叶枇杷形，具短绒毛。冬季落叶后，光秃柔细的树枝美观，益显独特风格；春季萌发青翠的新叶，随风飘逸，姿态甚为优雅。树形虽高，但枝干极为柔软，根群生长稳固后极抗强风吹袭，并耐盐分，为优良的海岸树种。其花小而不显著，呈穗状花序。姿态甚为优雅，为优良的海岸树种，也常作行道树使用。

2）产地分布：原产地非洲。我国分布在广东、香港、台湾、广西。

3）生态习性：喜光，耐半阴，喜高温湿润气候，深根性，抗风，抗污染，寿命长。树性强健，生长迅速，不拘土质，但以肥沃的沙质土壤为最佳，排水、日照需良好。性喜高温多湿，生育适温为 23~32℃，耐热、耐湿。

4）园林用途：主干浑圆、挺直、轮生于主干四周，层层分明，有序水平向四周伸展，耐盐分，为优良的海岸树种。景观中还可作庭院树种、行道树。

第十一章 藤蔓类

藤蔓植物又称藤生植物,是根生于土壤中的一种易弯或柔软的木本或草本的攀缘植物。茎细长,不能直立,具有凭借自身的作用或特殊结构攀附他物向上伸展的攀缘习性。而没有其他物体可攀附时,则匍匐或垂吊生长。藤蔓植物分为不同种类,它们的攀爬方式也不一样,如缠绕类藤蔓植物需要可供它们缠绕的物体,新生的枝条会在生长过程中缠住支撑物。坚固的柱子和藤架都可以作为良好的支撑物。这种藤蔓植物如猕猴桃、牵牛花、忍冬等。藤蔓植物在我国南方温暖湿润地区量大而且种类丰富,北方较少并且多为落叶性。

第一节 常绿藤蔓类

1. 买麻藤 (图 11-1)

别名:倪藤

拉丁名:*Gnetum montanum* Markgr.

科属:买麻藤科 买麻藤属

1) 形态特征:常绿木质大藤本,小枝圆或近圆。光滑,稀具细纵皱纹。叶形大小多变,革质或半革质,先端具短钝尖头,基部圆或宽楔形,侧脉 8~13 对,叶柄长 8~15mm。雄球花序一至二回三出分枝,排列疏松,总梗长 6~12mm,雄球花穗圆柱形。雌球花序侧生老枝上,单生或数序丛生,雌球花穗长 2~3cm。种子成熟时变为褐色或红褐色。花期 6~7 月;果期 8~9 月成熟。

同属树种:罗浮买麻藤(*G. lofuense*)、小叶买麻藤(*G. Parvifolium*)。

图 11-1 买麻藤

2) 产地分布:产云南南部及广西、广东、海南等地,海拔 1600~2000m 地带森林中,缠绕于树木上。泰国、缅甸、越南、印度、老挝也有分布。

3) 生态习性:较耐阴。

4) 园林用途:买麻藤是裸子植物中少有的常绿大藤本,生长旺盛,为热带地区优良的攀缘绿化植物,可用于大型棚架绿化。

2. 鹰爪花 (图 11-2)

别名:鹰爪兰、五爪兰

拉丁名:*Artabotrys hexapetalus* (Linn. f.) B.

科属:番荔枝科 鹰爪花属

1) 形态特征:常绿攀缘灌木,常借钩状的总花梗攀缘于他物上。叶互生;叶片纸质,长圆形或阔披针形，先端渐尖或急尖，基部楔形。花 1～2 朵，生于木质钩状的总花梗上，淡绿色或淡黄色，芳香；萼片 3，绿色，卵形；花瓣 6，2 轮，长圆状披针形，近基部收缩；雄蕊多数，紧贴，药隔三角形；心皮多数，长圆形，各具胚珠 2 颗，柱头线状长圆形。果实卵圆状，数个群集于果托上。花期 6～8 月；果期 5～12 月。

2）产地分布：原产印度、菲律宾及我国南部。我国分布于华南、西南、台湾等地，北部可达浙江南部。

3）生态习性：幼龄喜荫蔽，成年趋于喜光；喜温暖湿润及疏松肥沃土壤，忌寒冷和干风，不耐积水。萌芽力强，耐修剪。

图 11-2　鹰爪花

4）园林用途：鹰爪花为常绿蔓性灌木，可长达 15m，是我国南部热带游廊的藤本花木，多植于墙边以资攀缘，也可用于花架、花棚的垂直绿化，或用于山石、林地点缀。还是著名的香料植物。

3. 巨花马兜铃

别名：大花马兜铃

拉丁名：*Aristolochia grandiflora*

科属：马兜铃科　马兜铃属

1）形态特征：常绿大型木质藤本，长可达 10m。老茎粗糙，具棱；嫩茎光滑无毛。叶互生，卵状心形，全缘；顶端短锐尖，基部心形，具叶柄。单花腋生，花被 1 片，基部膨大如兜状物，布紫褐色斑点或条纹。花期 6～11 月。

同属植物：马兜铃属共 400 余种，我国 45 种，多为草本或木质藤本，稀亚灌木或小乔木。分布于南北各省，但以华南和西南地区较多。

2）产地分布：产巴西，我国广东、云南等地有栽培。

3）生态习性：性强健，喜温暖湿润气候，不耐寒；喜光，稍耐阴。

4）园林用途：巨花马兜铃花朵硕大，奇异，椭圆心形，花被褶折，紫红、白色斑点交错，色彩艳丽而神秘，在翠绿中如一只紫色的蝴蝶翩翩起舞，观赏价值高，是热带优良的攀缘观赏植物，也可用于坡地、石间成片种植。

4. 南五味子（图 11-3）

别名：红木香、紫金藤、紫荆皮、盘柱香、内红消、风沙藤、小血藤

拉丁名：*Kadsura longipedunculata* Finet et Gagnep.

科属：五味子科　南五味子属

1）形态特征：藤本，各部无毛。叶长圆状披针形、倒卵状披针形或卵状长圆形，侧脉每边 5～7 条；上面具淡褐色透明腺点。花单生于叶腋，雌雄异株；雄花花被片白色或淡黄色；雌花花被片与雄花相似，雌蕊群椭圆体形或球形，具雌蕊 40～60 枚；子房宽卵圆形，花柱具盾状心形的柱头冠，胚珠 3～5 叠生于腹缝线上。聚合果球形；小浆果倒卵

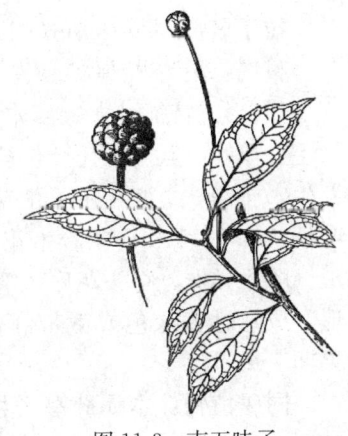

图 11-3　南五味子

圆形，干时显出种子。种子 2~3 枚。花期 6~9 月；果期 9~12 月。

同属植物：同属常绿藤本还有黑老虎（*K. Coccinea*）。

2) 产地分布：产长江流域及以南各地，常见于海拔 1000m 以下山坡、山谷及溪地的阔叶林和灌木丛中。

3) 生态习性：南五味子喜温暖湿润气候，适应性很强，对土壤要求不太严格，喜微酸性腐殖土。其耐旱性较差。自然条件下，在肥沃、排水好、湿度均衡适宜的土壤上发育最好。

4) 园林用途：南五味子叶片光绿，花朵芳香，果实艳丽，是花、果、叶兼备的观赏攀缘藤本。适于攀附篱垣、花架和阴湿的岩石，也可用于缠绕松、枫等大树，以形成自然野趣，秋冬朱果累累，为山林添色。

5. 鹰爪枫

别名：三月藤、破骨风

拉丁名：*Holboellia coriacea* Deils

科属：木通科 八月瓜属

1) 形态特征：常绿木质藤本。茎皮褐色。掌状复叶有小叶 3 片；小叶厚革质，椭圆形或卵状椭圆形，较少为披针形或长圆形，顶小叶有时倒卵形，先端渐尖或微凹并有小尖头，基部圆或楔形，边缘略背卷，上面深绿色，有光泽，下面粉绿色；基部三出脉，侧脉每边 4 条，与网脉在嫩叶时两面凸起，叶成长时脉在上面稍下陷或两面不明显。花雌雄同株，白绿色或紫色，组成短的伞房式总状花序；总花梗短或近于无梗，数个至多个簇生于叶腋。果长圆状柱形，熟时紫色，干后黑色，外面密布小疣点；种子椭圆形，略扁平，种皮黑色，有光泽。花期 4~5 月；果期 6~8 月。

2) 产地分布：产四川、陕西、湖北、贵州、湖南、江西、安徽、江苏和浙江。生于海拔 500~2000m 的山地杂木林或灌木丛中。

3) 生态习性：喜温暖湿润，适生于肥沃湿润、排水良好的土壤中。

4) 园林用途：可作攀缘绿化植物。果瓤白色多汁鲜甜。同时果、根、茎皮可入药，种子可榨油，藤皮纤维可制工艺品。

6. 薜荔（图 11-4）

别名：凉粉果、木馒头、木莲、凉粉子

拉丁名：*Ficus pumila* L.

科属：桑科 榕属

1) 形态特征：常绿藤本，借气生根攀缘。小枝有褐色绒毛。单叶，互生；托叶包被芽体，小枝有环状托叶痕。叶互生，全缘，2 型，在不生花序的枝上小而薄，心状卵形，叶柄长 0.5~1cm；在着生花序的枝上大而革质，卵状椭圆形。雌雄异株，隐头花序，腋生。隐花果单生，梨形或倒卵形，成熟时黄绿色或微带红色，富含淀粉。花期 5~6 月；果期 7~9 月。

同属植物：本属藤蔓类植物还有藤榕（*F. hederacea*）、珍珠莲（*F. sarmentosa* var. *henryi*）、地石榴（*F. tikoua*）。

图 11-4 薜荔

2）产地分布：产长江流域至华南、西南；日本和越南也有分布。

3）生态习性：适应性强，生长迅速；耐阴，喜温暖湿润的气候；对土壤要求不严，但以酸性土为佳。

4）园林用途：气生根发达，具有很强的攀缘能力。在园林造景中，最适于假山、石壁、墙垣、石桥、树干、楼房的绿化，也用于水边驳岸的点缀。耐阴性强，也是优良的林下地被。瘦果可做凉粉，藤叶药用。

7. 珊瑚藤

别名：紫苞藤、朝日蔓、旭日藤

拉丁名：*Antigonon leptopus* Hook. et Arn.

科属：蓼科 珊瑚藤属

1）形态特征：半落叶性藤本植物，地下根为块状，茎先端呈卷须状。单叶互生，呈卵状心形，叶端锐，基部为心形，叶全缘但略有波浪状起伏。叶纸质，具叶鞘。圆锥花序与叶对生，花由五个似花瓣的苞片组成。果实褐色，呈三菱形，藏于宿存的萼中。花序总状，顶生或腋生，花序轴部延伸变成卷须，花淡红色或白色，外面的三枚花被片较大。花期3～12月。有重瓣园艺品种。

2）产地分布：原产于墨西哥及中美洲地区。我国台湾、海南、广州等地有栽培。

3）生态习性：喜向阳、湿润、肥沃之酸性土壤。

4）园林用途：珊瑚藤夺目壮观，是园林和垂直绿化的优良植物，也是有观赏价值的花卉之一，有"藤蔓植物之后"之称。

8. 云南牛栓藤

拉丁名：*Connarus yunnanensis* Schellenb.

科属：牛栓藤科 牛栓藤属

1）形态特征：攀缘灌木，老枝淡黄色，无毛。奇数羽状复叶，小叶3～7片，总轴长9～22cm；小叶硬纸质，狭长圆形或椭圆形，先端急尖，稍有微缺，基部渐狭或近圆钝，全缘；上面无毛，光亮，侧脉5～9对，明显下陷，网脉在边缘前连成弓形，下面具腺点。花期1～4月；果期4月至翌年2月。

2）产地分布：产云南、广西南部，生于潮湿的密林中。

3）生态习性：喜温暖湿润。

4）园林用途：云南牛栓藤花朵繁密，果实黄色，开裂后露出橘红色的假种皮和黑色种子，美丽而奇特，果期长，是优良的冬季观果植物，可栽培作垂直绿化，供矮墙、栅栏绿化，可整形成灌木。

9. 星毛冠盖藤

别名：星毛青棉花

拉丁名：*Pileostegia tomentella*

科属：绣球花科 冠盖藤属

1）形态特征：常绿攀缘灌木；嫩枝、叶下面和花序均密被淡褐色或锈色星状柔毛，星状毛常为3～6辐线；叶革质，长圆形或倒卵状长圆形，稀倒披针形，基部圆形或近叶柄处稍凹入呈心形。伞房状圆锥花序顶生。蒴果陀螺状，平顶，被稀疏星状毛，具宿存花柱和柱头，具棱，暗褐色；种子细小，棕色。花期3～8月；果期9～12月。

2) 产地分布：产江西、福建、湖南、广东和广西。

3) 生态习性：生于海拔 300~700m 林谷中，耐阴。

4) 园林用途：星毛冠盖藤四季常绿，藤长叶大，枝繁叶茂，是优良的观赏和攀缘植物。适合我国南方建筑的墙面绿化，也可在庭院中攀缘于凉亭花架上形成绿廊。

10. 金樱子（图 11-5）

别名：刺头、倒挂金钩、糖罐子、黄茶瓶

拉丁名：*Rosa laevigata* Michx.

科属：蔷薇科 蔷薇属

1) 形态特征：常绿攀缘灌木，高可达 5m；小枝粗壮，散生扁弯皮刺，无毛。小叶革质，通常 3 枚，稀 5 枚；小叶片椭圆状卵形、倒卵形或披针状卵形，边缘有锐锯齿，上面亮绿色，无毛，下面黄绿色；托叶离生或基部与叶柄合生，披针形，边缘有细齿。花单生于侧枝顶端；花瓣白色，宽倒卵形，先端微凹；果梨形、倒卵形，稀近球形，紫褐色，外面密被刺毛。花期 4~6 月。

图 11-5 金樱子

2) 产地分布：产我国陕西、安徽、江西、江苏、浙江、湖北、湖南、广东、广西、台湾、福建、四川、云南、贵州等地。

3) 生态习性：性喜光，喜温暖湿润气候，对土壤要求不严。

4) 园林用途：金樱子四季常绿，花朵大而芳香，秋季果实奇特，可作垂直绿化材料，古诗有云"霜红半脸金樱子"。

11. 首冠藤

别名：深裂叶羊蹄甲、药冠藤

拉丁名：*Bauhinia corymbosa* Roxb. ex DC.

科属：豆科 羊蹄甲属

1) 形态特征：木质藤本；嫩枝、花序和卷须被红棕色小粗毛；枝纤细，无毛；卷须单生或成对。叶纸质，近圆形，自先端深裂达叶长的 3/4，裂片先端圆，基部近截平或浅心形。伞房花序式的总状花序顶生于侧枝上，多花，具短的总花梗；花芳香；萼片外面被毛，开花时反折；花瓣白色，有粉红色脉纹，阔匙形或近圆形，具短瓣柄；子房具柄，无毛，柱头阔，截形。荚果带状长圆形，扁平，直或弯曲，具果颈，果瓣厚革质；种子 10 余颗，长圆形，褐色。花期 4~6 月；果期 9~12 月。

同属植物：阔裂叶羊蹄甲（*B. apertilobata*）、龙须藤（*B. championii*）、粉叶羊蹄甲（*B. glauca*）、云南羊蹄甲（*B. yunnanensis*）。

2) 产地分布：产广东、海南，生于山谷疏林或山坡向阳处。亚热带地区有栽培供观赏。

3) 生态习性：喜光，喜温暖至高温湿润气候，适应性强。

4) 园林用途：首冠藤新叶和卷须飘逸优美，叶片精美小巧，颜色清新，花朵密，花色白中带红，果实也红艳可爱，具有很高的观赏价值，是华南地区理想的木本攀缘花卉和垂直绿化植物。

12. 香花崖豆藤

拉丁名：*Millettia dielsiana* Harms

科属：豆科 崖豆藤属

1) 形态特征：攀缘灌木，长 2～5m。羽状复叶，叶柄长 5～12cm；小叶 2 对，纸质，披针形、长圆形至狭长圆形，侧脉 6～9 对。圆锥花序顶生，宽大，生花枝伸展；花单生；花冠紫红色，旗瓣阔卵形至倒阔卵形，密被锈色或银色绢毛。荚果线形至长圆形，扁平，密被灰色绒毛；种子长圆状凸镜形。花期 5～9 月；果期 6～11 月。

2) 产地分布：产长江流域至华南、西南，北可达甘肃和陕西南部。越南、老挝也有分布。

3) 生态习性：生于山坡杂林与灌木丛中。

4) 园林用途：香花崖豆藤叶片青翠浓绿，圆锥花序紫红色，可达 40cm 长，盛夏开花，红绿相对，浓荫盖地，是一种优良的庭院垂直绿化植物。已广泛作为园艺观赏植物栽培。

5) 同属植物：绿花鸡血藤（*M. championii*）、亮叶鸡血藤（*C. nitida*）、海南崖豆藤（*C. pachyloba*）、美丽鸡血藤（*C. speciosa*）。

13. 常绿油麻藤（图 11-6）

别名：牛马藤、大血藤

拉丁名：*Mucuna sempervirens* Hemsl.

科属：豆科 油麻属

1) 形态特征：常绿大藤本，茎蔓可长达 20m。羽状 3 小叶，互生；有托叶和小托叶。顶生小叶片卵状椭圆形或卵状长圆形，两面无毛；常具 3 出脉。总状花序生老茎上；花紫红色或深紫色，萼外面疏被锈色硬毛，内面密生绢毛；二体雄蕊。荚果长条形，木质，种子间缢缩，被锈黄色刺毛；种子棕黑色。花期 4～5 月；果期 9～10 月。

同属植物：大果油麻藤（*M. macrocarpa*）、白花油麻藤（*M. birdwoodiana*）。

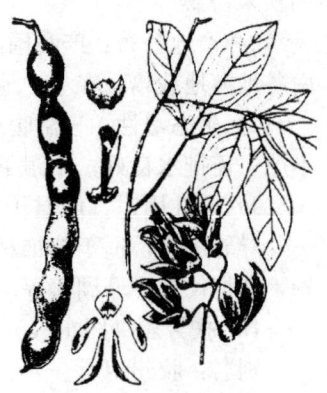

图 11-6 常绿油麻藤

2) 产地分布：产华东、华中至西南；日本也有分布。生于海拔 300～3000m 的亚热带森林、灌木丛、溪谷、河边。

3) 生态习性：喜光，稍耐阴，耐干旱瘠薄，常生于石灰岩石山地，畏严寒。

4) 园林用途：四季常绿，花朵鲜艳美观，老藤若龙盘蛟舞，且具有老茎生花现象，在亚热带地区较为奇特，为重要的垂直绿化材料，适于攀附花架、绿廊、拱门、棚架。

14. 蔓胡颓子

别名：抱君子、藤胡颓子

拉丁名：*Elaeagnus glabra* Thunb.

科属：胡颓子科 胡颓子属

1) 形态特征：常绿蔓生或攀缘灌木，高可达 5m，无刺，稀具刺；幼枝密被锈色鳞片，老枝鳞片脱落，灰棕色。叶革质或薄革质，卵形或卵状椭圆形，稀长椭圆形。花淡白色，下垂，密被银白色和散生少数褐色鳞片，常 3～7 花密生于叶腋短小枝上成伞形总状花序；花梗锈色，萼筒漏斗形，在子房上不明显收缩，裂片宽卵形。包围子房的萼管椭圆形。果实矩圆形，成熟时红色。花期 9～11 月，果期次年 4～5 月。

2) 产地分布：产长江流域至华南、西南。日本也有分布。

3) 生态习性：耐旱耐寒，耐贫瘠；生长迅速，适应性强。常生于海拔 1000m 以下的向阳林中或林缘。

4) 园林用途：蔓胡颓子四季常绿，枝叶茂密，秋季开花，花白而芳香，果实红色，耐修剪，适宜作绿篱植物、栅栏攀缘植物等。也作水土保持树种。

15. 使君子（图 11-7）

别名：留求子

拉丁名：*Quisqualis indica* Linn.

科属：使君子科 使君子属

1) 形态特征：攀缘状灌木，高 2～8m；小枝被棕黄色短柔毛。叶对生或近对生，叶片膜质，卵形或椭圆形，先端短渐尖，基部钝圆，表面无毛，背面有时疏被棕色柔毛，幼时密生锈色柔毛。顶生穗状花序，组成伞房花序；苞片卵形至线状披针形，被毛；具明显的锐棱角 5 条，成熟时外果皮脆薄，呈青黑色或栗色；种子 1 颗，白色，圆柱状纺锤形。花期初夏，果期秋末。

图 11-7 使君子

2) 产地分布：产我国南部和东南亚地区，长江中下游以南各地露地栽培，在华中地区多呈落叶状。

3) 生态习性：喜温暖湿润和阳光充足环境，对土壤要求不严，需排水良好，不耐干旱。萌芽力强。

4) 园林用途：使君子花色多样，次第开放，红白深浅不一，异彩缤纷，适于装饰枯树，攀缘竹篱、墙垣、廊架，也可以与其他攀缘植物组合成景，如炮仗花、珊瑚藤等，花期各异，四季开花不断。

16. 扶芳藤（图 11-8）

别名：胶州卫矛

拉丁名：*Euonymus fortunei*（Turcz.）Hand.-Mazz.

科属：卫矛科 卫矛属

1) 形态特征：常绿灌木，靠根攀缘或匍匐，长可达 10m。小枝圆形，有时有棱纹，褐色或绿褐色，常有小瘤状突起。单叶，对生。叶形变异大，常为卵形、卵状椭圆形，有时为披针形、倒卵形，有锯齿；基部截形，偶近楔形，先端钝或尖；侧脉 4～6 对，不明显；叶柄长 2～9mm，或近无柄。聚伞花序腋生。花绿白色。萼片半圆形，花瓣近圆形。蒴果近球形，褐色或红褐色；种子有橘红色假皮。花期 4～7 月，果期 9～12 月。

同属植物：红边扶芳藤（*Roseo-marginata*），叶缘粉红色。白边扶芳藤（*Argentes-marginata*），叶缘绿白色。小叶扶芳藤（*Minimus*），叶小枝细。

图 11-8 扶芳藤

2) 产地分布：我国各地普遍分布，北达东北南部，西至新疆、青海，常生于海拔 3400m 以下林中，常攀缘于树干、岩石上。亚洲热带及日本、朝鲜等地也有分布，世界各地广泛栽培。

3）生态习性：耐阴，也可在全光下生长；喜温暖湿润，也耐干旱瘠薄；较耐寒，在北京、河北等地可露地越冬；对土壤要求不严。

4）园林用途：生长迅速，枝叶繁茂，叶片入冬红艳可爱，气生根发达，吸附能力强。适于美化假山、石壁、墙画、栏栅、灯柱、树干、石桥、驳岸，也是优良的地被和护坡植物，尤其是小叶扶芳藤枝叶稠密，用作地被时可形成犹如绿色地毯一般的覆盖层。

17. 扁担藤

别名：扁藤、铁带藤、过江扁龙、扁骨风

拉丁名：*Tetrastigma planicaule*（Hook.）Gagnep.

科属：葡萄科 崖爬藤属

1）形态特征：木质大藤本，茎扁压，深褐色。小枝圆柱形或微扁，有纵棱纹，无毛。卷须粗壮，不分枝，相隔 2 节间断与叶对生。叶为掌状 5 小叶，小叶长圆披针形、披针形、卵披针形；侧脉 5～6 对，网脉突出。花序腋生，集生成伞形；果实近球形，多肉质，有种子 1～2 颗。花期 4～6 月，果期 8～12 月。

2）产地分布：产福建、广东、广西、贵州、云南、西藏东南部。生山谷林中或山坡岩石缝中，海拔 100～2100m。老挝、越南、印度和斯里兰卡也有分布。

3）生态习性：喜温暖湿润气候。

4）园林用途：扁担藤茎蔓奇特、扁平，宽度可达 40cm，果实较大，是热带和亚热带地区优良的攀缘植物和垂直绿化材料，适于攀缘大型假山、棚架之上。

18. 熊掌木

别名：五角金盘

拉丁名：*Fatshedera lizei*

科属：五加科 熊掌木属

1）形态特征：常绿藤蔓植物，高可达 1m。单叶互生，掌状五裂，叶端渐尖，叶基心形，裂片全缘，新叶密被绒毛；叶柄基部鞘状。伞形花序，花黄白色或淡绿色。花期秋季，一般不结实。

2）产地分布：熊掌木是八角金盘（*Fatsia japomica*）与常春藤（*Hedera helix*）的属间杂交而成。原产墨西哥。

3）生态习性：耐阴，在光照极差的场所也能良好生长，阳光直射时叶片会黄化。喜凉爽湿润环境，最适温度为 10～16℃，有一定的耐寒力，过热时，枝条下部的叶片易脱落。喜较高的空气湿度。

4）园林用途：熊掌木为半蔓性植物，四季常青，具有极强的耐阴能力，适宜在林下群植，常用作地被植物。

19. 络石（图 11-9）

别名：万字茉莉

拉丁名：*Trachelospermum jasminoides*（Lindl.）Lem.

科属：夹竹桃科 络石属

1）形态特征：常绿攀缘藤本，气生根发达。茎长达 10m，赤褐色，幼枝有黄色柔毛。单叶，对生。叶片薄革质，椭圆形或卵状披针形，全缘，脉间常呈白色，背面有柔毛。聚伞花序腋生或顶生，花白色，芳香。萼5深裂，内面基部具腺体；花冠高脚碟状，裂片5枚，右旋；花药内藏。蓇葖果双生，长圆柱形；种子条形，顶端有白色种毛。花期4～5月，果期7～10月。

同属植物：常见的还有亚洲络石（*T. asiaticum*），其观赏品种黄金络石（*Ougonnishiki*）和花叶络石（*Variegatum*）已在园林绿化中广泛应用。

2）产地分布：分布于长江流域至华南，北达山东、河北。全国广泛栽培。

3）生态习性：喜光，耐阴，喜温暖湿润气候，尚耐寒。对土壤要求不严，能耐干旱，也抗潮风。

4）园林用途：叶片光亮，花朵白色芬香，花冠形如风车，具有很高的观赏价值。适植于枯树、假山、墙垣旁边，令其攀缘而上，是优美的垂直绿化植物，也是优良的林下地被植物。

图11-9 络石

20. 龙吐珠（图11-10）

别名：珍珠宝草

拉丁名：*Clerodendrum thomsonae* Balf.

科属：马鞭草科 大青属

1）形态特征：常绿攀缘状藤本，高2～5m。幼枝四棱形，被黄褐色短绒毛，老时无毛。叶片纸质，狭卵形或卵状长圆形，顶端渐尖，基部近圆形，全缘；聚伞花序腋生或假顶生，二歧分枝；花冠深红色，外被细腺毛，裂片椭圆形。核果肉质，近球形，外果皮光亮，棕黑色；宿存萼不增大，红紫色。花期春、夏，果秋后成熟。

同属植物：美丽赪桐（*C. splendens*）、红萼龙吐珠（*C. speciosum*）

2）产地分布：原产热带非洲西部。华南各地常见露地栽培，北方温室常见。

图11-10 龙吐珠

3）生态习性：喜温暖湿润和阳光充足环境，不耐寒，要求土壤深厚肥沃，排水良好。

4）园林用途：枝蔓柔细，叶子稀疏，开花繁茂，花型奇特，红色花冠吐露在花萼之外，犹如蟠龙吐珠，是美丽的观赏植物。常作盆栽点缀窗台或为花架、花格上垂吊盆花，也可丛植、片植在林缘。

21. 山牵牛

别名：大花山牵牛、大花老鸭嘴

拉丁名：*Thunbergia grandifora* (Rottl. ex willd.) Roxb.

科属：爵床科 山牵牛属

1）形态特征：攀缘灌木，小枝稍4棱形，后渐圆形。茎叶密被粗毛。叶卵形、宽卵形至心形，有2～6个宽三角形裂片；叶柄长达8cm。花单生叶腋或顶生总状花序，花冠连同喉部白色，自花冠管以上膨大，冠檐蓝紫色。全年开花，夏秋最盛。

2）产地分布：分布于广西、广东、海南、福建、云南，生于山地灌丛。

3）生态习性：性喜高温、高湿、阳光充足的环境，喜富含有机质酸性土壤，较耐阴，耐旱，不耐寒。

4）园林用途：山牵牛叶片大而形状优雅，花形美观大方，花色清雅秀丽，花期长，是华南地区优良的垂直绿化材料。

22. 炮仗花（图 11-11）

别名：鞭炮藤、黄鳝藤

拉丁名：*Pyrostegia Venusta*（Ker-Gaul.）Miers

科属：紫葳科 炮仗藤属

1）形态特征：常绿藤本，茎粗壮，有棱，长达 10m 以上。三出复叶对生；小叶卵形或卵状椭圆形，下面有穴状腺体，全缘；顶生小叶变为卷须，3 分叉。圆锥状聚伞花序顶生、下垂，花繁密，橙红色；花冠筒状，内面中部有 1 毛环，基部收缩，裂片 5 枚，外卷，有白色绒毛；发育雄蕊 4 枚，其中 2 枚伸出花冠筒外。子房圆柱形，胚珠多数，柱头舌状扁平，花柱伸出花冠筒外。蒴果线形，果瓣革质、舟状；种子多列，具膜质翅。花期长，通常 1～6 月开花。

图 11-11 炮仗花

2）产地分布：原产巴西，现世界热带地区广为栽培。我国福建、广东、广西、云南等地常见栽培。

3）生态习性：喜光，稍耐阴；喜温暖和阳光充足的环境，耐短期 2～3℃低温；喜湿润、肥沃的酸性土壤，不耐干旱。

4）园林用途：花期甚长，花朵橙红茂密，累累成串，为美丽的观花藤本和优良的垂直绿化材料，可依附棚架、凉廊和墙垣生长，形成花廊、花墙。我国引种有百余年历史，华南和西南地区庭院中常栽培观赏。

23. 玉叶金花（图 11-12）

别名：野白纸扇、白叶子、百花茶、白蝴蝶

拉丁名：*Mussaenda pubescens* Ait. f.

科属：茜草科 玉叶金花属

1）形态特征：攀缘灌木，嫩枝被贴伏短柔毛。叶对生或轮生，膜质或薄纸质，卵状长圆形或卵状披针形；托叶三角形，深 2 裂，裂片钻形。聚伞花序顶生，密花；花冠黄色，外面被贴伏短柔毛，内面喉部密被棒形毛。浆果近球形，疏被柔毛。花期 6～7 月。

图 11-12 玉叶金花

2）产地分布：产我国东南部至华南各地，生于丛林、溪谷地带。

3）生态习性：喜半阴，要求温暖湿润环境，不耐寒，不耐干燥；适生于肥沃疏松而排水良好的微酸性土壤。

4）园林用途：玉叶金花叶色翠绿，白色的苞片点缀在绿叶黄花中，十分美丽可爱，宜丛植、孤植于林下树间，与龙船花、黄蝉等配植均适宜，也可作花篱，或攀附矮墙，也适合盆栽。

24. 龟背竹（图 11-13）

别名：电线草、铁丝兰

拉丁名：*Monstera deliciosa* Liebm.

科属：天南星科 龟背竹属

1) 形态特征：常绿大藤本，茎蔓粗壮，长达 10m 以上，有半月形叶痕；气生根发达，细柱形，褐色。叶互生，革质，心状卵形，羽状分裂，叶脉间常有 1～2 个穿孔；上面亮绿色，下面浅绿色。嫩时无孔。花茎多瘤。肉穗花序乳白色或淡黄色；佛焰苞宽卵形，船状，淡黄色。浆果呈球果状，成熟后可食。花期 8～9 月，果期次年 9～10 月。

品种：花叶龟背竹（*Variegata*），翠绿色的叶片上布满白色花纹或斑块，犹如大理石的花纹。

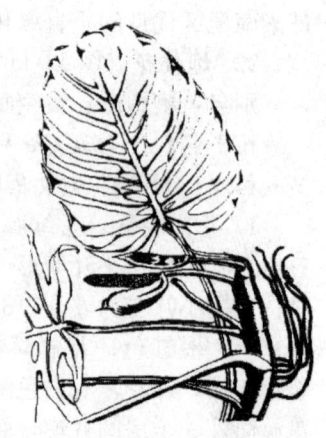

图 11-13 龟背竹

2) 产地分布：原产墨西哥热带雨林中，常附生于大树和岩石上，华南南部常见露地栽培，北方盆栽。

3) 生态习性：喜温暖湿润和荫蔽的环境，也能耐空气干燥；忌阳光直射；不耐寒，冬季宜保持 10℃ 以上；要求土壤肥沃、排水良好，稍耐水湿和干旱；抗二氧化硫。

4) 园林用途：叶片大型而多孔，形似龟背，气生根发达，延伸如电线，故有电线草之称，佛焰苞大如灯罩，别具热带风光，最适于吸附墙壁或棚架生长，也可植于池边和阴湿山石间。在北方，龟背竹为大型盆栽花卉，可装饰宾馆、饭店的大厅，或布置在室内花园的人工瀑布、水池边。

25. 绿萝（图 11-14）

别名：魔鬼藤、黄金葛

拉丁名：*Epipremnum aureum*（Linden et Andre）Bunting

科属：天南星科 麒麟叶属

1) 形态特征：大型常绿藤本，茎蔓可长达 20m 以上，多分枝，节间有沟槽。气生根发达，攀附能力强；幼枝鞭状，细长，节间长；叶柄两侧具鞘，达顶部；鞘革质，宿存，向上渐狭；下部叶片大，上部纸质，宽卵形，基部心形。成熟枝上叶柄粗壮，基部稍扩大，腹面具宽槽，叶鞘长；叶片薄革质，翠绿色，通常（特别是叶面）有多数不规则的纯黄色斑块，全缘，不等侧的卵形或卵状长圆形，先端短渐尖，基部深心形，侧脉 8～9 对，两面略隆起，与中肋成 70°～80° 锐角。盆栽时则叶片较小。

图 11-14 绿萝

同属种类：我国原产 1 种，即麒麟叶（*E. pinnatum*）。

2) 产地分布：原产印度尼西亚所罗门群岛等热带地区，常攀缘于雨林的树干和岩石上，现广植亚洲热带地区。华南常见栽培，北方盆栽。

3) 生态习性：性喜温暖、荫蔽、湿润的环境，要求土壤疏松、肥沃、排水良好，较龟背竹耐光。

4) 园林用途：绿萝四季常青，叶色淡绿色而有黄斑，黄绿相间醒目别致，有似绿玉泼金，生长繁茂，攀缘能力强，能形成浓荫，可起到良好的遮阴效果，是华南重要的垂直绿化材料，可广泛应用于吸附墙壁或攀附林木、假山、悬崖，也是优良的盆栽观赏材料，常用于厅堂的陈列。但栽植于过于阴暗场所，叶片上美艳的斑块则易于消失。折枝插瓶，经久不萎。

26. 石柑子（图 11-15）

别名：石藤、藤橘、吊绿萝

拉丁名：*Pothos chinensis*（Raf.）Merr.

科属：天南星科 石柑属

1) 形态特征：附生藤本，长 0.4～6m。茎亚木质，淡褐色，具纵条纹，粗约 2cm，节间长 1～4cm，节上常束生长气生根。叶片纸质，椭圆形，披针状卵形至披针状长圆形，先端渐尖至长渐尖；侧脉 4 对，最下一对基出，弧形上升，细脉多数，近平行。花序腋生，基部具苞片 4～5 枚；苞片卵形，上部的渐大，纵脉多数。浆果黄绿色至红色，卵形或长圆形。花果期四季。

图 11-15 石柑子

2) 产地分布：分布在越南、泰国、老挝以及我国云南、广东、四川、湖北、贵州、广西、台湾等地，生长于海拔 200～2400m 的地区，多生长于阴湿密林中。

3) 生态习性：不耐旱，不喜光，喜荫蔽、湿润的环境。

4) 园林用途：石柑子攀附能力强，四季常绿，果实红艳，是优良的垂直绿化材料，适用于山石、矮墙的攀附。

第二节 落叶藤蔓类

1. 绵毛马兜铃

别名：寻骨风、毛香、猴耳草

拉丁名：*Aristolochia mollissima* Hance

科属：马兜铃科 马兜铃属

1) 形态特征：落叶性木质藤本，全株密被白色绵毛。茎细长，具数条纵沟。叶互生，卵形、卵状星形，基部两侧裂片广展，全缘；基出脉 5～7。花单生叶腋，花被弯曲，上端烟斗形，淡黄色并有紫色网纹；子房密被白色长绵毛。蒴果长圆状或椭圆状倒卵形，具 6 条呈波浪状扭曲的棱或翅。花期 4～6 月，果期 8～10 月。

同属植物：马兜铃属共 400 余种，广布于世界热带至温带地区，多为草本或木质藤本，稀亚灌木或小乔木。我国 45 种，多分布于西南和南部地区，如巨花马兜铃（*A. gigantea*）、广西马兜铃（*A. kwangsiensis*）等。

2) 产地分布：广布于长江流域，北至山西、陕西、山东、河南，生于海拔 100～850m 的山坡、丛林、沟边和路旁。

3）生态习性：耐阴，耐强光，耐寒性强，生长迅速。

4）园林用途：适应性强，生长茂盛，全株有白毛，在阳光下熠熠生辉，园林中可作地被植物，适于黄河流域及其以南地区，用于林下、空旷地、山石间。

2. 五味子（图 11-16）

别名：五梅子、山花椒

拉丁名：*Schisandra chinensis* (Turcz.) Baill.

科属：五味子科 五味子属

1）形态特征：落叶藤本，除幼叶下面被短柔毛外，余无毛。幼枝红褐色，老枝灰褐色，枝皮片状剥落。叶膜质，宽椭圆形、卵形或倒卵形，疏生短腺齿，基部全缘；侧脉 5~7 对，网脉纤细而不明显；叶柄长 1~4cm。花单生叶腋，白色或粉红色，花被片 6~9 枚，长圆形或椭圆状长圆形；雄蕊 5 枚；心皮 17~40 枚，子房卵形，柱头鸡冠状，花托肉质，结果时伸长。聚合浆果穗状；小浆果红色，近球形。花期 5~7 月；果期 7~10 月。

同属植物：华中五味子（*S. sphenanthera*）。

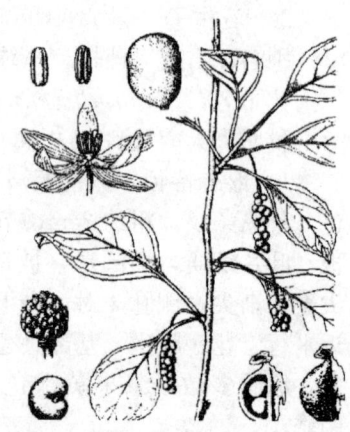

图 11-16 五味子

2）产地分布：产东北亚地区，我国分布于东北、华北和西北，常生长于海拔 500~1800m 的阴坡和林下、灌丛中。

3）生态习性：喜湿润荫蔽环境，耐阴性强，耐寒，喜肥沃湿润、排水良好的土壤。

4）园林用途：叶片秀丽；花朵淡雅而芳香，果实红艳，是优良的垂直绿化材料，可作篱垣、棚架、门亭绿化材料或缠绕大树、点缀山石。果实为著名的药材"五味子"；茎可作调味品。

3. 铁线莲（图 11-17）

别名：铁线牡丹、番莲

拉丁名：*Clematis florida* Thunb.

科属：毛茛科 铁线莲属

1）形态特征：落叶或半常绿，长约 4m，茎下部木质化，二回三出复叶，对生。小叶片卵形或卵状披针形；网脉不明显。花单生叶腋；萼片呈花瓣状，6 枚，白色，花蕾时呈镊合状排列，倒卵圆形或匙形；无花瓣；雄蕊紫红色。聚合瘦果，瘦果倒卵形、扁平，宿存花柱伸长成喙状，下部有开展的短柔毛。

同属植物：我国 147 种，广布全国，以西南地区最多，大多数种类花朵和果实均美丽，可栽培观赏，部分种类供药用。常见的还有大瓣铁线莲（*C. macropetala*）、威灵仙（*C. chinensis*）、山木通（*C. finetiana*）、大叶铁线莲（*C. heracleifolia*）、绣球藤（*C. montana*）等。

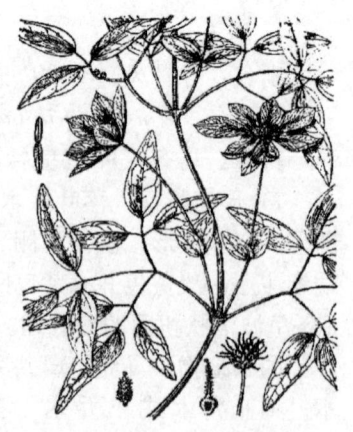

图 11-17 铁线莲

2）产地分布：产长江流域及其以南各地，生于低山丘陵。

3) 生态习性：喜光，但侧方荫蔽生长更好；喜疏松而排水良好的石灰质土壤；耐寒性较差。

4) 园林用途：铁线莲花大而美丽，叶色油绿，而且花期长，是优美的垂直绿化材料，适于点缀园墙、棚架、凉亭、门廊、假山置石，均极为优雅别致。

4. 大血藤（图 11-18）

别名：血藤、红皮藤

拉丁名：*Sargentodoxa cuneata* (Oliv.) Rehd.

科属：大血藤科 大血藤属

1) 形态特征：落叶木质藤本，藤径粗达 9cm，全株无毛。三出复叶，互生；小叶革质，顶生小叶近棱状倒卵圆形，侧生小叶斜卵形。雌雄同株，总状花序腋生、下垂；花钟状，黄绿色，芳香，萼片和花瓣均为 6，花瓣呈蜜腺状，雄蕊 6，与花瓣对生，心皮极多数，分离，螺旋状生于卵状突起花托上。果实为聚合果，由多个肉质小浆果组成。花期 4～5 月，果期 6～9 月。

图 11-18 大血藤

2) 产地分布：产华中、华东、华南和西南各地，北达陕西。生于海拔 500m 以上的阳坡疏林和灌丛中，或攀附于树木上。

3) 生态习性：较喜光，喜湿润和富含腐殖质的酸性土壤。

4) 园林用途：大血藤叶形奇特，花朵金黄而芳香，花序大而密，园林中用于缠绕花格、花架，南京情侣园中有应用。

5. 木通（图 11-19）

别名：五叶木通、通草

拉丁名：*Akebia quinata* (Houtt.)

科属：木通科 木通属

1) 形态特征：落叶或半常绿藤本，长可达 9m，全株无毛。掌状复叶，互生或簇生于短枝顶端；小叶 5 枚，倒卵形或椭圆形，长 3～6cm，全缘，先端钝或微凹。雌雄同株，腋生总状花序，中上部为多数雄花，下部为 1～2 朵雌花；花淡紫色，芳香，雌花径 2.5～3cm，雄花径 1.2～1.6cm。蓇葖果常仅 1 个发育，长椭圆形，长 6～8cm，呈肉质浆果状，成熟时紫色、沿腹缝开裂；种子多数，黑色。花期 4～5 月；果期 9～10 月。

同属植物，我国 4 种，分布于黄河流域以南各地。常见的还有三叶木通（*A. trifoliata*）。

图 11-19 木通

2) 产地分布：产东亚，我国分布于黄河以南各省区。

3) 生态习性：喜光，稍耐阴；喜温暖湿润环境，但在北京以南可露地越冬；适生于肥沃湿润而排水良好的土壤。

4) 园林用途：叶片秀丽，花朵淡紫色而芳香，果实初为翠绿，后变紫红，观赏价值高，是垂直绿化的良好材料，可用于篱垣、花架、凉廊的绿化，或令其缠绕树木。常用于点缀山石。果实可食并入药，茎蔓和根可入药，种子可榨油，含油率43%。

6. 木防己（图11-20）

拉丁名：*Cocculus orbiculatus* (Linn.) DC.

科属：防己科 木防己属

1) 形态特征：木质藤本；小枝被绒毛至疏柔毛，或有时近无毛，有条纹。叶片纸质至近革质，叶形变异极大，自线状披针形至阔卵状近圆形、狭椭圆形至近圆形、倒披针形至倒心形，有时卵状心形，顶端短尖或钝而有小凸尖，有时微缺或2裂，边全缘或3裂，有时掌状5裂，两面被密柔毛至疏柔毛，有时除下面中脉外两面近无毛；掌状脉3条，很少5条，在下面微凸起。聚伞花序少花，腋生，或排成多花，狭窄聚伞圆锥花序，顶生或腋生，被柔毛；花小，萼片、花瓣、雄蕊、心皮6。核果近球形，成熟时紫红色或蓝黑色。花期5～8月；果期8～10月。

图11-20 木防己

2) 产地分布：除西北和西藏外，我国大部分地区都有分布，以长江流域中下游及其以南各省区常见。生于灌丛、村边、林缘等处。

3) 生态习性：耐旱耐寒，耐贫瘠，适应性强。

4) 园林用途：木防己株丛茂盛，生长迅速，适应性极强，园林中可作为成片种植的地被植物，也可攀附于山石，形成野趣。

7. 蝙蝠葛（图11-21）

别名：山豆根、黄条香

拉丁名：*Menispermum dauricum* DC.

科属：防己科 蝙蝠葛属

1) 形态特征：落叶缠绕藤本，茎蔓长达13m；根状茎细长，红棕色。小枝绿色，老后变为紫红色。叶片互生，圆肾形或卵圆形，下面苍白色，两面光滑无毛；叶柄盾状着生。雌雄异株，圆锥花序腋生，花黄绿色，较小。果实圆肾形或近球形，初为绿色，熟时紫黑色。花期5～6月；果期7～9月。

2) 产地分布：分布在我国东北、华北和华东地区；朝鲜、日本、西伯利亚地区也有分布。

3) 生态习性：性强健，攀缘于灌丛和岩石上；耐寒；喜阴湿环境，耐光。

图11-21 蝙蝠葛

4) 园林用途：蝙蝠葛叶片硕大，叶形奇特，随风摇摆形似展翅欲飞的蝙蝠，秋季果实累累，适应性强，是很好的垂直绿化材料，也可用于地被植物植于林下。

8. 清风藤

别名：寻风藤、青藤

拉丁名：*Sabia japonica* Maxim.

科属：清风藤科 青风藤属

1）形态特征：落叶攀缘木质藤本；长可达20m。根块状。茎圆柱形，具细沟纹。嫩枝绿色，被细柔毛，老枝紫褐色，具白蜡层。芽鳞阔卵形，具缘毛。叶近纸质，卵状椭圆形、卵形或阔卵形，叶面深绿色，中脉有稀疏毛，叶背带白色，脉上被稀疏柔毛，侧脉每边3~5条；叶柄被柔毛。花先叶开放，单生于叶腋，黄绿色，花瓣倒卵形或长圆状倒卵形。核果单生或双生，扁倒卵形，碧蓝色。花期2~3月；果期4~7月。

2）产地分布：产华东、华南，北可达陕西，生于海拔800m以下山谷、林缘灌木丛中。

3）生态习性：喜阴凉湿润气候，要求富含腐殖质的沙质土壤，在雨量充沛、云雾多、土壤和空气湿度大的环境中生长良好。

4）园林用途：清风藤花朵黄绿色，下垂，先叶开放，果实碧蓝色，是很好的观赏藤本，可作垂直绿化，攀附大树、篱笆。

9. 中华猕猴桃（图11-22）

别名：猕猴桃、毛梨子

拉丁名：*Actinidia chinensis* Planch.

科属：猕猴桃科 猕猴桃属

1）形态特征：缠绕性木质大藤本。芽小，包于膨大的叶柄内。幼枝密生灰棕色柔毛；髓白色，片隔状。单叶，互生；无托叶。叶纸质，圆形、卵圆形或倒卵形，先端突尖、微凹或平截，有锯齿；上面暗绿色，沿脉疏生毛，下面密生绒毛。雌雄异株，花3~6朵成聚伞花序；花乳白色，后变黄色；萼片、花瓣5枚，雄蕊多数，子房多室，胚珠多数。浆果椭球形或近圆形，密被棕色绒毛；种子细小。花期4~6月；果期8~10月。

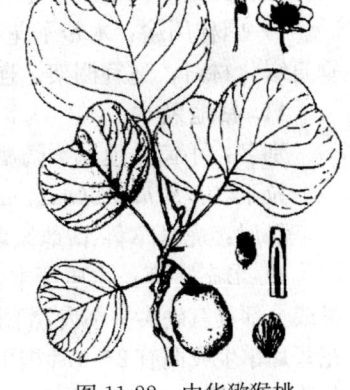

图11-22 中华猕猴桃

同属植物：我国有52种和众多变种，各地均产。常见的还有葛枣猕猴桃（*A. polygama*）、软枣猕猴桃（*A. arguta*）、毛花猕猴桃（*A. eriantha*）、小叶猕猴桃（*A. lanceolata*）、多果猕猴桃（*A. latifolia*）、美丽猕猴桃（*A. melliana*）等。

2）产地分布：广布于长江流域及其以南各省区，北达陕西、河南。

3）生态习性：喜光，耐半阴。喜温暖湿润气候，较耐寒，喜深厚湿润肥沃土壤。肉质根，不耐涝，也不耐旱，主侧根发达，萌芽力强，耐修剪。

4）园林用途：优良的庭院观赏植物和果树，花朵乳白，并渐变为黄色，美丽而芳香，果实大而多，也有观花品种，如"江山娇"花朵深粉红色，"月月红"花朵玫瑰红色。用于造景至少已有1200多年的历史，唐朝诗人岑参有"中庭井栏上，一架猕猴桃"的诗句，说明当时猕猴桃已经进入园林。在造景中，既作棚架、绿廊、篱垣的攀缘材料，又可模仿自然状态下猕猴桃的生长状态，植于疏林中，让其自然攀附树木。

10. 木鳖子（图11-23）

别名：番木鳖、老鼠拉冬瓜

拉丁名：*Momordica cochinchinensis*（Lour.）Spreng.

科属：葫芦科 苦瓜属

1) 形态特征：粗壮大藤本，长可达15m，具块状根；全株近无毛或稍被短柔毛。叶柄粗壮，基部或中部有2～5个腺体；叶片卵状心形或宽卵状圆形，3～5裂或不裂，有波状锯齿或近全缘，基部心形，三出掌状网脉。卷须粗壮，不分歧。雌雄同株，单生叶腋。雄花单生或3～4朵，苞片兜状，花萼筒漏斗状，花冠黄色，雄蕊3。雌花子房密生刺状毛。果实卵球形，熟时红色，肉质，密生刺尖突起。花期6～8月；果期8～10月。

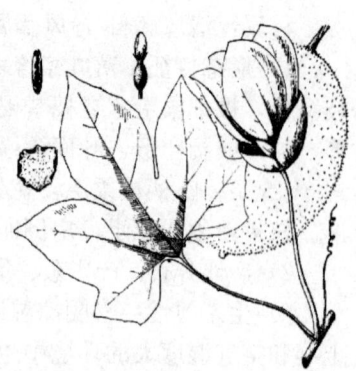

图 11-23　木鳖子

2) 产地分布：分布于江苏、安徽、江西、福建、台湾、广东、广西、湖南、四川、贵州、云南和西藏。常生长于海拔450～1100m的山沟、林缘及路旁等土层较深厚的地方。

3) 生态习性：喜温暖潮湿的气候和向阳的环境。对土壤条件要求不严，宜选择排水良好、肥沃深厚的沙质壤土栽培。

4) 园林用途：木鳖子花朵大而花白色，果实红色，卷须发达，攀缘力强，是优良的垂直绿化材料，适宜棚架、连廊造景。

11. 钻地风

别名：小齿钻地风、阔瓣钻地风

拉丁名：*Schizophragma integrifolium* Oliv.

科属：虎耳草科　钻地风属

1) 形态特征：木质藤本，茎平卧或借气生根高攀。叶椭圆形、长椭圆形或阔卵形，全缘或上部具有硬尖头小齿，下面有时沿脉被疏短毛；侧脉7～9对。伞房状聚伞花序；不育花萼片单生或偶有2～3片聚生于花柄上，卵状披针形、披针形或阔椭圆形，黄白色；孕性花萼筒陀螺状，花瓣长卵形，先端钝。蒴果钟状或陀螺状。花期6～7月；果期10～11月。

2) 产地分布：产四川、云南、贵州、广东、广西、湖南、海南、湖北、江西、福建、江苏、浙江、安徽等省区。

3) 生态习性：生于山谷、山坡密林或疏林中，常攀缘于岩石或乔木上。

4) 园林用途：钻地风攀缘能力强，大型不孕花白色、叶状，花期十分美丽，是优良的攀缘植物，适于石壁、矮墙、篱垣。英国邱园内的园墙即采用钻地风与其他植物搭配造景。

12. 蔷薇（图11-24）

别名：多花蔷薇、野蔷薇

拉丁名：*Rosa multiflora* Thunb.

科属：蔷薇科　蔷薇属

1) 形态特征：落叶灌木，茎枝偃伏或攀缘，长可达6m。小枝有短粗而稍弯的皮刺。小叶5～9枚，倒卵形至椭圆形，两面或下面有柔毛，叶柄及叶轴常有腺毛；托叶边缘篦齿状分裂，有腺毛。圆锥状伞房花序，花白色或略带粉晕，芳香，花柱连合成柱状，伸出花托外；萼片有毛，花后反折。果近

图 11-24　蔷薇

球形,红褐色。花期5~6月;果期10~11月。

同属植物:同属的藤本种类常见的还有木香花(*R. banksiae*),落叶或半常绿,枝细长绿色,无刺或疏生皮刺。小叶3~5枚,长椭圆形至椭圆状披针形,有细锯齿;托叶线形,与叶柄分离,早落。伞形花序,花白色,径约2.5cm,浓香,萼片长卵形,全缘;花柱玫瑰紫色。果近球形,径3~5mm。分布于长江流域以南。

变种:粉团蔷薇(var. *cathayensis*),花、叶较大,花径3~4cm,粉红或玫瑰红色,单瓣,数朵或多朵成平顶伞房花序。七姊妹(var. *platyphylla*),花重瓣,径约3cm,深红色,常6~10朵组成扁平的伞房花序。荷花蔷薇(var. *carnea*),花淡粉红色,花瓣大而开张。白玉堂(var. *albo-plena*),花白色,重瓣,直径2~3cm。

2)产地分布:黄河流域及其以南习见,常生于低山溪边、林缘和灌丛中。日本、朝鲜也有分布。

3)生态习性:性强健,喜光,耐寒、耐旱、耐水湿。对土壤要求不严,在黏重土壤中也可生长。

4)园林用途:花色丰富,有白、粉红、玫瑰红和深红等色,是优良的垂直绿化材料。最适于篱垣式和棚架式造景,花开时节可形成花墙、花棚,经人工牵引、绑扎,使其沿灯柱或专设的立柱攀缘而上,可形成花柱。也可用于假山、坡地,或沿台坡边缘列植,使其细长的枝条下垂。将花色不同的蔷薇品种配植在一起相互衬托或对比,形成"疏密浅深相间"的效果。

13. 越南葛藤(图11-25)

别名:葛条、野葛

拉丁名:*Pueraria montana*(Lour.)Merr.

科属:旋花科 银背藤属

1)形态特征:落叶藤本,具肥大块根,富含淀粉。茎右旋,全株密被黄色长硬毛。羽状3小叶,互生。顶生小叶菱状卵形,全缘或有时3浅裂;侧生小叶宽卵形,偏斜,深裂。总状花序腋生,花蓝紫色或紫色,花萼钟形;花冠蝶形,紫红色;单体雄蕊。荚果带状,扁平,密生硬毛。花期7~9月;果期9~10月。

图11-25 越南葛藤

同属植物:约20种,分布于亚洲。我国10种,主产南方。

2)产地分布:分布极广,除西藏、新疆外,几遍全国,常生于山地荒坡、路旁和疏林中。东南亚至澳大利亚也有分布,欧洲、美洲和非洲引入。

3)生态习性:适应性极强,生长迅速。喜光,耐干旱瘠薄。

4)园林用途:枝叶茂密、花朵紫红,花期正值盛夏,而且全株密毛,滞尘能力强,抗污染,是工矿区难得的垂直绿化材料,可攀附花架、绿廊,也是优良的山地水土保持树种。

14. 紫藤(图11-26)

别名:朱藤、藤萝

拉丁名:*Wisteria sinensis*(Sims)Sweet

科属：豆科 紫藤属

1）形态特征：落叶大藤本，茎枝左旋生长，长可达 20m。奇数羽状复叶，互生；小叶 7~13 枚，对生，通常 11 枚，卵状长圆形至卵状披针形，幼叶密生平贴白色细毛，后变无毛，具小托叶。总状花序下垂，花蓝紫色，萼钟形，5 齿裂；花冠蝶形，旗瓣圆形，大而反卷，基部有 2 胼胝体状附属物，翼瓣镰形，基具耳垂，龙骨瓣端钝；二体雄蕊。果密生黄色绒毛；种子扁圆形，棕黑色。花期 4~5 月；果期 9~10 月。

同属植物：我国 4 种，引入栽培 2 种。常见的还有多花紫藤（*W. floribunda*）、白花藤（*W. venusta*）、藤萝（*W. villosa*）。

图 11-26　紫藤

2）产地分布：原产我国，自东北南部、黄河流域至长江流域和华南均有栽培或分布。

3）生态习性：喜光，略耐阴；较耐寒。喜深厚肥沃而排水良好的土壤，有一定的耐干旱、瘠薄和水湿能力。主根发达，侧根较少，不耐移植。

4）园林用途：紫藤是著名的凉廊和棚架绿化材料，遮阴效果好，春季先叶开花，花穗大而紫色，鲜花葳垂、清香四溢，可形成绿蔓浓密、紫袖垂长、碧水映霞、清风送香引人入胜的景观。

15. 南蛇藤

别名：过山风

拉丁名：*Celastrus orbiculatus* Thunb.

科属：卫矛科 南蛇藤属

1）形态特征：落叶藤本。小枝光滑无毛，灰棕色或棕褐色，具稀而不明显的皮孔。叶通常阔倒卵形，近圆形或长方椭圆形，先端圆阔，具有小尖头或短渐尖，基部阔楔形到近钝圆形，边缘具锯齿，两面光滑无毛或叶背脉上具稀疏短柔毛，侧脉 3~5 对。聚伞花序腋生，花序长 1~3cm，小花 1~3 朵；花瓣倒卵椭圆形或长方形；花盘浅杯状，裂片浅，顶端圆钝；雄蕊长 2~3mm，退化雌蕊不发达；雌花花冠较雄花窄小，花盘稍深厚，肉质，退化雄蕊极短小。蒴果近球状；种子椭圆状稍扁，赤褐色。花期 5~6 月；果期 7~10 月。

同属植物：苦皮藤（*C. angulatus*）、大芽南蛇藤（*C. gemmatus*）、粉背南蛇藤（*C. hypoleucus*）。

2）产地分布：产于黑龙江、吉林、辽宁、内蒙古、河北、山东、山西、河南、陕西、甘肃、江苏、安徽、浙江、江西、湖北、四川，为我国分布最广泛的树种之一。俄罗斯、日本、朝鲜也有分布。

3）生态习性：多野生于山地沟谷及临缘灌木丛中。垂直分布可达海拔 1500m。性喜阳耐阴，分布广，抗寒耐旱，对土壤要求不严。栽植于背风向阳、湿润而排水好的肥沃沙质壤土中生长最好，若栽于半阴处，也能生长。

4）园林用途：南蛇藤为大藤本，叶片经霜而变红，果实黄色，开裂后露出鲜红色的种子，观赏性较高，在园林中应用可增加野趣，可供攀附廊架、凉亭、乔木等，也可栽植于山坡、溪边、林地及假山、石隙等处。

16. 雷公藤（图 11-27）

别名：黄藤、黄腊藤、红药

拉丁名：*Tripterygium wilfordii* Hook. f.

科属：卫矛科 雷公藤属

1）形态特征：藤本灌木，高 1～3m，小枝棕红色，具有 4～6 根细棱，被密毛及细密皮孔。单叶，互生，叶椭圆形、倒卵椭圆形、长方椭圆形或卵形，侧脉 4～7 对，叶缘后稍上弯。聚伞状圆锥花序顶生或腋生，通常有 3～5 分枝，花序、分枝及小花梗均被锈色毛；花白色，萼片先端急尖；花瓣长方卵形，边缘微蚀；花盘略 5 裂；雄蕊插生花盘外缘，花丝长达 3mm。翅果长圆状，种子细柱状。花期 7～8 月；果期 9～10 月。

图 11-27 雷公藤

2）产地分布：分布于长江流域以南各地及西南地区。主产于福建、浙江、安徽、河南等地。朝鲜、日本也有分布。

3）生态习性：适生土壤为排水良好、微酸性的类泥沙或红壤；喜温暖避风、湿润、雨量充沛的环境；抗寒能力较强，可不加防寒物自然越冬；但霜害可引起雷公藤幼苗顶端和新梢冻伤，影响下年的生长。

4）园林用途：雷公藤枝叶茂密，小枝红棕色，花序大，花朵绿白色，绿芯黄蕊，果实红艳，是优良的攀缘植物，适于攀附矮墙、栅栏和山石，也作小型棚架绿化。

17. 勾儿茶

别名：枪子柴

拉丁名：*Berchemia sinica* Schneid.

科属：鼠李科 勾儿茶属

1）形态特征：藤状或攀缘灌木，高可达 5m；幼枝无毛，老枝黄褐色，平滑无毛。叶纸质至厚纸质，互生或在短枝顶端簇生，卵状椭圆形或卵状矩圆形，顶端圆形或钝，侧脉每边 8～10 条；叶柄纤细，带红色，无毛。花芽卵球形，顶端短锐尖或钝；花黄色或淡绿色，单生或数个簇生，聚伞状圆锥花序，花序轴无毛，有时为腋生的短总状花序；花梗长 2mm。核果圆柱形，基部稍宽，有皿状的宿存花盘，成熟时紫红色或黑色；果梗长 3mm。花期 6～8 月；果期翌年 5～6 月。

同属植物：多花勾儿茶（*B. floribunda*）、铁包金（*B. lineata*）。

2）产地分布：产河南、山西、陕西、甘肃、四川、云南、贵州、湖北。常生于山坡、沟谷灌丛或杂木林中，海拔 1000～2500m。

3）生态习性：生于向阳的山坡灌丛或路旁。

4）园林用途：勾儿茶植株蔓生，叶片秀丽，花朵黄绿，果实红艳而繁密，是优良的观叶及观果植物，密生林中，极富野趣。也可作绿篱。

18. 雀梅藤（图 11-28）

别名：酸铜子、对角刺

拉丁名：*Sageretia thea* (Osbeck) Johnst.

科属：鼠李科 雀梅藤属

1）形态特征：藤状或直立灌木；小枝具刺，互生或近对生，褐色，被短柔毛。叶纸

质，近对生或互生，通常椭圆形、矩圆形或卵状椭圆形，稀卵形或近圆形，无毛或沿脉被柔毛，侧脉每边 3～4 条；叶柄被短柔毛。花无梗，黄色，有芳香，通常 2 至数个簇生排成顶生或腋生疏散穗状或圆锥状穗状花序；花序轴被绒毛或密短柔毛；花瓣匙形，顶端 2 浅裂，常内卷，短于萼片。核果近圆球形，成熟时黑色或紫黑色，具 1～3 分核，味酸；种子扁平，两端微凹。花期 7～11 月；果期翌年 3～5 月。

2) 产地分布：产华东、华南、西南各省区。常生于海拔 2100m 以下的丘陵、山地林下或灌丛中。印度、越南、朝鲜、日本也有分布。

3) 生态习性：喜半阴，喜温暖湿润气候，有一定的耐寒性，对土壤要求不严，萌芽、萌蘖力强，耐整形、修剪。

图 11-28 雀梅藤

4) 园林用途：雀梅藤分枝细密，花朵小，黄色芳香，是优良的绿篱植物，南方常栽培作防护篱。也是优良的盆景材料。

19. 葎叶蛇葡萄（图 11-29）

别名：葎叶白蔹、小接骨丹

拉丁名：*Ampelopsis humulifolia* Bge.

科属：葡萄科 蛇葡萄属

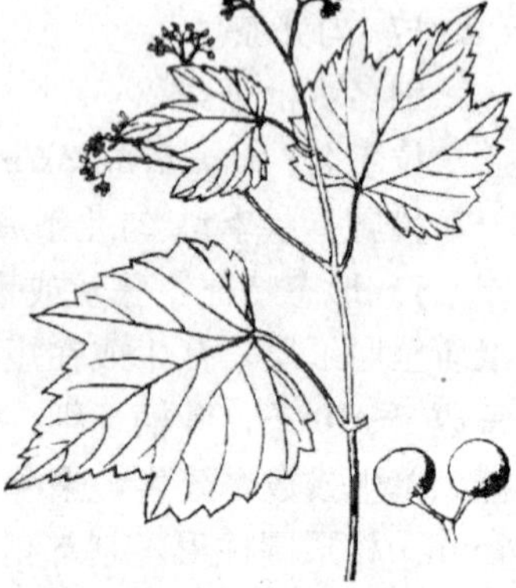

1) 形态特征：木质藤本。小枝圆柱形，有纵棱纹，无毛。卷须 2 叉分枝，相隔 2 节间断与叶对生。叶为单叶，心状五角形或肾状五角形，顶端渐尖，基部心形，基缺顶端凹成圆形；叶柄无毛或有时被疏柔毛；托叶早落。多歧聚伞花序与叶对生；花梗生短柔毛；花瓣 5，卵椭圆形，外面无毛。果实近球形，有种子 2～4 颗；种子倒卵圆形，顶端近圆形。花期 5～7 月；果期 5～9 月。

同属植物：乌头叶蛇葡萄（*A. aconitifolia*）、三裂蛇葡萄（*A. delavayana*）、大叶蛇葡萄（*A. megalophylla*）。

2) 产地分布：产内蒙古、辽宁、青海、河北、山西、陕西、河南、山东。生山沟地边或灌丛林缘或林中，海拔 400～1100m。

图 11-29 葎叶蛇葡萄

3) 生态习性：耐寒，喜光，也较耐阴，喜排水良好的沙质壤土。

4) 园林用途：木质大藤本，适应性强，生长迅速，枝叶繁茂，秋季果实蓝紫色或淡黄色，可供攀缘棚架、凉亭等，也可用于山坡、石间增强野趣，华北地区园林中偶有栽培。

20. 爬山虎（图 11-30）

别名：地锦、爬墙虎

拉丁名：*Parthenocissus tricuspidata* (Sieb. et Zucc.) Planch.

科属：葡萄科 爬山虎属

1) 形态特征：落叶藤本，茎有皮孔；髓白色。卷须短而多分枝，顶端膨大成吸盘。

叶互生，小叶肥厚，叶片及叶脉对称。花枝上的叶宽卵形，通常3裂，有粗锯齿，基部心形，表面无毛，背面脉上有柔毛；下部枝的叶片有时分裂成3小叶。幼苗期的叶片较小，多不分裂。花两性，聚伞花序，通常生于短枝顶端，花淡黄绿色；花部5数；花瓣离生。浆果球形，熟时蓝黑色，被白粉。花期6～7月；果期9～10月。

同属植物：我国8种，分布于东北至华南、西南，另引入栽培1种。常见栽培的还有五叶地锦（*P. quinquefolia*）、异叶爬山虎（*P. dalzielii*）。

2) 产地分布：产我国和日本，在我国分布极为广泛，北自吉林，南到广东均产，常攀附于岩石、树干、灌丛中。

图11-30 爬山虎

3) 生态习性：性强健，耐阴，耐寒，耐旱，耐贫瘠，也可在全光下生长；对土壤适应能力强，生长迅速。抗污染，尤其对氯气的抗性强。

4) 园林用途：枝繁叶茂，入秋叶片红艳，极为美丽，卷须先端特化成吸盘，攀缘能力强。适于附壁式的造景方式，在园林中可广泛应用于建筑、墙面、石壁、混凝土壁面、栅栏、桥畔、假山、枯树的垂直绿化。还是优良的地面绿化覆盖材料。

21. 葡萄（图11-31）

别名：草龙珠、蒲桃

拉丁名：*Vitis vinifera* L.

科属：葡萄科 葡萄属

1) 形态特征：落叶藤本，茎长达20m。茎皮红褐色，老时条状剥落，髓心棕褐色；小枝光滑或有毛。卷须分叉，间歇性与叶对生。单叶，互生。叶片卵圆形，3～5掌状浅裂，有粗齿，基部心形，两面无毛或背面稍有短柔毛；叶柄长4～8cm。圆锥花序与叶对生。花黄绿色，花瓣顶端黏合，成帽状脱落。浆果肉质，圆形或椭圆形，成串下垂，绿色、紫红色或黄绿色，被白粉。花期4～5月；果期8～9月。

同属植物：我国约36种，各地均产，另引入栽培多种。常见的还有山葡萄（*Vitis amurensis*）、毛葡萄（*Vitis heyneana*）。

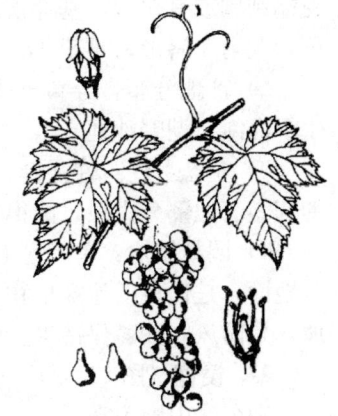

图11-31 葡萄

2) 产地分布：原产欧洲、西亚和非洲北部。

3) 生态习性：品种很多，习性各异。总体而言，喜光，喜干燥及夏季高温的大陆性气候，冬季需要一定的低温，以在排水良好的微酸性至微碱性沙质壤土上生长最好，在黏重土壤中生长不良；耐干旱，怕水涝，在降雨量大、空气潮湿的地区，容易发生徒长、授粉不良、落果、裂果等不良现象。

4) 园林用途：葡萄大约在5000年前就开始在中亚细亚和伊拉克一带栽培。我国葡萄栽培始于汉代，张骞出使西域时引入，已有2000多年历史。宜攀缘棚架及凉廊，始于庭前、曲径、山头、入口、屋角、天井、窗前等等处，夏日绿叶荫郁，果实陆离，是人们休息纳凉的绝佳去处；秋日硕果累累，可观其色、食其果，自古在庭院中广植，葡萄架也成为我国古典园林中传统的观赏内容。现代园林中，葡萄棚架可独自成景，广泛应用于各类公园、庭院、居民区；大型公园或风景区内可结合生产，布置成葡萄园。

22. 橡胶紫茉莉

别名：橡胶藤

拉丁名：*Cryptostegia grandiflora*

科属：夹竹桃科 桉叶藤属

1) 形态特征：落叶蔓性藤本，高可达2m，沿乔木攀缘茎可达30m。叶对生，长椭圆形或长卵形，先端短突，革质。顶生聚伞花序，花冠漏斗状，粉紫花，先端5裂。蓇葖果大型，2枚；种子扁平。夏季开花。

2) 产地分布：原产马达加斯加南部。

3) 生态习性：性喜光，喜高温，适合生长温度22~32℃；喜肥沃壤土或沙质壤土。

4) 园林用途：橡胶紫茉莉花姿优美，花色粉紫，是华南地区优良的棚架绿化植物，也适用于攀附乔木、山石和墙体。

23. 单叶蔓荆

别名：蔓荆

拉丁名：*Vitex trifollia* var. simplicifolia Cham.

科属：马鞭草科 牡荆属

1) 形态特征：落叶匍匐灌木，节处生根。单叶对生，偶有3小叶，倒卵形或近圆形，先端钝圆或有短尖，基部楔形，全缘；叶柄短或无。圆锥花序顶生，被灰白绒毛；花蓝紫色，花冠二唇形；雄蕊4，伸出花冠外。核果近圆形。花期7~9月；果期9~11月。

2) 产地分布：分布于辽宁、河北、山东、江苏、安徽、浙江、福建、广东等地，多生于海滩、湖畔沙地。

3) 生态习性：性强健，喜光，耐寒、耐旱、耐贫瘠、耐盐碱；根系发达，生长迅速，匍匐茎着地部分生根，能很快覆盖地面。

4) 园林用途：单叶蔓荆花期长，夏季盛花极富观赏性。生长快，抗性强，能很快覆盖地面，是优良的地被植物，适合群植，形成庞大的群落，适于海边、河柳沿岸等处的沙地，是防风固沙、保持水土的优选品种。

24. 凌霄（图11-32）

别名：中国凌霄

拉丁名：*Campsis grandiflora*（Thunb.）Schum.

科属：紫葳科 凌霄属

1) 形态特征：落叶木质藤本，长可达10m，以气生根攀缘。树皮灰褐色，呈细条状纵裂。奇数羽状复叶，对生。小叶7~9枚，卵形至卵状披针形，两面无毛，边缘疏生7~8个锯齿，先端长尖，基部宽楔形；侧脉6~7对。花大，圆锥花序顶生；花萼钟状，5裂不等大，淡绿色；花冠唇状漏斗形，鲜红色或橘红色，裂片5枚，大而开展；雄蕊4枚，2强，弯曲，内藏。蒴果扁平条形，状如荚果，室背开裂。种子扁平，有半透明膜质翅。花期5~8月；果期11月。

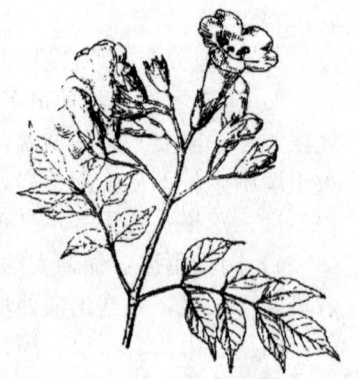

图11-32 凌霄

同属植物：常见栽培的还有美国凌霄（*C. radicans*），原产北美，我国各地有栽培，耐寒、耐湿和耐盐碱能力均强于凌霄。

2) 产地分布：原产东亚，我国分布于东部和中部，习见栽培。

3) 生态习性：性强健，喜光，也略耐阴；喜温暖湿润，有一定的耐寒性。对土壤要求不严，最适于肥沃湿润、排水良好的微酸性土壤，也能耐碱；耐旱，忌积水。萌芽力、萌蘖力均强。

4) 园林用途：凌霄古称"苕"，在我国已经有2000多年的栽培历史。《诗经·小雅》有"苕之华，芸其黄矣"的记载。干枝虬曲多姿，翠叶团团如盖，夏日红花绿叶相映成趣，平添无限生机。宋朝诗人杨绘有"直绕枝干凌云去，犹有根源与地平；不道花依他树发，强攀红日斗修明"的诗句，生动地描述了凌霄的蟠龙之势、秀丽之色。可依附老树、石壁、墙垣攀缘，而且花期正值盛夏，是棚架、凉廊、花门、枯树和各种篱垣的良好造景材料。如植于墙垣或假山石隙，则柔条纤蔓，碧叶绛花，随风飘舞，倍觉动人。

25. 金银花（图11-33）

别名：忍冬、鸳鸯藤、银藤

拉丁名：*Lonicera japonica* Thunb.

科属：忍冬科 忍冬属

1) 形态特征：半常绿缠绕藤本，茎皮条状剥落；小枝中空；幼枝暗红色，密生柔毛和腺毛。叶对生。叶片卵形至卵状椭圆形，稀倒卵形，全缘，叶缘具纤毛，先端短钝尖，基部圆形或近心形；幼叶两面被毛，后上面无毛。花2朵生于叶腋；总梗及叶状苞片密生柔毛和腺毛。花冠二唇形，上唇具4裂片，下唇狭长而反卷，约等于花冠筒长；初开白色，后变黄色，芳香，外被柔毛和腺毛；萼筒无毛；雄蕊和花柱伸出花冠外。浆果球形，蓝黑色。花期4～6月；果期8～11月。

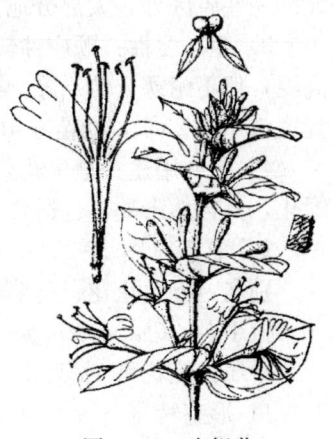

图11-33 金银花

2) 产地分布：分布于东北南部、黄河流域至长江流域、西南地区各地，常生于山地灌丛、沟谷和疏林中。朝鲜、日本也有分布。

3) 生态习性：适应性强，喜光，稍耐阴，耐寒，耐旱和水湿，对土壤要求不严，酸性土至碱性土均可生长，以在湿润、肥沃、深厚的沙壤土中生长最好。根系发达，萌蘖力强。

4) 园林用途：金银花植株轻盈，藤蔓细长，花朵繁密，先白后黄，状如飞鸟，布满株丛，春夏时节开花不绝，色香具备，秋末冬初叶片转红，而且老叶未落，新叶初生，凌冬不凋，因而是一种优良的垂直绿化植物。可用于竹篱、栅栏、绿亭、绿廊、花架等各项设施的绿化，形成"绿蔓云雾紫袖低"的景观；由于耐阴，也可攀附山石、用作林下地被。金银花老桩姿态古雅，别具一格，也是优良的盆景材料。

5) 同属植物：同属的藤本还有盘叶忍冬（*L. tragophylla*）、橙黄忍冬（*L. brownie*）、垂红忍冬（*L. brownii* 'Dropmore Scarlet'）。

26. 牵牛（图11-34）

拉丁名：*Pharbitis nil*（Linn.）Choisy

科属：旋花科 牵牛属

1) 形态特征：一年生缠绕草本，茎上被倒向的短柔毛并杂有倒向或开展的长硬毛。叶宽卵形或近圆形，深或浅3裂，偶5裂，基部圆，心形，中裂片长圆形或卵圆形，渐尖或骤尖，侧裂片较短，三角形，裂口锐或圆，叶柄毛被同茎。花腋生，单一或通常2朵着生于花序梗顶，花序梗长短不一，毛被同茎；萼片近等长，披针状线形，内面2片稍狭，外面被开展的刚毛，基部更密，有时也杂有短柔毛；花冠漏斗状，蓝紫色或紫红色，花冠管色淡；雄蕊及花柱内藏；雄蕊不等长；花丝基部被柔毛；子房无毛，柱头头状。蒴果近球形，3瓣裂。种子卵状三棱形，黑褐色或黄色，被褐色短绒毛。

图11-34 牵牛

同属植物：圆叶牵牛（*Pharbitis purpurea*）。

2) 产地分布：本种原产热带美洲，现已广植于热带和亚热带地区。我国除西北和东北的一些省区外，大部分地区都有分布。

3) 生态习性：顺应性较强，喜阳光充足，亦可耐半遮阴。喜暖和凉快，亦可耐暑热高温，但不耐寒，怕霜冻。喜肥美疏松土壤，能耐水湿和干旱，较耐盐碱。种子发芽适合温度为18～23℃，幼苗在10℃以上气温即可生长。

4) 园林用途：牵牛花朵飘逸，是著名的庭院观赏植物，多用于廊架、篱垣、花架等绿化，具自然野趣，也适合与同属植物配植，或作盆栽观赏。

27. 茑萝（图11-35）

别名：五角星花、茑萝松

拉丁名：*Quamoclit pennata*（Desr.）Boj.

科属：旋花科 茑萝属

1) 形态特征：一年生柔弱缠绕性草本，全株无毛。单叶，互生，叶卵形或长圆形，羽状深裂至中脉，有10～18对条形至丝状的平展裂片；花序腋生，由少数花组成聚伞花序；花直立，花冠高脚碟状，深红色，管上部稍膨大，冠檐开展。蒴果卵形，种子4，黑褐色。花期7～9月；果期8～10月。

栽培近种：槭叶茑萝（*Quamoclit × sloteri*）又名葵叶茑萝，一年生草本，茎缠绕，多分枝。花比茑萝大一倍，花期同茑萝。

2) 产地分布：原产南美洲热带地区。全国各地均有栽培，供观赏。

图11-35 茑萝

3) 生态习性：喜光，喜温暖，忌寒冷，怕霜冻。对土壤要求不严，生长适温15～28℃。

4) 园林用途：茑萝叶片纤细秀美，是庭院内花架、花篱的重要花材，也可作盆栽装饰室内。花开时节，花形虽小，但星星点点分布绿叶中，十分活泼。

28. 菝葜 (图 11-36)

别名：金刚藤

拉丁名：*Smilax china* L.

科属：百合科 菝葜属

1) 形态特征：攀缘状灌木。高 1~3m。疏生刺。根茎粗厚，坚硬，为不规则的块根。叶互生，具狭鞘，几乎都有卷须，少有例外，脱落点位于靠近卷须处；叶片薄革质或坚纸质，卵圆形或圆形、椭圆形，下面淡绿色，较少苍白色，有时具粉霜。花单性，雌雄异株；伞形花序生于幼嫩的小枝上，具十几朵或更多的花，常呈球形；总花梗长 1~2cm，花序托稍膨大，近球形，较少稍延长，具小苞片；花绿黄色，外轮花被片 3，长圆形，内轮花被片稍狭。雄蕊长约为花被片的 2/3，花药比花丝稍宽，常弯曲；雌花与雄花大小相似，有 6 枚退化雄蕊。浆果，熟时红色，有粉霜。花期 2~5 月；果期 9~11 月。

图 11-36 菝葜

2) 产地分布：产山东（山东半岛）、江苏、浙江、福建、台湾、江西、安徽（南部）、河南、湖北、四川（中部至东部）、云南（南部）、贵州、湖南、广西和广东。生于海拔 2000m 以下的林下灌木丛中、路旁、河谷或山坡上。缅甸、越南、泰国、菲律宾也有分布。

3) 生态习性：耐旱、喜光，稍耐阴，耐瘠薄，生长力极强。

4) 园林用途：菝葜叶形奇特，果实红艳，在植株上保留一年以上，是一种美丽的垂直绿化材料。可供攀缘棚架、山石和矮墙。

第十二章 棕榈及观赏竹类

第一节 棕榈类

棕榈类植物是单子叶植物，有灌木或乔木，有时藤本状，有刺或无刺。叶聚生于不分枝的树干顶端，叶片大，掌状或羽状分裂，花小，淡黄色，两性或单性，排列于分枝或不分枝的佛焰状花序上。该科约有属 2500 种，主要产于热带和亚热带地区。我国约 22 属 72 种，主要分布在云南、广西和台湾。

1. 湿地棕

别名：丛立刺叶子、沿地棕

拉丁名：*Acoelorraphe wrightii* H. Wendl. ex Becc.

科属：棕榈科 湿地棕属

1）形态特征：常绿灌木或小乔木，丛生；高 3～8m，原产地可达 15m。茎被叶鞘纤维包裹。叶扇形，掌状深裂，裂片多数，条形，较坚硬，银灰色，有许多纤细纵脉纹，背面呈银白色；叶柄细长，三棱形，上部凹陷，下部凸出。叶鞘纤维质，网状，宿存。肉穗花序簇生于叶间，下垂；花两性，淡黄色。核果近球形，褐黑色。花期 4～5 月；果熟 10～11 月。

同属树种：本属仅 1 种，分布于美洲，我国引入栽培。

2）产地分布：原产美国南部、中美洲及西印度群岛，常生长于海边。

3）生态习性：喜光，也耐阴，喜湿润，不耐旱，较耐盐碱。

4）园林用途：湿地棕株型较低矮，株丛密集，适于孤植或丛植，可作局部空间主景，也可作绿篱。

2. 假槟榔（图 12-1）

别名：亚历山大椰子

拉丁名：*Archontophoenix alexandrae* H. Wendl. et Drude

科属：棕榈科 假槟榔属

1）形态特征：乔木，高可达 20m；茎干具显著叶环痕，基部显著膨大。叶一回羽状全裂，拱状下垂；羽片排列成同一平面，先端渐尖而略 2 浅裂，全缘；表面绿色，背面有白粉；叶鞘长达 1m，膨大抱茎，革质。肉穗花序生于叶鞘下方之干上，悬垂而多分枝，具 2 个鞘状佛焰苞；雌雄同株，雄花序长约 75cm，雄花三角状长圆形，淡米黄色，左右对称，萼片和花瓣各 3 枚；雌花卵形，米黄色。果实卵球形，红色。

同属树种：4 种，产澳大利亚。我国引入栽培 2 种。

2）产地分布：原产澳大利亚，生于低地雨林中；华南各

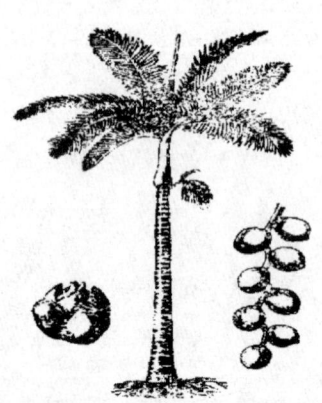

图 12-1 假槟榔

地常见栽培。

3）生态习性：性喜高温、高湿和避风向阳的环境，耐 5～6℃的长期低温和 0℃的极端低温；喜土层深厚肥沃的微酸性土；抗风力强；耐水湿，也较耐干旱。

4）园林用途：假槟榔树体高大挺拔，树干光洁，给人以整齐的感觉，而干顶蓬松散开的大叶片披垂碧绿，随风招展，又不失活泼，果实红色，也甚为美观。在我国栽培历史已有百年以上，是华南最常见的园林树种之一，特别适于建筑前、道路两侧列植，以突出展示其高度自然的韵律美，若在草地中丛植几株也适宜，可以常绿阔叶树为背景，以衬托假槟榔的苗条秀丽。

3. 槟榔（图 12-2）

别名：槟楠、大白槟、橄榄子、螺果

拉丁名：*Areca catechu* L.

科属：棕榈科 槟榔属

1）形态特征：乔木，单干型，较纤细，高达 10～20m；茎干有明显的叶环痕。叶一回羽状分裂，叶鞘灰绿色；叶柄无刺；花序生于叶鞘束之下，多分枝；佛焰苞早落。花单性，雌雄同株；雄花生于上部，雄蕊 6 枚；雌花生于下部，子房 1 室，柱头 3。核果卵球形，鲜红色，果皮纤维质，新鲜时稍带肉质，果期 9～12 月。

同属树种：我国 1 种，引入栽培数种。常见栽培的还有三药槟榔（*A. triandra*），丛生灌木至小乔木，一般高 2～3m，茎绿色，间以灰白色环斑。羽状复叶长 1～2m，侧生羽叶有时与顶生叶合生。雌雄同株，肉穗花序长 30～40cm，多分枝，顶生为雄花，有香气，雄蕊 3 枚；基部为雌花。果实橄榄形，成熟时鲜胭脂红色。

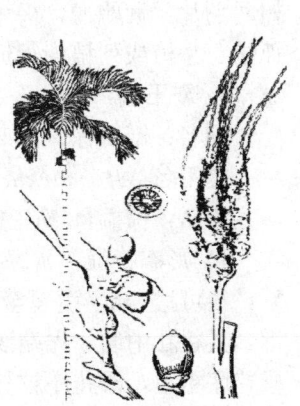

图 12-2　槟榔

2）产地分布：原产印度、马来西亚等热带地区。我国海南以及广东、台湾、云南和广西的南部有栽培。

3）生态习性：极不耐寒，需要热带气候条件；幼苗喜阴，成株能忍受直射光。在海南，也只有在东部、中部和南部气候炎热的地区才能生长良好。

4）园林用途：槟榔树冠不大，果实鲜红，园林中宜群植或小片丛植于草地上，也可配植在建筑附近，主要表现其纤美通直的茎干。槟榔虽非我国原产，但栽培历史至少有 1500 多年。《南方草木状》有"树高十余丈，皮似青桐，节如桂竹，森秀无柯，端顶有叶，叶似甘蕉"的描述，并有岭南人喜食槟榔，并用槟榔款待宾客的记载。

4. 桄榔（图 12-3）

别名：桄柳、莎木、糖树

拉丁名：*Arenga pinnata* (Wurmb.) Merr.

科属：棕榈科 桄榔属

1）形态特征：常绿乔木，高可达 20m，宿存叶基具黑色针刺。叶片一回羽状分裂，常竖直生长；羽片大多 150 对，条形，中部羽片顶端有啮齿状齿，基部有 2 个不等长的耳垂，在叶轴上排成不同平面，叶面深绿色，背面银白色；叶柄长

图 12-3　桄榔

达1.5m。一次开花结果，雌雄同株，下垂的腋生花序长达2.5m。果实绿色、黄绿色或橙色，球形至卵球形。

同属树种：桄榔属共21种，我国6种，分布于华南，如山棕（*A. engleri*）、鱼骨葵（*A. tremula*）、桄榔（*A. westerhoutii*）

2）产地分布：原产印度至东南亚，广泛栽培，华南各地常见，福建、广东、海南、云南较多。

3）生态习性：性喜高温、高湿和避风环境，忌霜冻，长期5～6℃低温和短期霜冻则叶片枯死；较耐阴，幼树忌烈日；较耐水湿，不耐干旱。

4）园林用途：桄榔叶片大型，被誉为"林中神树"，是热带森林中极为雄壮的景观树。羽片柔韧飘逸，极为优美，一树自成一景，适种植于公园、水滨、大型游乐园等地，孤植、丛植或列植为行道树。

5. 霸王榈

别名：霸王棕、俾斯麦榈、马岛棕

拉丁名：*Bismarkia nobilis* Hildeb

科属：棕榈科 霸王榈属

1）形态特征：常绿乔木，高达20～30m。基部膨大，叶基宿存。叶片扇形，掌状分裂，径可达3m，浅裂至1/4～1/3，裂片间有丝状纤维；蓝绿色，被白色蜡及淡红色鳞秕，具粗壮中肋，先端浅裂二叉状，叶面具显著戟突。雌雄异株。花序圆锥状生于腋间，雌花序粗短，雄花序较长，有分枝。果球形，褐色。

同属树种：霸王榈属仅1种，我国引入栽培。

2）产地分布：原产马达加斯加西部，引入我国华南地区栽培表现良好。

3）生态习性：适应性强，喜光照充足、温暖而排水良好环境，耐干旱瘠薄，对土壤要求不严。生长迅速。

4）园林用途：霸王榈树形庞大、壮观，叶片巨大，叶色优美，坚韧而直，是著名的观赏棕榈类植物。适宜孤植、列植或在宽阔区域内群植。

6. 糖棕

别名：扇叶糖棕

拉丁名：*Borassus flabellifer* Linn.

科属：棕榈科 糖棕属

1）形态特征：常绿乔木，高达13～20m。近圆形，掌状分裂至中部，裂片60～80，线状披针形，先端2裂；叶柄边缘具齿状刺，顶端延伸为中肋直至叶片中部。雌雄异株。雄花序长达1.5m，具3～5个分枝，每分枝掌状分裂为1～3个小穗轴，长约25cm；雄花黄色，雄蕊6；雌花序长80cm，约4个分枝，长30～50cm，小穗轴长20～25cm，雌花大，退化雌蕊6～9。果球形，黑褐色。

同属树种：糖棕属约有8种，我国引入1种。

2）产地分布：原产热带亚洲。我国华南及西南等地有栽培。

3）生态习性：喜阳光充足、气候温暖环境。怕寒冷，生长适温22～30℃，越冬温度不低于8℃，对土壤要求不严，以疏松肥沃壤土为佳。

4）园林用途：糖棕植株高大，叶片巨大茂密，犹如天然华盖给人们带来绿荫，可作庭院观赏植物。经济价值高，在亚洲热带地区大量利用其粗壮的雌花序割取汁液制糖、酿酒、制醋和饮料。叶片和贝叶棕的叶片一样可用来刻写经文。

7. 布迪椰子

别名：冻椰、弓葵

拉丁名：*Butia capitata*（Mart.）Becc

科属：棕榈科 椰属

1）形态特征：常绿乔木，单干型，高7～8m。茎干灰色，粗壮，有老叶痕。叶羽状，叶柄具明显弯曲下垂，具刺，叶片蓝绿色。花序生于叶腋。果实椭圆形，橙黄色至红色，肉甜。种子椭圆形，一端有三芽孔。

同属树种：冻椰属（布迪椰子属）约有8种，原产南美洲南部，我国引入栽培。

2）产地分布：原产巴西和乌拉圭。我国南方各省引种栽培，表现良好。

3）生态习性：喜光，较耐寒，是抗冻性最强的棕榈植物之一，适合海滨以及干旱地区种植；对土壤要求不严，但在土质疏松的壤土中生长最好。抗风力强。

4）园林用途：布迪椰子株型优美，叶片柔软，弓形弯曲，自然优雅，可广泛种植于热带、亚热带，是理想的行道树和庭院树。果实可食，在原产地常将其加工成果冻食用。

8. 鱼尾葵（图12-4）

别名：假桄榔、青棕

拉丁名：*Caryota ochlandra* Hance

科属：棕榈科 鱼尾葵属

1）形态特征：乔木，高可达20m。单干直立，无吸枝，绿色，被白色绒毛；有环状叶痕。叶聚生茎顶，二回羽状全裂；羽片14～20对，下垂，中部的较长；裂片厚革质，半菱形，有不规则啮齿状裂，酷似鱼鳍，近对生；叶轴及羽片轴上均密生棕褐色毛及鳞秕；叶柄短。肉穗花序呈圆锥花序式，多分枝，腋生、下垂。花单性同株，通常3朵聚生；雄花花蕾卵状长圆形，萼片、花瓣均3片；雌花花蕾三角状卵形，萼片圆形，花瓣卵状三角形。浆果状核果球形，成熟时淡红色，有种子1～2颗。花期7月。

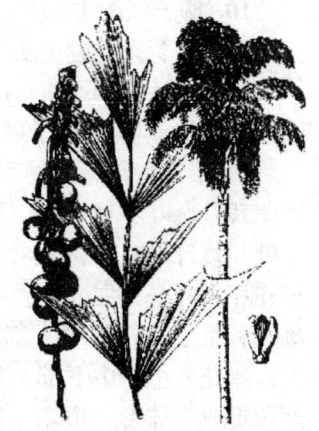

图12-4 鱼尾葵

同属树种：我国4种，产云南南部和华南。常见栽培的还有短穗鱼尾葵（*C. mitis*），丛生灌木或乔木，高5～9m。有吸枝，常聚生成丛，近地面有棕褐色肉质气生根。叶鞘较短。肉穗花序长仅30～60cm。果实球形，蓝黑色。产华南，常见栽培。董棕（*C. urens*），茎单生，黑褐色，不膨大或膨大成花瓶状，表面无白色毡状绒毛。叶平展，叶柄上面凹下，下面凸圆，被脱落性的棕黑色毡状绒毛；叶鞘边缘具网状的棕黑色纤维。产我国广西、云南等省区以及印度、斯里兰卡、缅甸。

2）产地分布：原产热带亚洲，我国分布于华南至西南地区，常生于低海拔石灰岩山地，桂林以南各地庭院中常见栽培。

3）生态习性：喜温暖，耐阴性强，忌阳光直射；不耐寒，可耐长期4～5℃低温和短期0℃低温及轻霜；喜湿润疏松的钙质土，在酸性土上也能生长；根系浅，不耐旱，也不耐水涝。

4) 园林用途：鱼尾葵树姿优美，叶片翠绿，叶形奇特，花色鲜黄，果实如圆珠成串，是优美的行道树和庭荫树，适于庭院、广场、建筑周围列植。

9. 袖珍椰子

别名：矮生椰子、袖珍棕、矮棕

拉丁名：*Chamaedorea elegans* Mart.

科属：棕榈科 竹棕属

1) 形态特征：常绿灌木，单干型，一般高不到1m，最高达4～5m。茎干细长，深绿色，具不规则花纹。叶生于干顶，羽状全裂，裂片宽披针形，羽状小叶20～40枚，有光泽，顶端两片羽叶的基部常合生为鱼尾状，嫩叶绿色，老叶墨绿色。雌雄同株。肉穗花序腋生，花黄色，呈小球状。浆果球形，橙黄色。花期春季。

同属树种：竹棕属约120种，主要分布于中美洲热带地区，我国引入2种，如竹椰子（*C. seifrizii*）。

2) 产地分布：原产墨西哥和危地马拉。我国引入栽培。

3) 生态习性：喜温暖湿润，耐阴性强，高温季节忌阳光直射，生长适温20～30℃，低于13℃进入休眠状态。

4) 园林用途：袖珍椰子株型酷似热带椰子树，形态小巧玲珑，美观别致，故得名。性耐阴，适合于室内中小型盆景，为室内增添热带风情。

10. 椰子（图 12-5）

别名：胥余、越王头、椰瓢

拉丁名：*Cocos nucifera* L.

科属：棕榈科 椰子属

1) 形态特征：常绿乔木，高15～25m；树干有环纹和叶鞘残基。叶羽状全裂，裂片多数，革质，簇生主干顶端；小叶长披针形；叶柄粗壮，长达1m以上。花单性同株，肉穗花序由叶丛中抽出，多分枝，初为圆筒状佛焰苞所包被；雄花着生于花枝的中上部，每个花序的雄花多达6000朵以上；雌花着生于中下部，每个花序有雌花10～40朵。坚果，椭圆形或近球形，顶端3棱，初为绿色，渐变为黄色，成熟时褐色。种子1枚，胚乳白色、肉质，与内果皮黏着，内有一大空腔贮藏着液汁。周年开花，花后经10～12个月果实成熟，以7～9月为采果最盛期。

图 12-5 椰子

2) 产地分布：热带树种，广植于热带地区，尤其以亚洲热带地区为多；我国海南、台湾和云南南部栽培椰子树历史悠久。

3) 生态习性：性喜高温、高湿和阳光充足的热带沿海气候，要求年平均温度24～25℃，最低温度10℃以上、温差小才能正常开花结实。不耐干旱；喜排水良好的深厚沙壤土。根系发达，抗风力强。

4) 园林用途：椰子树干不分枝，叶片簇生顶端，高张如伞，苍翠挺拔，其果实集于干顶，有时多达百枚以上，是热带地区著名的风景树。尤适于热带海滨造景，宜丛植、群植，也可作行道树、绿荫树和海岸防风林，许多热带旅游胜地如夏威夷都以椰子等棕榈类绿荫植物为特色。在庭院中，椰子则可于建筑周围、草坪中丛植，长叶伸展，倍感宜人。椰子是热带佳果之一，也是重要的木本油料和纤维树种。

11. 三角椰子

别名：三角槟榔

拉丁名：*Dypsis decaryi*

科属：棕榈科 三角椰子属

1）形态特征：常绿乔木，高8～10m。叶一回羽状，浅灰绿色，整齐排列成三列，叶鞘外侧中央具一明显突出的脊，在茎干还未露出时，由叶鞘包裹的植株基部呈三角状；小叶整齐排列；叶柄长33～50cm，叶鞘膨大。花序生叶间，花黄色。果卵圆形，熟时黄绿色。花期7～9月，果期秋季。

2）产地分布：原产马达加斯加雨林。我国广东、广西、福建、海南、台湾等地引种栽培。

3）生态习性：喜高温、光照充足环境。耐寒、耐旱，也较耐阴。生长适温18～28℃，可耐−5℃左右低温。

4）园林用途：三角椰子株型奇特，茎干呈三角状，甚为少见，具有独特的观赏价值。适宜数株丛植于草坪，或配植于庭院一角，配以景石、静水亦甚为美观。是少见的观茎植物。

12. 酒瓶椰子

别名：酒瓶棕、匏茎亥佛棕

拉丁名：*Hyophorbe lagenicaulis*（L. H. Bailey）H. E. Moore

科属：棕榈科 酒瓶椰属

1）形态特征：常绿小乔木，树形奇特。茎单生，高可达6m，基部膨大如酒瓶，叶痕显著。一回羽状复叶集生于茎端、拱形、旋转，叶柄长约45cm，羽片可达100对，整齐排成2列。有时羽片和叶柄边缘带红色。花序长约0.6m。果实卵圆形。

同属树种：酒瓶椰子属共约5种，我国引入栽培2种。

2）产地分布：原产马斯克林群岛。我国海南、广东、福建等地有栽培。

3）生态习性：喜高温高湿、阳光充足环境，不耐阴，不耐寒，0℃以下发生冻害。生长较慢，从种子育苗到开花结果，常需要20多年，每株开花至果实成熟需18个月，但寿命可长达数十年。

4）园林用途：酒瓶椰子茎干基部膨大似酒瓶，羽状复叶集生于茎端，树形美观大方，是珍贵的观赏树种，可孤植于草坪或庭院中，也可作为盆栽用于宾馆、酒店、商场的内庭装饰，观赏效果极佳。海南常用于道路绿化。

13. 红脉葵

拉丁名：*Laltania lontaroides*（J. Gaert.）H. E. Moore

科属：棕榈科 红脉榈属

1）形态特征：常绿乔木，单干直立，基部稍肥大，具不规则环纹。叶扇形，掌状开裂，幼叶及叶柄红色，后渐变为灰绿色；裂片宽披针形，深达叶片一半；叶缘和主脉有小锯齿；叶柄长1～1.5m。花单性，雌雄异株，肉穗花序自叶基伸出，分枝呈长条状，花淡褐色或黄色。核果球形，绿褐色。花期春季。

同属树种：红脉葵属共 3 种，分布于毛里求斯等地，我国有引种。其他有蓝脉葵（*L. loddigesii*）和黄脉葵（*L. verschaffeltii*）。

2) 产地分布：原产马斯凯伦群岛。广东、海南、福建等地少量引种栽培。

3) 生态习性：喜高温多湿的热带气候，喜光，要求排水良好、疏松肥沃的土壤。生长十分缓慢。

4) 园林用途：红脉葵树姿清雅优美，色彩艳丽，观赏性极高，是珍贵的观赏棕榈类，可作庭院观赏树，也可盆栽。

14. 蒲葵（图 12-6）

别名：扇叶葵

拉丁名：*Livistona chinensis* (Jacq.) R. Brown

科属：棕榈科 蒲葵属

1) 形态特征：常绿乔木，高可达 20m，有环状叶痕。叶阔肾状扇形，掌状浅裂或深裂；裂片条状披针形，顶端长渐尖，2 深裂成丝状下垂；叶柄长 1m 以上，两侧有钩刺；叶鞘褐色。肉穗花序排成圆锥花序式，自叶丛中抽出，分枝多而疏散；总苞 1 枚，革质，圆筒形，佛焰苞多数，管状。花两性，黄绿色，通常 4 朵集生。花萼和花冠 3 裂几乎达基部；雄蕊 6 枚；心皮 3 枚，近分离，花柱短。核果椭圆形至近圆形，长 1.8～2cm，状如橄榄，成熟时亮紫黑色，略被白粉。花期 3～4 月；果期 9～10 月。

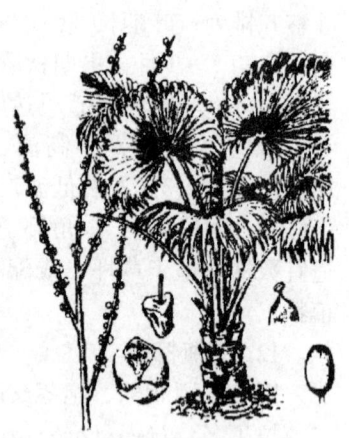

图 12-6　蒲葵

同属树种：约 33 种，分布于热带亚洲和澳大利亚。我国 4 种，引入数种栽培。

2) 产地分布：原产华南和日本琉球群岛，我国长江流域以南各地常见栽培。

3) 生态习性：喜光，略耐阴；喜高温多湿气候；喜肥沃湿润而富含腐殖质的黏壤土，能耐一定的水涝和短期浸泡。虽无主根，但侧根异常发达，密集丛生，抗风力强。

4) 园林用途：树形美观，树冠伞形，树干密生宿存叶基。叶片大而扇形，婆娑可爱，是热带地区优美的庭院树种，可供行道树、庭荫树之用，丛植、孤植于草地、山坡，或列植于道路两旁、建筑周围、河流沿岸均宜。嫩叶可制作蒲扇，是园林结合生产的理想树种。

15. 海枣（图 12-7）

别名：枣椰子

拉丁名：*Phoenix dactylifera* Linn.

科属：棕榈科 刺葵属

1) 形态特征：常绿乔木，高达 20～35m。茎单生，基部蘖萌丛生。叶羽状全裂，长达 6m，灰绿色；裂片芽内折，2～3 枚聚生，条状披针形，在叶轴两侧常呈 V 字形上翘，基部裂片退化成坚硬锐刺；叶柄宿存。雌雄异株，肉穗花序生于叶丛中，分枝。雄花序长约 60cm；佛焰苞鞘状，花序轴扁平；小穗短而密集，不规则横列于轴的上部；雄花黄色，花萼、花瓣 3 枚，雄蕊 6 枚。果序直立，扁平，淡橙黄色，被

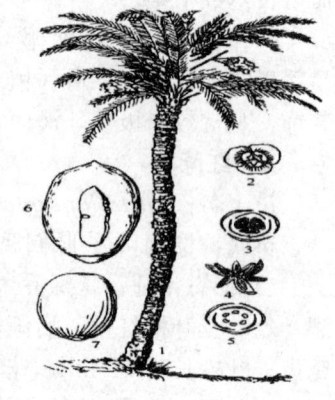

图 12-7　海枣

蜡粉，状如扁担；小穗淡橙黄色，被蜡粉，不规则横列于果序轴的上部。核果长圆形，熟时深橙红色，果肉肥厚，味极甜。花期3~4月；果期9~10月。

同属树种：约17种，分布于热带非洲和亚洲。我国2种，产华南、云南和台湾，此外还引入栽培数种。园林常见品种还有软叶刺葵（美丽针葵）（*P. roebelenii*）、长叶刺葵（加那利海枣）（*P. canariensis*）、银海枣（林刺葵）（*P. sylvestris*）等。

2）产地分布：原产伊拉克至撒哈拉沙漠等中东和北非地区。我国两广、福建、云南有栽培。

3）生态习性：适合高温干燥的大陆性气候，耐寒性也颇强，喜排水良好的轻质沙壤土，能耐盐碱。

4）园林用途：海枣是世界上栽培最早的棕榈植物，既作为经济树种，同时也与宗教有关，是圣经中的"生命之树"，在美索不达米亚，海枣的历史可追溯到公元前3500年，我国唐朝就从波斯引入。海枣外貌呈浅灰绿色树冠近圆球形，茎干粗壮、叶片开张，秋季果穗黄色或橙黄色，是非常具观赏价值的棕榈类植物。茎干具有芽，因此适于公园和风景区丛植和群植，可形成富有热带特色的风光。

16. 国王椰子

别名：佛竹、密节竹

拉丁名：*Ravenea rivularis*

科属：棕榈科 国王椰属

1）形态特征：常绿乔木，一般高9~12m。表面光滑，密布叶鞘脱落后留下的轮纹。叶羽状全裂，簇生茎顶，可多达25枚；羽片坚韧，线形。雌雄异株。肉穗花序。核果近球形，熟时红褐色。

同属树种：国王椰属约17种，产马达加斯加和科摩罗。我国引入栽培1种。

2）产地分布：原产马达加斯加南部，现在我国华南各地广泛种植。

3）生态习性：喜光照、水分充足环境。喜温，耐半阴，稍耐寒，抗风性强。生长迅速。

4）园林用途：国王椰子树形优美，茎干通直、光洁，是优良的庭院观赏树种。抗风性强，可用作防风树种。

17. 棕竹（图12-8）

别名：观音竹、筋头竹

拉丁名：*Rhapis excelsa*（Thunb.）Henry ex Rehd.

科属：棕榈科 棕竹属

1）形态特征：丛生灌木，高2~3m。茎圆柱形，纤维状叶鞘淡黑色。叶片掌状深裂几达基部；裂片不均等，具2~5条肋脉，宽线形至线状椭圆形；叶缘和中脉有锐齿，顶端具不规则齿牙；叶柄纤细，扁平，两面凸起或上面稍平坦，顶端裂片连接处有小戟突。花单性，雌雄异株，肉穗花序自叶丛中抽出，多分枝；管状佛焰苞2~3枚，有毛。浆果近球形；种子球形。花期6~7月；果期11~12月。

同属树种：约12种，分布于东亚地区。我国5种，产南部

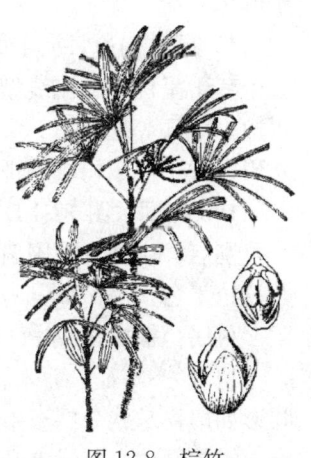

图12-8 棕竹

至西南部。常见栽培的还有矮棕竹（R. humlilis）、细棕竹（R. gracilis）。

2）产地分布：产华南、西南，日本也有分布。

3）生态习性：适应性强。喜温暖、阴湿及通风良好的环境和排水良好富含腐殖质的沙壤土。萌蘖力强。

4）园林用途：丛生灌木，分枝多而直立，杆细如竹。其上有节，叶形优美、叶片分裂若棕榈，故有"棕竹"之名。株形饱满而自然呈卵球形，秀丽青翠，为一富有热带风光的观赏植物。园林中，宜于小型庭院之前庭、中庭、窗前、花台等处孤植、丛植；也适于植为树丛的下木，或沿道路两旁列植。亦可盆栽或制作盆景，供室内装饰用。

18. 大王椰子（图 12-9）

别名：王棕

拉丁名：*Roystonea regia* (H. B. K.) O. F. Cook

科属：棕榈科 王棕属

1）形态特征：乔木，高 10～29m。茎具整齐的环状叶鞘痕，幼时基部明显膨大，老时中部膨大。叶聚生茎顶，羽状全裂；裂片条状披针形，常 4 列排列；叶鞘长，紧包干茎。肉穗花序二回分枝，排成圆锥花序式，生于叶鞘束下，有佛焰苞 2 枚，外面 1 枚早落，里面 1 枚全包花序，于开花时纵裂。花单性同株；雄花淡黄色，花瓣镊合排列，雌花花冠壶状，3 裂至中部。果近球形，红褐色至淡紫色。花期 4～5 月；果期 7～8 月。

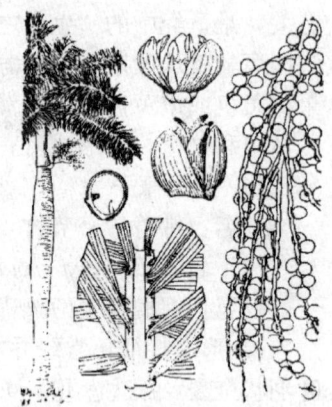

图 12-9 大王椰子

同属树种：王棕属约 10 种，产美洲热带地区。我国引入栽培 2 种，还有菜王棕（R. oleracea），树形优美，比大王椰子更为高大，常作行道树和庭院绿化树种栽培。茎的嫩心可作蔬菜食用，髓部产淀粉。

2）产地分布：原产热带美洲，世界热带广为栽培，我国华南和西南地区园林中常见应用。

3）生态习性：成树喜光，幼龄树稍耐阴；喜温暖，耐寒力较假槟榔差，根系发达，抗风力强，能抗 8～10 级热带风暴；喜土层深厚肥沃的酸性土，不耐瘠薄，较耐干旱和水湿。

4）园林用途：大王椰子是古巴的国树，树形挺拔，茎干光滑并具有明显的环状叶痕，整个茎干呈优美的流线型，是一种极为优美的棕榈植物，适于行列式种植和对植，也可于水边、草坪等处丛植。大王椰子还适于在高速公路中心绿化带中应用，其高大的茎干不会妨碍行驶中汽车司机的视线，汽车疾驰而产生的阵风也不会影响到茎顶的树冠。

19. 棕榈（图 12-10）

别名：唐棕、中国扇棕

拉丁名：*Trachycarpus forunei* (Hook.) H. Wendl.

科属：棕榈科 棕榈属

1）形态特征：乔木，高可达 15m。树干常有残存的老叶柄及其下部的黑褐色叶鞘。叶形如扇，掌状分裂至中部以下；裂片条形，坚硬，先端 2 浅裂，直伸；叶柄两侧具细锯齿。雌雄异株，花序由叶丛中抽出，分枝密集。佛焰苞多数，革质，被绒毛；花淡黄色，花萼、花瓣各3枚；雄蕊6枚；子房3室，心皮基部合生。核果肾形，熟时黑褐色，略被白粉。花期4～6月，果期10～11月。

同属树种：约8种，分布于东亚。我国3种，产西南部至东南部。

2) 产地分布：原产我国，在我国分布甚广，长江流域及其南各地普遍栽培。

3) 生态习性：喜光，亦耐阴，苗期耐阴能力尤强；喜温暖湿润，亦颇耐寒，在山东崂山露地生长的棕榈可高达4m；喜排水良好、湿润肥沃的中性、石灰性或微酸性黏质壤土，耐轻度盐碱，也能耐一定的干旱和水湿；抗烟尘和二氧化硫、氟化氢、二氧化氮、苯等有毒气体，对二氧化硫、氟化氢有很强的吸收能力。浅根系，须根发达，生长较缓慢。

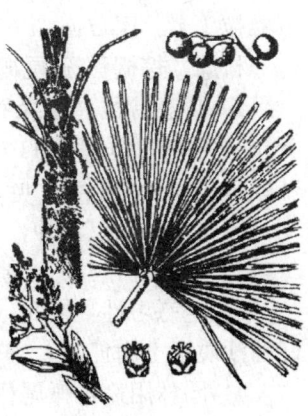

图 12-10　棕榈

4) 园林用途：棕榈为著名的观赏植物，树姿优美，"秀干扶疏彩槛新，琅玕一束净无尘；重苞吐实黄金穗，密叶围条碧玉轮"，最适于丛植、群植于窗前、凉亭、假山附近、草坪、池沼、溪涧，列植为行道树也甚为美丽，均可展现热带风光。为南方特有的经济树种，棕皮用途广。

20. 丝葵（图12-11）

别名：华盛顿棕榈、老人葵

拉丁名：*Washingtonia filifera* (Lind. ex Andre) H. Wendl.

科属：棕榈科 丝葵属

1) 形态特征：乔木。高可达20m，茎近基部略膨大，向上稍细。叶掌状中裂，圆扇形，约分裂至中部；裂片先端2裂；裂片边缘及裂隙具永存灰白色丝状纤维，先端下垂；叶柄绿色，仅下部边缘具小刺；叶凋枯后不落，下垂覆于茎周。肉穗花序多分枝；花两性，几无梗，白色，花丝长。核果，椭圆形，熟时黑色，花期6～8月。

同属树种：2种，产美国及墨西哥。我国均有引种栽培。常见栽培的还有大丝葵（*W. robusta*），又名壮裙棕。

2) 产地分布：原产美国及墨西哥、我国长江流域以南地区有栽培，以福建、广东等地较多。

图 12-11　丝葵

3) 生态习性：喜温暖、湿润、向阳的环境，亦能耐阴，抗风、抗旱力均很强。较耐旱，在-5℃的短暂低温下，不会造成冻害。喜湿润、肥沃的黏性土壤，也能耐一定的水湿与咸潮，能在沿海地区生长良好。

4) 园林用途：树冠优美，叶大如扇，四季常青，干枯的叶子下垂覆盖于茎干之上形似裙子，而叶裂片间特有的白色纤维丝，犹如老翁的白发，奇特有趣。宜孤植于庭院中观赏或列植于大型建筑物前、池塘边以及道路两旁。

21. 狐尾椰子

别名：狐尾棕

拉丁名：*Wodyetia bifurcata* A. K. Irvine

科属：棕榈科 狐尾椰属

1）形态特征：常绿乔木，茎干直，中部膨大，高达15m；叶环痕明显。叶片长达3m，复羽状，分裂为11~17小羽片，小羽片先端啮齿状，辐射状排列使叶片呈狐尾状；叶鞘形成绿色的冠茎。叶下花序，雌雄同株。果实卵形，熟时橘红色至橙红色。

同属树种：仅1种，分布澳大利亚。我国引入栽培。

2）产地分布：原产澳大利亚昆士兰，华南各省区有栽培。

3）生态习性：喜光、耐旱、耐寒、抗风。对土壤要求不严，但以疏松肥沃、排水良好的沙质壤土为佳。

4）园林用途：狐尾椰子树姿亭亭玉立，羽片辐射状，蓬松，排列整洁，状似狐尾，轻盈灵动，别致优美。适宜几棵散植或丛植于建筑物旁或路边草坪上，也可丛植、列植于路边、水边，具有较高的观赏价值。

22. 散尾葵（图12-12）

别名：黄椰子

拉丁名：*Chrysalidocarpus lutescens* H. Wendl.

科属：棕榈科 散尾葵属

1）形态特征：丛生灌木，无干刺，叶长而柔弱，有多数狭长的羽裂片，叶柄和叶轴上部有槽。穗状花序生于叶束下，花雌雄同株；萼片和花瓣6枚；花药短而阔，背着；干光滑黄绿色，嫩时被蜡粉，种子1~3，卵形至阔椭圆形，腹面平坦，背具纵向深槽。

2）产地分布：产马达加斯加。我国广州、深圳、台湾等地多用于庭园栽植。喜半阴、高温、高湿的环境，不耐寒。不耐积水，播种或分株繁殖。

3）生态习性：植株枝繁叶茂，四季常青，呈丛状生长在一起，形态优美悦目。

图12-12 散尾葵

4）园林用途：丛植于成片草地上、假山旁或水塘边，也可盆栽观赏，用于布置厅堂会场。

第二节 观赏竹类

竹类植物属于禾本科、竹亚科，共约88属1400种，分布于亚洲、南美洲、太平洋岛屿、澳大利亚北部、马达加斯加和中、南美洲地区，一般生长在热带和亚热带，尤以季风盛行的地区为多，但也有一些种类分布在温寒地带和高海拔的山岳上部；亚洲和中、南美洲属种数量最多，非洲次之，北美洲和大洋洲很少，欧洲除栽培外则无野生的竹类。在产地通常与其他植物相伴而生，但亦可形成纯群。我国34属530余种，主要分布于秦岭—淮河以南广大地区，黄河流域也有少量分布。

竹秆一般为木质，常呈乔木或灌木状，主秆叶和普通叶显著不同。包着竹秆的叶称为秆箨（tuò），由箨鞘（相当于叶鞘）、箨叶（相当于叶片）、箨舌（相当于叶舌）、箨耳

（相当于叶耳）组成；普通叶片具短柄，且与叶鞘相连处成 1 关节，叶容易自叶鞘处脱落。花期不固定，一般相隔甚长（数年、数十年乃至百年以上），某些种终生只有一次开花期，花期常可延续数月之久。果实有各种类型，颖果较常见，易与稃片相分离，果皮干燥或新鲜时肉质，有时为硕大型果实，如梨竹属（*Melocanna*）。

根据地下茎的类型，可以将竹类植物分为以下几种类型：

（1）单轴散生型：地下茎圆筒形或近圆筒形，细长横走，称为竹鞭；竹鞭有隆起的节，节上生根，每节着生 1 芽，交互排列；芽发育成竹笋，出土成竹，或抽发成新的竹鞭，在土壤中蔓延。地上的竹秆常稀疏散生。如刚竹属（*Phyllostachys*）、酸竹属（*Acidosasa*）等。

（2）复轴混生型：有真正的地下茎，既有细长横走的竹鞭，又有密集的秆基，前者竹秆在地面散生，后者竹秆在地面丛生，如箬（ruò）竹属（*Indocalamus*）、倭竹属（*Shibataea*）等。

（3）合轴丛生型：地下茎不为细长横走的竹鞭，而是粗大短缩，节密根多、状似烟斗的秆基；秆基上具有 2～4 对大型芽，每节着生 1 个，交互排列；顶芽出土成竹，新竹一般靠近老秆，新竹秆基的芽次年又发育成竹，如此则形成密集丛生的竹丛。如簕（lè）竹属（*Bambusa*）、牡竹属（*Dendrocalamus*）、泰竹属（*Thyrsostachys*）等。

（4）合轴散生型：与合轴丛生型区别在于，秆基的大型芽萌发时，秆柄在地下延伸一段距离后出土成竹，竹秆在地面上散生。延伸的秆柄形成"假竹鞭"，虽然有节，单节上无芽，也不生根。如箭竹属（*Fargesia*）、筱竹属（*Thamnocaiamus*）等。

1. 孝顺竹（图 12-13）

别名：凤凰竹

拉丁名：*Bambusa multiplex* (Lour.) Raeusch. ex Schult.

科属：禾本科 簕竹属

形态特征：灌木型丛生竹，地下茎为合轴丛生。秆丛生；每节分枝多数，簇生，主枝明显、基部膨大。秆高 3～7m，节间圆筒形，秆壁厚，青绿色，幼时被薄白蜡粉，并于节间上部被棕色小刺毛，老时光滑无毛。箨鞘厚纸质，绿色，无毛；箨耳缺或细小；箨舌弧形，箨叶长三角形，淡黄绿色并略带红晕，背面散生暗棕色脱落性小刺毛，二分枝低，末级小枝有叶片 5～12 枚，排成两列，宛如羽状；叶片线形，表面深绿色、无毛；背面粉绿色而密被短柔毛；叶鞘黄绿色，无毛；叶耳肾形，边缘具有淡黄色缝毛。雄蕊 6 枚。笋期 6～9 月。

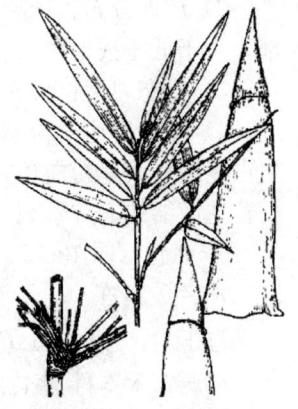

图 12-13 孝顺竹

同属种类：约 100 余种，分布于亚洲热带和亚热带地区。我国 80 种，主产华南和西南，为著名观赏竹种和经济竹种，多数种类广泛栽培。通常夏秋发笋，长成新秆后，于翌年分枝展叶，入冬时，新秆尚未完全木质化，因而耐寒性较差。

变种和品种：观音竹（var. *riviereorum*），秆实心，高 1～3m，直径 3～5cm，小枝具 13～26 叶，且常下弯呈弓状，叶片较小，长 1.6～3.2cm，宽 2.6～6.5mm，产广东；凤尾竹（*Fernleaf*），与观音竹相似，区别在于植株较高大，秆高 3～6m，秆中空，小枝稍下垂，具叶 9～13 片，叶片长 3.3～6.5cm，宽 4～7mm，普遍栽培；花孝顺竹（*Alphonso-karri*），又名小琴丝竹，竹秆和分枝鲜黄色，间有宽窄不等的绿色纵条纹。

2）产地分布：原产我国和越南，主产广东、广西、福建、西南、华南等地，北达江西、浙江。长江以南各地常见栽培。

3）生态习性：适应性强，喜温暖湿润气候和排水良好、湿润的土壤。是丛生竹类中耐寒性最强的种类之一，在南京、上海等地生长良好。

4）园林用途：孝顺竹为中小型竹种，竹秆青绿，叶密集下垂，姿态婆娑秀丽、潇洒，最适于小型庭院造景，可孤植、群植、对植，特别适于点缀景门、亭廊、山石、建筑小品，也可植为绿篱，长江以南各地广泛应用。凤尾竹植株低矮，叶片排成羽毛状，枝顶端弯曲，是著名的观赏竹种，常见于寺庙庭院间，也适于植为绿篱或盆栽。

2. 粉单竹（图 12-14）

别名：白粉箪竹、箪竹

拉丁名：*Lingnania chungii* McClure

科属：禾本科 箣竹属

1）形态特征：秆高 5~10m，径 3~5cm，节间一般长 30~45cm，圆筒形；新秆密生白色蜡粉，无毛。秆环平，箨环隆起成一木栓质圈，其上有倒生的棕色刚毛。箨鞘早落，黄色，远较节间短，薄而硬，幼时在背面被白蜡粉和小刺毛，后刺毛脱落；箨耳狭带形，边缘有繸毛；箨叶脱落性，淡黄绿色，强烈外卷，卵状披针形，背面密生刺毛，腹面无毛；箨舌较箨叶基部稍宽，高仅 1~1.5mm。分枝点高，每节多分枝，粗细相近。末级小枝具 7 叶，叶片披针形至线状披针形，不具小横脉。

2）产地分布：产湖南南部、福建、广东、广西、云南东南部，生于低海拔地区。

图 12-14 粉单竹

3）生态习性：喜光，喜温暖湿润气候和肥沃湿润土壤。

4）园林用途：粉单竹竹丛疏密适中，姿态优美，竹秆亭亭玉立，节间修长，幼秆密生白色蜡粉而呈粉白色，是一美丽的观赏竹种。适合丛植于庭院成景或配以景石、白色砂石营造简洁的庭院景观，或在湖边、水滨、草地等处栽植，形成优雅的竹丛景观。

3. 慈竹（图 12-15）

别名：茨竹

拉丁名：*Neosinocalamus affinis* (Rendle) Keng

科属：禾本科 慈竹属

1）形态特征：秆密集丛生，每节多分枝，无刺；秆高 5~10m，节间圆筒形，表面贴生长约 2mm 的灰褐色脱落性小刺毛；秆环平坦，箨环明显，在秆基上下各有一圈紧贴的白色绒毛。箨鞘革质，背面贴生棕黑色刺毛，先端稍呈山字形；箨耳狭小，呈皱折状；箨舌中央凸起成弓形，边缘具流苏状纤毛；箨叶直立或外翻，披针形，先端渐尖，基部收缩成圆形，腹面密生、背面中部疏生白色小刺毛。笋期 6~9 月或自 12 月至翌年 3 月。

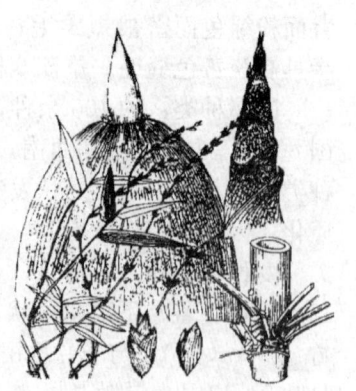

图 12-15 慈竹

观赏品种：大琴丝竹（*Flavidorivens*），竹秆节间淡黄色，并自秆环向上出现深绿色纵条纹；金丝慈竹（*Viridiflavus*），节间深绿色，但在秆芽处（或分枝一侧）向上发生宽约 1mm 的浅黄色条纹，能贯穿整个节间长度；绿竿花慈竹（*Striatus*），竹秆节间有淡黄色条纹，叶片有时也有淡黄色条纹。

2）产地分布：分布于长江流域至华南、西南，北达甘肃和陕西南部，多生于平地和低山丘陵。

3）生态习性：喜光，喜温暖湿润气候和肥沃湿润土壤。

4）园林用途：慈竹竹秆顶端细长作弧形或下垂，如钓丝状，竹丛优美，风姿卓雅，适于沿江湖、河岸栽植，庭院中可植于池旁、窗前、屋后等处，成都、昆明等地庭院中常见栽培。

4. 青皮竹（图 12-16）

别名：篾竹、山青竹

拉丁名：*Bambusa textilis* McClure

科属：禾本科 簕竹属

1）形态特征：秆高 8~12m，径 3~5cm，节间长达 40~70cm，竹壁较薄，新竹深绿色，被白粉并密生刺毛。箨鞘早落，革质，硬而脆，外面近基部被暗棕色刺毛；箨耳小，长椭圆形，两侧不等大，具有弯曲的繸毛；箨舌边缘具细齿和小纤毛。出枝较高，分枝密集丛生；叶片线状披针形，下面密生短柔毛。笋期 5~9 月，花期 2~9 月，很少开花。

变种树种：紫秆竹（*F. purpurascens*），秆具紫色条纹，乃至全秆变为紫色，产广东肇庆。紫斑竹（*F. maculata*），秆基部数节的节间和箨鞘均具紫红色条状斑纹，产广东。

图 12-16 青皮竹

2）产地分布：产广东、广西，现西南、华中、华东各地均有引种栽培，常生于低海拔地区河边、村落附近，长江流域有引种。

3）生态习性：喜温暖，也耐短期-6℃低温，喜疏松、湿润、肥沃土壤。

4）园林用途：竹丛优美，观赏品种各具特色。庭院、公园、家前屋后均可成片栽植，是珠江流域主要的绿化竹种。

5. 佛肚竹（图 12-17）

别名：佛竹、罗汉竹、大肚竹

拉丁名：*Bambusa ventricosa* McClure

科属：禾本科 簕竹属

1）形态特征：中小型灌木竹。幼秆绿色，老秆黄绿色。秆 2 型：正常秆高 8~10m，直径 3~5cm，节间圆筒形，尾梢略下弯，基部一二节常有短气生根；畸形秆低矮，节间甚短而基部肿胀，呈瓶状。箨鞘早落，背面完全无毛；箨耳发达，不相等，大耳狭卵形至卵状披针形，小耳卵形；箨舌短，不明显；箨叶片卵状披针形，上部有小刺毛。叶片披针形至线状披针形，背面密生短柔毛。

图 12-17 佛肚竹

2) 产地分布：为广东特产，现华南地区园林中常见栽培，长江流域及以北地区也多有盆栽。

3) 生态习性：喜温暖湿润气候，能耐轻霜和0℃低温；喜深厚肥沃而湿润的酸性土，耐水湿，不耐干旱。但佛肚竹立地条件太好时，秆发育正常，呈高大丛生状；因此要使节间畸形，应控制肥水。

4) 园林用途：佛肚竹竹秆幼时绿色，老后变为橄榄黄色，具有奇特的畸形形状，状若佛肚，别具风情，是珍贵的观赏竹种。其秆形甚为醒目，容易吸引人们的注意力，常用于装饰小型庭院，最宜丛植于入口、山石等视觉焦点处，供点景用。也可盆栽观赏。畸形秆可制作工艺品。

6. 泰山竹（图 12-18）

拉丁名：*Bambusa vulgaris* Schrad. ex Wendl.

科属：禾本科 簕竹属

1) 形态特征：秆高 8～15m，直径 5～9cm，尾梢下弯，下部挺直或略呈"之"字形曲折，节间圆柱形，幼时稍被白蜡粉，并贴生淡棕色刺毛，老则脱落；节部隆起，秆基部数节具短气生根，并于箨环之上下方各环生一圈灰白色绢毛。箨鞘背部密被暗棕色短硬毛，易脱落；箨耳甚发达，彼此近等大而同形，长圆形或肾形，边缘有淡棕色曲扩的䍁毛；箨舌先端条裂，箨叶宽三角形，两面有暗棕色短硬毛。

观赏品种：黄金间碧玉竹（*Vittata*），又名挂绿竹。竹秆黄色，具绿色条纹；箨鞘黄色，间有绿色条纹。大佛肚竹（*Wamin*），秆高仅 2～5m，节间短缩肿胀呈盘珠状，与佛肚竹的区别在于本品种的箨鞘背面密生暗棕色毛。

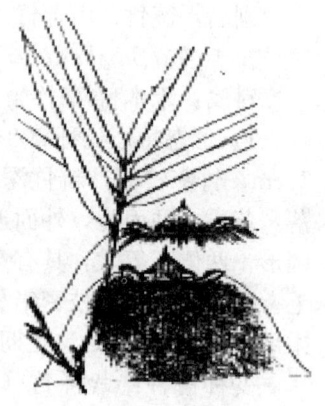

图 12-18　泰山竹

2) 产地分布：产云南南部，亚洲热带地区和非洲马达加斯加岛有分布。华南、西南等地常栽培。

3) 生态习性：多生于河边或疏林中，喜温暖湿润气候，不耐寒。

4) 园林用途：泰山竹竹丛优美，常用于园林造景，宜植于庭院池边、亭际、窗前、山石间或成片种植。栽培品种黄金间碧玉竹和大佛肚竹均为著名观赏竹，栽培更为广泛。

7. 方竹（图 12-19）

别名：方苦竹、四角竹、四方竹

拉丁名：*Chimonobambusa quadrangularis* (Fenzi) Mak.

科属：禾本科 寒竹属

1) 形态特征：地下茎为复轴型。秆高 3～8m。秆表面浓绿色、粗糙，上部圆而下部节间呈四方形；秆环甚隆起，下部节上有刺状气生根1环。节常3分枝。秆箨宿存或迟落，箨鞘厚纸质，外面无毛，具有多数紫色小斑点；箨叶极小或退化，箨耳不发育，箨舌也不明显。叶2～5 片着生于小枝上，狭披针形，叶脉粗糙。花枝紧密簇生；鳞被3枚，披针形；雄蕊3枚；花柱2，分离；柱头羽毛状。笋期秋季。

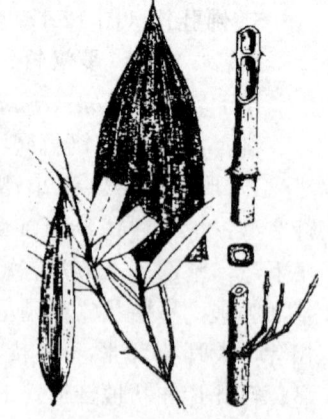

图 12-19　方竹

2) 产地分布：我国特产，分布于华东、华南等地，北达秦岭南坡，常生于低海拔山坡和湿润沟谷。欧美一些国家有栽培。

3) 生态习性：喜温暖湿润气候，在肥沃而湿润的土壤中生长最好。

4) 园林用途：方竹竹秆呈四方形，下部节上具刺瘤，甚奇特，出笋期长，是著名的观赏竹类，适于庭院窗前、花台、水池边小片丛植。《花镜》云："方竹产于澄州、桃源、杭州，今江南俱有。体方有如削成，而劲挺堪为柱杖，亦异品也"。笋期通常为8月至次年1月，若条件适合，则常四季出笋，故而有"四季竹"之称。

8. 筇竹（图12-20）

别名：罗汉竹

拉丁名：*Qiongzhuea tumidinoda* Hsueh et Yi

科属：禾本科 筇竹属

1) 形态特征：灌木状竹类，地下茎复轴型，秆高2～5m，直径1～3cm，节长15～25cm。秆壁甚厚，节部强烈隆起，略向一侧偏斜；秆箨早落，厚纸质；箨片不发育，钻形。每节分枝3个，有时因次生枝发生可增多。小枝纤细，具叶2～4片，狭披针形，侧脉2～4对，横脉清晰。花序轴各节有一枚大型苞片，并着生1至数枚短分枝，其顶端有小穗1个，下部有多数小苞片包被。坚果厚皮质，顶端具宿存花柱。

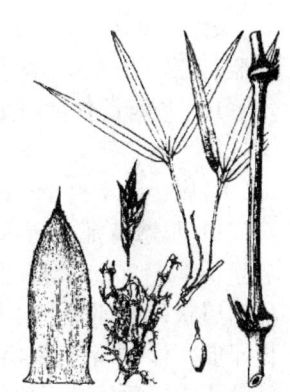

图12-20 筇竹

2) 产地分布：自然分布于高海拔地区，主要产于四川宜宾地区和云南昭通地区，即云贵高原东北部向四川盆地过渡的亚高山地带。通常大面积集中成片生长于山区上部到山脊的常绿阔叶林。

3) 生态习性：喜冬冷夏凉、空气湿度较大的气候条件，分布区年均温10℃左右，极端最高29℃，极端最低-10℃，适宜土壤为山地黄壤，pH值4.5～5.5。

4) 园林用途：筇竹是我国特有的珍稀竹类，秆节膨大，形态奇特，在所有的竹类中最为独特，观赏价值和工艺价值高，适于庭院、公园、旅游景点、山坡等地栽培种植，也是荒山绿化的重要树种。筇竹与佛教也有关联，又称罗汉竹，昆明西北的玉案山上有宋末元初古寺，名为筇竹寺。

9. 吊丝竹（图12-21）

拉丁名：*Dendrocalamus minor* (McClure) Chia et H. L. Fung

科属：禾本科 牡竹属

1) 形态特征：合轴丛生型。秆高6～12m，直径3～8cm，顶端呈弓形弯曲下垂，节间长30～45cm，幼秆被白粉，尤以鞘包裹处更显著，无毛，秆环平坦，箨环稍隆起，常留有残存的箨鞘基部。箨鞘革质，背面贴生棕色刺毛，以中下部较多。末级分枝3～8叶，叶片矩圆状披针形，两面无毛。

同属种类：约40余种分布于亚洲热带和亚热带地区。我国27种，分布于福建南部、台湾、广东、香港、广西、海南、四

图12-21 吊丝竹

川、贵州、云南和西藏南部，尤以云南种类最多。常见的还有麻竹（*D. latiflorus*），分布于华南至西南，是优良的园林造景材料，笋味鲜美，也是优良的笋压竹；龙竹（*D. giganteus*）产热带亚洲，云南东南至西南部均有分布和栽培，台湾也有栽培，是世界上最大的竹类之一。相近种巨龙竹（*D. sinicus*）又名歪脚龙竹，竹秆基部数节常一面肿胀而使各节斜交，产云南。

变种：花吊丝竹（var. *amoenus*），竹秆较矮小，高 5～8m，直径 4～6cm，节间浅黄色，间有 5～8 条深绿色条纹。产广西南部。节有异色条纹，颇为美丽。

2）产地分布：产广东、广西、贵州等地，云南和浙江南部有引种栽培。

3）生态习性：喜生于土壤深厚、湿润的环境，既能生于酸性土上，也能生于石灰岩山地。

4）园林用途：吊丝竹竹丛青翠秀丽，可植于庭院观赏。亦可劈篾编结竹席、箩筐等竹器。

10. 华西箭竹（图 12-22）

拉丁名：*Fargesia nitida* (Mitf.) Keng f. ex Yi

科属：禾本科 箭竹属

1）形态特征：灌木状竹。地下茎为合轴型。秆高 2～4m，节间长 11～20cm。秆圆筒形，幼时被白粉，无毛；秆壁厚，髓呈锯屑状；箨环隆起，较秆环稍高；秆环微隆起。秆芽单一，长卵形。秆中部每节 15～18 分枝，上举，近等粗。笋紫褐色，箨鞘革质，紫色，三角状椭圆形，宿存，背面无毛或初被稀疏灰白色小硬毛；箨耳和繸毛均缺，箨舌圆拱形，紫色。小枝有 2～3 叶，叶片线状披针形，两面无毛，小横脉明显。花序呈圆锥状或总状雄蕊 3 枚。笋期 4～5 月。

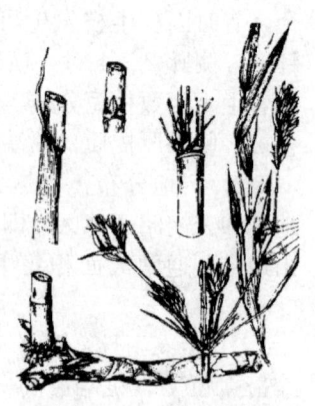

图 12-22 华西箭竹

同属种类：箭竹属约 90 种，分布于我国、喜马拉雅东部至越南。我国至少 78 种，多为特有种，北自祁连山东坡，南达海南，东起赣湘，西至西藏吉隆均有分布，尤以云南最多。常见的还有箭竹（*F. spathacea*），产湖北西部和四川东部。

2）产地分布：分布于甘肃东北和南部、宁夏南部、青海东部和四川西部。

3）生态习性：耐寒冷和瘠薄土壤，耐阴，喜湿润气候，常生于海拔 1900～3200m 的高山针叶林下。

4）园林用途：华西箭竹是大熊猫主要采食的竹种，也是重要的山地水土保持植物。高海拔地区可用于风景区林下、河边片植点缀，颇具野趣。秆劈篾供编筐用。在兰州、西宁等城市常栽培，作园林观赏植物。

11. 阔叶箬竹（图 12-23）

别名：寮竹、箬竹、壳箬竹

拉丁名：*Indocalamus latifolius* (Keng) McClure

科属：禾本科 箬竹属

1）形态特征：灌木状小型竹类。地下茎为复轴型。秆高 1～2m，节间长 5～22cm。秆圆筒形，分枝一侧微扁，每节 1～3 分枝，秆中部常 1 分枝，分枝与秆近等粗。秆箨宿存，质地坚硬，箨鞘有粗糙的棕紫色小刺毛，边缘内卷；箨耳和叶耳均不明显，箨舌截形，鞘口有流苏状须毛；箨叶披针形，易脱落。小枝有1~3叶，叶片通常大型，矩圆状披针形，纵脉多条，小横脉明显，表面无毛，背面灰色，略有毛。圆锥花序，生于具叶小枝顶端；小穗具柄，具数小花；鳞被3枚；雄蕊3枚。笋期5~6月。

图12-23 阔叶箬竹

同属种类：箬竹属约23种，分布于亚洲东部，除1种产日本外，其余种类全产于我国，主要分布于长江流域以南各地。常见的还有箬叶竹（*I. tessellatus*）、毛鞘箬竹（*I. hirtivaginatus*）。

2）产地分布：分布于华东、华中至秦岭一带。

3）生态习性：喜温暖湿润气候，对土壤要求不严，耐寒性较强，在北京等地可露地越冬，仅叶片稍有枯黄。

4）园林用途：阔叶箬竹植株低矮，叶片宽大，在园林中适于疏林、河边、路旁、石间、台地、庭院等各处片植点缀，或用作地被植物，均颇具野趣。

12. 刚竹（图12-24）

别名：榉竹、胖竹、台竹

拉丁名：*Phyllostachys sulphurea*（Carr.）A. et C. Riv. 'Viridis'

科属：禾本科 刚竹属

1）形态特征：单轴散生型。秆高6~15m，径4~10cm。新秆鲜绿色，无毛，有少量白粉；分枝以下秆环较平，仅箨环隆起。箨鞘乳黄色，有大小不等的褐斑及绿色脉纹，无毛，微被白粉；无箨耳和繸毛；箨舌绿黄色，边缘有纤毛；箨叶狭三角形至带状，外翻，绿色，但具橘黄色边缘。末级小枝有2~5叶，叶片长圆状披针形或披针形。笋期5月。原变种（*P. sulphurea*），秆于解箨时呈金黄色，常栽培观赏。

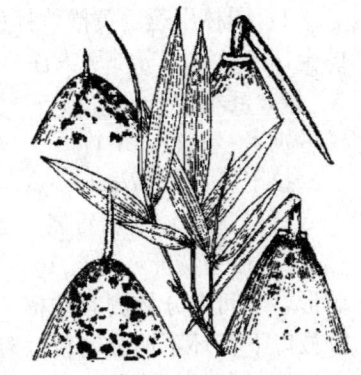

图12-24 刚竹

同属种类：刚竹属50余种，均产于我国，除东北、内蒙古、青海、新疆等地外，全国各地均有自然分布或成片栽培的竹园，尤以长江流域至五岭山脉为主产地，仅有少数种类分布于印度和缅甸。

栽培品种：绿皮黄筋竹，又名碧玉间黄金竹、黄槽刚竹。秆绿色，有宽窄不等的黄色纵条纹，沟槽黄色。黄皮绿筋竹，又名黄皮刚竹，幼秆绿黄色，后变为黄色，下部节间有少数绿色条纹。

2）产地分布：原产我国，主要分布于黄河以南至长江流域各地。日本、北非、欧洲、北美洲均有栽培。

3）生态习性：喜温暖湿润气候，但可耐-18℃极端低温；喜肥沃深厚而排水良好的微酸性至中性沙质壤土，在干燥的沙荒石砾地、排水不良的低洼地均生长不良，略耐盐碱，在pH值8.5左右的碱土和含盐量0.1%的盐土上亦能生长。

4）园林用途：刚竹是华北地区最常见的竹类之一，秀丽挺拔，值霜雪而不凋，而且适应性强，可在园林中广泛应用。在庭院曲径、池畔边适宜与松、梅共植，在景门、厅堂四周或山石之侧均可小片配植或大片栽植形成竹林、竹园。与松、梅合种，誉为"岁寒三友"，点缀园林。

13. 黄槽竹

别名：玉镶金竹

拉丁名：*Phyllostachys aureosulcata* McClure

科属：禾本科 刚竹属

1）形态特征：秆高达9m，径达4cm，较细的秆之基部有2～3节呈"之"字形折曲；中部节间最长达40cm。新秆绿色，略带白粉和稀疏短毛，老秆黄绿色，无毛，分枝一侧的沟槽黄色；秆环中度隆起，高于箨环。笋淡黄色；箨鞘背部紫绿色，常有淡黄色条纹，无斑点或微具褐色小斑点，无毛，有白粉。箨叶三角形或三角状披针形，直立、开展或外翻，有时略皱缩。末级小枝有叶2～3片，叶片披针形。笋期4月中旬至5月。

观赏品种：黄皮京竹（*aureocaulis*），秆全部（包括沟槽）金黄色，或基部节间偶有绿色条纹。金镶玉竹（*spectabilis*），秆金黄色，节间纵沟槽绿色；叶绿色，偶有黄色条纹；幼笋淡黄色或淡紫色，是极优美的观赏竹。京竹（*pekinensis*），全秆绿色，无黄色纵条纹。

2）产地分布：原产浙江、江苏、河南、北京等地，黄河流域至长江流域常见栽培。

3）生态习性：适应性强，可耐−20℃低温，耐轻度盐碱。

4）园林用途：黄槽竹秆色优美，为优良观赏竹。在连云港花果山景区内分布着成片的金镶玉竹林，分外引人注目。

14. 毛竹（图12-25）

别名：楠竹、茅竹

拉丁名：*Phyllostachys heterocycla*（Carr.）Mitford '*Pubescens*'

科属：禾本科 刚竹属

1）形态特征：秆高10～20m，径12～20cm。秆散生，圆筒形，节间在分枝侧有沟槽；每节2分枝。秆下部节间较短，分枝以下秆环不明显，仅箨环隆起。新秆绿色，密被细柔毛，有白粉；老秆灰绿色，无毛，白粉脱落而在节下逐渐变黑色。笋棕黄色；箨鞘厚革质，有褐色斑纹，背面密生棕紫色小刺毛；箨舌呈尖拱状；箨叶三角形或披针形，绿色，初直立，后反曲；箨耳小，繸毛（肩毛）发达。叶2列状排列，每小枝2～3叶，较小，披针形。假花序由多数小穗组成，基部有叶片状佛焰苞；小穗轴逐节折断；鳞片3枚；雄蕊3枚，花丝细长；柱头3，羽毛状。笋期3～5月。

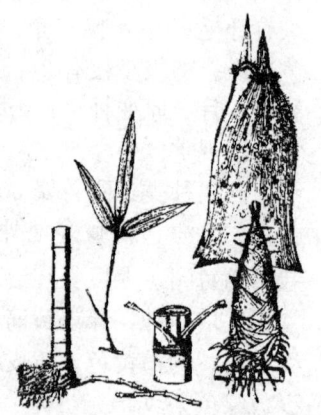

图12-25 毛竹

观赏品种：龟甲竹（*heterocycla*）又名龙鳞竹，竹秆下部节间极度缩短、肿胀交错成斜面，呈龟甲状，极为奇特。花毛竹（*tao kiang*），竹杆黄色有宽窄不等的绿色条纹。金丝毛竹（*tubaeformis*），竹秆向基部逐渐增大呈喇叭状，节间也逐渐缩短。

2）产地分布：原产我国，在秦岭至南岭间的亚热带地区普遍栽培，以福建、浙江、江西和湖南最多。为我国分布最广、面积最大、经济价值最高的特产竹种。河北、山西、山东、河南有引栽。

3）生态习性：耐寒性稍差，在年平均温度15～20℃，年降水量800～1000mm的地区生长最好；喜空气湿度大；喜肥沃深厚而排水良好的酸性沙质壤土，在干燥的沙荒石砾地、盐碱地、排水不良的低洼地均不利生长。

4）园林用途：毛竹是我国长江流域最常见的竹种，在海拔1000m以下的沟谷和山坡常组成大面积纯林。20世纪70年代，华北南部不少地区引种栽培了毛竹，其中在山东崂山、蒙山和日照等地生长良好。毛竹竹秆高大挺拔，不适于小面积庭院造景，最宜于风景区和大型公园大面积造林，井冈山有大面积毛竹林，杭州云栖也以毛竹闻名。观赏类型龟甲竹、花毛竹、绿槽毛竹、金丝毛竹、梅花竹等或秆形奇特，或色彩鲜艳，适于单独成片栽植作主景，也可点缀于毛竹林中。

15. 淡竹（图12-26）

别名：粉绿竹、花斑竹

拉丁名：*Phyllostachys glauca* McClure

科属：禾本科 刚竹属

1）形态特征：秆高5～12m，径2～5cm。中部节间可长达40cm，无毛；新秆密被雾状白粉；老秆绿色或灰绿色仅节下有白粉环。秆环与箨环均隆起。箨鞘淡红褐色或淡绿褐色，有显著的紫脉纹和稀疏斑点，无毛；无箨耳和鞘口繸毛；箨舌先端截形或微作拱形，暗紫褐色；箨叶线状披针形或线形，绿色，有多数紫色脉纹平直或幼时微皱曲。末级小枝具2～3叶；笋期4月中旬至5月底。

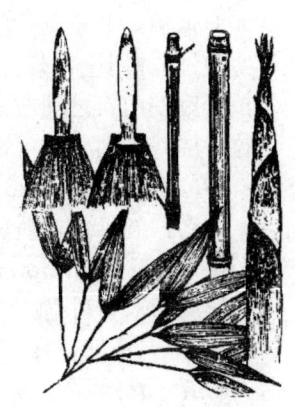

图12-26 淡竹

同属树种：常见栽培的还有早园竹（*P. propinqua*），新秆具白粉，秆环与箨环均略隆起。箨鞘淡黄红褐色，无毛和白粉，具褐色斑点和条纹；无箨耳和繸毛；箨舌淡褐色，弧形，先端上拱呈拱形；箨叶披针形或线状披针形，背面带紫褐色，外翻。主产华东，华北南部常见栽培，是华北园林中栽培观赏的主要竹类之一。罗汉竹（*P. aurea*）秆高5～12m，节间较短，基部至中部有数节常出现短缩、肿胀或收缩等畸形现象；秆环和箨环均明显隆起。秆箨背部有黑褐色细斑点；箨舌短，先端平截或微凸，有长纤毛；无箨耳和繸毛。笋期4～5月。产华东，长江流域各地均有栽培。形如罗汉袒肚，十分生动有趣。

2）产地分布：分布于黄河以南至长江流域各地，以江苏、安徽、山东、河南、陕西较多。

3）生态习性：适应性强，适于沟谷、平地、河漫滩生长，能耐一定程度的干燥瘠薄和暂时的流水浸渍；耐寒，在-18℃左右的低温和轻度的盐碱土上也能正常生长。

4）园林用途：可用于庭院、公园丛植，也用于风景区大面积栽培。

16. 紫竹（图12-27）

别名：黑竹、竹茹、乌竹

拉丁名：*Phyllostachys nigra* (Lodd.) Munro

科属：禾本科 刚竹属

1) 形态特征：秆高 4～8m，直径 2～5cm，中部节间长 25～30cm，壁厚约 3mm。幼秆绿色，密被短柔毛和白粉，一年后竹秆逐渐出现紫斑，最后全部变为紫黑色，无毛；秆环与箨环均甚隆起，箨环有毛。箨鞘淡玫瑰紫色，被淡褐色刺毛，无斑点；箨耳发达，镰形，紫黑色；箨舌长而隆起，紫色，边缘有长纤毛；箨叶三角形至三角状披针形，绿色但脉为紫色，舟状。叶片薄。笋期 4～5 月。

变种：毛金竹（var. *henonis*），秆较高大，可达 7～18m，绿色至灰绿色，不变紫，秆壁较厚，可达 5mm。

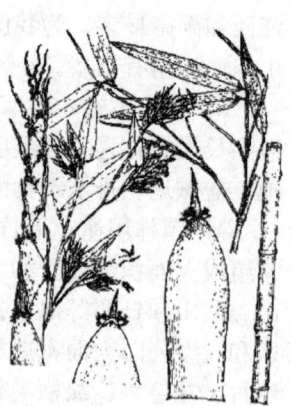

图 12-27 紫竹

2) 产地分布：原产我国，分布于长江流域及其以南各地，湖南南部至今尚有野生紫竹林；山东、河南、北京、河北、山西等地有栽培。印度、日本及欧美等国家引种栽培。

3) 生态习性：适于土层深厚肥沃的湿润土壤，忌积水，耐阴，耐寒性较强，可耐 －20℃低温，北京紫竹院公园小气候条件下能露地栽植。

4) 园林用途：紫竹新秆绿色，老秆紫黑，叶翠绿，颇具特色，常栽培观赏。园林造景植于庭院山石之间或书斋、厅堂、园路两侧、水池旁，与黄槽竹、金镶玉竹、斑竹等彩色竹种同栽于园中，可增添色彩变化。为优良的园林观赏竹种。

17. 桂竹（图 12-28）

别名：五月竹，麦黄竹，月季竹

拉丁名：*Phyllostachys reticulata* (Rupr.) K. Koch.

科属：禾本科 刚竹属

1) 形态特征：秆可高达 20m，直径 8～14cm。中部节间长达 40cm；幼秆绿色，无毛及白粉；秆环、箨环均隆起。箨鞘黄褐色，密被黑紫色斑点或斑块，疏生淡褐色脱落性直立刺毛，箨耳呈镰状，紫褐色，有时无箨耳，有长而弯的繸毛；箨舌拱形，淡褐色或带绿色；箨叶带状，中间绿色，两侧紫色，边缘黄色。末级小枝具 2～4 叶，叶耳半圆形。出笋较晚，笋期 5 月中旬至 7 月，有"麦黄竹"之称。

观赏品种：斑竹（*lacrima-deae*），又名湘妃竹，绿色竹秆上布满大小不等的紫褐色斑块与斑点，分枝亦有紫褐色斑点，边缘不清晰，呈水渍状。黄槽斑竹（*mixta*），竹秆绿色并具有紫色斑点，分枝一侧沟槽黄色。

图 12-28 桂竹

2) 产地分布：原产我国，北自河北、南达两广北部，西至四川、东至沿海各地的广大地区均有分布。

3) 生态习性：喜温暖湿润，但耐寒性颇强，可耐 －18℃低温，喜深厚而肥沃的土壤。耐盐碱，适应性强。

4) 园林用途：桂竹栽培历史悠久，各地园林中常见。斑竹自晋朝已经出现。《博物志》云"洞庭之山，尧帝之二女常泣，以其涕挥竹，竹尽成斑"。

18. 乌哺鸡竹（图12-29）

别名：雅竹、凤竹、乌桩头

拉丁名：*Phyllostachys vivax* McClure

科属：禾本科 刚竹属

1）形态特征：秆高5~15m，径4~8cm；幼秆被白粉，无毛；老秆灰绿色至淡黄色，有显著的纵肋；节间长25~35cm；秆环隆起，稍高于箨环，常一侧突出。箨鞘背面淡黄色带紫至淡褐黄色，无毛，微被白粉，密被黑褐色斑块和斑点；无箨耳及鞘口繸毛；箨舌弧形隆起；箨叶带状披针形，强烈皱曲，外翻。末级小枝具2~3叶，有叶耳和鞘口繸毛，叶舌发达；叶片微下垂，带状披针形或披针形。笋期4月中下旬。花期4~5月。

观赏品种：黄竿乌哺鸡竹（*aureocanlis*），秆全部为硫黄色，并在秆中、下部偶有几个节间具1或数条绿色纵条纹。

2）产地分布：产江苏、浙江，常见栽培；河南也有少量栽培。1907年由浙江余杭塘栖引入美国栽培。

3）生态习性：宜栽植在背风向阳处，喜空气湿润度较大的环境。

4）园林用途：笋味美，为良好的食用竹种。园林应用与刚竹类似，目前在江苏、浙江园林中常见应用。

图12-29 乌哺鸡竹

19. 苦竹（图12-30）

别名：伞柄竹

拉丁名：*Pleioblastus amarus* (Keng) Keng f.

科属：禾本科 大明竹属

1）形态特征：复轴混生型。中小型竹，秆高3~5m，径1.5~2cm，秆壁厚约6mm。秆每节5~7分枝；节间圆筒形，在分枝一侧稍扁平；秆环隆起，高于箨环，箨环留有箨鞘基部木栓质的残留物。新秆灰绿色，密被白粉，老秆绿黄色。箨鞘绿色，被较厚白粉，有棕色或白色刺毛，或无毛，边缘密生金黄色纤毛；箨耳无或不明显；箨舌平截；箨叶细长披针形，开展，易向内卷折。秆每节5~7分枝，枝梢开展；末级小枝具3~4叶。叶片椭圆状披针形，质坚韧，表面深绿色，背面淡绿色，基部白色绒毛。雄蕊3枚。笋期6月。

同属种类：苦竹属（大明竹属）约40种，分布于我国、日本和越南。我国约15种，引入栽培2种，主产于长江中下游各地。

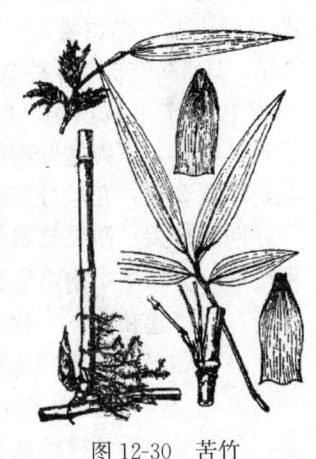

图12-30 苦竹

2）产地分布：分布于长江流域及西南，华东各地常见栽培。

3）生态习性：喜温暖湿润气候，喜肥沃、湿润的沙质土壤，也颇耐寒。

4）园林用途：苦竹适应性强，植株较低矮，竹丛茂密，常于庭院栽植观赏，适于墙角、路边、建筑周边、山石间栽植。笋味苦，不能食用。

20. 菲白竹

拉丁名：*Sasa fortunei* (Van Houtte) Fiori

科属：禾本科 赤竹属

1) 形态特征：矮小型灌木竹类，一般高 0.2～0.3m。秆丛生，圆筒形，光滑无毛；秆环较平坦或微隆起；不分枝或每节仅 1 分枝；箨鞘宿存，无毛。每小枝着生叶片 4～7 枚，叶片披针形至狭披针形，两面有白色柔毛，尤以下表面较密，绿色，并具有黄色、浅黄色或白色条纹。笋期 5 月。

同属种类：常见的还有无毛翠竹（*P. distichus*），原产日本，华东常见栽培观赏。

2) 产地分布：原产日本，广泛栽培，我国南京、杭州、上海等地引种。

3) 生态习性：喜温暖湿润气候，好肥，较耐寒，耐阴性较强，宜半阴，喜肥沃疏松、排水良好的沙质土壤。

4) 园林用途：植株低矮，叶片秀美，特别是春末夏初发叶时的黄白颜色，更显艳丽。常植于庭院观赏；可作地被、绿篱或与假山石相配都很合适，也是优良的盆栽或盆景材料。

21. 鹅毛竹（图 12-31）

拉丁名：*Shibataea chinensis* Nakai

科属：禾本科 鹅毛竹属（倭竹属）

1) 形态特征：小型灌木状竹，地下茎为复轴型。秆高 0.3～1m，直径 2～3mm，中部之节间长 7～15cm，几乎实心；节间在下部不具分枝者呈细瘦圆筒形，有分枝的各节间略呈 3 棱形，在接近枝条的一侧具纵沟槽。新秆绿色，微带紫色，无毛；秆环隆起远较箨环高；箨鞘早落，膜质，无毛，顶端有缩小叶，鞘口有毛。主秆每节分枝 3～5，分枝长 0.5～5cm，具 3～5 节；各枝与秆腋间的先出叶膜质，迟落。叶常 1～2 枚生于小枝顶端，卵状披针形，有小锯齿，两面无毛；当具 2 叶时，下方的叶因叶鞘较长反而超出上方叶片。鳞被 3 枚；雄蕊 3 枚，花丝分离。笋期 5～6 月。

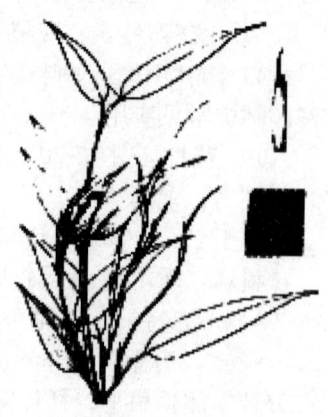

图 12-31 鹅毛竹

同属种类：鹅毛竹属约 7 种，分布于我国和日本。我国 7 种全产，分布于东南沿海各省和安徽、江西。常见的还有矮竹（*S. kumasasa*），与鹅毛竹相近，产福建和浙江。我国东南沿海地区和日本常栽培供观赏。

2) 产地分布：华东特产，江苏、安徽、浙江、江西等地常见栽培。

3) 生态习性：常成片生于山麓谷地、林缘、林下土壤湿润地区。较耐阴；耐寒性较强，在山东中部可露地越冬，冬季仅有部分叶片枯萎。

4) 园林用途：鹅毛竹竹丛矮小，竹秆纤细而叶形秀丽，园林中可丛植于假山石间、路旁或配植于疏林下作地被点缀，或植为自然式绿篱。也适于盆栽观赏。

22. 唐竹（图 12-32）

别名：寺竹、疏节竹

拉丁名：*Sinobambusa tootsik* (Sieb.) Makino

科属：禾本科 唐竹属

1) 形态特征：单轴散生型。秆高 5～12m，径 2～6cm，幼秆深绿色，被白粉；节间在分枝一侧扁平而有沟槽，节间长 30～40cm；箨环木栓质隆起，起初具紫褐色刚毛；秆环亦隆起，与箨环近同高。箨鞘早落性，革质，近长方形，先端钝圆，背面初为淡红棕色，被薄白粉和贴生棕褐色刺毛，边缘具淡黄色而基部紫红色纤毛；秆中部每节通常 3 分枝，主枝稍粗，有时每节多达 5～7 枝。叶片披针形或狭披针形，下表面具细柔毛。笋期 4～5 月。

2) 产地分布：产福建、广东、广西。越南北部也有分布，日本、美国檀香山与欧洲早有引种栽培。

3) 生态习性：常成片生长于海拔 40～1500m 的山坡、林下或山谷中。

图 12-32 唐竹

4) 园林用途：生长茂密，挺拔，姿态潇洒，常作庭院观赏用，也是优良的盆景植物。

第十三章 一、二年生花卉

一、二年生花卉是指播种、生长、开花、结籽至老化死亡这一周期都在一个或两个生长季内就完成的草本植物。在具体的园林花卉应用设计时，一、二年生花卉还包括根据气候环境或栽培需要而做一、二年生栽培的宿根花卉。

一、二年生花卉生长繁茂，株型整齐，开花量大，观赏期长，常用来填补永久性植物周围的小片区域。由于其生长速度快和开花期短的特性，它们常在乔灌木、宿根花卉等永久植物发挥作用前形成群落景观，提供丰富多变的色彩。它们还是花坛、盆栽摆放或规则花床栽植的主角。除此之外，一、二年生花卉也能创造出天然野趣的效果。

1. 虞美人（图 13-1）

别名：丽春花、舞草、百般娇

拉丁名：*Papaver rhoeas* L.

科属：罂粟科 罂粟属

1) 形态特征：一、二年生草本植物，有白色乳汁。全株具粗糙短毛，茎直立纤细，分枝细弱。叶互生，披针形或狭卵形，不整齐羽状深裂或全裂，裂片披针形，边缘具锯齿，顶端尖锐。下部叶具柄，上部叶无柄。花单生于茎和分枝顶端，有长梗，高出叶面，未开放时下垂，花开后直立向上，绽放出各色浅杯状花冠；萼片 2 枚，宽椭圆形，外被刚毛，绿色，花开即落；花瓣 4 片，近圆形，薄而有光泽，边缘浅波状。花色丰富，通常为紫红色，基部具深紫色斑点，或为白色、粉红色；雄蕊多数；子房倒卵形，柱头 5～18，辐射状，连合成扁平、边缘圆齿状的盘状体。种子肾形，极微小。花期 3～5 月。

图 13-1 虞美人

2) 产地分布：原产欧洲中部及亚洲东北部，主要产于欧洲中南部及亚洲温带地区，少数产于美洲，现全球广为栽培。我国产于西北部至东北部，各地常见栽培。

3) 生态习性：喜光照充足和通风良好的环境，光照不足则植株生长瘦弱、花色暗淡。喜阴凉，忌积水，喜土层深厚、疏松的沙质壤土。

4) 园林用途：虞美人花瓣薄，有光泽，花色绚丽，姿态飘逸，是极好的春季花卉。花梗、花蕾及开花过程皆有观赏性。可作花境配植，也可作庭院观赏，还可用作盆栽及鲜切花等。

2. 醉蝶花（图 13-2）

拉丁名：*Cleome spinosa* Jacq.

科属：山柑科 白花菜属

1) 形态特征：一年生强壮草本，高 1～1.5m。全株被黏质腺毛，有特殊臭味，有托叶刺。茎直立，分枝少。掌状复叶互生，总叶柄细长；小叶全缘、短柄，椭圆状披针形或倒披针形，基部有 2 枚托叶变成小钩刺。中央小叶最大，外侧的最小，狭延成小叶柄，与叶柄相连接处稍呈蹼状；两面被毛，侧脉 10～15 对；叶柄常有淡黄色皮刺。总状花序顶生，萼片条状披针形，向外反折；花瓣粉红色或稀白色；总状花序密被黏质腺毛；小花由下向上层层开放，在上部密集呈花团，具长梗，花瓣 4 片，倒卵状披针形，有长爪，初开白色后变成粉色至淡紫色，微香；苞片 1 枚，叶状；花蕾圆筒形，花梗被短腺毛，单生于苞片腋内；萼片 4 枚，长圆状椭圆形，被腺毛；花瓣无毛，有爪，瓣片倒卵状匙形，顶端圆

图 13-2 醉蝶花

形；雄蕊 6 枚，细长，花丝长 3.5～4cm。开花后立即结出细圆柱状蒴果，表面近平坦或念珠状，成熟后易开裂，花浅淡不一，花果同时出现。花期 7～9 月；果期 9～10 月。

2) 产地分布：原产南美热带，现世界各地广泛栽培。我国各大城市常栽培。

3) 生态习性：喜充足的阳光，略耐半阴，喜温暖、通风良好的环境；耐炎热，不耐寒，遇霜冻植株即枯死。生长势强健，喜肥沃疏松和排水良好的土壤。

4) 园林用途：花序从下至上节节开花，层层结果，花先淡白后转为淡红，最后呈现粉白色，雄蕊伸出，像翩翩起舞的粉蝶，非常美丽。花序轴挺拔，下部具有明显的层层小花苞片和放射状轮生的长柄蒴果，顶部具深浅不一展开的花朵，观赏价值极高。适于布置花境或在路边、林缘成片栽植。也是极好的蜜源植物。醉蝶花还是非常优良的抗污花卉，对二氧化硫、氯气的抗性都很强。

3. 桂竹香（图 13-3）

别名：香紫罗兰、黄紫罗兰

拉丁名：*Cheiranthus cheiri* L.

科属：十字花科 桂竹香属

1) 形态特征：多年生草本，常作二年生栽培。全株有贴生长柔毛。茎直立或斜伸，多分枝，基部半木质化，有棱角。叶互生，基生叶莲座状，倒披针形、披针形至线形，全缘或稍有小齿，有叶柄；茎生叶较小，近无柄。总状花序顶生；花橘黄色或黄褐色，芳香，花梗极短；萼片长圆形。花瓣 4 枚倒卵形，有长爪；长角果条形，具扁 4 棱，直立，果瓣有 1 明显中肋，花柱宿存；种子 2 行，卵形，顶端有翅。花期 4～5 月，果期 5～6 月。

2) 产地分布：原产欧洲南部，我国各地栽培观赏。

3) 生态习性：耐寒，喜光，喜排水良好、疏松肥沃的土壤。

图 13-3 桂竹香

畏涝忌热，雨水过多生长不良。

4) 园林用途：桂竹香花色金黄浓艳，又具芳香，高矮品种齐全，是草花中较少见的可布置花坛、花境，又可作盆花的品种。

4. 紫罗兰

拉丁名：*Matthiola incana* (L.) R. Br

科属：十字花科 紫罗兰属

1）形态特征：多年生草本，常作一、二年生栽培。全株密生灰白色星状柔毛。茎直立，多分枝，基部稍木质化。叶互生，叶片长圆形、倒披针形或匙形，基部叶翼状，先端钝圆，全缘。总状花序顶生或腋生；花多数，花序轴在果期伸长；花梗粗壮；萼片直立，长椭圆形，内轮萼片基部呈囊状，边缘膜质，白色透明；花淡紫色和深粉红色，具香气。花瓣紫红、淡红或白色、近卵形，先端浅2裂或微凹，边缘波状，下部有长爪；花丝间基部逐渐扩大；长角果圆柱形，果瓣中脉明显，顶端浅裂；果梗粗壮；种子近圆形，边缘有白色膜质的翅。花期依不同类型而异。夏紫罗兰6~8月开花；冬紫罗兰4~5月开花；秋紫罗兰7~9月开花。

图 13-4　紫罗兰

2）产地分布：原产欧洲南部地中海沿岸，我国广泛栽培观赏。

3）生态习性：喜冷凉气候，耐寒，冬季耐-5℃低温，忌燥热；喜阳光充足，但也稍耐半阴，高温高湿易死亡。要求肥沃湿润及深厚壤土；施肥不宜过多，否则对开花不利。

4）园林用途：花朵丰盛，色艳香浓，花期长，是春季花坛的主要花卉，也可作花境、花带、盆栽和切花。

5. 三色堇（图13-5）

别名：蝴蝶花、猫脸花

拉丁名：*Viola tricolor* L.

科属：堇菜科 堇菜属

1）形态特征：一、二年生或多年生草本，常作二年生栽培。植株从根际生出分枝，呈丛生状；茎无毛，直立或稍斜上；叶多基生，基生叶长卵形或披针形，具长柄，茎生叶卵形或长圆状披针形，具稀疏圆钝锯齿；托叶叶状，羽状深裂，宿存。花单生叶腋，立于叶丛上；萼片5枚，绿色，长圆状披针形，边缘膜质；花瓣近圆形，5枚，图案酷似猫脸，上方花瓣深紫堇色，侧方及下方花瓣均为三色，有紫色条纹，侧方花瓣里面基部密被须毛，下方花瓣距较细；子房无毛，花柱短，基部明显膝曲，柱头球状，前方有较大的柱头孔。花心常具有放射的细深色线。花单色或复色，有纯白、纯黄、纯紫、黄紫以及紫、红、蓝、黄、白多彩的混合色。蒴果椭圆形，种子黄色，倒卵形。花期4~7月，果期5~8月。

图 13-5　三色堇

2）产地分布：原产欧洲南部。我国各地常见栽培。

3）生态习性：喜凉爽环境，较耐寒，忌高温多湿；喜光，略耐半阴。要求肥沃湿润的黏质土壤。

4）园林用途：三色堇花一般由三色构成美丽图案，叶丛上的花朵随风摇动，似蝴蝶翩翩飞舞，装饰效果好。株形低矮，花色浓艳，花小巧而有丝质光泽，在阳光下非常耀眼。多用于花坛、花境及镶边植物，也可用作盆栽或切花（作襟花），是布置春季花坛的主要花卉之一。

6. 霞草

别名：满天星、丝石竹

拉丁名：*Gypsophila paniculata* Linn.

科属：石竹科 石头花属

1) 形态特征：多年生草本。全株光滑，被白粉呈灰绿色。茎直立，叉状分枝，上部枝条纤细。单叶对生，上部叶披针形，下部叶矩圆状匙形。聚伞状花序顶生，稀疏而扩展，花小繁茂，犹如繁星，花瓣先端微凹缺，花梗细长；花白色或粉红色。花期春季。

2) 产地分布：原产高加索至西伯利亚地区一带。现我国广泛栽培。

3) 生态习性：喜温暖湿润和阳光充足、通风、凉爽的环境，忌炎热多雨；耐寒、干旱、瘠薄，也耐盐碱。在腐殖质丰富、排水良好的石灰性土壤上生长良好。

4) 园林用途：霞草繁星点点、花丛蓬松、有云雾般的效果，在园林中可用于花丛、花境、岩石园，尤其适合与秋植球根花卉配植。

7. 半支莲（图 13-6）

别名：太阳花、松叶牡丹、洋马齿苋

学名：*Portulaca grandiflora* Hook

科属：马齿苋科 马齿苋属

1) 形态特征：一年生肉质草本，植株低矮。茎细圆，平卧或斜伸，紫红色，多分枝，节上丛生毛。叶肉质，散生或略集生，细圆柱形，有时微弯，顶端圆钝，无毛；叶柄极短或近无柄，叶腋常生一撮白色长柔毛。花单生或数朵簇生枝端，日开夜闭；总苞叶状，轮生，具白色长柔毛；萼片 2 枚，淡黄绿色，卵状三角形，顶端急尖；花瓣 5 枚或重瓣，倒卵形，顶端微凹，红色、紫色或黄白色；雄蕊多数，花色有白、粉、红、黄、橙等单色品种或具斑纹等复色品种。蒴果近椭圆形，盖裂；种子细小，圆肾形，有光泽，表面有小瘤状凸起。花期 6～9 月，果期 8～11 月。

图 13-6 半支莲

2) 产地分布：原产南美洲巴西、阿根廷、乌拉圭等国，世界各地广为栽培，我国各地有栽培。

3) 生态习性：喜强光和温暖环境，耐旱，耐炎热，不耐寒。对土壤的适应性强，贫瘠、石灰质的土壤中也能生长，极耐干旱瘠薄，不耐水涝。

4) 园林用途：株矮叶茂，茎叶光洁，花色丰富而鲜艳，花期长，是布置夏、秋季花坛的良好植株。

8. 地肤（图 13-7）

别名：扫帚苗

拉丁名：*Kochia scoparia* (L.) Schrad.

科属：藜科 地肤属

1) 形态特征：一年生草本，株丛紧密；茎直立，主茎木质化，分枝多而纤细，淡绿色或带紫红色，有数条棱。叶扁平，披针形或条状披针形，先端短渐尖，基部渐狭成短柄，通常有 3 条明显主脉，边缘疏生锈色绢状缘毛。茎上部叶较小，无柄，1 脉；花两性或兼有雌性，通常1~3朵生于上部叶腋，构成疏穗状圆锥花序；花被裂片近三角形，无毛或先端稍有毛，基部合生，黄绿色，果实自背部生出横翅，翅端附属物三角形至倒卵形，有时近扇形，脉不很明显，边缘微波状或有缺刻；雄蕊5枚；花柱极短，柱头2。秋季全株成紫红色。胞果扁球形，果皮膜质，与种子离生；种子卵形，黑褐色，胚环形，胚乳块状。

2）产地分布：原产欧洲及亚洲中部和南部地区。我国各地均有栽培，生于荒野、田边、海滩荒地。

3）生态习性：喜光，喜温暖；不耐寒，极耐炎热；耐干旱瘠薄和盐碱，不耐涝；对土壤要求不严，能自播繁衍。

4）园林用途：植株外形似千头柏，叶纤细、粉绿，质感细腻，秋季叶色变红，宜于坡地草坪自然式栽植，也可作花坛中心材料、短期绿篱，还可修剪成各种几何形进行布置。

图13-7 地肤

9. 锦绣苋（图13-8）

别名：五色草

拉丁名：*Alternanthera bettzickiana* (Regel) Nichols.

科属：苋科 莲子草属

1）形态特征：多年生草本，茎直立斜生，分枝多，节膨大，高10~20cm，呈密丛状；单叶对生，叶纤细，披针形或阔披针形，暗紫红或具彩斑或异色；叶柄短，基部下延；花腋生或顶生，花小，白色。胞果，常不发育。

2）产地分布：原产南美洲巴西，我国各地普遍栽培。

3）生态习性：喜光，略耐阴；喜温暖湿润环境，不耐热，畏寒，不耐干旱和水涝。

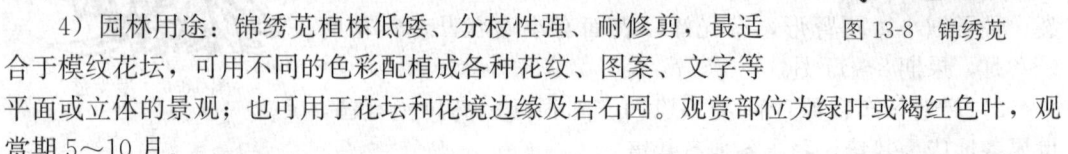

4）园林用途：锦绣苋植株低矮、分枝性强、耐修剪，最适合于模纹花坛，可用不同的色彩配植成各种花纹、图案、文字等平面或立体的景观；也可用于花坛和花境边缘及岩石园。观赏部位为绿叶或褐红色叶，观赏期5~10月。

图13-8 锦绣苋

10. 鸡冠花（图13-9）

别名：鸡冠头、红鸡冠

拉丁文：*Celosia cristata* L.

科属：苋科 青葙属

1）形态特征：一年生草本，高60~90cm，全株无毛。茎直立、粗壮，光滑具棱，少分枝。叶互生，卵形、卵状披针形或披针形，先端渐尖，基部渐狭，全缘。花多数，极密生，通常为扁平肉质鸡冠状、卷冠状或羽毛状的穗状肉质花序顶生；花序上部退化成丝状，中下部成干膜质状，扁平皱褶为鸡冠状，生不显著细小花，苞片、小苞片及花被片干膜质，宿存，紫色、红色、黄色或红、黄相间；小花两性，花被片基数5；雄蕊5枚，花丝下部

图13-9 鸡冠花

合生成杯状。胞果卵形,盖裂,包在宿存花被内;种子黑色,光亮。花果期7～9月。

2) 产地分布:原产非洲、美洲热带和印度,我国各地均有栽培。

3) 生态习性:喜阳光充足和炎热干燥环境,较耐旱,忌积水;不耐寒,怕霜冻。短日照下能诱导开花。对土、肥、水要求不严,但在土壤深厚、排水良好的壤土或沙壤土上生长良好。

4) 园林用途:鸡冠花花序顶生、形状奇特、色彩丰富、鲜艳明快,有较高的观赏价值,是重要的花坛花卉。高型品种用于花境、花坛,还是很好的切花材料,也可制干花;矮型品种适宜盆栽或作边缘种植。

11. 千日红(图 13-10)

别名:火球花、百日红

拉丁名:*Gomphrena globosa* L.

科属:苋科 千日红属

1) 形态特征:一年生草本,全株被白色硬毛。茎直立,上部多分枝。叶对生,纸质,长圆形,少椭圆形,全缘,两面有细长白柔毛;叶柄短或上部叶近无柄。头状花序圆球形、顶生,1～3 个着生于枝顶,有长总花梗,花小密生,每小花具 2 枚膜质发亮的小苞片,对生,苞片紫红色、粉红色;萼片 5 枚,密被长柔毛,花后不变硬;雄蕊 5 枚,花丝合生成管状;胞果近球形,不开裂,内有棕色细小种子 1 粒。花期 7～10 月。

图 13-10 千日红

2) 产地分布:原产美洲热带,世界各地广为栽培。我国南北各省均有栽培,南方多为半野生。

3) 生态习性:喜阳光充足、炎热干燥气候,不耐寒;性强健,适生长于疏松肥沃、排水良好的土壤中。

4) 园林用途:植株整齐低矮,花繁色浓,观赏期长,是优良的花坛、花境材料。头状花序主要由膜质苞片组成,经久不变,是良好的自然干花。还可作花圈、花篮等装饰品。对氟化氢敏感,是氟化氢的监测植物。

12. 凤仙花(图 13-11)

别名:指甲草、急性子

拉丁名:*Impatiens balsamina* L.

科属:凤仙花科 凤仙花属

1) 形态特征:一年生草本;茎直立,肉质,光滑有分枝,节部常带红色,膨大。叶互生,狭披针形或阔披针形,边缘有尖锐锯齿;叶有长柄,叶柄两侧有数枚腺体。花梗短,单生或数花簇生叶腋;花大,通常粉红色或杂色,单瓣或重瓣;花萼向下弯曲,2 侧片阔卵形,疏生柔毛;旗瓣圆,先端凹,有小尖头,背面中肋有龙骨状突起,翼瓣宽大,各为 2 片圆裂片,基部相连。花大,多侧垂。花色有紫红、朱红、玫瑰红、雪青、白及杂色,有时瓣上具条纹和斑

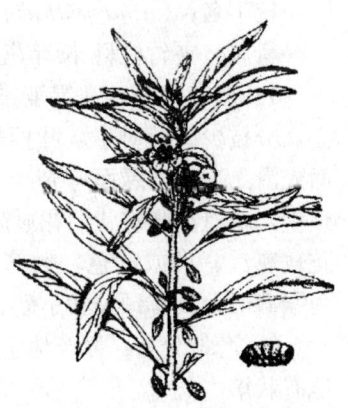

图 13-11 凤仙花

点。蒴果椭圆形,密生绒毛,熟时弹裂;种子多数,椭圆形,深褐色,有毛。花期7~9月;果期8~10月。

2) 产地分布:原产于我国南部、印度和马来西亚,分布于热带亚洲,我国各地普遍栽培。

3) 生态习性:喜温暖,不耐寒,怕霜冻。喜光,也耐半阴。性强健,对土壤适应性强,喜在深厚、排水良好、疏松、肥沃的沙壤土中生长。

4) 园林用途:凤仙花因其分枝多,花团锦簇,花朵如飞凤,色彩艳丽,迎夏盛开,花期长,是花坛、花境的好材料,也可作花丛和花群栽植。凤仙花还是氟化氢的监测植物。

13. 月见草(图 13-12)

别名:山芝麻

拉丁名:*Oenothera biennis* L.

科属:柳叶菜科 月见草属

1) 形态特征:二年生粗壮草本,基生莲座叶丛紧贴地面;茎绿色,直立丛生,全株被柔毛,分枝开展,上端混有腺毛。叶两面被曲柔毛与长毛,疏生钝齿;基生叶倒披针形,有叶柄,茎生叶椭圆形至倒披针形,叶缘具不整齐梳齿,叶柄长达15mm至几无柄。花大,2朵簇生叶腋,下部花稀疏,向上渐紧密,花瓣4枚,倒卵形,黄色,具香味;穗状花序,苞片叶状,自下向上变小,果实宿存;花蕾锥状长圆形,花管黄绿色或开花时带红色;萼片4枚,长圆状披针形,花后反折;花瓣宽倒卵形;蒴果长圆形,向上变狭,疏生细长毛,成熟时4瓣裂,种子有棱角。花、果期6~9月。

图 13-12 月见草

2) 产地分布:原产北美,早期引入欧洲,后迅速传播至温带与亚热带地区。我国东北、华北、华东(含台湾)、西南(四川、贵州)有栽培,并有野生。

3) 生态习性:耐旱、耐瘠薄;喜光、高燥;耐寒,不耐热;适应性强,对土壤要求不严。

4) 园林用途:花色金黄、芳香,盛开于夏季,是一种优良的观赏花卉,适于花境、花丛。

14. 长春花(图 13-13)

别名:日日草、四时春

拉丁名:*Catharanthus roseus* (L.) G. Don

科属:夹竹桃科 长春花属

1) 形态特征:常绿亚灌木状草本,作一年生栽培。茎直立,分枝少。叶对生,叶柄短,倒卵状矩圆形,基部渐狭,两面光滑无毛,浓绿而有光泽,主脉白色明显。聚伞花序腋生或顶生,花冠高脚碟状,花冠筒圆筒状,具5枚平展的花冠裂片,花玫瑰红、白或黄色,喉部色深,种子黑色,长圆状圆筒形,两端截形,具有颗粒状小瘤。花期8~10月。

2) 产地分布:原产地中海沿岸、印度、热带美洲。我国各地有栽培。

3) 生态习性:喜温暖,忌干热,不耐严寒;喜阳光充足,

图 13-13 长春花

也耐半阴；对土壤要求不严，但盐碱土壤不宜，耐贫瘠、耐干旱，忌水涝。

4）园林用途：花多叶美，花期较长，开花繁茂，色彩艳丽，是优良的花坛花卉，也可盆栽观赏；矮生品种布置春夏花坛极为美观。

15. 金盏菊（图 13-14）

拉丁名：*Calendula officinalis* L.

科属：菊科 金盏菊属

1）形态特征：一年生或多年生草本，华北地区常作二年生栽培。全株被腺状柔毛，有气味。叶互生，基生叶长圆状倒卵形或匙形，全缘或具疏细齿，具柄，茎生叶长圆状披针形或长圆状倒卵形，无柄，基部抱茎。头状花序单生茎枝端，总苞片1～2层，披针形或长圆状披针形，外层稍长于内层；舌状花单轮至多轮，黄色或深橙红色，夜间闭合；管状花檐部具三角状披针形裂片。瘦果弯曲，淡黄色或淡褐色，外层的瘦果大半内弯，外面常具小针刺，顶端具喙。花期4～9月；果期6～10月。金黄色的花朵，圆盘形，亭亭向上，犹如金色的灯盏，故名。栽培品种有重瓣、卷瓣和绿心、深紫色花心等。

图 13-14 金盏菊

2）产地分布：原产地中海地区和中欧、加那列群岛至伊朗一带，我国各地普遍栽培。

3）生态习性：喜冷凉，较耐寒，怕热。喜阳光充足、适应性强，对土壤及环境要求不严，耐瘠薄土壤，但以疏松肥沃、排水良好的土壤为好。

4）园林用途：金盏菊开花较早、花朵密集、花色鲜艳夺目、花期长，为春季花坛常用花卉，也可作切花或盆栽。

16. 波斯菊（图 13-15）

别名：大波斯菊、秋英

拉丁名：*Cosmos bipinnata* Cav.

科属：菊科 秋英属

1）形态特征：一年生草本。茎纤细而直立，株丛开展，上部分枝，具沟纹。茎无毛或稍被柔毛。叶对生，二回羽状深裂，裂片线形或丝状线形，全缘。头状花序单生于总梗上；总苞片外层披针形或条状披针形，淡绿色而有深紫色条纹，内层椭圆状卵形，膜质；托片平展，上端成丝状，与瘦果近等长；管状花明显。舌状花单轮，花大，花有紫红、粉红或白色，顶端齿裂。舌片椭圆状倒卵形，有3～5钝齿，管状花占据花盘中央部分，均为黄色，披针状裂片。瘦果黑紫色，无毛，上端有长喙，有2～3尖刺。花期6～8月；果期9～10月。

图 13-15 波斯菊

2）产地分布：原产墨西哥及南美洲，在我国栽培甚广，云南、四川西部有大面积归化。

3）生态习性：喜阳光、稍耐阴；喜凉爽、不耐寒、忌酷热；短日照花卉，秋季大量开花。耐瘠薄土壤，肥水过多易徒长而开花少，甚至倒伏。忌积水，忌大风，宜种背风处。

4) 园林用途：波斯菊株姿飘逸，叶形雅致，花朵轻盈艳丽，开花繁茂自然，花色丰富，适于布置花境，在草地边缘、树丛周围及路旁成片栽植作背景材料，盛开时成片的花海，颇有野趣。

17. 雏菊（图 13-16）

别名：春菊、延命菊

拉丁名：*Bellis perennis* L.

科属：菊科 雏菊属

1) 形态特征：多年生低矮草本，常作二年生栽培。植株矮小，全株具毛。叶匙形，基部簇生，顶端圆钝，基部渐狭成柄，上半部边缘有疏钝齿或波状齿。花于叶丛间抽出，头状花序单生；花葶被毛；总苞半球形或宽钟形；总苞片近 2 层，稍不等长，长椭圆形，先端钝，外面被柔毛。舌状花 1 层，条形，舌片白色带粉红色，开展，全缘或有 2～3 齿，管状花黄色，两性，均能结实。花朵小巧玲珑，主要有红色、白色、粉红色、玫瑰色以及复色等。瘦果倒卵形，扁平，有边脉，被细毛，无冠毛；种子细小，长形，灰白色。花期 3～6 月。

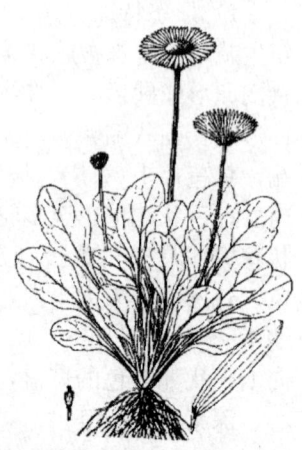

图 13-16 雏菊

2) 产地分布：原产欧洲，我国各地庭院栽培。

3) 生态习性：喜冷凉气候，耐寒性强，不耐炎热；喜全日照，也耐微阴；性强健，不耐水湿；喜深厚肥沃、富含腐殖质、湿润、排水良好的沙质壤土。

4) 园林用途：雏菊植株娇小玲珑、花色丰富，为春季花坛常用花材，也是优良的花带和花境花卉，还可用于岩石园。

18. 万寿菊（图 13-17）

别名：臭芙蓉

拉丁名：*Tagetes erecta* L.

科属：菊科 万寿菊属

1) 形态特征：一年生草本。茎直立、光滑、粗壮，常具紫色纵纹及沟槽。叶对生或互生，羽状分裂，裂片长椭圆形或披针形，边缘有锐锯齿，上部叶裂片的齿端有长细芒，叶缘背面有油腺体，有强臭味。头状花序单生，花序梗顶端棍棒状膨大；总苞杯状，先端有齿尖；舌状花重瓣或单瓣，黄色或暗黄色，舌片倒卵形，基部收缩成长爪，边缘皱曲；管状花花冠黄色，先端 5 齿裂。花有乳白、黄、橙黄至橘黄色。瘦果线形，基部缩小，黑色或褐色，被短微毛；花期 7～9 月，果期 8～10 月。

同属种类：孔雀草（*T. patula*），植株细弱，叶羽状分裂，裂片条状披针形，有锯齿，齿基通常有 1 腺体。头状花序径 3.5～4cm；舌状花金黄色或橙色，带有红斑，管状花黄色，5 齿裂。

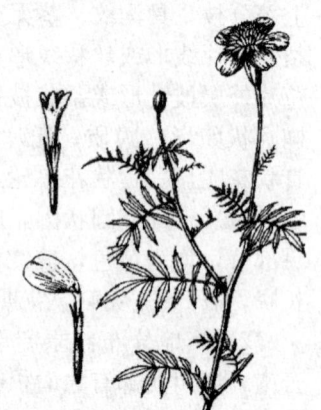

图 13-17 万寿菊

2）产地分布：原产墨西哥及中美洲地区；我国各地栽培，在广东和云南南部、东南部已归化。

3）生态习性：喜阳光充足和温暖，稍耐早霜；稍耐阴；耐干旱；抗性强，对土壤要求不严，但以肥沃、深厚、富含腐殖质、排水良好的沙质土壤为宜，在多湿、酷暑下生长不良。

4）园林用途：万寿菊花大色艳，花期长，是夏秋季花坛、花境材料。其中矮型品种分枝性强，植株低矮，生长整齐，最适宜作花坛布置。

19. 百日草（图 13-18）

别名：步步高、百日菊

拉丁名：*Zinnia elegans* Jacq.

科属：菊科 百日菊属

1）形态特征：一年生草本，全株被糙毛或长硬毛。茎直立粗壮，侧枝呈叉状分枝。叶对生，全缘，无柄。叶宽卵圆形或长圆状椭圆形，基部稍呈心形，抱茎，两面粗糙，基出 3 脉。头状花序单生枝端，花序梗中空；总苞宽钟状，全缘，基部连生成数轮；总苞片多层，宽卵形或卵状椭圆形，边缘黑色。舌状花多轮，近扁盘状，呈深红色、玫瑰色、紫堇色或白色，舌片倒卵圆形，先端 2～3 齿裂或全缘，上面被短毛，下面被长柔毛；管状花集中在花盘中央，黄色或橙色，先端裂片卵状披针形，上面被黄褐色绒毛。瘦果倒卵状楔形，极扁，被疏毛，顶端有短齿。花期 6～9 月，果期 7～10 月。有单瓣、重瓣、卷叶、皱叶和各种不同颜色的园艺品种。

图 13-18 百日草

2）产地分布：原产墨西哥，分布于美洲，世界各地广为栽培。我国各地栽培，有时也为野生。

3）生态习性：喜光，耐半阴；喜温暖，怕湿热，不耐寒，忌酷暑，耐早霜。性强健，较耐干旱与瘠薄土壤，但在肥沃土壤上花色更鲜艳。忌连作。

4）园林用途：百日草生长迅速，花姿优美，花色繁多而艳丽，花期长，适应性强，为夏秋季花坛、花境的常见草花，高型品种可作切花。

20. 翠菊（图 13-19）

别名：江西腊、蓝菊、七月菊

拉丁名：*Callistephus chinensis*（L.）Nees

科属：菊科 翠菊属

1）形态特征：一年生草本。茎有纵棱，被白色糙毛，直立，粗壮，上部多分枝。叶互生，上部叶匙形；下部叶阔卵形或三角状卵形。茎中部叶卵形、菱状卵形、匙形或近圆形，有不规则粗锯齿，两面被稀疏短硬毛，有叶柄，被白色短硬毛，有狭翼，上部茎生叶渐小，有 1～2 个锯齿。头状花序单生枝顶，总苞半球形，总苞片 3 层，外层长椭圆状披针形或匙形，中层匙形，紫色，内层长椭圆形，膜质，半透明。雌花 1 层

图 13-19 翠菊

（园艺品种可为多层）、红色、淡红色、蓝色、黄色或淡蓝紫色，有短管；两性花花冠黄色。花型可分彗星型、驼羽型、管瓣型、松针型、菊花型。瘦果长椭圆状倒披针形，稍扁，中部以上被柔毛；外层冠毛宿存。花、果期5~10月。

2）产地分布：原产我国东北、华北以及四川、云南各地，分布于吉林、辽宁、河北、山西、云南及四川等省。

3）生态习性：耐寒性不强，不喜酷热；喜光；喜肥沃、湿润、排水良好的沙质土壤，忌涝；浅根性。高温、高湿易感病虫害。

4）园林用途：翠菊品种多，类型丰富，花期长，花大而美丽，花色繁多，是园林中重要的花卉。可用来布置花坛、花境等，或作坡地、河岸绿化材料，是氯气、氟化氢、二氧化硫的监测植物。

21. 向日葵（图13-20）

别名：太阳花

拉丁名：*Helianthus annuus* L.

科属：菊科 向日葵属

1）形态特征：一年生高大草本，茎直立，粗壮，被粗硬刚毛。叶互生，心状卵圆形，有粗齿，两面密生硬毛，基出3脉，有长叶柄。头状花序极大，单生茎顶或枝端，常下倾；总苞盘状；总苞片多层，叶质，卵状披针形或卵圆形，被长硬毛或纤毛。舌状边花雌性，多数，黄色，1~2轮，舌片开展，长圆状卵形或长圆形，不结实；管状花极多数，棕色或紫色，有披针形裂片，结实；花托平，有半膜质托片。瘦果倒卵形或卵状长圆形，稍扁，有细肋，常被白色短柔毛，上端有2个膜片状早落的冠毛。花期7~9月；果期8~11月。

图13-20 向日葵

2）产地分布：原产北美，世界各地普遍栽培。

3）生态习性：喜温暖，耐寒性差；喜光、不耐阴；不耐旱、不耐涝。对土壤要求不严，喜肥。

4）园林用途：草坪边缘丛植，作背景材料。高大品种适宜切花；矮生、重瓣品种适宜盆栽布置花境、花坛。

22. 瓜叶菊（图13-21）

别名：千里光、瓜叶莲

拉丁名：*Pericallis hybrida* B. Nord.

科属：菊科 瓜叶菊属

1）形态特征：多年生草本，多作一、二年生栽培。全株密被柔毛。茎直立，草质。叶大，具长柄，心状卵形，叶缘波状，掌状脉，硕大形似瓜叶，表面浓绿，背面洒紫红色晕；茎生叶柄有长翼，基部呈耳状；基生叶无翼。头状花序多数簇生成伞房状；花色、花形多变。花除黄色外，还有蓝、紫红、淡红、白色及红白相间的复色，具光泽，花期冬春季节。瘦果黑色，种子状，具冠毛，椭圆形。

图13-21 瓜叶菊

2) 产地分布：原产西班牙加那利群岛，广泛分布于全世界；我国各地有栽培。

3) 生态习性：喜温暖，不耐寒，忌炎热。喜光，怕夏日强光。不耐旱，忌涝。宜富含腐殖质、排水良好的沙质土壤，氮肥过多易徒长。

4) 园林用途：株丛紧密，盛开时花朵覆盖全株，花期长，花色丰富艳丽，是重要的节日花卉。可用于花坛、花带的布置，也可盆栽布置于庭廊过道。

23. 藿香蓟（图 13-22）

别名：胜红蓟

拉丁名：*Ageratum conyzoides* L.

科属：菊科 藿香蓟属

1) 形态特征：一年生草本，株丛紧密，全株被白色多节长柔毛。茎稍带紫色，披散。叶对生，有时上部互生，基部钝或宽楔形，基出 3 脉或不明显 5 脉，边缘圆锯齿，两面被白色稀疏短柔毛且有黄色腺点。头状花序着生枝顶呈圆球状；总苞钟状或半球形，总苞片 2 层，长圆形或披针状长圆形，边缘撕裂。小花管状，花色有淡蓝色、蓝色、粉色、白色等。瘦果黑褐色，5 棱，有白色稀疏细柔毛。花、果期 7~10 月。

2) 产地分布：原产中南美洲热带，作为杂草广布于非洲全境、热带、亚洲等地。我国常见栽培，华南部分地区有野生。

3) 生态习性：喜温暖和阳光充足环境，不耐寒，忌炎热；稍耐阴；适应性强，对土壤要求不严。

图 13-22 藿香蓟

4) 园林用途：藿香蓟株型紧凑，花朵繁多，色彩淡雅，常用来配置花坛和地被，也可用于小庭院、路边、岩石旁点缀。矮生种可盆栽观赏，高秆种用于切花插瓶或制作花篮。

24. 蟛蜞菊（图 13-23）

别名：黄花墨菜、田黄菊

拉丁名：*Wedlia chinesis*（Osbeck.）Merr.

科属：菊科 蟛蜞菊属

1) 形态特征：多年生草本，具半匍匐性，基部各节生出不定根；叶无柄对生，倒披针状长椭圆形，全缘或有钝锯齿。头状花序，单生于枝顶或叶腋内；总苞钟形，2 层，外层叶质，内层较小。舌状花 1 层，黄色，舌片卵状长圆形，顶端 2~3 裂，管部细短。管状花较多，黄色，花冠近钟形。瘦果倒卵形。花期 3~9 月。

2) 产地分布：原产南美洲，中国、印度、菲律宾等地有栽培。

3) 生态习性：生性强健粗放，耐阴、耐湿、耐旱、耐盐碱、耐瘠，适应于任何疏松的土壤。

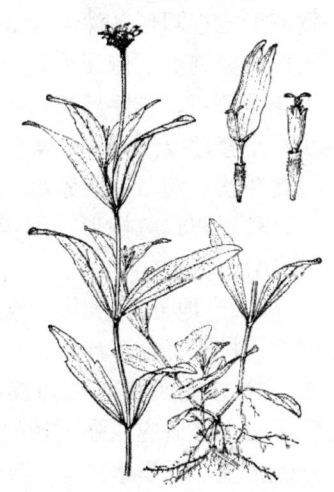

图 13-23 蟛蜞菊

4) 园林用途：良好的地被植物；也适于庭植、盆栽。

25. 矮牵牛（图 13-24）

别名：碧冬茄、洋牡丹

拉丁名：*Petunia hybrida* Vilm

科属：茄科 碧冬茄属

1) 形态特征：多年生草本，常作一年生栽培。全株有黏毛，葡匐状。茎直立或斜升。叶质柔软，卵形、全缘，近无柄，绿色至深绿色。茎上部叶对生、无柄，下部叶互生、有短柄；两面有短毛，基部渐狭，全缘。侧脉不显著。花单生叶腋，具花梗，花萼5深裂，裂片条形，果实宿存。花冠漏斗状，白色或紫红色，有各式条纹，筒部向上渐扩大，檐部开展，先端具波状浅裂；花冠单瓣或重瓣，单瓣花冠漏斗形，重瓣花冠半球形。花色有白、粉、红、紫等单色品种和镶嵌斑纹等复色品种。蒴果圆锥状，光滑，2瓣裂；种子近球形，极小，褐色。花期7～10月，果期11月。

图 13-24 矮牵牛

2) 产地分布：原产南美洲。本种是杂交种，世界各地普遍栽培。

3) 生态习性：喜温暖、不耐寒，耐暑热，在炎热的夏季开花繁茂。喜阳光充足，耐半阴；适应性强，耐瘠薄，但在湿润肥沃的土壤中生长特别好，忌积水雨涝。

4) 园林用途：矮牵牛品种繁多，植株低矮丰满，花形花色丰富，色彩艳丽，花期较长，是优良的花坛和种植钵花卉，也可自然式丛植。

26. 牵牛（图 13-25）

别名：牵牛花、喇叭花

拉丁名：*Pharbitis nil* (L.) Choisy

科属：旋花科 牵牛属

1) 形态特征：一年生缠绕草本；全株有长硬毛。叶互生，宽卵形或近圆形，深或浅3裂，偶5裂，基部心形，中裂片长圆形或卵圆形，侧裂片较短，三角形。花腋生，单一或两朵生于花序梗顶，花序梗长短不一，通常短于叶柄，苞片线形或叶状；小苞片线形；萼片等长，披针状线形，内面2片稍狭；花冠漏斗状，蓝紫色或紫红色，花冠管色淡；蒴果近球形，3瓣裂。种子卵状三棱形，黑褐色或米黄色。花期6～9月；果期9～10月。

图 13-25 牵牛

2) 产地分布：原产美洲，我国各地有逸生，生于山坡、路边、村头荒地草丛。

3) 生态习性：性强健，喜气候温和、阳光充足、通风适度，对土壤适应性强，较耐干旱盐碱，不怕高温酷暑，属深根性植物，好生肥沃、排水良好的土壤，忌积水。

4) 园林用途：牵牛花不仅是篱垣栅架垂直绿化的好材料，也适宜盆栽观赏。

27. 金鱼草（图 13-26）

别名：龙头花、狮子花、洋彩雀

拉丁名：*Antirrhinum majus* L.

科属：玄参科 金鱼草属

1) 形态特征：多年生草本，常作一、二年生花卉栽培。茎直立，基部有时木质化。茎下部叶对生，上部的螺旋状互生；叶片披针形至长圆状披针形，全缘，无毛；有短柄。总状花序顶生，小花密生，具花梗；苞片卵形；花瓣5裂，裂片卵形；花冠红色、紫色、黄色、白色，基部前面膨大成囊状，二唇形，上唇直立，2浅裂，下唇3裂，平展至浅裂，在中部向上隆起，几乎封住喉部，使花冠呈假面状；花由花葶基部向上逐渐开放。花色鲜艳丰富，具有除蓝色以外的其他花色，如白、黄、橙、粉、红、紫及复色等。蒴果卵形，基部偏斜，有腺毛，顶端孔裂。花、果期6～10月。

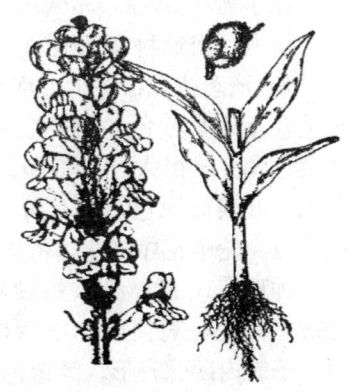

图13-26 金鱼草

2) 产地分布：原产地中海沿岸，现世界各地栽培。

3) 生态习性：性喜凉爽气候，忌高温多湿，除个别品种不受日照长短的影响外，对日照要求高，为典型长日照植物；较耐寒，不耐热；喜阳光，也耐半阴。喜肥沃、疏松和排水良好的微酸性沙质壤土。

4) 园林用途：金鱼草株形挺拔、花色丰富、花形奇特、花序挺直，适于群植花坛、花境中，与百日草、矮牵牛、万寿菊、一串红等配植效果尤佳，或与郁金香、风信子等球根花卉混植以延长花期。中高品种宜作切花。

28. 一串红（图13-27）

别名：象牙红、西洋红

拉丁名：*Salvia splendens* Ker-Gawl

科属：唇形科 鼠尾草属

1) 形态特征：多年生亚灌木状草本，常作一年生栽培。全株光滑，茎直立，四棱形，基部木质化，茎节常为紫红色。叶对生，卵形或三角状卵圆形，边缘有锯齿，两面无毛，下面有腺点，有叶柄。花由轮伞花序组成顶生总状花序；苞片卵圆形，红色，花开前包着花蕾；花梗密被红色腺毛；花萼红色、钟形，宿存，有红色腺毛；花冠红色，二唇形筒状，伸出萼外，也有白花的品种；小坚果椭圆形，暗褐色，顶端有不规则突起，边缘或棱有狭翅，光滑。花期7～8月，果期8～10月。

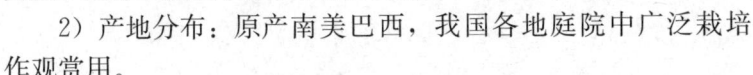

图13-27 一串红

2) 产地分布：原产南美巴西，我国各地庭院中广泛栽培作观赏用。

3) 生态习性：喜阳光充足，但也能耐半阴；不耐寒，忌霜冻，最适生长温度为20～25℃，在15℃以下叶黄至脱落，30℃以上则花叶变小；喜疏松、肥沃的土壤，忌积水和碱性土壤。

4) 园林用途：一串红品种繁多，色彩丰富，花期长，是花坛的主要材料，也可作花带、花台应用，还可作为盆花摆放。

29. 彩叶草（图13-28）

别名：五彩苏、洋紫苏、锦紫苏

拉丁名：*Coleus scutellarioides*（L.）Benth
科属：唇形科 鞘蕊花属

1) 形态特征：多年生草本，北方常作一年生栽培。全株具柔毛，茎通常紫色，四棱形，基部木质化。叶对生，大小、形状及色泽变异很大，通常卵圆形，质薄，边缘具锯齿，两面有软毛；叶表面绿色，具有黄、红、紫等斑纹，下面常散布红褐色腺点。轮伞花序多花，密集排列成圆锥花序，花梗长约2mm；花萼钟形，10脉，外被短硬毛及腺点。花冠浅紫至紫或蓝色，外被微柔毛，冠筒骤然下弯，冠檐二唇形，上唇直立白色、4裂，下唇内凹、舟形，淡蓝色或带白色。小坚果阔卵形或圆形，压扁，褐色。花期7～9月。

图13-28 彩叶草

2) 产地分布：原产于印度尼西亚的爪哇岛，主要分布在非洲、亚洲、大洋洲和太平洋岛屿，现世界各国广泛栽培，国内各地常见。

3) 生态习性：喜光照充足和温暖湿润的环境，要求水肥条件好、疏松、透气的沙质壤土，在盐碱及重黏土地不适宜或生长不良。不耐寒，不耐水淹，忌积水，忌烈日暴晒。

4) 园林用途：彩叶草植株致密，姿态多变，叶色绚丽多彩，是重要的观叶植物。纯色常用于花坛配色，复色和叶形奇特品种常用于盆栽。

第十四章　宿根花卉

宿根花卉是指具宿存的地下越冬组织，能够生存两年或两年以上、成熟后每年开花的多年生草本植物。宿根花卉种类丰富、用途广泛，是植物配植中不可或缺的材料。其株形、色彩、花期等多种多样，生态习性各不相同，为我们的园林应用提供了丰富的材料。

宿根花卉花形美丽、管理较为简便，能带来不同的季相效果，常用在花境配植及群落栽植中，能在不同的环境中进行各种组合搭配并表现其独特姿态和群落效果，是宿根花卉的魅力所在。

1. 芍药（图 14-1）

别名：将离、殿春花

拉丁名：*Paeonia lactiflora* Pall

科属：芍药科 芍药属

1）形态特征：多年生宿根草本。主根肉质，粗壮，纺锤形或圆柱形。茎无毛，下部茎生叶为二回三出复叶，上部茎生叶为三出复叶；小叶通常3深裂，狭卵形、椭圆形或披针形，先端渐尖，边缘有白色骨质细齿，两面无毛，或背面沿叶脉疏生短柔毛。花数朵，生于茎顶和叶腋，有时仅顶端1花开放；苞片4～5枚，披针形，大小不等；萼片4枚，宽卵形或近圆形；单瓣或重瓣，有白、黄、绿、红、紫、紫黑、混合色等多种；花丝黄色；花盘浅杯状，包被雌蕊基部，顶端裂片钝圆；蓇葖果，顶端有喙；种子黑色。花期4～5月；果期8～9月。

图 14-1　芍药

2）产地分布：原产我国，分布于东北、华北、陕西及甘肃南部。朝鲜、日本、蒙古及西伯利亚等地区也有分布。

3）生态习性：喜光，耐寒，萌芽力强。喜向阳处，但忌烈日直晒。在土壤深厚、疏松肥沃、排水良好的壤土中生长良好，忌积水和盐碱。

4）园林用途：芍药是我国十大传统名花之一。花朵硕大，花容俏丽，被奉为"花相"；各地园林普遍栽培，常作专类园观赏，或用于花境、花坛及林缘自然式丛植。丛植或孤植于庭院中，也能充分地展示其雍容华贵的姿态。

2. 石竹（图 14-2）

别名：洛阳花

拉丁名：*Dianthus chinensis* L.

科属：石竹科 石竹属

1）形态特征：多年生宿根草本。茎直立，簇生而细弱，上部分枝。茎有节，膨大似竹，故名"石竹"。叶对生，条形或线状披针形，主脉明显，基部抱茎。花单朵或数朵簇生于茎顶；苞片4～6枚，卵形，顶端长渐尖，长达花萼的1/2以上。花萼筒圆形，上有纵向条纹。花瓣5枚，花瓣具爪，先端浅裂呈牙齿状，边缘具明显的三角形小齿，或重瓣，颜色有红、紫、粉、白等色，也有杂色和复色。苞片与萼筒近等长；蒴果长圆形，4瓣裂，种子扁圆形，黑褐色。花、果期5～9月。

图14-2 石竹

同属植物：

① 须苞石竹（*Dianthus barbatus*）：茎粗壮直立，少分枝。叶片狭披针形至卵状披针形，抱茎；叶脉3～5条，具平行脉，中脉明显。花小而多，聚伞花序密集成头状，下面具端部细长如须的叶状苞片；苞片披针状线形，花萼圆筒形；花瓣紫红色、粉红或白色，花瓣上常有异色环纹或镶边而形成复色，顶端具多数不整齐的齿裂。花、果期3～7月。原产欧洲及亚洲。

② 常夏石竹（*Dianthus plumarius*）：植株密集低矮，茎叶较细，被白霜，灰绿色。茎毡状丛生，枝叶细而紧密。叶缘具细齿，中脉在叶背隆起；花2～3朵顶生，花瓣先端深裂呈流苏状，基部爪明显，质如丝绒；花粉红、红、白、复色等色，表面常有环纹或紫黑色的心，芳香浓郁，花期6月。

③ 瞿麦（*Dianthus superbus*）：植株不具白霜，浅绿色。茎丛生，上部分枝。叶平展，条状披针形或条形，两面无毛，边缘有缘毛。花单生或数朵成疏聚伞圆锥花序；萼下苞片2～3对，倒卵形或阔卵形，长为萼的1/4；萼圆筒形，先端有长尖，绿色或带紫红色；花瓣深裂成羽状，先端流苏状，淡红色。

④ 香石竹（康乃馨）（*Dianthus caryophyllus*）：常绿亚灌木，作多年生栽培。茎、叶光滑，绿色而稍被白粉。茎直立，多分枝。叶对生，基部抱茎，茎基部常木质化。叶线状披针形，全缘，灰绿色。花单生或2～5朵簇生枝顶，花瓣多数，先端齿裂，广倒卵形，具爪，芳香；花色有红、粉红、大红、紫红、黄、白色等。苞片2～3层，紧贴萼筒。花期5～10月。

2）产地分布：原产我国，南北方均有分布，俄罗斯西伯利亚地区和朝鲜也有分布，常生于草原和山坡草地。

3）生态习性：喜阳光充足、干燥、凉爽的环境。性耐寒，不耐酷暑；耐干旱、耐瘠薄，适于偏碱性土壤，忌湿涝和黏土。

4）园林用途：石竹枝叶浓绿而密集，低矮且高度一致，花色鲜艳，带有清雅的微香，花朵繁密而且花期一致，群体景观效果好，能形成良好的地被景观。此外，还可用于花坛、花境；丛植路边及草坪边缘。

3. 倒挂金钟

别名：吊钟海棠、吊钟花

拉丁文：*Fuchsia hybrida* Hort.

科属：柳叶菜科 倒挂金钟属

1）形态特征：半灌木或小灌木，为栽培杂种。株丛直立光滑，茎直立，细长，褐色，小枝细长，平展或稍下垂弯曲，晕粉红色或紫色。叶对生或三叶轮生，光滑，椭圆形至阔卵形，先端尖，缘有疏齿。花单生于枝上部叶腋，具长梗而柔软，花朵下垂；萼筒与裂片近等长，深红色，裂片平展或反卷；花瓣4枚，长于萼筒；雄蕊长，伸出花外。花瓣紫色、白色或红色；有单瓣、重瓣品种及矮生变种，还有花小而繁、花大而稀疏及一些观叶品种等。花期1~6月。

2）产地分布：原产中南美洲。我国西南、西北广泛栽培。

3）生态习性：喜温暖、湿润、半阴、通风良好；不耐炎热、高温，稍耐寒；夏季宜生长于半阴处，忌雨淋。

4）园林用途：花形奇特，花朵秀丽，色彩艳丽，盛开时犹如一个个悬垂倒挂的彩色灯笼，是优良的室内盆花。夏日凉爽地区布置花坛、花境。

4. 四季海棠（图14-3）

别名：瓜子海棠、玻璃海棠

拉丁名：*Begonia semperflorens* Link et Otto

科属：秋海棠科 秋海棠属

1）形态特征：多年生多浆常绿草本，茎直立、光滑，稍肉质，有发达的须根。单叶互生，有光泽，叶片卵圆至广卵圆状，边缘有锯齿及缘毛，基部歪斜，绿色或紫红色，或绿色而有紫晕。聚伞花序腋生，花单性，雌雄同株，花色有红、粉红和白等色。雄花较大，花瓣2片，宽大；萼片2枚，较狭小；雌花稍小，花被片5枚。也有重瓣类型。蒴果三棱形，种子细小，多数。花期长，可四季开放，夏季略少。

2）产地分布：原产南美巴西。

3）生态习性：喜温暖、喜湿润、较耐阴，不耐寒，忌高温、盐碱和积水。

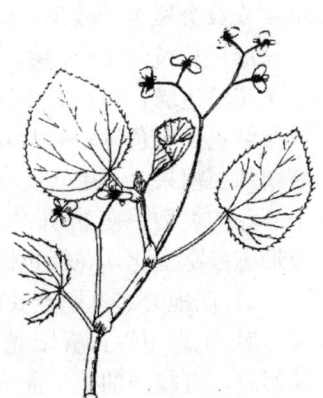

图14-3 四季海棠

4）园林用途：植株低矮，株形圆整，盛花时，植株表面为花朵所覆盖，花色丰富，色彩鲜明，是夏季花坛的重要材料。常用以盆栽、花坛、花境、地被、草坪中点缀。

5. 蜀葵（图14-4）

别名：大蜀季、一丈红

学名：*Althaea rosea*（L.）Cavan.

科属：锦葵科 蜀葵属

1）形态特征：多年生草本，常作二年生栽培。株高可达2~3m，茎枝密被刺毛。茎直立，不分枝；叶互生，具长柄，近圆心形，5~7掌状浅裂或波状角裂，具齿，叶面粗糙多皱。花大，腋生，聚成顶生总状花序，具叶状苞片；副萼合生，具8裂；花色丰富，有白、粉、桃红、大红、深红、雪青、深紫、墨红、淡黄、橘红等色；栽培类型有重瓣及丛生型。花期7~9月。

2）产地分布：原产我国西南地区，在华东、华北等地区均有分布。世界各地广泛栽培。

3）生态习性：性强健，喜凉爽、耐寒；喜光，也耐半阴；宜肥沃、排水好的土壤，忌水涝。

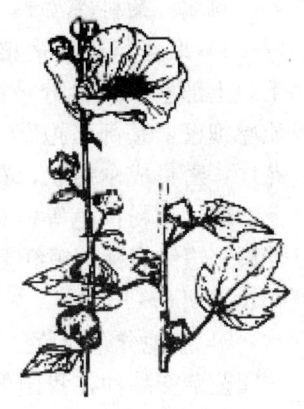

图14-4 蜀葵

4）园林用途：植株挺立，叶大花繁，花色丰富，花大色艳，是重要的夏季园林花卉。在建筑物前或墙垣前丛植或列植，有很高的观赏价值，还是优良的花境材料，在其中作竖线条的花卉。

6. 菊花（图14-5）

别名：秋菊、陶菊

拉丁名：*Chrysanthemum grandiflorum*（Desf.）Dum. De Cours.

科属：菊科 菊属

1）形态特征：多年生宿根草本花卉。茎直立，多分枝，被柔毛，基部半木质化。单叶互生，有柄，卵形至宽卵形，羽状浅裂或深裂，边缘有锯齿，基部楔形；上面深绿色，下面略淡，两面均有细柔毛。花梗高出叶面，头状花序顶生，单生或数个聚生于枝顶，微香。花茎因品种不同而异；总苞半球形，总苞片3～4层，外层绿色，边缘膜质；舌状花着生于花序边缘，雌性，多层，白色、雪青色、黄色、浅红色或紫红色及复色等；管状花两性，多数，黄色，基部带有膜质鳞片。瘦果无冠毛。花期9～12月，也有夏季、冬季及四季开花的类型；瘦熟期12月至翌年2月。花的大小、颜色及形态极富变化，花期也因品种而异。

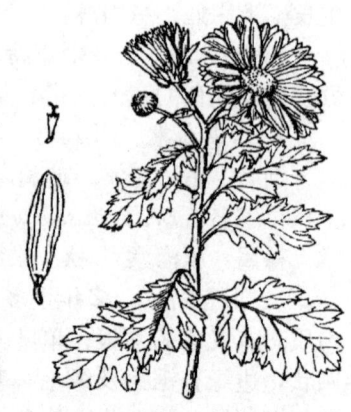

图14-5 菊花

2）产地分布：原产我国，世界各地均有分布。

3）生态习性：喜阳光充足环境，但夏季应遮蔽烈日照射，为短日照植物。喜凉爽、较耐寒，有较强的抗旱能力，喜疏松肥沃、通气透水良好的沙壤土，忌积水，忌连作。

4）园林用途：清雅飘逸，华润多姿，瓣形变化多样，色彩丰富各异，花期长，可造型观赏，是经长期人工选择培育出的名贵观赏花卉。菊花品种繁多，花型、花色丰富多彩，适用于花境、花坛栽植摆放，色带、色块栽植，林缘草地丛植或片植，庭院栽植以及盆栽观赏。

7. 荷兰菊（图14-6）

别名：纽约紫菀、柳叶菊

拉丁名：*Aster novi-belgii* L.

科属：菊科 紫菀属

1）形态特征：宿根草本，茎直立，多分枝，被稀疏短柔毛，上部呈伞房状分枝；地下茎横走。叶互生，线状披针形，质感细密，基部略抱茎，全缘或有浅锯齿；上部叶无柄；头状花序，密集成伞房状；花较小，舌状花1～3轮；花色有浅蓝、蓝、紫红、粉白色等。总苞钟形，总苞片线形，绿色，微向外伸展，边缘有稀疏短纤毛。瘦果长圆形，冠毛毛状，淡黄褐色。花、果期8～10月。

2）产地分布：荷兰菊是原产北美的新比紫菀与英格兰紫菀的园艺杂交品种在我国的统称，在国外称新比紫菀，因我国从欧洲引进，故称荷兰菊。

图14-6 荷兰菊

3）生态习性：耐寒性强，也耐炎热，喜凉爽；喜温暖湿润、阳光充足的环境；喜肥沃、排水良好的沙壤土或腐叶土。

4）园林用途：荷兰菊株型圆整，花朵繁密，花色艳丽，花开于百花凋零的晚秋，花期较长，多用作花坛、花境材料，也可片植于大面积空地作地被植物，或与草坪搭配拼组图案并修剪造型，还可作盆花或切花。

8. 非洲菊（图 14-7）

别名：扶郎花

拉丁名：*Gerbera jamesonii* Bolus.

科属：菊科 大丁草属

1）形态特征：多年生无茎草本，常绿性；具较粗的须根。全株被细毛，叶莲座状基生，具长柄，长椭圆形至长圆形，不规则羽状浅裂或深裂；叶背被白绒毛。头状花序单生于花葶顶，具有长总梗，花梗中空；总苞钟形，外层舌状花 1~2 轮，或多轮，倒披针形，端尖，三齿裂，淡红色、紫红色、白色或黄色；筒状花较小，常与舌状花同色，管端二唇状；冠毛丝状，乳黄色。瘦果圆柱形，密被白色短柔毛。四季开花，以春季和秋季为盛。

图 14-7 非洲菊

2）产地分布：原产非洲南部，现世界各地广为栽培。

3）生态习性：喜冬暖夏凉、空气流通、阳光充足的环境，不耐寒，忌炎热；喜肥沃疏松、排水良好、富含腐殖质的沙质壤土，忌黏重土壤，宜微酸性土壤，不耐积水，不宜连作。

4）园林用途：花色艳丽、明亮，花期长，在华南地区四季常绿，主要作为切花，是世界重要切花之一。花色饱和度高，艳而不妖，丽若云霞，娇媚高雅，在我国南方，非洲菊可以布置花境和自然丛植。

9. 一枝黄花（图 14-8）

别名：野黄菊、百根草

拉丁名：*Solidago decurrens* Lour.

科属：菊科 一枝黄花属

1）形态特征：多年生草本。茎光滑，全株被粗毛。单叶互生，叶披针形，质薄，具 3 行明显叶脉，表面粗糙，叶背有柔毛。密生小头状花序组成圆锥花序，总苞 4~6 层，近钟形，圆锥花序生于枝端，稍弯曲而偏于一侧，花黄色，花期 7~8 月。

图 14-8 一枝黄花

2）产地分布：原产北美东部。四川、广东、云南、台湾等地广泛分布。

3）生态习性：喜光、凉爽、高燥；耐寒，耐旱；性强健，对土壤要求不严。

4）园林用途：种植于花境、花丛、高速公路两旁。有入侵性，不宜大面积片植。

10. 金光菊（图 14-9）

别名：黑眼菊、假向日葵

拉丁名：*Rudbeckia laciniata* L.

科属：菊科 金光菊属

1）形态特征：多年生草本，茎上部有分枝，稍被短糙毛。叶互生，叶片较宽，基生叶羽状5~7裂；茎生叶3~5深裂或浅裂，具少数锯齿。头状花序单生或数个合生于枝顶，具长总梗；舌状花金黄色，倒披针形，下垂；筒状花黄绿色；总苞半球形，苞片稀疏、叶状；花期7~10月。

2）产地分布：原产北美。我国各地常见栽培。

3）生态习性：耐寒，喜温暖；宜阳光充足、通风良好；耐干旱，对土壤要求不严，适应性很强。

4）园林用途：适合庭院丛植、群植；也可在花坛、花境、草地边缘、道路两侧栽植；也是切花的精品。

图14-9 金光菊

11. 银叶菊

别名：雪叶菊

拉丁名：*Senecio cineraria* DC.

科属：菊科 千里光属

1）形态特征：多年生草本。全株被白色绒毛，呈银灰色。茎直立多分枝。叶质较薄，叶互生，一至二回羽状分裂，银白色。头状花序单生枝顶，成紧密的伞房状，花小、黄色，单瓣花型。花期6~9月。

2）产地分布：原产欧洲。现已广布于华南各地。

3）生态习性：喜凉爽湿润、阳光充足的气候，耐寒性弱，忌炎热；直根性，宜疏松肥沃的土壤。

4）园林用途：重要的观叶植物，常用于花坛镶边，栽植于花境或作盆栽。

12. 桔梗（图14-10）

别名：僧帽花、铃铛花

拉丁名：*Platycodon grandiflorus* (Jaeq.) A. DC

科属：桔梗科 桔梗属

1）形态特征：多年生草本。地上茎直立，有乳汁，通常不分枝。块根肥大多肉，胡萝卜状。叶互生或对生，或3叶轮生，近无柄，卵形至披针形，具锯齿，叶背具白粉。花单生于茎顶或数朵聚合呈总状花序。花冠钟形，蓝紫色或蓝白色，未开时抱合似僧冠，六角状，酷似鼓鼓的小气球，开花后花冠宽钟状，蓝紫色，有白花、大花、星状花、斑纹花、半重瓣花及植株高矮不同等品种；萼钟状，宿存；花期6~9月。

2）产地分布：原产我国、朝鲜和日本。

3）生态习性：耐寒性强，喜凉爽、湿润；喜阳光充足，也耐微阴。宜排水良好、富含腐殖质的沙质土壤，忌积水。

图14-10 桔梗

4）园林用途：花大，花期长，花色美丽，在自然界中多生长于山坡草丛间，有很强的田园气息。高型品种可用于花境，展示其优美华贵的花姿花色；中矮型品种可点缀岩石园；矮型品种多用于切花。

13. 非洲紫罗兰（图 14-11）

别名：非洲紫苣苔、非洲堇

拉丁名：*Saintpauolia ionantha* Wendl

科属：苦苣苔科 非洲紫苣苔属

1）形态特征：多年生常绿草本。植株矮小，全株被绒毛。叶基部簇生，莲座状，稍肉质，卵圆形，具浅锯齿，两面密布绒毛，表面暗绿色，背面白色，常带红晕，叶具长柄。花茎红褐色；总状花序，着花1~8朵，具花梗，花萼色，花被片5枚，上2枚较小，花形似堇花，故又名"非洲堇"；花色十分丰富。花期夏秋季节，如温度适宜，则全年开花不断。

2）产地分布：原产热带非洲的坦桑尼亚。现我国有栽培。

3）生态习性：不耐寒，喜温暖、湿润、半阴，忌强阳光直射和高温；喜疏松肥沃、排水良好的腐殖质土壤。

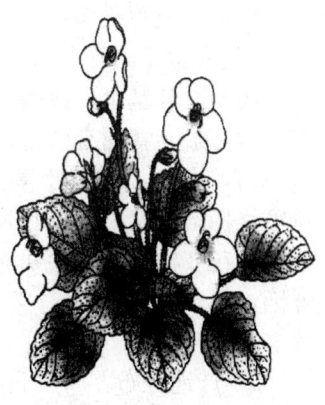

图 14-11 非洲紫罗兰

4）园林用途：植株矮小，花色丰富，气质高雅，花姿妩媚，极适宜室内环境是优良的室内盆花。

14. 芭蕉（图 14-12）

别名：甘蕉

拉丁名：*Musa basjoo* Sieb. et Zucc.

科属：芭蕉科 芭蕉属

1）形态特征：多年生大型草本植物，无明显主干，叶鞘覆叠成直立假茎。宽大的叶子轮生于茎顶，新叶由地下茎抽出。叶片长圆形，巨大，先端钝，基部圆形或不对称，表面鲜绿色有光泽，背面粉白色，两侧具与主脉垂直的平行脉；叶柄粗壮；淡黄色穗状花序下垂；苞片红褐色或紫色。雄花生于花序上部，雌花生于下部；雌花在每一苞片内10~16朵，排成2列；合生花被片具5齿，离生花被片几与合生花被片等长，顶端有小尖头。浆果长圆形，具3~5棱，肉质，形似香蕉。花期夏、秋季，果实12月成熟，但不可食用。

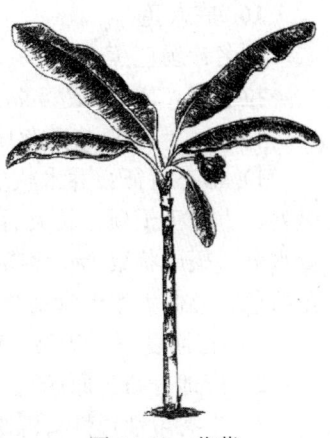

图 14-12 芭蕉

2）产地分布：原产日本和我国台湾，秦岭—淮河以南各地常露地栽培。

3）生态习性：性喜温暖湿润环境，耐半阴，适当的遮光有利于植株生长，更利于提高品质；喜土层深厚、疏松肥沃和排水良好的土壤。不耐寒；忌积水，若土壤持续积水很容易烂根。易遭风害。

4）园林用途：芭蕉株形高大，叶碧翠似绢，宽大如扇，有孕风贮凉之功，自古就有"芭蕉孕凉南国风"之说。"雨打芭蕉"也常被用来表达自然之美的意境。芭蕉可栽植在庭院中作为观赏，不仅美观而且具有屏障和分割作用，还常与太湖石、石笋、黄石等配置一处，装点墙拐、院角、路侧等角落；古典园林中常植于窗前，绿荫覆盖，蕉窗夜雨，诗情画意。

15. 鹤望兰（图 14-13）

别名：极乐鸟花、天堂鸟花

拉丁名：*Strelitzia reginae* Aiton

科属：芭蕉科 鹤望兰属

1) 形态特征：常绿宿根草本。茎极短而不明显；根粗壮、肉质。叶基生，两侧对生，叶片硬革质，长椭圆形或长椭圆状卵形，背面有白粉；叶柄中央有纵槽沟。总花梗从叶腋抽出，直立，与叶近等长，每个花序着花 3～9 朵，总状花序呈佛焰苞状，高于叶片，水平生长，基部及上部边缘近紫色，花 3 枚外瓣为橙黄色，3 枚内瓣舌状为亮蓝色，色彩鲜艳，花形奇特美丽，犹如仙鹤翘首远望；花期春夏或夏秋季。

图 14-13 鹤望兰

2) 产地分布：原产非洲南部。

3) 生态习性：喜温暖湿润，不耐寒，也不耐热，超过 30℃ 休眠；喜光照充足；喜富含腐殖质、肥沃而排水良好的土壤，耐旱，不耐湿涝。

4) 园林用途：鹤望兰叶大而挺秀，四季常青，花形奇特，色彩夺目，宛如仙鹤翘首远望，可丛植院角，点缀花坛中心，或作花境的背景材料，景观效果极佳。此外，鹤望兰也可盆栽，摆放于宾馆、接待大厅和大型会议厅，具清新、高雅之感。

16. 旅人蕉

别名：扇芭蕉、水木

拉丁名：*Ravenala madagascariensis* Adans.

科属：芭蕉科 旅人蕉属

1) 形态特征：乔木状多年生草本。具棕榈树状干；叶片大，形如芭蕉，具长柄，两纵列，直立于干顶，长大后似扇状排列；叶鞘紧密套叠，叶片长椭圆形。叶柄底部贮藏大量水分。蝎尾状聚伞花序腋生，花两性；每花序具舟形苞片，黑紫色，每苞片有花数朵；花白色，形似大型天堂鸟蕉。外花被片分离，相等；内花被两侧片与外被片相似，较下部 1 片短；花期夏季。蒴果，种子多数，假种皮蓝色。

2) 产地分布：原产马达加斯加岛。

3) 生态习性：性喜温暖、湿润、阳光充足环境，畏霜寒，忌低洼积涝。

4) 园林用途：旅人蕉长成后植株体态壮观，叶片翠绿，状如芭蕉，又如孔雀开屏，极富热带自然风光情趣。叶鞘与花苞片内又能贮水，可为旅行者提供清泉，其名称由此而来。宜在公园、风景区的草坪上栽植观赏。

17. 花叶山姜

拉丁名：*Alpinia pumila* Hook.

科属：姜科 山姜属

1) 形态特征：多年生常绿草本。根状茎平卧。叶具短柄，二列状；叶长圆状披针形，平行叶脉，叶面深绿色，叶背浅绿；叶鞘红褐色。穗状总状花序顶生，下垂，主花轴有毛；花形似兰花；苞片白色，顶端和基部粉红色；花冠白色；唇瓣卵形长而皱，顶端短二裂，反折，边缘具粗锯齿，白色，有红色网纹；果球形。花期 4～6 月；果期 6～11 月。

2) 产地分布：原产印度，产云南、广东、广西。

3) 生态习性：喜高温多湿环境，不耐寒，怕霜雪；喜阳光，又耐阴。对光照比较敏感，光照不足，叶片则呈黄色，不鲜艳；光线过暗，叶色又会变深。

4) 园林用途：植株矮小，花姿雅致，花香诱人，是一种极好的观叶兼观花植物。种植在溪水旁或树荫下，又能给人回归自然、享受野趣的快乐，也可盆栽，适宜厅堂摆设。

18. 玉簪（图14-14）

别名：玉春棒、白鹤花

拉丁名：*Hosta plantaginea*（Lam.）Aschers.

科属：百合科 玉簪属

1) 形态特征：多年生宿根草本，株丛低矮，圆浑。根状茎粗厚。叶基生成丛，具长柄；叶片卵状心形或卵圆形，叶缘微波状，先端渐尖，基部心形；叶脉呈弧状；总状花序，高出叶丛，着花稀疏。花葶有小花数朵至10余朵；花白色，芳香，未开时犹如簪头；花被漏斗状，先端6裂；蒴果圆柱形，3棱。花期6～7月，傍晚开放，翌日晚凋谢；果期9～10月。

同属植物：紫萼（*Hosta ventricosa*），根状茎粗，叶较窄小，质薄，卵状心形或卵圆形，基部下延至叶柄呈翅状，叶柄沟槽浅；侧脉7～11对。苞片长圆状披针形，白色，膜质；花较小，紫色，无香味，白天开放；花梗长约1cm；雄蕊离生，伸出花被之外。蒴果圆柱形，有三棱。花期7月；果期8～9月。

图14-14 玉簪

2) 产地分布：原产我国及日本。分布于我国长江流域及以南各省。

3) 生态习性：性强健，耐寒；耐阴，忌强烈日光照射，在浓荫通风处生长茂盛；喜土层深厚、肥沃湿润、排水良好的沙质土壤。

4) 园林用途：玉簪叶型优美，花色素雅，花叶共赏，清香宜人，以香、翠、素、雅著称，是中国古典园林中重要的花卉之一。在园林中可作为林下地被、花境、花坛材料，也可于岩石园或水边孤植、丛植，或植于建筑物北侧，还可盆栽观赏。此外，玉簪对氟化物很敏感，可作为大气氟污染的指示和监测植物。

19. 火炬花（图14-15）

别名：火把莲、红火棒

拉丁名：*Kniphofia uvaria*

科属：百合科 火炬花属

1) 形态特征：多年生常绿草本。根状茎稍带肉质，通常无茎。叶基生成丛，广线形，边缘内折，叶背有脊，缘有锯齿，革质，稍带白粉。圆锥形总状花序，密生下垂小花；蕾红色至深红色，自下而上开放，花朵黄色、红黄色并存，颇为可爱，形似"火炬"。花期夏季。

2) 产地分布：原产南非。

3) 生态习性：性喜温暖，光照充足，亦耐半阴；性强

图14-15 火炬花

健，对土壤要求不严，但以腐殖质丰富、排水良好的轻黏质壤土为适宜，忌雨涝积水。

4）园林用途：花形奇特挺拔，色彩艳丽，庭院中多群植作花境、花坛中心背景或坡地片植，鲜丽如火把的独特花序挺立在翠绿的叶丛中，别具特色。也可作为切花。

20. 鸢尾类（图 14-16）

拉丁名：*Iris*

科属：鸢尾科 鸢尾属

1）形态特征：多年生草本，根状茎长条形或块状，横走或斜伸，纤细或肥厚。叶多基生，相互套叠，多革质，排成 2 列，叶剑形、条形或丝状，基部鞘状。多数种类无明显的地上茎。花茎从叶中抽生，蝎尾状聚伞花序或圆锥状聚伞花序。花蓝紫色、紫色、红紫色、黄色、白色；花被裂片 6 枚，2 轮排列，外 3 枚常较大，反折下垂，无附属物或具有鸡冠状及须毛状的附属物，内 3 枚直立或外倾；雄蕊 3 枚；花柱 3 分枝，分枝扁平，拱形弯曲，鲜艳，呈花瓣状。蒴果室背开裂。

图 14-16 鸢尾

常见种类：

① 鸢尾（蓝蝴蝶）（*Iris tectorum*）

多年生草本；植株低矮。根状茎粗壮、圆柱形，匍匐多节，淡黄色。叶片纸质，淡绿色；叶基生，剑形，排列成扇形；基部重叠互抱成 2 列。花葶高出叶面，1～2 分枝，通常有花 1～4 朵；苞片 2～3 枚，草质，边缘膜质；花蝶形，蓝紫色；垂瓣倒垂形，具蓝紫色条纹，瓣基具褐色条纹，瓣中央有鸡冠状突起，白色带紫纹；旗瓣较小，拱形直立，基部收缢，色稍浅；蒴果长椭圆形，有 6 条明显的肋。花期 4～5 月；果期 6～8 月。原产我国中部。

② 德国鸢尾（*Iris germanica*）

根状茎粗壮而肥厚，扁圆形，有环纹。叶剑形，绿色被白粉而成灰绿色，质厚，革质，短于花茎。花茎有分枝；花较大，紫色、淡紫色、黄色或白色，有芳香气味；垂瓣倒卵形，中央具黄色须毛及斑纹，旗瓣较垂瓣色浅，拱状直立。苞片下部绿色，上部常皱缩带紫红色。花期 4～5 月；果期 6～8 月。原产欧洲。

③ 蝴蝶花（扁竹）（*Iris japonica*）

别名：日本鸢尾、兰花草

直立根状茎扁圆形、棕褐色，横走根状茎节间长、黄白色。叶暗绿色有光泽，近地面处带红紫色，剑形，嵌叠着生成阔扇形。花茎高于叶，顶生稀疏总状聚伞花序，分枝 5～12 个；花较小，淡蓝色或蓝紫色，垂瓣边缘具波状锯齿，中部有橙色斑点及鸡冠状隆起，旗瓣稍小，上部边缘有齿；花大。花期 3～4 月；果期 5～6 月。产长江流域、华南等地。

④ 扁竹兰（*Iris confusa*）

根状茎横走，黄褐色。地上茎直立，扁圆柱形，节明显，节上常残留有老叶的叶鞘。叶密集于茎顶，基部鞘状，互相嵌叠，排列成扇状；叶片宽剑形。花浅蓝色或白色；外花被裂片椭圆形，边缘波状皱褶；内花被裂片倒宽披针形；花柱分枝淡蓝色。蒴果椭圆形。花期 4 月；果期 5～7 月。产广西、四川、云南。

2) 产地分布：鸢尾属植物主要分布于北半球温带，我国各地均产，主产西南、西北和东北地区，常野生于向阳坡地和水边湿地。

3) 生态习性：鸢尾喜阳光充足，也耐阴；耐寒性强，在我国大部分地区可安全越冬；要求适度湿润，排水良好，富含腐殖质、略带碱性的沙壤土。对氟化氢敏感，可作监测大气污染植物。

4) 园林用途：叶基生，叶丛美丽，花大艳丽或轻巧淡雅，观赏价值高。不仅用于园林的种类多，而且生态习性差异大，可作为鸢尾专类园。同时鸢尾还是优良的园林花卉，尤其是花境和水生植物园的重要材料。此外，可以作花丛、花群、地被。

21. 射干（图 14-17）

别名：乌扇、夜干

拉丁名：*Belamcanda chinensis*（L.）Redouté

科属：鸢尾科 射干属

1) 形态特征：多年生宿根草本。根茎鲜黄色，粗壮、短而坚硬。叶剑形，扁平而扇状互生，被白粉，纵向平行脉。总状花序顶生，二叉分歧，花梗基部具有膜质苞片，苞片卵形至卵状披针形，花被片橘黄色，外有暗红色斑点，花被片6，不明显2轮排列，花谢后，花被片呈螺旋状。蒴果椭圆形，具3棱，种子黑色。花期7～8月。

同属植物：矮射干（*B. flabellata*），植物稍矮。花色淡黄，花被片基部有橘黄色斑，初秋开花。原产日本。

2) 产地分布：原产我国、日本及朝鲜。

3) 生态习性：性强健，适应性强；耐寒力强；喜阳光充足的干燥环境；不择土壤，在湿润、排水好、中等肥力的沙质壤土上生长良好。

图 14-17　射干

4) 园林用途：生长健壮，花姿轻盈，叶形优美，在园林中多栽植于花境或花坛，也可路边或草地丛植，林缘及坡地片植，庭院、篱边及石旁配植。

第十五章　球根花卉

球根花卉是指植物地下部分变态膨胀，在地下形成球状物或块状物，大量贮藏养分，并能多年生长的草本植物。根据其肥大的器官不同，可分为鳞茎、球茎、根茎、块茎和块根等类型。虽然球根花卉花期较短，但是整齐的株姿、娇艳的花卉、独特的花形足以成为园林花卉中一道耀眼的风景。球根花卉可以营造不同的园林风格，大面积群植、片植景象壮观，将其配植点缀在其他花卉和灌木前随意而自然，盆栽观赏它更是娇艳而优雅。只要提供适宜的环境条件，它们都能在你所期望的时间内开出最美的花朵。

1. 大丽花（图 15-1）

别名：大理花、大丽菊、天竺牡丹

拉丁名：*Dahlia pinnata* Cav.

科属：菊科 大丽花属

1）形态特征：多年生草本。有粗大纺锤状肉质块根。块根外被革质外皮，表面灰白色、浅黄色或紫色。茎直立，多分枝，绿色或紫褐色，光滑粗壮、中空。叶对生，大型，一至三回羽状全裂，上部叶有时不分裂，裂片卵形或长圆状卵形，具粗钝锯齿，总柄微带翅状，上面绿色，下面灰绿色，两面无毛。头状花序顶生，有长花序梗，常下垂，总苞片外层约 5 片，卵状椭圆形，纸质，内层膜质，椭圆状披针形；舌状花 1 层，白色、红色或紫色，常卵形，先端有不明显的 3 齿，或全缘；管状花黄色。有时在栽培种上全部为舌状花。花朵大小差别很大，花色丰富，有黄、粉、橙、红、紫等多种颜色。瘦果长圆形，黑色，扁平，有 2 不明显的齿。花期 6～12 月。

图 15-1　大丽花

2）产地分布：原产墨西哥，是全世界栽培最广的观赏植物之一。我国各地广泛栽培，在云南有时野生。

3）生态习性：喜光，但阳光又不宜过强；喜凉爽，既不耐寒，又畏酷暑；抗病能力强；对土壤要求不严，忌积水。

4）园林用途：大丽花以富丽华贵取胜，花色艳丽、花型多变、品种极其丰富、花期长，是重要的夏秋季园林花卉，适于布置花坛、花境，也可做切花，是制作花篮、花环、花束的理想材料。

2. 大花美人蕉（图 15-2）

别名：红艳蕉、兰蕉

拉丁名：*Canna generalis* Bail.

科属：美人蕉科 美人蕉属

1）形态特征：多年生草本；具有肉质粗壮根状茎；茎、叶和花序均被蜡质白粉。茎绿色或紫红色，有黏液。叶大型，椭圆形，全缘，粉绿、亮绿或古铜色，也有红绿镶嵌或黄绿镶嵌的花叶品种。叶缘、叶鞘紫色。中脉明显，侧脉羽状平行。总状花序顶生；花大，比较密集；萼片3枚，绿色或紫红色，披针形；花冠裂片披针形，花瓣直伸。花瓣质地轻柔，直立而不反卷。外轮退化雄蕊3枚，倒卵状匙形，颜色多种，通常鲜艳，橘红、淡黄、白色均有；唇瓣倒卵状匙形，花色有乳白、黄、橘红、粉红、大红、复色等多种颜色。蒴果近球形，有小瘤状突起；种子黑色而坚硬。花期6～10月，果期7～10月。

图15-2 大花美人蕉

同属植物：美人蕉（*Canna india*），全株绿色，光滑。叶卵状长圆形。总状花序略超出于叶；花序疏散，花较小，常2朵聚生。花红色，苞片卵形，绿色；萼片3枚，披针形，有时染红；花冠裂片披针形，绿或红色；外轮退化雄蕊，鲜红色，其中2枚倒披针形，另1枚如存在则特别小，唇瓣披针形，弯曲。蒴果长卵形，有软刺。花、果期3～12月。

2）产地分布：原产美洲热带地区，我国各地均有栽培。

3）生态习性：喜阳光充足，温暖、湿润，具有一定的耐寒能力；耐旱，也可耐短期水涝；性强健，适应性强，几乎不择土壤，抗病力强；畏强风。

4）园林用途：因其叶片翠绿繁茂、硕大，花大色艳，花期长久，宜作花坛、花境背景或在花坛中心栽植，也可自然式丛植。

3. 百合类（图15-3）

别名：夜合、中蓬花、百合蒜

学名：*Lilium* spp.

百合科百合属植物的统称。

1）形态特征：多年生草本。地下具鳞茎，外无皮膜，由多数肥厚肉质的鳞片抱合而成。鳞片的外形是种的分类依据之一。地上茎直立，表面通常为绿色。叶互生或轮生；平行脉。叶无柄或具短柄。花单生、簇生或总状花序；花大而美丽，漏斗状、喇叭形、杯状等；花被片6枚，2轮，离生，常靠合而成钟形、喇叭形。花色有白色、粉色、橙色、红色、洋红色、紫色或具赤褐色斑点等，具芳香。雄蕊6枚，花药"丁"字形着生；柱头3裂。蒴果3室，种子扁平。花期初夏至初秋，而以夏季最盛。

常见种类：

图15-3 百合

① 野百合（*Lilium brownii*）

又名白花百合。鳞茎扁球形，黄白色，鳞片白色，披针形或卵状披针形。茎绿色，带紫色条纹，下部有小乳头状突起。叶片披针形、狭披针形至条形，通常自下向上渐小，全缘。花单生或2至数朵排成近伞形；花大，喇叭形，乳白色，北面中肋带褐色纵条纹，花筒长约为花长的1/3，极香；花被片倒披针形，内轮花被片蜜腺两边有小乳头状突起；花丝中部以下被柔毛。花期6~7月；果期9~10月。分布于华东、华中、华南、西南等地，生于山沟、山坡草丛中及疏林下。

② 王百合（岷江百合）（*Lilium regale*）

鳞茎宽卵圆形，紫红色，鳞片披针形；茎直立。叶狭条形，深绿色，细软而下垂。花横生。花大，喇叭形，花冠白色，喉部黄色，外侧具淡紫色晕，芳香。蒴果长卵形，黄褐色。花期6~7月；果期9~10月。产四川省。

③ 麝香百合（*Lilium longiflorum*）

茎基部淡红色。鳞茎近球形，鳞片白色。叶片散生，披针形或矩圆状披针形，深绿。花单生或簇生，喇叭形，蜡白色，基部略带绿色，花筒上部扩张呈喇叭状；极香。花期5~6月；果熟期8~9月。产我国台湾。原种特产于日本。

④ 渥丹（*Lilium concolor*）

鳞茎卵球形，鳞片较少，白色，近基部有时带紫色，有小乳头状突起。叶散生，条形。脉3~7条。花1~5朵排成近伞形或总状花序；花直立，星状开展，深红色，无斑点，花被片矩圆状披针形。花期6~7月；果期8~9月。分布于河南、河北、山东、陕西、山西和吉林。

⑤ 毛百合（兴安百合）（*Lilium dauricum*）

鳞茎卵球形，鳞片宽披针形。叶散生，在茎顶端有4~5枚叶片轮生，基部有一簇白色绵毛。苞片叶状；花1~2朵顶生，橙红或红色，有紫红色斑点，外轮花被片倒披针形，外面有白色绵毛。花期6~7月；果期8~9月。产东北、内蒙古、河北。

⑥ 卷丹（*Lilium lancifolium*）

别名南京百合、虎皮百合。鳞茎卵状球形，鳞片白色，宽卵形。茎直立，绿色或带淡紫色，有白色绵毛。叶片卵状披针形或披针形，先端渐尖，边缘有乳头状突起；上部叶腋有珠芽。花排成圆锥状总状花序，橘红色，下垂；花梗粗壮，有白色绵毛；花被片披针形，开后反卷，呈球状，内侧有紫黑色斑点。蒴果狭长倒卵形；种子多数。花期6~7月；果期8~9月。

⑦ 湖北百合（*Lilium henryi*）

又名鄂西百合。茎常弯曲，有紫色条纹。鳞茎黄褐红色，质厚而粗硬，近球形。叶2型，中下部叶矩圆状披针形，有短柄；上部的叶卵圆形，无柄。花下垂，花瓣反卷，橙黄色，具稀疏的黑色斑点，蜜腺两边有流苏状突起，花药深橘红色。花期6~7月。我国特有品种，产湖北、贵州、江西等地。世界各地有栽培，华北可露地栽培。

⑧ 青岛百合（崂山百合）（*Lilium tsingtauense*）（图15-4）

鳞茎近球形。叶轮生，1~2轮，每轮5~14枚，矩圆状倒披针形、倒披针形至椭圆形，两面无毛。除轮生叶外还有少数散生叶，较小而狭，披针形。花单生或排成总状花序，橙红或橙黄色，带紫色斑点，花朵星状，花被不反卷。花期6月；果期8月。产山东和安徽。具有很高的观赏价值，因分布范围狭窄已被列入国家稀有濒危植物名录。

园艺分类：

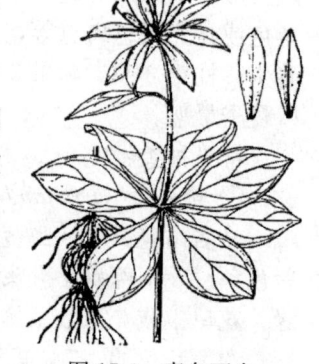

图15-4　青岛百合

百合的园艺品种众多，1982年，国际百合学会根据亲本的产地、亲缘关系、花色和花姿等特征，将百合的园艺品种分为9大类，即亚洲百合（*Asiatic hybrids*）、麝香百合（*Longiflorum hybrids*）、东方百合（*Oriental hybrids*）、星叶百合（*Martegon hybrids*）、白花百合（*Candidum hybrids*）、美洲百合（*American hybrids*）、喇叭形百合（*Trumpet hybrids*）、其他类型（*Miscellaneous hybrids*）和原种（包括所有种类和变种、变型）。这个分类系统已被普遍认可，并在所有的百合展览中采用。常见栽培的主要属于以下3类：亚洲百合杂种系，亲本包括卷丹、山丹、毛百合等，花直立向上，瓣缘光滑，花瓣不反卷；麝香百合杂种系，又称复活节百合，花色洁白，花横生，花被筒长，呈喇叭状，主要是麝香百合、台湾百合衍生的杂种或杂交品种；东方百合杂交系，包括鹿子百合（*L. speciosum*）、天香百合（*L. auratum*）、日本百合、红花百合及其与湖北百合的杂种，花斜上或横生，花瓣反卷或瓣缘呈波浪状，花被片上往往有彩色斑点。

2）产地分布：广泛分布在北半球温带，尤以东亚与北美为主要分布区。

3）生态习性：喜阳光充足或林下半阴环境，喜冷凉、湿润气候；耐寒，不耐热。忌连作，忌湿热、通风不良的环境。

4）园林用途：百合花姿雅致，叶片青翠娟秀，茎干亭亭玉立，色泽鲜艳，属名贵花卉。在园林中适合布置成专类花园。常用高、中茎种类在灌木或林缘前配植，中低类可在疏林下片植；亦可作花坛中心和花境背景栽植，也可草地丛植。

4. 郁金香（图15-5）

别名：洋荷花、草麝香、郁香

拉丁名：*Tulipa gesneriana* L.

科属：百合科 郁金香属

1）形态特征：多年生草本；鳞茎扁圆锥形，鳞茎皮纸质、棕褐色，内侧顶端和基部有少数伏贴毛。茎叶光滑，具白粉。叶基生，叶片条状披针形至卵状披针形，先端尖，有少数毛，全缘或稍波状，基部抱茎。花大，单生茎顶，直立，形状多样；花冠杯状或盘状；花形花色丰富，花被片内侧基部常有黑紫色或黄色色斑。常见有红、粉、黄、紫、白、绿、黑等颜色，也有复色品种。花被片6枚，2轮，离生，倒卵形或椭圆形，先端尖或钝圆，有微毛；蒴果，种子扁平。花期4～5月。

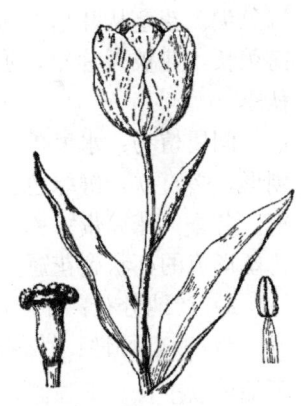

图15-5 郁金香

2）产地分布：原产地中海沿岸及亚洲中部和西部，欧洲广泛栽培，以荷兰最盛。我国均有栽培，主要以新疆、广东、云南、上海、北京为主。

3）生态习性：喜光，耐半阴。喜空气湿润、冬暖夏凉的环境。耐寒、耐旱。喜在疏松肥沃、富含腐殖质、排水良好的沙质土壤中生长，忌低湿黏重土壤，忌碱性土壤。

4）园林用途：花期较早，花色鲜艳，花形高雅，开花整齐，品种繁多，属世界名花，适宜作花坛配植、林缘丛植、色带色块栽植。大面积片植，观赏效果极佳。

5. 风信子（图15-6）

别名：洋水仙、五色水仙

拉丁名：*Hyacinthus orientalis* L.

科属：风信子科 风信子属

1) 形态特征：多年生草本。鳞茎球形，皮膜白、蓝、紫、粉色，具光泽，常与花色相关。叶基生，披针形至线性，较肥厚，先端钝圆，凹槽状，亮绿色。花茎肉质、中空，略高于叶，总状花序上部密生小钟状花，花斜生或略下垂，花瓣向外卷曲。整个花序看起来充实而丰盈。花有蓝、紫、粉、红、黄、白等颜色，芳香。花期3～4月。蒴果。

2) 产地分布：原产地中海、荷兰及小亚细亚半岛一带，现世界各地都有栽培。

3) 生态习性：喜凉爽，较耐寒，宜湿润及阳光充足的气候。喜肥沃，要求富含腐殖质、排水良好的沙壤土，忌积水。

图15-6 风信子

4) 园林用途：风信子植株低矮整齐，花期早，花姿优美，花色丰富，香味浓郁，为著名秋植球根花卉，是优良的花坛、花带、色块材料，也可布置于林缘、草坪、花境及小径旁。

6. 美丽蜘蛛兰（图15-7）

别名：美洲水鬼蕉

拉丁名：*Hymenocallis speciosa*

科属：石蒜科 水鬼蕉属

1) 形态特征：多年生常绿草本。地下具鳞茎。叶丛生质厚，叶背中脉突出，基部有纵沟，椭圆形至长圆状椭圆形，先端急尖。花茎从叶丛中抽出，粗大略扁；伞房花序顶生；花被筒稍长，花被裂片窄，形如蜘蛛，绿白色，有香气；花期夏、秋季。

同属植物：水鬼蕉（*H. americana*），又名美洲蜘蛛兰。叶剑形，多直立，鲜绿色。花茎扁平，花白色，无梗，呈伞房着生，芳香；花筒带绿色；花被裂片线形，比花筒略短；由雄蕊花丝形成的杯状副花冠，具齿牙缘。花期春末夏初。

图15-7 美丽蜘蛛兰

2) 产地分布：原产西印度群岛。

3) 生态习性：性强健，喜温暖、湿润；全光、半阴、微阴都可以生长。性强健，耐旱也耐湿。

4) 园林用途：花瓣细长，副冠皿形，花奇特素雅、芳香，是很好的观花赏叶植物。适于花境条植，或草地、灌木前丛植。

7. 石蒜（图15-8）

别名：彼岸花

拉丁名：*Lycoris radiata*（L'Her）Herb.

科属：石蒜科 石蒜属

1) 形态特征：多年生草本；鳞茎宽椭圆形至近球形，外被紫褐色的膜质鳞茎皮。叶于花后发出、夏季枯萎，基生，条形，表面深绿，背面粉绿色，中间有粉绿色带，先端钝。花茎单一，直立，实心；总苞片2枚，膜质；伞形花序着花4～10朵，小花鲜红至深红色,花被裂片向后反卷。花被管极短,绿色;花被裂片狭倒披针形,强度皱缩和反卷;雌、雄蕊显著伸出花被片外,与花冠同色。花期8～9月;果期10月。

同属植物:

① 鹿葱(*Lycoris squamigera*):又名夏水仙、叶落花挺。鳞茎宽卵形。叶条形,淡绿色。花单紫红色,有雪青或水红色晕,花被裂片斜展,雄蕊与花被片等长,花柱稍伸出花被外;具芳香。分布于华东,日本、朝鲜也有分布。

② 忽地笑(*Lycoris aurea*):又名黄花石蒜、铁色箭。鳞茎较大,皮膜黑褐色。叶宽条形,粉绿色,叶脉及叶片基部带紫红色。花大,黄色或橙色,稍两侧对称,花被筒长不及2cm,花被裂片向后反卷。分布于我国中南部,生于阴湿环境,花期9～10月。

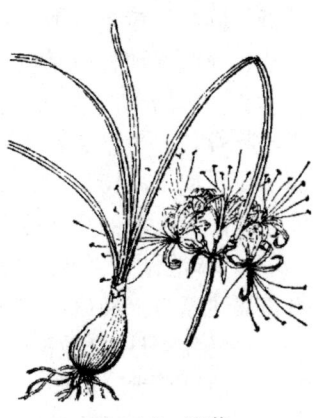

图15-8 石蒜

③ 长筒石蒜(*Lycoris longituba*):又名白花石蒜。本种花茎最高,花被筒最长,顶端稍反卷,花大型,白色,稍具红色条纹。分布江苏南部。

2)产地分布:原产中国,分布于长江流域及西南、华南,广泛栽培。

3)生态习性:耐寒,喜半阴环境;喜湿润,也耐干旱,喜偏酸性土壤,以疏松、肥沃、富含腐殖质、排水通气良好的土壤最佳。有夏季休眠习性。

4)园林用途:石蒜素有"中国的郁金香"之称。冬春叶色翠绿,夏秋红花怒放,极为艳丽,是优良的园林地被,适于林下自然式片植、布置花境或点缀草坪。因花期无叶,若与其他低矮草本植物混植,观赏效果更佳。

8. 水仙(图15-9)

拉丁名:*Narcissus tazetta* L. var. *Chinensis* M. Roem.

科属:石蒜科 水仙属

1)形态特征:多年生草本,鳞茎卵球形,外被棕褐色薄皮膜。叶与花茎同时抽出,基生,宽线形,顶端钝,全缘,粉绿色。花单生或多朵成伞形花序着生于花茎端部。花葶实心,约与叶等长;总苞片佛焰苞状,膜质;伞形花序,花芳香,平伸或下垂;花梗长于总苞片;花被高脚碟状,基部合成筒状,筒部近二棱,灰绿色,裂片6枚,卵圆形至阔椭圆形,白色;中央有杯状或喇叭状的副冠,淡黄色,不皱缩,长不及花被的一半;花期冬、春季。蒴果,室背开裂。

原种多花水仙(法国水仙)(*Narcissus tazetta*),分布广,自地中海到亚洲东南部。鳞茎大,葶多花,花被片白色,倒卵形,副花冠短杯状,黄色,芳香。

图15-9 水仙

同属种类:

① 喇叭水仙(*N. pseudo-narcissus*):又名洋水仙、黄水仙。鳞茎球形。叶宽带形,扁平,端钝圆,边全缘,灰绿色,光滑。花葶直立,从叶丛中抽出。花大,单朵,平伸,冠钟状或喇叭状,与花被等长或稍长,边缘皱褶或波状,略向外展,边缘具不规则齿牙和

皱折；同为鲜黄色，或花被白色、副冠黄色。花色艳丽但无香气。生长势强，常用于疏林草地、河滨绿地，也是良好的切花材料。原产南欧地中海地区。

② 中国水仙（*N. tazetta*）：别名水仙花、金盏银台、天蒜、雅蒜。叶狭长带状，花茎与叶等长；每茎着花3～11朵，呈伞房花序；花白色，芳香；副冠高脚碟状，较花被短得多；花期1～2月。为三倍体，不结种子。耐寒性差。最易水养观赏。中国水仙是栽培广泛的法国水仙的重要变种之一，主要集中于我国东南沿海一带。

2）产地分布：原产亚洲东部的温暖海滨地区，我国浙江和福建沿海岛屿，以上海崇明和福建漳州水仙最为有名，各地常见栽培。

3）生态习性：性喜温暖、湿润、阳光充足之环境，尤喜冬无严寒，夏无酷暑，春秋多雨之地。喜水、耐肥，要求富含有机质、水分充足而排水良好的中性或微酸性疏松壤土。亦耐干旱、瘠薄土壤和半阴；花期则宜阳光充足。

4）园林用途：水仙株丛清秀、花姿雅致、花色淡雅、芳香馥郁，花期正值春节，深受人们喜爱，是我国十大传统名花之一。适于园林中布置花坛、花境，尤其适宜片植。也宜于在疏林、草坪成丛成片种植。

9. 文殊兰（图15-10）

别名：十八学士

拉丁名：*Crinum asiaticum* L. var. *sinicum*（Roxb. ex Herb.）Baker

科属：石蒜科 文殊兰属

1）形态特征：多年生草本，植株粗壮。叶基形成的假鳞茎，长圆柱状，有毒。叶片基生，条状披针形，肥厚，浓绿色，先端渐尖，边缘波状。花葶直立，高约与叶片相等；小花组成顶生伞形花序；总苞片2枚，披针形，外折，白色，膜质；苞片多数，狭条形；花被高脚碟状，白色，芳香，筒部纤细，伸直；花被裂片条形；花丝上部淡红色，花药黄色。蒴果，近球形。盛花期夏秋季。原种叶片边缘不呈波状，花被裂片和花被筒均较短，产印度。

同属种类：西南文殊兰（*C. latifolium*），花被裂片较宽，披针形或长圆状披针形，花被管常稍弯曲。分布于云南、广西和贵州。

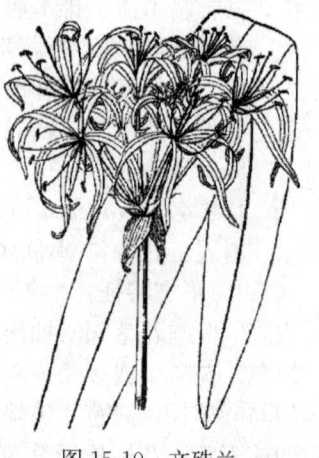

图15-10 文殊兰

2）产地分布：原产亚洲热带，我国海南岛有野生。分布于广东、福建和台湾，常生于海滨地区或河边沙地。

3）生态习性：喜温暖、湿润，不耐寒；喜光线充足，略耐阴，不耐烈日暴晒；耐盐碱。

4）园林用途：文殊兰花叶并美，开花时芳香馥郁，花色淡雅，具有较高的观赏价值，适于丛植观赏，可用于各类园林绿地、草坪点缀，还可作建筑周围的绿篱。盆栽则可用于布置大型厅堂、会议室，雅丽大方，满堂生香，令人赏心悦目。

10. 朱顶红（图15-11）

别名：百枝莲、华胄兰

拉丁名：*Hippeastrum rutilum*（Ker-Gwal.）Herb.

科属：石蒜科 朱顶红属

1）形态特征：多年生草本，鳞茎肥大，近球形，外皮淡绿色或黄褐色，并有匍匐枝。叶从鳞茎上抽生，2列状着生，花后抽出，鲜绿色，带状，略带肉质，与花同时或花后抽出。花茎自叶丛外侧抽出，粗壮而中空，稍扁，有白粉；伞形花序，花喇叭形，花梗短；花被管绿色，圆筒状；花被裂片长圆形，洋红色并稍带绿色；花丝红色。蒴果，室背3瓣裂。花期夏季。

2）产地分布：原产秘鲁和巴西一带，现广泛栽培。

3）生态习性：喜温暖湿润气候，不耐寒，忌酷热，阳光不宜过于强烈。怕水涝。喜肥。

图15-11 朱顶红

4）园林用途：朱顶红叶厚鲜绿，有光泽，花色柔和艳丽，花朵硕大肥厚，华南、西南地区可庭院丛植或用于花境，也可盆栽陈设于客厅、书房和窗台。

11. 唐菖蒲（图15-12）

别名：剑兰、菖兰

拉丁名：*Gladiolus gandavensis* Van Houtte

科属：鸢尾科 唐菖蒲属

1）形态特征：多年生草本。球茎扁圆球形，外包有棕色或黄棕色的膜质鳞片。叶基生或在花茎基部互生；基生叶剑形，基部鞘状，顶端渐尖，嵌叠状排成2列，灰绿色，有数条纵脉及1条明显而突出的中脉。叶脉凸起而显著，呈平行状。花葶直立，不分枝，花茎下部生有数枚互生的叶；顶生穗状花序，每朵花下有叶状苞片2枚，膜质，黄绿色，卵形或宽披针形，中脉明显，无花梗；花两侧对称，有红、黄、白或粉红等色；花冠由下向上渐小，花朵由下向上渐次开放，花冠基部具短筒，呈偏漏斗状。花被管基部弯曲。花被裂片6枚，2轮排列，卵圆形或椭圆形，上面3片略大，最上面1片内花被裂片特别宽大，弯曲成盔状；雄蕊3枚，直立，花药条形，红紫色或深紫色，花丝白色，着生在花被管上；花色有红、黄、白、紫、蓝等深浅不同的颜色，亦有复色、洒金等品种。花瓣类型有平瓣、波瓣、皱瓣等变化。蒴果椭圆形或倒卵形，室背开裂；种子扁而有翅。花期7～9月；果期8～7月。

图15-12 唐菖蒲

2）产地分布：本种为杂交种。原产地中海沿岸、非洲热带，尤以南非好望角最多，为世界上唐菖蒲野生种的分布中心。

3）生态习性：喜光及长日照植物，夏季喜冷凉气候，不耐炎热，忌寒冻。喜排水良好、微酸性至中性的肥沃沙壤土，不耐涝。

4）园林用途：世界著名的四大切花之一，花茎挺拔修长，着花多，花期长，花色艳丽繁多，花型变化多，适宜布置花境或专类花坛，亦是切花的优良花材。

第十六章　水生花卉

水生花卉泛指生长于水中或沼泽地的观赏植物，与其他花卉明显不同的是，水生花卉对水分的要求和依赖远远大于其他各类花卉，因此也构成了其独特的习性。

水生花卉按其生活方式可以分为4类：挺水型，植株高大，根或地下茎扎入泥中生长发育，上部植株挺出水面，如荷花、慈姑、香蒲等，有些湿生和沼生植物也常作为挺水型花卉栽培；浮叶型，根状茎发达，无明显的地上茎或茎细弱不能直立，它们体内通常贮藏有大量的气体，使叶片或植株漂浮于水面，如睡莲、王莲、芡实等；漂浮型，根不生于泥中，植株漂浮于水面之上，随水流、风浪四处漂泊，如凤眼莲、水罂粟等；沉水型，根茎生于泥中，整个植株沉入水体之中，通气组织发达，如金鱼藻、狐尾藻之类。

水生花卉的根、茎、叶中有相互贯穿的通气组织，以利于在水生环境下满足植株对氧气的需要。栽培水生花卉的水池应具有丰富、肥沃的塘泥，并要求土质黏重。盆栽水生花卉的土壤也必须是富含腐殖质的黏土。由于水生花卉一旦定植，追肥比较困难，因此应在栽植前施足基肥，尤其是新开挖的池塘必须在栽植前加入塘泥并施入大量的有机肥料。

有地下根茎的水生花卉一旦在池塘中栽植时间较长，便会四处扩散，导致与设计意图相悖。因此，一般在池塘内需建种植池，以保证不四处蔓延。漂浮类水生花卉常随风而动，应根据当地情况确定是否需要固定位置。除某些沼生植物可在潮湿地生长外，大多要求相对稳定的水体条件，一般是缓慢流动的水体有利于生长。

水生花卉是布置水景的重要材料。可采用多种，也可仅取一种，与亭、榭、堂、馆等园林建筑构成具有独特情趣的景区、景点。

1. 荷花 （图 16-1）

别名：莲花、水芙蓉

拉丁名：*Nelumbo nucifera* Gaertn.

科属：睡莲科 莲属

1）形态特征：多年生水生植物。根茎（藕）肥大多节，横生于水底泥中。叶盾状圆形，表面深绿色，蜡质白粉覆盖，背面灰绿色，全缘并呈波状。叶柄圆柱形，密生小刺。花单生于花梗顶端、高托水面之上，有单瓣、复瓣、重瓣及重台等花型；花色有白、粉、深红、淡紫色或间色等变化；雄蕊多数；雌蕊离生，埋藏于倒圆锥状海绵质花托内，花托表面具散生蜂窝状孔洞，受精后逐渐膨大称为莲蓬，每一孔洞内生一小坚果（莲子）。花期6～9月，每日晨开暮闭。果熟期9～10月。

2）产地分布：原产亚热带、温带地区以及大洋洲，我国早在三千多年前即有栽培，在辽宁及浙江均发现过碳化的古莲

图 16-1　荷花

子，可见其历史之悠久。

3) 生态习性：荷花喜湿怕干，喜相对稳定的静水；对光照要求高，在强光下生长快，开花早。

4) 园林用途：荷花花大色艳，清香四溢，清波翠盖，赏心悦目。它中通外直，不蔓不枝，迎骄阳而不惧，出污泥而不染。为欣赏荷花的风采，可在池塘中依水域外貌建成若干大小不等、形状各异的种植槽，分别种植不同品种，争荣竞秀。小型池塘水景，主植荷花，缀以矾石，配植其他水生植物，尤具野趣。荷花又宜缸植、盆栽，可用于布置庭院和阳台。

2. 睡莲（图 16-2）

别名：子午莲

拉丁名：*Nymphaea tetragona* Georgi

科属：睡莲科 睡莲属

1) 形态特征：多年生水生花卉；根状茎平卧，浸生于淤泥中；叶常浮水，绿色，叶纸质或近革质，基部具深弯缺，盾状或心形，芽时内卷；花常两性，辐射对称，浮于水面或突出水面；萼片通常 4 片；花瓣少数或多数。花期 5 月中旬至 9 月；果期 7~10 月。

2) 产地分布：广布于温带与热带地区，我国各省区均有种植。

图 16-2 睡莲

3) 生态习性：睡莲喜强光，通风良好，所以在晚上睡莲花朵会闭合，到早上又会张开。在岸边有树荫的池塘，虽能开花，但生长较弱。对土质要求不严，pH 值 6~8 情况下均生长正常，但喜富含有机质的壤土。生于池沼、湖泊中，一些公园的水池中常有栽培。

4) 园林用途：睡莲是花、叶俱美的观赏植物。古希腊、古罗马最初将其敬为女神供奉，16 世纪意大利的公园多用来装饰喷泉或点缀厅堂外景。现欧美园林中普遍选用睡莲作水景主题材料。我国在 2000 多年前汉代私家园林中已有应用，如博陆侯霍光园中的五色睡莲池。

3. 王莲（图 16-3）

拉丁名：*Victoria amazonica* Sowerby

科属：睡莲科 王莲属

1) 形态特征：王莲是水生有花植物中叶片最大的植物，其初生叶呈针状，长至 2~3 片时呈矛状，4~5 片时呈戟形，6~7 片时完全展开呈椭圆形至圆形，到 11 片叶后叶缘上翘呈盘状，叶缘直立，叶片圆形，像圆盘浮在水面，叶面光滑，绿色略带微红，有皱褶，背面紫红色，叶柄绿色，长 2~4m，叶背面和叶柄有许多坚硬的刺，叶脉为放射网状。由于其叶片和叶脉内具有很多大的空腔，腔内充满气体，因而使叶片浮于水面。叶子背面生长着粗壮的叶脉，板状隆起，纵横交错构成一个个高 10cm 以上的方形小格，有利于保持叶片开展性，增加叶片

图 16-3 王莲

的排水力和负载力。王莲的花很大,单生叶腋,有 4 片绿褐色的萼片,呈卵状三角形,外面全部长有刺;花瓣数目很多,呈倒卵形,雄蕊多数,花丝扁平;子房下部长着密密麻麻的粗刺。花期为夏或秋季,傍晚伸出水面开放,甚芳香,第一天白色,有白兰花香气,次日逐渐闭合,傍晚再次开放,花瓣变为淡红色至深红色,第 3 天闭合并沉入水中。浆果呈球形,种子黑色,9 月前后结果。

2) 产地分布:原产南美洲热带,自生于河湾、湖畔水域。现已引种到世界各地植物园和公园。我国从 20 世纪 50 年代开始相继从世界各地引种。

3) 生态习性:喜高温高湿,耐寒力极差,气温下降到 20℃ 时,生长停滞。气温下降到 14℃ 左右时有冷害,气温下降到 8℃ 左右,受寒死亡。

4) 园林用途:王莲以巨大的盘叶和美丽浓香的花朵而著称。观叶期 150 天,观花期 90 天,将王莲与荷花、睡莲等水生植物搭配布置,可形成一个完美、独特的水体景观,既具有很高的观赏价值,又能净化水体。家庭中的小型水池同样可以配植。大型单株具多个叶盘,孤植于小水体效果较好。

4. 慈姑(图 16-4)

别名:燕尾草、白地栗

拉丁名:*Sagittaria trifolia* L.

科属:泽泻科 慈姑属

1) 形态特征:多年生水生或沼生草本,植株高矮、叶片大小及其形状等变化复杂。根状茎横走,末端膨大或否。挺水叶箭形,叶片长短、宽窄变异很大,通常顶裂片短于侧裂片,顶裂片与侧裂片之间皱缩;叶柄基部鞘状,边缘膜质。花葶直立,常粗壮。花序总状或圆锥状,具花多轮,每轮 2~3 花。外轮花被片椭圆形或广卵形,内轮花被片白色或淡黄色,基部收缩。瘦果倒卵形。花、果期 5~10 月。

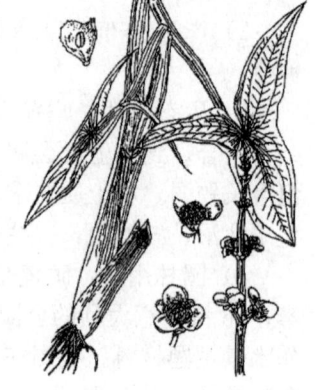

图 16-4 慈姑

2) 产地分布:除西藏等少数地区未见到标本外,几乎全国各地均有分布。

3) 生态习性:有很强的适应性,在陆地上各种水面的浅水区均能生长,但要求光照充足、气候温和、较背风的环境,要求在肥沃,但土层不太深的黏土上生长。常生长于浅湖、池塘、沼泽、沟渠等水域。

4) 园林用途:叶形奇特,适应能力较强,可作水边、岸边的绿化材料,也可作为盆栽观赏。地下茎可作蔬食。

5. 香蒲(图 16-5)

别名:蒲草

拉丁名:*Typha orientalis* Presl.

科属:香蒲科 香蒲属

1) 形态特征:多年生水生或沼生草本。根状茎乳白色。地上茎粗壮,向上渐细。叶片光滑无毛,上部扁平,下部腹面微凹,背面逐渐隆起呈凸形,横切面呈半圆形,细胞间隙大,海绵状;叶鞘抱茎。雌雄花序紧密连接;雄花序轴具白色弯曲柔毛,自基部向上具 1~3 枚叶状苞片,花后脱落;雌花序基部具 1 枚叶状苞片,花后脱落;雄花通常由 3 枚雄蕊组成，有时2枚，或4枚雄蕊合生，花药2室，条形，花粉粒单体，花丝很短，基部合生成短柄；雌花无小苞片；孕性雌花柱头匙形，外弯，花柱子房纺锤形至披针形，子房柄细弱，长香蒲；不孕雌花子房近于圆锥形，先端呈圆形，不发育柱头宿存；白色丝状毛通常单生，有时几枚基部合生，稍长于花柱，短于柱头。小坚果椭圆形至长椭圆形；果皮具长形褐色斑点。种子褐色，微弯。花期6～7月；果期7～8月。

2）产地分布：分布于我国华北、东北、华东地区及陕西、湖南、广东、云南、海南等省区。菲律宾、俄罗斯及大洋洲等也有分布。

3）生态习性：生于池塘、河滩、渠旁、潮湿多水处，常成丛、成片生长。喜温暖湿润气候及潮湿环境。对土壤要求不严，以含丰富有机质的塘泥最好，较耐寒。以选择向阳、肥沃的池塘边或浅水处栽培为宜。

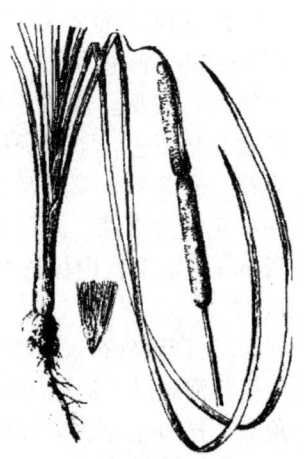

图16-5 香蒲

4）园林用途：叶片挺拔，花序粗壮、奇特，用于点缀园林水池、湖畔。叶片、花序可用作切花材料。此外，嫩芽为有名的水生蔬菜——蒲菜，味鲜美。叶称蒲草，可用于编织，花粉入药称蒲黄。

6. 黄菖蒲（图16-6）

别名：水烛、黄鸢尾

拉丁名：*Iris pseudacorus* L.

科属：鸢尾科 鸢尾属

1）形态特征：多年生水生草本，具粗壮根状茎，黄褐色；须根黄白色。基生叶灰绿色，宽剑形，顶端渐尖，基部鞘状，中脉较明显。花茎粗壮，上部分枝，茎生叶比基生叶短而窄；苞片3～4枚，绿色，披针形，顶端渐尖；花黄色。外花被裂片卵圆形或倒卵形，蒴果长形。内有种子数颗，褐色，有棱角。花期5月；果期6～8月。

2）产地分布：原产欧洲，现在世界各地都有引种。我国各地均引种栽培，喜生于河湖沿岸的湿地或沼泽地上。

3）生态习性：喜光，也较耐阴，在半阴环境下也可正常生长；耐旱、也耐湿，沙壤土及黏土上都能生长，在水边栽植生长更好；耐寒性强。

图16-6 黄菖蒲

4）园林用途：叶片碧绿青翠，花色黄艳，花型大，花姿秀美，极富情趣，如金蝶飞舞于花丛中，是庭院中的重要观赏花卉之一。适应范围广泛，可布置于园林中池畔河边的浅水区，既可观叶，亦可观花，是观赏价值很高的水生植物。如点缀在水边的石旁岩边，清新自然。也是优美的盆花、切花和花坛用花。

7. 芦苇（图16-7）

拉丁名：*Phragmites australis* (Cav.) Trin. ex Steud.

科属：禾本科 芦苇属

1）形态特征：多年生高大草本；有粗壮的匍匐状茎。秆高1～3m，圆柱状，中空，节下常有白粉。叶鞘圆筒形；叶舌极短，截平，或成一圈纤毛；叶片扁平。圆锥花序顶生，疏散，稍下垂，下部分枝腋部有白柔毛；小穗通常含4～7朵小花，颖3脉，第一颖长3～7mm，第二颖长5～11mm；第一小花常为雄性，其外稃长9～16mm；基盘细长，有长6～12mm的柔毛；内稃长约3.5cm，颖果长圆形。花、果期7～11月。

图16-7 芦苇

2）产地分布：为全球广泛分布的多型种，我国各地均产，生于江河湖泽、池塘沟渠沿岸和低湿地或浅水中。东北辽河三角洲、松嫩平原、三江平原，内蒙古呼伦贝尔和锡林郭勒草原，新疆博斯腾湖、伊犁河谷及塔城额敏河谷以及华北平原的白洋淀等是大面积芦苇集中分布的地区。

3）生态习性：生态幅极广，适生于多种生境类型。

4）园林用途：植株优美，开花季节特别美观，可用于水景园背景材料，也可点缀于桥、亭、榭四周及公园的湖边，在水深20～50cm，流速缓慢的水域可形成高大的群落。芦苇还是优良的保土固堤植物，苇秆可造纸和加工成人造丝、人造棉原料，也供编织席、帘等用；嫩时含大量蛋白质和糖分，为优良饲料；嫩芽也可食用；根状茎叫做芦根，入药。

8. 水葱（图16-8）

别名：莞、荷蔍

拉丁名：*Scripus validus* Vahl

科属：莎草科 藨草属

1）形态特征：多年生挺水草本，秆高1～2m，圆柱状，中空，平滑。匍匐根状茎粗壮，具许多须根，基部具3～4个管状、膜质叶鞘，最上面一个叶鞘具叶片。叶片线形。苞片1枚，为秆的延长，直立，钻状，常短于花序，极少数稍长于花序。圆锥状聚伞花序假侧生，具4～13个或更多个辐射枝；小穗椭圆形或卵形，单生或2～3个簇生于辐射枝顶端，具多数花。雄蕊3条，柱头2裂，略长于花柱。小坚果倒卵形或椭圆形，双凸状。花、果期6～9月。

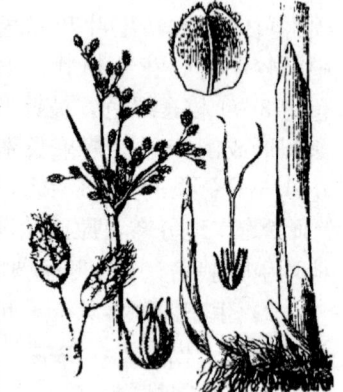

图16-8 水葱

2）产地分布：分布于我国东北、西北、西南各省区。朝鲜、日本、大洋洲等也有分布。

3）生态习性：生于湖边、水边、浅水塘、沼泽地或湿地草丛中。适应性强。喜生于温暖潮湿的环境，对土壤要求不严；喜光，耐半阴，较耐寒，在北方大部分地区地下根状茎在水下可自然越冬。

4）园林用途：水葱株形奇趣，茎秆挺拔翠绿。富有特别的韵味，在水景园中主要作背景材料，使水景园朴实自然，富有野趣。茎秆可作插花线条材料，也用作造纸或编织草席、草包材料。

9. 芡实（图 16-9）

别名：鸡头米、鸡头莲

拉丁名：*Euryale ferox* Salisb. ex Konig et Sims

科属：睡莲科 芡属

1）形态特征：一年生大型水生植物，多刺；根状茎粗短。叶2型，沉水叶箭形或椭圆形，两面无刺；浮水叶革质，圆肾形至圆形，盾状，全缘，边缘上折，上面绿色多皱，下面紫色，叶柄和花梗有刺。花紫红色，单生于花梗顶端，萼片4枚，披针形，宿存，外面绿色而密生钩状刺，内面紫色；花瓣多数，矩圆状披针形或披针形，紫红色，成数轮排列，向内渐变成雄蕊；雄蕊多数；柱头红色，成凹入的柱头盘。浆果球形，海绵质，紫红色，外面密生硬刺；种子球形，黑色。花期6～7月；果期8～9月。

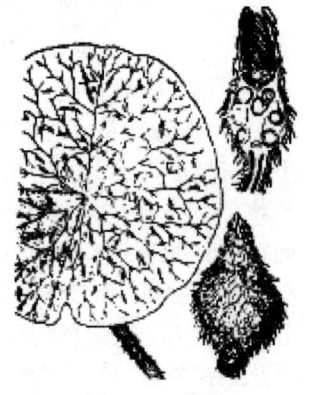

图 16-9 芡实

2）产地分布：产我国南北各省区池塘、湖沼中。

3）生态习性：喜温暖水湿，不耐霜寒，生长的适宜温度为20～30℃，温度低于15℃时果实不能成熟。生长期间需要全光照，水深以80～120cm为宜，最深不可超过2m。在含有机质丰富的肥沃水域，生长尤为茂盛。

4）园林用途：芡实叶大肥厚，浓绿皱褶，花色紫红、明丽，花形奇特，可以栽培观赏，为美丽的水景植物。在中式园林中，与荷花、睡莲、香蒲等配植水景，尤多野趣。种仁可供食用，根、茎、叶、果均可入药。

10. 萍蓬草（图 16-10）

别名：黄金莲、萍蓬莲

拉丁名：*Nuphar pumilum*（Hoffm.）DC.

科属：睡莲科 萍蓬草属

1）形态特征：多年生浮叶型水生草本。根状茎为肥厚块状，横卧。叶2型，浮水叶纸质或近革质，圆形至卵形，全缘，基部开裂呈深心形，叶面绿而光亮，叶背隆凸，叶柄圆柱形；沉水叶薄而柔软，边缘波浪状。花单生，圆柱状花柄挺出水面，花蕾球形；萼片5枚，倒卵形或楔形，黄色，花瓣状；花瓣10～20枚，狭楔形，似不育雄蕊，脱落；雄蕊多数，生于花瓣以内；子房基部在花托上，脱落。心皮12～15枚，合生成上位子房，心皮界线明显，各在先端成1柱头，使雌蕊的柱头呈放射形盘状。浆果卵形；种子矩圆形，黄褐色，光亮。花期5～7月；果期7～9月。

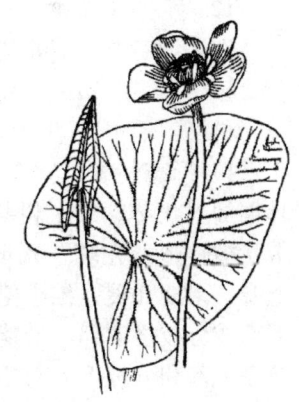

图 16-10 萍蓬草

2）产地分布：分布于华东各省及四川、吉林、黑龙江、新疆等地，西伯利亚地区和欧洲也有分布。

3）生态习性：性喜温暖、湿润、阳光充足的环境；对土壤选择不严，以土质肥沃、略带黏性为好；适宜水深为30～60cm，最深不宜超过1m；生长适温为15～32℃。

4）园林用途：花开时朵朵金黄色的花朵挺出水面，如金色阳光铺洒于水面，非常美丽,花叶俱佳,多用于池塘水景布置,与睡莲、莲花、香蒲、黄花莺尾等植物配植,形成绚丽多彩的景观;又可盆栽于庭院,在居室前向阳处摆放。根具有净化水体的功能。

11. 旱伞草（图 16-11）

别名:水竹、风车草

拉丁名:*Cyperus alternifolius* Linn.

科属:莎草科 莎草属

1) 形态特征:多年生挺水型常绿湿生草本。茎干直立丛生,三棱形,不分枝。叶退化成鞘状,棕色,包裹茎干基部。叶状总苞约20枚,近等长,长为花序的两倍以上,呈螺旋状排列在茎秆的顶端,向四面辐射开展,扩散呈伞状。聚伞花序,有多数辐射枝,每个辐射枝端常有4~10个2级分枝;小穗多个,密生于2级分枝的顶端,小穗椭圆形压扁,具6朵至多朵小花;花两性。果实为小坚果。花期6~7月;果期9~10月。

图 16-11 旱伞草

2) 产地分布:原产于非洲东部和亚洲西南部,我国南北各地均有栽培,有时野生。

3) 生态习性:性喜温暖、阴湿及通风良好的环境,适应性强,对土壤要求不严格,以保水强的肥沃土壤最适宜。沼泽地及长期积水地也能生长良好。生长适宜温度为15~25℃,不耐寒冷,冬季室温应保持在5~10℃。

4) 园林用途:干净雅致,清隽潇洒,株丛繁密,叶形奇特,是室内良好的观叶植物,除盆栽观赏外,还是制作盆景的材料,也可水培或作插花材料。长江流域以南可露地栽培,常配植于溪流岸边假山石的缝隙作点缀,别具天然景趣。

12. 菰（图 16-12）

别名:茭白、茭儿菜

拉丁名:*Zizania latifolia* (Grisedach) Stapf

科属:禾本科 菰属

1) 形态特征:多年生挺水植物,秆高大直立,高1~2m;具匍匐根状茎。须根粗壮,茎基部的节上有不定根。叶片扁平,带状披针形,先端芒状渐尖,边缘粗糙。圆锥花序大,多分枝,上升,果期开展。雄小穗长10~15mm,两侧压扁,着生于花序下部或分枝之上部,带紫色,雄蕊6枚;雌小穗圆筒形,着生于花序上部和分枝下方与主轴贴生处,芒长20~30mm。颖果圆柱形,长约12mm。

图 16-12 菰

2) 产地分布:分布于我国南北各省区。

3) 生态习性:生于河岸边、沟渠旁和低洼湿地。萌芽生长的适宜温度为10~25℃。

4) 园林用途:叶丛茂密,端庄秀丽,主要用于园林水体的浅水区绿化布置,各地广为栽培,为良好的固堤防浪材料。菰的经济价值大,秆基嫩茎被真菌寄生后粗大肥嫩,称茭笋,是美味的蔬菜;颖果称菰米,可食用,有保健价值。全草为优良饲料,也是鱼类的越冬场所。

13. 泽泻（图 16-13）

拉丁名：*Alisma plantago-aquatics* L.

科属：泽泻科 泽泻属

1）形态特征：多年生沼生植物，高 50～100cm。地下茎球形。叶基生，叶柄长达 50cm，基部扩延成鞘状。叶片宽椭圆形至卵形，先端急尖或短尖，基部广楔形、圆形或稍心形，全缘，两面光滑；叶脉 5～7 条。花茎由叶丛中抽出，花序通常有 3～5 轮分枝，分枝下有披针形或线形苞片，组成圆锥状复伞形花序，花瓣倒卵形，白色；雄蕊 6 枚；雌蕊心皮离生。瘦果多数，扁平，花柱宿存。花期 6～8 月；果期 7～9 月。

2）产地分布：我国广布，俄罗斯、日本、欧洲、北美洲、大洋洲等均有分布。

图 16-13 泽泻

3）生态习性：生于沼泽中或栽培。喜温暖湿润的气候，幼苗喜荫蔽，成株喜阳光。宜选阳光充足、腐殖质丰富而稍带黏性的土壤栽培。

4）园林用途：株形优美，夏季开白花，排成大型轮状分枝的圆锥花序，整体观赏效果甚佳。用于园林沼泽浅水区的水景，在水景中既可观叶、又可观花。

14. 荇菜（图 16-14）

别名：莕菜

拉丁名：*Nymphoides peltatum* (Gmel.) O. Kuntze

科属：龙胆科 莕菜属

1）形态特征：多年生水生草本。茎圆柱形，多分枝，密生褐色斑点，在水中有不定根，又于水底泥中生长地下茎，匍匐状。叶漂浮，圆形，近革质，基部心形，下面紫褐色，密生腺体，粗糙，上部的叶对生，其他的互生，叶柄基部变宽，抱茎。花序束生于叶腋；花梗圆柱形，不等长，花萼 5 深裂，蒴果无柄，椭圆形，花柱宿存。花、果期为 7～10 月。

2）产地分布：我国除西北外，其余各省区均有分布；朝鲜、日本、俄罗斯及欧洲一些国家以及北美洲均有分布。

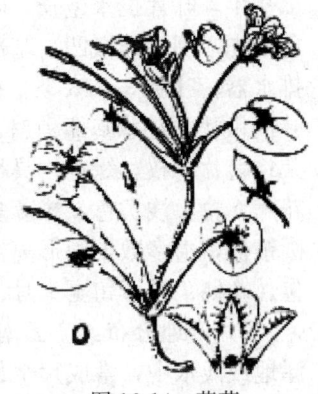

图 16-14 荇菜

3）生态习性：通常群生于池沼、湖泊，呈单优势群落。适宜水深 20～100cm，喜腐殖质丰富的微酸性至中性土壤。自播能力强，果实成熟后自行开裂，种子借助水流传播。

4）园林用途：叶片小巧别致，花大而鲜黄色，挺出水面，花期长达 4 个多月，是一种美丽的水生观赏植物，宜用于水流较缓的静水区。适于大片种植。

15. 凤眼蓝（图 16-15）

别名：水浮莲、水葫芦

拉丁名：*Eichhornia crassipes* (Martius) Solms

科属：雨久花科 凤眼蓝属

1）形态特征：多年生浮水草本，高30～60cm；须根悬垂水中，棕黑色。单叶，丛生于短缩茎的基部，莲座状排列，每株6～12枚叶片，叶片圆形、宽卵圆形或宽菱形，基部宽楔形或幼时浅心形，全缘，具弧形脉，表面深绿色，光亮；叶柄长短不等，中部膨大成囊状或纺锤形，内有许多多边形柱状细胞组成的气室，叶柄基部有鞘状苞片。花葶从叶柄基部的鞘状苞片腋内伸出，多棱；穗状花序，通常具9～12朵花；花紫蓝色，花被裂片6枚，上方1枚较大，中央有一鲜黄色圆斑，下方1枚较窄；雄蕊6枚，3长3短。花期7～10月；果期8～11月。

图16-15　凤眼蓝

2）产地分布：原产南美洲亚马孙河流域，现广布我国。

3）生态习性：喜阳光充足、较平静的水面，喜高温湿润的气候。

4）园林用途：花期长，自夏至秋开花不绝，花为浅蓝色，呈喇叭状，花瓣上生有黄色斑点，形如凤眼，也如孔雀羽翎尾端的花点，非常耀眼、靓丽。凤眼莲还具有很强的净化污水能力，但大量的凤眼蓝可覆盖河面，容易造成水质恶化，影响水底生物的生长，应用中应注意控制。

16. 黄花蔺（图16-16）

拉丁名：*Limnocharis flava* (L.) Buch.

科属：花蔺科 黄花蔺属

1）形态特征：多年生挺水草本植物，具肉质须根。叶基部丛生，叶片挺水生长，叶色亮绿；叶片卵形至近圆形，亮绿色，先端圆形或微凹，基部钝圆或浅心形，背面近顶部具1个排水器；叶脉9～13条，横脉极多数，平行，几与中肋垂直；叶柄粗壮。花葶基部稍扁，上部三棱形。伞形花序有花2～15朵；苞片3枚，绿色，具平行细脉；花梗长2～7cm。花两性，花瓣6枚，浅黄色。雄蕊多数，短于花瓣，假雄蕊黄绿色。果圆锥形，由多数半圆形离生心皮组成，为宿存萼片状花被片所包。花期7月下旬至9月；果期9～10月。

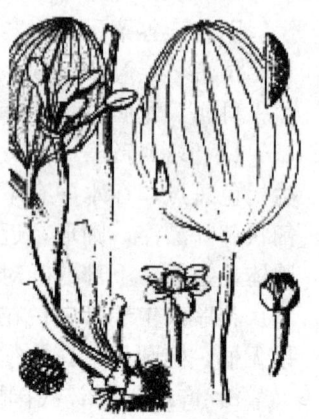

图16-16　黄花蔺

2）产地分布：产云南西双版纳和广东沿海岛屿，生于沼泽地或浅水中，常成片生长。分布于缅甸南部、泰国、斯里兰卡、马来半岛、印度尼西亚（苏门答腊、爪哇）、阿南巴斯群岛、加里曼丹岛，在美洲热带较为普遍。

3）生态习性：喜温暖、湿润，气温低于15℃时停止生长。

4）园林用途：株形奇特，叶黄绿色，花朵黄绿色繁多、开花时间长，整个夏季开花不断，黄色花朵灼灼耀眼，深受人们喜爱。在园林绿化中是盛夏水景绿化的优良材料，单株种植或3～5株丛植，也可成片布置，效果均好。也用盆、缸种植，摆放到庭院供观赏。

17. 轮叶狐尾藻（图16-17）

别名：狐尾藻

拉丁名：*Myriophyllum verticillatum* L.

科属：小二仙草科 狐尾藻属

1) 形态特征：多年生粗壮沉水草本。根状茎发达，在水底泥中蔓延，节部生根。茎圆柱形，多分枝。叶通常4片轮生，或3~5片轮生，水中叶较长，丝状全裂，无叶柄；裂片8~13对，互生；水上叶互生，披针形，较强壮，鲜绿色，裂片较宽。秋季于叶腋中生出棍棒状冬芽而越冬。夏末初秋开花；花单生于水上叶的叶腋中，4枚轮生，略呈十字排列，一般水上叶的上部为雄花，下部为雌花；苞片羽状篦齿形分裂；雄花萼片4枚，倒披针形，雄蕊8枚，花药淡黄色；雌花萼片4枚，极小，舟状，开花时即脱落。果实广卵形，具4条宽而浅的槽。

图 16-17　轮叶狐尾藻

2) 产地分布：世界广泛种植，我国南北各地池塘、河沟、沼泽中常有生长。

3) 生态习性：喜阳光充足的环境，为光敏性植物，叶片到傍晚并拢、翌日清晨重新展开。适应性强，对水体要求不严格。

4) 园林用途：叶片青翠，富于质感，是观赏价值很高的水生植物。自种苗定植后观赏时段可达3~5个月，在不更新植株的情况下，连续栽培不宜超过6个月。在湖泊、水体的生态修复工程中可作为净水工具物种和植被恢复先锋物种，也可在鱼虾蟹养殖过程中作为饵料、避难和产卵场所，也能作为室内观赏水族箱中的布景材料。

18. 金鱼藻（图 16-18）

别名：细草、鱼草

拉丁名：*Ceratophyllum demersum* L.

科属：金鱼藻科 金鱼藻属

1) 形态特征：多年生沉水草本；茎长40~150cm，平滑，具分枝。叶4~12枚轮生，1~2次二叉状分歧，裂片丝状，或丝状条形，先端带白色软骨质，边缘仅一侧有数细齿。花直径约2mm；苞片9~12枚，条形，浅绿色，透明，先端有3齿及带紫色毛；雄蕊10~16枚，微密集；子房卵形，花柱钻状。坚果宽椭圆形，黑色，边缘无翅，有3刺，顶生刺长8~10mm。花期6~7月；果期8~10月。

图 16-18　金鱼藻

2) 产地分布：分布于热带、亚热带以及潮湿温暖的地区，为世界广布种，我国南北各地均有，群生于淡水池塘、水沟、小河、温泉及水库中。

3) 生态习性：适应性强，喜光。生长情况与光照关系密切，在2%~3%的光照强度下生长较慢，5%~10%的光照强度下生长迅速，强烈光照会使其死亡。在pH值7.1~9.2的水中均可正常生长，但以pH值7.6~8.8最为适宜。对水温要求较宽，冬季在不结冰水中即可过冬。喜氮植物，水中无机氮含量高生长较好。

4）园林用途：姿态优美，在水体中种植有净化作用，可提高水质，也常用于人工养殖鱼缸布景，可为金鱼等提供产卵附着物。

19. 黄花狸藻（图 16-19）

别名：黄花挖耳草、水上一枝花

拉丁名：*Utricularia Aurea* Lour.

科属：狸藻科 狸藻属

1）形态特征：叶全部沉水，呈根状，有分枝，轮生，二至三回羽状分裂，裂片细发状，裂片近基部有捕虫囊。花葶有花 2~12 朵，具小苞片，抱茎；花梗纤细；花萼裂片近圆形，顶端凸尖，果实不增大；花冠黄色，基部距下唇稍长。蒴果球形；种子盘状，周围环生薄翅。花果期 6~9 月（湖北）。

图 16-19 黄花狸藻

2）产地分布：分布于四川、广西、广东、湖南、湖北、江西、福建、台湾、浙江、安徽。越南、马来西亚、印度和大洋洲也有分布。

3）生态习性：喜温暖，怕低温，多生长在水田中或静水池塘的浅水地方。

4）园林用途：可在大型水体设有立体绿化或水面绿化的区域种植，可增加水体的景观多样性，特别当其开花时，效果更好，一枝枝黄色的花序挺出水面，有神秘、幽深意境。用于小型水草水族箱单独种植时，效果好。

20. 梭鱼草

别名：北美梭鱼草、海寿花

拉丁名：*Pontederia cordata* L.

科属：雨久花科 梭鱼草属

1）形态特征：多年生挺水或湿生草本植物，叶柄绿色，圆筒形，叶片较大，深绿色，叶形多变，大部分为倒卵状披针形。上方的花被裂片有 1 个 2 裂的黄绿色斑点。花葶直立，通常高出叶面。根茎为须状不定根，具多数根毛。地下茎粗壮，黄褐色，有芽眼，地上茎叶丛生，株高 80~150cm。叶柄绿色，圆筒形，横切断面具膜质物。叶片光滑，呈橄榄色，倒卵状披针形。叶基生广心形，端部渐尖。穗状花序顶生，小花密集在 200 朵以上，蓝紫色带黄色斑点，花被裂片 6 枚，近圆形，裂片基部连接为筒状。果实初期绿色，成熟后褐色；果皮坚硬，种子椭圆形。花果期 5~10 月。

2）产地分布：原产北美，我国华北地区、西南地区、华南地区均有分布。

3）生态习性：喜温、喜阳、喜肥、喜湿、怕风、不耐寒，静水及水流缓慢的水域中均可生长，适宜在 20cm 以下的浅水中生长，适温 15~30℃，越冬温度不宜低于 5℃。梭鱼草生长迅速，繁殖能力强，在条件适宜的前提下，可在短时间内覆盖大片水域。

4）园林用途：梭鱼草叶色翠绿，花色迷人，花期较长，可用于家庭盆栽、池栽，也可广泛用于园林美化，栽植于河道两侧、池塘四周、人工湿地，与千屈菜、花叶芦竹、水葱、再力花等相间种植，每到花开时节，串串紫花在片片绿叶的映衬下，别有一番情趣。

21. 再力花

别名：水竹芋、水莲蕉

拉丁名：*Thalia dealbata* Fraser

科属：竹芋科 再力花属

1）形态特征：多年生挺水草本，植株大型，叶基生，叶片呈卵状披针形，被白粉，灰绿色，革质，叶鞘大部分闭合；复穗状花序，由叶鞘内抽出的总花梗生于顶端；花冠筒短柱状，花紫色，唇瓣兜形。蒴果近圆球或倒卵状球形，果皮浅绿色，成熟种子棕褐色，表面粗糙，具假种皮，种脐较明显。

2）产地分布：原产美国南部和墨西哥的热带地区，我国华南地区有栽培。

3）生态习性：喜温暖水湿、阳光充足的气候环境，不耐寒，入冬后地上部分逐渐枯死。以根茎在泥中越冬。在微碱性的土壤中生长良好。

4）园林用途：是一种优秀的温室花卉，花柄可高达2m以上。它株形美观洒脱，是水景绿化中的上品花卉。再力花还有净化水质的作用，常成片种植于水池或湿地，也可盆栽观赏或种植于庭院水体景观中。

22. 水罂粟

拉丁名：*Hydrocleys nymphoides*

科属：花蔺科 水罂粟属

1）形态特征：多年生浮叶草本。株高5cm，茎圆柱形。叶簇生于茎上，叶片呈卵形至近圆形，具长柄，顶端圆钝，基部心形，全缘。叶柄圆柱形，长度随水深而异，有横隔。伞形花序，小花具长柄，罂粟状，花黄色；蒴果披针形。种子细小，多数，马蹄形。花期6~9月。

2）产地分布：原产中美洲、南美洲，常应用于我国园林水景中。

3）生态习性：常生活于池沼、湖泊、塘溪中。喜温暖、湿润的气候环境，低温或高温对植株的正常生长均会产生影响。喜日光充足的环境，至少要让植株每天接受3~4小时的散射日光。性喜温暖，不耐寒，在25~28℃的温度范围内生长良好，越冬温度不宜低于5℃。

4）园林用途：水罂粟适合露地栽培，为池塘边缘浅水处的装饰材料，亦可进行盆栽，作为庭院水体绿化植物。

第十七章　草坪草及地被植物

第一节　草坪草

一、草坪草的定义

人们通常把构成草坪的植物称为草坪草。草坪草大多是质地纤细、株体低矮的禾本科草类。具体而言，草坪草是指能够形成草皮或草坪，并能耐受定期修剪的一些草本植物品种。草坪草大多数为具有扩散生长特性的根茎型和匍匐型禾本科植物，也有一些如马蹄金、白三叶等非禾本科草类。

草坪与草坪草是两个不同的概念。草坪草只涉及植物群落，是指作为地面覆盖的草本植物。草坪则代表一个较高水平的生态有机体，它不仅包括草坪草，而且还包括草坪草生长的环境部分。

二、草坪草的作用

1. 景观功能

首先，表现为宜人的绿色，它的绿色为其他类型的景观植物造景提供了背景。其次，草坪的景观表现在其开阔性，可充分地展示空间及地形，给人以视野通透的感觉。

2. 生态保护功能

草坪草最主要的生态功能是净化空气并降低大气中的灰尘，具有高密度和较大面积的草坪能有效地降低空气中细菌的数量。草坪草也能够有效地调节地表及其上方空气的温度、湿度。在夏季，草坪草可降低地表温度 6～14℃，而在冬季，可提高地表温度。与裸地相比，同地段草坪草上空的相对湿度要高出 10%～20%。草坪草能够有效地防止水土流失。

3. 运动休闲功能

与树木和花卉不同，因草坪草具备很强的耐践踏性，可直接为人们提供休息、健身及体育运动场所。

三、草坪草的形态特征

草坪草植物的种子在适温和水分供应下，开始由胚产生初生根，它能够将幼苗固定于土壤中，吸收养料和水分。当它长到一定程度时，即产生分支，生出侧根，并在直立茎的下部长出许多不定根，即须根，须根的向地性和向湿性极强。须根的作用是支撑植株和吸收土壤中的水分和养分。

草坪草的根通常生活半年至两年。冷季型草坪草喜欢温凉的气候，适宜土壤的温度是12～20℃，气温较高的夏季它们处于休眠状态；暖季型草坪草在寒冷的晚秋和整个冬季都处于休眠状态，适宜的土壤温度是26～28℃。

禾本科植物的茎专称为秆，秆多为圆形，中空，有节，是根、叶和花序等器官的着生处。秆是根与叶之间水分、营养物质输送的结构，具有贮藏养分的功能。在同一节的两环之间的距离称为节。除秆之外，禾本科植物的茎有生长在地下的根茎或根状茎，也有匍匐生长在地上的匍匐茎。

禾本科植物还有分蘖现象，就是从秆基部或接近地面处萌发的芽生长的苗称为分蘖；秆、匍匐茎、根茎各节上萌发的芽长出地面的苗，通常叫做枝条。草坪草的分蘖或枝条越多，扩展力也就越强，其覆盖地面的效果越好。

草坪草的叶为绿色，由叶片、叶鞘、叶舌和一对叶耳组成。叶脉多为平行脉。叶片多指叶的上部1/2的部分。叶形有条形、线形、针形等。它的主要功能是进行光合作用，也是观赏的主要部分。

四、草坪草的分类

草坪草是依其生产属性从草本植物中划分出来的一个特殊的经济类群，它以经济特性为主，在分类上无严格的划分体系，通常是借助植物分类学或对环境条件的适应性等规律进行分类。

1. 依据形态特征分类

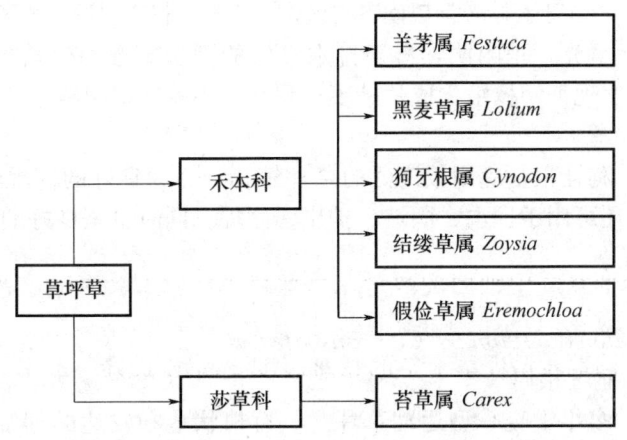

2. 依据地理分布（温度）分类

可将草坪草分为暖季型草坪草和冷季型草坪草。

暖季型草坪草：通常分布于热带和亚热带地区，最适生长温度为26～32℃。这类草坪草一般从春季开始萌发，生长速度加快，夏季生长达峰值，秋季生长速度减慢，冬季休眠或生长速度有明显的下降。如狗牙根系列品种。

冷季型草坪草：通常分布于温带、寒带以及亚热带、热带的高海拔地区，最适生长温度为15～24℃。这类草坪草一般在春秋两季有两个生长高峰，夏季和冬季处于休眠或半休眠状态，或者生长速度明显降低。

3. 依据绿期分类

绿期是评价草坪草质量的一个很重要的指标。通常根据草坪草在一定地区气候条件下的绿期长短,将草坪草分为常绿草、夏绿草和冬绿草3类。

五、主要草坪草品种

1. 狗牙根(图 17-1)

别名:百慕大草

拉丁名:*Cynodon dactylon* (L.) Pers.

科属:禾本科 狗牙根属

1)形态特征:多年生低矮草本。具根状茎和匍匐枝,节间长短不一。秆细而坚韧,下部匍匐地面蔓延伸长,节上常生不定根;直立部分高 10~30cm,秆壁厚,光滑无毛,有时略两侧压扁。叶片扁平线形,常两面无毛,叶色浓绿;叶舌短小,具小纤毛。穗状花序 3~6 枚指状排列于茎顶,分枝长 3~4cm;小穗排列于穗轴一侧,灰绿色或带紫色,仅含 1 朵小花;颖近等长。均具 1 脉,背部成脊而边缘膜质,短于外稃;外稃舟形,具 3 脉,背部明显成脊,脊上被柔毛,内稃具 2 脉;花药淡紫色,柱头紫红色。颖果长圆柱形。种子成熟易脱落,具一定的自播能力。花、果期 5~10 月。

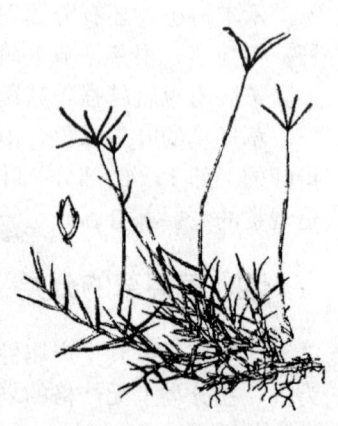

图 17-1 狗牙根

2)产地分布:广布于我国黄河以南各省区,多生长于村庄附近、道旁河岸、荒地山坡。

3)生态习性:喜光,稍耐阴,喜于排水良好的肥沃土壤中生长。耐旱,但根系浅,遇夏季干旱气候易出现匍匐枝嫩尖成片枯萎;耐热,不耐寒;耐践踏。在微量盐滩地上亦能生长良好。

4)园林用途:狗牙根是应用较广泛的草坪植物,亦为良好的固堤保土植物。除铺建草坪及运动场外,还可用于护沟、固坡、护岸、固堤。同时也是良好的饲料。

2. 杂交狗牙根

别名:天堂草

拉丁名:*Cynodon dactylon* × *C. Transvalensis*

科属:禾本科 狗牙根属

1)形态特征:多年生暖季型运动草坪。具有根状茎和发达的匍匐茎。与原种相比,杂交狗牙根草坪显得更为致密。叶宽 1~1.5mm,节间长度 1.5~2.5cm,草层高度为 1.0~5.0cm,花序长度较原种短。

2)产地分布:在我国草坪应用中,北部见河南洛阳,南达广州和昆明。

3)生态习性:耐寒冷,而且能耐一定的干旱。能耐频繁的修剪,践踏后易恢复。

4)园林用途:与原种相比具有叶丛密集、低矮、叶色嫩绿而细弱,茎短等优点。杂交狗牙根主要应用于足球场、垒球场、高尔夫球场、草地网球场和赛马场等各种运动草坪的建植,也用于建植于高档次的公共草坪绿地。

3. 结缕草(图 17-2)

别名:老虎皮、锥子草

拉丁名：*Zoysia japonica* Steud.

科属：禾本科 结缕草属

1) 形态特征：多年生草本，具横走根茎，须根细弱。秆直立，高15～20cm，基部常有宿存枯萎的叶鞘。叶鞘无毛，下部者松弛而互相跨覆，上部者紧密裹茎；叶舌纤毛状；叶片扁平或稍内卷，表面疏生柔毛，背面近无毛。总状花序呈穗状；小穗柄通常弯曲；小穗卵形，淡黄绿色或带紫褐色，第一颖退化，第二颖质硬，略有光泽，具1脉，于近顶端处由背部中脉延伸成小刺芒；外稃膜质，长圆形雄蕊3枚，花丝短；花柱2，柱头帚状。颖果卵形。花、果期5～8月。

图 17-2 结缕草

2) 产地分布：产东北、华北、华东至台湾，生于平原、山坡或海滨草地上。

3) 生态习性：适应性强，喜光、抗旱、抗寒、耐高温、耐瘠薄，但不耐阴。喜土层深厚、肥沃、排水良好的沙质土壤，在微碱性土壤中亦能正常生长。入冬后在－20℃左右能安全越冬，气温20～25℃生长最盛，30～32℃生长速度减弱，36℃以上生长缓慢或停止，但极少出现夏枯现象。属深根性，须根一般可深入土层30cm以下。与杂草竞争力强，容易形成单一连片、平整美观的草坪，耐磨、耐践踏，并具有一定的韧度和弹性。抗病性较强。

4) 园林用途：结缕草是优良的暖季型草种，植株低矮，坚韧耐磨，耐践踏，弹性好。色泽嫩绿，草丛密集，杂草少。可作为各类公共绿地、水土保持草坪的材料。

4. 沟叶结缕草（图 17-3）

别名：马尼拉草

拉丁名：*Zoysia matrella* (L.) Merr

科属：禾本科 结缕草属

1) 形态特征：多年生草本，与结缕草相似，但小穗略小，卵状披针形，小穗柄亦较短，且叶片内卷，上面具沟，质地较坚硬。秆高12～20cm，叶鞘长于节间；叶片质硬，内卷，上面具沟，顶端尖锐。总状花序呈细柱形，小穗卵状披针形，沿中脉两侧压扁。花、果期7～10月。

2) 产地分布：主要分布于我国台湾、广东、海南等地，多生于海岸沙地上。亚洲和大洋洲的热带地区亦有分布。

3) 生态习性：沟叶结缕草喜温暖、湿润环境，草层茂密，分蘖力强，覆盖度大，抗干旱、耐瘠薄；适宜在深厚肥沃、排水良好的土壤中生长。

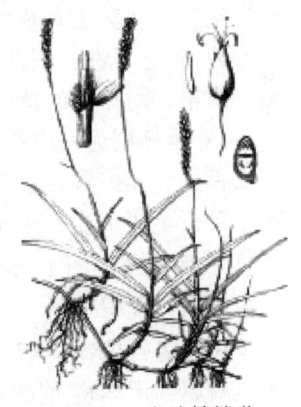

图 17-3 沟叶结缕草

4) 园林用途：沟叶结缕草可广泛用于铺建庭院绿地、公共绿地及固土护坡场合。另外，马尼拉草生长缓慢，具有较高的观赏价值，是我国西南地区常用暖季型草坪物种。

5. 细叶结缕草（图 17-4）

别名：天鹅绒草

拉丁名：*Zoysia tenuifolia* Willd. ex Trin.

科属：禾本科 结缕草属

1) 形态特征：多年生草本，呈密集丛状生长，秆纤细，高5～10cm。叶鞘无毛，紧密裹茎；叶舌膜质，顶端碎裂为纤毛状，鞘口具丝状长毛。叶片丝状内卷。小穗窄狭；第一颖退化，第二颖革质，顶端及边缘膜质，具不明显的5脉。颖果卵形、细小，成熟时易脱落，采收困难。花、果期6～7月。

2) 产地分布：原种分布于日本、菲律宾、韩国和我国台湾。目前我国黄河流域以南地区广为种植，欧美许多温暖地区也有引种。

图17-4 细叶结缕草

3) 生态习性：耐高温、耐干旱，但耐阴性较差，耐践踏性较差，易染锈病和褐斑病。

4) 园林用途：是铺建草坪的优良草坪草，因草质柔软，尤宜铺建儿童公园。多用于轻度践踏的各种开放草坪，如儿童游乐园、办公区、医院和庭院草地。

6. 中华结缕草（图17-5）

拉丁名：*Zoysia sinica* Hance

科属：禾本科 结缕草属

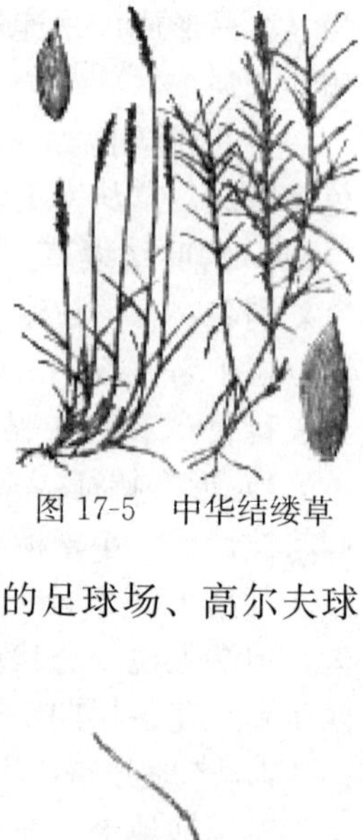

1) 形态特征：多年生草本，秆高13～30cm。鞘口具长柔毛；叶片淡绿或灰绿色，质地稍坚硬，扁平或边缘内卷。小穗排列稍疏，披针形或卵状披针形，具长约3mm的小穗柄；颖光滑无毛，中脉近顶端延伸成小芒尖。花、果期5～10月。

2) 产地分布：主要分布于我国东北、华北、华东、华南，日本、朝鲜，北美也有栽培。

3) 生态习性：阳性喜温植物，对环境条件适应性广，具有耐湿、耐旱、耐盐碱的特性。

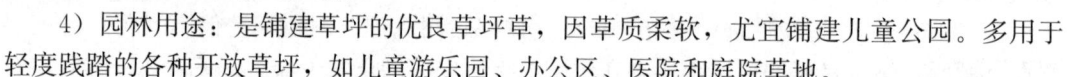

图17-5 中华结缕草

4) 园林用途：用作草坪，具有抗踩踏、弹性良好、再生力强、病虫害少、养护管理容易、寿命长等优点，已普遍应用于我国各地的足球场、高尔夫球场、自行车赛车场、棒球场等体育运动场地。

7. 假俭草（图17-6）

别名：爬根草

拉丁名：*Eremochloa ophiuroides* (Munro) Hack.

科属：禾本科 蜈蚣草属

1) 形态特征：多年生草本，叶片线形，长2～5cm，宽1.5～3mm。以5～9月份生长最为茂盛，匍匐茎发达，再生力强，蔓延迅速。根系深，较耐旱，茎叶冬日常常宿存地面而不脱落，茎叶平铺地面平整美观，柔软而有弹性，耐践踏。花序总状，花矮，绿色；微带紫色，比叶片高，生于茎顶，秋冬抽穗，开花，花穗比其他草多，远望一片棕黄色，非常壮观，种子入冬前成熟。

2) 产地分布：主要分布于我国长江以南各省区。

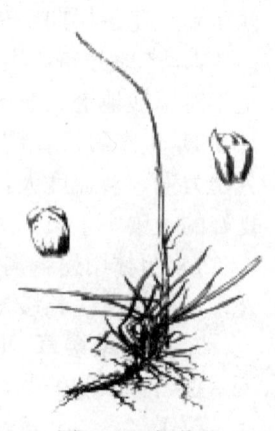

图17-6 假俭草

3) 生态习性：喜光，耐阴，耐干旱，较耐践踏。绿色期长，喜阳光和疏松的土壤，若能保持土壤湿润，冬季无霜冻，可保持常年绿色。狭叶和匍匐茎平铺地面，能形成紧密而平整的草坪，几乎没有其他杂草侵入。耐修剪，抗二氧化硫等有害气体，吸尘，滞尘性能好。

4) 园林用途：是建植各类草坪及公路护坡、护埂、护堤的理想绿化地被材料。

8. 野牛草（图 17-7）

别名：水牛草

拉丁名：*Buchloe dactyloides*（Nutt.）Engelm.

科属：禾本科 野牛草属

1) 形态特征：多年生草本，秆高 5～25cm，细弱；具匍匐茎。叶鞘疏生柔毛；叶舌短小，具细柔毛；叶片线形，粗糙，两面疏生白柔毛。雌雄同株或异株，雄花序 2～3 枚，排成总状，草黄色，雄小穗含 2 花，无柄，成 2 行覆瓦状排列于穗轴的一侧。形似一把刷子；雌花序一般 4～5 枚簇生呈头状，雌小穗含 1 花。

2) 产地分布：野牛草起源于美洲中南部，20 世纪 40 年代，野牛草作为水土保持植物引入我国，在甘肃地区首先试种，后在我国西北、华北及东北地区广泛种植。

3) 生态习性：适应性较强，性喜阳光，也耐半阴，耐瘠薄土壤。耐寒性强。在 −39℃ 的低温情况下仍能安全越冬，但返青较迟，绿期短。抗旱性强。生长蔓延快，覆盖地面好。抗二氧化硫、氟化氢等气体污染，抗粉尘。

图 17-7 野牛草

4) 园林用途：野牛草是细叶型草坪草，很适合建植管理粗放的开放性绿地草坪。可用作盐碱地区的绿化。

9. 地毯草（图 17-8）

别名：大叶油草

拉丁名：*Axonopus compressus*（Sw.）Beauv.

科属：禾本科 地毯草属

1) 形态特征：多年生草本。具长匍匐枝。秆压扁，高 8～60cm，节密生灰白色柔毛。叶鞘松弛，基部互相跨覆，压扁，呈脊状，边缘质地较薄，近鞘口处常疏生毛；叶舌长约 0.5mm；叶片扁平，质地柔薄，两面无毛或上面被柔毛，近基部边缘疏生纤毛。总状花序，最长两枚成对而生，呈指状排列在主轴上；小穗长圆状披针形，疏生柔毛，单生；第一颖缺；第二颖与第一外稃等长或第二颖稍短；第一内稃缺；第二外稃革质，短于小穗，具细点状横皱纹，先端钝而疏生细毛，边缘稍厚，包着同质内稃；鳞片 2，折叠，具细脉纹；花柱基分离，柱头羽状，白色。

2) 产地分布：原产于美国南部，墨西哥及巴西等国家和地

图 17-8 地毯草

区。现广泛分布于热带和亚热带地区，特别是西非、南非、印度、菲律宾、印度尼西亚、澳大利亚以及太平洋群岛。海南省儋州、昌江、白沙、琼中、琼海、顿昌、澄迈、文昌、临高等地区常见，生于开阔荒野、疏林下和路边，尤以橡胶林下最多。

3) 生态习性：喜潮湿的热带和亚热带气候，在地下水位高的地方、小溪和小河沿岸地毯草都生长茂盛。地毯草喜欢湿润，不耐霜冻；适于在潮湿的沙土上生长，不耐干旱，旱季休眠；也不耐水淹。耐荫蔽，在橡胶林及其他类似的荫蔽条件下生长良好。

4) 园林用途：在华南地区为优良的固土护坡植物材料，广泛应用于绿地中，地毯草由于耐酸性土壤和贫瘠的土壤环境，常作为斜坡或路边水土保持用草。

10. 高羊茅（图 17-9）

别名：苇状羊茅

拉丁名：*Festuca elata* Keng ex E. Alexeev

科属：禾本科 羊茅属

1) 形态特征：多年生草本，植株较粗壮，秆直立，高 80～100cm，呈疏丛状。叶鞘常平滑无毛，稀基部粗糙；叶片扁平，边缘内卷。上面粗糙，下面平滑，基部具披针形且镰形弯曲而边缘无纤毛的叶耳。圆锥花序疏松开展，每节具 2 个分枝，中上部着生多数小穗；小穗绿色带紫色，成熟后呈黄色，含 4～5 朵小花；颖片披针形，边缘宽膜质，第一颖具 1 脉，第二颖具 3 脉；外稃背部上部及边缘粗糙，顶端无芒或具短尖，第一外稃长 8～9mm；内稃稍短于外稃，两脊具纤毛。颖果长约 3.5mm。花期 7～9 月。

图 17-9 高羊茅

2) 产地分布：分布于欧亚大陆温带。我国产于新疆，北方各地常见栽培。

3) 生态习性：具有广泛的适应性，喜温耐热，较抗寒，耐刈割，耐践踏，践踏后再生力强。对土壤酸碱度适应能力强，在 pH 值为 4.7～9.0 的土壤中均可生长，较耐高温炎热，夏季基本不休眠。

4) 园林用途：高羊茅是优良的草坪植物，植株丛生型，叶较宽，须根发达，入土甚深，根系强健和粗糙，有能力穿透下层土壤，适宜广泛的土壤类型。利用其生命力强、生长迅速等优点，可广泛应用于园林绿化、水土保持。

11. 蓝（紫）羊茅（图 17-10）

拉丁名：*Festuca rubra* L.

科属：禾本科 羊茅属

1) 形态特征：常绿草本，冷季型。丛生，株高 40cm 左右，叶宽 1～2mm。直立平滑，叶片强内卷成针状或毛发状，蓝绿色，具银白霜。春、秋季节为蓝色。圆锥花序，开花期 5 月。

2) 产地分布：产我国广西、四川、贵州。

3) 生态习性：喜光，耐寒，耐旱，耐贫瘠。在中性或弱酸性疏松土壤长势最好，稍耐盐碱。全日照或部分荫蔽长

图 17-10 蓝（紫）羊茅

势良好，忌低洼积水。耐寒至-35℃，在持续干旱时应适当浇水。

4) 园林用途：适合作花坛、花境镶边用，其突出的颜色可以和花坛、花境形成鲜明的对比，还可作道路两边的镶边用。盆栽、成片种植或花坛镶边效果非常突出。

12. 早熟禾（图 17-11）

别名：小青草、小鸡草、冷草

拉丁名：*Poa annua* L.

科属：禾本科 早熟禾属

1) 形态特征：一或二年生草本。秆柔软，高 8~30cm。叶鞘无毛，中部以下闭合，上部叶的叶鞘短于节间，下部叶的叶鞘长于节间；叶片柔软，先端船形。圆锥花序开展，分枝光滑；小穗含 3~5 朵小花，颖质薄，边缘宽膜质，第一颖长 1.5~2mm，1 脉；第二颖长 2~3mm，3 脉；外稃先端及边缘宽膜质，卵圆形，脊下部有长柔毛；基盘无毛；内稃与外稃近等长或稍短。2 脊上有长柔毛。颖果纺锤形。花、果期 4~5 月。

2) 产地分布：在我国南北各省，欧洲、亚洲及北美均有分布。

3) 生态习性：喜光，耐阴性也强，可耐 50%~70% 郁闭度，耐旱性较强。在-20℃低温下能顺利越冬，-9℃下仍保

图 17-11 早熟禾

持绿色，抗热性较差，在气温达到 25℃ 左右时，逐渐枯萎。对土壤要求不严，耐瘠薄，但不耐水湿。生于平原和丘陵的路旁草地、田野水沟或荫蔽荒坡湿地，海拔 100~4800m。

4) 园林用途：早熟禾是温带广泛利用的优质冷季型草坪草，它发达的根茎、极强的分蘖能力及青绿期长等优良性状，能迅速形成草丛密而整齐的草坪，北方草地草坪的最主要草种。可铺建绿化运动场、高尔夫球场、公园、路旁、水坝等。

13. 草地早熟禾（图 17-12）

别名：六月禾、肯塔基

拉丁名：*Poa pratensis* L

科属：禾本科 早熟禾属

1) 形态特征：多年生，具发达的匍匐根状茎。秆疏丛生，高 50~90cm，具 2~4 节。叶鞘平滑或糙涩，长于节间，并较叶片为长；叶片线形，扁平或内卷，渐尖平滑或边缘与上面微粗糙，蘖叶片较狭长。圆锥花序金字塔形或卵圆形，分枝开展。每节 3~5 枚，2 次分枝，小枝上着生 3~6 枚小穗，基部主枝长 5~10cm，中部以下裸露；小穗柄较短，小穗卵圆形，绿色至草黄色，含 3~4 朵小花；颖卵圆状披针形，第一颖长 2.5~3mm，具 1 脉，第二颖长 3~4mm，具 3 脉；外稃膜质，脊与边脉在中部以下密生柔毛；花药长 1.5~2mm。颖果纺锤形，3 棱。种子细小，千粒重 0.39g。花期 5~6 月；果期 7~9 月。

2) 产地分布：广泛分布于欧亚大陆温带和北美，为重要牧草和水土保持草坪，世界各地普遍引种栽植。我国东北、华北、

图 17-12 草地早熟禾

华东、西北至西南各地均产。

3) 生态习性：喜光，耐阴，喜温暖湿润，又具有很强的耐寒能力，各地均能安全越冬。抗旱性较差，在缺水或炎热夏季时生长缓慢或停滞，春秋季生长繁茂。在排水良好、土壤肥沃的湿地生长良好。根茎繁殖力强，再生性好，较耐践踏。

4) 园林用途：草地早熟禾的根茎具有较强的伸展能力，具有较长的生活周期与较强的适应性，种子混合播种时效果极好，是较好的硬质草坪草。

14. 匍茎翦股颖（图 17-13）

别名：匍匐剪股颖、本特草

拉丁名：*Agrostis stolonifera* L.

科属：禾本科 翦股颖属

1) 形态特征：多年生草本植物。秆的茎部偃卧地面，具长达 8cm 左右的匍匐枝，有 3~6 节，节上着生不定根，直立部分 20~50cm，叶梢无毛，稍带紫色；叶舌膜质，长圆形，背面微粗糙；叶片扁平线形，先端尖，具小刺毛；圆锥花序，卵状长圆形，绿紫色，老后呈紫铜色，每节具 5 分枝；小穗长 2~2.2mm，二颖等长，先端尖；外稃顶端钝圆，基盘两侧无毛，内稃较外稃短；颖果黄褐色。

2) 产地分布：原产欧洲，我国各地栽培。

3) 生态习性：喜冷凉湿润气候，耐寒，耐热，耐瘠薄，耐低修剪，剪割后再生能力强，耐阴性也较好。匍匐枝蔓延能力强，能迅速覆盖地面，形成密度很高的草坪，但茎枝上不定根扎土较浅，因而耐旱性稍差。在肥沃湿润、排水良好的土壤上生长旺盛，在重黏土上也能生长。

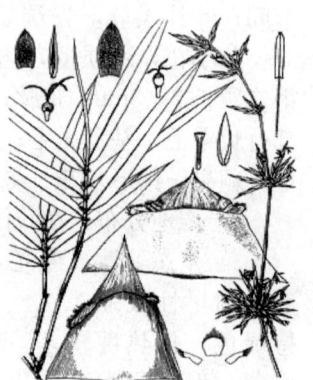

图 17-13 匍茎翦股颖

4) 园林用途：匍茎翦股颖是优良的草坪草，由于生长繁殖快，可作应急绿化的种植材料。

15. 多花黑麦草（图 17-14）

别名：意大利黑麦草

拉丁名：*Lolium multiflorum* Lamk.

科属：禾本科 黑麦草属

1) 形态特征：一年生或短寿多年生禾本科草，须根密集，主要分布于 15cm 以上的土层中。秆成疏丛，直立，叶鞘较疏松，叶舌较小或不明显。穗状花序，小穗以背面面向穗轴，含 10~15（20）小花；颖质较硬，具 5~7 脉，外稃质较薄，具 5 脉，第一外稃长 6mm，芒细弱，内稃与外稃等长。

2) 产地分布：在我国适生于长江流域以南地区，多花黑麦草原产于欧洲南部、非洲北部及小亚细亚等地，广泛分布于英国、美国、丹麦、新西兰、澳大利亚、日本等温带降雨量较多的国家和地区。

图 17-14 多花黑麦草

3）生态习性：喜温暖湿润气候，以长江流域冬小麦地区生长良好，不耐严寒和高温，耐潮湿，但忌积水；喜壤土，也适宜黏壤土。

4）园林用途：可作为先锋草种或保护草种用于草坪。

16. 野燕麦（图17-15）

别名：乌麦、铃铛麦、燕麦草

拉丁名：*Avena fatua* L.

科属：禾本科 燕麦属

1）形态特征：一年生草本植物，须根较坚韧。秆直立，光滑无毛，高60~120cm，具2~4节。叶鞘松弛，光滑或基部被微毛；叶舌透明膜质；叶片扁平，微粗糙，或上面和边缘疏生柔毛。圆锥花序开展，金字塔形，分枝具棱角，粗糙；小穗含2~3小花，其柄弯曲下垂，顶端膨胀；小穗轴密生淡棕色或白色硬毛，其节脆硬易断落，第一节间长约3mm；颖草质，几相等，通常具9脉；外稃质地坚硬，第一外稃长15~20mm，背面中部以下具淡棕色或白色硬毛，芒自稃体中部稍下处伸出，弯曲，芒柱棕色，扭转。颖果被淡棕色柔毛，腹面具纵沟。花、果期4~9月。

图17-15 野燕麦

2）产地分布：广布于我国南北各省区。生于荒芜田野或为田间杂草，也分布于欧、亚、非三洲的温寒带地区，并且北美洲也有输入。

3）生态习性：生命力强，喜潮湿，多发生在耕地、沟渠边和路旁，是小麦的伴生杂草。

4）园林用途：可作为先锋草种或保护草种用于草坪。

17. 细叶苔草

别名：羊胡子草

拉丁名：*Carex rigescens*

科属：莎草科 苔草属

1）形态特征：多年生草本，具细长根状茎。秆高3~10cm，三棱形，叶基生，成束，疏丛或密集成小丛，叶片纤细，花穗顶生，隐藏于叶丛中或伸出叶丛以上，小穗具少数花，紧密排成卵状，红褐色；苞片广卵形，膜质，红褐色，背具1脉，先端锐尖。小穗雄雌性，雄花在上，花药线形；雌花鳞片卵形，先端尖锐，膜质，背具1脉，中部红褐色，具透明膜质边缘。果实囊卵状披针形，下部黄褐色，顶部具喙，膜质，口部具不显著2裂；柱头2个。花、果期4~6月。

2）产地分布：分布在朝鲜、日本、俄罗斯以及我国的东北、华北、西北等地，多生长在草原、河岸砾石地和沙地。常生于干燥山坡或干燥旷野，成毡毛状。

3）园林用途：用作草坪植物。

18. 白三叶（图17-16）

别名：白花车轴草、荷兰翘摇

拉丁名：*Trifolium repens* L.

科属：豆科 车轴草属

1）形态特征：短期多年生草本，生长期达 5 年，高 10～30cm。主根短，侧根和须根发达。茎匍匐蔓生，上部稍上升，节上生根，全株无毛。掌状三出复叶；托叶卵状披针形，膜质，基部抱茎成鞘状，离生部分锐尖；叶柄较长；小叶倒卵形至近圆形，先端凹头至钝圆，基部楔形渐窄至小叶柄，侧脉约 13 对，与中脉作 50°角展开，两面均隆起；小叶柄长 1.5mm。花序球形，顶生；总花梗甚长，比叶柄长近 1 倍，具花 20～50（80）朵，密集；花梗比花萼稍长或等长，开花即下垂；萼钟形，具脉纹 10 条；花冠白色、乳黄色或淡红色，具香气荚果长圆形；种子通常 3 粒，阔卵形。花、果期 5～10 月。

图 17-16　白三叶

2）产地分布：原产欧洲和北非，世界各地均有栽培。我国常见种植，并在湿润草地、河岸、路边呈半自生状态。

3）生态习性：喜温凉湿润气候，生长适宜的温度为 19～24℃，但适应性强，耐热、抗寒、耐阴、耐瘠薄、耐酸，绿期和花期长。

4）园林用途：白三叶绿期和花期长，适应性强，是优良的观赏型地被植物，也是重要的牧草，在酸性和碱性土壤上均能适应。由于白三叶根系发达，是优良的固土护坡植物，具有良好的地面覆盖性。

19. 马蹄金（图 17-17）

别名：小金钱草、荷苞草、肉馄饨草、金锁匙、铜钱草、小马蹄金、黄疸草

拉丁名：*Dichondra repens* Forst.

科属：旋花科　马蹄金属

1）形态特征：多年生匍匐性草本植物。植株低矮。茎纤细，匍匐状，被白色柔毛，节上生根。叶小，肾形至圆形，先端宽圆形或微缺。基部阔心形，背面贴生短柔毛；叶柄细长。花单生叶腋；花梗纤细，短于叶柄。花冠阔钟状，淡黄色，5 深裂，裂片长圆状披针形；雄蕊 5 枚，着生于花冠 2 裂片间弯缺处；子房被白色柔毛。蒴果，近球形，短于花萼，果皮膜质种子 1～2 粒，近球形，光滑，黄色至褐色。

2）产地分布：广布于热带、亚热带地区。我国长江以南各省区均有分布，生于山坡草地和沟边阴湿处。

图 17-17　马蹄金

3）生态习性：喜温暖湿润，在湿润环境下生长良好。耐高温，喜肥沃土壤。在半荫蔽条件下生长良好，有时也能耐全光照环境。但在夏季光照太强的环境和荫蔽环境下生长较差。与禾本科草不同，马蹄金通常不耐修剪。

4）园林用途：马蹄金植株低矮，根、茎发达，四季常青，抗性强，覆盖率高，是优良的观赏草坪和地被材料，多用于多种草坪花坛内最低层的覆盖，也可作盆栽花卉或盆景的盆面覆盖材料。

20. 沿阶草（图 17-18）

别名：绣墩草

拉丁名：*Ophiopogon bodinieri* Levl.

科属：百合科 沿阶草属

1) 形态特征：根纤细，近末端处有时具膨大的纺锤形小块根；地下茎长，节上具膜质的鞘。茎很短。叶基生成丛，禾叶状，先端渐尖，边缘具细锯齿。花葶较叶稍短或几乎等长，总状花序，具几朵至十几朵花；花常单生或 2 朵簇生于苞片腋内；苞片条形或披针形，稍带黄色，半透明，花梗关节位于中部；花被片卵状披针形、披针形或近矩圆形，白色或稍带紫色；花丝很短，花药狭披针形，常呈黄绿色；花柱细。种子近球形或椭圆形。花期 6～8 月；果期 8～10 月。

图 17-18 沿阶草

2) 产地分布：分布于我国华东地区以及云南、贵州、四川、湖北、河南、陕西（秦岭以南）、甘肃（南部）、西藏和台湾。生于海拔 600～3400m 的山坡、山谷潮湿处、沟边、灌木丛下或林下。

3) 生态习性：既能在强阳光照射下生长，又能忍受荫蔽环境，属耐阴植物。在建筑物背阴处，竹丛、高大乔木的阴影下，终年不见直射阳光的地方能茂盛生长，且叶面比直射光下翠绿而有光泽。能耐受最高气温 46℃。能耐受－20℃的低温而安全越冬，且寒冬季节叶色始终保持常绿，耐湿性极强。根系发达，能储存大量的水分和营养物质，叶片具有蜡质保护层，可在干旱环境下最大限度地减少水分蒸发，维持其正常的生长生活所需的营养和水分。建植覆盖后，可不必灌溉。

4) 园林用途：沿阶草长势强健，耐阴性强，植株低矮，根系发达，覆盖效果较快，是一种良好的地被植物，可成片栽于风景区的阴湿空地和水边湖畔作地被植物。叶色终年常绿，花葶直挺，花色淡雅，能作为盆栽观叶植物。

21. 阔叶山麦冬（图 17-19）

别名：大麦冬

拉丁名：*Liriope platyphylla* Wang et Tang

科属：百合科 山麦冬属

1) 形态特征：多年生草本。植株丛生；根多分枝，常局部膨大成纺锤形或圆矩形小块根，块根长可达 3.5cm。叶丛生，革质，具 9～11 条脉。花葶通常长于叶；总状花序，具多数花，3～8 朵簇生于苞片腋内；苞片小，刚毛状；花被片矩圆形或矩圆状披针形，紫色；花丝长约 1.5mm；花药长 1.5～2mm；子房近球形，花柱长约 2mm，柱头三裂。种子球形，初期绿色，成熟后变黑紫色。花期 6 月下旬～9 月。

2) 产地分布：我国中部及南部，原生于热带、亚热带山地、山谷林下。

3) 生态习性：在潮湿、排水良好、全光或半阴的条件下生长良好。对光照要求不严。耐寒、耐热、耐湿、耐旱，是园林地被中性价比极高的一种。适应各种腐殖质丰富的土壤，

图 17-19 阔叶山麦冬

以沙质壤土最好。

4) 园林用途：是目前我国南北方园林中不可多得的常绿、耐寒、耐旱，既可观叶，也能观花，既能地栽，也可盆栽的地被植物，是现代景观园林中优良的林缘、草坪、水景、假山以及台地修饰类地被植物。

22. 蛇莓（图 17-20）

拉丁名：*Duchesnea indica*（Andr.）Focke

科属：蔷薇科 蛇莓属

1) 形态特征：多年生草本，具长匍匐茎，长 30～100cm，有柔毛。三出复叶，小叶片近无柄，菱状卵形或倒卵形，边缘具钝锯齿，两面散生柔毛或上面近于无毛；叶柄长 1～5cm；托叶卵状披针形，有时 3 裂。花单生于叶腋；花梗有柔毛；花托扁平，果期膨大成半圆形。海绵质，鲜红色；副萼片 5 枚，先端 3～5 裂；萼裂片卵状披针形，比副萼片小，均有柔毛；花瓣倒卵形，黄色；雄蕊 20～30 枚；心皮多数，离生。果期膨大的花托，外面有长柔毛；瘦果小，矩圆状卵形，暗红色。花期 6～8 月；果期 8～10 月。

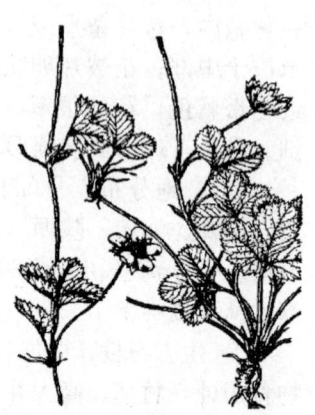

图 17-20 蛇莓

2) 产地分布：阿富汗、日本、印度、印度尼西亚均有分布，我国辽宁以南各省区均有分布，生于山坡、河岸、草地、路旁或田埂。

3) 生态习性：耐寒，喜生于阴湿环境中，不择土壤，但在富含腐殖质、排水良好的土壤上生长良好，也能在全光下生长。

4) 园林用途：蛇莓植株低矮，枝叶茂密，花色金黄。点缀于绿色叶丛中非常优美，花期过后还可观赏红色的果实，是优良的地被植物。全草药用。

23. 丽蚌草

别名：块茎燕麦、条纹燕麦草、银边草

拉丁名：*Arrhenatherum elatius* var. *tuberosum* 'Variegatum'

科属：禾本科 燕麦属

1) 形态特征：多年生草本。株高 20～40cm，丛生状。叶线形，叶面有白色纵纹，叶缘白色。地下茎白色念珠状；地上茎簇生、光滑。叶丛生，线状披针形，有黄白色边缘。圆锥花序具长梗，有分枝；小穗具两花，上面花两性或雌性，下面为雄花；花期 6～7 月。

2) 产地分布：原产欧洲。

3) 生态习性：喜凉爽湿润气候，喜阳也耐阴，忌酷热，夏季处于休眠或半休眠状态，耐寒也耐旱，不择土壤，很容易栽培。

4) 园林用途：主要观赏叶片，成片栽植呈白绿色调。丽蚌草叶丛生，线状披针形，具银白色的边缘，奇特可爱，常作小型盆栽观赏，园林中也常作花坛或地被植物。

24. 灯心草

别名：秧草、水灯心、野席草

拉丁名：*Juncus effusus* L.

科属：灯心草科 灯心草属

1）形态特征：多年生草本，高40～100cm。根茎横走，密生须根。茎簇生，直立，细柱形，茎内充满乳白色髓，占茎的大部分。叶鞘红褐色或淡黄色；叶片退化呈刺芒状。花序假侧生，聚伞状，多花，密集或疏散；与茎贯连的苞片长5～20cm；花淡绿色，具短柄；花被片6，条状披针形，排列为2轮，外轮稍长，边缘膜质，背面被柔毛；雄蕊3或极少为6，长约为花被的2/3，花药稍短于花丝；雌蕊1，子房上位，3室，花柱很短。蒴果长圆状，先端钝或微凹，长约与花被等长或稍长，内有3个完整的隔膜。种子多数，卵状长圆形，褐色。花期6～7月；果期7～10月。

2）产地分布：分布于温暖地区，我国黑龙江、吉林、辽宁、河北、陕西、甘肃、山东、江苏、安徽、浙江、江西、福建、台湾、河南、湖北、湖南、广东、广西、贵州、四川、云南、西藏均有分布。

3）生态习性：适宜生长在河边、池旁、水沟边、稻田旁、草地上以及沼泽湿处。

25. 大叶仙茅

别名：野棕、般仔草

拉丁名：*Curculigo capitulata*（Lour.）O. Ktze.

科属：石蒜科 仙茅属

1）形态特征：宿根草本，高达1m。根状茎粗厚，块状，具细长的茎。叶通常4～7枚，长圆状披针形或近长圆形，纸质，全缘，顶端长渐尖，具折扇状脉，背面脉上被短柔毛或无毛；叶柄上面有槽，侧背面均密被短柔毛。花茎通常短于叶，被褐色长柔毛；总状花序强烈缩短成头状，球形或近卵形，俯垂，具多数排列密集的花；苞片卵状披针形至披针形，被毛；花黄色，具长约7mm的花梗；花被裂片卵状长圆形，顶端钝，外轮的背面被毛，内轮仅背面中脉或中脉基部被毛。雄蕊长约为花被裂片的2/3；花丝很短；花药线形；花柱比雄蕊长，纤细，柱头近头状，极浅的3裂；子房长圆形或近球形，被毛。浆果近球形，白色，无喙；种子黑色，表面具不规则的纵凸纹。花期5～6月；果期8～9月。

2）产地分布：我国、越南及印度均有分布。

3）生态习性：耐阴植物，性强健。喜高温，适温为20～30℃。

4）园林用途：室内盆栽观叶类，可庭植或盆栽，作室内观叶植物。可种植于树林下、道路旁、石隙，作观叶地被，也可栽作药用植物专类园。

六、草坪草的选择及配置原则

（一）草坪草的选择

1. 建坪速度

草坪之所以深受园林工作者及人们的喜爱，重要原因之一是草坪绿化速度快，尤其是用草皮直接铺草坪法。如果用种子繁殖的话，就得考虑不同草坪草种建植速度及种子发芽时间长短的因素。

2. 草坪草种的各种属性

叶片质地、茎叶密度常作为选择品种时的两个草坪属性，在我国华北地区高羊茅特别适宜,其次为草地早熟禾和多年生黑麦草,其他的草坪草不太适宜华北地区的环境条件。尽管维护上需要较精细管理,但人们仍然喜欢选用质地细腻的草坪草种,高尔夫球场上常选用特别致密的匍匐翦股颖和杂交狗牙根就是一个典型的例子。高羊茅和美洲雀稗则较适宜作路边护坡草坪。

3. 草坪草种的抗逆性

由于城市建设的加速及城市人口的迅猛膨胀,缺水已经成为一个普遍问题。因此,城市的园林绿化倡导选择抗旱节水型的种类。在城市草坪的建植中,同样也要考虑这个问题。

4. 草坪草种抗病性

如果草坪草易患病虫害,一是养护费用高,二是很多防治药品对人类的身体有害并污染环境。因此,抗病性强是人们选草坪草种首先考虑的因素之一。

5. 草坪草种的抗践踏性

草坪除了观赏外,重要的作用就是为人们提供一个娱乐、休闲的场所。无论是运动型的草坪还是街头的休闲绿地、公园的游憩草坪及校园的草坪等,人流量大,草坪的抗践踏性且迅速恢复性就显得尤其突出。尽管高羊茅是冷季型草坪中最抗践踏的品种,但是它并不是非常适合用作运动草坪,因为它不耐低矮的修剪和较高的肥力。

(二) 草坪草的配置原则

在园林绿地中,草坪植物的应用是自成体系的,既要注意发挥它的各种防护功能,又要考虑与其他因素的关系。在园林绿化中草坪植物的配置应注意掌握以下基本原则。

1. 草坪植物各种功能的有机配合

草坪植物属多功能性植物,因此在配置时应先考虑它的主要功能,同时又要适当注意草坪的其他综合性功能,如在考虑其环境保护功能的同时,还要兼顾其供人欣赏、休息、满足儿童游戏活动,开展各种球类比赛、固土护坡、水土保持等功能。只有充分发挥其在绿地中的各种不同功能,才能正确地提高它在绿地中的作用。

2. 充分发挥草坪植物本身的艺术效果

草坪是园林造景的主要材料之一,其本身不仅具有独特的色彩表现,而且随着地形起伏、空间划分等不同变化也会呈现不同效果,这些都会给人以不同的艺术感受。草坪植物自身具有不同的季节变化,如暖季型草坪初春逐渐由浅黄变为嫩绿,这会让人感到春回大地。夏日夕阳西下,绿毯随风波动,让人身心愉快。深秋绿草渐黄,平坦的草坪让人感觉秋高气爽。冬日一片金黄,为冬游提供活动场地。另外,草坪的开朗、宽阔,林缘线的曲折变化,都能产生不同的艺术效果。

3. 根据植物的生长习性合理搭配草坪植物

各种草坪植物均具有不同的生长习性,如有的喜光,有的耐阴,有的耐干旱,有的耐严寒,有的极具再生能力等。因此在选择时,必须根据不同的立地条件,选择生长习性适合的草坪植物,必要时还需做到合理混合搭配草种。如需四季常绿供人欣赏时,就必须对冷季型草种进行合理搭配,使各种草的生长习性互补,必要时还必须混合一些暖季型草种。

4. 与山石、树木等其他材料的协调关系

在草坪上配植其他植物和山石等物,不仅能增添和影响整个草坪的空间变化,而且能

丰富草坪景观的内容。如现在有不少的庭院绿化，都能较好地利用地形和石块等变化来丰富草坪景观，使草坪的空间出现较多的曲折变化，大大提高了绿地的艺术效果，在草坪上配置孤植树和树丛时，树木的叶色变化，如红枫的红叶，无患子的金黄秋叶，紫叶李的紫色，金丝柳的金色等，都能给草坪锦上添花。在一些街头绿地，设计者常喜欢在草坪边缘配置各种绿篱、草花类、球根类等作为草坪的镶边植物，或用石块、鹅卵石来装饰草坪，增加草坪的色泽，提高草坪的装饰性。总之，应充分利用其他材料，增加草坪的实用效果，使草坪与其他材料更加协调统一。

第二节　地被植物

一、地被植物的定义

地被植物是指那些株丛密集、低矮，经简单管理即可用于代替草坪覆盖在地表、防止水土流失的植物。地被植物能吸附尘土、净化空气、减弱噪声、消除污染并具有一定观赏和经济价值。它不仅包括多年生低矮草本植物，还有一些适应性较强的低矮、匍匐型的灌木和藤本植物。

二、地被植物的作用

1）在园林中的斜坡、来往人数较少的地区，地被植物兼有绿化美化和保持水土的功效。

2）栽培条件差的地方，如土壤贫瘠、砂石多、阳光郁闭或光照不足、风力强劲、建筑物残余基础地等场所，地被植物可起到消除死角的作用。

3）某些不允许践踏之处可利用地被植物阻止入内。

4）养护管理不方便的地方如水源不足、剪草机械不能入内、分枝很低的大树下地块选用覆盖能力强、耐粗放管理的地被植物很适宜。

5）不经常有人类活动的地块、边角处或景点园路未完全延伸到的地方，地被植物可在一定程度上弥补整体景观的缺陷。

6）出于衬托景物的需要，如雕塑旁、溪边、花坛花境镶边处，可用地被植物加强立体景观效果。

7）杂草猖獗的地方可利用适应强、生长迅速的地被植物人为建立起优势种群以抑制杂草滋生。此外对于园林中乔灌木林下大片的空地选择耐阴性好、观赏期长、观赏价值较高又耐粗放管理的地被植物，不仅能增加景观效果又不需花费太多的人力、物力去养护，如北京天坛公园柏树林下成片的二月兰，早春开出蓝色的小花甚为美观。

三、地被植物的特征

1）多年生植物，常绿或绿色期较长，以延长观赏和利用的时间。

2）具有美丽的花朵或果实，而且花期越长，观赏价值越高。

3）具有独特的株型、叶型、叶色和叶色的季节性变化，从而给人以绚丽多彩的感觉。

4）具有匍匐性或良好的可塑性，这样可以充分利用特殊的环境区域。

5）植株相对较为低矮。在园林配置中，植株的高矮取决于环境的需要，可以通过修剪人为地控制株高，也可以进行人工造型。

6）具有较为广泛的适应性和较强的抗逆性，耐粗放管理，能够适应较为恶劣的自然环境。

7）具有发达的根系，有利于保持水土以及提高根系对土壤中水分和养分的吸收能力，或者具有多种变态地下器官，如球茎、地下根茎等，以利于贮藏养分，保存营养繁殖体，从而具有更强的自然更新能力。

8）具有较强或特殊净化空气的功能，如有些植物吸收二氧化硫和净化空气能力较强，有些则具有良好的隔声和降低噪声效果。

9）具有一定的经济价值，如可作药用、食用或为香料原料，可提取芳香油等，以利于在必要或可能的情况下，将地被植物的生态效益与经济效益结合起来。

10）具有一定的科学价值，主要包括两个方面，一是有利于植物学及其相关知识的普及和推广，二是与珍稀植物和特殊种质资源的人工保护相结合。

上述特性并非每一种地被植物都要全部具备，而是只要具备其中的某些特性即可。同时，在园林配置中，要善于观察和选择，充分利用这些特性，并结合实际需要进行有机组合，从而达到理想的效果。

四、地被植物的分类

1. 一、二年生草花地被植物

一、二年生草花是鲜花类群中种类最多的家族，其中有不少是植株低矮、株丛密集自然、花团似锦的种类，如紫茉莉、太阳花、雏菊、金盏菊、香雪球等。它们风格粗放，是地被植物组合中不可或缺的部分，在阳光充足的地方，一、二年生草花作地被植物，更显出其优势和活力。

2. 宿根观花地被植物

宿根观花地被植物花色丰富，品种繁多，种源广泛，作为地被应用不仅景观美丽，而且繁殖力强，养护管理粗放，如鸢（yuān）尾、玉簪、萱草、马蔺等被广泛应用于花坛、路边、假山园及池畔等处，耐阴的观花地被植物更受欢迎。那些观赏价值高、颜色丰富、生长稳定、抗逆性强的宿根地被植物被广泛应用到绿化设计中，而花期长、节日盛花的种类如5月开花的玲兰、山罂粟、铁扁豆等，10月开花的葱兰、小菊、矮种美人蕉等在节日期间被广泛应用。

3. 宿根观叶地被植物

宿根观叶地被植物大多数植株低矮，叶丛茂密贴近地面而且多数是耐阴植物，如麦冬、石菖蒲、万年青等，在全国各大城市园林绿化中被大量应用，生态效果良好。叶形优美、耐阴能力强的虎儿草、蕨类等植物以及经济价值高的薄荷、藿香等阔叶型观叶植物也越来越被人们所关注。

4. 水生耐湿地被植物

在园林建设中，水池、溪流及水体沿边地带，需要选用适生的、耐湿性较强的覆盖植物，用来美化环境和点缀景观，同时水生耐湿地被植物能防止和控制杂草危害水体，如慈姑、水菖蒲、泽泻等。

5. 藤本地被植物

大部分藤本地被植物可以通过吸盘或卷须爬上墙面或缠绕攀附于树干、花架。凡是能攀缘的藤本植物一般都可以在地面横向生长覆盖地面。而且藤本地被植物枝蔓很长，覆盖面积能超过一般矮生灌木几倍，具有其他地被植物所没有的优势。现有的藤本植物可以分为木本和草本两大类，草本藤蔓枝条纤细柔软，由它们组成的地被细腻漂亮，如草莓、细叶莴萝等；木本藤蔓枝条粗壮，但绝大部分都具有匍匐性，可以组成厚厚的地被层，如常春藤、五叶地锦、山葡萄、金银花等。

6. 矮生灌木地被植物

灌木在园林植物中是一个很大的类群，其中植株低矮、枝条开展、茎叶茂盛、匍匐性强、覆盖效果好的种类、变种、品种是组成植物群落下层不可缺少的种类，作为地被植物有着其他植物所不及的优点，矮生灌木生长期长，不用年年更新，管理也比草本植物粗放，移植、调整方便，大部分品种可以通过修剪进行矮化定向培育；一般均具有木本植物的骨架，形成群落比较稳定，如栀子花、八仙花、棣棠花、小檗等。

7. 矮生竹类地被植物

低矮丛生的竹类适应性强，除东北、西北、内蒙古和西藏外，我国大部分地区都可栽植，且终年不枯，枝叶潇洒，景观独特，如箬竹、凤尾竹、鹅毛竹等。

五、地被植物的选择标准

我国植物资源丰富，在草坪业欣欣向荣的今天，各地的园林植物工作者在引进国外草坪草的同时，也在开发、利用、研究乡土地被植物，有的地被植物已具有很好的美化、绿化作用。例如，二月兰、麦冬、沿阶草、葱兰、萱草等，紫花地丁、点地梅、蒲公英等也越来越受到重视。地被植物种类繁多，可用于园林绿地的种类也很多，可满足保护生态环境的要求，因此选择园林地被植物时应保证：

1. 生长迅速、易于露植与管理

例如，二月兰，生长迅速，自播能力很强，几乎不用管理，但早春形成景观非常美丽。

2. 植株低矮

地被植物有株高 30cm 以下的、50cm 以下的、70cm 左右的几种。如为矮灌木种类，高度最好不超过 1m，超过 1m 的要挑选生长缓慢及耐修剪的品种。

3. 观赏价值高

绿叶期长、花朵美丽。例如，南方的葱兰，花朵洁白可爱，花期长，叶冬季暗绿色，在华东及长江以南地区成片栽植时，开花期是花的海洋，非花期是翠绿的草地，非常美丽，也可用它与草坪配植，形成缀花草坪。

4. 适应性强

一般来说，地被植物以乡土植物为主，因此通常抗性强、管理粗放、绿化效果好。例如，铺地柏在北方地区，适宜干冷的气候，冬天仍然生长良好，为北方地区的冬天带来绿色的生机。

六、地被植物的配置原则

选择地被植物时要十分慎重，引入外来的优良植物时要谨慎。由于地被植物普遍具有很强的生长能力和抗逆性，因此在引种时要客观地权衡其利弊，注意汲取国内外引种的经验，要以环境学、生态学、生物学等多角度来权衡研究其是否会造成损失或有潜在的破坏性。地被植物配置的主要原则包括：

1. 深入了解立地条件和地被植物的特性

立地条件是指种植地的气候特征、土壤理化性状、光照强度以及湿度等情况。地被植物的特性包括植株高度、绿色期、开花期、花色、适应性等。只有在深入了解种植地的环境后，才能合理地进行配置，否则盲目选择会造成人力、物力和财力上不必要的浪费。

2. 根据绿地不同性质和功能进行配置

绿地的种类很多，如公园绿地、风景区绿地、防护绿地、城市街道绿地等。其中，公园绿地是布局最为复杂、造景要求最高的绿地之一。既有开阔的草地，又有郁蔽的林带，既有规则的花坛，又有自然的花境。因此，要根据实际需要，恰当地选用不同的地被植物。如在规则式布局中，应选择植株整齐一致、花序顶生或是耐修剪的品种；而在自然式的环境中，则可选择植株高低错落、花色多样的品种，从而呈现出活泼自然的野趣。

3. 高度搭配要适当

园林置景中的植物群落一般由乔木、灌木和草本层组成，为使整个群落层次分明，有较强的艺术感染力，除了树种选择应简单、谐调外，植株高度也是一个重要的因素。当上层的乔、灌木分枝点比较高，而且种类较少时，下面的地被植物就可以适当高一些。种植区面积较小时，则应选择较为低矮的种类，否则会使人有局促感。在花坛边缘，应选择一些更为低矮或蔓生种类，使其高度保持在 5cm 以下，更加衬托出花的艳丽。总之，地被植物的主要作用是衬托，突出主体，并使群落层次分明。

4. 色彩搭配要谐调

地被植物与乔、灌木均有不同颜色的叶片、花朵和果实，搭配合理时，能使之错落有致，并具有更为丰富的季相变化。如在落叶树种中，可选择一些常绿的种类，如麦冬等。在常绿树丛下，则可选用一些耐阴性强、花色明亮、花期较长的种类，如玉簪、紫萼等，达到丰富色彩的目的。此外，整个群落还应注意色彩的变化和对比。当上层乔、灌木为开花植物时，就应该考虑到地被的花期和色彩。如盛开的堇色紫荆花下配以成片黄色的毛茛，会显得色彩明快，相互谐调，形成一个色彩缤纷的树丛景观。

七、主要地被植物品种

1. 白穗花（图 17-21）

拉丁名：*Speirantha gardenii* (Hook.) Baill.

科属：百合科 白穗花属

1) 形态特征：多年生草本植物，根状茎圆柱形，长 2～12cm。叶倒披针形、披针形或长椭圆形，先端渐尖，下部渐狭成柄，柄基部扩大成膜质鞘。花葶高 13～20cm；总状花序有花 12～18 朵；苞片白色或稍带红色，短于花梗；花梗长 7～17mm；花被片披针形，先端钝，开展，有一条脉；雄蕊短于花被片，花药椭圆形；子房长 2mm，花柱长

2mm。浆果近球形。花期5～6月，果期7月。

2) 产地分布：我国特有单种属。白穗花产我国江苏、浙江（昌化）、安徽（黄山）和江西，生长在山谷溪边、阔叶树林下、草丛中或岩上湿处，海拔630～900m的地区。

3) 生态习性：喜温凉、湿润的气候，耐寒性较强，耐阴亦喜光，喜湿润，喜富含腐殖质的酸性土壤，耐贫瘠性较强，可粗放管理。

4) 园林用途：白穗花具有很强的耐阴性和对环境的适应性，就植物景观营造而言，可用于林下、林缘大片种植，替代草坪作为地被植物形成不同的生态景观效果；其与乔木、灌木搭配，构成复合型的生态结构，在植物群落的复合结构中扮演着下层物种的重要组成部分，起衬托作用，

图17-21 白穗花

并与上层乔、灌木组合，形成高、中、低错落有致的自然立体或群落景观。因白穗花抗性强，耐土壤瘠薄，亦可广泛应用于山坡、岩石旁、阶旁、沟边、滩涂地等环境恶劣处，既美化环境，又可起到覆盖地面、防止水土流失等作用。还可以在建筑物的北侧背阴处成片种植，起到既软化建筑线条，又增加生机的作用。尤其在难于处理的狭窄空地或阴暗角落，可采用成片种植、点缀等方式布局，不仅有遮挡作用，而且富有自然韵味。还可以布置各类花坛、花境，也可作镶边植物。

2. 蚌兰（图17-22）

别名：紫背万年青

拉丁名：*Rhoeo discolor* Hance.

科属：鸭跖草科 紫露草属

1) 形态特征：常绿宿根草本植物。叶宽披针形，成环状着生在短茎上，叶面光亮翠绿，叶背深紫，淡紫色花朵三片，河蚌般的紫色萼片包裹，极像婴儿的摇篮。

2) 产地分布：原产墨西哥和西印度群岛，现广泛栽培。

3) 生态习性：喜温暖湿润的气候，适宜生长在温度为15～25℃的环境中，喜光也耐阴，畏烈日，要求肥沃、有保水力土壤。冬季温度不低于5℃。

4) 园林用途：是常见的盆栽观叶植物，适宜点缀在家庭阳台、房间会客室、餐厅和食堂等公共场所。

图17-22 蚌兰

3. 车前草（图17-23）

别名：平车前

拉丁名：*Plantago depressa* Willd.

科属：车前科 车前属

1) 形态特征：一年生或二年生草本。直根长，具多数侧根，肉质，根茎短。叶基生呈莲座状，平卧、斜展或直立；叶片纸质，椭圆形、椭圆状披针形或卵状披针形，先端急尖或微钝，边缘具浅波状钝齿、不规则锯齿，基部宽楔形至狭楔形，下延至叶柄，脉5～7条，上面略凹陷，于背面明显隆起，两面疏生白色短柔毛；叶柄基部扩大成鞘状。花序

3~10个；花序梗有纵条纹，疏生白色短柔毛；穗状花序细圆柱状，上部密集，基部常间断；苞片三角状卵形，内凹，无毛，龙骨突出宽厚，宽于两侧片，不延至或延至顶端。花萼无毛，不延至顶端，前对萼片狭倒卵状椭圆形至宽椭圆形，后对萼片倒卵状椭圆形至宽椭圆形。花冠白色，无毛，冠筒等长或略长于萼片，裂片极小，椭圆形或卵形，于花后反折。雄蕊着生于冠筒内面近顶端，花柱明显外伸，花药卵状椭圆形或宽椭圆形，先端具宽三角状小突起，新鲜时白色或绿白色，干后变淡褐色。胚珠5。蒴果卵状椭圆形至圆锥状卵形，于基部上方周裂。种子4～5，椭圆形，腹面平坦，黄褐色至黑色；子叶背腹向排列。花期5～7月，果期7～9月。

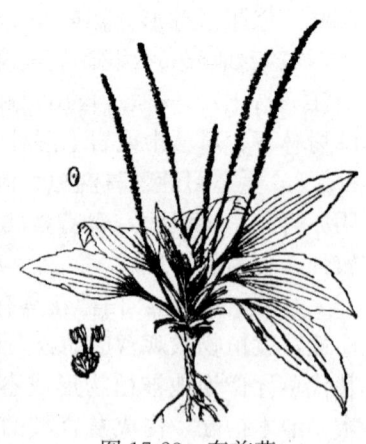

图 17-23　车前草

2）产地分布：我国大部分地区，朝鲜、俄罗斯（西伯利亚至远东）、哈萨克斯坦、阿富汗、蒙古、巴基斯坦、印度也有分布。

3）生态习性：生于草地、河滩、沟边、草甸、田间及路旁，海拔4500～5000m。

4）园林价值：主要用于入药。

4. 红花酢浆草（图 17-24）

别名：花花草、夜合梅、大叶酢浆草、三夹莲

拉丁名：*Oxalis corymbosa* DC.

科属：酢浆草科 酢浆草属

1）形态特征：多年生草本，草株高15～25cm。具块状纺锤形根茎。全株被白色纤细毛。叶基生，具长柄，3枚小叶掌状着生倒心形，叶背被软毛。花茎基部抽出，伞形花序，稍高出叶面。花深玫瑰色带纵条。花期4～11月。花叶白天开放，夜间闭合。果实圆柱形，熟时果皮裂开，借弹力射出种子。

2）产地分布：原产南美洲，现广布于世界各地。

3）生态习性：喜温暖，不耐寒，忌炎热，盛夏生长慢或休眠，喜阴，耐阴性极强，喜含腐殖质、排水良好土壤。

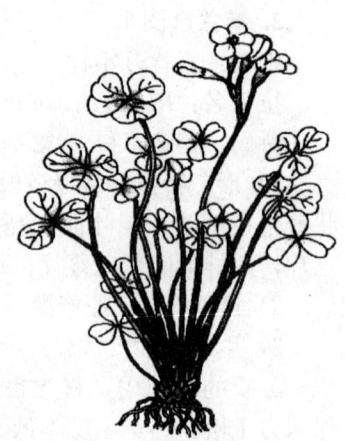

图 17-24　红花酢浆草

4）园林用途：红花酢浆草植株低矮，叶子茂密，碧绿青翠，小花繁多，烂漫可爱。在园林绿化中，布置花坛、花槽等，株丛稳定，线条清晰，富有自然景观，也是极好的盆栽和地被植物。

5. 大吴风草（图 17-25）

别名：八角乌、活血莲、金钵盂、独角莲、一叶莲、大马蹄香、大马蹄

拉丁名：*Farfugium japonicum*（L. f.）Kitam.

科属：菊科 大吴风草属

1）形态特征：多年生葶状草本。根茎粗壮，直径达1.2cm。花葶高达70cm，幼时密被淡黄色柔毛，成熟后脱毛，基部被极密的柔毛。基生叶莲座状，肾形，先端圆，全缘或

有小齿或掌状浅裂，基部弯缺宽，长为叶片的 1/3，两面幼时被灰白色柔毛，后无毛；叶柄幼时密被淡黄色柔毛，后多脱落，基部短鞘，抱茎，鞘内被密毛；茎生叶 1～3，叶片长圆形或线状披针形，长 1～2cm。头状花序辐射状，2～7，排成伞房状花序梗被毛；总苞钟形或宽陀螺形，口部宽达 15mm，总苞片 12～14，2 层，长圆形，先端渐尖，背部被毛，内层边缘褐色宽膜质。舌状花 8～12，黄色，舌片长圆形或匙状长圆形，先端圆形或急尖，管部长 6～9mm；管状花多数，长 1～1.2cm，管部长约 6mm；花药基部有尾；冠毛白色与花冠等长。瘦果圆柱形，有纵肋，被成行的短毛。花果期 8 月至翌年 3 月。

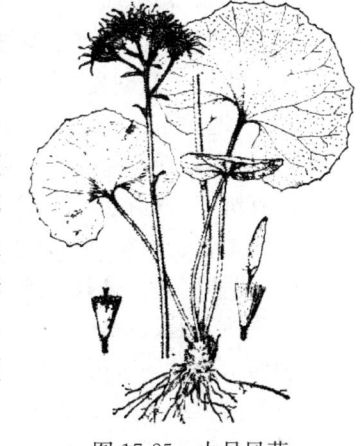

图 17-25　大吴风草

2) 产地分布：产湖北、湖南、广西、广东、福建、台湾。在日本常见，野生或栽培。

3) 生态习性：生于低海拔地区的林下、山谷及草丛，也栽培于国内外的一些植物园中和家庭中。喜半阴和湿润环境；耐寒，在江南地区能露地越冬；害怕阳光直射；对土壤适应度较好，以肥沃疏松、排水好的黑土为宜。

4) 园林用途：多将其种植于路边林下，与麦冬、兰花、三七等共同营造林下景观。

6. 宽叶韭（图 17-26）

别名：茖菜、大叶韭、葱韭

拉丁名：*Allium hookeri* Thwaites

科属：百合科 葱属

1) 形态特征：多年生草本，高 20～60cm；根肉质，粗壮；鳞茎圆柱形，外皮膜质，不破裂。叶线状披针形，扁平，先端渐尖，下部扩大成膜质鞘，全缘，绿色，中脉明显，在背面隆起。花葶略呈三棱形，绿色；总苞膜质，2 裂，早落；伞形花序近球形，花多而密集；花梗纤细近等长；花白色，星芒状展开，花被片 6，披针形至线形，先端渐尖或不等 2 裂；花丝单一与花被片等长或稍短，在基部合生并与花被片贴生；子房倒卵状球形，基部收狭，外壁光滑，每室具 1 胚珠。花果期 8～9 月。

2) 产地分布：分布于云南、四川、西藏南部和东南部等省区；斯里兰卡、不丹和印度亦有。

图 17-26　宽叶韭

3) 生态习性：适宜栽培于冷凉湿润气候，生长温度范围 5～30℃，适温 12～25℃。宽叶韭虽然耐湿又耐旱，仍须选择水源充足、排水良好地区栽培。土壤酸碱度以 pH 5.6～6.5 为宜，沙壤土、壤土、黏壤土等都可以栽培，但以富含有机质的壤土为佳。

4) 园林用途：为食用蔬菜。

7. 地被菊

拉丁名：*Chrysanthemum morifolium* Ramat.

科属：菊科 菊属

1）形态特征：多年生草本，株型矮壮、花朵紧密、自然成型，花期9~10月。颜色有红色、紫色，花期夏秋季。

2）产地分布：华北及东北。

3）生态习性：喜凉，土壤要求疏松、肥沃。喜充足阳光，也稍耐阴，较耐旱，忌积涝。具有抗寒（可在"三北"各地露地越冬）、抗旱、耐盐碱（可耐8%）、耐半阴、抗污染、抗病虫害、耐粗放管理等优点。

4）园林用途：盆栽、地植，做花篱、园林造景等。

8. 葱兰（图17-27）

别名：葱莲、玉帘

拉丁名：*Zephyranthes candida*（Lindl.）Herb.

科属：石蒜科 葱莲属

1）形态特征：多年生草本。鳞茎卵形，直径约2.5cm，具有明显的颈部。叶狭线形，肥厚，亮绿色。花茎中空；花单生于花茎顶端，下有带褐红色的佛焰苞状总苞，总苞片顶端2裂；花梗长约1cm；花白色，外面常带淡红色；几无花被管，花被片6，顶端钝或具短尖头，宽约1cm，近喉部常有很小的鳞片；雄蕊6，长约为花被的1/2；花柱细长，柱头不明显3裂。蒴果近球形，3瓣开裂；种子黑色，扁平。

2）产地分布：原产南美洲，分布于温暖地区，我国华中、华东、华南、西南等地均有引种栽培。

3）生态习性：喜肥沃土壤，喜阳光充足，耐半阴与低湿，宜肥沃、带有黏性而排水好的土壤。较耐寒，在长江流域可保持常绿，0℃以下可存活较长时间。在-10℃左右的条件下，短时不会受冻，但时间较长则可能冻死。葱兰极易自然分球，分株繁殖容易，栽培需注意冬季适当防寒。

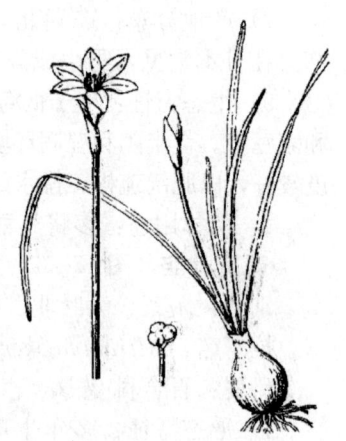

图17-27 葱兰

4）园林用途：葱兰株丛低矮、终年常绿、花朵繁多、花期长，繁茂的白色花朵高出叶端，在丛丛绿叶的烘托下，异常美丽，花期给人以清凉舒适的感觉。适用于林下、边缘或半阴处作园林地被植物，也可作花坛、花径的镶边材料，在草坪中成丛散植，可组成缀花草坪，也可盆栽供室内观赏。

9. 海石竹

拉丁名：*Armeria maritima*

科属：白花丹科 海石竹属

1）形态特征：宿根草花，植株低矮，丛生状，株高20~30cm。叶基生，叶线状长剑形，花为粉红色至玫瑰红色、全缘、深绿色；春季开花，头状花序顶生。花茎细长，小花聚生于花茎顶端。呈半圆球形，紫红色，花茎约3cm。

2）产地分布：原产欧洲、美洲。现世界多地有栽培。

3）生态习性：喜阳光充足及排水良好的沙质土壤，栽培土质以富含有机质的腐叶土为佳，排水、光照需良好。性喜温暖、忌高温高湿，生长适温为15~25℃。

4）园林用途：海石竹植株栽培高度低矮，在园艺中有着广泛的应用，既可以用作盆栽，也可用于花坛、景观布置和岩石庭院。它为春季开花植物，小巧的株形深得人们喜爱。在花期，紧凑的植株上会开出大量的玫粉色花朵。鲜艳的花色、持久的花期和深绿色的草状叶片深受大家的喜爱。

10. 红龙草

别名：紫杯苋

拉丁名：*Altemanthera ficoidea* cv. 'Ruliginosa'

科属：苋科 虾钳菜

1）形态特征：多年生草本，高 15～20cm，叶对生，叶色紫红至紫黑色，极为雅致。头状花序密聚成粉色小球，无花瓣。质感中至细，茎叶铜红色，冬季开花，花乳白色，小球形，酷似千日红。

2）产地分布：原产南美洲，在热带、亚热带地区多有栽培。

3）生态习性：性强健，耐寒也耐热、耐旱、耐瘠、耐剪。

4）园林用途：可在花台、庭院丛植、列植及在高楼大厦中庭美化，以强调色彩效果。圆叶洋苋尤适宜在高、冷地区栽植，其叶色艳红如火。红龙草修剪后茎叶致密，色彩艳丽美观，冬季开花，形似天然干燥花。

11. 绿苋草

别名：肾草、豆瓣草、法国草

拉丁名：*Alternanther payonychiodes*

科属：苋科

1）形态特征：多年生常绿草本植物，适应力非常强，全株绿色，叶密集多皱褶，每节叶腋下各分枝生长幼初芽，幼枝顶又各分歧 3～4 小枝，叶极为繁盛且与母叶相似。肉质枝叶全长可达 10cm，叶柄部狭小，逐渐变大衔接叶面。有叶柄呈圆心形，如圆锹状，叶面蜡质无毛，近根处每节有短小气根。花白灰色极小如棉絮状，蒴果短而圆，不易观察。

2）产地分布：华东地区需温室越冬。

3）生态习性：生性强健，喜高温，耐旱、耐剪。繁殖容易，直接剪取茎叶扦插于栽植地即能成活。

4）园林用途：适用于栽植作花坛等。

12. 虎耳草（图 17-28）

别名：石荷叶、金线吊芙蓉、老虎耳、金丝荷叶、耳朵红

拉丁名：*Saxifraga stolonifera* Curt.

科属：虎耳草科 虎耳草属

1）形态特征：多年生草本，株高 10～35cm，植株基节部有垂吊细长的匍匐茎，顶端生有小植株。全株密生短绒毛；叶基生，近肾形，质厚，边缘浅裂，有粗锯齿，表面暗绿色，有明显的灰白色网状脉纹，背面紫红色，密生小球形细点；圆锥状花序，春夏季开白色小花。

2）产地分布：原产于我国及日本、朝鲜，广泛分布于台

图 17-28 虎耳草

湾、华南、西南至河南南部等山区阴湿地。

3）生态习性：喜阴凉潮湿，土壤要求肥沃、湿润，以茂密多湿的林下和阴凉潮湿的墙壁上较好。生于海拔 400～4500m 的林下、灌丛、草甸和阴湿岩隙。

4）园林用途：其株型矮小，枝叶疏密有致，叶片鲜艳美丽，是观赏价值较高的室内观叶植物之一。它常以小型釉陶盆或紫砂陶盆种植，也可作吊盆种植，适于布置较明亮的居室、书房、客厅、会议室等，可长期在室内栽培欣赏。

13. 天门冬（图 17-29）

别名：三百棒、丝冬、老虎尾巴根、天冬

拉丁名：*Asparagus cochinchinensis*（Lour.）Merr.

科属：百合科 天门冬属

1）形态特征：天门冬属多年生攀缘植物。根在中部或近末端成纺锤状膨大，膨大部分长 3～5cm，粗 1～2cm。茎平滑，常弯曲或扭曲，长可达 1～2m，分枝具棱或狭翅。叶状枝通常 3 枚成簇，扁平或由于中脉龙骨状而略呈锐三棱形，稍镰刀状，长 0.58cm，宽 1～2cm；茎上的鳞片状叶基部延伸为长 2.5～3.5cm 的硬刺，在分枝上的刺较短或不明显。花通常每 2 朵腋生，淡绿色；花梗长 2～6cm，关节一般位于中部，有时位置有变化；雄花花被长 2.5～3cm；花丝不贴生于花被片上；雌花大小和雄花相似。浆果直径 6～7mm，熟时红色，有 1 颗种子。花期 5～6 月；果期 8～10 月。

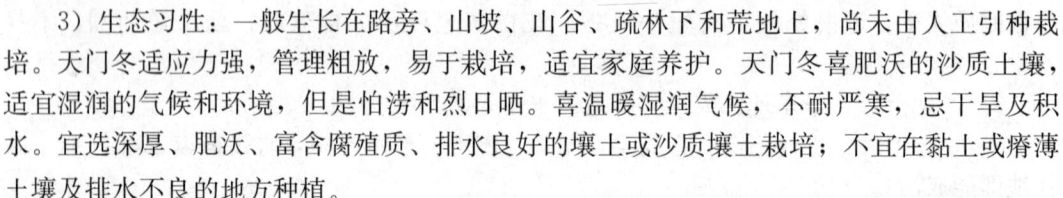

图 17-29 天门冬

2）产地分布：河北、山西、陕西、甘肃等省的南部至华东、中南、西南各省区都有分布。生于海拔 1750m 以下的山坡、路旁、疏林下、山谷或荒地上。也见于朝鲜、日本、老挝和越南。

3）生态习性：一般生长在路旁、山坡、山谷、疏林下和荒地上，尚未由人工引种栽培。天门冬适应力强，管理粗放，易于栽培，适宜家庭养护。天门冬喜肥沃的沙质土壤，适宜湿润的气候和环境，但是怕涝和烈日晒。喜温暖湿润气候，不耐严寒，忌干旱及积水。宜选深厚、肥沃、富含腐殖质、排水良好的壤土或沙质壤土栽培；不宜在黏土或瘠薄土壤及排水不良的地方种植。

14. 八宝（图 17-30）

别名：八宝景天、活血三七、对叶景天

拉丁名：*Hylotelephium erythrostictum*（Miq.）H. Ohba

科属：景天科 八宝属

1）形态特征：多年生草本植物，块根胡萝卜状。茎直立，高 30～70cm，不分枝。叶对生，少有互生或 3 叶轮生，长圆形至卵状长圆形，先端急尖或钝，基部渐狭，边缘有疏锯齿，无柄。伞房状花序顶生；花密生，花梗稍短或同长；萼片 5，卵形；花瓣 5，白色或粉红色，宽披针形，渐尖；雄蕊 10，与花瓣同长或稍短，花药紫色；鳞片 5，长圆状楔形，先端有微缺；心皮 5，直立，基部几分离。花期 8～10 月。

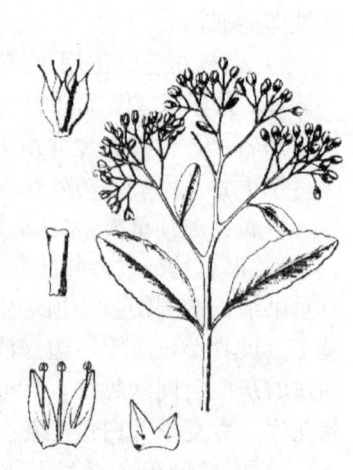

图 17-30 八宝

2）产地分布：生于海拔450～1800m的山坡草地或沟边。产我国云南、贵州、四川、湖北、安徽、浙江、江苏、陕西、河南、山东、山西、河北、辽宁、吉林、黑龙江。朝鲜、日本和俄罗斯也有分布。

3）生态习性：性喜强光和干燥、通风良好的环境，忌雨涝积水。在荫蔽处多生长不良，植株不茂盛，枝叶细长、稀疏。耐寒性强，能耐−20℃的低温。对土壤要求不严，在素沙土、沙坡土、轻黏土中均能正常生长，但在湿润、肥沃、通透性良好的沙壤土中生长最好。喜肥，也较耐贫瘠，有一定的耐盐碱能力。

4）园林用途：栽培容易，花浅红白色，作观赏用。

15. 美花落新妇（图17-31）

别名：美花红升麻

拉丁名：*Astilbe hybrida*

科属：虎耳草科 落新妇属

1）形态特征：多年生草本植物，株高为30～50cm，叶羽状，小叶披针形，叶缘有锯齿。春季4～5月间开花，穗状花序形状酷似蓬松的泡沫，因此日本称为"泡盛草"。

2）产地分布：生长在海拔1100～2500m的山坡林下、山谷沟边或林边。分布于陕西、河南、湖北、四川、甘肃等地。

3）生态习性：性喜温暖，在华南部分地区越夏困难。

4）园林用途：适合花坛、盆栽或切花。

图17-31 美花落新妇

16. 马利筋（图17-32）

别名：金凤花、尖尾凤、莲生桂子花、芳草花

拉丁名：*Asclepias curassavica* L.

科属：萝藦科 马利筋属

1）形态特征：多年生宿根性亚灌木状草本植物。株高50～100cm。茎基部半木质化，直立性，茎节明显，不具分枝或仅先端有分枝。全株含丰沛白色乳汁，幼枝被细柔毛。叶对生，披针形或长椭圆状。先端渐尖或锐形，基部渐狭而延伸至叶柄，纸质，全缘。表面呈有光泽的绿色，背面淡绿色；表里两面皆光滑无毛；中肋于表面略凹下而于背面隆起，侧脉每边6～9条，细脉略明显；叶柄长0.4～0.5cm，光滑无毛。花多数，红色或紫红色，少数种类亦有黄色或淡红色，无香味。开放时花径0.4～0.6cm，呈聚伞花序；聚伞花序作伞房排列，腋生或顶生。有长总梗，花冠轮形五深裂，裂片向上翻卷，朱红色；副花冠五枚，金黄色，为5个直立的帽状体，每一帽状体里面有一角状体伸

图17-32 马利筋

出；雄蕊着生于花冠基部，花橙黄或红色，花心紫红色，非常引蜂招蝶，故名 butteflyweed。花序轴对生于叶柄间，长3～6cm，略带柔毛；花柄细长，长1.5～2cm，有柔毛；花萼深五裂，裂片披针形，长0.4～0.5cm，有绒毛，授粉后先端反卷；花冠轮形，长0.7～0.9cm；裂片五枚，长椭圆形，朱红色，反卷，先端锐尖，光滑无毛或近似无毛；

副花冠鳞片五枚，金黄色，长 0.35~0.4cm；雄蕊筒长 0.25~0.3cm。花期在 6~8 月。花后能结果，果实为蓇葖果，纺锤状圆柱形，长 5~8cm，直径 0.5~0.6cm。成熟后会裂开，内有多数棕黑色种子；种子扁平状长椭圆形，顶端具白色绢质种毛。丛毛生于顶端，长 2~4cm，便于飞行散布。花果期在春至初夏。

2）产地分布：原产拉丁美洲的西印度群岛，台湾于早年无意中引进后，现已呈驯化状态生长，多分布于庭院或驯化野生于平地至低海拔的山野，100~500m 处，多见于开阔地或丛林边缘或路旁，极为常见。生长于海拔 250~2000m 的地方。国外分布在北美洲、南美洲、西印度群岛，于热带、亚热带地区广泛栽培。国内分布在陕西、江苏、浙江、江西、福建、台湾、湖北、海南、广东、广西、重庆、四川和云南。

3）生态习性：阳性植物，半耐寒（0℃以上），喜向阳、通风、温暖、干燥环境，不择土壤。喜温暖气候，不耐霜冻，寒冷地区可以作一年生栽培。要求土壤湿润肥沃，不耐干旱，因此需保持土壤湿润。

4）园林用途：可作为观赏植物用于园林绿化，但马利筋有毒，使用时应加以注意，以免造成不良后果。

17. 白花三叶草

别名：白花车轴草

拉丁名：*Triolium repens* L.

科属：豆科 三叶草属

1）形态特征：短期多年生草本，生长期达 5 年，高 10~30cm。主根短，侧根和须根发达。茎匍匐蔓生，上部稍上升，节上生根，全株无毛。掌状三出复叶；托叶卵状披针形，膜质，基部抱茎成鞘状，离生部分锐尖；叶柄较长；小叶倒卵形至近圆形，先端凹头至钝圆，基部楔形渐窄至小叶柄，侧脉约 13 对，与中脉作 50°角展开，两面均隆起；小叶柄长 1.5mm。花序球形，顶生；总花梗甚长，比叶柄长近 1 倍，具花 20~80 朵，密集；花 7~12mm；花梗比花茎稍长或等长，开花即下垂；具脉纹 10 条；花冠白色、乳黄色或淡红色，具香气。旗瓣椭圆形。荚果长圆形；种子通常 3 粒，阔卵形。花、果期 5~10 月。

2）产地分布：原产欧洲和北非，世界各地均有栽培。我国常见种植。并在湿润草地、河岸、路边呈半自生状态。

3）生态习性：喜温凉湿润气候，生长适宜的温度为 19~24 ℃，但适应性强，耐热、抗寒、耐阴、耐酸，绿期和花期长。

4）园林用途：白花三叶草绿期和花期长，适应性强，是优良的观赏型地被植物，也是重要的牧草，在酸性和碱性土壤上均能适应。由于白花三叶草根系发达，是优良的固土护坡植物。它具有良好的地面覆盖性。

18. 莓叶委陵菜

别名：雉子筵、满山红、毛猴子、菜飘子

拉丁名：*Potentilla fragarioides* L.

科属：蔷薇科 委陵菜属

1）形态特征：多年生草本。根极多，簇生。花茎多数，丛生，上升或铺散，长 8~25cm，被开展长柔毛。基生叶羽状复叶，有小叶 2~3 对，间隔 0.8~1.5cm，稀 4 对，叶柄被开展疏柔毛，小叶有短柄或几无柄；小叶片倒卵形、椭圆形或长椭圆形，顶端圆钝或急尖，基部楔形或宽楔形，边缘有多数急尖或圆钝锯齿，近基部全缘，两面绿色，被平铺疏柔毛，下面沿脉较密，锯齿边缘有时密被缘毛；茎生叶，常有3小叶，小叶与基生小叶相似或长圆形顶端有锯齿而下半部全缘，叶柄短或几无柄；基生叶托叶膜质，褐色，外面有稀疏开展长柔毛，茎生叶托叶草质，绿色，卵形，全缘，顶端急尖，外被平铺疏柔毛。伞房状聚伞花序顶生，多花，松散，花梗纤细，外被疏柔毛；萼片三角卵形，顶端急尖至渐尖，副萼片长圆披针形，顶端急尖，与萼片近等长或稍短；花瓣黄色，倒卵形，顶端圆钝或微凹；花柱近顶生，上部大，基部小。成熟瘦果近肾形，表面有脉纹。花期4~6月，果期6~8月。

2）产地分布：产黑龙江、吉林、辽宁、内蒙古、河北、山西、陕西、甘肃、山东、河南、安徽、江苏、浙江、福建、湖南、湖北、四川、云南、广西。日本、朝鲜、蒙古、俄罗斯西伯利亚等地均有分布。

3）生态习性：生于湿地、山坡、草甸、地边、沟边、草地、灌丛及疏林下，海拔350~2400m。喜光，稍耐阴，耐寒，耐旱，耐瘠薄。

19. 小冠花

别名：多变小冠花

拉丁名：*Coronilla varia* L.

科属：豆科 小冠花属

1）形态特征：多年生草本。根系粗壮发达，密生根瘤，其根上的不定芽再生能力强，能使根系向水平方向蔓延。茎中空，有棱，质地柔软匍匐向上伸，最长可达180cm，分枝能力强；节上叶芽易萌发形成很多侧枝。奇数羽状复叶，互生。伞形花序腋生，花朵众多，粉红色或淡红色，匍匐生长，匍匐茎长达1m以上，自然株丛高25~50cm。根系粗壮，侧根发达，根上具不定芽、有根瘤。叶为奇数羽状复叶，小叶互生，11~27枚长椭圆形或倒卵形荚果细长如指状，3~12节共长2~3cm，节易断，每节含1粒种子。种子细长、肾状，黑褐色。

2）产地分布：原产欧洲和亚洲西南部。在我国已有20多年应用历史。现已广泛引种种植于华北、华东、华中、西北等地。

3）生态习性：喜温暖湿润气候，但因其根蘖芽潜伏于地表下20cm左右处，故抗寒越冬能力较强，基本常绿。抗旱性好，不耐涝，水淹数日后会烂根而全株死亡。喜光不耐阴、病虫害少。对土壤要求不严，在pH5.0~8.2的土壤上均可生长。生长健壮，适应性强。

4）园林用途：是抗性和固土能力极强的地被植物，生长蔓延快，覆盖度强，抗逆性也强，花期长（盛花期5~6月，盛花期后零星开花），可大量栽植于坡地，防止水土流失。也可在园林中成片栽植，是较好的观花地被植物。

20. 萱草（图17-33）

别名：黄花菜、金针菜、鹿葱、川草花、忘郁、丹棘等

拉丁名：*Hemerocallis fulva*（L.）L.

科属：百合科 萱草属

1）形态特征：多年生草本，根状茎粗短，具肉质纤维根，多数膨大呈窄长纺锤形。叶基生成丛，条状披针形，背面被白粉。夏季开橘黄色大花，花葶长于叶，高达1m以上；圆锥花序顶生，有花6~12朵，花梗长约1cm，有小的披针形苞片；花被基部粗短漏

斗状，长达 2.5cm，花被 6 片，开展，向外反卷，外轮 3 片，内轮 3 片，宽达 2.5cm，边缘稍作波状；雄蕊 6，花丝长，着生花被喉部；子房上位，花柱细长。花、果期为 5～7 月。

2）产地分布：原产于我国、俄罗斯西伯利亚地区、日本和东南亚地区。

3）生态习性：性强健，耐寒，华北可露地越冬，适应性强，喜湿润也耐旱，喜阳光又耐半阴。对土壤选择性不强，但以富含腐殖质，排水良好的湿润土壤为宜。适宜在海拔 300～2500m 生长。

4）园林用途：花色鲜艳，栽培容易，且春季萌发早，绿叶成丛极为美观。园林中多丛植或于花境、路旁栽植。萱草类耐半阴，又可做疏林地被植物。另外，萱草对氟十分敏感，当空气受到氟污染时，萱草叶子的尖端就变成红褐色，所以常被作为监测环境是否受到氟污染的指标植物。

图 17-33　萱草

21. 玉竹（图 17-34）

别名：地管子、尾参、铃铛菜、葳蕤

拉丁名：*Polygonatum odoratum* (Mill.) Druce

科属：百合科 黄精属

1）形态特征：多年生草本植物，根状茎圆柱形，直径 5～14mm。茎高 20～50cm，具 7～12 叶。叶互生，椭圆形至卵状矩圆形，先端尖，下面带灰白色，下面脉平滑或呈乳头状粗糙。花序具 1～4 花（在栽培情况下，可多至 8 朵），总花梗（单花时为花梗），无苞片或有条状披针形苞片；花被片黄绿色至白色，花被筒较直，裂片长 3～4mm；花丝丝状，近平滑至具乳头状突起，花药长约 4mm；子房长 3～4mm，花柱长 10～14mm。浆果蓝黑色，具 7～9 颗种子。花期 5～6 月；果期 7～9 月。

2）产地分布：原产我国西南地区，但野生分布很广。欧亚大陆温带地区广布。

3）生态习性：耐寒、耐阴湿，忌强光直射与多风。野生玉竹生于凉爽、湿润、无积水的山野疏林或灌丛中。生长地土层深厚，富含沙质和腐殖质。生于林下或山野阴坡，海拔 500～3000m 处。

图 17-34　玉竹

4）园林用途：园林中宜植于林下或建筑物遮阴处及林缘作为观赏地被种植，也可盆栽观赏。

22. 紫锦草

别名：紫鸭跖草、紫竹梅

拉丁名：*Setcreasea purpurea* Boom.

科属：鸭跖草科 紫竹梅属

1）形态特征：多年生披散草本，高 20～50cm。茎多分枝，带肉质，紫红色，下部匍匐状，节上常生须根，上部近于直立。叶互生，长圆形，先端渐尖，全缘，基部抱茎而成鞘，鞘口有白色长睫毛，上面暗绿色，边缘绿紫色，下面紫红色。花密生在二叉状的花序柄上，下具线状披针形苞片；萼片3，绿色，卵圆形，宿存；花瓣3，蓝紫色，广卵形；雄蕊6，2枚发达，3枚退化，另有1枚花丝短而纤细，无花药；雌蕊1，子房卵形，3室，花柱丝状而长，柱头头状。蒴果椭圆形，有3条隆起棱线。种子呈三棱状半圆形，棕色。花期夏秋。

2）产地分布：原产墨西哥，现我国广泛栽培。

3）生态习性：喜温暖、湿润，不耐寒，忌阳光暴晒，喜半阴。对干旱有较强的适应能力，适宜肥沃、湿润的壤土。在日照充分的条件下花量较大。

4）园林用途：此草整个植株全年呈紫红色，枝蔓延或垂，特色鲜明，具有较高的观赏价值。

23. 皇帝菊

别名：黄帝菊

拉丁名：*Melampodium paludosum*

科属：菊科 美兰菊属

1）形态特征：一年生草本，矮生，株高在30～50cm，顶生花序，花黄色，花形似雏菊。叶对生，边缘有锯齿。花期春至秋季。

2）产地分布：原产中美洲。

3）生态习性：喜全光照，耐热性强。耐湿，稍具耐旱性，但水分仍须持续适量供应，如果土壤过湿，会使下叶萎黄、生长衰弱。

4）园林用途：花坛栽培、组合盆栽，亦是花境的好材料。

24. 秋水仙（图17-35）

拉丁名：*Colchicum autumnale* L.

科属：百合科 秋水仙属

1）形态特征：多年生草本球根花卉，球茎卵形，外皮黑褐色。茎极短，大部埋于地下。叶披针形，长约30cm。每葶开花1～4朵，花蕾纺锤形，开放时漏斗形，淡粉红色（或紫红色），直径7～8cm。雄蕊比雌蕊短，花药黄色。蒴果，种子多数，呈不规则的球形，褐色。8～10月开花。

2）产地分布：原产于欧洲和地中海沿岸，我国自20世纪70年代起从国外引进种子和球茎。

3）生态习性：喜冬季温暖湿润、夏季凉爽干燥、阳光充沛。要求疏松肥沃、排水良好的沙质壤土。

4）园林用途：秋水仙适宜高山园、岩石园，亦可植于灌木丛旁或花境及草坪丛植；花朵傍地面而生，别具特色。鳞茎可提取秋水仙碱，供药用。

图17-35 秋水仙

25. 美女樱（图17-36）

别名：草五色梅、铺地马鞭草、铺地锦、四季绣球、美人樱

拉丁名：*Verbena hybrida* Voss

科属：马鞭草科 马鞭草属

1）形态特征：多年生草本植物，全株有细绒毛，植株丛生而铺覆地面，株高10～

50cm，茎四棱；叶对生，深绿色；穗状花序顶生，密集呈伞房状，花小而密集，有白色、粉色、红色、复色等，具芳香。

2）产地分布：原产巴西、秘鲁、乌拉圭等国家和地区，现世界各地广泛栽培，我国各地也均有引种栽培。

3）生态习性：喜阳光、不耐阴，较耐寒、耐阴差、不耐旱，北方多作一年生草花栽培，在炎热夏季能正常开花。在阳光充足、疏松肥沃的土壤中生长，花开繁茂。喜温暖湿润气候，喜阳，不耐干旱，对土壤要求不严，但以在疏松肥沃、较湿润的中性土壤能节节生根，生长健壮，开花繁茂。

4）园林用途：美女樱茎秆矮壮匍匐，为良好的地被材料，可用于城市道路绿化带、大转盘、坡地、花坛等。混色种植或单色种植，多色混种可显其五彩缤纷，单色种植可形成色块。

图17-36 美女樱

26. 白及（图17-37）

别名：紫兰、苞舌兰、连及草

拉丁名：*Bletilla striata* (Thunb. ex A. Murray) Rchb. f.

科属：兰科 白及属

1）形态特征：多年生草本球根植物（块根），叶4～6枚，狭长圆形或披针形，先端渐尖，基部收狭成鞘并抱茎。花序具3～10朵花，常不分枝或极罕分枝；花序轴或多或少呈"之"字状曲折；花苞片长圆状披针形，开花时常凋落；花大，紫红色或粉红色；萼片和花瓣近等长，狭长圆形，先端急尖；花瓣较萼片稍宽；唇瓣较萼片和花瓣稍短，倒卵状椭圆形，白色带紫红色，具紫色脉；唇盘上面具5条纵褶片，从基部伸至中裂片近顶部，仅在中裂片上面为波状；花蕊柱状，具狭翅，稍弓曲。花期4～5月；果期7～9月。

图17-37 白及

2）产地分布：原产我国，广布于长江流域各省市。朝鲜半岛和日本也有分布。

3）生态习性：喜温暖、阴湿的环境，如野生山谷林下处。稍耐寒，长江中下游地区能露地栽培。耐阴性强，忌强光直射，夏季高温干旱时叶片容易枯黄。宜排水良好、含腐殖质多的沙壤土。常生长于较湿润的石壁、苔藓层中，常与灌木相结合，或者生长于林缘、草丛、有山泉的地方，亦生于海拔100～3200m的常绿阔叶林下或针叶林下，在北京和天津有栽培。白及生长的石头均是砂岩类，这样才能吸收到毛管水，从而牢牢地吸在上面。

4）园林用途：可点缀于较为荫蔽的花台、花境或庭院一角。

27. 大金鸡菊

别名：剑叶金鸡菊、狭叶金鸡菊

拉丁名：*Coreopsis lanceolata* L.

科属：菊科 金鸡菊属

1）形态特征：多年生草本，高30～70cm，有纺锤状根。茎直立，无毛或基部被软毛，上部有分枝。叶较少数，在茎基部成对簇生，有长柄，叶片匙形或线状倒披针形，基部楔形,顶端钝或圆形;茎上部叶少数,全缘或三深裂,裂片长圆形或线状披针形,顶裂片较大,基部窄,顶端钝,叶柄基部膨大,有缘毛;上部叶无柄,线形或线状披针形。头状花序在茎端单生,径 4~5cm。总苞片内外层近等长;披针形,顶端尖。舌状花黄色,舌片倒卵形或楔形;管状花狭钟形,瘦果圆形或椭圆形,边缘有宽翅,顶端有 2 短鳞片。花期 5~9 月。

2) 产地分布:原产北美洲,我国各地庭院常有栽培。

3) 生态习性:耐寒耐旱,对土壤要求不严,但耐半阴,适应性强,对二氧化硫有较强的抗性。喜阳光充足的环境及排水良好的沙质壤土。

4) 园林用途:大金鸡菊花朵繁盛鲜艳,冬叶常绿,至冬不凋,花期很长,生长健壮,栽培繁殖容易,为很好的观花常绿植物。可作花境,也可在草地边缘、坡地、草坪中成片栽植,也可作切花,还可用作地被。大金鸡菊花色鲜艳、花期长,是花境、坡地、庭院、街心花园缀花草坪的良好美化材料。

28. 火星花

别名:雄黄兰

拉丁名:*Crocosmia crocosmiflora* N. E. Br.

科属:鸢尾科 雄黄兰属

1) 形态特征:多年生草本,有球茎和匍匐茎,球茎扁圆形似荸荠,外有褐色纤维质膜。地上茎高约 50cm,常有分枝。叶线状剑形,基部有叶鞘抱茎而生。花多数,排列成复圆锥花序,从葱绿的叶丛中抽出,高低错落,疏密有致。花漏斗形,橙红色,园艺品种有红、橙、黄三色;花被筒细而略弯曲,裂片开展。蒴果,内有种子数粒。

2) 产地分布:原产南非。我国北方多为盆栽,南方可露地栽培。

3) 生态习性:喜充足阳光,耐寒。在长江中下游地区球茎露地能越冬。适宜生长于排水良好、疏松肥沃的沙壤土,生育期要求土壤有充足水分。

4) 园林用途:仲夏季节,花开不绝,是布置花境、花坛和作切花的好材料,也宜成片栽植于街道绿岛、建筑物前、草坪上、湖畔等。

29. 连钱草(图 17-38)

别名:活血丹、金钱草、落地金钱

拉丁名:*Glechoma longituba* (Nakai) Kupr

科属:唇形科 活血丹属

1) 形态特征:多年生草本,具匍匐茎,上升,逐节生根。茎高 10~30cm,四棱形,基部通常呈淡紫红色,几无毛,幼嫩部分被疏长柔毛。叶草质,下部者较小,叶片心形或近肾形,叶柄长为叶片的 1~2 倍;上部者较大,叶片心形,先端急尖或钝三角形,基部心形,边缘具圆齿或粗锯齿状圆齿,被疏粗伏毛或微柔毛,叶脉不明显,下面常带紫色,被疏柔毛或长硬毛,常仅限于脉上,脉隆起,叶柄长为叶片的 1.5 倍,被长柔毛。轮伞花序通常 2 花,稀具 4~6 花;苞片及小苞片线形,被缘毛。花萼管状,外面被长柔毛,尤沿肋上为多,内面多少被微柔毛,齿 5,上唇 3 齿,较长,下唇 2 齿,略短,齿

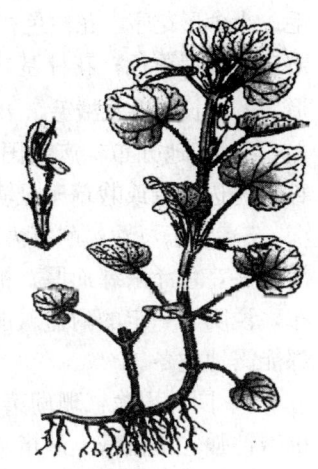

图 17-38 连钱草

卵状三角形，长为萼长1/2，先端芒状，边缘具缘毛。花冠淡蓝、蓝至紫色，下唇具深色斑点，冠筒直立，上部渐膨大成钟形，有长筒与短筒两型，长筒者长1.7～2.2cm，短筒者通常藏于花萼内，外面多少被长柔毛及微柔毛，内面仅下唇喉部被疏柔毛或几无毛，冠檐二唇形。上唇直立，2裂，裂片近肾形，下唇伸长，斜展，3裂，中裂片最大，肾形，较上唇大1～2倍，先端凹入，两侧裂片长圆形，宽为中裂片之半。雄蕊4，内藏，无毛，后对着生于上唇，较长，前对着生于两侧裂片下方花冠筒中部，较短；花药2室，略叉开。子房4裂，无毛。花盘杯状，微斜，前方呈指状膨大。花柱细长，无毛，略伸出，先端近相等2裂。成熟小坚果深褐色，长圆状卵形，顶端圆，基部略成三棱形，无毛，果脐不明显。花期4～5月；果期5～6月。

2）产地分布：除青海、甘肃、新疆及西藏外，全国各地均有分布；俄罗斯、朝鲜亦分布。

3）生态习性：生于林缘、疏林下、草地中、溪边等阴湿处，海拔50～2000m处。

4）园林用途：园林中可用作向阳处、半阴处和河岸溪边的地被植物。茎叶可入药。

30. 珊瑚菜（图17-39）

别名：辽沙参、海沙参、莱阳参、北沙参

拉丁名：*Glehnia littoralis* Fr. Schmidt ex Miq.

科属：伞形科 珊瑚菜属

1）形态特征：多年生草本，全株被白色柔毛。根细长，圆柱形或纺锤形，表面黄白色。茎露于地面部分较短，分枝，地下部分伸长。叶多数基生，厚质，有长柄，叶柄长5～15cm；叶片轮廓呈圆卵形至长圆状卵形，三出式分裂至三出式二回羽状分裂，末回裂片倒卵形至卵圆形，顶端圆形至尖锐，基部楔形至截形，边缘有缺刻状锯齿，齿边缘为白色软骨质；叶柄和叶脉上有细微硬毛；茎生叶与基生叶相似，叶柄基部逐渐膨大成鞘状，有时茎生叶退化成鞘状。复伞形花序顶生，密生浓密的长柔毛，花序梗有时分枝；伞辐8～16，不等长；无总苞片；小总苞数片，线状披针形，边缘及背部密被柔毛；小伞形花序，花白色；萼齿5，卵状披针形，被柔毛；花瓣白色或带堇色；花柱基短圆锥形。果实近圆球形或倒广卵形，密被长柔毛及绒毛，果棱有木栓质翅；分生果的横剖面半圆形。花、果期6～8月。

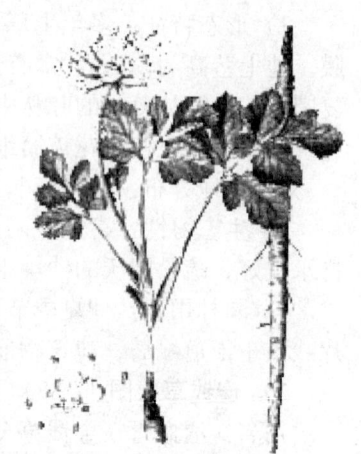

图17-39 珊瑚菜

2）产地分布：产我国辽宁、河北、山东、江苏、浙江、福建、台湾、广东等地。生长于海边沙滩或栽培于肥沃疏松的沙质土壤。也分布于朝鲜、日本。

3）生态习性：耐寒力强，休眠期根可在-38℃下安全越冬。喜阳光，光照强叶片光滑油亮，色泽浓绿而厚，被遮阴的叶片失绿变黄，薄且无光。海边沙滩常有野生珊瑚菜分布，说明有一定的耐盐碱能力。开花结果期需要较高的气温。冬季植株地上部分枯萎，根部能露地越冬。

4）园林用途：珊瑚菜适宜在平坦的沿海沙滩或排水良好的沙土和沙质土壤中生长；抗碱性强，是盐碱土的指示作物。珊瑚菜味甘、微苦、性凉，珊瑚菜已成为人们日常生活常用的保健食品之一。

第十七章 草坪草及地被植物

31. 紫茉莉（图 17-40）

别名：胭脂花、粉豆花、夜饭花、状元花、丁香叶、苦丁香、野丁香

拉丁名：*Mirabilis jalapa* L.

科属：紫茉莉科 紫茉莉属

1) 形态特征：一年生草本植物，高可达 1m。根肥粗，倒圆锥形，黑色或黑褐色。茎直立，圆柱形，多分枝，无毛或疏生细柔毛，节稍膨大。叶片卵形或卵状三角形，顶端渐尖，基部截形或心形，全缘，两面均无毛，脉隆起；叶柄长 1~4cm，上部叶几无柄。花常数朵簇生枝端；花梗长 1~2mm；总苞钟形，5 裂，裂片三角状卵形，顶端渐尖，无毛，具脉纹，果实宿存；花被紫红色、黄色、白色或杂色，高脚碟状，筒部长 2~6cm，檐部直径 2.5~3cm，5 浅裂；花午后开放，有香气，次日午前凋萎；雄蕊 5，花丝细长，常伸出花外，花药球形；花柱单生，线形，伸出花外，柱头头状。瘦果球形，革质，黑色，表面具皱纹；种子胚乳白粉质。花期 6~10 月；果期 8~11 月。

图 17-40 紫茉莉

2) 产地分布：原产热带美洲地区，温带至热带地区广泛引种和归化。我国南北各地常作为观赏花卉栽培，有时逸为野生。

3) 生态习性：性喜温和而湿润的气候条件，不耐寒，冬季地上部分枯死，在江南地区地下部分可安全越冬而成为宿根草花，来年春季续发长出新的植株。露地栽培要求土层深厚、疏松肥沃的壤土，盆栽可用一般花卉培养土。在略有荫蔽处生长更佳。花朵在傍晚至清晨开放，在强光下闭合，夏季有树荫则生长开花良好，酷暑烈日下往往有脱叶现象。喜通风良好环境，夏天有驱蚊的效果。

4) 园林用途：用于林缘、路边、篱旁、建筑物周围，丛植点缀，适于绿地花坛栽植。矮化品种可盆栽观赏。

32. 麦冬（图 17-41）

别名：麦门冬、书带草

拉丁名：*Ophiopogon japonicus*

科属：百合科 沿阶草属

1) 形态特征：多年生常绿草本。根状茎短粗，具细长匍匐茎，有膜质鳞片。须根端或中部膨大成纺锤形肉质块根。叶基生成密丛、线形，略坚挺外弯，边缘粗糙有细齿，主脉不隆起。花被 6 片，基部短，披针形，浅紫或青色。花柄极短，花期 7~8 月。浆果球形碧蓝色，果熟期 11 月。

2) 产地分布：主产于四川、浙江。除东北外，大部分省区都有分布。

3) 生态习性：喜温暖和湿润气候。宜土质疏松、肥沃、排水良好的壤土和沙质壤土，过沙和过黏的土壤均不适于栽培麦冬。忌连作，轮作要求 3~4 年。麦冬生长期较长，休眠

图 17-41 麦冬

期较短。1年发根2次：第1次在7月以前，第2次在9~11月。

4) 园林用途：麦冬草常用于绿地和道路花坛，常年翠绿，可代替草坪，弥补了没有常绿草坪的空白，提升了"四季常绿，三季有花"的景观效果。常用作林下景观和复层栽植，麦冬喜阴，在有遮阴的地方生长茂盛，适于乔、灌、花、草多层配置的下层栽植，营造自然生态植物群落。可有效覆盖树下裸露土壤，改善林下不良景观，提高单位面积的生态效益，并有特殊空间绿化的作用。麦冬根系发达，耐旱，适应性强，可在河坡、路边、树穴、石缝、墙角、花坛边缘、绿篱脚下等处正常生长，具有拓展绿化空间、美化景观、发挥更大生态功能的作用。

33. 诸葛菜（图17-42）

别名：二月兰

拉丁名：*Orychophragmus violaceus* (L.) O. E. Schulz

科属：十字花科 诸葛菜属

1) 形态特征：一年或二年生草本，花紫色或白色，直径2~4cm。花萼筒状，紫色，萼片长约0.3cm；花瓣开展，长1~1.5cm，有细脉纹，爪部长0.3~0.6cm。叶形变化大，基生叶和下部茎生叶大头羽状分裂，顶裂片近圆形或卵形，基部心形，有钝齿；侧裂片2~6对，卵形或三角状卵形，越向下越小，全缘或具锯齿，偶在叶轴上杂有极小裂片；上部茎生叶长圆形或窄卵形，基部耳状，抱茎，边缘有不整齐锯齿。长角果，线形，具4棱，裂瓣有1条中脉，喙长1.5~2.5cm。种子卵形至长圆形，长约0.2cm，黑棕色。花、果期4~6月。

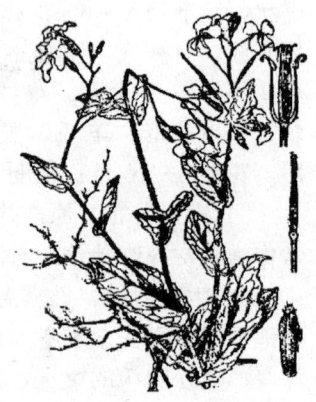

图17-42 诸葛菜

2) 产地分布：原产我国东北、华北、辽宁、河北、山东、山西、陕西、江苏、浙江、上海等地均有分布，野生或人工栽培。

3) 生态习性：适应性、耐寒性强，少有病虫害，即使在冬季的时候依然绿叶葱葱，在早春时节更是花开成片。对土壤要求不高，一般园土均能生长，也可适应中性或弱碱性土壤。在肥沃、湿润、阳光充足的环境下生长健壮，在阴湿环境中也表现出良好的性状。由于自播生长能力强，即使在荒坡及较干燥地方也有较好的景观绿化效果。耐阴性强，在具有一定散射光的情况下，就可以正常生长、开花、结实。

4) 园林用途：可植为草坪及地被，因为诸葛菜冬季绿叶葱翠，春花柔美悦目，早春花开成片，花期长，适用于大面积地面覆盖，或用作不需精细管理绿地的背景植物，为良好的园林阴处或林下地被植物，也可用作花境栽培或植于坡地、道路两侧等。

34. 蛇莓（图17-43）

别名：蛇泡草、龙吐珠、三爪风

拉丁名：*Duchesnea indica* (Andr.) Focke

科属：蔷薇科 蛇莓属

1) 形态特征：多年生草本；根茎短，粗壮；匍匐茎多数，长30~100cm，有柔毛。小叶片倒卵形至菱状长圆形，先端圆钝，边缘有钝锯齿，两面皆有柔毛，或上面无毛，具小叶柄；叶柄有柔毛；托叶窄卵形至宽披针形。花单生于叶腋；花梗有柔毛；萼片卵形，先端锐尖,外面有散生柔毛;副萼片倒卵形,比萼片长,先端常具3~5锯齿;花瓣倒卵形,黄色,先端圆钝;雄蕊20~30;心皮多数,离生;花托在果期膨大,海绵质,鲜红色,有光泽,外面有长柔毛。瘦果卵形,光滑或具不明显突起,鲜时有光泽。花期6~8月;果期8~10月。

2) 产地分布:我国辽宁及以南各省区,长江流域地区都有分布。从阿富汗到日本、印度、印度尼西亚、欧洲及美洲均有记录。

3) 生态习性:多生于山坡、河岸、草地、潮湿的地方,海拔1800m以下。喜阴凉、温暖、湿润,耐寒、不耐旱、不耐水渍。在华北地区可露地越冬,适生温度15~25℃。对土壤要求不严,田园土、沙壤土、中性土均能生长良好,宜于疏松、湿润的沙壤土生长。

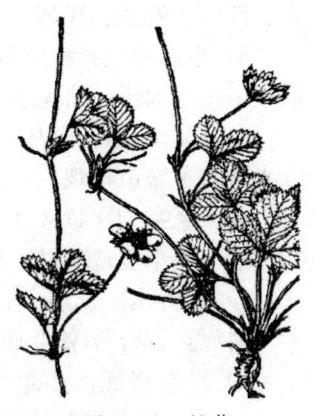

图 17-43　蛇莓

4) 园林用途:蛇莓是优良的花卉,春季赏花、夏季观果。蛇莓植株低矮,枝叶茂密,具有春季返青早、耐阴、绿色期长等特点。每年4月初至11月一片浓绿铺于地面,可以很好地覆盖住地面。蛇莓在半阴处开花良好,花朵直径可达1cm。开花时一朵朵黄色的小花缀于其上,打破了绿色的沉闷,给人以生命的活力。果期从5月开始持续到10月,用聚合果展示着乡野里的惊艳红色。作为多年生草本,一次建坪多年受益,可自行繁殖,在北京地区绿期长达250余天,可同时观花、果、叶,园林效果突出。蛇莓不耐践踏,在封闭的绿地内可表现出很好的观赏效果。蛇莓常绿,速生,花鲜,果美,植株矮小,匍匐生长,是不可多得的优良地被植物。

35. 过路黄（图17-44）

别名:金钱草、真金草、走游草、铺地莲

拉丁名:*Lysimachia christinae* Hance

科属:报春花科　珍珠菜属

1) 形态特征:多年生草本植物,茎柔弱,平卧延伸,长20~60cm,无毛或被疏毛,幼嫩部分密被褐色无柄腺体,下部节间较短,常发出不定根。叶对生、卵圆形、近圆形以至肾圆形,先端锐尖或圆钝以至圆形,基部截形至浅心形,鲜时稍厚,透光可见密布的透明腺条,干时腺条变黑色,两面无毛或密被糙伏毛;叶柄比叶片短或与之近等长,无毛以至密被毛。花单生叶腋;花梗通常不超过叶长,多少具褐色无柄腺体;花萼分裂近达基部,裂片披针形、椭圆状披针形、线形或上部稍扩大而近匙形,先端锐尖或稍钝,无毛、被柔毛或仅边缘具缘毛;花冠黄色,基部合生部分长2~4mm,裂片狭卵形至近披针形,先端锐尖或钝,质地稍厚,具黑色长腺条;花丝下半部合生成筒;花药卵圆形;花粉粒具3孔沟,近球形,表面具网状纹饰;子房卵珠形,花柱长6~8mm。蒴果球形,无毛,有稀疏黑色腺条。花期5~7月;果期7~10月。

图 17-44　过路黄

2) 产地分布:产于云南、四川、贵州、陕西(南部)、河南、湖北、湖南、广西、广东、江西、安徽、江苏、浙江、福建等地。

3) 生态习性：喜温暖、阴凉、湿润环境，不耐寒。适宜肥沃疏松、腐殖质较多的沙质壤。生于沟边、路旁阴湿处和山坡林下，垂直分布上限可达海拔 2300m。

4) 园林用途：园林绿地应用中可以和草坪及其他绿色地被相配，金黄色花分外耀眼，大大丰富了城市景观。

36. 铃兰（图 17-45）

别名：草玉玲、君影草、香水花、鹿铃、小芦铃、草寸香、糜子菜、芦藜花

拉丁名：*Convallaria majalis* Linn.

科属：百合科 铃兰属

1) 形态特征：多年生草本植物，植株全部无毛，高 18～30cm，常成片生长。叶椭圆形或卵状披针形，先端近急尖，基部楔形；叶柄长 8～20cm。花葶高 15～30cm，稍外弯；苞片披针形，短于花梗；花梗近顶端有关节，果熟时从关节处脱落；花白色；裂片卵状三角形，先端锐尖，有 1 脉；花丝稍短于花药，向基部扩大，花药近矩圆形；花柱柱状。浆果熟后红色，稍下垂。种子扁圆形或双凸状，表面有细网纹。花期 5～6 月；果期 7～9 月。

2) 产地分布：铃兰原产北半球温带，欧、亚及北美洲和我国的东北、华北地区海拔 850～2500m 处均有野生分布。

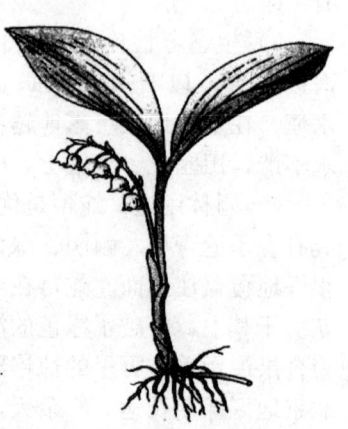

图 17-45　铃兰

3) 生态习性：性喜半阴、湿润环境，好凉爽，忌炎热干燥，耐严寒，要求富含腐殖质壤土及沙质壤土。生阴坡林下潮湿处或沟边，海拔 850～2500m。铃兰和丁香不能放在一起，即使相距 20cm，否则丁香花会迅速萎蔫，如把铃兰移开，丁香就会恢复原状；铃兰也不能与水仙花放在一起，否则会两败俱伤。

4) 园林用途：铃兰植株矮小，幽雅清丽，芳香宜人，是一种优良的盆栽观赏植物，通常用于花坛、花境，亦可作地被植物，其叶常被利用做插花材料。有乳白、粉红和斑叶等品种。入秋时红果娇艳，十分诱人。

37. 油点草

别名：紫海葱

拉丁名：*Tricyrtis macropoda* Miq.

科属：百合科 油点草属

1) 形态特征：多年生草本，植株高可达 1m。茎上部疏生或密生短的糙毛。叶卵状椭圆形、矩圆形至矩圆状披针形，先端渐尖或急尖，两面疏生短糙伏毛，基部心形抱茎或圆形而近无柄，边缘具短糙毛。二歧聚伞花序顶生或生于上部叶腋，花序轴和花梗生有淡褐色短糙毛，并间生有细腺毛；苞片很小；花疏散；花被片绿白色或白色，内面具多数紫红色斑点，卵状椭圆形至披针形，开放后自中下部向下反折；外轮 3 片较内轮稍宽，在基部向下延伸而呈囊状；雄蕊约等长于花被片，花丝中上部向外弯垂，具紫色斑点；柱头稍微高出雄蕊或有时近等高，3 裂；每裂片上端又二深裂，小裂片密生腺毛。蒴果直立。花果期 6～10 月。

2) 产地分布：产浙江、江西、福建、安徽、江苏、湖北、湖南、广东、广西和贵州东南部。生于海拔 800~2400m 的山地林下、草丛中或岩石缝隙中。日本也有分布。

3) 生态习性：喜温暖湿润，又耐干旱和半阴。较耐寒，喜阳光，但不能暴晒。土壤以肥沃疏松的泥炭土为好。冬季温度不低于 5℃。

4) 园林用途：油点草为花叶兼具的小型球根花卉。3~5 个鳞茎簇生一起，叶片色彩斑斓，春季开一串串小白花，显得小巧玲珑，十分诱人。盆栽可装点书桌、窗台、茶几，别具风味。

38. 垂盆草

别名：狗牙半支、石指甲、半支莲、养鸡草、狗牙齿、瓜子草、葵景天

拉丁名：*Sedum sarmentosum* Bunge

科属：景天科 景天属

1) 形态特征：多年生草本。不育枝及花茎较细，匍匐节上生根，直到花序之下。3 叶轮生，叶倒披针形至长圆形，先端近急尖，基部急狭，有距。聚伞花序，有 3~5 分枝，花少；花无梗；萼片 5，披针形至长圆形，先端钝，基部无距；花瓣 5，黄色，雄蕊 10，较花瓣短；鳞片 10，楔状四方形，先端有微缺；心皮 5，长圆形，略叉开，有长花柱。种子卵形。花期 5~7 月；果期 8 月。

2) 产地分布：产福建、贵州、四川、湖北、湖南、江西、安徽、浙江、江苏、甘肃、陕西、河南、山东、山西、河北、辽宁、吉林、北京。朝鲜、日本也有分布。

3) 生态习性：生于海拔 1600m 以下山坡阳处或石上。其性喜温暖湿润、半阴的环境。适应性强，较耐旱、耐寒。不择土壤，在疏松的沙质壤土中生长较佳。对光线要求不严，一般适宜在中等光线条件下生长，亦耐弱光。生长适温为 15~25℃，越冬温度为 5℃。

4) 园林用途：垂盆草作为草坪草性状优良以及耐粗放管理的特性适合在屋顶绿化、地被、护坡、花坛、吊篮等城市景观工程中进行广泛推广应用，并可作为北方屋顶绿化的专用草坪草，可作庭院地被栽植，亦可室内吊挂欣赏。

39. 合果芋

别名：长柄合果芋、紫梗芋、剪叶芋、丝素藤、白蝴蝶、箭叶

拉丁名：*Syngonium podophyllum*

科属：天南星科 合果芋属

1) 形态特征：多年生蔓性常绿草本植物。茎节具气生根，攀附他物生长。叶片呈两型性，幼叶为单叶，箭形或戟形；老叶成 5~9 裂的掌状叶，中间一片叶大型，叶基裂片两侧常着生小型耳状叶片。初生叶色淡，老叶呈深绿色，且叶质加厚，佛焰苞浅绿或黄色。

2) 产地分布：原产中美洲、南美洲热带雨林中。

3) 生态习性：喜高温多湿和半阴环境，疏松肥沃、排水良好的微酸性土壤。适应性强，生长健壮，能适应不同光照环境。不耐寒，怕干旱和强光暴晒。

4) 园林用途：多用于室外半阴处作地被覆盖，在温暖地区室外半阴处，可作篱架及边角、背景、攀墙和铺地绿化材料。

40. 番薯（图 17-46）

别名：红薯、甘薯、红苕、地瓜、甘储、朱薯、金薯、玉枕薯

拉丁名：*Ipomoea batatas* (L.) Lam.

科属：旋花科 番薯属

1) 形态特征：一年生草本，地下部分具圆形、椭圆形或纺锤形的块根，块根的形状、皮色和肉色因品种或土壤不同而异。茎平卧或上升，偶有缠绕，多分枝，圆柱形或具棱，绿或紫色，被疏柔毛或无毛，茎节易生不定根。叶片形状、颜色常因品种不同而异，有时也在同一植株上具有不同叶形，通常为宽卵形，全缘或3~5（7）裂，裂片宽卵形、三角状卵形或线状披针形，叶片基部心形或近于平截，顶端渐尖，两面被疏柔毛或近于无毛，叶色有浓绿、黄绿、紫绿等，顶叶的颜色为品种的特征之一；叶柄长短不一，被疏柔毛或无毛。聚伞花序腋生，有1~3（7）朵花聚集成伞形，花序梗稍粗壮，无毛或有时被疏柔毛；苞片小，披针形，顶端芒尖或骤尖，早落；花梗长2~10mm；萼片长圆形或椭圆形，不等长，外萼片顶端骤然成芒尖状，无毛或疏生缘毛；花冠粉红色、白色、淡紫色或紫色，钟状或漏斗状，外面无毛；雄蕊及花柱内藏，花丝基部被毛；子房2~4室，被毛或有时无毛。开花习性随品种和生长条件而不同，有的品种容易开花，有的品种在气候干旱时会开花，在气温高、日照短的地区常见开花，温度较低的地区很少开花。蒴果卵形或扁圆形，有假隔膜分为4室。种子1~4粒，通常2粒，无毛。由于番薯属于异花授粉，自花授粉常不结实，所以有时只见开花不见结果。

图17-46 番薯

2) 产地分布：原产南美洲及大、小安的列斯群岛，现已广泛栽培在全世界的热带、亚热带地区（主产于北纬40°以南），我国大多数地区普遍栽培。一些较北的地区如黑龙江省也已栽培。

3) 生态习性：喜温怕冷，在光照充足的情况下，叶色较浓，叶龄较长，茎蔓粗壮，茎的输导组织发达，产量较高。如果光照不足，则叶色发黄，落叶多，叶龄短，茎蔓细长，输导组织不发达，同化形成的有机营养向块根输送少，产量低。耐旱。

4) 园林用途：可供食用，具有较高的药用价值。

41. 蔓长春花（图17-47）

别名：攀缠长春花

拉丁名：*Vinca major* L.

科属：夹竹桃科 蔓长春花属

1) 形态特征：蔓性半灌木，茎偃卧，花茎直立；除叶缘、叶柄、花萼及花冠喉部有毛外，其余均无毛。叶椭圆形，先端急尖，基部下延；侧脉约4对；叶柄长1cm。花单朵腋生；花梗长4~5cm；花萼裂片狭披针形；花冠蓝色，花冠筒漏斗状，花冠裂片倒卵形，先端圆形；雄蕊着生于花冠筒中部之下，花丝短而扁平，花药的顶端有毛；子房由2个心皮所组成。蓇葖长约5cm。花期3~5月。

2) 产地分布：原产于地中海沿岸及美洲、印度等地。在

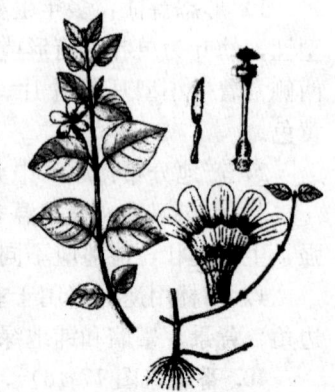

图17-47 蔓长春花

我国江苏、上海、浙江、湖北和台湾等地区有栽培。

3) 生态习性：喜温暖湿润，喜阳光也较耐阴，稍耐寒，喜欢生长在深厚肥沃湿润的土壤中。

4) 园林用途：蔓长春花既耐热又耐寒，四季常绿，有着较强的生命力，是一种理想的地被植物。且其花色绚丽，有着较高的观赏价值。

42. 三裂蟛蜞菊（图17-48）

别名：南美蟛蜞菊

拉丁名：*Sphagneticola trilobata*

科属：菊科 蟛蜞菊属

图17-48 三裂蟛蜞菊

1) 形态特征：多年生草本，茎平卧，无毛或被短柔毛，节上生根，叶对生，多汁，椭圆形至披针形，通常3裂，裂片三角形，具疏齿，先端急尖，基部楔形，无毛或散生短柔毛，有时粗糙；叶柄长不及5mm。头状花序腋生具长梗，苞片披针形，具缘毛；舌状花4～8，黄色，先端具3～4齿，能育；盘花多数，黄色。瘦果棍棒状，具角，长约5mm，黑色。

2) 产地分布：原产热带美洲，在全球热带广泛归化。我国主要分布于香港、广东、海南、台湾、福建（南部）等地。

3) 生态习性：适应性强，能在不同土壤上生长，耐旱且耐湿，能耐4℃低温，在平地和缓坡上匍匐生长，在陡坡上可悬垂生长。断枝扦插或被土覆盖后，约10天即生根长成新的植株，种子繁殖和营养繁殖。花期几乎全年，但以夏至秋季为盛。

4) 园林用途：20世纪70年代作为地被植物引入栽培，目前在华南一些地方已逸生成为园圃杂草，常成片生长，侵占草地和湿地，排挤本地植物。该种已被列为"世界上最有害的100种外来入侵物种"之一。

43. 蔓马缨丹

别名：紫马缨丹

拉丁名：*Lantana montevidensis* Briq.

科属：马鞭草科 马缨丹属

1) 形态特征：木质藤本；枝下垂，被柔毛。叶卵形，基部突然变狭，边缘有粗牙齿。头状花序直径约2.5cm，具长总花梗；花长约1.2cm，淡紫红色；苞片阔卵形，长不超过花冠管的中部。花期为全年。

2) 产地分布：原产南美洲，各热带地区均有栽培。

3) 生态习性：性喜高温，生长适温为20～32℃。不拘土质，但以富含有机质的沙质壤土最佳，排水需良好。日照需强烈，荫蔽处则生长不良。

4) 园林用途：适合作庭院美化、花坛布置、盆栽或地被。

44. 矮桃（图17-49）

别名：白花蒿、珍珠草

拉丁名：*Lysimachia clethroides* Duby

科属：报春花科 珍珠菜属

1）形态特征：多年生草本，株高30～90cm，浅根性。茎直立，分枝性强，茎带紫红色，通常无毛，易发生不定根。叶互生，叶片羽状分裂，小叶叶缘锯齿状，叶柄长，槽沟状，叶片深绿色。总状花序，生于茎的顶端，花小型，花瓣白色。花期4～5月；果期5～6月。

2）产地分布：分布于我国东北、华北、华东、中南、西南地区及河北、陕西等地。

3）生态习性：喜温暖，常生于荒地、山坡、草地、路边、田边和草木丛中，疏林下湿润处或溪边近水潮湿处，海拔300～1700m。对温度要求不严格，在35～38℃高温下仍生长良好，有很强的耐高温能力，也耐低温。对土壤适应性较强，但以疏松肥沃、灌溉良好的土壤栽培产量高、品质好。

4）园林用途：可供食用或入药。

图17-49 矮桃

45. 蛇葡萄（图17-50）

别名：蛇白蔹、假葡萄、野葡萄、山葡萄、绿葡萄、见毒消

拉丁名：*Ampelopsis sinica* (Miq.) W. T. Wang.

科属：葡萄科 蛇葡萄属

1）形态特征：木质藤本。枝粗壮，具皮孔，幼枝有柔毛。卷须分叉，与叶对生。叶互生，纸质，宽卵形，先端渐尖，基部心形，常3浅裂，边缘有粗锯齿，表面暗绿色，背面淡绿色。聚伞花序顶生或与叶对生。花黄绿色。浆果近圆球形。花期5～6月；果期9～10月。

2）产地分布：分布于我国东北至华南各省区。

3）生态习性：喜光，也耐阴。对土壤要求不严，喜腐殖质丰富的黏质土，酸性、中性、微碱性壤土均能适应。

4）园林用途：蛇葡萄生长旺盛，果熟时，蓝果串串，悬挂枝间，别具风趣。宜植于墙垣、林缘、池畔或石旁。果可酿酒。根皮可入药。

图17-50 蛇葡萄

46. 威灵仙

别名：铁脚威灵仙、铁角威灵仙、铁脚灵仙、铁脚铁线莲、铁耙头

拉丁名：*Clematis chinensis* Osbeck

科属：毛茛科 铁线莲属

1）形态特征：木质藤本。干后变黑色。茎、小枝近无毛或疏生短柔毛。一回羽状复叶有5小叶，有时3或7，偶尔基部一对以至第二对2～3裂至2～3小叶；小叶片纸质，卵形至卵状披针形，或为线状披针形、卵圆形，顶端锐尖至渐尖，偶有微凹，基部圆形、宽楔形至浅心形，全缘，两面近无毛，或疏生短柔毛。常为圆锥状聚伞花序，多花，腋生或顶生；花直径1～2cm；萼片4（5），开展，白色，长圆形或长圆状倒卵形，顶端常凸尖，外面边缘密生绒毛或中间有短柔毛，雄蕊无毛。瘦果扁，3～7个，卵形至宽椭圆形，

有柔毛，宿存花柱长 2~5cm。花期 6~9 月，果期 8~11 月。

2）产地分布：分布于云南南部、贵州（海拔 150~1000m）、四川（海拔 500~1500m）、陕西南部（海拔 1000m 以下）、广西（海拔 160~1000m）、广东、湖南（海拔 80~700m）、湖北、河南、福建、台湾、江西（海拔 140~700m）、浙江、江苏南部（海拔 140~320m）、安徽淮河以南。生长于山坡、山谷灌丛中或沟边、路旁草丛中。越南也有分布。

3）生态习性：对气候、土壤要求不严，但以凉爽、有一定荫蔽度的环境和富含腐殖质的沙质壤土为佳。

4）园林用途：全株药用。

47. 针线包（图 17-51）

别名：萝藦、芄兰、斫合子、白环藤、羊婆奶、婆婆针线包、羊角、天浆壳

拉丁名：*Metaplexis japonica* （Thunb.） Makino

科属：萝藦科 萝藦属

1）形态特征：多年生草质藤本，长可达 8m，具乳汁；茎圆柱状，下部木质化，上部较柔韧，表面淡绿色，有纵条纹，幼时密被短柔毛，老时被毛渐脱落。叶膜质，卵状心形，顶端短渐尖，基部心形，叶耳圆，两叶耳展开或紧接，叶面绿色，叶背粉绿色，两面无毛，或幼时被微毛，老时被毛脱落；侧脉每边 10~12 条，在叶背略明显；叶柄长，顶端具丛生腺体。总状式聚伞花序腋生或腋外生，具长总花梗；总花梗被短柔毛；花梗长 8mm，被短柔毛，着花通常 13~15 朵；小苞片膜质，披针形，顶端渐尖；花蕾圆锥状，顶端尖；花萼裂片披针形，外面被微毛；花冠白色，有淡紫红色斑纹，近辐状，花冠筒短，花冠裂片披针形，张开，顶端反折，基部向左覆盖，内面被柔毛；副花冠环状，着生于合蕊冠上，短 5 裂，裂片兜状；雄蕊连生成圆锥状，并包围雌蕊在其中，花药顶端具白色膜片；花粉块卵圆形，下垂；子房无毛，柱头延伸成 1 长喙，顶端 2 裂。蓇葖果，纺锤形，平滑无毛，顶端急尖，基部膨大；种子扁平，卵圆形，有膜质边缘，褐色，顶端具白色绢质种毛；种毛长 1.5cm。花期 6~9 月，果期 9~12 月。

图 17-51 针线包

2）产地分布：分布于我国东北、华北、华东和甘肃、陕西、贵州、河南、湖北等省区。日本、朝鲜和俄罗斯亦有分布。

3）生态习性：生长于林边荒地、山脚、河边、路旁灌木丛中。

4）园林用途：该物种为中国植物图谱数据库收录的有毒植物。

48. 铁线蕨（图 17-52）

别名：铁丝草、铁线草

拉丁名：*Adiantum Capillus-veneris* L.

科属：铁线蕨科 铁线蕨属

1）形态特征：多年生草本，植株高 15~40cm。叶远生或近生，叶脉多回二歧分叉，直达边缘，两面均明显。叶干后薄草质，草绿色或褐绿色，两面均无毛；叶轴、各回羽轴和小羽柄均与叶柄同色，往往略向左右曲折。根状茎细长横走，密被棕色披针形鳞片。柄

纤细，黑褐色，有光泽，基部被与根状茎上同样的鳞片，向上光滑，叶片卵状三角形，尖头，基部楔形，中部以下多为二回羽状，中部以上为一回奇数羽状；羽片3～5对，互生，斜向上，有柄（长可达1.5cm），基部一对较大，长圆状卵形，圆钝头，一回（少二回）奇数羽状，侧生末回小羽片2～4对，互生，斜向上，相距6～15mm，大小几相等或基部一对略大，对称或不对称的斜扇形或近斜方形，上缘圆形，具2～4浅裂或深裂成条状的裂片，不育裂片先端钝圆形，具阔三角形的小锯齿或具啮齿状的小齿，能育裂片先端截形、直或略下陷，全缘或两侧具有啮齿状的小齿，两侧全缘，基部渐狭成偏斜的阔楔形，具纤细栗褐色的短柄，顶生小羽片扇形，基部为狭楔形，往往大于其下的侧生小羽片，柄可达1cm；第二对羽片距基部一对2.5～5cm，向上各对均与基部一对羽片同形而渐变小。孢子囊群每羽片3～10枚，横生于能育的末回小羽片

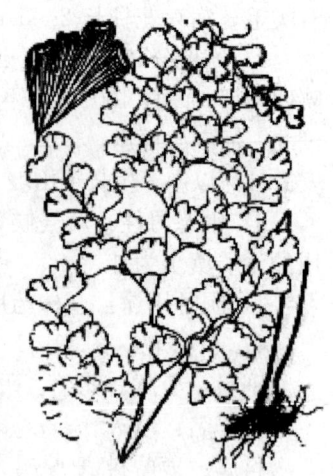

图17-52 铁线蕨

的上缘；囊群盖长形、长肾形或圆肾形，上缘平直，淡黄绿色，老时棕色，膜质，全缘，宿存。孢子周壁具粗颗粒状纹饰，处理后常保存。

2）产地分布：分布于非洲、美洲、欧洲、大洋洲及亚洲温暖地区。我国台湾、福建、广东、广西、湖南、湖北、江西、贵州、云南、四川、甘肃、陕西、山西、河南、河北、北京都有分布。

3）生态习性：生长适宜温度白天21～25℃，夜间12～15℃。温度在5℃以上叶片仍能保持鲜绿，低于5℃时叶片则会出现冻害。喜明亮的散射光，怕太阳直晒。在室内应放在光线明亮的地方，即使放置1年也能正常生长。喜疏松透水、肥沃的石灰质土、沙壤土，盆栽时培养土可用壤土、腐叶土和河沙等量混合而成。常生于流水溪旁石灰岩上或石灰岩洞底和滴水岩壁上，为钙质土的指示植物，海拔100～2800m。

4）园林用途：喜阴，适应性强，栽培容易，适合室内常年盆栽观赏。小盆栽可置于案头、茶几上；较大盆栽可用以布置背阴房间的窗台、过道或客厅。铁线蕨叶片还是良好的切叶材料及干花材料。

49. 贯众（图17-53）

别名：绵马鳞毛蕨、贯节、贯渠

拉丁名：*Dryopteris setosa*（Thunb.）Akasawa

科属：鳞毛蕨科 鳞毛蕨属

1）形态特征：多年生草本，高50～100cm。根茎粗壮，斜生，有较多坚硬的叶柄残基及黑色细根，密被深褐色、长披针形的大鳞片。叶簇生于根茎顶端；叶柄长10～25cm，基部以上直达叶轴，密生棕色条形至钻形狭鳞片，叶片草质，倒披针形，二回羽状全裂或深裂；羽片无柄，裂片密接，长圆形，圆头或圆截头，近全缘或先端有钝锯齿；上面深绿色，下面淡绿色，侧脉羽状分叉。孢子叶与营养叶同形，孢子囊群着生于叶中部以上的羽片上，生于叶背小脉中部以下，囊群盖肾形或

图17-53 贯众

圆肾形，棕色。

2) 产地分布：分布于广东、广西、湖南、江西、福建和浙江等地。

3) 生态习性：喜湿润、耐阴、耐寒、喜温暖，喜腐殖质及含水量较高的中性土壤。多分布于林下、山溪两侧和湿润的沟谷中。

4) 园林用途：虽没有鲜艳的颜色，却有很高的观赏价值，作为优良的园林绿化及盆栽耐阴植物，具广阔的开发前景。极耐阴，在林下生长良好，在室内不太干并有适当光照的条件下，可长期种植。

50. 水龙骨（图 17-54）

别名：石蚕、石豇豆、青石莲、青龙骨

拉丁名：*Rhizoma Polypodiodis* Nipponicae

科属：水龙骨科 水龙骨属

1) 形态特征：多年生附生草本。根状茎肉质，细棒状，横走弯曲分歧，鲜时青绿色，干后变为黑褐色，表面光滑或被鳞片，并常被白粉；鳞片通常疏生在叶柄基部或根状茎的幼嫩部，易脱落，深褐色，卵状披针形而先端狭长，网脉较粗而显著，网眼透明。叶疏生，直立；叶柄长 3～8cm，鲜时带绿色，干后变为淡褐色，表面光滑无毛，但散有褐色细点，基部呈关节状；叶片羽状深裂，羽片 14～24 对，线状矩圆形至线状披针形，先端钝形或短尖，全缘，基部一对羽片通常较短而稍下向，纸质，两面密被褐色短绒毛，叶脉除中肋及主脉外不明显。孢子囊群圆形，位于主脉附近，无囊群盖，孢子囊多数，金黄色。

图 17-54 水龙骨

2) 产地分布：分布于浙江、安徽、江西、湖南、湖北、陕西、四川、贵州等地。

3) 生态习性：适于高空气湿度、高温及半阴环境，生长适温 25～35℃，越冬温度宜在 13℃以上，喜含腐殖质丰富、排水良好的肥沃壤土。宜半阴，在直射强阳光下植株发黄。

4) 园林用途：栽培于展览温室的墙角、边地，可展示出热带雨林风光，也可作为篱笆植物。

【思考与练习】

1. 简述草坪草及地被植物的作用。
2. 园林地被植物分为几大类？
3. 简述草坪草及地被植物的选择标准与要求。

第十八章 观赏蕨类

蕨类植物又称羊齿植物,在植物进化系统中蕨类植物是介于苔藓植物和种子植物之间的一大类群。蕨类植物与其他孢子植物最重要的区别是有明显的维管组织分化,维管组织聚集为维管束,构成维管系统。

根据秦仁昌1978年的分类系统,现代蕨类植物门分为5个亚门:松叶蕨亚门(Psilophytina)、石松亚门(Lycophytina)、水韭亚门(Isoephytina)、楔叶蕨亚门(Sphenophytina)和真蕨亚门(Filicophytina)。通常,前4个亚门的种类称为拟蕨类植物,真蕨亚门的称为真蕨类植物。蕨类植物生态类型多样,多为土生、石生或附生,少数为水生或湿生,一般表现为喜阴湿和温暖的特性。全世界约有71科381属12000种。以热带、亚热带种类为丰富。我国有63科224属约2600种,主要分布在西南、长江流域及其以南各省区,仅云南就有多种,有"蕨类王国"之称。蕨类植物极富观赏价值,株形、叶形、叶姿独特,是观叶植物的重要组成部分。

1. 肾蕨(图18-1)

别名:埃蚁草、筐子草

拉丁名:*Nephrolepis auriculata*(L.)Trimen

科属:肾蕨科 肾蕨属

1)形态特征:多年生常绿草本,附生或土生。株高40~60cm,根状茎直立,被淡棕色长钻形鳞片,下部有粗铁丝状的匍匐茎向四方横展,匍匐茎棕褐色,不分枝,匍匐茎上生有近圆形的块茎。叶簇生,柄长6~11cm,密被淡棕色线形鳞片。叶片线状披针形或狭披针形,叶轴两侧被纤维状鳞片,一回羽状,羽状叶45~120对,互生,常密集而呈覆瓦状,披针形,基本不对称,下侧为圆楔形或圆形,上侧为三角状耳形,叶缘有疏浅的钝锯齿,叶脉明显,侧脉纤细,小脉直达叶边附近,顶端具纺锤形水囊。孢子囊群成1行位于主脉两侧。肾形,少近圆形,囊群盖肾形,褐棕色,无毛。

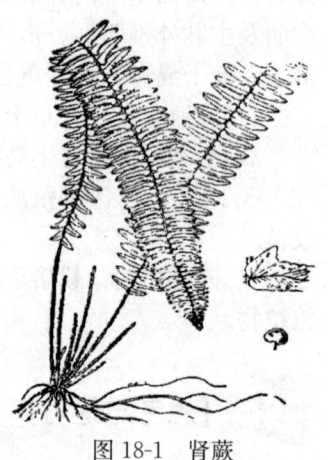

图18-1 肾蕨

2)产地分布:产浙江、福建、台湾、湖南南部、广东、海南、广西、贵州、云南和西藏,广布于全世界热带及亚热带地区。

3)生态习性:喜温暖湿润和半阴的环境,天然分布在林冠下,稍耐寒,要求肥沃的微酸性土壤。

4)园林用途:肾蕨是目前国内外广泛应用的观赏蕨类。枝叶纤细,婀娜婆娑,叶色翠绿,是良好的盆栽观叶植物,用中小型花盆栽植摆放于花架、书桌、几柜等处,绿意浓郁。也是优良的地被植物,世界各地普遍栽培。此外,叶片可用于插花,块茎富含淀粉,可食,亦可供药用。

2. 鹿角蕨（图 18-2）

别名：二歧鹿角蕨、蝙蝠兰

拉丁名：*Platycerium wallichii* Hook.

科属：鹿角蕨科 鹿角蕨属

1) 形态特征：奇特的大型附生植物，附生树上或岩石上。根状茎短而横卧，粗肥；鳞片淡棕色或灰白色，基部截形或心形，顶端尖头或渐尖，红棕色，中肋线形或狭三角形。叶近生，2型。基生不育叶无柄，直立或贴生；边缘全缘，浅裂直到4回分叉，裂片不等长，叶脉下陷，具贮水组织。正常能育叶（生孢子囊或不生孢子囊），直立、伸展或下垂，楔形，2～5回叉裂，宛如鹿角状分枝；孢子囊群斑块1～10个，位于裂片先端，狭长。隔丝星毛状，灰白色。

图 18-2 鹿角蕨

2) 产地分布：原产澳大利亚东北部沿海地区的亚热带森林中，以及新几内亚岛、小巽他群岛及爪哇等地。我国各地温室常见栽培。

3) 生态习性：喜温暖阴湿环境，怕强光直射，以散射光为好，土壤以疏松的腐叶土为宜。

4) 园林用途：鹿角蕨属于附生性观赏蕨，株形繁茂、姿态优美，是著名的观赏蕨类，富热带雨林气息。在欧美栽培较为普遍。常用于吊盆或篮架装饰观赏。热带地区可于林下贴附树干栽培。

3. 鸟巢蕨（图 18-3）

别名：山苏花、王冠蕨

拉丁名：*Asplenium nidus*

科属：铁角蕨科 巢蕨属

1) 形态特征：植株高 1～1.2m。根状茎直立，粗短，先端密被鳞片；鳞片蓬松，线形，先端纤维状并卷曲，边缘有长纤毛。叶厚纸质或薄革质。干后灰绿色，两面均无毛；辐射状丛生于根状茎顶部，中空如鸟巢；叶柄近圆棒形，上面有阔纵沟，两侧无翅，基部密被线形棕色鳞片，向上光滑；叶片阔披针形，革质，全缘并有软骨质的狭边，干后反卷。主脉两面均隆起为半圆形，上面有阔纵沟；小脉两面均稍隆起，分叉或单一。孢子囊群线形，生于小脉上侧，彼此接近，叶片下部通常不育；囊群盖线形，浅棕色，厚膜质，全缘，宿存。

图 18-3 鸟巢蕨

2) 产地分布：产台湾、广东、海南、广西、贵州、云南和西藏，成大丛附生于雨林中树干或石岩上。分布于亚洲热带。

3) 生态习性：喜温暖、潮湿和较强散射光的半阴条件，在高温多湿条件下终年可以生长，一般空气湿度以保持70%～80%较适宜。不耐寒。

4) 园林用途：鸟巢蕨为较大型的阴生观叶植物，株形丰满，叶色葱绿光亮，潇洒大方，深得人们青睐。植于热带园林树木下或假山岩石上可增添野趣；盆栽的小型植株用于布置明亮的客厅、会议室及书房、卧室，别具热带情调。

4. 凤尾蕨（图18-4）

别名：小叶凤尾草、井栏草

拉丁名：*Pteris cretica* L.

科属：凤尾蕨科 凤尾蕨属

1）形态特征：高30～45cm。根状茎短而直立，粗1～1.5cm，先端被黑褐色鳞片。叶簇生，2型。不育叶柄光滑；叶片卵状长圆形。一回羽状，羽片常3对，无柄，线状披针形，长8～15cm，宽6～10mm，叶缘有不整齐的尖锯齿并有软骨质边，下部1～2对通常分叉，有时近羽状，顶生及上部羽片的基部下延在叶轴两侧形成宽3～5mm的狭翅能育叶，有较长柄，羽片4～6对。仅不育部分具锯齿，余全缘，基部一对有时近羽状、有柄，余无柄，下部2～3对，通常2～3叉。主脉两面隆起，侧脉明显，单一或分叉。孢子囊群沿叶边缘呈连续性细线状排列。

图18-4 凤尾蕨

2）产地分布：产华北南部至华东、西南、华南，生墙壁、井边及石灰岩缝隙或灌丛下。

3）生态习性：喜温暖湿润和半阴环境。为钙质土指示植物。在无日光直晒和土壤湿润、肥沃、排水良好的处所生长最盛。

4）园林用途：叶丛细柔、色泽鲜绿，是优美的观叶植物，可作为林下地被，也可种在阴湿的岸堤或山石间。华北盆栽，是布置厅堂内阴暗处的优良盆花。叶片可作切花。全株入药。

5. 翠云草（图18-5）

别名：龙须、蓝草、蓝地柏

拉丁名：*Selaginella uncinata* (Desv.) Spring

科属：卷柏科 卷柏属

1）形态特征：主茎先直立而后攀缘状，长50～100cm或更长，分枝处有根托。主茎自近基部羽状分枝，侧枝5～8对，二回羽状，小枝排列紧密。主茎上的叶同形，2列，疏生，卵形或卵状椭圆形，短尖头，基部近心形；分枝上的叶2形，背腹各2列，侧叶平展，卵状长圆形，短尖头，基部心形，全缘，有白边；中叶疏生，指向枝顶，长卵形。先端渐尖，基部圆楔形，全缘，有白边；叶薄草质，在荫蔽的生活环境中上面蓝绿色，下面淡绿色。孢子叶穗生于小枝顶端，四棱柱形；孢子叶卵状三角形或卵状披针形，先端长渐尖，全缘，背部呈龙骨状隆起；孢子囊卵形；孢子2型。大孢子灰白色或暗褐色；小孢子淡黄色。

2）产地分布：我国特有，分布西南、华东、华南地区及

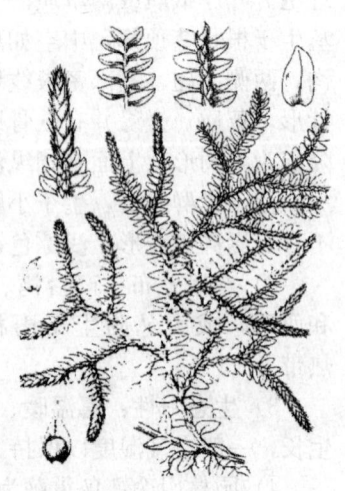

图18-5 翠云草

台湾，生于林下。

3）生态习性：喜温暖湿润的环境和疏松而富含腐殖质的壤土，喜阴。光线强其叶片的蓝绿色易消失而影响观赏性。不耐寒，越冬温度需高于5℃。

4）园林用途：叶色蓝绿，主茎很纤细、褐黄色，羽叶细密，并会发出蓝宝石般的光泽，别具一格，十分可爱。适合作暖地阴湿处地被，也可盆栽或点缀假山石。由于茎枝具匍匐性，做吊盆亦能展现其柔软悬垂的美感。

第十九章 兰 科

兰科是单子叶植物中的第一大科,全世界约有 1000 属 20000 种,除两极和沙漠外均有分布,但 85% 集中分布在热带和亚热带。我国有 166 属 1019 种,南北均产,以云南、台湾、海南最多。兰花栽培始于何时已不可考,但从古籍记载中可知在我国至少有 2000 多年历史。《易经》中"同心之言,其臭如兰"是最早的记载,而世界上最早的兰花专著当推南宋赵时庚的《金漳兰谱》(1233 年)。但兰科花卉的广泛栽培观赏应始于英国。19 世纪以来,兰花受到大众的喜爱,刺激了大批人员到世界各地采集兰花,英国成为近代兰花栽培的先驱。

1. 春兰(图 19-1)

别名:草兰、幽兰

拉丁名:*Cymbidium goeringii* (Rchb. f.) Rchb. f.

科属:兰科 兰属

1)形态特征:假鳞茎卵球形。叶 4~7 枚,带形,下部呈 V 形。花葶短于叶;花序具单花,罕 2 朵;苞片长 4~5cm;花梗和子房长 2~4cm;花色泽变化较大。常为绿色而有紫褐色脉纹,有香气;萼片近长圆形至长圆状倒卵形;花瓣倒卵状椭圆形至长圆状卵形;唇瓣近卵形,不明显 3 裂,中裂片较大、外弯。蒴果狭椭圆形。花期 1~3 月。

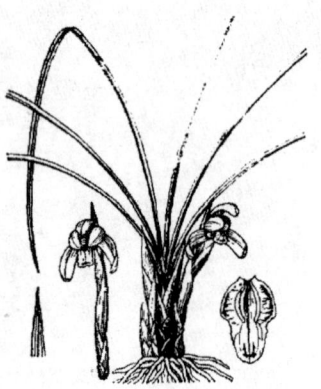

图 19-1 春兰

2)产地分布:产陕西南部、河南南部、甘肃南部、长江流域等地,生于山坡、林缘、林中透光处。

3)生态习性:性喜凉爽、湿润和通风透气,忌酷热、干燥和阳光强烈。要求土壤排水良好、含腐殖质丰富、呈微酸性。北方冬季应在温室栽培,最低温度不低于 5℃。

4)园林用途:观赏、盆栽。

2. 蕙兰(图 19-2)

别名:中国兰、九子兰、夏兰

拉丁名:*Cymbidium faberi* Rolfe

科属:兰科 兰属

1)形态特征:假鳞茎不明显。叶 5~8 枚,带形,直立性强,基部叶脉透亮,边缘有粗锯齿。花葶长 35~50(80)cm,总状花序具花 5~11 朵或更多;苞片线状披针形,花常为浅黄绿色,唇瓣有紫红色斑,有香气;萼片近披针状长圆形或狭倒卵形,花瓣与萼片相似长 2~2.5cm,3 裂,侧裂片直立,中裂花期 3~5 月。

图 19-2 蕙兰

2）产地分布：产甘肃南部、陕西南部、西南，生于湿润但排水良好的透光处。

3）生态习性：性喜凉爽、湿润和通风透气，忌酷热、干燥和强烈阳光。要求土壤排水良好、含腐殖质丰富、呈微酸性。北方冬季应在温室栽培，最低温度不低于5℃。

4）园林用途：观赏、盆栽。

3. 建兰（图 19-3）

别名：四季兰

拉丁名：*Cymbidium ensifolium*（L.）Sw.

科属：兰科 兰属

1）形态特征：假鳞茎卵球形，长 1.5～2.5cm。叶 2～4 (6) 枚，前部边缘有时有细齿。花葶一般短于叶，总状花序；花苞片除最下面 1 枚长可达 1.5～2cm 外，其余的长 5～8mm。花有香气，色泽变化较大，通常浅黄绿色而具有紫斑；萼片近狭长圆形或狭椭圆形，花瓣狭椭圆形或狭卵状椭圆形，近平展；唇瓣近卵形，略 3 裂。花期 6～10 月。

图 19-3 建兰

2）产地分布：产长江流域至华南、西南地区，生于疏林下、灌丛中、山谷旁或草丛中。

3）生态习性：性喜凉爽、湿润和通风透气，忌酷热、干燥和强烈阳光。要求土壤排水良好、含腐殖质丰富、呈微酸性。北方冬季应在温室栽培，最低温度不低于5℃。

4）园林用途：观赏、盆栽。

4. 寒兰（图 19-4）

别名：寒兰

拉丁名：*Cymbidium kanran* Makino

科属：兰科 兰属

1）形态特征：假鳞茎狭卵球形。叶 3～5 (7) 枚，薄革质，前部边缘有细齿。花葶长 25～60 (80) cm；总状花序疏生 5～12 朵花；花苞片狭披针形，最下 1 枚长可达 4cm，中上部的长 1.5～2.6cm，一般与花梗和子房近等长；花常为淡黄绿色而具淡黄色唇瓣，也有其他色泽。有浓烈香气；萼片近线形或线状狭披针形；花瓣狭卵形或卵状披针形；唇瓣近卵形，不明显 3 裂。蒴果狭椭圆形。花期 8～12 月。

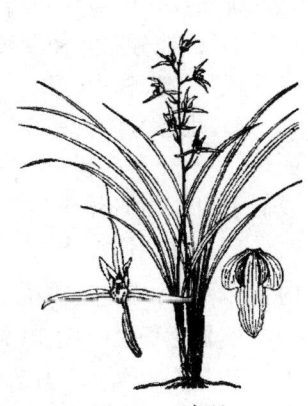

图 19-4 寒兰

2）产地分布：产华东至华南、西南，生于林下、溪谷旁或稍荫蔽、湿润土壤上。

3）生态习性：性喜凉爽、湿润和通风透气，忌酷热、干燥和阳光强烈。要求土壤排水良好、含腐殖质丰富、呈微酸性。北方冬季应在温室栽培，最低温度不低于5℃。

4）园林用途：观赏、盆栽。

5. 墨兰（图 19-5）

别名：岁兰、拜岁兰、丰岁兰

拉丁名：*Cymbidium sinense*（Jackson ex Andr.）Willd.

科属：兰科 兰属

1) 形态特征：假鳞茎卵球形。叶 3~5 枚，暗绿色。花葶较粗壮，长 40~90cm，略长于叶；总状花序具花 10~20 朵或更多；花常暗紫色或紫褐色而具浅色唇瓣，也有黄绿色、桃红色或白色的，香气较浓；萼片狭长圆形或狭椭圆形；花瓣近狭卵形；唇瓣近卵状长圆形，不明显 3 裂；中裂片较大，外弯，边缘略波状。花期 10 月至次年 3 月。

2) 产地分布：产华东至华南、西南，生林下、灌木林中或溪谷旁。

3) 生态习性：性喜凉爽、湿润和通风透气，忌酷热、干燥和阳光强烈。要求土壤排水良好、含腐殖质丰富、呈微酸性。北方冬季应在温室栽培，最低温度不低于 5℃。

4) 园林用途：观赏、盆栽。

图 19-5 墨兰

6. 蝴蝶兰（图 19-6）

别名：蝶兰、台湾蝴蝶兰

拉丁名：*Phalaenopsis aphrodite* Rchb. F.

科属：兰科 蝴蝶兰属

1) 形态特征：叶片稍肉质，常 3~4 枚，上面绿色，背面紫色，基部楔形或有时歪斜，具短而宽的鞘。花序侧生，常不分枝；花序轴紫绿色，回折状，花数朵，由基部向顶端逐朵开放；花梗纤细；花白色，美丽；唇瓣侧裂片具红色斑点或细条纹，中裂片先端具 2 条卷须。花期 4~6 月。

2) 产地分布：产我国台湾和菲律宾，附生于低海拔的热带或亚热带丛林中。

3) 生态习性：喜高温多湿，喜阴，忌烈日直射，全光照的 30%~50% 有利开花。生长适温 25~35℃，夜间高于 18℃或低于 10℃的环境出现落叶、寒害。生长期喜通风，忌闷热，根系具较强的耐旱性。

图 19-6 蝴蝶兰

4) 园林用途：蝴蝶兰是世界著名的盆栽花卉，亦作切花栽培。花朵美丽动人，是室内装饰和各种花艺装饰的高档用花，为花中珍品。

7. 同色兜兰（图 19-7）

拉丁名：*Paphiopedilum concolor* (Bateman) Pfitz.

科属：兰科 兜兰属

1) 形态特征：根状茎粗短。叶狭椭圆形至椭圆状长圆形，上面有深浅绿色（或略带灰色）相间的网格斑，背面具极密集的紫点或几乎完全紫色，中脉在背面呈龙骨状突起。花葶顶端 1~2 花，罕 3 花；花淡黄色，唇瓣狭椭圆形至圆锥状椭圆形，囊口宽阔。花期 6~8 月。

2) 产地分布：产广西西部、贵州和云南东南部至西南部，生于石灰岩地区多腐殖质土壤上或岩壁缝隙或积土处。

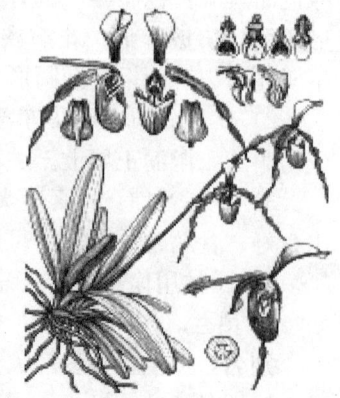

图 19-7 同色兜兰

3）生态习性：兜兰属为地生或半附生兰科植物，生于林下涧边肥沃的石隙中，喜半阴、温暖、湿润环境。耐寒性不强，冬季仅耐5～12℃的温度，种间有差异，少数原种可耐0℃左右的低温，生长温度18～25℃。根喜水，不耐涝，好肥。

4）园林用途：兜兰属以单花种居多，花姿奇妙动人，以盆栽观赏为主。众多野生种很早就被广泛引种栽培，通过长期栽培和人工育种现已育出许多园艺品种。

8. 石斛兰（图19-8）

别名：林兰、杜兰、黄草、吊兰花

拉丁名：*Dendrobium nobile* Lindl.

科属：兰科 石斛属

1）形态特征：植株高大，茎较粗壮，肉质肥厚，上部回折状弯曲，节间略呈倒圆锥形，干后金黄色。叶革质，长圆形，先端钝并且不等侧2裂。花序从老茎中部以上发出，具1～4朵花；花大，白色带淡紫色先端，有时全体淡花瓣斜宽卵形，唇瓣宽卵形，中央具1个紫红色大斑块。花期4～5月。

2）产地分布：产湖北南部、华南至西南，生于山地林中树干上或山谷岩石上。

3）生态习性：稍耐低温，冬季落叶或休眠，气温回升后开花，花期春季，喜半阴，为春石斛类。

4）园林用途：为重要的盆花和切花，亦可作室内垂吊植物悬挂装饰。

图19-8 石斛兰

9. 大花万代兰（图19-9）

别名：大花万代兰

拉丁名：*Vanda coerulea* Griff. ex Lindl.

科属：兰科 万代兰属

1）形态特征：茎粗壮，具多数2列的叶。叶厚革质，先端近斜截并具2～3个尖齿状的缺刻。花序1～3个，近直立，不分枝，疏生数花；花大，质地薄，天蓝色；萼片、花瓣宽倒卵形，唇瓣3裂，侧裂片白色，内具黄色斑点，狭镰刀状，中裂片深蓝色，舌形，前伸，距圆筒状，中部稍弯曲。花期10～11月。

2）产地分布：产云南南部，生于河岸或山地疏林中树干上。

3）生态习性：喜光喜湿，不耐寒。气生根粗壮发达，好气好肥，环境适宜时栽培管理容易。

4）园林用途：既可作盆栽花卉，又能作切花。

图19-9 大花万代兰

10. 矮万代兰（图19-10）

别名：矮万代兰

拉丁名：*Vanda pumila* Hook. f.

科属：兰科 万代兰属

1）形态特征：茎短或伸长，1～1.9cm。花序无明显的网格纹；常弧状上举，粗约1cm，1～2个，比叶短，不分枝；叶稍肉质或厚革质，外弯，宽花向外伸展，具香气，萼片和花瓣奶黄色，唇瓣厚肉质，3裂，侧裂片背面奶黄色，内面紫红色，卵形，中裂片舌形或卵形，上面奶黄色，带8～9条紫红色纵条纹，距圆锥形。花期3～5月。

2）产地分布：产海南、广西西部、云南南部和西南部，生于山地林中树干上。

3）生态习性：喜光喜湿，不耐寒。气生根粗壮发达，好气好肥，环境适宜时栽培管理容易。

4）园林用途：既可作盆栽花卉，又能作切花。

11. 卡特兰（图19-11）

别名：阿开木、嘉德利亚兰、加多利亚兰、卡特利亚兰

拉丁名：*Cattleya hybrida*

科属：兰科 卡特兰属

图19-10　矮万代兰

1）形态特征：假鳞茎扁平，棍棒状；叶与假鳞茎等长，长椭圆形，厚革质；花序具短梗，有花2～5朵，花白色或淡粉色，唇瓣白色，中间有一个红色大斑块，边缘强烈褶皱。花期秋季。

2）产地分布：产巴西东部。

3）生态习性：为热带附生兰类，多附生于林中大树干上，喜光照，夏季遮阴40%～50%，过于荫蔽不利于开花。喜温，冬季宜在不低于16℃的环境中越冬，不耐寒。喜空气潮湿，空气湿度可长年保持60%～80%，花后有数周休眠期。

4）园林用途：卡特兰因花大而美丽、色泽鲜艳、花期长深受人们喜爱，素有"洋兰之王"的美誉，是国际上最著名的兰花之一。为巴西、阿根廷、哥伦比亚等国国花。品种在数千个以上，颜色有白、黄、绿、红、紫等，是高档盆花和切花材料。与石斛兰、蝴蝶兰、万代兰并列为观赏价值最高的四大观赏兰类，是插花、新娘捧花及头花中不可缺少的重要花材。

图19-11　卡特兰

第二十章 仙人掌及多浆植物

多浆植物或称多肉植物，指茎、叶特别粗大或肥厚，含水量高，在干旱环境中有长期生存力的一类植物。大部分生长在干旱或者一年中有一段时间干旱的地区，具有发达的薄壁组织以贮存水分；表皮角质或被蜡被、毛或刺，表皮气孔少而且常关闭，以降低蒸腾强度，减少水分丧失。

多浆植物中的仙人掌科不但种类最多，而且有其他科植物所没有的器官"刺座"，同时其形态多样、花形奇特都是其他科的多肉植物难以比及的，因而园艺上常常将它们单列出来称为仙人掌类，而将其他科的称为多浆植物。因此，多浆植物这个名词有广义和狭义之分，广义的包括仙人掌类，狭义的不包括仙人掌类。

这类植物在园林中的应用广泛，常以其为主设立专类园，向人们普及科学知识和增加游赏趣味性。不少种类可作为篱笆应用，一些低矮的多浆植物用于地被或花坛中，不少仙人掌及多浆植物具有药用及经济价值，或作果实食用或制成酒类饮料。

一、仙人掌类植物

1. 仙人掌（图 20-1）

别名：仙巴掌、仙人扇

拉丁名：*Opuntia dillenii*

科属：仙人掌科 仙人掌属

1）形态特征：多年生肉质灌木或乔木状，高达 3m。上部分枝（茎）宽倒卵形、倒卵状椭圆形或近圆形，肥厚，绿色至蓝绿色；叶退化为刺状（针状或钻形），着生在刺座上，刺的颜色、长短、形状、数量、排列方式因种而异。花色鲜艳，花色也因种而异，花期 4～6 月。肉质浆果，成熟时暗红色。

2）产地分布：原产墨西哥、美国等地；我国南方地区常见栽培。

3）生态习性：喜光，耐干旱，易于栽培，耐寒性强，可耐受-10℃的低温。

图 20-1 仙人掌

4）园林用途：墨西哥的国花，南方常栽作围篱，或于园林中丛植观赏，北方多盆栽。茎供药用，浆果酸甜可食。

2. 黄毛掌

别名：兔耳掌、细刺仙人掌

拉丁名：*Opuntia microdasys*

科属：仙人掌科 仙人掌属

1) 形态特征：植株直立多分枝，灌木状，株高40~60cm。茎扁平，椭圆形或广椭圆形，黄绿色。刺座密被金黄色钩毛。夏季开花，花淡黄色，短漏斗形。浆果圆形，红色，果肉白色。

2) 产地分布：原产墨西哥。

3) 生态习性：喜光，耐干旱，生长适宜温度20~35℃，低于0℃易受寒害。对土壤要求不严，在沙质壤土上生长较好。

4) 园林用途：盆栽观赏。

3. 金琥（图20-2）

别名：象牙球、无极球

拉丁名：*Echinocactus grusonii* Hildm

科属：仙人掌科 金琥属

1) 形态特征：茎圆球形，植株通常单生，株高30~50cm。球顶密被金黄色绵毛。茎有棱21~37条，显著。刺座很大，密生硬刺，刺金黄色，后变褐色，有辐射刺8~10根；中刺3~5根，较粗，稍弯曲。6~10月开花，花生于球顶部绵毛丛中，钟形，黄色，花筒被尖鳞片。

2) 产地分布：原产墨西哥中部。

3) 生态习性：喜光，也耐半阴，耐干燥，生长适温15~30℃，低于-5℃易受害。

图20-2 金琥

4) 园林用途：盆栽观赏。

4. 昙花（图20-3）

别名：月下美人、夜会草

拉丁名：*Epiphyllum oxypetalum* (DC.) Haw.

科属：仙人掌科 昙花属

1) 形态特征：多年生灌木状无叶肉质性植物，高可达5m。老茎绿色，圆柱形棒状，木质化；分枝多数，叶状侧扁，披针形至长圆状披针形，边缘波状。全株平滑。花单生于枝侧的小窠内，漏斗状，夜间开放，白色，芳香。花期夏季，晚8~9点开放，约7小时后凋谢。

2) 产地分布：墨西哥、危地马拉、洪都拉斯、尼加拉瓜广泛栽培；我国多地区常见栽培。在云南南部逸生，生长于海拔1000~1200m半阴的环境中。

3) 生态习性：喜温暖湿润的半阴、温暖和潮湿的环境，不耐霜冻，忌强光暴晒。冬季可耐5℃左右低温。喜疏松肥沃的微酸性沙质壤土。

图20-3 昙花

4) 园林用途：本种为著名的观赏花卉，常盆栽观赏。

5. 量天尺（图20-4）

别名：火龙果、三棱箭、三棱柱、霸王花

拉丁名：*Hylocereus undatus* (Haw.) Britt. et Rose

科属：仙人掌科 量天尺属

1）形态特征：攀缘肉质灌木，高 3～15m，具气生根。分枝多数，延伸，茎三棱柱状，棱边缘有刺座，棱边缘波状或圆齿状，具节间；刺座着生深褐色短刺。花漏斗状，白色；花被片黄绿色至白色，线形至披针形，花丝、花柱黄白色。浆果红色，长球形，果肉白色或红色。花期 5～9 月，晚上开放。

图 20-4　量天尺

2）产地分布：分布于中美洲至南美洲北部，世界各地广泛栽培，我国引种历史悠久，在福建南部、广东南部、海南、台湾以及广西西南部为野生。

3）生态习性：喜温暖湿润和半阴环境，耐干旱，怕低温霜冻，土壤以富含腐殖质丰富的沙质壤土为好。

4）园林用途：浆果红色，可赏可食，商品名"火龙果"，具攀缘习性，借气生根可攀缘于树干、岩石或墙上。扦插容易成活，经常用作其他仙人掌科植物嫁接时的砧木。

6. 令箭荷花（图 20-5）

别名：孔雀仙人掌

拉丁名：*Nopalxochia ackermannii* Kunth

科属：仙人掌科 令箭荷花属

1）形态特征：多年生附生仙人掌类，高约 1m，全株鲜绿色。茎有两种，基部为圆柱状；上部为扁平状，具棱，似令箭，披针形或线状披针形，边缘有波状粗锯齿。花单生，花大，钟状，花被张开并翻卷，花丝、花柱弯曲，玫瑰红色，也有粉红色、黄色和白色的品种。花期 6～8 月，白天开花。

2）产地分布：原产墨西哥及哥伦比亚。

3）生态习性：喜温暖湿润、光照通风良好的环境，要求肥沃疏松排水良好的中性或微酸性的沙质壤土，炎热、

图 20-5　令箭荷花

高温、干燥的条件下适当遮阴有利于生长，怕雨水，花开时忌阳光直射，耐半阴。

4）园林用途：花色品种繁多，花色艳丽，姿态轻盈，幽郁的香气深受人们喜爱。以盆栽观赏为主。

7. 蟹爪兰（图 20-6）

别名：圣诞仙人掌

拉丁名：*Zygocactus truncata*（How.）K. Schum.

科属：仙人掌科 蟹爪兰属

1）形态特征：附生类仙人掌，灌木状，无叶。茎无刺，多分枝，常悬垂，老茎木质化，稍圆柱形，幼茎及分枝均扁平；每一节间矩圆形至倒卵形，鲜绿色，两侧各有 2～4 粗锯齿，两面中央均有一肥厚中肋。花单生于枝顶，玫瑰红色，两侧对称；花萼一轮，基部短筒状，顶端分离；花冠数轮，下部长筒状，上部

图 20-6　蟹爪兰

· 363 ·

分离，越向内则筒越长；雄蕊多数，2轮，伸出，向上拱弯；花柱长于雄蕊，深红色，柱头7裂。浆果梨形，红色。

2) 产地分布：原产巴西，我国多地有栽培。

3) 生态习性：性喜凉爽、温暖的环境，较耐干旱，怕夏季高温炎热，较耐阴。生长适温20～25℃，休眠期温度15℃左右。喜欢疏松、富含有机质、排水透气良好的土壤。蟹爪兰属短日照植物。

4) 园林用途：因节茎连接形状如螃蟹的副爪，故名蟹爪兰，常盆栽观赏。

二、多浆类植物

1. 金边龙舌兰（图20-7）

拉丁名：*Agave americana* var. *Marginata*

科属：龙舌兰科 龙舌兰属

1) 形态特征：多年生大型肉质亚灌木，株高可达2m，株幅可达3m。茎短、稍木质。叶多丛生，呈剑形，大小不等，大者长可达1m，质厚，平滑，绿色，边缘有黄白色条带镶边，有红或紫褐色刺状锯齿，质脆，易折断。圆锥花序大型，花黄绿色，肉质，花期夏季。

2) 产地分布：原产美洲沙漠地带。

3) 生态习性：喜光，也耐半阴，耐干旱，生长适温15～35℃，低于-5℃易受冻害，喜肥。

4) 园林用途：可盆栽观赏或作地被植物。

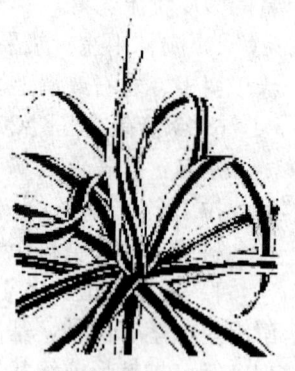

图20-7 金边龙舌兰

2. 剑麻

别名：菠萝麻

拉丁名：*Agave sisalana* Perr. ex Engelm.

科属：石蒜科 龙舌兰属

1) 形态特征：多年生大型肉质亚灌木，株高可达2m。叶呈莲座式排列，肉质，剑形，初被白霜，后渐脱落而呈深蓝绿色，表面凹，背面凸，叶缘无刺或偶而具刺。圆锥花序粗壮；花黄绿色，有浓烈的气味。花期冬季。

2) 产地分布：原产墨西哥。我国华南及西南各省区多作经济作物栽培。

3) 生态习性：喜光，耐干旱，喜肥，耐寒力较低，适应性强。

4) 园林用途：剑麻有多种栽培品种，环境适应能力强、有一定美化绿化效果，抗污染和净化空气的能力强，在园林绿化中也常点缀种植或作地被。剑麻一般作经济作物栽培并加工提取剑麻纤维。

3. 黄纹万年麻

别名：黄纹巨麻、万年兰

拉丁名：*Fucraea foetida*（L.）Haw

科属：龙舌兰科 巨麻属

1) 形态特征：常绿灌木状。大型多肉植物，全株呈半球形，株高可达1.2m。叶片肉质，表面革质，呈放射状生长，剑形，先端及边缘均具锐刺，边缘波浪状，表面为浅绿、黄、米白色纵纹。大型圆锥花序，小花具香味，花淡绿色，花期夏季。

2）产地分布：原产西印度洋、巴西。

3）生态习性：耐干旱，喜光，耐半阴，喜温暖湿润气候，喜肥沃、疏松、排水良好的沙壤土。

4）园林用途：叶子色泽黄白相间，耀眼夺目，株型美观，适宜做园林绿化点缀，或做盆栽观赏。

4. 酒瓶兰

别名：象腿树

拉丁名：*Beaucarnea recurvata* Lem.

科属：龙舌兰科 酒瓶兰属

1）形态特征：常绿小乔木，株高 4～6m。其地下根肉质；茎干直立，下部肥大，状似酒瓶；膨大茎干具有厚木栓层的树皮，呈灰白色或褐色。叶密集着生于茎干顶端，细长线状，革质而下垂，叶缘具细锯齿。伞房花序，花白色，花期夏季。

2）产地分布：原产墨西哥。

3）生态习性：喜光，耐干旱，生长适宜温度 15～35℃，低于 0℃易受冻害，喜肥沃、疏松、沙质壤土。

4）园林用途：叶形秀丽，树形似酒瓶，形状奇特，常作盆栽观赏。

5. 金边虎尾兰

别名：虎皮兰

拉丁名：*Sansevieria trifasciata* var *Laurentii*

科属：龙舌兰科 虎尾兰属

1）形态特征：本种为虎尾兰的变种，多年生肉质草本，株高 70～100cm。具匍匐的根状茎，褐色，半木质化，分枝力强。叶片从地下茎生出，丛生（3～5片），扁平，直立，先端尖，剑形；叶全缘。叶色浅绿色，正反两面具白色和深绿色的横向如云层状条纹，状似虎皮，表面有很厚的蜡质层，叶缘金黄色。

2）产地分布：原产非洲热带地区及印度。我国多地有栽培。

3）生态习性：喜半阴，耐干旱，生长适宜温度 15～35℃，低于 0℃易受冻害。

4）园林用途：因其叶片为绿白黄三色组合而成，叶片边缘为黄色宽边，故名为金边虎尾兰，良好的观叶植物，常盆栽观赏，也可做地被植物。

6. 沙漠玫瑰

别名：天宝花

拉丁名：*Adenium obesum*

科属：夹竹桃科 天宝花属

1）形态特征：多年生灌木或小乔木，高可达 4.5m。树干肿胀，基部膨大。单叶互生，集生枝端，倒卵形至椭圆形，全缘，先端钝而具短尖，肉质，近无柄。顶生伞房花序，花冠漏斗状，径约 5cm，外缘红色至粉红色，中部粉色至白色，裂片边缘波状。花期夏季。

2）产地分布：原产非洲。

3）生态习性：喜高温、干旱、阳光充足的气候环境，喜富含钙质、疏松透气、排水良好的沙质壤土，不耐荫蔽，忌涝，喜肥。

4）园林用途：树形古朴苍劲，根茎肥大如酒瓶状。花形似小喇叭，玫瑰红色，非常艳丽。因原产地接近沙漠且红如玫瑰而得名沙漠玫瑰。常作盆栽观赏，或在庭院种植。

7. 生石花（图 20-8）

别名：石头花、屁股花

拉丁名：*Lithops pseudotruncatella* (Bgr.) N. E. Br

科属：番杏科 生石花属

1）形态特征：多年生小型多肉植物，茎短。两片叶肉质肥厚，对生联结而成为倒圆锥体，形似卵石，灰绿色。成熟时的生石花秋季从对生叶的中间缝隙中开出黄、白、粉等色花朵，单朵花可开 7～10 天。开花时花朵几乎将整个植株都盖住，午后开放，非常娇美。品种较多，各具特色。

2）产地分布：原产非洲南部，现多地有栽培。

3）生态习性：喜冬暖夏凉气候。喜温暖干燥和阳光充足环境。怕低温，忌强光。喜阳光充足，生长适温为 10～30℃。宜生长在疏松的中性沙壤土。

图 20-8 生石花

4）园林用途：形如石头，非常乖巧、可爱，花开艳丽，常盆栽观赏。

8. 四海波

别名：肉黄菊、虎颚

拉丁名：*Faucaria tigrina*

科属：番杏科 肉黄菊属

1）形态特征：多年生小型肉质草本，植株常密集成丛，叶肉质，偏菱形，常 2～3 对交互对生，叶面扁平，叶背凸起，灰绿色，有细小白点，叶缘有 9～10 对反曲具纤毛的齿尖。花大，金黄色，中午开放，近无柄，无苞片。

2）产地分布：原产南非。

3）生态习性：喜温暖及阳光充足，甚耐干旱。夏季高温时休眠，栽培要求排水良好的沙壤土。

4）园林用途：株型可爱，秋、冬开大型花，常室内小型盆栽。

9. 莲花掌

拉丁名：*Aeonium tabuliforme* f. cristata

科属：景天科 莲花掌属

1）形态特征：多年生肉质草本植物，株高可达 60cm，有匍匐茎。叶丛紧密，直立呈莲座状，叶倒卵形、肉质、无毛，表面被白粉，以翠绿色为主，少数为粉蓝或墨绿色。花梗白叶丛中抽出，花茎柔软，有苞片，具白霜。有 8～24 朵花，聚伞花序，花冠红色，花瓣披针形不张开，花期 6～10 月。常见的品种有叶缘呈红色的红缘莲花掌，叶色黑紫的黑法师，以及明镜、毛叶莲花掌、艳日伞等。

2）产地分布：原产于墨西哥，现世界各地均有栽培。

3）生态习性：喜温暖、干燥、阳光充足的环境，也耐半阴，不耐寒，耐干旱，怕积水，忌烈日。

4）园林用途：此种栽培品种颇多，叶形、叶色美丽，常盆栽室内观赏。

10. 佛甲草（图 20-9）

拉丁名：*Sedum lineare* Thunb.

科属：景天科 景天属

1）形态特征：多年生草本，无毛。茎高 10～25cm。3 叶轮生，叶线形，先端钝尖，茎部无柄，有短距。花序聚伞状，顶生，中央有 1 朵短梗花，另有 2～3 分枝，分枝常有再 2 分枝，着生花无梗；萼片 5，线状披针形；花瓣 5，披针形；雄蕊 10，较花瓣短；鳞片 5。种子小。花期 4～5 月，果期 6～7 月。

2）产地分布：在我国自然分布面很广，除新疆、西藏、青海、内蒙古、甘肃等地植物志上没有记载外，其他各省区均有。

3）生态习性：生长适应性强，耐寒、耐旱、耐盐碱、耐瘠，抗病虫害，茎肉多汁，其叶、茎表皮的角质层具有超常的防止水分蒸发的特性。

图 20-9 佛甲草

4）园林用途：因其植株细腻、花美丽，碧绿的小叶宛如翡翠，整齐美观，生长适应性强，特别适合屋顶地被种植。

11. 芦荟（图 20-10）

别名：卢会

拉丁名：*Aloe vera* var. *chinensis*（Haw.）Berg

科属：百合科 芦荟属

1）形态特征：多年生常绿多肉植物。茎节较短，直立，叶肥厚，多汁，披针形，呈莲座状排列。叶粉绿色，叶常披针形或叶短宽，边缘有尖齿状刺。总状花序自叶丛中抽生，花橙黄色并具有红色斑点，花期 7～8 月。品种多。

2）产地分布：原产于非洲南部、地中海地区；我国多地有栽培。

3）生态习性：喜温暖、干燥气候，耐寒能力不强，冬季喜阳光充足，不耐阴，耐盐碱，喜排水良好、肥沃的沙质壤土。

4）园林用途：集食用、药用、美容、观赏于一身的植物，常盆栽观赏。

图 20-10 芦荟

12. 树马齿苋

别名：金枝玉叶

拉丁名：*Portulacaria afra*

科属：马齿苋科 马齿苋属

1）形态特征：常绿多肉质小灌木，株高可达 90～120cm。叶片呈倒卵状三角形，叶端截形，叶基楔形，肉质，叶面光滑，嫩绿色，富有光泽。花粉红色，花期春末夏初。

2）产地分布：原产南非。

3）生态习性：喜温暖，喜阳，耐半阴，不耐涝，耐旱性强，喜肥。

4）园林用途：以观叶为主，可盆栽，也是制作盆景的好材料。

第二十一章 室内观赏植物

第一节 室内观赏植物概述

我国的植物装饰艺术起源甚早,是先民在长期与大自然的接触中逐步形成和成长起来的。人们出于对自然和美的爱好和崇尚,折取野生花卉作为头饰,装点居穴和供奉神灵。人类生活在绚丽多姿的大自然中,欣赏绿色植物及其美丽的花朵,食用其果实,是人类的共同需求。植物的装饰艺术和花文化是各族文化的重要组成部分。我国古代就有在宫廷使用花卉植物装饰室内的情况,中华人民共和国成立以后,尤其是改革开放以来,由于经济的发展和国际交流的增加,花卉事业取得了快速的发展;大批优良的室内观赏植物品种出现在千家万户,因此室内观赏植物也成为园林工作者在园林植物应用中不可缺少的一部分。

一、室内观赏植物的含义及发展趋势

现代的人们渴望有一个宁静、舒适、具有大自然情趣的学习、工作和生活环境,以便能从生机盎然的绿色环境中缓解、释放紧张的学习、工作和生活压力。室内观赏植物是一种有生命力的室内装饰品,是一种文化艺术,其独特的生物学特性、生态效益以及与大自然的亲和性是其他物质难以替代的。

1. 室内观赏植物的含义

室内观赏植物从广义上讲,指一切用于美化和装饰室内环境的植物,包含花卉、盆景和插花等。从狭义上讲,特指适应室内环境条件、能够较长时间地生长在室内,起装饰美化、陶冶情操作用的植物。

2. 室内观赏植物的发展趋势

室内观赏植物的出现与发展,是物质文明和精神文明进步的必然产物。自改革开放以来,我国城市建设的脚步不断加快,城市中的硬质景观不断增多。随着人民物质生活水平的提高,对精神文明的要求也不断增长,人们渴望回归大自然,回到绿色的怀抱,室内观赏植物则可满足人们精神上的需求。

随着生态、绿色环保意识的加强,室内观赏植物装饰艺术日益受到社会各界人士的关注。室内观赏植物的绿化装饰是各大宾馆、饭店级别评比的重要条件之一。例如,五星级宾馆须有95%的鲜活植物,包括盆景和插花。各公共场所(如超级市场、室内娱乐场所、游泳池等)的室内绿化美化不但是各地建设生态城市的前提,而且还可提升其商业地位,吸引更多的人前来娱乐、消费。

二、室内观赏植物的作用

观赏植物种类繁多,姿态多样,色彩千变万化,它们不但以其本身所具有的色、香、

姿成为植物造景的主题，同时也可以衬托其他造园题材，形成生机盎然的景观。室内观赏植物是指用于室内绿化装饰的植物的总称。实践证明，室内环境质量的优劣，很大程度上取决于室内观赏植物种类的选择和配置。室内观赏植物的功能作用有以下几个方面。

1. 美化环境，丰富文化生活

观赏植物的美不仅体现在其本身色彩、形体、令人愉快的气味等方面，而且还体现在风韵美上。它既能反映出大自然的自然美，又能反映出人类智慧的艺术美，人们常把植物人格化，从联想上产生某种情绪或意境。例如，用松柏表示坚贞，论语曰"岁寒，然后知松柏之后凋也"，喻有气节之人，虽在乱世，仍能不变其节；陶铸的"松树的风格"说的也是这个道理。荷花出污泥而不染，寓意高尚、脱俗之美德。梅、松、竹有"岁寒三友"之称，比喻不畏严酷的环境。

2. 改善室内环境质量，利于身心健康

室内观赏植物能有效改善室内环境质量。它们通过光合作用，吸收二氧化碳，放出氧气，净化室内的空气。植物还会通过叶面的蒸腾作用，向空气中散发水气，增加空气湿度。另外，植物还能够增加负离子，使人产生清新、愉悦的快感。据测定，一个标准房间内如放上 10 株中等大小的植物，其负离子数目会增加 2～2.5 倍。

此外，部分植物还具有杀菌作用，如吊兰、仙人掌等，能吸收室内的甲醛等有毒气体。有些植物是环境污染的天然监测器，如百日草、向日葵、波斯菊对二氧化硫敏感，萱草、唐菖蒲对氟化氢敏感，丁香、矮牵牛对臭氧敏感。

绿色植物是生命与和平的象征，具有生命的活力，会带给人们一种柔和的感觉和一种安定感。绿色可以消除人们的视觉及身心疲劳，让人们感到愉悦，心情舒畅，犹如回归大自然的怀抱；绿色无时无刻不向人们展现着生命的活力，使人心旷神怡。人们可以从室内观赏植物感受到大自然的气息，感受到有节奏的生命韵律。

3. 经济效益高，用途广泛

我国自改革开放以来观赏植物产业取得了长足的进步，成为农业产业结构调整的首选产业，是我国的朝阳产业。观赏植物产业还可带动其他工业生产，如陶瓷工业、塑料工业、玻璃工业、化学工业以及包装、运输业等的发展。观赏植物的经济效益除具有绿化美化效益外，还体现在药用、油料、香料等方面。

此外，在一些公共场所，如超级市场、室内娱乐场所、游泳池、宾馆、饭店等餐饮业，室内观赏植物不但可美化环境，而且可吸引大量的购物者、消费者前往这些地方购物、消费，直接提升这些地方的商业价值，带来可观的经济效益。

4. 功能齐全，装饰良材

观赏植物是有生命的，具有形体的变化、大小的变化、色相的变化、季相的变化，甚至晨昏的变化等特点，用于室内装饰，成为有生命活力的艺术品，这是其他无生命的造景材料，如钢筋、混凝土、不锈钢等硬质材料不能与之相比的。

三、室内植物的形态

选择室内观赏植物需根据居室大小和外形，室内的装修形式和色调、花卉放置的部位及每个人的爱好来决定。在高大而裸露的墙体或门厅两侧放置株型矮小、生长缓慢的植物是很不相称的。同样，在窄小的窗台上摆放一株像树一样的大盆花卉既不安全又挡光线。

植物生长的快慢也是选择时应当考虑的条件之一。有些植物一年内可长高数十厘米。如橡皮树；而某些仙人球经多年的栽培体积也不会长得太大。

室内观赏植物按其外形通常分为6种：

禾草形植物：该类植物叶片细长，其生长习性如禾草类一样。这一类植物作为室内花卉栽培的很少。一般来说其观赏效果较普通，一般有春兰、石菖蒲、文竹等。

宽叶禾草形植物：栽培较多，较为流行。有些开花植物也属这一类。常见的有吊兰、果子蔓、水仙、长苞凤梨。

丛生植物：在室内植物中丛生植物占的比重较大，它与其他的类型有较大的区别。可以同时从盆土中长出几个茎，它既不是水平的生长，也不是垂直的生长。如彩叶草、冷水花、毛叶秋海棠。

直立型植物：该类型植物茎呈明显的垂直生长。其高度从数厘米至数米不等，但以中等高度的为多。它具有垂直的观赏效果，而莲座状叶植物、匍匐植物和丛生植物具有水平观赏效果。高大的直立性植物一般单独摆放，这样更为显眼。如翁柱、冲天阁、橡皮树、南洋杉、鹅掌柴等。

攀缘植物和匍匐植物：攀缘植物和匍匐植物的茎经过人工的辅助，既可以令其向上生长，又可以向下垂在容器的外面。攀缘植物可以通过树立支架、牵引铁丝或绳子任其攀缘生长，可以做成许多美丽的形状。如马兜铃、西番莲、络石、绿萝、常春藤。

莲座状植物：莲座状植物的叶片围绕着中心点呈莲座状排列生长。该类植物大多生长较慢，常将其与丛生植物、直立型植物作为盆花组合摆放在一起或几类植物拼栽在室内种植槽中，有较好的观赏效果。如大岩桐、报春花、芦荟、条纹十二卷、水塔花等。

球形植物：该类植物呈圆球形、没有叶片，茎表面光滑或被有毛或刺。这类植物多属仙人掌科，有一部分为大戟科和番杏科植物，常见的有金琥、棉球花等。

第二节　室内观花植物

一、观花植物

1. 定义

以植物的花（包括花柄、花托、花萼、雄蕊和雌蕊）为主要欣赏对象的植物称观花植物。有广义和狭义之分，狭义的观花植物指具有观赏价值的草本植物，如菊花、芍药、香石竹等；广义的观花植物除草本植物外，还包括具有一定观赏价值的花灌木、乔木、盆景等。它们是园林绿化和室内美化不可缺少的材料。

2. 分类

按照观花植物的生活型与生态习性，可分为露地观花植物类和室内观花植物类。其中室内观花植物又分为以下几类：

① 一、二年生观花植物：瓜叶菊、蒲包花、彩叶草等。
② 宿根观花植物：非洲菊、君子兰、非洲紫罗兰等。
③ 球根观花植物：仙客来、香雪兰、马蹄莲、球根秋海棠、大岩桐等。
④ 兰科植物：根据其生态习性不同，可分为地生兰类，如春兰、惠兰、建兰、墨兰、

寒兰等；附生兰类，如卡特兰、兜兰、石斛、蝴蝶兰等。

⑤ 多浆植物：指茎叶具有特殊贮水能力，呈肥厚多汁变态状的植物，并能耐干旱，如仙人掌、蟹爪兰、昙花、芦荟、绿铃、龙舌兰等。

⑥ 食虫植物：猪笼草、瓶子草、捕蝇草等。

⑦ 凤梨科植物：水塔花、果子蔓、粉菠萝、彩叶凤梨等。

⑧ 草木本植物：又称亚灌木花卉，如倒挂金钟、香石竹、竹节秋海棠等。

⑨ 花本类：一品红、叶子花、米兰等。

⑩ 水生花卉：王莲、热带睡莲等。

二、室内观花植物品种

1. 朱砂橘

别称：朱橘、朱红橘

拉丁学名：*Citrus erythrosa*

科属：芸香科 柑橘属

1) 形态特征：常绿灌木或小乔木。叶椭圆形，两端尖。果扁圆形或圆形，我国南方古老品种。幼树直立性强，树势强健高大，树冠圆头形。大枝开张，分枝中等，一般无刺。叶片椭圆形。翼叶细小，叶柄短，叶脉不明显。叶缘浅波状或全缘，叶尖钝或微尖凹。新叶淡绿色，老叶深绿色。1年开1次花，花期从正月开始，至清明以前。小花黄白色，芳香，单朵或2～3朵集生于叶腋。幼果绿色，10～12月成熟后变成朱红色，果实比四季橘大。果形扁圆形，果顶有小脐，凹入。果表面粗糙，油胞大而突出或细密凹入，果皮松软、易剥离。果肉囊瓣肾形，9～10瓣，汁泡较大，果心空。果肉可食用，味甜带酸、柔软化渣，有异味。

2) 产地分布：产我国东南部，广东地区大量盆栽。

3) 园林用途：朱砂橘是我国传统的观果类柑橘的一个重要品种。其果实较金橘大，色偏橘红，观赏效果较好。元旦和春节时布置在室内、门厅等处，甚受欢迎。

2. 观赏椒（图21-1）

别称：朝天椒、五色椒、佛手椒、樱桃椒、圣诞辣椒

拉丁学名：*Capsicum frutescens* var. *fasciculatum*

科属：茄科 辣椒属

1) 形态特征：观赏辣椒是辣椒属中的一种，多年生草本植物或小灌木，常作一年生栽培。根系发达，茎直立，茎部木质化，分枝能力强，分枝习性为双叉状分枝和三叉状分枝。小果类型的植株高大，分枝多，大果类型的则相反。单叶互生，全缘，卵圆形，叶片大小、色泽与青果的大小色泽有相关性。花小，有白色、绿白色、浅紫色和紫色。按果实的颜色分，有红、黄、紫、橙、黑、白、绿色等类型；按果实的形状分，有线形、羊角形、樱桃形、风铃形、蛇形、枣形、指天形、灯笼形、火箭形等类型。

图21-1 观赏椒

2) 产地分布：原产于美洲热带地区，现世界各地广泛栽

培观赏。

3) 生态习性：喜阳光充足、温暖的环境，怕霜冻、忌高温；喜湿润、肥沃的土壤，耐肥，不耐寒，能自播。果实发育适温为25～28℃。属短日照植物，对光照要求不严，但光照不足会延迟结果期并降低结果率，高温干旱、强光直射易发生果实日灼或落果。结果期要求干燥空气，雨水多则授粉不良。

4) 园林用途：观赏椒具有体态娇小、株形优雅、好栽易养、椒果奇特、果色多变、色彩艳丽、观赏价值极高的特点，观赏、食用一举两得。

3. 马蹄莲（图21-2）

别称：慈姑花、水芋、野芋、海芋百合、花芋

拉丁学名：*Zantedeschia aethiopica* (Linn.) Spreng.

科属：天南星科 马蹄莲属

1) 形态特征：多年生粗壮草本，具块茎。叶基生，叶柄下部具鞘；叶片较厚，绿色，心状箭形或箭形，先端锐尖、渐尖或具尾状尖头，基部心形或戟形，全缘，无斑块，后裂片长6～7cm。花序柄光滑。佛焰苞管部短，黄色；檐部略后仰，锐尖或渐尖，具锥状尖头，亮白色，有时带绿色。肉穗花序圆柱形，黄色：雌花序长1～2.5cm；雄花序长5～6.5cm。子房3～5室，渐狭为花柱，大部分周围有3枚假雄蕊。浆果短卵圆形，淡黄色，有宿存花柱；种子倒卵状球形。

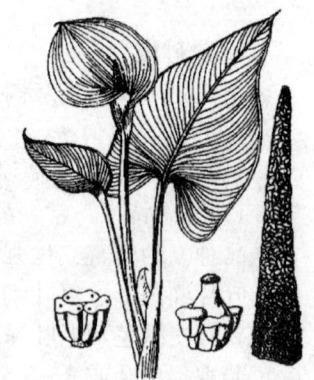

图21-2 马蹄莲

2) 产地分布：原产埃及、非洲南部，世界各地广泛栽培，中国各地温室均有栽培。

3) 生态习性：喜温暖、湿润和阳光充足的环境。不耐寒和干旱。生长适温为15～25℃，夜间温度不低于13℃，若温度高于25℃或低于5℃，被迫休眠。马蹄莲喜温暖湿润及稍有遮阴的环境，但花期要阳光充足，否则佛焰苞带绿色，影响品质。须保证每天3～5小时光照，不然叶柄会伸长影响观赏价值。马蹄莲耐寒力不强，10月中旬要移入温室。夏季需要在遮阴情况下，经常喷水降温保湿。马蹄莲喜水，生长期土壤要保持湿润，夏季高温期块茎进入休眠状态后要控制浇水。要求肥沃、保水性能好的黏质壤土，pH值在6.0～6.5之间。

4) 园林用途：马蹄莲挺秀雅致，花苞洁白，宛如马蹄，叶片翠绿，缀以白斑，可谓花叶两绝。马蹄莲花，是素洁、纯真、朴实的象征。在国际花卉市场上已成为重要的切花种类之一。常用于制作花束、花篮、花环和瓶插，装饰效果特别好。矮生和小花型品种盆栽用于摆放台阶、窗台、阳台、镜前，充满异国情调，特别生动可爱。马蹄莲配植庭院，尤其丛植于水池或堆石旁，开花时非常美丽。马蹄莲花有毒，内含大量草本钙结晶和生物碱，误食会引起昏眠等中毒症状。块茎、佛焰苞和肉穗花序有毒。咀嚼一小块块茎可引起舌喉肿痛。

4. 金苞花

别称：艳苞花、花叶爵木、黄虾花、金苞虾衣花

拉丁学名：*Pachystachys lutea* Nees

科属：爵床科 麒麟吐珠属

1) 形态特征：常绿亚灌木，茎多分枝，直立，基部逐渐木质化。叶对生，披针形，叶

脉纹理鲜明，叶面皱褶有光泽，叶缘波浪形。花序着生茎顶，由重叠整齐的金黄色心形苞片组成，呈四棱形。花乳白色、唇形，从花序基部陆续向上绽开，金黄色苞片可保持2～3个月。

2) 产地分布：原产于美洲热带地区、落叶阔叶林区和南亚热带常绿阔叶林区。因其花期长，观赏价值高，自20世纪80年代引入后，就很快得到广大养花者的喜爱。

3) 生态习性：喜高温高湿和阳光充足的环境，比较耐阴，适宜生长于温度为16～28℃的环境。冬季要保持5℃以上才能安全越冬。适合栽种在肥沃、排水良好的轻壤土中。

4) 园林用途：金苞花株丛整齐，花色鲜黄，花期较长。适作会场、厅堂、居室及阳台装饰。南方用于布置花坛，也可做花境。暖地可庭院栽植，北方则作温室盆栽花卉，是优良的盆花品种。

5. 闭鞘姜

别称：广商陆、水蕉花

拉丁学名：*Costus speciosus*（Koen.）Smith

科属：姜科 闭鞘姜属

1) 形态特征：多年生草本，株高1～3m，基部近木质，顶部常分枝，旋卷。叶片长圆形或披针形，顶端渐尖或尾状渐尖，基部近圆形，叶背密被绢毛。穗状花序顶生，椭圆形或卵形；苞片卵形，革质，红色，被短柔毛，具增厚及稍锐利的短尖头；小苞片淡红色；花萼革质，红色，3裂，嫩时被绒毛；花冠管短，裂片长圆状椭圆形，白色或顶部红色；唇瓣宽喇叭形，纯白色，顶端具裂齿及皱波状；雄蕊花瓣状，上面被短柔毛，白色，基部橙黄。蒴果稍木质，红色；种子黑色，光亮。花期7～9月；果期9～11月。

2) 产地分布：原产地为热带亚洲，分布于我国台湾、广东、广西、云南等地，东南亚及南亚地区也有分布。生于疏林下、山谷阴湿地、路边草丛、荒坡、水沟边等处，海拔45～1700m。热带亚洲广布。

3) 生态习性：性喜温暖、湿润环境，对土壤适应性强，适于各种土壤生长。喜温、喜光，生长适温为20～30℃，在华南地区春、夏、秋三季均可生长，冬季呈半休眠状态。其耐寒力较强，能耐0℃以上的低温，霜冻时，地上部受冻害、枯死，翌年地下根茎株芽萌发出新株。

4) 园林用途：主要作鲜切花、干花和庭院绿化之用途，鲜切花年亩产高达15000～20000枝，瓶插期长达15～20天。因其红色革质状的穗状花序形状独特，极易制成干花，是良好的干花材料。将其丛植于庭院小区、公园、花坛等，生长郁郁葱葱，花后亭亭玉立，极为雅致。闭鞘姜俗称"白头到老"，主要指其开花时每次从下向上只开放两朵白花，直开到顶端花谢为止。

6. 地涌金莲（图21-3）

别称：千瓣莲花、地金莲、不倒金刚

拉丁学名：*Musella lasiocarpa*（Franch.）C. Y. Wu ex H. W. Li

科属：芭蕉科 地涌金莲属

1) 形态特征：植株丛生，具水平向根状茎。假茎矮小，基部有宿存的叶鞘。叶片长椭圆形，先端锐尖，基部近圆形，两侧对称，有白粉。花序直立，直接生于假茎上，密集如球穗状，苞片干膜质，黄色或淡黄色，有花2列，每列4～5花；合生花被片卵状长圆形，先端具5齿裂，离生花被片先端微凹，凹陷处具短尖头。浆果三棱状卵形，外面密被硬毛，果内具多数种子；种子大，扁球形，黑褐色或褐色，光滑，腹面有大而白色的种脐。

2）产地分布：原产我国云南省，四川省也有分布，系我国特产花卉。地涌金莲在西双版纳栽培得尤其多，北方地区只宜盆栽。

3）生态习性：喜光照充足，喜温暖，在0℃以下低温，地上部分会受冻。喜肥沃、疏松土壤。易移栽。多生于山间坡地或栽于庭院内；海拔1500～2500m。

图21-3 地涌金莲

4）园林用途：开花时犹如涌出地面的金色莲花，景观十分壮丽，假茎的叶腋处为真正的小花朵，清香、娇嫩、黄绿相间，更添一份精巧的美丽，花期长达半年之久。庭院中适于窗前、墙隅、假山石旁配植或成片种植，也适合盆栽观赏。

7. 大岩桐（图21-4）

别称：落雪泥

拉丁学名：*Sinningia speciosa* Benth

科属：苦苣苔科 大岩桐属

1）形态特征：多年生草本，块茎扁球形，地上茎极短，株高15～25 cm，全株密被白色绒毛。叶对生肥厚而大，卵圆形或长椭圆形，有锯齿；叶脉间隆起，自叶间长出花梗。花顶生或腋生，花冠钟状，先端浑圆，5～6浅裂，色彩丰富，有粉红、红、紫蓝、白、复色等色，大而美丽。蒴果，花后1个月种子成熟；种子褐色，细小而多。

2）产地分布：原产巴西，现广泛栽培。

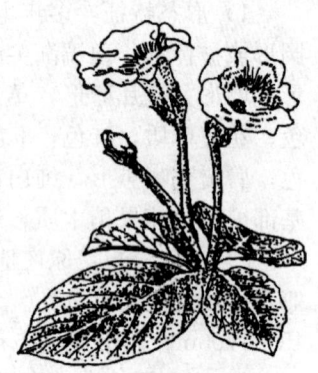

图21-4 大岩桐

3）生态习性：性喜温暖、湿润、半阴，忌强光直射，喜富含腐殖质的疏松、肥沃偏酸性沙质土壤环境生长。生长期适宜温度20～25℃；不耐寒，冬季气温下降到5℃左右时休眠；气温过高也会影响植株正常生长，夏季气温高达30℃以上时，会使植株呈半休眠状态。生长期要求空气湿度大，不喜大水，避免雨水侵入；冬季休眠期则需保持干燥，如湿度过大或温度过低，块茎易腐烂。

4）园林用途：大岩桐的植株小巧玲珑，叶茂翠绿，花朵姹紫嫣红，园艺品种繁多，有蓝、白、红、紫和重瓣、双色等品种。室内盆栽，花坛花卉，是节日点缀和装饰室内的理想盆花。大岩桐花大色艳，一株大岩桐可开花几十朵，花期持续数月之久（4～11月）。用它摆放会议桌、橱窗、茶室，更添节日欢乐的气氛。

第三节 室内观叶植物

一、观叶植物

（一）定义

观叶植物是以叶形、叶色为主要观赏对象的维管束植物。观叶植物以多年生常绿植物为主,也包括具有彩色叶片的一、二年生植物。它们是园林中季节点缀以及室内装饰不可缺少的观赏植物。据统计,我国野生的观叶植物种质资源约有2550种,而园艺化的只有250种左右,隶属60科150属。

(二)分类

按照观叶植物的性状可分为如下3大类:

1. 草本观叶植物

① 一、二年生观叶植物:具有叶片色彩鲜艳、寿命短的特点,如羽衣甘蓝、雁来红等。

② 多年生观叶植物:具有四季常绿、寿命较长的特点,如文竹、天冬草、冷水花、一叶兰等。

③ 蕨类植物:又称羊齿植物。为高等植物中比较低级而又不开花的一个类群,有常绿和落叶之分,以孢子繁殖,是优良的室内观叶植物,也可装饰阴生植物园和专类园。如铁线蕨、肾蕨、鸟巢蕨、鹿角蕨等。

2. 木本观叶植物

① 乔木观叶植物:可分为阔叶乔木类(如印度橡皮树、榕树、枸骨等)和针叶乔木类(如龙柏、五针松、南洋杉等)。

② 灌木观叶植物:无主干,枝条丛生,萌蘖性强,如变叶木、南天竹、朱蕉、金叶女贞等。

③ 观赏竹类植物:竹的茎秆有变形或变色,颇具观赏价值,如佛肚竹、小琴丝竹、龟甲竹、紫竹等。

3. 多浆类观赏植物

植物的茎、叶具有发达的贮水组织,呈肥厚而多浆的变态状植物,通常包括仙人掌科、景天科、大戟科、菊科、凤梨科、龙舌兰科及马齿苋科等的植物。

二、室内观叶植物的品种

1. 吊兰(图21-5)

别称:桂兰、葡萄兰、钓兰、树蕉瓜、浙鹤兰、倒吊兰、土洋参、八叶兰等

拉丁学名:*Chlorophytum comosum* (Thunb.) Baker

科属:百合科 吊兰属

1)形态特征:多年生常绿草本植物,根状茎平生或斜生,有多数肥厚的根。叶丛生,线形,叶细长,似兰花。有时中间有绿色或黄色条纹。花茎从叶丛中抽出,长成匍匐茎在顶端抽叶成簇,花白色,常2~4朵簇生,排成疏散的总状花序或圆锥花序,偶然内部会出现紫色花瓣;蒴果三棱状扁球形,每室具种子3~5颗。花期5月,果期8月。

2)产地分布:原产非洲南部,世界各地广泛栽培。

3)生态习性:性喜温暖湿润、半阴的环境。适应性强,较耐旱,不甚耐寒。不择土壤,在排水良好、疏松肥沃的沙质

图21-5 吊兰

土壤中生长较佳。对光线的要求不严，一般适宜在中等光线条件下生长，亦耐弱光。生长适温为15～25℃，越冬温度为5℃。温度为20～24℃时生长最快，也易抽生匍匐枝。30℃以上停止生长，叶片常常发黄干尖。冬季室温保持12℃以上，植株可正常生长，抽叶开花；若温度过低，则生长迟缓或休眠；低于5℃，则易发生寒害。

4）园林用途：养殖容易，适应性强，最为传统的居室垂挂植物之一。叶片细长柔软，从叶腋中抽生出小植株，由盆沿向下垂，舒展散垂，似花朵，四季常绿。吊兰能在微弱的光线下进行光合作用，可吸收室内80%以上的有害气体，吸收甲醛的能力超强。一般房间养1～2盆吊兰，空气中有毒气体即可吸收殆尽，一盆吊兰在8～10m^2的房间内，就相当于一个空气净化器。由于新装修的房子甲醛等有害气体一直不断地持续释放，因此环保专家建议，装修后保持多通风，养几盆吊兰等绿植，这样新房空置三到六个月后基本可达到入住标准；吊兰同时能将火炉、电器、塑料制品散发的一氧化碳、过氧化氮吸收殆尽，还能分解苯，吸收香烟烟雾中的尼古丁等比较稳定的有害物质，故吊兰又有"绿色净化器"之美称。

2. 吉祥草（图21-6）

别称：紫衣草、松寿兰、小叶万年青、竹根七、蛇尾七

拉丁学名：*Reineckia carnea*（Andr.）Kunth

科属：百合科 吉祥草属

1）形态特征：多年生常绿草本花卉。株高约20cm，地下根茎匍匐，节处生根，叶呈带状披针形，端渐尖，花葶抽于叶丛，花内白色外紫红色，稍有芳香，花期8～9月。叶绿，丛生，宽线形，中脉下凹，尾端渐尖；茎呈匍匐根状，节端生根；花期9～10月，花淡紫色，直立，顶生穗状花序；果鲜红色，球形。茎粗2～3mm，蔓延于地面，逐年向前延长或发出新枝，每节上有一残存的叶鞘，顶端的叶簇由于茎的连续生长，有时长在茎的中部，两叶簇可相距几厘米至十多厘米。叶每簇有4～8枚，条形至披针形，先端渐尖，向下渐狭成柄，深绿色。花葶长5～15cm；穗状花序，上部的花有时仅具雄蕊；苞片长5～7mm；花芳香，粉红色；裂片矩圆形，先端钝，稍肉质；雄蕊短于花柱，花丝丝状，花药近矩圆形，两端微凹；子房长3mm，花柱丝状。浆果，熟时鲜红色。花果期7～11月。

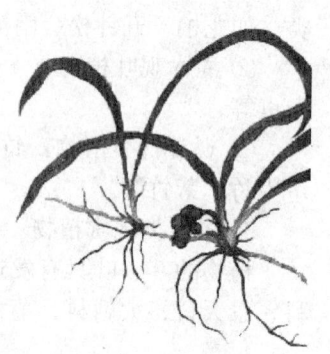

图21-6 吉祥草

2）产地分布：原产墨西哥及中美洲。我国各地均有栽培。

3）生态习性：性喜温暖、湿润的环境，较耐寒耐阴，对土壤的要求不高，适应性强，以排水良好肥沃壤土为宜。多生于阴湿山坡、山谷或密林下，海拔170～3200m。

4）园林用途：吉祥草植株株型优美，叶色青翠，耐寒、耐阴，装入金鱼缸或其他玻璃器皿中进行水养栽培，摆放于吧台、茶几上，不失为一种精致、高雅的艺术品，亦可陶冶情操，放松心情。

3. 一叶兰（图21-7）

别称：蜘蛛抱蛋、大叶万年青、竹叶盘、九龙盘、竹节伸筋

拉丁学名：*Aspidistra Elatior* Blume

科属：百合科 蜘蛛抱蛋属

1) 形态特征：多年生常绿草本。根状茎近圆柱形，直径 5～10mm，具节和鳞片。叶单生，彼此相距 1～3cm，矩圆状披针形、披针形至近椭圆形，先端渐尖，基部楔形，边缘多少皱波状，两面绿色，有时稍具黄白色斑点或条纹；叶柄明显，粗壮。总花梗长 0.5～2cm；苞片 3～4 枚，其中 2 枚位于花的基部，宽卵形，淡绿色，有时有紫色细点；花被钟状，外面带紫色或暗紫色，内面下部淡紫色或深紫色，上部 6～8 裂；花被裂片近三角形，先端钝，边缘和内侧的上部淡绿色，内面具 4 条特别肥厚的肉质脊状隆起，中间的 2 条细而长，两侧的 2 条粗而短，中部高达 1.5mm，紫红色；雄蕊 6～8 枚，生于花被筒近基部，低于柱头；花丝短，花药椭圆形；

图 21-7　一叶兰

雌蕊高约 8mm，子房几不膨大；花柱无关节；柱头盾状膨大，圆形，紫红色，上面具 3～4 深裂，裂缝两边多少向上凸出，中心部分微凸，裂片先端微凹，边缘常向上反卷。

2) 产地分布：原产我国南方各省区，现我国各地均有栽培，利用较为广泛。

3) 生态习性：一叶兰对土壤要求不严，耐瘠薄、但以疏松、肥沃的微酸性沙质壤土较好。盆栽时可用腐叶土、泥炭土和园土等量混合作为基质。生长季要充分浇水，因此盆土要保持湿润，并经常向叶面喷水增湿。以利萌芽抽长新叶；秋末后可适当减少浇水量。春夏季生长旺盛期每月施液肥 1～2 次，以保证叶片清秀明亮。可以常年在明亮的室内栽培，但无论在室内或室外，都不能放在直射阳光下；短时间的阳光暴晒也可能造成叶片灼伤，降低观赏价值。一叶兰极耐阴，即使在阴暗室内也可观赏数月之久，但长期过于阴暗不利于新叶的萌发和生长，所以如摆放在阴暗室内，最好每隔一段时间，将其移到有明亮光线的地方养护一段时间，以利生长与观赏。尤其在新叶萌发至新叶生长成熟这段时间不能放在过于阴暗处。

4) 园林用途：一叶兰叶形挺拔整齐，叶色浓绿光亮，长势强健，适应性强，极耐阴，是室内绿化装饰的优良喜阴观叶植物。它适于家庭及办公室布置摆放。可单独观赏，也可以和其他观花植物配合布置，它还是现代插花的配叶材料。一叶兰有吸收甲醛的作用，另外对二氧化碳、氟化氢也有一定的吸收作用，还可以吸附一定的灰尘，而且一叶兰耐阴、适应性强，不易病虫害，是很好的居室绿化、空气净化植物。

4. 万年青（图 21-8）

别称：红果万年青、开喉剑、九节莲、冬不凋、铁扁担

拉丁学名：*Rohdea japonica* (Thunb.) Roth

科属：百合科 万年青属

1) 形态特征：多年生草本植物，根状茎粗 1.5～2.5cm。叶 3～6 枚，厚纸质，矩圆形、披针形或倒披针形，先端急尖，基部稍狭，绿色，纵脉明显浮凸；鞘叶披针形。花葶短于叶；穗状花序，具几十朵密集的花；苞片卵形，膜质，短于花；花被淡黄色，裂片厚；花药卵形。浆果，熟时红色。花期 5～6 月，果期 9～11 月。

2) 产地分布：产我国山东、江苏、浙江、江西、湖北、湖南、广西、贵州、四川。生林下潮湿处或草地上，海拔 750～1700m。

3）生态习性：对土壤要求不严，但怕积水，地栽或盆栽时忌硬的黏土和碱土。盆栽万年青，宜用含腐殖质丰富的沙壤土作培养土。万年青为肉根系植物，栽种环境要保持温暖、湿润及半阴。夏季最好放在室外有遮阴的地方，避免强光直晒，否则叶片易灼焦。积水容易导致受涝，浇水多易引起烂根。但空气干燥，也易发生叶子干尖等不良现象。冬季入室后，室温不能低于12℃。室温过低，容易导致植物受寒落叶死亡。

图21-8　万年青

4）园林用途：美化家居。因万年青叶片宽大苍绿，浆果殷红圆润，故非常美丽，历来是一种观叶、观果兼用的花卉。叶姿高雅秀丽，常置于书斋、厅堂的条案上或书、画长幅之下，秋冬配以红果更增添了色彩。万年青适宜点缀客厅、书房。幼株小盆栽，可置于案头、窗台观赏。中型盆栽可放在客厅墙角、沙发边作为装饰，令室内充满自然生机。万年青可以去除尼古丁、甲醛等有害物质。万年青一般放置在客厅或者卧室起到装饰观赏的作用，令人神清气爽。此外，万年青对室内的空气还具有吸收室内毒气废气，释放氧气，起到净化的作用，尤其是对免疫力比较弱的老年人来说非常有好处。

5. 袋鼠花

别称：袋鼠脚爪、鼠爪花

拉丁学名：*Mina lobata* Cerv.

科属：苦苣苔科　丝花苣苔属

1）形态特征：多年生常绿草本植物。茎枝红褐色，向下弯曲生长，株高20～30cm。叶对生，椭圆形，肉革质，排列整齐紧凑，叶面深绿具光泽，叶背中间呈红褐色；花单生叶腋，花形奇特，中部膨大，两端缩小尖细，形似袋鼠，故名袋鼠花。花橘黄色，萼片尖端橘红色，花较小，质地像塑料。

2）产地分布：原产墨西哥至中美洲及南美洲，现广植于热带国家。云南腾冲有栽培。

3）生态习性：生长适温为18～28℃，越冬温度不得低于5℃。当温度高于30℃或低于5℃时，植株生长速度减缓甚至停止生长。在30℃以上时，须加强遮阴通风，否则会出现落叶现象，越冬至少保持10℃以上。耐阴，适合在有散射光处，忌强光直射。

4）园林用途：适宜作中小型盆栽或室内悬吊、走廊绿饰用。用于装点阳台或摆放在室内观叶观花，效果都十分理想。

6. 喜阴花

别称：金红花、红桐草

拉丁学名：*Episcia cupreatasri*

科属：苦苣苔科　喜荫花属

1）形态特征：多年生常绿草本植物。植株矮，多具匍匐性，分枝多。叶对生，呈椭圆形，深绿色或棕褐色，边缘有锯齿，基部心形；叶面多皱并密生绒毛，银白色的中脉从基部至尖端，中脉及支脉两侧呈淡灰绿色，叶背浅绿色或淡红色。自茎基部叶腋间长出匍匐茎，并沿土面向外伸展；茎顶端长出小植株。花单生或呈小簇生于叶腋间，亮红色，花期春季至秋季。果期秋季。

2) 产地分布：原产于墨西哥南部至巴西地区，现作为喜阴观叶植物广泛种植于世界各地。

3) 生态习性：喜温暖、湿润及半阴的环境。耐热，较耐寒。生长适温15～30℃。喜疏松透气、排水良好的土壤。

4) 园林用途：喜阴花以丰满的叶丛和色彩鲜艳的花而著称，是小型室内喜阴观叶植物。适于家庭室内小盆栽植，可作为室内花园的地被植物；也可作悬垂植物栽培。在室内可与较高大植物配合使用，以充分体现立体美感。在有较明亮散射光的室内可长期栽培欣赏。

7. 紫鸭跖草

别称：紫竹梅、紫叶草、紫锦草

拉丁学名：*Setcreasea purpurea* Boom.

科属：鸭跖草科 鸭跖草属

1) 形态特征：多年生披散草本，高20～50cm。茎多分枝，带肉质，紫红色，下部匍匐状，节上常生须，上部近于直立。叶互生，长圆形，先端渐尖，全缘，基部抱茎而成鞘，鞘口有白色长毛，上面暗绿色，边缘绿紫色，下面紫红色。花密生在二叉状的花序柄上，下具线状披针形苞片；萼片3，绿色，卵圆形，宿存；花瓣3，蓝紫色，广卵形；雄蕊6，2枚发达，3枚退化，另有1枚花丝短而纤细，无花药；雌蕊1，子房卵形，3室，花柱丝状而长，柱头头状。蒴果椭圆形，有3条隆起棱线。种子呈三棱状半圆形，棕色。花期夏秋。

2) 产地分布：原产墨西哥等地。我国各地均有栽培。

3) 生态习性：喜温暖、湿润，不耐寒，忌阳光暴晒，喜半阴。对干旱有较强的适应能力，适宜肥沃、湿润的壤土。在日照充分的条件下花量较大。保持充足的光照，其色彩才能鲜艳，长时间过阴，色彩就会暗淡，且节间变长，枝蔓不挺，缺乏生机。浇水要做到不干不浇。夏季天气干燥时，向植株喷水增大湿度，则更有生机。

4) 园林用途：此草整个植株全年呈紫红色，特色鲜明，具有较高的观赏价值。

8. 吊竹梅（图21-9）

别称：吊竹兰、斑叶鸭跖草、花叶竹夹菜

拉丁学名：*Zebrina pendula* Schnizl

科属：鸭跖草科 吊竹梅属

1) 形态特征：多年生草本。长约1m。茎稍柔弱，半肉质，分枝，披散或悬垂。叶互生，无柄；叶片椭圆形、椭圆状卵形至长圆形，先端急尖至渐尖或稍钝，基部鞘状抱茎，叶鞘被疏长毛，腹面紫绿色而杂以银白色，中部和边缘有紫色条纹，背面紫色，通常无毛，全缘。花聚生于1对不等大的顶生叶状苞内：花萼连合成1管，3裂，苍白色；花瓣裂片3，玫瑰紫色；雄蕊6枚，着生于花冠管的喉部；子房3室，花柱丝状，柱头头状，3圆裂。果为蒴果，花期6～8月。

2) 产地分布：原产墨西哥。我国分布于福建、浙江、广

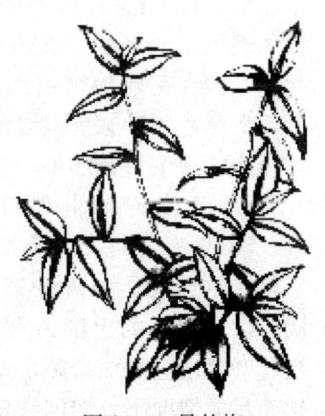

图21-9 吊竹梅

东、海南、广西等地。

3）生态习性：多匍匐在阴湿地上生长，怕阳光暴晒。能忍耐 8℃ 的低温，14℃ 以上可正常生长。要求较高的空气湿度，在干燥的空气中叶片常干尖焦边。不耐旱而耐水湿，对土壤的酸碱度要求不严。

4）园林用途：茎柔弱质脆，匍匐地面呈蔓性生长。因其叶形似竹、叶片美丽，常以盆栽悬挂室内，观赏其四散柔垂的茎叶。

9. 冷水花（图 21-10）

别称：长柄冷水麻、透明草、透白草、铝叶草、白雪草

拉丁学名：*Pilea notata* C. H. Wright

科属：荨麻科 冷水花属

1）形态特征：多年生草本，具匍匐茎。茎肉质，纤细，中部稍膨大，叶柄纤细，常无毛，稀有短柔毛；托叶大，带绿色。花雌雄异株，花被片绿黄色，花药白色或带粉红色，花丝与药隔红色。花序自叶腋间抽生，花序梗淡褐色，半透明，顶生聚伞花序，瘦果小，圆卵形，熟时绿褐色。花期 6～9 月，果期 9～11 月。

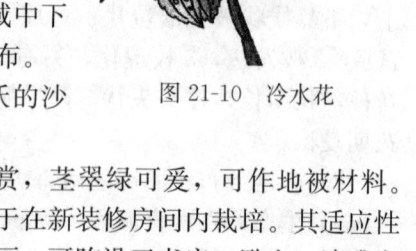

图 21-10 冷水花

2）产地分布：我国分布于广西、广东，经长江流域中下游诸省，北达陕西南部和河南南部；越南、日本也有分布。

3）生态习性：性喜温暖、湿润的气候，喜疏松肥沃的沙土，生长适温 15～25℃，冬季不可低于 5℃。

4）园林用途：冷水花是小型观叶植物，栽培供观赏，茎翠绿可爱，可作地被材料。耐阴，可作室内绿化材料。具吸收有毒物质的能力，适于在新装修房间内栽培。其适应性强，容易繁殖，株丛小巧素雅，叶色绿白分明，纹样美丽，可陈设于书房、卧室，清雅宜人。也可悬吊于窗前，绿叶垂下，妩媚可爱。

10. 白网纹草（图 21-11）

别称：费道花、银网草、银网、费丽花、白菲通尼亚草

拉丁学名：*Fittonia verschaffeltti*

科属：爵床科 网纹草属

1）形态特征：多年生草本植物，植株低矮，5～20cm 高，枝条斜生，不直立，成匍匐状蔓生，匍匐茎节可生根。茎枝、叶、叶柄和花梗均密被绒毛；单叶，十字对生，卵形至椭圆形，翠绿色，叶脉呈银白色，叶片正反面都密生细小绒毛。穗状花序，顶生，花形小，黄色；不容易结实。

2）产地分布：秘鲁和南美洲的热带雨林。

3）生态习性：性喜高温、高湿及半阴的环境，忌寒冷、干旱，生长适温为 20～25℃。对土壤要求不严，但以疏松肥沃、保水性强的土壤为宜。当白网纹草的水分不足时，其茎

图 21-11 白网纹草

枝、叶片便会萎缩塌陷，这是因为水分在白网纹草茎节中造成膨胀压力的结果，即在水分越充足的情况下，白网纹草的茎叶硬度越高，水分不足时，茎叶便会软化，所以植株一旦

呈软化状，需立即浇灌，补充水分。

4）园林用途：白网纹草的植株小巧可爱、叶脉纹理清晰，单位叶面积滞尘能力高，是净化室内空气的高手。

11. 紫鹅绒（图 21-12）

别称：紫绒三七、天鹅绒三七、土三七、橙黄土三七、红凤菊

拉丁学名：*Gynura aurantiana*

科属：菊科 菊三七属

1）形态特征：常绿多年生草本植物，多分枝，蔓生状。茎多汁，幼时直立，长大后下垂或匍匐蔓生。叶对生，卵形或广椭圆形，叶长 8～15cm，宽 4～5cm；叶缘有较粗的复锯齿，叶端急尖，叶脉掌状明显。幼叶呈紫红色，长大后呈深绿色，整个植株密被紫红色的绒毛。在观叶植物中很有特色。花为头状花序，腋生，呈黄色或橙黄色，类似蒲公英花，有时会散发出令人不悦的异味，所以常将花蕾摘掉；花期 4～5 月。

2）产地分布：印度尼西亚等亚洲热带地区。

3）生态习性：喜温暖、湿润、光照充足的半阴湿及通风环境，忌阳光直射，耐寒性不强。生长适温为 18～25℃，越冬温度 8℃左右。生长季节浇水应掌握"宁湿勿干"的原则。

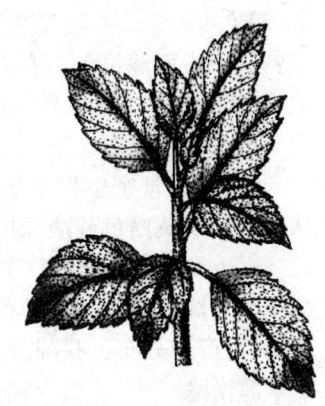

图 21-12 紫鹅绒

一旦土壤干透，叶片就会萎蔫下垂，此时需立即浇水或喷水，以使其恢复生机，切忌将水喷到叶面上，以免出现烂叶。紫鹅绒喜光，要求光照充足，但在夏季要适当遮阴，避免强光直射，否则会使叶片枯焦发黑，呈现干燥脱水状态，使植株受到损伤。反之，光照不足，其叶片薄，叶色淡化，影响观赏。

4）园林用途：紫鹅绒因其长满如天鹅绒状绒毛的叶片而著称，通常用于盆栽或吊盆种植，用作较明亮的书房、客厅、窗台等场所的美化绿化装饰。

12. 豆瓣绿

别称：椒草、翡翠椒草、青叶碧玉、豆瓣如意、小家碧玉

拉丁学名：*Peperomia magnolifolia*（Forst. f.）Hook. et Arn

科属：胡椒科 草胡椒属

1）形态特征：多年生常绿草本植物，株高 15～20cm。无主茎。叶簇生，茎肉质较肥厚，倒卵形，灰绿色杂以深绿色脉纹。穗状花序，灰白色。

2）产地分布：原产西印度群岛、巴拿马、南美洲北部。

3）生态习性：喜温暖湿润的半阴环境。生长适温 25℃左右，最低不可低于 10℃，不耐高温，要求较高的空气湿度，忌阳光直射；喜疏松肥沃和排水良好的湿润土壤。

4）园林用途：小型盆栽，以其明亮的光泽和自然的绿色受到广泛欢迎。置于茶几、装饰柜、博古架、办公桌上，十分美丽。或任枝条蔓延垂下，悬吊于室内窗前或浴室处，也极清新悦目。对甲醛、二甲苯、二手烟有一定的净化作用。

13. 常春藤（图 21-13）

别称：土鼓藤、钻天风、三角风、散骨风、枫荷梨藤

拉丁学名：*Hedera nepalensis* K. Koch var. sinensis（Tobl.）Rehd

科属：五加科 常春藤属

1) 形态特征：多年生常绿攀缘灌木，长 3~20m。茎灰棕色或黑棕色，光滑，有气生根，幼枝被鳞片状柔毛，鳞片通常有 10~20 条辐射肋。单叶互生；叶柄有鳞片；无托叶；叶 2 型；不育枝上的叶为三角状卵形或戟形，全缘或 3 裂；花枝上的叶椭圆状披针形至椭圆状卵形或披针形，稀卵形或圆卵形，全缘；先端长尖或渐尖，基部楔形、宽圆形、心形；叶上表面深绿色，有光泽，下面淡绿色或淡黄绿色，无毛或疏生鳞片，侧脉和网脉两面均明显。伞形花序单个顶生，或 2~7 个总状排列或伞房状排列成圆锥花序，有花 5~40 朵；花萼密生棕色鳞片，边缘近全缘；花瓣 5，三角状卵形，淡黄白色或淡绿白色，外面有鳞片；雄蕊 5，花丝长 2~3mm，花药紫色；子房下位，5 室，花柱全部合生成柱状；花盘隆起，黄色。果实圆球形，红色或黄色，宿存花柱。花期 9~11 月，果期翌年 3~5 月。

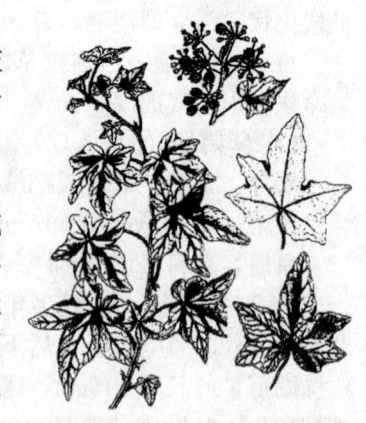

图 21-13　常春藤

2) 产地分布：我国分布地区广，北自甘肃东南部、陕西南部、河南、山东，南至广东（海南除外）、江西、福建，西自西藏波密，东至江苏、浙江的广大区域内均有生长。越南也有分布。

3) 生态习性：阴生藤本植物，在温暖湿润的气候条件下生长良好，生长适宜温度 18~20℃，温度超过 35℃时叶片发黄，生长停止。因此，在夏季炎热时应进行遮阴，或放在树荫处，避免烈日暴晒。耐寒性较强，在一般家庭室内均可安全越冬。对土壤要求不严，喜湿润、疏松、肥沃的土壤，不耐盐碱。常攀缘于林缘树木、林下路旁、岩石和房屋墙壁上，庭园也常有栽培。

4) 园林用途：常春藤叶形美丽，四季常青，在南方各地常作垂直绿化使用。多栽植于假山旁、墙根，让其自然附着垂直或覆盖生长，起到装饰美化环境的效果。盆栽时，以中小盆栽为主，可进行多种造型，在室内陈设。也可用来遮盖室内花园的壁面，使花园景观更加自然美丽。常春藤在绿化中已得到广泛应用，尤其在立体绿化中发挥着举足轻重的作用。它不仅可达到绿化、美化效果，同时也发挥着增氧、降温、减尘、减少噪声等作用，是藤本类绿化植物中用得最多的材料之一。

14. 蟆叶秋海棠（图 21-14）

别称：王秋海棠、毛叶秋海棠

拉丁学名：*Begonia rex*

科属：秋海棠科 秋海棠属

1) 形态特征：多年生常绿草本观叶植物。无地上茎，地下根状茎平卧生长。叶基生，一侧偏斜，深绿色，上有银白色斑纹。花淡红色，花期较长。

2) 产地分布：原产巴西和印度东部一带。其栽培较普及。

3) 生态习性：性喜温暖、湿润、半阴及空气湿度大的环境，忌强光直射。生长适温为 22~25℃，不耐高温，气温超

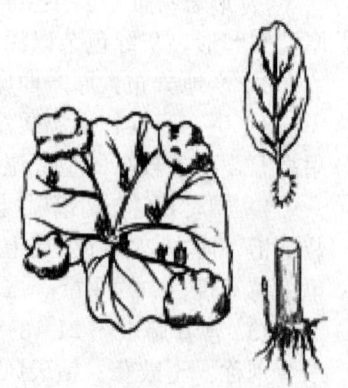

图 21-14　蟆叶秋海棠

过32℃则生长缓慢。适宜含丰富腐殖质、保水力强而又排水畅通的培养土。

4）园林用途：蟆叶秋海棠叶形优美，叶色绚丽，是极好的室内观叶植物。叶片有绚丽的彩虹斑纹，艳而不俗，华而不失端庄，极为美丽，是秋海棠中最具特色的栽培种类，也是重要的喜阴盆栽观叶植物。可用作中小盆栽种，也可作中式吊兰种植悬挂于客厅、书房或卧室，或与其他植物搭配作景箱种植，用于室内装饰美化。

15. 黄脉爵床

拉丁学名：*Sanchezia nobilis* Hook. f.

科属：爵床科 黄脉爵床属

1）形态特征：灌木，高可达2m。叶具1~2.5cm的柄，叶片矩圆形、倒卵形，顶端渐尖，或尾尖，基部楔形至宽楔形，下沿，边缘为波状圆齿。

2）产地分布：在我国广东、海南、香港、云南等地植物园有栽培。原产厄瓜多尔。

3）生态习性：喜高温多湿和半阴环境，忌阳光直射，要求疏松、肥沃、水湿环境良好的土壤，不耐寒。

4）园林用途：适合庭院、花坛布置，也适合家庭、宾馆和橱窗摆饰。

16. 枪刀药

别称：红点草

拉丁学名：*Hypoestes Purpurea* (L.) R. Br.

科属：爵床科 枪刀药属

1）形态特征：多年生草本或亚灌木，高约0.5m；茎稍粗壮，直立或外倾，下部常膝曲状，上部具4钝棱和浅沟，被微柔毛。叶卵形或卵状披针形，顶端尖，基部楔形下延，全缘，纸质，两面被微柔毛或近无毛；上面中脉凹入，侧脉每边5~6条，叶柄长5~20mm。花序穗状，腋生，直立，紧密，头状花序位于总轴的一侧；总苞片4枚，2轮，对生，外方的1对合生成筒状，全长约8mm，分离的2枚钻形，被微柔毛，内方的1对较小，披针形，里面通常仅有1朵花；花萼小；花冠紫蓝色，被柔毛，上唇线状披针形，顶端稍急尖，下唇倒卵形，3浅裂，雄蕊伸出，花丝扁平，花丝和花柱均无毛，柱头2浅裂。蒴果，下部藏于宿存的管状总苞内。花期10~11月。

2）产地分布：原产马达加斯加群岛。

3）生态习性：喜光照充足和高温高湿环境，怕干旱、干燥，适生于富含腐殖质、排水良好的酸性土壤中。

4）园林用途：叶片上密集灰红小斑点，因而又名红点草。这些红的斑点好像画师随意洒上的，奇特艳丽，也是人们乐意栽培欣赏的原因所在。其汁液具有促进刀伤愈合的功能。

17. 红纸扇

别称：红玉叶金花、血萼花

拉丁学名：*Mussaenda pubescens*

科属：茜草科 玉叶金花属

1）形态特征：常绿或半落叶直立性或攀缘状灌木，叶纸质，披针状椭圆形，顶端长渐尖，基部渐窄，两面被稀柔毛，叶脉红色。聚伞花序。花冠黄色。一些花的一枚萼片扩大成叶状，深红色，卵圆形。顶端短尖，被红色柔毛，有纵脉5条。

2）产地分布：分布于热带亚洲和非洲。我国产于西南至台湾一带。

3）生态习性：不耐寒，喜高温，适生温度为20～30℃，冬季气温低至10℃时即落叶休眠，低至5～7℃时则极易受冻干枯死亡。故越冬温度最好在15℃以上。

4）园林用途：红纸扇盆栽或庭院丛植均极为理想。红纸扇变态的叶状红色萼片迎风摇曳，衬托着白色小花甚为美观，配置于林下、草坪周围或小庭院内，颇具野趣。

18. 果子蔓（图21-15）

别称：擎天凤梨、西洋凤梨

拉丁学名：*Guzmania atilla*

科属：凤梨科 果子蔓属

1）形态特征：多年生草本，宿根花卉。一般盆栽，株高30cm左右，冠幅80cm。叶长带状，基部较宽，浅绿色，背面微红，薄而光亮，外弯，呈稍松散的莲座状排列，伞房花序由多数大形、阔披针形外苞片包围。一生只在春季开一次花，花茎常高出叶丛20cm以上，花茎、苞片及近花茎基部的数枚叶片均为深红色，保持时间甚长，观赏期可达3个月左右。穗状花序高出叶丛，花茎、苞片和基部的数枚叶片呈鲜红色。花小白色。

2）产地分布：原产热带美洲，我国果子蔓的栽培是从20世纪80年代初开始。

图21-15 果子蔓

3）生态习性：喜高温高湿和阳光充足环境。不耐寒，怕干旱，耐半阴。需肥沃、疏松和排水良好且富含腐殖质的微酸性壤土。生长适温为15～30℃，3～9月为21～27℃，9月至翌年3月为16～21℃。冬季温度低于16℃，植株停止生长，低于10℃则易受冻害。对水分的要求较高。除盆土保持湿润外，空气湿度应在65％～75％范围内，同时莲座叶丛中不可缺水，这样才有利于果子蔓叶丛的生长。生长期需经常喷水和换水，保持高温和清洁环境。对光照的适应性较强。夏季强光时适当遮阴，用遮光度50％的遮阳网，其他时间需明亮光照，对叶片和苞片生长有利，颜色鲜艳，并能正常开花。同时，也耐半阴环境，如果长期光照不足，植株生长减慢，推迟开花。土壤需肥沃、疏松和排水良好的腐叶土或泥炭土。也可采用泥炭苔藓、蕨根和树皮块的混合基质作盆栽土。

4）园林用途：果子蔓叶片翠绿，光亮，深红色管状苞片，色彩艳丽持久，是目前世界花卉市场十分流行的盆栽花卉之一。果子蔓为花叶兼用之室内盆栽花卉，还可作切花用。既可观叶又可观花，适宜在明亮的室内窗边长年欣赏。

19. 铁兰（图21-16）

别称：紫凤梨、紫花凤梨、细叶凤梨

拉丁学名：*Tillandsia cyanea* Linden ex K. Koch

科属：凤梨科 铁兰属

1）形态特征：多年生草本植物，株高约30cm，莲座状叶丛，中部下凹，先斜出后横生，呈弓状。淡绿色至绿色，基部褐色，叶背绿褐色。总苞呈扇状，粉红色，自下而上开紫红色花。花径约3cm。苞片观赏期可达4个月。

2）产地分布：分布于厄瓜多尔。

图21-16 铁兰

3）生态习性：喜高温高湿的环境，不耐低温与干燥。生长环境宜光线充足，土壤要求疏松、排水好的腐叶土或泥炭土，冬季温度不低于10℃。

4）园林用途：适于盆栽装饰室内，可摆放阳台、窗台、书桌等，也可悬挂在客厅、茶室，还可作插花陪衬材料，具有很强的净化空气的能力。用于美化环境，新奇典雅。

20. 美叶光萼荷（图21-17）

别称：美叶尖萼荷

拉丁学名：*Aechmea fasciata*

科属：凤梨科 光萼荷属

1）形态特征：多年生附生常绿草本植物。叶基生，莲座状叶丛基部围成筒状，可以贮水。叶条形至剑形，革质，被灰色鳞片，绿色，有虎纹状银白色横纹，边缘有黑色小刺。花葶直立，花序穗状，密集成阔圆锥状球形花头。苞片革质，先端尖，淡玫瑰红色。小花无柄，淡蓝色。

2）产地分布：原产南美洲巴西东南部。

3）生态习性：喜阳光充足，亦耐阴；适宜温暖潮湿的环境，又颇耐旱；要求富含腐殖质、疏松肥沃、排水透气良好的土壤。

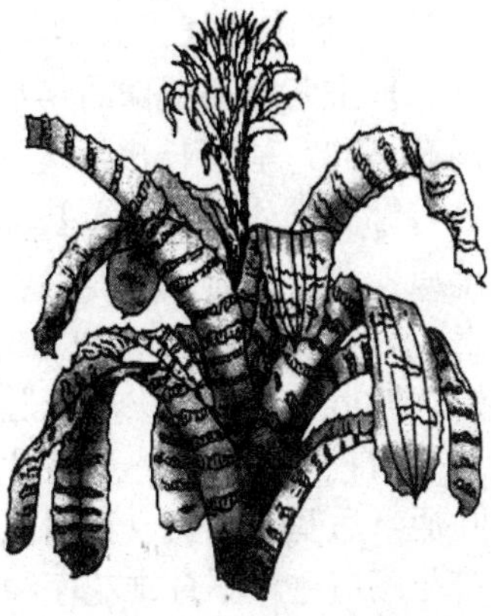

4）园林用途：美叶光萼荷莲座状叶片有虎纹状银白色横纹，夏季开淡蓝色小花。如想提前开花，可用1～2只熟苹果放在株旁，用塑料袋连植株一起罩住，苹果释放的气体可以促进开花。常作盆栽或吊盆观赏，用它美化居室，布置厅堂十分理想。

图21-17 美叶光萼荷

21. 水塔花（图21-18）

别称：火焰凤梨、比尔见亚、红藻凤梨、水槽凤梨、红笔凤梨

拉丁学名：*Billbergia pyramidalis* Lindl.

科属：凤梨科 水塔花属

1）形态特征：多年生常绿草本多浆植物，茎甚短。叶阔披针形，急尖，边缘有细锯齿，硬革质，鲜绿色，表面有厚角质层和吸收鳞片。穗状花序直立，高出叶丛，苞片粉红色，花冠朱红色，花瓣外卷，边缘带紫色。叶片从根茎处旋叠状丛生，基部呈莲座状，中心呈筒状。多于冬春季开花。叶片革质，青翠而光泽，丛生成莲座状，端庄秀丽；叶基部相互抱合，使植株中心成筒状，内可盛水而不漏，状似水塔，故得名"水塔花"。

2）产地分布：原产南美洲热带雨林中，附生在热带森林的树上或腐殖质中。我国温室多有栽培，尤其是南方地区。

图21-18 水塔花

3）生态习性：喜温暖、湿润、半阴环境。不耐寒。稍耐旱。要求空气湿度较大，忌强光直射，生长适温为20～28℃。对土质要求不高，适宜在排水良好的酸性沙质土中生长，以含腐殖质丰富、排水透气良好的微酸性沙质壤土为好，忌钙质土。最适生长温度为

25℃，越冬气温不得低于10℃。

4）园林用途：株丛青翠，花色艳丽，是良好的盆栽花卉。盛开的水塔花是点缀阳台、厅室的佳品。

22. 海芋（图 21-19）

别称：滴水观音

拉丁学名：*Alocasia macrorrhiza*（L.）Schott

科属：天南星科 海芋属

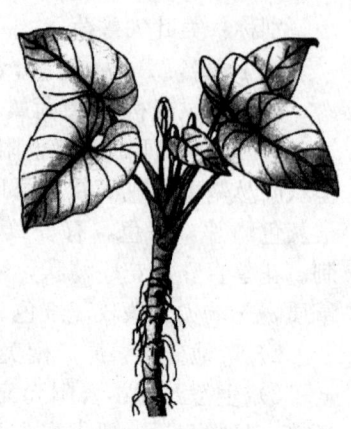

图 21-19　海芋

1）形态特征：大型常绿草本植物，具匍匐根茎，有直立的地上茎，随植株的年龄和人类活动干扰的程度不同，茎高有不同，基部长出不定芽条。叶多数，叶柄绿色或污紫色，螺状排列，粗厚，基部连鞘宽5～10cm，展开；叶片亚革质，草绿色，箭状卵形，边缘波状，有的长宽都在1m以上，后裂片联合1/5～1/10，幼株叶片联合较多；前裂片三角状卵形，先端锐尖，长胜于宽，侧脉9～12对，下部的粗如手指，向上渐狭；后裂片多少圆形，弯缺锐尖，有时几达叶柄，后基脉互交成直角或不及90°的锐角。肉穗花序芳香，雌花序白色，不育雄花序绿白色，能育雄花序淡黄色；附属器淡绿色至乳黄色，圆锥状，嵌以不规则的槽纹。浆果红色，卵状，种子1～2。花期四季，但在密阴的林下常不开花。

2）产地分布：产我国华南、西南及台湾，东南亚也有分布。

3）生态习性：喜高温、潮湿，耐阴，不宜强风吹，不宜强光照，适合大盆栽培，生长十分旺盛、壮观，有热带风光的气氛。生长适温20～25℃，越冬温度10～15℃。夏季盆栽需遮半阴。用一般园土加泥炭土、沙土或草皮土和腐叶土栽培。

4）园林用途：海芋没有鲜艳的花朵和果实，但它株型美、叶形美、叶色美，深受人们的喜爱。海芋属于直立形草本植物，株形挺拔，茎干粗壮古朴，并且它生长十分旺盛、壮观，有热带雨林风光。叶片肥大、光亮、丰满圆润，给人以舒展大气、生机盎然的感觉，是优良的观叶植物。海芋叶片是纯净的翠绿色，颜色自然、清新、可爱。海芋可以维持二氧化碳与氧气的平衡，改善小气候，减弱噪声，涵养水源，调节湿度；除此之外，还有吸收粉尘、净化空气等功能，应用海芋进行园林绿化，能起到植物造景和保护生态环境的完美结合。海芋茎和叶内的汁液有毒，含草酸钙、氢氰酸及生物碱，误食会引致舌头麻木、肿大及中枢神经中毒。皮外接触会引致痕痒、麻木及发疹。不可误食或碰到眼中，否则眼会肿、痛、麻，严重时可能有生命危险。

23. 花叶芋（图 21-20）

别称：五彩芋

拉丁学名：*Caladium bicolor*（Ait.）Vent.

科属：天南星科 五彩芋属

1）形态特征：多年生常绿草本植物，基生叶盾状箭形或心形，色泽美丽，变种极多；叶柄光滑，为叶片长的3～7倍；叶片表面满布各色透明或不透明斑点，背面粉绿色，戟状卵形至卵状三角形。地下具膨大块茎，扁球形，有毒，误食后喉舌麻痹；花序柄短于叶柄，佛焰苞管部卵圆形，外面绿色，内部绿白色，基部常青紫色；檐部凸尖，白色。肉穗花序：雌花序几与雄花序相等，雄花序纺锤形，向两头渐狭。花期4月。

2）产地分布：原产于南美洲亚马孙河流域，我国广东、福建、台湾、云南常栽培。

3）生态习性：喜高温、高湿和半阴环境，不耐低温和霜雪，要求土壤疏松、肥沃和排水良好。花叶芋适温20～30℃，不喜强光。

4）园林用途：花叶芋叶子十分翠绿，叶子中间会有红色的叶子，耀眼的白斑点呈现在翠绿之上似锦如霞，花叶芋加上白叶绿脉、红叶白脉相互搭配，给人更加艳丽夺目、高贵典雅的感觉。而花叶芋经常作为室内盆栽植物，通常放置在桌上或者是窗台上，显得更为雅致和典雅。特别是放在落地窗旁，更有一番风景，或者是庭院栽植，亦可作切花材料与其他花卉搭配成花束。

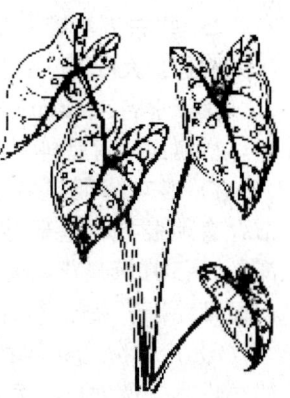

图21-20 花叶芋

24. 花叶万年青（图21-21）

别称：黛粉叶

拉丁学名：*Dieffenbachia picta* Lodd.

科属：天南星科 花叶万年青属

1）形态特征：常绿灌木状草本，茎干粗壮多肉质，株高可达1.5m。叶片大而光亮，着生于茎干上部，椭圆状卵圆形或宽披针形，先端渐尖，全缘；宽大的叶片两面深绿色，其上镶嵌着密集、不规则的白色、乳白色、淡黄色等色彩不一的斑点、斑纹或斑块；叶鞘近中部下具叶柄。花梗由叶梢中抽出，短于叶柄，花单性，佛焰花序，佛焰苞呈椭圆形，下部呈筒状。其园艺品种甚多，不同品种叶片的花纹不同。

2）产地分布：原产南美洲。我国广东、福建各热带城市普遍栽培。

图21-21 花叶万年青

3）生态习性：喜温暖、湿润和半阴环境。不耐寒、怕干旱，忌强光暴晒。生长适温为25～30℃，花叶万年青喜湿怕干，盆土要保持湿润，在生长期应允分浇水，并向周围喷水，向植株喷雾。如久不喷水，则叶面粗糙，失去光泽。耐阴怕晒。光线过强，叶面变得粗糙，叶缘和叶尖易枯焦，甚至大面积灼伤。光线过弱，会使黄白色斑块的颜色变绿或褪色，以明亮的散射光下生长最好，叶色鲜明更美。

4）园林用途：花叶万年青叶片宽大、黄绿色，有白色或黄白色密集的不规则斑点，有的为金黄色镶有绿色边缘，色彩明亮强烈，优美高雅，观赏价值高，是目前备受推崇的室内观叶植物之一，适合盆栽观赏，点缀客厅、书房，十分舒泰、幽雅。将花叶万年青摆放在光度较低的公共场所，仍然生长正常，碧叶青青，枝繁叶茂，充满生机，特别适合在现代建筑中配置。

25. 广东万年青（图 21-22）

别称：大叶万年青

拉丁学名：*Aglaonema modestum*

科属：天南星科 广东万年青属

1) 形态特征：多年生常绿草本植物，根茎粗短，节处有须根，叶基部丛生，宽倒披针形，质硬而有光泽。4～5月份开花，穗状花序顶生，花小而密集，花色白而带绿，浆果球形，由绿转红，经冬不落。

2) 产地分布：原产于印度、马来西亚、中国，菲律宾也有少量分布。南北各省区常盆栽置室内观赏。

3) 生态习性：喜温暖、湿润的环境，耐阴，忌阳光直射，不耐寒，冬季越冬温度不得低于12℃。生长温度为25～30℃，相对湿度在70%～90%。耐阴性强，忌强光直射。要求疏松肥沃、排水良好的微酸性土壤。

图 21-22 广东万年青

4) 园林用途：除盆栽点缀厅室外，也可剪叶作插花配叶或装饰室外环境。用广东万年青可制作观叶盆景，不用修剪和绑缚，选用它自然生长的形式，可栽种单株式、双干式、斜干式等，又可植于浅长方盆中，以高低参差、竖疏横斜的形式偏植于一端，另一端可配玲珑剔透的石头，然后再把盆面铺上青苔，种上常绿小草作点缀，能展现出诗情画意。用广东万年青制作观叶盆景简单易行，并能突出自然之美感。根据其极耐阴之特性，陈设居室观赏，能保持四季苍翠，经久不衰。

26. 竹芋（图 21-23）

拉丁学名：*Maranta arundinacea* L.

科属：竹芋科 竹芋属

1) 形态特征：多年生草本，根茎肉质，纺锤形；茎柔弱，2歧分枝。叶薄，卵形或卵状披针形，绿色，顶端渐尖，基部圆形，背面无毛或薄被长柔毛；叶枕上面被长柔毛；无柄或具短柄；叶舌圆形。总状花序顶生，疏散，有花数朵，苞片线状披针形，内卷；花小，白色，小花梗长约1cm。萼片狭披针形；花冠管基部扩大；裂片长8～10mm；外轮的2枚退化雄蕊倒卵形，先端凹入，内轮长仅及外轮的一半；子房无毛或稍被长柔毛。果长圆形。花期夏秋。

2) 产地分布：我国南方常见栽培。原产美洲热带地区，现广植于各热带地区。

图 21-23 竹芋

3) 生态习性：喜温暖湿润和光线明亮的环境，不耐寒，也不耐旱，怕烈日暴晒，若阳光直射会灼伤叶片，使叶片边缘出现局部枯焦，新叶停止生长，叶色变黄。生长环境也不能过于荫蔽，否则会造成植株长势弱，某些斑叶品种叶面上的花纹减退，甚至消失，最好放在光线明亮又无直射阳光处养护。竹芋对水分反应较为敏感，生长期应充分浇水，以保持盆土湿润，但土壤不宜积水，否则会导致根部腐烂，甚至植株死亡。由于竹芋叶片较大，水分蒸发快，因此对空气湿度要求较高，若空气湿度不够，叶片会立刻卷曲，反应十分灵敏，尤其是新叶生长期，更应经常向植株喷水，否则会因空气干燥导致新叶难以舒展、叶缘枯焦发黄、叶小无光泽，天鹅绒竹芋等品种的叶片无绒质感，严重影响观赏，盆土宜用疏松肥沃、排水透气性良好，并含有丰富腐殖质的微酸性土壤。

4）园林用途：枝叶生长茂密、株形丰满；叶面浓绿亮泽，叶背紫红色，形成鲜明的对比，是优良的室内喜阴观叶植物。用来布置卧室、客厅、办公室等场所，显得安静、庄重，可供较长期欣赏。在公共场所列放走廊两侧和室内花坛，翠绿光润，青葱宜人。

27. 红蕉

别称：红花蕉、观赏芭蕉、指天蕉、红姬芭蕉
拉丁学名：*Musa coccinea* Andr.
科属：芭蕉科 芭蕉属

1）形态特征：假茎高1～2m。叶片长圆形，叶面黄绿色，叶背淡黄绿色，无白粉，基部显著不相等，浑圆而无耳；叶柄有张开的窄翼。花序直立，序轴无毛，苞片外面鲜红而美丽，内面粉红色，皱折明显，每一苞片内有花一列，约6朵；雄花花被片乳黄色，合生花被片具5（3+2）齿裂，二侧裂片具角，离生花被片先端尖且具细齿，与合生花被片几等长。浆果果身直，在序轴上斜向下垂，灰白色，无棱，果柄长3～3.5cm，果内种子极多。

2）产地分布：产我国云南东南部（河口、金平一带）；散生于海拔600m以下的沟谷及水分条件良好的山坡上；广东、广西常栽培。越南亦有分布。

3）生态习性：喜温暖湿润的气候，不耐干旱。在向阳或半阴的环境下均能生长良好。适宜疏松肥沃、排水良好的土壤。适宜生长温度为24～30℃。

4）园林用途：红蕉株形潇洒，苞片鲜红艳丽，开花持久，在温暖地区适用于庭院墙角、窗前、假山、亭口或池边栽植，极富南方特色，亦可盆栽观赏。其鲜艳挺拔的红色直立花序，是极好的插花材料，又可作切花材料。果实、花、嫩心及根头有毒，不能食用。

28. 艳山姜（图21-24）

别称：砂红、土砂仁、野山姜、玉桃、月桃
拉丁学名：*Alpinia zerumbet* (Pers.) Burtt. et Smith
科属：姜科 山姜属

1）形态特征：多年生草本，株高2～3m。叶片披针形，黄绿条纹相间，易识别。顶端渐尖而有一旋卷的小尖头，基部渐狭，边缘具柔毛，两面均无毛；叶柄长1～1.5cm；叶舌外被毛。圆锥花序呈总状花序式，下垂，花序轴紫红色，被绒毛，分枝极短，在每一分枝上有花1～2（3）朵；小苞片椭圆形，白色，顶端粉红色，蕾期包裹住花，无毛；小花梗极短；花萼近钟形，白色，顶粉红色，一侧开裂，顶端又齿裂；花冠管较花萼为短，裂片长圆形，后方的1枚较大，乳白色，顶端粉红色，侧生退化雄蕊钻状，唇瓣匙状宽卵形，长4～6cm，顶端皱波状，黄色而有紫红色纹彩；雄蕊长约2.5cm；子房被金黄色粗毛；腺体长约2.5mm。蒴果卵

图21-24 艳山姜

圆形，被稀疏的粗毛，具显露的条纹，顶端常冠以宿萼，熟时朱红色；种子有棱角。花期4～6月；果期7～10月。

2）产地分布：原产我国和印度。主产于广西、广东等地。

3）生态习性：阳性植物，性喜高温潮湿环境，耐阴但不耐寒，生长适温为22～28℃，适合保水性良好、肥沃的土壤。多长于地边、路旁、田头及沟边草丛中。

4）园林用途：艳山姜叶片宽大，色彩绚丽迷人，是一种极好的观叶植物。衬托在蜡石下，给人以生机盎然之感。种植在溪水旁或树荫下，又能给人以回归自然、享受野趣的快乐。

29. 猪笼草（图21-25）

别称：猴水瓶、猴子埕、猪仔笼、雷公壶

拉丁学名：*Nepenthes mirabilis*（Lour.）Merr.

科属：猪笼草科 猪笼草属

1）形态特征：多年生藤本植物，茎木质或半木质，差不多3m多高，攀缘于树木或者沿地面而生。叶一般为长椭圆形，末端有笼蔓，以便于攀缘。在笼蔓的末端会形成一个瓶状或漏斗状的捕虫笼，并带有笼盖。猪笼草生长多年后才会开花，花一般为总状花序，少数为圆锥花序，雌雄异株，花小而平淡，白天味道淡，略香；晚上味道浓烈，转臭。其观赏性无法与捕虫笼相比。果为蒴果，成熟时开裂散出种子。猪笼草属植物在自然界常常平卧生长。叶的构造复杂，分叶柄、叶身和卷须。卷须尾部扩大并反卷形成瓶状，可捕食昆虫。猪笼草叶顶的瓶状体是捕食昆虫的工具。瓶状体的瓶盖覆面能分泌香味，引诱昆虫。瓶口光滑，昆虫会被滑落

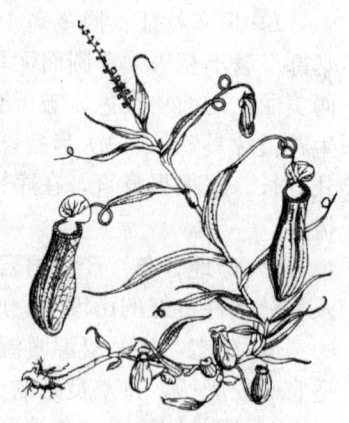

图21-25 猪笼草

瓶内，被瓶底分泌的液体淹死，并分解虫体营养物质，逐渐消化吸收。

2）产地分布：猪笼草主要分布于东南亚一带，其中以婆罗洲（又称加里曼丹岛）和苏门答腊岛（印尼所属岛屿）最为丰富，各有分布约40种，其次是菲律宾群岛约有30种，马来半岛有10多种，新几内亚岛和苏拉威西岛有约20种，另外非洲的马达加斯加岛东部沿海分布特有种2种（马索亚拉半岛猪笼草和马达加斯加猪笼草），塞舌尔群岛特有种1种（伯威尔猪笼草），斯里兰卡特有种1种（滴液猪笼草），印度东北部特有种1种（印度猪笼草），新喀里多尼亚特有种1种（维耶亚猪笼草），澳大利亚北部数种（坚韧猪笼草、奇异猪笼草、罗恩猪笼草）。我国南部广东、广西、海南和台湾也分布有一种，为奇异猪笼草（又称野猪笼草，*Nepenthes mirabilis*），也是分布最广的猪笼草，从我国南部经东南亚多地至澳大利亚北部都有分布。

3）生态习性：大多数猪笼草生活的环境其湿度和温度都较高，并具有明亮的散射光。一般为森林或灌木林的边缘或空地上。猪笼草生长在偏酸性且低营养的土壤中，通常为泥炭、白沙、砂岩或火山土壤。猪笼草的生长适温为25～30℃，3～9月为21～30℃，9月至翌年3月为18～24℃。冬季温度不低于16℃，15℃以下植株停止生长，10℃以下温度，叶片边缘遭受冻害。猪笼草对水分的反应比较敏感。猪笼草在高湿条件下才能正常生长发育，生长期需经常喷水，每天需4～5次。如果温度变化大，过于干燥，都会影响叶笼的

形成。猪笼草为附生性植物，常生长在大树林下或岩石的北边，自然条件属半阴。夏季强光直射下，必须遮阴，否则叶片易灼伤，直接影响叶笼的发育。但长期在阴暗的条件下，叶笼形成慢而小，笼面彩色暗淡。光照是养出巨大且鲜艳的捕虫笼最重要的因素之一。提供足够的空气湿度、中等的土壤湿度和充足的光照，可以让叶片呈现犹如红葡萄酒般的红色。空气湿度的高低是影响猪笼草是否能够正常结出捕虫笼的关键。

4）园林价值：猪笼草的株型奇特，作为捕虫器的捕虫笼优雅别致，观赏价值很高，在欧美等地普遍作为室内观赏植物。猪笼草特别适合用吊盆栽种，使其捕虫囊自然下垂，显示出特别的风采。可吊挂在各种阳台、走廊、室内靠近窗边处或庭院树上等以供观赏。如果考虑到消灭蚊虫的效果，还可以摆放在蚊虫易进的窗户、走廊等地方。

30. 捕蝇草（长叶茅膏草）（图21-6）

别称：食虫草、捕虫草

拉丁学名：*Dionaea indica*

科属：茅膏菜科 捕蝇草属

1）形态特征：多年生草本植物，叶子由中心部位生长出来，轮生，显莲座状以丛生的形态生长。中央长出来扁平或者细线状好似翅膀形状的属于叶柄部分，原生种的叶柄是扁平如叶片一般，因为反而像叶子，所以也称作假叶。叶柄的末端带有一个捕虫夹，这才是会捕捉昆虫的叶子部分，正面分布有许多的无柄腺，一般是红色或者橙色，越接近叶绿地方的无柄腺就越少，这部分是分泌消化液来分解昆虫或者吸收昆虫的养分的部位。叶绿长有齿状的刺毛，刺毛的基部有分泌腺，会分泌出黏液，作用是防止昆虫挣脱和叶瓣黏合。这种叶子拥有捕捉昆虫的特殊功能和特殊的模样，属于变态叶中的"捕虫叶"。捕蝇草的开花时期为初夏到盛夏，初期的时候会长出花茎，每个花茎拥有大概5～10个花苞，属于

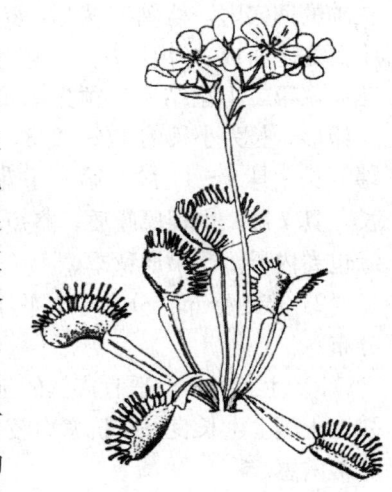

图21-26 捕蝇草

标准的伞房花序，每日依序开出白色的花朵。原则上每株花只会开出一个花茎，如果生长的环境适合、养分充足，有时候也会生长出两个花茎，正常状况下为5片花瓣和5花萼，偶尔也会有6片花瓣的变异株。雄蕊约有数十根，中央会有1根雌蕊，拥有分叉状的柱头。

2）产地分布：原产于北美洲东岸一带，自然生长的原生地主要在北卡罗莱那州、南卡罗莱那州以及佛罗里达州等地。美国将其原生地都指定为保护地区，甚至在《濒临绝种野生动植物国际贸易公约》附录Ⅱ中有明订"捕蝇草的块根与鳞茎"全面禁止输出外销。不过由于在那之前就已经有许多株种流出，经过世界各地业者积极的栽培，甚至利用组织培养的技术大量生产，所以一般很容易在市面上买到捕蝇草。

3）生态习性：沼泽生植物，原生环境没有高大植物遮阴，喜阳光。家庭栽培时，春、秋、冬三季可全日照，夏季置于室内向阳窗台上即可。尽量使用纯净水、雨水等软水（我国南方地区可以使用自来水）。捕蝇草的原生环境算是沼泽型的草原，湿度相对较高，要大于50%，生长温度15～35℃，适宜温度21～35℃。

4) 园林用途：盆栽可适用于向阳窗台和阳台观赏，也可在栽植槽培养。捕蝇草被誉为自然界的肉食植物，独特的捕虫本领与个性的外形，使它成为最受欢迎的食虫植物。

31. 钝叶草（图 21-27）

别称：金丝草、金钱钝叶草

拉丁学名：*Stenotaphrum helferi* Munro ex Hook. f.

科属：禾本科 钝叶草属

1) 形态特征：多年生草本植物，秆下部匍匐，于节处生根，向上抽出高 10～40cm 的直立花枝。叶鞘松弛，通常长于节间，压扁而于背部具脊，常仅包节间下部，平滑无毛；叶舌极短，顶端有白色短纤毛；叶片带状，顶端微钝，具短尖头，基部截平或近圆形，两面无毛，边缘粗糙。花序主轴扁平呈叶状，具翼，边缘微粗糙；穗状花序嵌生于主轴的凹穴内，穗轴三棱形，边缘粗糙，顶端延伸于顶生小穗之上而成一小尖头；小穗互生，卵状披针形，含 2 小花而仅第二小花结实；颖先端尖，脉间有小横脉，第一颖广卵形，长为小穗的 1/2～2/3，具 3～5 脉，第二颖约与小穗等长，具 9～11 脉；第一小花雄性；第一外稃与小穗等长，具 7 脉，内稃厚膜质，略短于外稃，具 2 脉；第二外稃革质，有被微毛的小尖头，边缘包卷内稃。花果期秋季。

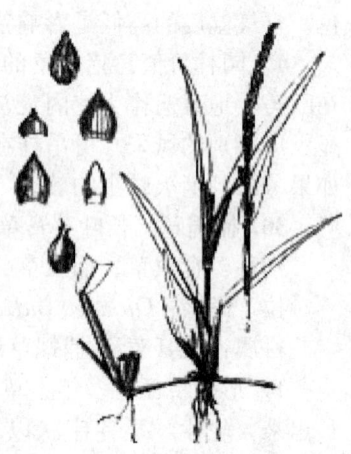

图 21-27 钝叶草

2) 产地分布：分布于太平洋各岛屿以至非洲与美洲，我国云南和南部海岸沙地也有分布。

3) 生态习性：适宜广泛的土壤条件，在潮湿、排水良好、沙质、中等到高肥力的弱酸性土壤上生长良好，抗寒力较差，仅适应冬天暖和的沿海地区，对长蝽等几种草坪危害非常敏感。

4) 园林用途：植株低矮，具匍匐茎，蔓延生长，平铺地面，平整美观。具有建植成本低、不伤地力、繁殖容易的特点，被认为是一种难得的优良暖季型草坪草种。本种的秆叶肥厚柔嫩，也为优良的牧草。

32. 香龙血树

别称：巴西木

拉丁学名：*Dracaena fragrans*

科属：龙舌兰科 龙血树属

1) 形态特征：直立单茎灌木。叶丛生于茎顶，长宽线形，无柄，叶缘具波纹，深绿色。常见品种有黄边香龙血树（*linderii*），叶缘淡黄色；中斑香龙血树（*massangeana*），叶面中央具黄色纵条斑；金边香龙血树（*victoriae*），叶缘深黄色带白边。

2) 产地分布：原产非洲西部。我国云南、广西、海南以及泰国、老挝、柬埔寨、印度尼西亚和美洲等地也有分布。

3) 生态习性：喜高温多湿和阳光充足环境。生长适温为 18～24℃，冬季温度低于 13℃进入休眠，5℃以下植株受冻害。喜湿，怕涝。叶生长旺盛期，保持盆土湿润，空气湿度在 70%～80%，并经常向叶面喷水，但盆土不能积水。冬季休眠期要控制浇水，否则容易发生叶尖枯焦现象。对光照的适应性较强，在阳光充足或半阴情况下，茎叶均能正常生长发育。土壤以肥沃、疏松和排水良好的沙质壤土为宜。盆栽以腐叶土、培养土和粗沙的混合土最好。

4) 园林用途：香龙血树树干粗壮，叶片剑形，碧绿油光，生机盎然。当今被誉为"观叶植物的新星"，成为世界上十分流行的室内观叶植物。香龙血树植株挺拔、清雅，富有热带情调。几株高低不一的茎干组栽成大型盆栽，用它布置会场、客厅和大堂，端庄素雅，充满自然情趣。小型盆栽或水养植株，点缀居室的窗台、书房和卧室，更显清丽、高雅。

33. 石韦（图 21-28）

拉丁学名：*Pyrrosia lingua*（Thunb.）Farwell

科属：水龙骨科 石韦属

1) 形态特征：中型附生蕨类，植株通常高 10～30cm。根状茎长而横走，密被鳞片；鳞片披针形，长渐尖头，淡棕色，边缘有睫毛。叶远生，近 2 型；叶柄与叶片大小和长短变化很大，能育叶通常远比不育叶长得高而较狭窄，两者的叶片略比叶柄长，少为等长，罕有短过叶柄的。不育叶片近长圆形，或长圆披针形，下部 1/3 处为最宽，向上渐狭，短渐尖头，基部楔形，全缘，干后革质，上面灰绿色，近光滑无毛，下面淡棕色或砖红色，被星状毛；能育叶约为不育叶的 1/3，而较狭 1/3～2/3。主脉下面稍隆起，上面不明显下凹，侧脉在下面明显隆起，清晰可见，小脉不显。孢子囊群近椭圆形，在侧脉间整齐成多行排列，布满整个叶片下面，或聚生于叶片的大上半部，初时为星状毛覆盖而呈淡棕色，成熟后孢子囊开裂外露而呈砖红色。

图 21-28 石韦

2) 产地分布：分布于我国、印度、越南、朝鲜和日本。

3) 生态习性：附生于低海拔林下树干上，或稍干的岩石上，海拔 100～1800m。喜阴凉干燥的气候。

4) 园林用途：石韦，其性味甘、苦，微寒。入肺、膀胱经，有利水通淋、清肺泄热等作用，治刀伤、烫伤、脱力虚损。

34. 假叶树

别称：百劳金雀花、瓜子松

拉丁学名：*Ruscus aculeata* L.

科属：百合科 假叶树属

1) 形态特征：常绿草状小灌木，丛生花株高一般为 20～40cm，具横生、肉质的根，茎绿色，具线条状棱线，有分枝。叶变为干膜质的小鳞片，在鳞片腋间长出卵形、革质的绿色"叶状枝"，具基出弧形脉，顶端锐尖为刺状，从形态和功能上都代替叶片。该"叶状枝"形状酷似西瓜子，因此假叶树又称瓜子松。花白色，小型，生于叶状枝中脉的中下部，内外两轮各 3 枚花被片，基部具三角形苞片，小浆果球形，熟时红色。

2) 产地分布：原产南欧和北非，西欧和地中海沿岸地区。我国有引种。我国各地偶见栽培，作盆景。

3）生态习性：喜温暖湿润和光线充足的环境，不耐寒，耐干旱，忌强光照射，要求微酸性的沙壤土。

4）园林用途：假叶树枝叶浓绿，常作为观叶植物栽培，布置居室、厅堂等处，素雅大方，枝叶干燥后还可染色，作为装饰品使用。

35. 菜豆树（图21-29）

别称：蛇树、豆角树、接骨凉伞、牛尾树

拉丁学名：*Radermachera sinica* (Hance) Hemsl.

科属：紫葳科 菜豆树属

1）形态特征：小乔木，高达10m；叶柄、叶轴、花序均无毛。二回羽状复叶，稀为三回羽状复叶，叶轴长约30cm；小叶卵形至卵状披针形，顶端尾状渐尖，基部阔楔形，全缘，侧脉5～6对，向上斜伸，两面均无毛，侧生小叶片在近基部的一侧疏生少数盘菌状腺体；侧生小叶柄长在5mm以下，顶生小叶柄长1～2cm。顶生圆锥花序，直立；苞片线状披针形，早落，苞片线形。花萼蕾时封闭，锥形，内包有白色乳汁，萼齿5，卵状披针形，中肋明显。花冠钟状漏斗形，白色至淡黄色，裂片5，圆形，具皱纹。雄蕊4，2强，光滑，退化雄蕊存在，丝状。子房光滑，2室，胚珠每室2列，花柱外露，柱头2裂。蒴果细长，下垂，圆柱形，稍弯曲，多沟纹，渐尖，果皮薄革质，小皮孔极不明显；隔膜细圆柱形，微扁。种子椭圆形。花期5～9月，果期10～12月。

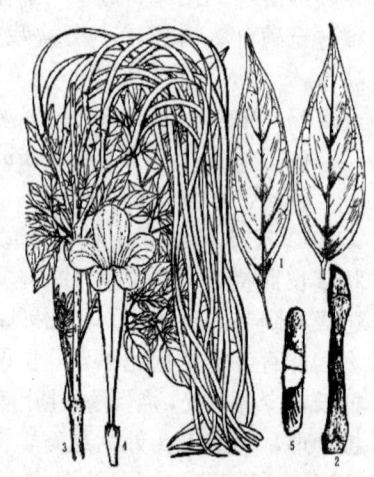

图21-29 菜豆树

2）产地分布：原产于台湾、广东、海南、广西、贵州、云南等地，印度、菲律宾、不丹等国也有分布。

3）生态习性：性喜高温多湿、阳光足的环境；耐高温、畏寒冷、宜湿润、忌干燥。生于山谷或平地疏林中。栽培宜用疏松肥沃、排水良好、富含有机质的壤土和沙质壤土。

4）园林用途：菜豆树是中小型盆栽，可摆放在阳台、卧室、门厅等处。成熟的菜豆树叶子茂密青翠，充满活力朝气，为人们带来幸福的寓意。根、叶、果入药，可凉血消肿，治高热、跌打损伤、毒蛇咬伤。木材黄褐色，质略粗重，年轮明显，可供建筑用材。枝、叶及根又治牛炭疽病。

36. 青城细辛（图21-30）

别称：花脸细辛、花叶细辛、滇细辛

拉丁学名：*Asarum splendens* (Maekawa) C. Y. Cheng et C. S. Yang

科属：马兜铃科 细辛属

1）形态特征：多年生草本；根状茎横走，节间长约1.5cm；根稍肉质。叶片卵状心形、长卵形或近戟形，先端急尖，基部耳状深裂或近心形，叶面中脉两旁有白色云斑，脉上和近边缘有短毛，叶背绿色，无毛；叶柄长6～18cm；芽苞叶长卵形，有睫毛。花紫绿色；花梗长约1cm；花被管

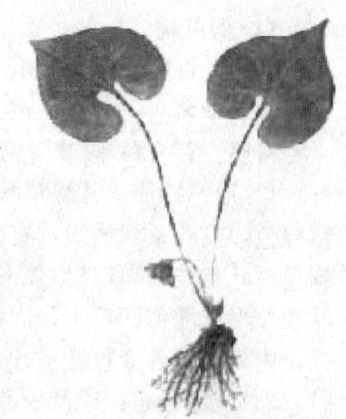

图21-30 青城细辛

浅杯状或半球状，喉部稍缢缩，有宽大喉孔，喉孔直径约 1.5cm，膜环不明显，内壁有格状网眼，花被裂片宽卵形，基部有半圆形乳突皱褶区；雄蕊药隔伸出，钝圆形；子房近上位，花柱顶端裂或稍下凹，柱头卵状，侧生。花期 4～5 月。

2) 产地分布：产于湖北、四川、贵州、云南东北部。

3) 生态习性：生于海拔 850～1300m 陡坡草丛或竹林下阴湿地。

4) 园林用途：入药。

37. 朱蕉（图 21-31）

别称：朱竹、铁莲草、红叶铁树、红铁树

拉丁学名：*Cordyline fruticosa*（L.）A. Cheval.

科属：百合科 朱蕉属

1) 形态特征：灌木，直立，高 1～3m。茎有时稍分枝。叶聚生于茎或枝的上端，矩圆形至矩圆状披针形，绿色或带紫红色，叶柄有槽，基部变宽，抱茎。圆锥花序，侧枝基部有大的苞片，每朵花有 3 枚苞片；花淡红色、青紫色至黄色；花梗通常很短；外轮花被片下半部紧贴内轮而形成花被筒，上半部在盛开时外弯或反折；雄蕊生于筒的喉部，稍短于花被；花柱细长。花期 11 月至次年 3 月。

图 21-31 朱蕉

2) 产地分布：原产亚洲热带及太平洋各岛屿，今广泛栽种于亚洲温暖地区。分布于我国南部热带地区。广东、广西、福建、台湾等地常见栽培。

3) 生态习性：性喜高温多湿气候，属半阴植物，既不能忍受北方地区烈日暴晒，完全荫蔽处叶片又易发黄，不耐寒，除广东、广西、福建等地外，只宜置于温室内盆栽观赏，要求富含腐殖质和排水良好的酸性土壤，忌碱土，植于碱性土壤中叶片易黄，新叶失色，不耐旱。生长适温为 20～25℃，不能低于 4℃。

4) 园林用途：朱蕉株形美观，色彩华丽高雅，盆栽适用于室内装饰。盆栽幼株，点缀客室和窗台，优雅别致。成片摆放会场、公共场所、厅室出入处，端庄整齐，清新悦目。数盆摆设橱窗、茶室，更显典雅豪华。栽培品种很多，叶形也有较大的变化，是布置室内场所的常用植物。

38. 喜林芋属

拉丁学名：*Philodendron Schott*

科属：天南星科 喜林芋属

1) 形态特征：草本攀缘植物，节间多少延长或稀匍匐。茎稀极短缩而近于不存在，有时乔木状具不定气生根。小枝多叶，叶柄具长鞘；老枝具叶和顶生花序并常具鳞叶。叶鞘顶部常舌状；叶柄各式，圆柱形、平坦，具槽或上面深凹，边缘纤维状，有时肥大，极稀先端增粗为关节；叶片纸质、亚革质，多少伸长的长圆形、卵形或长圆形，基部多少深心形、戟形、箭形，或不规则的浅裂、3 全裂、羽状分裂或二次羽状分裂。侧脉全部平行，相等或 I 级侧脉较粗，其间 II 级侧脉斜伸或平行。花序柄通常短。佛焰苞厚，肉质，白色、黄色或红色，管部席卷，圆柱形或偏肿，宿存，后期不规则撕裂；檐部舟状卵形、长圆形或披针形，大都直立，果期为肉质，宿存，果后卷曲消失。肉穗花序直立，与佛焰苞近等长，无梗或具短梗，雌花序圆柱形，多花密集，果序肉质；雄花序下部（通常很短一部分）不育，上部（大部分）能育，果时平卧。花单性，无花被。

2）产地分布：中南美洲。

3）生态习性：性喜温暖、潮湿及半阴的环境，耐阴，忌强光直射，怕干旱，生长适温为20～30℃。在土质肥厚、通透性好的土壤中生长良好。

4）园林用途：主要用于室内观赏，也可以栽植于树荫下。

39. 孔雀木

别称：手树

拉丁学名：*Dizygotheca elegantissima*

科属：五加科 孔雀木属

1）形态特征：常绿观叶小乔木或灌木，盆栽时常在2m以下。树干和叶柄都有乳白色的斑点。叶互生，掌状复叶，小叶7～11枚，条状披针形，边缘有锯齿或羽状分裂，幼叶紫红色，后成深绿色。叶脉褐色，总叶柄细长。复伞状花序，生于茎顶叶腋处，小花黄绿色不显著。

2）产地分布：原产于澳大利亚和太平洋上的波利尼亚群岛。我国华南地区引种栽培较早，而今许多地区引种作为栽培植物。印度、斯里兰卡至中南半岛也有分布。

3）生态习性：喜温暖湿润环境，属喜光性植物，不耐寒，不耐强光直射。土壤以肥沃、疏松的壤土为好。夏季适当遮阴，秋、冬季要多晒阳光，适合温度为20～29℃。冬季温度应不低于5℃，特别注意温度不能忽高忽低，否则孔雀木易受冻害。

4）园林用途：孔雀木树形和叶形优美，叶片掌状复叶，紫红色，小叶羽状分裂，非常雅致，为名贵的观赏植物。适合盆栽观赏，常用于居室、厅堂和会场布置。

40. 发财树 （图21-32）

别称：马拉巴栗、瓜栗、中美木棉、鹅掌钱

拉丁学名：*Pachira macrocarpa*（Cham. et Schlecht.）Walp.

科属：木棉科 瓜栗属

1）形态特征：小乔木，高4～5m，树冠较松散，幼枝栗褐色，无毛。小叶5～11，具短柄或近无柄，长圆形至倒卵状长圆形，渐尖，基部楔形，全缘，上面无毛，背面及叶柄被锈色星状绒毛；中央小叶长13～24cm，宽4.5～8cm，外侧小叶渐小；中肋表面平坦，背面强烈隆起，侧脉16～20对，平伸，至边缘附近连结为一圈波状集合脉，其间网脉细密，均于背面隆起；叶柄长11～15cm。花单生枝顶叶腋；花梗粗壮，被黄色星状绒毛，脱落；萼杯状，近革质，疏被星状柔毛，内面无毛，截平或具3～6枚不明显的浅齿，宿存，基部有2～3枚圆形腺体；花瓣淡黄绿色，狭披针形至线形，上半部反卷；雄蕊管较短，分裂为多数雄蕊束，每束再分裂为7～10枚细长的花丝，

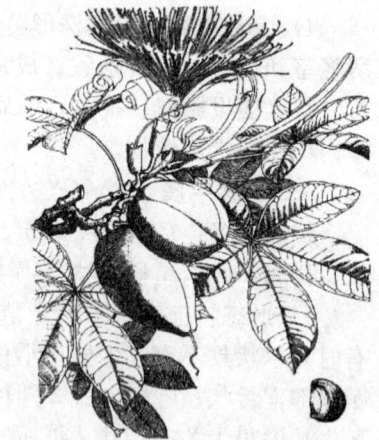

图21-32 发财树

花丝连雄蕊管长13～15cm，下部黄色，向上变红色，花药狭线形，弧曲，横生；花柱长于雄蕊，深红色，柱头小，5浅裂。蒴果近梨形，果皮厚，木质，几黄褐色，外面无毛，

内面密被长绵毛,开裂,每室种子多数。种子大,不规则的梯状楔形,表皮暗褐色,有白色螺纹,内含多胚。花期 5~11 月,果先后成熟,种子落地后自然萌发。

2) 产地分布:原产地墨西哥,我国南部热带地区亦有分布。

3) 生态习性:性喜温暖、湿润,向阳或稍有疏阴的环境,生长适温 20~30℃。夏季的高温高湿季节,对发财树的生长十分有利,是其生长的最快时期,所以在这一阶段应加强肥水管理,使其生长健壮。冬季不可低于 5℃,最好保持 18~20℃。忌冷湿,在潮湿的环境下,叶片很容易出现溃状冻斑,有碍观赏。此外,发财树怕烟熏。在疏松肥沃、排水性好的土壤中生长最好。

4) 园林用途:发财树是大众化的盆栽,发财树并不是只代表着发财,它还是重要的家居摆设物,和不同的家居搭配,会有不同的风格。放在客厅和书房,体现宁静的中式风格。

41. 富贵竹

别称:辛氏龙树、竹蕉、万年竹、万寿竹、距花万寿竹、开运竹、富贵塔、竹塔、塔竹

拉丁学名:*Dracaena sanderiana* Sander

科属:龙舌兰科 龙血树属

1) 形态特征:多年生常绿草本植物。株高 1m 以上,植株细长,直立上部有分枝。根状茎横走,结节状。叶互生或近对生,纸质,叶长披针形,有明显 3~7 条主脉,具短柄,浓绿色。伞形花序有花 3~10 朵生于叶腋或与上部叶对花,花被 6,花冠钟状,紫色。浆果近球形,黑色。

2) 产地分布:原产于非洲西部的喀麦隆,分布于在我国西南一带,泰国、印度也有分布。

3) 生态习性:性喜阴湿高温,耐涝,耐肥力强,抗寒力强;喜半阴的环境。适宜生长于排水良好的沙质土或半泥沙及冲积层黏土中,适宜生长温度为 20~28℃,可耐 2~3℃低温,但冬季要防霜冻。夏秋季高温多湿季节,对富贵竹生长十分有利,是其生长最佳时期。它对光照要求不严,适宜在明亮散射光下生长,光照过强、暴晒会引起叶片变黄、褪绿、生长慢等现象。

4) 园林用途:富贵竹的美与它的吉祥名字分不开。它具有细长潇洒的叶子,翠绿的叶色,其茎节表现出貌似竹节的特征,却不是真正的竹。中国有"花开富贵,竹报平安"的祝辞,由于富贵竹茎叶纤秀,柔美优雅,极富韵味,故而很得人们喜爱。富贵竹管理粗放,病虫害少,容易栽培,并象征着"大吉大利",现在为我国常见的观赏植物,也颇受国际市场欢迎。

42. 狗尾红

别称:刺毛铁苋、绿叶铁苋菜、长穗铁苋

拉丁学名:*Acalypha hispida* Burm. f.

科属:大戟科 铁苋菜属

1) 形态特征:常绿灌木,株高 0.5~3m。叶互生呈卵圆形,亮绿色,背面稍浅;叶柄有绒毛。穗状花序生于叶腋,呈圆柱状下垂,鲜红色或暗红色,花小,无花瓣,单性。花期 2~11 月。

2) 产地分布：原产于马来群岛以及新几内亚地区，现广泛栽培于世界各地。热带、亚热带地区广泛栽培为庭院观赏植物，我国台湾、福建、广东、海南、广西、云南南部的公园或庭院常有栽培，以其绿叶和红花序供观赏。

3) 生态习性：喜温暖、湿润和阳光充足的环境，宜生长在散射光条件下。不耐寒冷且不耐干旱，生长适温20～30℃，越冬温度应在18℃以上，12℃以下叶片上垂，长时间低温，会引起叶片脱落。喜空气湿润以及土壤湿润，喜肥沃的土壤。

4) 园林用途：花形奇特，长而下垂，是南方庭院的优良观花植物，北方通常作温室盆栽花卉。商家喜称其为"岁岁（穗穗）红"，取其"岁岁红火"之意。花期较长，单个花序花期近1个月，能够连续开花，是奇特而富有野趣的冬季优良室内盆花，也是值得推广的新颖年宵花。其可陈设于案头、几架，也可作吊盆栽种，悬挂于窗前等地。

43. 龙舌兰
别称：龙舌掌、番麻
拉丁学名：*Agave americana* L.
科属：龙舌兰科 龙舌兰属

1) 形态特征：常绿大型草本植物，叶呈莲座式排列，通常30～40枚，有时50～60枚，肉质，倒披针状线形，叶缘具有疏刺，顶端有1硬尖刺，刺暗褐色。花序多分枝；花黄绿色；花被管长约1.2cm，花被裂片长2.5～3cm；雄蕊长约为花被的2倍。蒴果长圆形。开花后花序上生成的珠芽极少。

2) 产地分布：原产美洲热带；我国华南及西南各省区常引种栽培。

3) 生态习性：性喜阳光充足，稍耐寒，不耐阴；喜凉爽、干燥的环境，生长适温15～25℃；在夜温10～16℃生长最佳，在5℃以上的气温下可露地栽培，成年龙舌兰在-5℃的低温下叶片仅受轻度冻害，-13℃地上部受冻腐烂，地下茎不死，翌年能萌发展叶，正常生长。冬季凉冷干燥对其生育最有利。耐旱力强；对土壤要求不严，以疏松、肥沃及排水良好的湿润沙质土壤为宜。

4) 园林用途：龙舌兰叶片坚挺，四季常青，茎短，叶剑形、三角形和针形等，肉质，呈莲座状排列，花茎高大，穗状花序或圆锥花序顶生，极为漂亮。

44. 银后亮丝草
别称：银后粗肋草
拉丁学名：*Aglaonema commulatum* cv. Silver Queen
科属：天南星科

1) 形态特征：多年生草本植物。株高30～40cm，茎直立不分枝，节间明显。叶互生，叶柄长，基部扩大成鞘状，叶狭长，浅绿色，叶面有灰绿条斑，面积较大。

2) 产地分布：原种产亚洲热带地区。

3) 生态习性：喜温暖湿润和半阴环境。不耐寒，怕强光暴晒，不耐干旱。生长适温为20～27℃，冬季温度不低于12℃。以肥沃的腐叶土和河沙各半的混合土为宜。

4) 园林用途：叶色美丽，特别耐阴，盆栽点缀厅室，效果明显，特别明亮舒适。

45. 紫露草
别称：紫鸭跖草、紫叶草
拉丁学名：*Tradescantia ohiensis* Raf.

科属：鸭跖草科 紫露草属

1) 形态特征：多年生草本植物，茎多分枝，带肉质，紫红色，下部匍匐状，节上常生须根，上部近于直立，叶互生，披针形，全缘，基部抱茎而生叶鞘，下面紫红色，花密生在2叉状的花序柄上，下具线状披针形苞片；萼片3，绿色，卵圆形，宿存，花瓣3，蓝紫色，广卵形；雄蕊6枚，能育2枚，退化3枚，另有1枚短而纤细，无花药；雌蕊1枚，子房卵圆形，具有3室，花柱细长，柱头锤状；蒴果近圆形，有3条隆起棱线；种子橄榄形，淡棕色。

2) 产地分布：原产于美洲热带地区，我国有引种栽培。

3) 生态习性：喜温暖、湿润及半阴环境，不耐寒，最适生长温度为15~25℃，忌土壤积水，在中性或偏碱性的土壤中生长良好。

4) 园林用途：由于花期长、茎直立、节明显，有叶鞘，株形奇特秀美。树丛下片植，与鸢尾花长叶配植，株形、花蕾与花序适宜观赏。用于花坛、道路两侧丛植效果较好，也可盆栽供室内摆设，或作垂吊式栽培。

参考文献

[1] 臧德奎. 观赏植物学 [M]. 北京：中国建筑工业出版社，2012.
[2] 黄金凤，李玉舒. 园林植物 [M]. 北京：中国水利水电出版社，2012.
[3] 彭振华. 中国长江三峡植物大全（上卷-下卷）[M]. 北京：科学出版社，2005.
[4] 中国植物研究所. 中国珍稀濒危植物图鉴 [M]. 北京：中国林业出版社，2013.
[5] 高明乾，卢龙斗. 植物古汉名图鉴 [M]. 北京：科学出版社，2013.
[6] 艾铁民. 中国药用植物志（第十卷）[M]. 北京：北京大学医学出版社，2014.
[7] 关文灵. 园林植物造景 [M]. 北京：中国水利水电出版社，2013.
[8] 孙居文. 园林树木 [M]. 2版. 上海：上海交通大学出版社，2008.
[9] 刘仁林. 园林植物学 [M]. 北京：中国科学技术出版社，2003.
[10] 祝峥. 药用植物学 [M]. 上海：上海科学技术出版社，2011.
[11] 金银根. 普通植物学 [M]. 北京：化学工业出版社，2012.
[12] 刘小玉. 植物造景在城市园林绿化中的应用 [J]. 河南建材，2015（4）：107-108.
[13] 苏雪痕. 植物造景 [M]. 北京：中国林业出版社，1994.
[14] 中国大百科全书总编委会. 中国大百科全书 [M]. 2版. 北京：中国大百科全书出版社，2009.
[15] 中华人民共和国住房和城乡建设部. 园林基本术语标准（CJJ/T 91－2002）[S]. 北京：中国建筑工业出版社，2002.
[16] 文昊. 园林植物景观的设计探析 [J]. 江西建材，2012（06）30.
[17] 叶秋香. 城市植物景观规划研究 [D]. 南京：南京林业大学，2006.
[18] 王磊，汤庚国. 植物造景的基本原理及应用 [J]. 林业科技开发，2003（5）：71-73.
[19] 魏喜凤. 彩叶树种在长沙市园林中的应用现状分析 [D]. 湖南：湖南农业大学，2012.
[20] 钱玉翠. 植物园特色植物景观的构建研究 [D]. 福建：福建农林大学，2013.
[21] 杨秋萍. 论南京生态园林城市建设 [J]. 绿色科技，2010（07）：60-62.
[22] 高晓玲，徐晓燕. 城市园林绿化中生物资源有效利用研究 [J]. 中国园艺文摘，2010，26（11）：69-71.
[23] 刘志光. 城市园林绿化树种选择与配置 [J]. 内蒙古林业，2014（08）：32-33.
[24] 安利波，白振海. 浅谈园林绿化树种的选择与配置 [J]. 安徽农业科学，2007，35（24）：7444-7445.
[25] 何黎明. 园林植物的配置原则与发展趋势 [J]. 现代农业科技，2011（10）：226.
[26] 刘燕. 园林花卉学 [M]. 北京：中国林业出版社，2003.
[27] 周武忠. 园林植物配置 [M]. 北京：中国农业大学出版社，1999.

[28] 陈其兵. 风景园林植物造景 [M]. 重庆：重庆大学出版社，2012.
[29] 汪新娥. 植物配置与造景 [M]. 北京：中国农业大学出版社，2008.
[30] 余树勋. 园林植物 [M]. 北京：中国大百科全书出版社，1993.
[31] 周涛，朴永吉，林元雪. 中国野生花卉资源的研究现状及展望 [J]. 世界林业研究，2004（4）：45-48.
[32] 吴小巧. 浅谈园林植物资源的开发利用 [J]. 江苏林业科技，1999，26.
[33] 臧德奎. 园林树木学 [M]. 北京：中国建筑工业出版社，2012.
[34] 潘会堂，张启翔. 花卉种质资源与遗传育种研究进展 [J]. 北京林业大学报，2000，22（1）：81-86.
[35] 秀琴. 新疆克拉玛依市宿根花卉引种栽培技术研究与推广 [J]. 北方园艺，2001（2）：43-44.
[36] 张天麟. 园林树木 1600 种 [M]. 北京：中国建筑工业出版社，2011.
[37] 包满珠. 花卉学 [M]. 2 版. 北京：中国农业出版社，2005.
[38] 卓丽环，陈龙清. 园林树木学 [M]. 北京：中国农业出版社，2005.
[39] 陈有民. 园林树木学 [M]. 北京：中国林业出版社，1990.
[40] 姜传明，路芳，彭一良. 结合植物生态特点强化植物分类学教学 [J]. 黑龙江生态工程职业学院学报，2006（09），25.
[41] 李如华，左复. 谈植物分类方式及其辅助识别方法 [J]. 林业勘查设计，2009（06），15.
[42] 石光裕，马克平，王毅. 植物分类学中的比较和分类方法初探 [J]. 齐齐哈尔师范学院学报（自然科学版），1987（12），31.
[43] 陈颖卓. 雨水和传粉者在花部特征演化中的作用 [D]. 武汉大学博士论文，2012.
[44] 吴国芳，冯志坚，马炜良，等. 植物学（下册）[M]. 2 版. 北京：高等教育出版社，1992.
[45] 汪劲武. 种子植物分类学 [M]. 北京：高等教育出版社，1985.
[46] 崔大方. 植物分类学 [M]. 北京：中国农业出版社，2006.
[47] 中国植物志编委会. 中国植物志 [M]. 北京：科学出版社，2006.
[48] 李扬汉. 植物学 [M]. 上海：上海科学技术出版社，2001.
[49] 陆时万. 植物学 [M]. 北京：高等教育出版社，1991.
[50] 叶创兴，朱念德，廖文波，等. 植物学 [M]. 北京：高等教育出版社，2007.
[51] 张浩. 药用植物学 [M]. 6 版. 北京：人民卫生出版社，2011.